Un irlandais, St Desle, fonda Lure, près de Besançon.
Seigneur de Besançon, St Donat, y fonda St Paul.
Pour les femmes, il a fonda Jussa Moutier, d'après [illegible]
règle de St CÉSAIRE [que Ste Radegonde [illegible]
Celle-ci est auj. une caserne.

Le frère de St Donat fonda [illegible] ...tier
[Elle est consacrée par pape Etienne [illegible]

Bèze.

Cusance.

St Ursanne, à Bâle.

St Germain de Grandval.

St Vandrille et reine Bathilde batissent Fontenelle.
Ses amis sont Archevêque Ouen et Philibert de Jumièges.
St Phil. fonda encore Noirmoutier en Poitou et Montivilliers de Caux pour femmes.

Trois frères bénis par Colomban
1° Adon — Jouarre.
2° Radon — Reuil (Radolium)
3° Dadon, c'est Ouen (Audoenus) évêque de Rouen.
Fondation de Rebais, dont l'abbé est St Agile de Luxeuil.

Ste Fare, de Meaux, a été béni par St Col. Elle fonda Faremoutiers.
L'Irlandais, St Fursy : Lagny-sur-Marne.
St Frobert : Moutier-la-Celle, près Troyes.
Berchaire : Hautvillers et Moutier-en-Der.
Ste Salaberge à Laon.

Luxeuil maritime à Leuconaus, à l'embouchure de Somme. C'est St Valéry. Ses reliques furent translatées par Richard Coeur de Lion à St Valéry-en-Caux.

（一）

"建筑是石头的史书"，"建筑是艺术的最高峰"。十九世纪，这两句话在欧洲很流行，已经很难确凿地说是哪位聪明人先想出来的了。总之，十九世纪，欧洲人已经认识了建筑在人类文化中的地位了。

建筑在文化中的地位，决定于它的性质和作用和它达到的高度，技术的和艺术的高度。它不是一般的东西，它是Monument，这就是它的性质。

从黄土地上的窑洞，到小女孩温馨的闺房，到豪华的宫殿，从金字塔、圣母教堂、万神庙，到万里长城，建筑性质的多样和变化的跨度之大，包容了整个的人类文化。人类没有第二种作品，有建筑这样的气魄，丰富、豪华、精致，有性格、有感情。

建筑是人类历史的文化档案。它记录着人类为创造世界而付出的一切，真实、生动、准确地记录着人类文明的发展和成就。

陈 志 华 文 集

【卷十二】

北窗杂记

陈志华 著

商务印书馆
创于1897 The Commercial Press

出版说明

“北窗杂记”原为陈志华在《建筑师》刊物上的学术思想随笔专栏，始于1980年1月。最早的两篇发表时题名为“鉴古录”，其后无题，仅以序号区分。1980年1月至1981年12月发表了十七篇，1992年12月至2012年8月发表了一百一十四篇，共一百三十一篇。这些文字，前六十五篇曾收入《北窗札记——建筑学术随笔》（河南科学技术出版社，1999年6月），第六七到一〇七篇收入《北窗札记二集》（江西教育出版社，2009年1月），第一〇八到一三一篇收入《北窗札记三集》（清华大学出版社，2013年8月）。作者写道：“我这二十年所写的学术思想随笔，几乎全部是就我的认识水平所及，努力参与扫清我们建筑现代化的道路。我可能很幼稚，可能很片面，但我的大方向是坚定不移地促进我们的建筑的现代化。”

受作者陈志华本人授权，此次将全部一百三十一篇集中起来，依原栏目名辑为《北窗札记》，作为卷十二，收入《陈志华文集》，由商务印书馆出版。卷首收入赖德霖编撰的“篇目分类导览”，卷末附杜非撰“编后记”。

商务印书馆编辑部

2020 年 12 月

VERS UNE ARCHITECTURE

目录

篇目分类导览*

各篇代拟标题及内容分类

原编号	主题分类	代拟标题
1	一	独断专行者必被拍马奉承者利用
2	二	明清皇帝眼中的外国建筑
3	一	值得领导人学习的陈丞相
4	一	列宁不做艺术权威
5	二	幻想是极可贵的品质
6	二	创新就是突破，突破才有创新
7	一	石头史书会记下今天的封建残余
8	三	围占城市绿地，公仆何忍？！
9	一	宫殿之戒
10	四	架子工创造的奇迹堪入史
11	二	侈谈“民族形式”“民族传统”是思想上的惰性与理论上的八股
12	二	“民族形式”是建筑发展的必然趋向吗？
13	二	大型公共、纪念性建筑就该是民族形式吗？
14	二	只有旧事物才有文化吗？
15	二	历史主义是创新的必由之路吗？

* 为方便读者检索查阅研究，赖德霖为各篇代拟标题并将全部文章归为十类。原载“为改革开放时期的中国建筑而思考：《北窗杂记》导读及其所反映的陈志华思想初探”，《建筑师》2019年8月。

16	二	习闻熟见不是喜闻乐见
17	二	趁早下定决心：同传统决裂
18	五	建筑理论研究要立足建筑本身，面向实际，面向人们
19	三	我们的价值观要立足在人民普遍的、迫切的需要上
20	五	建筑介绍须戒片面
21	六	假古董反映了一种历史的真实
22	六	荒唐的“文化搭台、经济唱戏”
23	六	给古城建筑统一着装行不通
24	五	夏铸九先生对梁思成、林徽因建筑史写作的分析
25	六	“保护古城风貌”是一个错误的指导思想！
26	七	把这些民居构件买去吧，只要能保存它们！
27	五	研究外国当代建筑理论，应该做些什么？
28	二	园林也要反对盲目仿古
29	五	感慨于两岸建筑学术出版
30	八	说说风水
31	六	文化热
32	七	研究乡土建筑，其实是非常孤独、非常寂寞的
33	五	当前我们建筑学的生长点、突破口和面临的挑战是什么？
34	六	迫切需要认真地建立我们完整的文物建筑保护学
35	九	是谁左右着我们的城市规划？
36	三	说说公厕
37	六	“外国人说的”
38	三	古都风貌、四合院与国情
39	六	文物意识必须超乎功利
40	七	关于乡土建筑的几个“大吃一惊”
41	六	20世纪中国城市中的“帝”“皇”“御苑”和“宫廷”
42	五	建筑理论应提倡少说废话，多说白话

43	三	城市生活环境的人性化、人情味儿
44	五	开展当代建筑评论的难处
45	五	商品和市场——观察西方建筑和建筑理论的一个新视角
46	二	大屋顶问题何在?
47	六	商业社会的“时代精神”与建筑的“戏说”化
48	二	什么是创新?
49	七	从徽州住宅谈理解建筑形制的方法
50	二	从玻璃幕墙说到建筑创新
51	二	追求仿古风格的城市怎有建筑创新?
52	四	莫宗江先生和汪坦先生
53	三	人性化的居处环境
54	三	令我恐惧的“豪华”
55	六	要想文明化就必须认识文化本身的意义和价值
56	五	建筑教育的宏观与微观
57	六	北京城墙的拆与建
58	二	没有个性就没有创新
59	五	建筑学著作中要人物互见
60	五	什么是建筑的流派，流派的意义、地位和作用是什么?
61	十	建筑史教学的目的是什么?
62	三	前现代观念下的建筑实践
63	二	今天不利于建筑师在艺术上创新的因素
64	二	侯幼彬兄《中国建筑美学》读后
65	七	续刻《拍案惊奇》：讲文明仰仗野蛮法，求政绩强拆文保村
66	四	国徽设计与朱畅中先生
67	十	从《水木工业公所记》谈建筑的现代化
68	七	乡土建筑研究十年杂感
69	五	建筑的气质，从我所在大学的建筑说起

70	三	台北印象
71	七	年轻的人儿啊，你们在哪里？
72	三	有钱往哪儿用？
73	十	建筑教育该怎么办？
74	三	骗人的“平均数”和虚假的“以人为本”
75	五	有感于学术研究的书斋化和学术出版的市场化
76	五	从搬家处理资料想到学术承传
77	六	文保是不合时宜的观念吗？
78	三	洋草坪
79	五	《外国建筑史（19世纪末叶之前）》编著感言
80	六	《城记》读后
81	六	三个风景区给我上了三堂课
82	九	关于乡土建筑的一封信
83	六	谈“城市营销新策略”
84	四	林徽因先生眼里的建筑学是人学
85	三	拆迁能改善老百姓生活吗？
86	三	追风解构主义不如宣传苏俄先锋派
87	三	“取之尽锱铢，用之如泥沙”的政绩工程
88	八	再说风水
89	六	澳门行
90	八	看不明白的提倡国学
91	十	专家论证与知识分子人格
92	七	两个1949年后的乡土村落
93	七	关于古村旅游开发的几点建议
94	八	说不清、道不明的风水宣传
95	七	如何“建设社会主义新农村”？
96	十	建筑师与国民性

97	六	文化遗产属于谁?
98	六	旅游与建筑遗产保护
99	四	费尔顿
100	七	晋东南
101	三	“宜居”是历史性和社会性的
102	八	风水师的学问
103	九	关于历史文化名城、名镇、名村的保护意见
104	六	读《北京晨报》2007年8月23日“北京古都风貌保护”专版
105	三	城市不仅应宜居，而且应宜“死”
106	十	建筑教育应包括对建筑师人格的教育
107	三	尊重农民工，理解贫民窟
108	六	张松老师送我的书
109	六	阮仪三老师的《护城纪实》
110	三	为谁建的大剧院?
111	四	纪念费尔顿先生
112	七	诸葛村保护
113	五	城市史和建筑史要讲社会、政治、经济、文化和生活
114	五	建筑史研究不应忽视田野调查
115	七	旅游业对乡土建筑的破坏
116	六	文物建筑首先是文物
117	七	江南明清建筑木雕
118	六	“整体保护”
119	六	文保与旅游
120	七	我与乡土建筑研究
121	七	我的新叶村
122	四	梁任公给孩子的一副对联
123	五	测绘图与学术作风

124	七	乡土建筑研究历险记
125	七	给浙江兰溪诸葛村一位朋友的信
126	三	学术会议选址
127	六	唯利是图，不重文化，这可不行
128	七	大漈寻忆
129	六	别墅广告
130	六	梁林故居的拆与“建”
131	六	没有文化传承，哪里还有民族?

十大主题为：

一、提倡民主，抨击长官意志和官僚特权（五篇）；

二、提倡创新，抨击愚昧保守和以“民族形式”为旗号的复古主义（十八篇）；

三、提倡社会关怀和人性化，抨击形式主义（政绩工程）和铺张浪费（二十篇）；

四、赞扬劳动者、宣传优秀学人品格（七篇）；

五、关心建筑学术健康，抨击“理论”脱离实际（十九篇）；

六、呼吁文化建设和历史文化遗产保护，抨击商业主义、崇洋媚外（二十九篇）；

七、提倡乡土建筑和农村研究，关心乡土文化保护与发展（十九篇）；

八、提倡科学，抨击“国学”和风水（五篇）；

九、呼吁文保制度改革，抨击践踏法规（三篇）；

十、提倡建筑师社会责任心和人格培养，抨击权力崇拜（六篇）。

《北窗杂记》自序

1993年6月，建筑工业出版社出版了我的一本随笔集，叫《北窗集》，我在那本小册子的小序里把我几十年的写作生涯简单地叙述了一下，现在看来还有点意思，摘录一部分作为这个自序的开篇。

我的写作大体上可以分为三个时期。

第一个时期是“文化大革命”之前。那时候，为了满足教学的需要，写了一部将近五十万字的《外国建筑史》，翻译了苏联的《建筑艺术》《俄罗斯建筑史》和《古典建筑形式》。1959年，为配合“国庆工程”，写了一篇《国外剧场建筑发展简史》，放在《国外剧场建筑图集》前面，还翻译了一本《城市纪念性装饰雕刻》。教学之余，还写了些普及性的小文章，题材比较杂，甚至凑趣写些电影和戏剧评论之类的文章。这些零散文章，在“文化大革命”时被当作罪证，由工宣队抄走。打倒了“四人帮”之后，还了我一个空空如也的牛皮纸袋，封面上写着：“陈某人自动交来”几个字。现在只剩下一篇，还是一位学生保存的剪报，送了我。

“文革”期间，写了几十万字的检查交代，数量惊人。有一些写得很离“谱”，例如，在大赦战犯之后，工宣队教育我，说我是打着红旗反红旗，比战犯还坏得多，不要妄想侥幸过关。事后，我又奉命把这次教育的认识写下来。我写得很开心，一个劲地“上纲上线”，“砂子”们赞了我一声：态度老实。其实，我之所以那样写，乃是因为态度极不老实。我根本不相信那种反动统治能长久，根本不相信那种政治状况是正常的。写就写，反正将来不过是笑话。可惜，这十年的“写作”不能列入我的写作成果中去。

第二个时期要从“文化大革命”结束算起，到1989年，也就是正好整个1980年代。这个时期的写作题材比较多，方面比较广，也有兴趣在文体和文风上做些尝试，变变花样。就题材说，主要有这么几类：一是为教学需要而改写《外国建筑史》，压缩到三十多万字，还为选修课写了一系列关于外国造园艺术的文章，汇成三十余万字的《外国造园艺术》。二是写了一批有关文物建筑保护的文章，同时翻译了不少这方面的国际经典文献，后来选了一部分编成《关于文物建筑保护的国际文献》。这也是为一门选修课而写作和编译的。三是用心写了一些论文，比较集中的是苏联早期建筑思潮、外国造园艺术和纪念性建筑的装饰雕刻这几方面，发表在一些刊物上。第四类比较特别，主要是一批论战性的文章。整个八十年代，中国文化界和思想界，发生了一场关于文化传统的大论战。这场论战在建筑界也很热烈，我凑热闹参加了，零七八碎写了二十万字左右，分散发表在一些刊物和报纸上。为了这场论战，我翻译了勒·柯布西耶的《走向新建筑》和金兹堡的《风格与时代》两本现代建筑的经典著作以及《20世纪欧洲各建筑流派的纲领和宣言》，还追随汪坦老师，编了一本《现代建筑美学文选》。这四大类之外，写了些杂文，发表在各处，其中比较成系列的是十来篇书评，比较有风味的是几篇介绍外国建筑的文章。

从1990年代开始，我的写作进入第三个时期，把主要精力和时间放到中国乡土建筑研究上。原因是得到了一笔经费，我可以摆脱四十年的纯书斋生涯了。这是我渴望已久的。可惜，我已经“发苍苍，视茫茫，齿牙摇落”，太晚了一点儿。关于乡土建筑的散碎文章已经发表了一些，正儿八经的要到今年才能出版一部。

那小序里疏忽了两点。第一是忘了提“文化大革命”前的写作，是在接连不断的政治运动和赶麻雀、炼钢铁之类的半政治运动的极短间隙里写的。第二是忘了提工宣队抄走我“自动交来”的文章的时候，带着几条夯汉，还说了些“坦白从宽、抗拒从严”之类的“政策攻心”的话。这两点对年轻读者理解我们这一代学术工作者，其实很重要，所以还是补上这么一笔好。

承河南科学技术出版社的好意，要我再出一本随笔集，篇幅可以比《北窗集》大一倍。那么，要增加的，当然主要是1990年代的作品，因此，我得把我1990年代的写作情况先补充交代一下。

第一，利用难得的几十年来最安稳的时机，和两位同事继续做乡土建筑研究，每年上山下乡三四次。到现在为止，已经出版了四本书，交稿的有十本。也发表了些单篇的文章。

第二，继续写些学术思想随笔。从1980年1月到1981年12月，我在《建筑师》上发表过十七篇《北窗杂记》，大都是论战性的。间断了整整十一年之后，1992年12月起，又把《北窗杂记》接着写下去，到1998年10月一共发表了六十五篇。另外还写了些书评和序言之类。

现在的这本书，收纳了已发表的六十五篇《北窗杂记》，占全书的大约一半篇幅。另外的一半篇幅里，有不少主题和《北窗杂记》相仿，只不过是应《建筑师》之外的刊物的约稿写的，另冠了别的篇名罢了。因为杂记引起过一些同行的兴趣，所以，这本书索性就定名为《北窗杂记》。

收入全部的《北窗杂记》，是一些朋友们的主张。《北窗集》只收了前十七篇中的四篇，他们很不满意。他们的理由是：第一，杂记前后将近二十年，覆盖了迄今为止的整个改革开放时期，因为都是针对当时建筑界的情况和问题而写，所以，它们具有相当完整的史料意义。第二，二十年对个人来说固然很长，但对国家的转型过程来说，是很短暂的。所以，1980年代初所写到的一些内容，现在仍然很有现实意义，并不过时。我尊重朋友们的好心，就照办了，而且，既然可以当作史料看，那么，就不修改了，只删削一些过于重复的，以节约读者们的买书钱和宝贵的时间。有些地方，当年大家看了都明白，现在时过境迁，可能显得晦涩了，便添几个字使它们明白，或者略掉一些不重要的，免得大家费力。有些话，现在看来不合时宜了，不怕出丑，还是照原样保留，以存其真。其他一些随笔文章也这样处理。至于乡土建筑研究，有可能开拓一个新的跨学科的学术领域，在中国文化和中国建筑史中都会占有一席之地。这次编集，把四篇关于乡土建筑研究方法论的文章收进来了。

不过，全收了《北窗杂记》，占很大篇幅，以致几篇关于苏联建筑的文章收不进来了，不免可惜。我对苏联建筑的许多方面至今评价很高，它是现代建筑运动主要的先驱者之一，它的建筑活动在相当大的程度上贯彻了社会主义的原则。而我们的许多青年朋友以为苏联和俄罗斯的建筑都不值一提。所以，实事求是地介绍它们，本来是很有好处的。

建筑是社会的编年史，它对社会的政治、经济情况和思想文化情况的反应十分敏感。二十年来，从计划经济向市场经济转型，一部分建筑活动从长官意志统治转向老板意志统治，这个变化渗透到建筑事业和建筑师思想的一切方面，既有积极的，也有消极的。这二十年中思想文化界的大风小风、大浪小浪，建筑界的反应更灵敏得出奇，思想文化界有什么，建筑界便有什么。先是随着平反冤假错案，重弹“社会主义内容，民族形式”的老调。随后大谈“形象思维”。文化风和寻根风一刮，建筑界掀起了对封建文化传统的崇拜，于是，阴阳八卦，易理禅意，风水堪舆，大屋顶小亭子，统统翻了出来。同时，通过一厢情愿地误译的“文脉”，跟后现代主义挂上了钩，起初鼓吹主观的形式创造，后来又搬来“欧陆风”。此外还有说不清道不明的解构主义、现象学和符号学，连模糊思维和弗洛伊德主义都在建筑专业刊物上热闹过一阵子。眼下则又攀上了文化保守主义思潮。

在这教人眼花缭乱的风风雨雨中，有合理的、健康的成分，促使我们的建筑进步。也挟带着一些落后的、绊脚的成分，阻碍我们的建筑真正地现代化。我这二十年所写的学术思想随笔，几乎全部是就我的认识水平所及，努力参与扫清我们建筑现代化的道路。我可能很幼稚，可能很片面，但我的大方向是坚定不移地促进我们的建筑的现代化。

建筑的现代化，主要就是建筑的民主化和科学化。民主化和科学化是个老话题了，八十多年前的先哲们就提出我们国家需要民主和科学。民主化和科学化是现代化这个概念的基本内容。三百年前西方国家开始的现代化过程就是民主化和科学化，在这之前的二百来年中，文艺复兴、宗教改革和启蒙运动，是它们的先期思想准备。建筑紧密地反映着社会，从19世纪中叶到20世纪中叶西方建筑的现代化，便是它的民主化和科学化。中国建筑要现代化，也得走这条路，没有别的路可走。

建筑的科学化比较容易阐明。我想，主要的大概是：一方面，建筑师要有求真务实、不苟且、不马虎的理性精神和严谨的逻辑思考能力，不混淆是非好坏，不糊涂进步和落后。这就是，对建筑的发展有一个规律性的认识。另一方面，要合理地使用新技术、新材料、新设备，追求建筑物的功能完善，重视经济核算和环境效应，直到当前热门的建筑智能化、生态化和可持续发展，等等。进一步就是城市规划、城市设计的领域。

建筑的民主化，大约也可以分为两个方面。一个方面是，建筑要从历来的主要为少数帝王将相、权贵阔佬服务转变到主要为最大多数的普通平常的老百姓服务，把老百姓的利益放在第一位。随着这个转变，要转变关于建筑的基本观念和整个价值观系统。相应地要适当改造建筑学的内容。另一个方面是，建筑师要有独立的精神和自由的意志，要有平民意识和人道情怀，要有强烈的创新追求，敢于发挥丰富的想象力，要有社会责任心和历史使命感。这样的建筑师才能成为民主化的个体，为社会的民主化工作。

建筑的民主化和科学化，规定了现代化建筑的根本任务，这就是为普通人创造人性化的物质生活环境。

毫无疑问，民主化和科学化不能不跟古老的文化传统发生尖锐激烈的矛盾。古老的传统形成于封建主义之下，它的基本特征，简单地说，便是专制–权威和信仰–崇拜，恰恰与民主和科学针锋相对。这也是中外一样，并没有例外。西欧各国从文艺复兴和启蒙运动起，以民主思想和科学精神为武器，对专制–权威和信仰–崇拜发起了强有力的冲击。现代主义建筑的先驱者，也曾经为摧毁对古典主义建筑传统的迷信做过坚定的、卓绝的斗争，在这场斗争中，他们同样把为普通老百姓服务作为口号写在旗帜上。

我们国家的现代化，没有像西欧文艺复兴和启蒙运动那样两百年之久的先期的思想准备，因此，所遇到的来自文化传统的阻力特别顽强。就建筑界说，权威崇拜和祖先崇拜束缚着我们建筑师的头脑，使大家步履蹒跚，严重地妨碍了建筑真正的现代化。

更不幸的是，上个世纪中叶到本世纪中叶，我们国家又有一百年被帝国主义侵略的历史。于是，我们的思想文化中，除了封建主义的传统之外，还有殖民主义的传统。这两种传统纠结在一起，使我们的现代化更加困难。我们的建筑学、建筑业、建筑师便负着这双重传统的重担，它鲜明地表现在我们的建筑实践上和理论上。前面提到的建筑领域形形色色现象中落后的、消极的成分，就是这双重传统的反映。

我这二十年的学术思想随笔，几乎全都是反对建筑领域中这双重传统的，都是呼唤建筑领域中的民主和科学的。二十年来，随着建筑界的变化，所写的题材前后有所不同，但主题始终如一。但是，建筑是社会的镜子。建筑要现代化，就必须要求社会的民主化和科学化。例如，如果缺乏必要的相关知识的长官和老板，还能颐指气使地不尊重建筑师的创造性劳动，把自己的意志强加给他们，那么，建筑的现代化也是没有希望的。所以，我不得不常常把话说得多一点儿，说说社会性的事。

我不是一个有才华的人。这辈子既没有机会好好积累书本知识，更没有机会积累建筑创作经验。我深深知道，我的努力是微不足道的。我之所以不怕冒犯一些人写这些随笔，是因为觉得对我们国家的现代化有责任，一个普通人应该有的责任。

1998 年 12 月

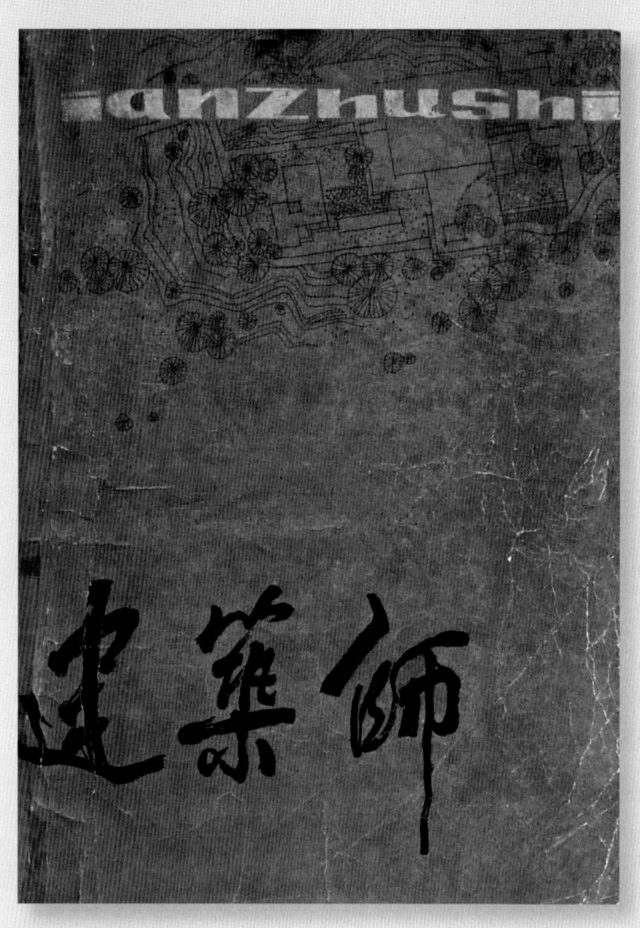
ianZhuShi
建築師

《北窗杂记二集》前言

1999年，河南科学技术出版社袁元先生帮我编了一本《北窗杂记》出版，以我在《建筑师》杂志上发表的专栏文章为主，再搭上另外的一些杂文随笔，朋友们觉得闲时还不妨凑付着看看，于是，“花生文库”的王瑞智先生见我新攒下来的杂记之类又有几十万字，就帮我编了这本《北窗杂记二集》。如果这一本也还可以看看，那我就得把王先生和袁先生一起感谢了。

这本《二集》，和先头那本比较：有两点不同。第一是，早先的那本有不少篇幅鼓吹创新精神，反对各种因循保守的“理论”。就建筑设计来说，我支持我的老师周卜颐先生的那句话：“标一点儿新罢，立一点儿异罢。”在这第二本里，这方面的文字少了一点，我要申明，这绝不是我的主张有什么变化，我依旧鼓吹创新，决没有减弱的意思。近年少说了几句，是因为建筑界的大形势有了不小的进步，“创新性思维”比十几二十年前活跃得多了，成绩已然不少。那些“社会主义内容、民族形式”，“夺回古都风貌”，“新的要跟老的找统一”等等主张，已经不大有人记得了，既然如此，这些年我也就不必再为克服它们而多费笔墨。不过，事情倒是有了另一方面的遗憾，那就是：在标新立异的时候，有时候不顾大局，不顾城市整体，不顾建筑本身的规律性而矫揉造作，或者甚至和某些力量、某些关系、某些利益挂上钩，搞些有损于社会和谐、有损于城乡合理发展的事。但是，这些问题，并没有理论深度，却不便于公开多说，所以，我虽然说过几句，篇幅毕竟少得多了。

第二点是，这几年，我们仍然坚持着“非赢利性”的纯学术的乡土建筑研究，年年都有些成果，但是，出版这些成果却越来越难，因为出版社很重视他们的赢利，有些书稿被积压，有些得以出版的也发行量很少。我们做乡土建筑研究，绝不希望“垄断”一个领域，而是乐于看到有不少人逐渐认识到中国乡土建筑的丰富多彩和极高的历史价值，认识到研究它们对完善中国建筑史、中国文化史乃至中国通史的重大意义，对世界文化也会有重要的贡献，从而参加到研究乡土建筑这项工作中来。因此，为了引起更多的人对这项工作的兴趣，我从我的乡土建筑研究著作中切下了一些章、节、段落，收在这本书里，作为引玉之砖。而且，曾不揣冒昧，给几位朋友写的关于乡土建筑的著作谄了“序”，立意也在于鼓吹，便收了一部分在这里。

这两点，是这本《二集》和前一本的主要差别。

2007 年 12 月

时逢“大雪”节

（一）*

17世纪下半叶，法国国王路易十四，就是说过“朕即国家”的那个人，很喜欢大兴土木，而且自以为在建筑上有极高的鉴赏力，总要亲自过问各种宫廷建筑的设计，选定方案。可是，他万万没有想到，正是他金口玉言，说一不二，自鸣得意的时候，他却受着他最亲信的大臣和御用建筑师的愚弄。

宰相马萨琳，摸透了路易十四的脾气。每次请路易十四审批建筑图纸，他如果愿意甲图中选，就故意说自己喜欢乙图。路易十四一定会摆出高人一等的行家派头，偏偏指定甲图。于是，马萨琳赶快表示顺从，谦卑地称颂国王无比的睿智。于是，两个人就都心满意足了。

宫廷建筑师小孟莎，则每次都故意在送审的图上留一些十分显而易见的错误，路易十四一指出来，他就失声惊叹：“天哪，陛下多么英明，我自己可是一点都看不出来，陛下的眼睛里简直像有一支两脚规！”迷汤一灌进去，再说些什么，路易十四也就无可无不可了。于是，设计方案就通过了。

凡刚愎自用、独断专行的人，必定要被一些善于拍马奉承的人包围，被他们利用，这是自古已然的现象。现在，也难免有一些既不尊重科学，又不喜欢按民主程序办事，主观主义地拍板定调的审图者，恐怕实际上已经被人灌足了迷汤。

（原载《建筑师》，1980 年 1 月）

---

* 《北窗杂记》（一）（二）两则，最初在《建筑师》发表时题名为“鉴古录”。——编者注

（二）

17世纪初年，意大利传教士利马窦来到北京，朝见之后，向明神宗朱翊钧进献了一个西班牙菲利普二世皇宫埃斯科里亚尔的模型，因为礼部不知道有个意大利，没有送上去。后来，又补进了一幅威尼斯圣马可广场的画。送上去之后，太监们告诉利马窦说，皇上听说欧洲的国王们住在楼上，不禁失笑，因为他觉得，上楼下楼，实在太不方便了，而且，要担多么大的风险。

大约一百年后，清圣祖玄烨，就是那个还算相当有知识的康熙皇帝，看到欧洲传教士带来的一幅建筑图，也是楼房，怜悯地说："欧洲一定是个弹丸小国，而且贫穷得很，因为他们没有足够的土地扩大他们的城市，以致不得不住到半空里去。"

这两件事，好像是偶合，其实并不偶然。皇上们端坐在紫禁城里，自封为"正统"的"天朝"，陶醉于"四夷宾服"。在他们看来，普天之下，只有自己的东西十全十美，无懈可击，而外国的新鲜东西，同自己的"祖宗成法"不合，可怜可笑。

前些年，建筑界里也有过一些这种传统的维护者，把外国建筑一骂到底。柱子细了，不好；窗子大了，不好；装饰少了，不好；设备多了，也不好！

奉劝这些人多少想一想外国现代建筑是否也有点道理。

（原载《建筑师》，1980 年 1 月）

（三）

眼前有一份铅印的《××宾馆建筑设计总结》，里面写着："标准层的柱网及开间尺寸的选择，对于建筑的适用、经济，有着重要的意义，在确定尺寸时，我们根据下列几个因素：1972年4月，有关领导同志视察××几间宾馆建筑时所作的指示：新楼的房间尺寸应参照××人民大厦的房间尺寸，双间房间净面积为20平方米左右，其层高为3.30米。……”

看到这儿，不禁倒抽了一口凉气。我着实替这位领导捏一把汗。如果宾馆的柱网及开间尺寸要由他来决定，或者，他的话要成为第一条根据，那么，这领导实在难当。

《史记·陈丞相世家》里写着一段故事：汉文帝问左丞相陈平，“天下一岁决狱几何？”“天下一岁钱谷出入几何？”陈平回答：“陛下即问决狱，责廷尉；问钱谷，责治粟内史。”他告诉汉文帝，他的职责之一是“使卿大夫各得任其职焉”。我们的领导人，不妨学一学陈平的这一条工作方法，使工程技术人员“各得任其职”，而不必去过问房间的大小，柱网的尺寸，否则，总有一天，会像右丞相绛侯周勃那样，硬着头皮想回答汉文帝的那两个问题，却又回答不出，弄得“汗出沾背，愧不能对”，终于交出了官印。

好在这份“总结”是1975年写的，现在的有关领导，大概聪明多了罢。

（原载《建筑师》，1980 年 5 月）

（四）

1920年，苏联雕塑家阿尔塔曼给列宁塑像。列宁知道他是未来派，向他要一些未来派的作品看。看完之后，列宁说：“对于这一方面我是一无所知的，这是专家们的事情。”阿尔塔曼回忆说：“列宁特别强调，认为他不是造型艺术的行家，他总是回避对造型艺术问题做出决定……”

据辛金回忆，1921年2月25日，列宁探望莫斯科高等工艺美术学校学生们的时候，也说过这样的话。

高等工艺美术学校也是未来派建筑的大本营，当时很活跃，影响很大。

列宁并不赞成未来派。但是，他并没有大张挞伐，对未来派搞批判运动。他也没有以无所不知的“权威”自居，一言定天下，而是希望由专家们的辩论来弄清未来派的是非。

办事情总得有权威。手术台上，外科大夫是权威；十字路口，交通警是权威。各行各业都有自己的权威。

在城市规划和建筑设计里，就要给某些合适的专家以权威。

专家们的权威，也不能随心所欲。他们必须按照一定的民主程序，遵守一定的制度。比方说，重大的建筑项目，要进行公开的设计竞赛，一旦被选中，那么，原作者就有创作权，不得原作者同意，谁都不能擅自改动设计。

必要的时候，采取适当的方式让广大的工程技术人员、人民群众，直接行使集中的权威。1930年代，莫斯科的一些重要设计方案都在高尔基大街公开展览，征求群众意见，这是好办法之一。倘若北京前三门的建设采取这种办法，总会比今天好一些吧！

（原载《建筑师》，1980 年 5 月）

（五）

苏联、日本、法国、英国等等，都不时出版一些专门的书，探讨几十年，甚至上百年以后的城市和建筑，至于散见于杂志的文章，那就更多了。

可是，我们没有。虽然按理说，生活在社会主义制度之下的人，应该更有兴趣面向未来。

一个民族，如果不探索未来，它就免不了要停滞，甚至于连今天的事情也办不好。因为，评价今天工作的好坏，重要的标准之一，就是看它是不是有利于明天的发展。

最近，中国建筑工业出版社出版了苏联建筑师波利索夫斯基写的《未来的建筑》，总算引进了第一块“他山之石”，但愿今后我们也会出现一些眼光向着未来的建筑师，在当前的工作中探索长远的发展。

1920年代初期，欧洲新建筑运动的先驱者们，都是很有预见性的。密斯·凡·德·罗倡议的钢铁和玻璃的摩天楼，到1950年代后期成了普遍的现实。勒·柯布西耶设想的城市结构，到1970年代终于在许多国家实现。格罗皮乌斯的德绍的包豪斯校舍，它的创作原则到今天还富有生命力。

但是，对未来城市和建筑的种种设想，未必都一定能实现。波利索夫斯基在《未来的建筑》里写道：“在叙述他人的和构筑自己的‘虚构建筑设计’时，在设想未来的建筑时，我所依据的只是人类今天所拥有的和根据趋向判断明天就会到手的那些技术能力。但是未必有人会去推测，未来人类的需要是什么样的，其中如住宅的需要，未来的人究竟想看到自己的房子是什么样的。因此不排斥这里所讲到的一切永远也不会得到实现。”这也不妨。一些经过深思熟虑的设想，即使不能实现，也活跃了探索的思想，在建筑发展过程中起了酵母的作用。在欧美各国，常常有这样的情况：得设计竞赛一等奖的方案，当时是不可能建造的，而真正付诸建造的，却是得二等或者三等奖的方案。那得一等奖的，总是有特殊的新鲜想法，有可能推动建筑思想前进的。正如列宁所说，“幻想是极其可贵的品质”（《列宁全集》第33卷，第282页），为了探索未来，建筑师们应该敢于幻想。

前些年，棍子横行的时候，有一条棍子就是理解得非常狭隘的“脱离实际”。这条棍子所到之处，不用说幻想，就是稍稍有点儿新鲜的方案也都被打得落花流水，以致建筑工作者“不敢多说一句话，不敢多走一步路”，砖墙多拐一道弯，也是感情有问题，须得接受再教育。大家只好搞老一套，清一色。

其实，一切发展，都是从今天的实际出发，而又脱离今天的实际的。如果不脱离今天的实际，哪里有什么发展？片面地批判“脱离实际”，保护了多少原地踏步的爬行主义！

恩格斯说：“只要自然科学在思维着，它的发展形式就是假说。”（《马克思恩格斯选集》第3卷，第561页）城市规划和建筑设计的发展，同样离不开假说，如果不允许假说，不通过假说来探索未来，那么，我们就不会有新型的城市和建筑。

让我们的建筑工作者们，也展开想象的翅膀吧！

（原载《建筑师》，1980年7月）

（六）

一部欧洲建筑史，波澜壮阔，一个高峰接着一个高峰，两千多年来，千姿百态，变化的速度之快，幅度之大，在整个世界里，没有可以相比的。罗马的柱廊在蛮族的劫火中倒下去之后，从废墟里再生出来的却是哥特式教堂的尖塔。文艺复兴的大师们，刚刚把柱式运用得圆熟，巴洛克就一阵风把柱式的规范统统打破。古典主义者还没有来得及造起几个真正严谨典雅的建筑物，洛可可的室内装饰，就映衬着贵夫人们的身影了。随着资产阶级革命的风暴而兴起的古典复兴和浪漫主义，一完成历史任务，平地一声雷，19世纪中叶，出现了水晶宫。

创新就是突破，突破才有创新，在不断的突破和创新之中，欧洲建筑文化的积累，真是无比丰富。文化的积累好比是势能，势能越大，一旦有了条件，所转化的动能也就越大。20世纪初年，建筑革命的时代一到，欧洲建筑就以不可遏止的动能，一泻千里，迅速开辟了一个崭新的时代。

欧洲建筑文化之所以有这样的成就，同历来多少都有的民主传统有关系。不用说古希腊的民主城邦、中世纪的自治城市和文艺复兴时代的城市共和国了，就连每句话都是法律的路易十四，也知道听听建筑师的意见。路易十四时代古典主义的代表作，巴黎卢浮宫东立面，是经过国际设计竞赛的。虽然这位“太阳王”看中了意大利巴洛克大师伯尼尼的设计，法国建筑师们还是取得了最后的胜利。在这种风气之下，人们精神就不致过于僵化，而习惯于标一点儿新，立一点儿异。

回头看看咱们国家，情况可就大不相同了。两千多年的封建专制统治，养成了墨守“祖宗成法”、不敢逾越一步的精神状态。习惯于夸耀的，是历史的久远。在建筑上，也是“不废旧制”，以致两千年里，建筑的变化，非专家们都看不出来。直到现在，一说起中国的木构架来，还要吹一吹“源远流长”。过去是上溯到战国，后来到了殷末，这几年看来可以推到河姆渡了。说实在话，我真害怕有朝一日在周口店挖出木构架的老祖宗来。

越是“源远流长”，越说明缺乏突破和创新。越缺乏突破和创新，遗产的积累就越单薄贫弱。凡口口声声不离遗产的，反而无产可遗，凡敢于破格求新的，反而给子孙后代留下最丰富的遗产。这是历史，这是辩证法。

当今之世，最要紧的是敢于同传统决裂，敢于蔑视遗产，不论是陈年古老的还是冒着新出笼的热气说的是在创作中，而不是把文物抛弃，相反，正因为我们的遗产单薄贫乏，仅有的一些文物需要特别小心地保护。

（原载《建筑师》，1980 年 7 月）

（七）

欧洲人有一句话：建筑是石头的史书。说得好极了。建筑，同社会的生产力、生产关系、意识形态，全都关系密切。不但建筑的艺术风格反映历史，十分灵敏，它的形制也一样反映。小而至于一朵装饰花纹，大而至于一座城市，人们都可以从上面读出生动的历史。

就拿剧场建筑来看罢。在古代希腊，自由民民主制度的盛期，容纳几万观众的剧场里，除了“酒神”、酒神的祭司和戏剧竞赛的裁判员有荣誉席之外，并没有什么贵宾席。到了晚期，自由民内部发生了阶级分化，剧场里就出现了贵宾席。罗马帝国的剧场，虽然形制大体同希腊的差不多，却明确区分了贵族区、骑士区和平民区，互相用短墙隔开。后来，到资产阶级革命时期，一些痛恨封建贵族的等级特权，热烈追求“自由、平等、博爱”理想的建筑师，曾经在剧场设计里试图恢复古希腊式的观众厅，抛弃浸透着封建等级制精神的马蹄形多层包厢式的观众厅。但是，资产阶级革命毕竟只不过是用老板代替老爷，这种理想当然实现不了。

那么，我们的建筑，三十年来，写下了怎么样的一部石头的史书呢？当然，主要篇幅是人民翻天覆地的胜利，改天换地的成就。但是，这部史书不但忠实，而且详尽，它用远远超出了合理需要的、许许多多的贵宾席、贵宾室、贵宾厅、贵宾站台和宽敞豪华的“长官楼”“书记院”、别墅、宾馆等等，写下了：几千年封建制度的残余还是多么根深蒂固，后人们读到这一页，也许会以为这部史书钉错了页码。真是“在齐太史简，在晋董狐笔”，铁面无私，一笔不苟！

再读一读最严峻的一页罢。新建的协和医院和北京烤鸭店，居然这么刺人心肺地划分了尊卑贵贱，把中国老百姓放到了那么屈辱的地位。三十年前，亲眼看见人民解放军威武雄壮地开进东交民巷的人们，读到这一页的时候，是愤怒，还是悲哀？

青史无情，好自为之呀！

（原载《建筑师》，1980年7月）

（八）

东南海滨一座省城里，有三座小山，自古以来就是居民们游览的地方。每逢春季踏青，秋季登高，游人如云。可是，现在，北面一座树木蓊郁的小山，被一道高高的围墙圈了起来，黑漆的铁门，只有听见熟悉的小轿车喇叭声，才偶尔打开。东南角上那座山，山脊长而平，中年以上的居民们，一谈起童年时代在上面放风筝的乐趣，眼睛里就闪出明亮的光。现在，它已经被许许多多围墙分割完毕，连山上北宋时代的摩崖石刻都有一些被炸掉了。山脚下小巷子里的孩子们，没精打采地在卵石地上打着纸牌，完全不知道山上是什么风光，放风筝是什么滋味了。东南角上的小山，上面有戚继光的庙，1933年，帝国主义的传教士曾经伪造契据，企图霸占这座山。市民们团结一心，奋起抗争，打赢了官司，把它夺回来了。为了纪念这个胜利，在戚公祠旁边造了一座亭子，起名“复亭”。复者，收复之谓也。可是，山的南坡，现在已经整个被占据，人们只能从围墙背后去瞻仰被挤在局促的夹缝里的戚公祠了。居民们问，什么时候，才能再度完整地收复这座小山呢？

读一读著名的《醉翁亭记》罢，欧阳修抒写同滁县人民一起游山之乐道：“人知从太守游而乐，而不知太守之乐其乐也。”袁中郎在苏州当“父母官”，有一次到虎丘去玩，游人听说长官来了，都避开了。于是，他感慨道：“甚矣，乌纱之横，皂隶之俗哉！”封建时代的官僚，都知道标榜“与民同乐”，我们社会主义时代的公仆们，怎么忍心剥夺人民大众应该享受的城市绿地呢？本来已经少得可怜了么！

这种圈占公共绿地的事，上自北京，下及县城，到处都有。所占的，既有有历史价值的名胜古迹，也有有科学价值的植物园。1978年，北京的北海重新开放的时候，几十万，也许几百万群众，多么强烈地表现了他们对公共绿地的渴望。人民的政府，对人民大众的这种渴望，可不能无动于衷！

（原载《建筑师》，1980 年 12 月）

（九）

明神宗的时候，意大利传教士金尼阁神父，伴随利马窦从南京到北京来，在大运河里看到不计其数的大木料，运向北京，说是要修宫殿。金尼阁不禁纳闷，这许多木料，足够造几座城市的了，这皇上的宫殿，究竟有多么大呢？到了北京，一看宫殿之壮丽，对比民房之简陋，不胜感慨系之。

中国历史上，皇帝们给自己大造宫殿，弄得民怨沸腾，终于激发农民起义的事，实在不少。秦始皇、隋炀帝、宋徽宗，是其中最著名的了。但是，剥削阶级，很难在历史里汲取教训，只要是封建的制度不变，这样的事，就一演再演，循环不已。连农民起义的领袖，自己也要同样走上这条道路。阿房宫的余烬未寒，萧何就急急忙忙给刘邦造起了宫殿，一旦当稳了皇帝，刘邦也觉得确实只有坐在这样的宫殿里才过瘾，从此变成了新的封建剥削阶级的头子。甚至连洪秀全，也在天下未定的时候，经营起豪华的宫殿来。

但是，个别的皇帝，比较懂得克制一点自己的奢华享受的，也还是有的。其中最有名的是汉文帝。《汉书·文帝纪》说："孝文皇帝即位二十三年，宫室苑囿，车骑服御，无所增益。……尝欲作露台，召匠计之，值百金，上曰：百金，中人十家之产也，吾奉先帝宫室，常恐羞之，何以台为。"因为他略知节俭，所以，全国十二年免收农田租税，官家的粮仓钱库却装得满满的，使西汉的经济很快繁荣起来。

解放以来，老一辈的无产阶级革命家，深知残余的封建意识的危险性，十分警惕它对革命事业的侵蚀。四川人民出版社出版的《在彭总身边》，记载着一段很动人的故事：

> 在一个著名的风景区，彭总听服务人员说，哪几座小楼是专给中央来的首长准备的，哪一级住哪一层楼都有规定，有的楼一年到头都空着。彭总听了，半夜还围着那些空着的小楼转

圈。……自言自语地说：有些人硬要把我们往贵族老爷、帝王将相的位置上推，还怕人家不知道，在这儿修了当今帝王将相的庵堂庙宇咧！

……彭总针对这件事，跟当地一位负责同志说：……你们这样搞，是在群众面前孤立我们嘛。……这样搞，又有什么必要？我们来了，住个普通招待所又有什么不好？看看人民住的什么？我们革命，不就是为了打倒压在人民头上的贵族老爷吗？

然而，不幸被“打倒”的竟是这位彭老总，罪名是“为民请命”。唉，这样的事，不想也罢！

（原载《建筑师》，1980 年 12 月）

（十）

这几年，钢管代替了杉槁，卡具代替了扎把绳，塔式吊车转来转去，把里脚手架送到每一个需要的地方。架子工们摆脱了繁重而又危险的操作，这真是一件极大的好事。他们再也不必在高高的、摇摇晃晃的架子上，一条腿盘住立杆，一只胳膊一搂一搂地往上擀杉槁了。

可是，看了中国建筑工业出版社增订之后出版的小书《架子工》，心里若有所失。我想，应该另外还有一本书，详细地记载架子工们以前在十分困难的条件下，创造过怎样的英雄业绩。

有一种说法，说一座建筑物落成之后，瓦工、木工、油漆彩画工，都留下了劳动成果，引起人们的赞赏，独有架子工，什么也没有留下，被人们遗忘了。这话并不完全确切。无论中国还是外国，古时候都有一些人记载过架子工创造的奇迹，热情地歌颂他们。

在外国，瓦萨里在布鲁涅列斯基的传记里写着，建造佛罗伦萨主教堂的大穹顶，第一项关键工程就是搭架子，搭架子也许比造大穹顶本身还要难一些。而这个架子搭得很出色，上面居然还办了食堂和酒店，免得工匠们爬上爬下麻烦。

中国有一些传说，例如关于应县佛宫寺释迦塔的，把搭架子说成了神话。所以说成神话，是看到了这工作之难，非用“神工鬼斧”这样的幻想不能形容架子工技艺之巧。

我所见的关于架子工的诗文里，很有一些动人的。例如明人陈铎在《滑稽余韵》里有一首散曲《朝天子·搭材》，写道：“篾篁儿紧扎，木植儿巧搭，利脚手分高下。一关一捩旋生发，就里工夫大。自己寻常，旁人惊怕，半空中难作耍。舍卫城建塔，蓬莱宫上瓦，不是我谁承架？”晚些时候，有清人施闰章的《愚山文集》里的一段，记的是顺治年间修理南京大报恩寺塔的故事。由于没有大木作架，众人束手无策之际，“有田氏兄弟二人至，曰，吾不立架，不索谢……乃陟最上层，系横木于塔门，竖梯于木端，缘之而上，若猱升木，其徒执役者三人，鱼贯运材，因势掇葺，如燕鹊营巢垒。移其木，以次及下，三月讫工，仅费数千金。……田氏解衣跣足，持长帚，踞塔巅，磅礴扫除，谓之洗塔。复仰天坦卧，云日荡胸，安若平地。荐绅士女，骈集来观者千万人，皆震骇汹涌，欢喜瞻赞，或仰视力穷，登台榭，叠几案，卧而望之。田氏循檐斗折，冉冉而下，人皆诧为神仙焉。”田氏兄弟大约是瓦工而善于搭架子的，所搭的是悬挑式的脚手架。这一段文字，大足为“卑贱的”劳动者扬眉吐气，应该引进《中国建筑史》的著作里去。

解放以来，架子工们更是不断创新，在许多重大工程里创造了非常巧妙的脚手架。现在，架子渐渐革新，但是，过去的光辉成就不应该泯灭。可惜，好像还没有人动笔把它们写下来。

（原载《建筑师》，1980 年 12 月）

（十一）

如今国内写文章论建筑创作的人，大都要写上一段“民族形式”“民族传统”。不过，总是既不论证它的必要性，也不论证它的必然性，有气无力，又好像不说这么几句就算不得全面。这种现象，是思想上的惰性，理论上的八股。

什么是民族呢？最完备的定义还是斯大林说的：“民族是人们在历史上形成的一个有共同语言、有共同地域、有共同经济生活以及有表现于共同文化上的共同心理状态的稳定的共同体。”（《马克思主义与民族问题》）很明显，这个稳定的共同体之所以形成，不但因为它内部联系密切，而且还因为这些人们跟住在其他地域的人们有相当程度的隔绝。所以，一旦隔绝状态消失，地域之间的经济和文化交流频繁起来，形成民族的基本条件就没有了。从根儿上说，在历史上形成的民族，一定要在历史上消灭，当然，它们文化的“民族形式”也要跟着消灭。

对建筑形式起决定作用的结构、材料、技术等等早就世界化了，古老的生活方式和审美习惯也早已改变掉了，建筑形式还扭扭捏捏做什么？大工业的产物，汽车、收音机、钟表都没有“民族形式”，为什么唯独给建筑要套上这个紧箍咒？

现在倡导民族形式的人，大体不外两种说法。一种说法，尽管在“神似”上作文章，但他们要“似”的，仍然是封建时代的古老形式之神。他们有些人已经不大赞成模仿旧建筑的“总轮廓”，因为那条路实在走不通，却很愿意在室内装修和陈设方面搞旧趣味。所以，虽然反对“穿西装戴瓜皮帽”，却喜欢“穿西装衬大红洒花软缎中衣”。

另一种说法，把民族形式说成做设计的时候要根据具体的自然环境、经济水平、技术力量，当然，一定还要说一条“民族传统”。其实，自然环境从来不是形成民族的条件。从气候来说，北京同巴黎远比北京同广州要接近得多，岂不是北京的建筑，应该更像巴黎的？至于经济贫困、技术落后，这些暂时现象难道是中华民族固有的民族特征么？

当然要根据这些情况做设计，但扯不上什么“民族形式”，这些具体条件里，沾边的仍然只有一条“民族传统”，那个旧时代的遗迹。

所以，建议现在写文章仍然不忘“民族形式”或者“民族传统”的人，认真下一番功夫，分析一下世界各国建筑的“民族形式”或者“民族传统”产生和消失的历史过程。想一想，在经过20世纪头几十年的大变革之后，建筑已经从手工业转化为大工业，建筑学已经从艺术转化为技术科学，再来说什么“民族形式”或者“民族传统”，还有什么意义，什么好处，什么必要？它们在当代建筑发展中还有什么必然性？写文章为什么还非提它一下不可？

如果说不出什么非搞“民族形式”或者非继承“民族传统”不可的道理来，而又总要在文章里写上这么一段，那么，再说一遍：只不过是思想上的惰性，理论上的八股而已！

（原载《建筑师》，1981 年 4 月）

（十二）

理论应该说的，不是“想怎么样”“喜欢怎么样”；理论应该说的，是“必然怎么样”。建筑理论要说明白，建筑必然要沿什么道路发展，什么是建筑发展的必然趋向。

提倡所谓民族形式，要把所谓民族形式当作评价标准，当作创作方向来提倡的人们，荒谬之处正在用“想怎么样”“喜欢怎么样”代替了“必然怎么样”。

民族形式，提倡了三十年了，越提倡越渺茫。先是要人按“文法”办事，后来，实在行不通，只好退一步，不得不说但求“神似”。但是，“形之不存，神将焉附”？神似者，其实不过是略有变通的淡淡的形似。

所“似”者何？当然是那个“源远流长”的古老形式。宋式或清式，官式或民式，总之，都是封建时代的，用天然材料的，手工业的产物。一句话，要向后看，要同过去的东西有点儿像，“似曾相识”。这就是说，新东西必须在旧框框里套着，至少，背着个包袱。

为什么？有什么历史的必然性？没有，只不过有人想这样，喜欢这样！而这种理论的产生却是有必然性的，它是几千年狭隘保守的封建小农意识的残留。这里用得着一句话：意识落后于存在！

在古代和中世纪，各民族的建筑，形成了各自的特殊形式，这是必然的。封闭的自然经济、地区性的天然材料、土生土长的文化等是它形成的条件。

但是，现在的必然性是什么呢？是现代的科学技术，现代的工业文明，包括有关建筑的在内，早就没有了国界，成为全人类的财富。建筑所要满足的功能要求，生产的或者生活的，在世界各地也正在迅速接近。而满足这些要求的手段，对自然条件的适应性越来越强。大规模工业化生产的客观规律，给它的产品以一定的风格，这种风格早已突破了民族的界限，成为人们审美意识的主流。所以，再也不能期望有什么当代的“新”民族形式了。同样，用“人民喜闻乐见”来为保守落后的形式辩护也不行了，因为他们的精神世界已经十分开阔，他们已经习惯于不断革新的、反映着高效能的工业品形式了，这就叫“存在决定意识”，君若不信，去打听打听。

这就是当代的必然性。

（原载《建筑师》，1981 年 4 月）

（十三）

民族形式的提倡者曰：工厂、住宅、学校、商店等大量性的建筑，自不必提了。但是，大型公共建筑，带纪念性的，就应该是民族形式的了。这说法也退了一步。

这真是奇特的思想。为什么这些人的精神状态，总是一步一回头，恋恋不舍地向后看呢？大型公共建筑物，带纪念性的，正因为重要，所以才更应该是技术上和观念上最先进的，最能体现建筑发展的必然方向的。咱们的精神状态，不是应该这样富有进取性么？

欧洲各国，两千年来，建筑风格一变再变，精彩纷呈，而每一次变化，大多是由大型的、带纪念性的建筑带头，开风气之先。大量建造的，其实变化倒并不大。因此，那些最重要的纪念性建筑，成为时代的最先进的代表，最有价值的里程碑，载入建筑发展史的典籍，占据光辉的地位。相反，到19世纪至20世纪初，欧洲各国都有过一些规模宏大的宫殿、议会大厦之类的建筑物。它们都是大型公共建筑物，雄伟壮丽，有一些也很有点儿民族传统，但是，却不能在建筑史正座里占一席之地。为什么？因为当时的历史要求是创造崭新的建筑，而它们却因循守旧，搞折衷主义，在当时代表着保守的惰性力。建筑史家不高看它们，是公平之至的。

每一个时代，都有它自己相当稳定的审美趣味，贯串在美术、工艺、戏剧、服装和建筑之中，彼此协调。檐牙翻飞、彩画金碧辉煌的中国古建筑，同锣鼓喧天的京剧、十八层的象牙球、蟒袍玉带、绣花鞋、绿呢大轿之类，是成龙配套的。但是，现在早就是电影、小汽车、皮鞋、涤纶百褶裙的时代了，人们的审美趣味早就变了。对那些陈旧的东西，人们未必喜闻乐见了。在大量现代化的建筑当中，孑立着几幢古色古香的公共建筑，那场面不是很尴尬吗？

大规模的工业生产造成的工业品的美术风格，是最先进的，最富有生命力的，这种风格之将要普及到除特殊手工艺品之外的一切现代产品中去，是不可抗拒的历史潮流。

有人说，人的审美趣味有相对的独立性，它会对物质条件起反作用。是的，是这样。我们看一个突出的例子罢：前些年，咱们国家的一些小汽车的车壳是用手工敲打出来的，但是，它们没有敲成方头方脑的五十年前的老式样，更没有敲打成“民族形式”的木牛流马的式样，而是敲打成用现代化机械模压出来的式样。这就是审美意识对物质条件的反作用。

这是“大势所趋”。

当然，我们并不糊涂到主张我们当前的建筑立即就搞得像钢铁和玻璃造的建筑那样，但是，总不能指引我们去“神似”那些古老的木结构呀！

（原载《建筑师》，1981 年 4 月）

（十四）

有人说，1950年代末期，我们的一些大屋顶建筑物，就是好看，就是有文化，外国人爱看。结论呢？还得这么干！

用这种方法来做理论工作，真叫人心惊肉跳。他们不去研究事物发展的客观规律，而是宣扬口味和爱好。这叫什么理论？

春秋战国时代的青铜器，真叫好看，有文化，中国人和外国人看了都佩服，照这些理论家的主张，咱们现在就该按照大盂鼎的式样制造高压锅或者自动化电锅了！

行吗？

要知道，当代的建筑形式和风格必须发展，弃旧图新，不是因为旧的不好看，而是因为建筑必须适应新的功能、新的工业化技术、新的经济条件和新的审美趣味。

欧洲19世纪后半叶的折衷主义建筑，从设计技巧来说，有很高明的；它们模仿历史上的各种样式风格，十分地道；许多作品都很好看。但是，它们终究算不了什么，因为它们代表着一个衰亡着的潮流。那时候，客观条件已经具备，客观需要已经迫切，新建筑已经在酝酿；历史的任务是用新手段解决新问题，创造新事物，而它们却迷恋着旧骸骨。

以为旧事物才有文化，新事物算不得文化，这是一种极愚昧的落后思想，是一切封建保守势力的特征。他们衡量文化之高低，以源之远、流之长为准，夸耀的无非是祖宗！正在进行建筑革命的欧洲人，在西太后的眼里，不过是野蛮的、不开化的“红夷”。五四时代的国粹家们，把烈女守节、扶乩卜卦、刀枪不入、唐宋八大家看作是足以压倒一切西洋文明的文化宝贝。那时候，也是很有一些外国人鼓吹这些东西的，香港甚至还有一个“孔教会”。如果有人还想卖什么祖传秘方，请去看一看伟大的思想家鲁迅先生那么愤激地写下的不朽篇章罢！

1950年代，苏联人倡导于前，1980年代，美国人赞赏于后，民族形式论，同当年的国粹主义一样，很有点儿历史特点，这就是：半封建半殖民地的气味。我们再也不要去迎合那些外国人好奇的眼光了。

如果在现代化过程中，咱们的建筑会同外国建筑相当接近，那倒不是什么“亡国奴”思想的结果，而是建筑科学发展的必然趋向。住在这样的房子里有什么不好？不在乎它像谁！既然咱们的“民族形式”外国人爱看，那么，外国人的现代建筑，咱们的同胞们也会爱看的。不要再打什么“人民群众喜闻乐见”的旗子了。

1981年是鲁迅先生诞辰一百周年。我们引他一句话看看：

> 有人说：“我们要特别生长；不然，何以为中国人！”
>
> 于是乎要从“世界人”中挤出。
>
> 于是乎中国人失了世界，却暂时仍要在这世界上住！——这便是我的大恐惧。

（原载《建筑师》，1981 年 4 月）

（十五）

一百年前，芝加哥建筑师沙利文从生物学借来了一个思想，叫作“功能决定形式”。这个思想，虽然不够全面，但对打破学院派形式主义的统治，推进建筑革命，起了很大的积极作用。

建筑革命的实践说明，除了功能之外，建筑所用的材料和结构方式等，也会对形式起决定影响。因此，“功能决定形式”这个思想，需要稍作补充。同时，对功能的理解也不能很狭隘。

新的功能、新的材料和新的结构方式，一百年来，促进新建筑形式层出不穷地发展。在这一个短短的时期里，新形式之多，超出了欧洲建筑史的总和。而且，只要生产力在发展，生活方式在发展，也就是建筑的功能在发展，科学技术在发展，人类对生存环境的认识和要求在发展，那么，创造新建筑形式的可能性就是没有穷尽之日的。

1920年代，格罗皮乌斯用严谨的功能分析，分隔空间，创造了包豪斯校舍全新的形式。1970年代，在新的条件下，同样用严谨的功能分析，大面积的通用空间流行，产生了蓬皮杜文化中心那样更新的形式。20年代，勒·柯布西耶用钢筋混凝土框架造成了简洁的方盒子，使人耳目一新。到六七十年代，壳体和悬索结构，使建筑形式突破了方盒子，新而又新。当前，生产力的大进步，又使能源、设备、材料发生新变化。新的功能类型的建筑，新的城市规划思想，正层出不穷。因此，更加新得多的建筑形式势必迅速出现。

奇怪的是，面对着这样千变万化的新建筑形式和巨大的新可能性，有人竟视而不见。他们提出了一个完全不符合实际情况的指责，说现代建筑“千篇一律”了。

这种说法，起源于外国。匡救之道，据那几位外国人说，在于反对“功能决定形式”这个思想。于是，一名为约翰逊者曰：“形式决定形式”，另一名为路易·康者曰：“形式引起功能。”总之，要摆脱一切客观的规律性，全凭主观地去“创新”。

这些口号其实一点也不新鲜，学院派的形式主义者主张的就是这一套。而在当年反对学院派教条的人里，也有这么一种人，如高迪之流。现在，以文丘里为代表，打着“通俗艺术”旗帜，又捡起垃圾堆艺术来糟蹋建筑了。

但是，我们有些留恋封建时代“传统”的人，却连忙把约翰逊的

“历史主义”当作同盟军。虽然连一幢真正的现代建筑都没有见到过，却惊呼起它的“千篇一律”来了。仿佛这么一来，“外国人爱看”的咱们的“民族形式”，就是千真万确的真理了。

这些人忘记了，虽然“民族形式”，大屋顶，同任何现代化的建筑都不一律，却同两千年前春秋战国的建筑很一律。

要破“一律”，要不断创新，唯一的办法，是利用可能利用的新条件、新事物来解决新问题，从而创造新的美，新的建筑文化。这是客观的历史发展的必然性。

（原载《建筑师》，1981 年 4 月）

（十六）

多少年来，我们建筑界的有一些同志，在维护过时的建筑风格的时候，最爱用的论据之一是群众“喜闻乐见”。其实，他们所说的“喜闻乐见”，不过是“习闻熟见”而已。把习闻熟见看作是不可改变的，从而论证建筑风格的不可改变，不过是一厢情愿。习闻熟见不是先验的，它经常在改变，同样，大屋顶也好，柱式也好，对称轴线也好，空间序列也好，都不是永恒的。人们对它们的爱好，是在一定的条件下形成的，又会在新的条件下转而爱好新的形式。

马克思在《政治经济学批判导言》里说：“艺术对象——任何其他生产物也一样——创造着有艺术情感和审美能力的群众。因此，生产不仅为主体生产着对象，并且也为对象生产着主体。”所以，帕格尼尼的演奏能培养听众的耳朵，拉斐尔的绘画能培养观众的眼睛。

那么，现代化的大工业生产也无疑能培养人们新的审美观点。1917年，德意志工业联盟的成员穆迪修斯说：用机器大量生产的商品，必定“会对劳动者的社会生活和审美产生新的影响”。有这样一件值得注意的事：1922年，普列特涅夫在一篇论文里写道：“电站和桥梁是美的，因为它们有用大量钢、铁、混凝土、石头造成的结构，有力和能的美。”列宁在这段话的边上批注：“对的，但要具体些（爱伦堡）。”这位爱伦堡当时刚刚出版了一本书，叫《她终于转回来了》，书中把工业技术和机器视为现代艺术创作和美的造型的源泉。

但是，在我们这里，多年以来，错误地把人们的审美观点仅仅看作一种阶级意识。从19世纪末到20世纪头几十年，在欧美发生了一场建筑大革命，其历史意义之一是建筑工业化、现代化的大飞跃。由此产生的新的建筑风格，反映着机械化大生产的特点。但是，我们却有人在时间表上一对照，就硬说那是腐朽的、垂死的帝国主义时期资产阶级没落的世界观的表现。从而断定，这种形式是绝不会被劳动人民喜闻乐见的。

这种把阶级斗争当作历史唯一内容的荒唐理论，使人们不能正确认识现代建筑的发展。相反，使一些人死抱住同建筑的现代化格格不入的东西，还自以为在同国际资本主义制度斗争。

其实，人民群众的审美观点早就发展了，早就习闻熟见了机械化大工业产品的美。机械化的大生产产品已经在人们生活中形成了配套的艺术风格，包括日用品、家具、服装和车辆等等。当然，就生产过程来说，我们当前的建筑是相当落后的，一些现代化的形式，不能勉强模仿。但是，目前我们的建筑风格，特别在大型公共建筑物上，主要的问题难道不是过于因循保守么？不是浪掷了大量的人力物力去追求传统的艺术趣味么？不是在社会审美观点的发展上起着惰性力的作用么？

（原载《建筑师》，1981 年 12 月）

（十七）

这两年，建筑界呼吁创新的声音强起来了。不过，多年裹成的小脚难以放大。杂志上呼吁创新的文章，大多总要写上一段“要学习传统”“要继承传统”一类的话。所借以立论的，是从已经很现代化了的日本寻取来的例子，什么京都国际会堂、东京奥林匹克游泳馆之类。巴望新的，又舍不得旧的，真所谓“口将言而嗫嚅，足将进而趑趄”。

今天，在我们建筑界提倡创新，就是把20世纪头几十年世界范围的建筑革命引进来，补上这被我们耽误了三十年的一课。这场革命的意义之一，是建筑业里的工业革命，它把建筑业从几千年来的手工业转化为大机器工业，把建筑学从艺术转化为技术科学。所以，我们只能顺从历史，趁早下定决心：同传统决裂！

就拿日本的经验来说罢，不要孤立地看它一幢、两幢建筑物，而要看它一百年来的历史。日本建筑在现代化的过程中，也有一些人坚持过大屋顶，搞了几十年，失败了；又有一些人用钢筋混凝土模仿古老的木结构的某些特点，似乎很成功。其实这种仿制品因为毕竟免不了矫揉造作，近十几年来已经日见其少了。但我们一些同志，却抓住几个孤立的例子，不知怎么就看出了从对传统的“形似”到“神似”的进化。把显然处在衰亡过程中的东西，当作我们今天创新时的借鉴，何至于如此浅陋呢？

必须洗刷掉那种一步三回头的精神状态，不要再太过于热心论证传统了。广州的同志们，在庭园设计上做了那么多的创新，取得了很大成绩，却有人把他们的成绩归结为“传统”的无边法力。更有叫人遗憾的是，竟有同志写文章证明，现代建筑革命胜利进军的里程碑之一，密斯设计的巴塞罗那博览会德国馆，是吸收了古希腊某神庙的传统手法的。这不禁叫我想起，五四运动时期，新文化的反对者们曾经那么推崇鲁迅先生深厚的旧文化根底。鲁迅先生回答得多么坚决：如果他的文章还有点旧气味的话，那么，只能说明他革新得还不够！我们现在要的不正是这种战士的态度吗？

请记住恩格斯的一句话：“传统是一种巨大的阻力，是历史的惰性力，但是由于它是消极的，所以一定要被摧毁。”

（原载《建筑师》，1981 年 12 月）

（十八）

近年来，建筑刊物上常常有几篇教人莫测高深的“理论”文章。据说，这些不过是冰山的露头，乐此不疲的大有人在。有人说，这是建筑理论的革命，“明日之域中”，将是这类文章的天下。

“三十年风水轮流转”，明日的事不好说，眼前不大有人看这些文章倒是真的。看不懂嘛！理论文章应该五花八门，有几篇看不懂的也无所谓。不过，万一不幸而言中，看不懂的文章独占了神州大地这方天下，“理论”没有培养起人们对理论的兴趣，反倒把大家变成了“理论盲”，这可怎么说呢？不过，这大概是杞忧，任何一种理论，要想存在下去，总得满足一点儿生活实践中的实质性需要。谁也看不懂的文章，怕是易生也易灭。

这些文章有两大类：一类是国粹，捣腾阴阳八卦、禅学易理、“天人合一”；一类是进口货，什么符号学、解构主义，还有索绪尔和海德格尔。不过，这国粹的回潮，其实是外国人倡之于先的，可以叫作“出口转内销”；而进口货，至今也没有原装的，可以叫作“国内组装”。市场导向，目前是“外转内”的敌不过“进口组装”的，所以我们通常是对着符号学之类发呆。可惜，大约是索绪尔说过，符号这玩意儿，各人有各人的领会，所以，这进口的零部件，虽然不好说是冒牌货，总也算不上是原汤原汁，走了味儿了。人们看不懂这些文章，道理就在于它们是国粹和进口货，一个古，一个洋，不是此时、此地、此人的话。

这些文章，不论古的还是洋的，大概有三个特色：

一是它们名为说建筑，其实并没有说真正的建筑，或者说，没有说建筑的本质、它的社会功能，没有说社会对建筑的真实要求。他们用来“侃”建筑的那些“哲学”，都是从别的学科借来的：语言学、文艺学、心理学等等。学科之间当然不必壁垒森严，不妨互借方法和范畴，不过，总得有条件，有限度，总得立足于建筑的本质和社会功能。我们硬起头皮读那些文章，也许能长进不少知识，知道什么叫“能指”，什么叫“所指”，什么是“河图洛书”，但是，却越来越弄不清什么是建筑了。这叫作“本体迷失症”，症状是“反客为主”。

二是脱离了建筑本身，就必然脱离生活，脱离人民，也同样会脱离历史。鸿篇巨制，成了纯思辨的无根游谈。纯思辨是自由的，文章家们游心于太玄，精神十分解放，什么时候觉得离题太远了，随手拈一两个建筑的例子，选一个角度活剥一下，血淋淋地塞到什么“学”的理论框架里去，或者扔进太上老君的八卦炉。

建筑学天生的特点和优点是生活化、人情味和实践性。所以，建筑理论应该是最生动鲜活、最实在、也最平易的。那些纯思辨的文章，像出岫的云，飘飘忽忽，无从捉摸，一旦摸到了，却又是什么也没有。

三是这种脱离生活，脱离人民，也脱离建筑本身的纯思辨理论，很容易滑进“心决定物”的泥沼，喜欢用观念性的东西去解释建筑的形成和发展。例如四合院，好古的说它是伦理纲常的化身，好洋的说它是伦理纲常的符号。“心决定物”的主观性往往会给文章家极大的快感，他们可以不受任何实践检验地“从心所欲”，至于是不是“逾矩”，那就不必去管它了，因为他们压根儿不承认有什么客观的“矩”。于是他们当中有人干脆就说自己不过是“玩”理论而已，游戏的规则可以自己拟它一个。

规则既是他自己拟的，别人怎么看得懂他的游戏呢？不知道“隔山打炮”的人，看人下象棋，不是只有犯傻的份儿吗？

所以，这些文章往往带有浓重的神秘性，叫作神秘主义也无妨。

神秘是一切崇拜的前提。这种“理论”就很迷惑了一些信徒，崇拜它的“哲理性”和“高（深）层次”。有人为自己没有这样的“慧根”而自卑，有人因为搞了实实在在的史学没有“修道”而后悔。入了门的，又往往很难自拔。有一位说，我喜欢搞理论，所以只好如此这般。

喜欢搞理论是好的，值得欢迎，但搞理论却未必非如此这般不可。理论的热点形态像一切事物一样，都是历史现象。它们既然会产生，就一定会灭亡。过去有过别的理论热点和理论形态，将来也会有别的。“如此这般”的移植式的、“三脱离”的理论，也不会是永恒的。即便在当前，它们也不是唯一的。喜欢搞理论，为什么一定要卖弄这一套呢？

我们都喜欢思想的自由翱翔，都喜欢当冲决传统的创新者。但是，这种“古”的或“洋”的理论，却只会束缚我们。我们刚刚跳出了一种思想牢笼，又何必再跳进另一种思想牢笼？一天到晚《易经》《五灯会元》，或者符号学、解构主义，不是在替古人传道，或者替洋人传道吗？自己的思想何在？

只有立足建筑本身，面向实际，面向人民，我们才有思想的自由，才可能有所创造，有所前进。

（原载《建筑师》，1992 年 12 月）

（十九）

这几年，建筑界出出进进，来往于太平洋两岸的人多了，看来的，听来的，关于美国建筑的知识可不算很少了。

但是，可惜，到现在为止，对美国建筑的介绍都是片面的，对美国建筑的知识都是片面的。片面就是错，错就有害！

片面在哪里？在于介绍的、知道的，都是些世界贸易中心、西尔斯大厦、美术馆东馆、桃园饭店，还有后现代的什么市政厅和送给老妈妈的住宅等等一类的建筑物，总而言之，那些只属于百分之一二三的顶尖儿建筑物。至于在美国触目皆是、占绝大多数的日常房屋是什么样子的，对不起，还不见有人写文章说一说。这么一来，我们就以为，或者愿意以为，美国遍地都是那种既豪华又奇特的建筑，“艺术”得很了，“主义”得很了。

其实呢，要看看这类建筑物，并不容易，还真得费点儿周折，下功夫找一找。说起它们来，我们是空间如何，哲理如何，外加遗闻逸事，如数家珍，但美国人却很少知道它们。

富甲天下的美国，从东海岸到西海岸，除了几个大城市的中心，构成城乡基本面貌的房屋，都是十分朴素、十分经济的，并不突出形式，那份儿求实精神，远远超过我们同类的建筑。许多超级市场、商店、餐馆、汽车旅馆，都不过是标准化的木龙骨，钉上整张的五合板，刷一道油漆就成了。还有一种常见的做法是绷钢板网喷水泥浆。这类建筑的木质柱子、梁、斜撑等等，虽然露明，却往往不刨光，带着轮盘锯毛糙的痕迹。节点上，一根根的螺栓都露着，不加掩饰。屋面上就是一片片防水卷材，没有什么覆盖。

我们有一位老同事在旧金山最大的一家设计事务所工作，那事务所的内墙面就裸露着不太平整的砖砌体，不抹灰，甚至没有喷白。一个小小的钢板转梯，连防滑的胶垫或地毯都没有。所有的管道都露明挂着，没有吊顶。

说起管道来，叫人吃惊的是，纽约的联合国总部大厦里，大大小小的会议厅，顶上也都吊着纵横交错的管道。在安理会旁听席的后排上，大个子几乎可以摸到这些管道。不过投射式灯具都低于管道，所以，如果不专门去看它们，它们也不惹眼。

至于“空间”，也没有那么多的讲究，简单得很，实惠得很，满足功能就是了。堂堂联合国会议大厅的门厅，照咱们泱泱大国的眼光看来，简直是寒碜得很。

总而言之，在美国，大量性的日常房屋，“建筑”是很平淡的，它们在五光十色的货架或舒适的陈设后面消失了。美国人好像并不以为这样就会有伤精神文明，有损国家形象。他们比咱们这个穷国家更能将就、凑合，更精打细算。也许以后美国的大量性建筑会逐渐提高质量，甚至豪华起来，但至少，到目前这样的生产力水平，它们是很朴素简单的。

为什么我们长期不介绍这些情况呢？是因为我们有幸远渡重洋的建筑师们，在那里只见到作为“巅峰性艺术”的百分之一二三的“建筑物”，而见不到或者不屑于见到大量性的“构筑物”吗？也许是的，不过是“视而不见”。开放以来，我们很快学来了许多真真假假的主义，却没有学来美国人的求实精神。

片面的介绍，片面的知识，又会助长我们建筑观念的片面性，助长我们对建筑师这个职业的认识的片面性。好在建筑这门学科是实践性的学科，大多数工作着的建筑师在现实的制约下还不致糊涂，但一些书斋里的文章家们可就拿不住准头了。我们的一些文章家，多年来只在那百分之一二三上立论。最典型的表现就是给建筑下了个“艺术”的定义。为了论证得有力，甚至说建筑设计的思维是“形象思维”，以此自标“高格”。作为一切建筑物存在的最基本前提的实用功能和结构合理，被一些文章家看作不过是一家之言，所以他们开列的近年我国的建筑流派之中，赫然竟有一个“功能-结构派”。更有一些文章家，大谈“气”“道”“符号”，就是不谈建筑的基本任务，它的本质。

“艺术”的调子唱多了，对实践着的建筑师甚至对出钱盖房的主儿也并非毫无影响。北京就有人在业主要求下设计了乌龟形的建筑和狮子形的建筑，据说前者居然造起来了，而且还要配上乌龟形的喷水池之类，凑足整整一百只。“形象思维”到这个份儿上，可说是功德圆满了。

不久之前，某文章家在一次会议上发论文继续论证建筑是艺术的命题，竟然说，“劳动人民人均还只有几平米的住房”这样的话是“主要应防范”的“左”，而且是“唯我独革，难免令人起疑”。但他倒还能承认，“对此我们无言以对”。为什么无言以对呢？恐怕是言将起来，大规模的住宅建设、危房改建和建设部长应允的到2000年给每户城市居民一套经济实惠的住宅，都是“左”的，都是“主要应防范”的了罢！

把劳动人民的迫切需要开除出思考的领域，这是“建筑是艺术”这个命题必然的逻辑结论。坚持这个命题的人自己已经多次说出来了。咱们可不像他们那样给人扣什么“左”和“右”的政治帽子。

理论的“深层结构”不是凭空虚构，理论的“高度”也不在象牙塔顶上，那儿是“高处不胜寒”的。奉劝这些文章家，还是食一点儿人间烟火为好。

邹德侬老师说得好："世界建筑需要回归基本目标，中国建筑需要回归基本目标。"不过，大概最好做一点儿修正，说明，脱离了基本目标而需要回归的，是少数建筑和少数人，在我们这里，主要是些在古书和洋书里讨生活的文章家。邹老师说，回归基本目标至少应该包括三点：①需要对建筑理论中的本体论进行再开发，再教育；②既讲建筑师的创作权利，又讲建筑师的社会责任，提倡对国情的再认识；③改善外国建筑理论的引进工作。(《从半个后现代到多个解构》,《世界建筑》1992年第4期）说得好极了。我再补充两条：还要改善对世界各国建筑的介绍工作，那百分之一二三固然要介绍，更重要的是全面地了解先进发达国家的建筑活动。我们的价值观，要立足在人民普遍的、迫切的需要上。邹老师以为如何?

（原载《建筑师》，1993 年 2 月）

（二〇）*

只介绍外国的占百分之一二三的象牙塔顶上的建筑，给人片面的认识，已经是不妥当的了，如果对这些百分之一二三的建筑的介绍又是片面的，那就更不妥当了。因为介绍就是评价，就是宣传。宣传一个片面的评价，不论正面反面，就是宣传了一种价值观，而价值观是要在实践中起作用的。

可惜我们的介绍，常常是片面的。

就拿介绍得挺多的贝聿铭的三个作品来说罢，它们都声名赫赫。

一个是华盛顿的美术馆东馆，这几年红得发紫。但是，它其实几乎不过是个大而无当的门厅，却又没有门厅应有的导向性。真正的美术品陈列室和通道口被挤在小小的角落里，不大好找。五年前我去参

* （二〇）（二一）两篇在《建筑师》发表时序号颠倒。——编者注

观的时候，天桥一端的某个流通空间已经被封死了一半，另一处的封闭工程正在施工。这两处一封，空间艺术确实大为逊色，但是，它原来的可使用空间实在太少，连美国人也没有阔气到可以把建筑物当作纯观赏的“陈列品”的地步。建筑的存在前提是实用，它在本质上就不是一个单纯供观赏的艺术品。硬要这样自命不凡，只好落得个被肢解的下场。

另一个是香港的中国银行大厦，这几年也同样红火。但是，踏进它的大门，塞满整个底层的封闭的小房间都和顾客没有关系；上了二楼，营业厅是“冂”形的，两侧的巷子还相当长，要想找到需要的服务窗口，可不大容易。这个营业厅尺度严重失当，高大虚旷，是个非人性的空间。柜台对顾客来说都在强烈的逆光位置，只见到黑糊糊的轮廓；而为了“典雅”，服务窗口的名称浅浅地刻在齐腰高的柜台的侧面上，又是台板本色，不但在暗影中看不清楚，还很容易被顾客挡住。

第三个是香山饭店，被一些人赞誉为开辟了中国新建筑的道路的。它那个所谓汲取了四合院精华的院落式布局，给旅客和经理添了多少麻烦！服务员小姐说，常常有旅客在走廊里转腰子，找不到房间了，虽然房间其实不远，拐个弯就是。而为了安全，经理不得不多设了几位保卫人员，管理那分散的“空间”和出入口。

或许怪我不大读刊物、报纸，除了对香山饭店有点轻描淡写被编辑处理过的争论外，我没有见到过对这三幢建筑物的功能、经济等做实事求是的深入分析。看到的是一片赞扬，有些很有资望的赞扬者的措辞都已经热情得很离谱。而所赞扬的无非是“艺术”如何如何，“空间”如何如何。美术馆东馆的大而无当，竟也被当作可爱的职业自豪感来咀嚼。

就只说“艺术”罢，我们评价一座建筑物的艺术质量，总不能忘了它的性格、气质。而这三座建筑，里里外外，给人的印象是冷冰冰、硬绷绷。虽然都是向公众开放，供公众使用的，却那么缺乏热情、缺乏生气，一副拒人于千里之外的铁板面孔。甚至还不如它们身边的美国国会大厦和香港大会堂那种纯“官派”建筑来得亲切。倒是有人批评过香山饭店像殡仪馆，这也许说得太丧气，但至少它像一座旧时代的当铺，连构图细节都像。我每次走进香港中国银行，踏上大楼梯，总觉得好像来到了宪兵司令部，心里受到压迫，惴惴不安。这就真不如文丘里抬出来的拉斯维加斯的街道了，那儿起码是热热闹闹，叫人舒心，叫人兴致勃勃。

就说“空间”罢，美术馆东馆和香山饭店的四季厅，尤其是后者，尺度都失当，坐在四季厅里，就像坐在火车站的候车厅里，总觉得“客身如寄”。而且，这两个大厅，作为枢纽，都缺乏导向性，进去之后有点茫然。如果敏锐一点，就会感到自己在被建筑师捉弄：他有他强烈的职业自豪感，他要求你尊敬他，他可不为你服务，也不管你的感受。

我们一些人那么如醉如痴地赞扬这几座建筑，就是在这一点感情上和贝聿铭合拍。

我这么说并不过分。前几天看到一篇文章，作者根据“20世纪著名科学家”提出的一个“终极关怀”理论，用莫名其妙的逻辑证明建筑艺术与宗教“有着如此紧密的联系”，然后得出结论：“对建筑的终极关怀，实质上是对建筑形式的终极关怀。”“物质条件与社会条件不过是建筑师创造”“指向无限”的精神价值（也就是形式）的“限制”而已。而建筑师创造形式，就要靠“超越道德，超越社会义务”的“超意识”。明白得很，这位文章作者“永不满足”地追求的“终极关怀”，不过是关怀“我，我，我”而已。建筑师成了凌驾于社会之上的皇帝，一切都要服从于皇帝的“精神价值”。

我在这里写的，不过是一个普通参观者的印象，远远不是建筑评论。如果认真写评论，那当然就会困难得多。不要说评论这三座建筑，就是评论国内的普通建筑，也不大容易。这些年来，某些负责人做报告，写总结，总忘不了一句“建筑评论太少”的口头禅。但从来还没有谁为排除评论工作的难处做一点工作，而这些难处其实是人人都知道的。且不说那些千丝万缕的种种人事考虑罢，只说说鸡毛蒜皮的技术性问题：找设计单位了解设计情况，找施工单位了解施工情况，找使用单位了解使用情况，办得到么？调阅图档资料，复制，摄影，到哪里去要钱？自己腰包里有么？稿费补偿不了这些费用，更不用说时间和精力了，又何况未必能承蒙发表！

只有排除了这些困难，才可能深入、扎实地评论一座建筑，才能避免片面性。在目前情况下由个人去做，只能在马路边上望望，写点浮皮潦草的东西。这样的文章，只会叫人倒胃口，写多了，徒然败坏了建筑评论的名声。负有某种责任的人，应该动手去做一些事情，而不是年年照例重复一句“评论太少、太差”，自己倒像个没事人似的。

话还得说回来，我们可以，而且难免要只从一个角度一个方面去介绍某些外国的建筑物，但我们的思维应该是力求全面的，我们的介绍工作的整体应该是力求全面的，我们的价值观更应该是力求全面的。所谓力求全面，就是尽力贴近建筑的本质，贴近建筑的基本目标。

（原载《建筑师》，1993年6月）

（二一）

1992年10月，一份全国性的大报上有这样一条消息：“仿春秋古建筑群临淄齐园近日在山东省淄博市建成。该建筑群占地100亩，分为城市城墙、护城河、古战场、宫廷院落、大夫住宅和民宅街市五大部分，全面体现了古齐国政治、经济、军事、文化、艺术和民俗风貌，是我国唯一的永久性仿春秋建筑群。”这条消息，乍一看，十分惊人，细一琢磨，却也平常。

说它惊人，是因为它像一则笑话里说的，一位老兄吹大牛，说自己咳嗽竟咳出一群大雁来，列队成人字，向衡阳飞去。牛固然吹得出奇，更出奇的是居然有人这么不通常识，吹出这样的牛来。

这仿春秋古建筑群，就跟咳出大雁来一样，吹牛实在吹得离奇没有边儿。夫不世之奇事，必待不世之奇人，不知这位奇人是谁。

中国建筑自古以来变化很少，说得上是“千年一律”。不过，唐、宋、元、明、清，历代总还有点儿小小的差异，学者们多少还能说说唐式、宋式和清式。但是，恐怕还没有哪一位渊博深湛的建筑史家敢说自己知道春秋建筑群有什么特色。更何况还有街市、民宅、大夫住宅和宫廷院落。可现在，您瞧，居然有人把它们一一造出来了。

然而，说平常也平常。咱们向来有一句老话，叫作“画鬼容易画人难”。中国人向来喜欢画鬼，在画鬼这一个行当里发挥了最丰富的创造性想象力。东岳庙里的无常、马面，无奇不有，《聊斋志异》里更有一个脸上一无所有的鬼，构思之奇，真是空前绝后。

但是，为什么画鬼容易呢？因为它彻头彻尾是个骗局。画的人存心骗人，看的人乐于被骗，大家马马虎虎做人，万事不认真。这个“仿春秋建筑群”正是一幅鬼画。如果作者和主其事的人不过把它当作玩意儿，像充斥于各地的“西游宫”“封神宫”一样，也是商业性的噱头，那倒也罢了。但是，消息说，它是永久性的，而且“全面体现了古齐国政治、经济、军事、文化、艺术和民俗风貌”，那就只好不客气，老老实实说它是欺人、欺世的骗局了。

搞些假古董来骗人，在咱们眼下倒是热门的事。抗老防衰、美容健身、佳肴旨酒、生儿育女，都有宫廷的或者祖传的秘方。清代不用说了，明代也不稀奇，有些东西，例如什么药，已经有“两千年流传至今”的汉代冲剂了。在这个日新月异的时代，假古董在我们这里竟这么有市场，竟这么能迎合一些人的心理，也并非偶然，自有它的社会历史根源。多看看，多想想，就会明白。

既然有某种社会历史根源，假古董的泛滥就不足为怪。大约十年前，我在反对复古主义的建筑时就警告过，这不是一座两座什么楼的问题，不是一条两条什么街的问题，问题在于表现在这些复古主义的楼和街上的那种社会心理，那种“喜闻乐见”。果然，其后十年里，“苏三监狱”“杜十娘怒沉百宝箱码头”“李香君血溅桃花扇妆楼”，一个接一个地被“发掘”出来了，仿古的街呀，群呀，楼呀，也一个接一个地被“创作”出来了。不过，自命高雅的仿古文化，竟与满街粗俗的市井文化“水乳交融”，倒也是一种历史奇观。“文化”的档次如此，难怪终至于行骗、搞假冒。而咱们祖传的马马虎虎，在一声“画鬼容易”的调侃中，就“宽容”了这一切。

建筑总是真实地反映一个时代的，它是史书嘛。这部史书里记录下来的弄虚作假，也是一种历史的真实。后人们将会从假古董建筑风行的怪现象中看到某些在别的历史书里大约看不到的东西。

近年来，一些人喜欢吹嘘造假古迹、假古董的“文化意义”，好像只要一承认建筑是文化，就必须承认假古董的合理性。有人把复古主义的累批而不倒当作假古董“生命力”的铁证。其实，复古主义的“生命力”不在假古董身上，而在产生它的那个社会历史根源上。是社会历史条件中的那股产生假古董的因素还顽固地存在，也就是说，千年来封建意识的残余还很有“生命力”，远远没有肃清。“什么样的社会，就有什么样的建筑”，就是这个意思。

至于“文化”嘛，大家心里有数，假古迹和假古董不过是商业文化而已。出钱的主儿，想的不都是发财吗？“宋代一条街”“春秋建筑群”，说穿了，就是“永久性”的广告。它的全部价值，就在“经济效益”，而且是低档次的。

（原载《建筑师》，1993 年 4 月）

（二二）

1992年10月，看到《光明日报》上一则山东省临淄市建成“我国唯一的永久性仿春秋建筑群”的消息，颇有所感，写了一段杂记，说了些不大恭敬的话。近两个月伏案绘图，老眼昏花，很觉得疲累，晚上就翻报纸消遣。想不到，一两份报纸，短短几天里，居然给了我许多大有意思的消息，不过，读过之后，心里堵得慌，竟使我更加疲累，于是，亟思一吐为快。

报上，除了有关于临淄“齐国古建筑群”的更详尽报道之外，还有“邯郸将再现古赵都九宫城”“荆州三国文化城开始兴建”“琅琊台将再现秦汉风采”和“三国古迹灞陵桥将重建”等等新消息。我的所见十分有限，推断起来，这类盛举虽不至于遍地开花，大约也不会很少。

这阵热浪，标举的旗号是“文化”，骨子里跟房地产、股票一样，是一场纯经济活动。那则“开发齐文化”的消息，副标题就是“让文物古迹为经济服务”，时兴的话，叫作“文化搭台、经济唱戏”。

利用文物古迹得点儿经济效益，本来未尝不可。不过，文物古迹最根本、最重要的价值，毕竟是文化、历史、学术、教育方面的价值。经济效益应该是合理发挥它的这些根本价值的结果。把经济效益放在第一位，去“开发”文物古迹，恐怕难免会弄得鸡飞蛋打，文化荡然，培养出一代又一代的“经济动物”来。

然而，这些都是迂腐透顶的废话，因为，那些所谓的“文物古迹”，其实都是“假冒伪劣产品”，跟用敌敌畏配制的茅台酒一样。请看这几条消息是怎么说的：

邯郸的“九宫城内，瑶池殿、赵王宫、于慧宫、梅花宫、水晶宫等九座仿古建筑的宫殿，分别呈长方形、圆形、正方形，错落有致，砖墙紫瓦，斗栱飞檐。瑶池殿内观音、玉帝、王母分列殿中，墙壁画上天宫殿宇、亭台楼阁，金碧辉煌。梅花宫内人造梅树成林，粉色桃花盛开，梅花仙子轻衣飘带，挎篮欲采。赵王宫、水晶宫、于慧宫等也依据人物、景物的名称，宫内布置各具特色，再现原貌”。

荆州的三国文化城“融旅游、娱乐、购物于一体……城内修玄帝宫、人和堂、地利阁、天时台和一条三国街市等仿汉建筑。其间按三国故事传说立雕塑，并配壁画”。

琅琊台是：“一批秦汉风格的古典建筑在琅琊台上开工兴建……近

日，山东省胶南市政府决定投资开发琅琊台风景区，年底可望对中外游客开放。”

灞陵桥更加离奇：“重修后的灞陵桥为观赏单孔拱桥……桥首两侧为观赏首錾，（？原文如此）假石镶面，雄伟壮观……古都许昌又将增添一处古老文化的旅游新景观。”

这一批杂碎，连假古董都不如。赵王宫里有观音，灞陵桥有錾假石镶面，齐都有“系统展现”的《封神榜》故事，都是些“关公战秦琼”式的笑话，且不去说它，至于那些壁画、彩塑、人造梅林之类的“古老文化新景观”，那份俗气，我们早已领教过。它们实在与文化风马牛不相及，只是假文化之名行败坏文化之实而已。当然，它们也可以算是一种文化，不过，那不是齐文化，不是秦汉文化，也不是三国文化，而是地地道道的当今拜金文化。

既是“融旅游、娱乐、购物于一体”，自然就一切都以迎合“上帝”口味为指归，在目前情况下，不可避免地就会格调低下。前几年曾经有过重建“苏三监狱”和“杜十娘怒沉百宝箱码头”的韵事，近来就有“封神榜”“西游记”的泛滥。开封的“宋都御街”上造了一座“樊楼”，“是宋徽宗与东京名妓李师师幽会的地方”。又是风流天子，又是青楼名妓，又是幽会，那味道可真够“深层”的。当今人宿娼卖淫，都会弄得声名狼藉，而古代天子嫖妓，却成了“文化遗产”，不知这根据的是什么说法。

淘金发财是当今热潮，在下岂敢稍有非议。不过，格调既然如此低下，内容既然如此荒唐，何必扯起什么“开发”古代文化的旗帜。其实那些“上帝”，本来并不在乎什么古代，什么文化，只要“够刺激”就行了。靠“开发”古文化赚钱，太缺乏想象力了。打古代文化的旗帜，不但多余，反倒有辱祖宗，玷污文化。

既然是“假冒伪劣”文物古迹，就必然要装得一本正经。于是，临淄的“姜太公旅游中心”里有“齐国名人馆、古齐游艺场、齐乐舞场、齐宫廷御膳房”等等，而其他各处就有仿秦汉、仿三国、仿春秋战国的“古”建筑群。世上凡市场经济发达的国家，都有一条法律，不允许商品广告胡吹不实之词。我们一些报纸，却允许胡吹什么仿春秋战国、仿秦汉、仿三国这种鬼画符的“古建筑”。天下虽大，人才虽多，恐怕还没有哪一个敢心不跳、脸不红地说自己知道春秋战国、秦汉和三国的建筑真正是什么样子。我曾经把这种“仿古”叫作画鬼，虽不中亦不远矣！

不过，其实也难怪这些骗人赚钱的游乐场所。比它们更一本正经得上百倍、上千倍的黄帝陵，不也由衮衮诸公们确定下来要仿“汉代建筑”，而且居然也设计出来了吗？呜呼，祖宗陵寝尚且如此，何况名妓幽会之所乎！

今年5月7日，光明日报记者介绍云南省社会科学院郭净副研究员的呼吁，主题是“不要干破坏文化环境的蠢事”。郭先生说：“对自然环境破坏的恶果已逐步使人认识，而文化环境的保护，在经济蓬勃发展的同时，更应引起人们的足够重视。”我想，保护文化环境，一是要爱惜一切好的、有价值的文化成果，二是要防止各种各样的文化伪劣品的污染。在当前，文化与市场经济的关系实在是一个应该认真研究的问题。好像还没有哪一个市场经济发达的国家笼统地把文化、教育、学术都当作商品，都投入市场，都以经济效益作为衡量标准。文化自有它的尊严和价值。一个社会里，如果文化失去了尊严和价值而成为金钱的婢妾，这个社会就是精神侏儒的社会。

我再抄几段报上的资料：

“……天安门的收入还远不止这些。从城楼上下来，参观者立即就会被城楼后面那些花花绿绿的商品、琳琅满目的商亭所吸引，它们整齐地排列在石子路两旁，直通到端门城墙之下，与周围的红墙金瓦相映成趣。”这位作者兴奋地赞颂道：“第三产业已经毫不含糊地占领了天安门及其周边地带。”（《新闻出版报》4月10日）天安门被商亭包围，这其中的象征意义倒够我们咂摸一阵子的。

“孔府酒家招聘启事：孔府酒家，属一级餐馆，全民所有制企业。

地处古文化街国子监内。酒家设有多功能厅、宴会厅、卡拉OK歌舞厅、吧厅、贵宾厅等。因生意扩展，现招聘下列人员……”（《北京晚报》4月5日）孔老先生的酒家添了卡拉OK歌舞厅和吧厅，现代化了，可喜可贺！但是它闯进了国子监，以致斯文扫地，大水冲了龙王庙。“读圣贤书，所学何事”？

“驾车越长城，空中大撒把。英国飞车手埃迪·基迪来到了北京，为了实现他神往已久的梦想驾摩托车飞越长城，创新世界纪录。……此次飞越长城……地点选在了险峻异常的司马台长城，起跳台和落台都只有30多米长，宽不过3米，而且埃迪表示要单手扶把完成这一飞越，这可就是险上加险了。”（《北京晚报》4月20日）长城是民族的象征，是写进了国歌的，对我们多少有点神圣的意味；如今，为了几个钱，我们要它去接受一个外国小伙子的“挑战”，冒那个“险上加险”的大险了。

“人生不满百，常怀千岁忧”，我太爱多管闲事了罢！

（原载《建筑师》，1993年10月）

（二三）

为了包杂物，从资料室要来几张报纸，剩下一张，随便打开看看，一则新闻的标题很逗人：“蹬黑鞋、穿白裙、戴红帽，舞阳旧城改造有新招”。那措辞叫人联想起乾隆皇帝吃的“红嘴绿鹦哥”，于是，多少来了点儿兴致，把新闻看下去。这一看，兴致可就更高了。奇文销愁，妙语解颐，不敢独专，抄录全文以飨大众：

> 为了着装招商，筑巢引凤，今年3月，河南舞阳县委县政府针对城区外围道路纵横，高楼林立，而古城风格平平，格调陈旧的“金玉其外，败絮其中”现象，提出“救救古城”的口号，决

心打一场旧城改造的攻坚战。县政府成立了以副县长为指挥长，以城建局、土地局、公安局、广播局、工商局、舞泉镇等单位的主要领导和工程技术人员为成员的旧城改造指挥部，实行联席办公，并制定了实施办法，印发了宣传提纲，组织开展了大规模的宣传活动，召开了县直机关党员干部动员大会，旧城改造紧锣密鼓。该县旧城改造总的要求是：按照统一规划，统一设计，统一模式和色泽，统一审批的原则，属临街房屋必须建成两层以上楼房，外墙用马赛克或瓷片镶嵌。东街临街楼房外墙统一为黑、白、红三色，装饰后呈现出“脚蹬黑鞋、身穿白裙、头戴红帽的服装模特”形象。西、南、北街颜色各不相同，突出古城特点，达到一街一景，半年内古城大变样。

请看：决心打一场攻坚战，成立了指挥部，召开了党员干部动员大会。这架势，即使赶不上打淮海战役，至少不亚于解放太原或者石家庄。如此调兵遣将、兴师动众，目的在于“救救古城”。我以为这是一份二十年前的旧报，谁知一查，竟是1993年4月21日的《中国市容报》。

不过，这一场攻坚战打得有点儿滑稽：一共有四个“统一”，不像打仗，倒像仪仗队列着方阵拔正步欢迎贵宾。但是，我又错了，不是仪仗队，而是统一为“时装模特儿”，那软绵绵、轻飘飘、跟散了架子一样的时装模特儿！

时装模特儿这几年挺火，袅袅娜娜在各种场合助兴，早就超出了时装表演的原始目的。恐怕连她们自己也想不到，竟连旧城改造都会拿她们的“形象”作样板。一些建筑文章家前几年很鼓吹了一阵子“形象思维”，好像一沾上“形象思维”的边儿，建筑的身价就能成倍往上蹿。可惜他们当时没有找到有说服力的例子，现在不意竟被我不费吹灰之力地找到了，我老汉真走运。

然而，我把这新闻指给一位小朋友看，却讨了没趣，她撇一撇嘴说：瞎掰！时装模特儿最讲究个性，哪有穿统一制服的时装模特儿！我赶紧说："还有'西、南、北街颜色各不相同，突出古城特点'呢。"她把手指尖往下一滑，说："您看，'半年内古城大变样'，还有什么古城特点！"

时装模特儿穿制服，这事情很引起我的兴趣。制服作为时装，那是二十几年前"文化大革命"时候的事了。不过，头两年的狂热过去之后，制服就成了扼杀人性的枷锁。有一年，我被派去给在建筑工地"开门办学"的工农兵学员打扫厕所。这工地附近有一座大花园，园里有一个大水池，池边立着一块太湖石。一天清晨，我冲洗完尿槽粪坑，出来绕水池舒展筋骨，忽然看见四位女学员挤在湖石前，好像策划些什么，神情很紧张。我掩在树丛后面看个究竟，虽然不想告密立功，至少可以排遣些无聊。原来，她们是要照相。四位妙龄女郎，身穿制服，不知从哪里弄来一条裙子，尽管是黑色的，当时毕竟是资产阶级的标志。她们轮流穿上裙子照相，一个照完了，立即褪下，另一个接过来，东张西望一番，发现没有什么人，就赶紧套上，把宽大的制服裤筒卷起来往上塞。慌慌张张，像阴谋犯罪的样子。这一幕场景，看得我老泪纵横，二十年来，时时鲜明地在眼前浮现。人们的爱美天性如此强烈，让青春在清一色的制服下黯然逝去，是多么残忍的事！

所以，一打倒"四人帮"，社会文化心理的第一个浪潮就是爱美，就是要求发展个性，我很理解，人性复归嘛！

在建筑界，立即就对所谓"长官意志"发动了口诛笔伐。一些朋友呼吁"创作自由"，要求尊重建筑师的创作权，提倡创新意识。一句话，要求恢复建筑的如花的青春，不再穿制服。

因此，没有多久，一些建筑师就一厢情愿地接受了对现代建筑"千篇一律"的批判，顺着自己所理解的后现代走到了古代。却不料被扣死在原以为可以打破现代建筑"千篇一律"的大屋顶之下，重新穿上了古色古香的制服。

可是，又没有多久，不少建筑师尝到了另一种强加于他们的"意志"。这意志不来自"长官"，而来自"老板""大款"，来自一批"董事长”之流的新人物。有一些新人物，软硬兼施，逼迫建筑师就范，那说一不二的霸气，比当年的“长官”有过之而无不及。然而，这次建筑师不再像当年反对“长官意志”那样来反对“老板意志”了，也没有人写文章向老板要“创作自由”了。于是，我不禁想起了那个有名的关于毛附于皮的比喻，那个有名的关于在“自由社会”里不可能摆脱钱袋而自由的论断。

不过，老板比“长官”毕竟是开明得多了。一是他们不喜欢穿制服，而更希望他们的房子“与众不同”，哪怕是奇装异服，建筑师的创作天地宽了一些；二是他们会使建筑师的腰包鼓起来。价码高了，建筑师把自由及时脱手，“沽哉，沽哉，吾岂瓠瓜也哉！”这就是建筑师不公开反对“老板意志”，不公开向老板要“创作自由”的原因，虽然私下里免不了发发牢骚。陈寅恪先生有一首写于1930年的诗，说道：“弦箭文章苦未休，权门奔走喘吴牛。自由共道文人笔，最是文人不自由。”所见真是精辟之至，如今钱便是权。

老板们是不肯穿制服的。我家附近有一条五道口商业街，改革之初，“统一”造起来，虽然彩色瓷砖贴面，豪华辉煌，但是几十家店面一模一样，没有一点儿生气。后来，一间间分租了出去，立即就千变万化，一家一个样。老板们可真个是宁要板条抹灰的多样化，不要七彩琉璃的千篇一律。1980年代中期，全北京最有鲜明的个性，最敢于打破框框标新立异的建筑，不正是那些“丽丽发廊”“露丝酒吧”之类的不足三米宽的店面么！小老板尚且如此，大老板当然就更加有“派儿”了。连乌龟形的大楼也在他们的“意志”作用之下设计出来，造了出来。这是“新人物”的进步意义。

但是，舞阳县的“长官”们却不甘寂寞，再一次用当年打一个战役又一个战役的方法，给古城“蹬黑鞋、穿白裙、戴红帽”，统一着装了。好在是他们倒还想起了“时装模特儿”。既是时装模特儿，总有一天会抛弃制服，追求个性化穿着的，否则，只怕是巢筑了，凤却不肯来。时代是要进步的。我预期着舞阳古城发生五道口商业街发生过的变化。“老板文化”是不可抗拒的，而且，也不能眼睁睁看着青春在制服下凋萎呀！

（原载《建筑师》，1993年10月）

（二四）

读过梁思成、林徽因二位老师关于建筑的文章，大多数人，都会觉得文笔很优美。但是，要细究起来，却又说不出他们的文笔究竟有什么特色，也许会含含糊糊地说：流畅、生动，再多就没有了。

我也差不多是这样。糟糕的是，多年来从来没有想到过要去认真研究一下二位老师的文笔，它们优美的奥秘。

去年初读了一篇文章，使我大大地惭愧了。这是夏铸九先生写的，叫《营造学社梁思成建筑史论述构造之理论分析》，发表在《台湾社会研究》季刊1990年春季号上。夏先生是台湾大学建筑与城乡研究所的教授，我以前读过他的两篇文章，一篇是研究美国建筑学家亚历山大的，一篇是研究意大利建筑史家与理论家塔夫里的。那两篇文章都很有气势，前者从法兰克福学派讲起，后者从威尼斯学派讲起，两个学派，都又从它们的哲学源流和社会、政治、经济背景讲起，同时还要交代清楚二位建筑学家主要著作写作时的更具体的历史情况。既不是就事论事地介绍他们的观点和方法，也不是作空虚玄渺的游谈。如果要给夏先生挂一个标签，也许可以叫作“社会批判学派”。

这一篇写梁先生的文章，用的也是这种学术方法。他着眼于梁先生学术思想的结构和结构形成的社会历史原因。例如：他在论述梁先生学术思想的形成过程时说：

> 在梁思成求学美国的时候，当时美国学院中的建筑史研究，基本上是受到欧洲大陆（主要是德国，以及部分是法国）的影

响。德国影响的这一部分，基本上是接受了18世纪之后德国建筑史的传统。尤其是东岸的博物馆研究人员，多由德国请来，于是以黑格尔右翼思想为主的德国学院派艺术史-建筑史传统，就成为美国建筑史学院派之主体。以研究哥特建筑，以时代精神、民族精神为代表的观点，在美国无法产生艺术史在德国巩固其民族国家的效果，而只能在学院制度中发展起来。至于法国影响的部分，则是一种强大的理性主义思想，一种以厄·勒杜为代表的对哥特建筑结构体进行分解的法国分析传统。这种美国学院中的建筑史论述，随着留学生与文化上的交流开始进入中国。

德国的影响成了梁先生学术中民族主义思想的来源之一，而法国的影响则是梁先生学术中结构理性主义的来源之一。这种学术脉络的分析，在我们这边的文章里还没有见到过。

但是，夏先生的这篇文章最使我感动的，是用了整整一节“梁思成之历史写作——民族主义知识分子鼓吹性的议论文”，大约四千多字的篇幅，专门讨论了梁、林二位老师的文字风格与写作特色。

梁先生文章为什么动人？夏先生说：

营造学社——梁思成建筑论述中的主要文献的写作风格中，将当时工作者之立场，价值观，调查过程中之情感、失望与兴奋均直接呈现。

这样的写作，不是单纯的客观的记录，梁先生把“民族主义精英知识分子”的心托出在读者眼前，因此“适合鼓吹的情境”，就是说，有强烈的感染力。

梁、林二位老师写物必同时写心的风格，在他们的早期著作《平郊建筑杂录》中就表现出沁人心脾的力量：

无论哪一个巍峨的古城楼，或一角倾颓的殿基的灵魂里，无形中都在诉说，乃至于歌唱，时间上漫不可信的变迁：由温雅的儿女佳话，到流血成渠的杀戮。他们所给的“意”的确是“诗”与“画”的。但是，建筑师要郑重的声明，那里面还有超出这“诗”“画”以外的“意”存在。眼睛在接触人的智力和生活所产生的一个结构，在光影可人中，和谐的轮廓，披着风露所赐与的层层生动的色彩；潜意识里更有“眼看他起高楼，眼看他楼塌了”凭吊与兴衰的感慨。

梁、林二位老师能够以浓浓的“情”感染读者，这又要靠他们的文字的特点。夏先生说：

梁思成与林徽因他们本人的写作已可以说得上是建筑历史写作中的风格家，行文自成风格，有独特的文字吸引力，是有感染力的民族主义鼓吹者的议论文。

夏先生分析了这个行文的风格。他首先注意到了林老师是新月派末期的诗人，擅长以比较自由的形式创作格律诗：

林徽因运用语言的声音、韵律，文字的句型、结构表达鲜明的、具体的意象，以及含蓄、微妙的意义暗示。……林徽因的诗不但节奏有韵律感……而且也成功地表现出空间的意象与比喻，以景抒情。

用林老师的诗和《平郊建筑杂录》比较，我们非常清晰地看出诗和文的关系。文中不但有诗的音律、句型，尤其是有诗的细腻婉约的情致和飘忽跳动的灵爽之气。

夏先生说：

> 林徽因的建筑史写作，文字动人，使得一种技术性的写作，也充满了热情，以带有深情之语句，肯定的口气，鼓舞读者之感情。譬如说，林徽因用字精要，段意分明，尤喜于段落结尾，以肯定性之短句，简捷地完成全段之叙述目的。

林老师热情的诗人气质当然并不仅仅表现在她的文章里。我们每一个受到过她的教诲的人都知道，炽烈地热爱建筑、热爱美、热爱生活，就是她人格的全部。有一次她给我们讲建筑雕饰中的卷草叶。就那么一片卷草叶，竟讲了一个多小时，支着羸弱不堪的病体，艰难地喘息着。虽然声音沙哑而微细，但那炽烈的爱所具有的鼓舞力量，一直穿透我们。使我们深深感到，正像她在《平郊建筑杂录》中说的："偶然更发现一片，只要一片，极精致的雕纹，一位不知名匠师的手笔，请问那时锐感，即不叫他做'建筑意'，我们也得要临时给他制造个同样狂妄的名词，是不？"我们不能不回应："是的！"

对于梁思成老师的文风，夏先生作了更详尽的分析。他先追溯了梁启超的桐城派文风和他开创的"新民丛报体"白话文。然后说：

> 梁思成的历史写作的原则，暗含桐城派的技巧，即，偏重文章形式及具体元素，以达成文气上的效果。

他说，梁老师"重视文气运行"，"有四点原则，保持了梁思成历史写作风格之稳定"。这四条原则是：

> 1.段落分明，用字简捷，结语肯定，气势急而奇，每4—6句必有结论。
>
> 2.喜用四字短句，对仗工整。
>
> 3.采长短句，重音节，有骈古文风。
>
> 4.章节之总结，常有宣言式之收尾。

这四项原则，在《蓟县独乐寺观音阁山门考》里表现得很充分。可以作为第二项原则的例证的，是描写观音阁的一段：

> 阁高三层，而外观则似二层者。立于石坛之上，高出城表，距蓟城十余里，已遥遥望见之。经千年风雨寒暑之剥蚀，百十次兵灾匪祸之屠劫，犹能保存至今，巍然独立。其完整情形，殊出意外，尤为难得。阁檐四隅，皆支以柱，盖檐出颇远，年久昂腐，有下倾之虞，不得不尔。

这一段用了一联对偶句，用了大量四字短句。夏先生用作第三项原则的例子的一段，也可以作第一、第四项的实例。

> 阁之北，距阁丈余为八角小亭，亦清构。亭内立韦驮铜像，甲胄武士，合掌北向立，高约2.30米，镌刻极精。审其手法，殆明中叶所作。光绪重修时，劣匠竟涂以灰泥，施以彩画，大好金身，乃蒙不洁，幸易剔除，无伤于像也。

这一段也用了一联对偶句。不过因字数少不大明显，而文气运行，滔滔如江河水。不到一百个字，转折五次，末两次一个大起伏，却又戛然而止。

虽然这四项原则是否准确，是否充分地总结了梁老师的文章风格，还可以再推敲斟酌，但夏先生的工作是开拓性的，可以启导来者，则无可怀疑。

夏先生作为一位社会批判学派(？)的学者，并不把梁先生的文风仅看作他个人的特色，而要给这文风特色一个社会学的解释。他说：

> 这种夹叙夹议的写作，结合了当时的白话文与古文的双重影响，是知识分子的议论文，适合鼓吹的情境，而这正是民族主义

精英知识分子建构“民族建筑论述”任务之宣示。

这种文风，虽然渊源于梁、林二位老师的个人修养，但更重要的，它是当时“建筑史先行者们扮演的角色”，也就是鼓吹者所必需的，是建构民族的建筑著述所必需的。总之，是社会的需要选择了这种文风。

写到这里，应该回头补说一段，夏先生提出的梁老师文风的四项原则，本来是徐裕健提出来的。徐当时是台湾大学建筑与城乡研究所的博士生，夏先生给博士班开了一门课，叫建筑史写作的研究，这四项原则就是徐裕健写在为这门课做的作业中的。

我很羡慕这门课。那边的朋友们，一般都很重视方法论，哲学的、科学的与具体操作的。而且学校里有专门的课程系统地讲授方法论。相形之下，我们对方法论的自觉性很差，工作了几十年，说不清自己的方法论原则，也说不清在自己的专业上、世界上有什么样的方法论原则。在相当多的情况下，只是按照一种习惯的模式在工作，这模式自己也说不清是在什么情况下熟悉的。

方法论有它的层次。论文的写作技巧是一个层次，这个层次，人们往往不重视，其实它很重要。夏先生的工作给了我们一个很好的启发。

（原载《建筑师》，1993 年 12 月）

（二五）

1991年秋季，葛洲坝勘测设计院的王炎松同志来到鄂北的谷城县，他意外地在这座小小的古城里发现了一条保存得很好，并且还很有活力的老街，顺城街。他写道：

小街蜿蜒伸延，店面依旧，字号依旧。两边向街心挑出的雨檐、支撑雨檐的深蓝色土漆柱子、宽敞的青石板路……别有它的风味和特色。这条街大多数建筑都是平房，店面开阔，偶尔有几家带着阁楼。……街的一端坐落着有三个绿色穹顶的清真饭馆。顺城街延伸千余米后，经三神殿所在的十字街头，连接着三神殿巷子、五发街、米粮街、老街、徽州馆巷子、夏家巷子等大片古老的民居群落。顺城街首尾贯通，有繁荣的小商品买卖，分外地鲜活又古趣盎然。

从王炎松同志的速写看，这条小街和它联系着的几条街巷，确实是很有风味的。很可能，它们会有相当高的历史文化价值。

半年之后，也就是1992年春天，王炎松同志打算再去谷城深入地研究一下这条街，不料，他看到的竟是轰隆隆的无情的大拆除。他站在废墟上，听人介绍拆除的目的，这目的教他目瞪口呆："为迎接将在襄樊市召开的全国传统名城保护会议，要将东西顺城街全部拆除，然后由各家自筹资金重建，做仿古一条街。"

我的天哪，呀！呀！呀！

王炎松同志没有来得及研究这条街，因此现在谁也说不清它是不是应该保护，而且，实际上总会有大量的古街要拆除，能保护下去的不可能很多。但是，拆除谷城县顺城街的理由实在过于荒唐了：

为了迎接名城保护会议，才拆掉几百年的老街，造一条仿古街！

假古街之于真古街，就像绒布熊猫之于秦岭深处的活熊猫。绒布熊猫可以做得"栩栩如生"，又能不吃竹、不拉屎，可以抱在怀里玩，卖给外国人还挺赚钱，比起不许捕猎、不能卖钱反倒贴钱的活熊猫来，有许多"优点"，但是，全世界的人关注的只是保护那些深山老林里的活熊猫。

拆除真文物，仿造假古董，这种蠢事的始作之俑是北京琉璃厂的改建。

造成这种蠢事的主要原因之一是一个错误的指导思想：保护古城风貌。

要保护历史文化名城，就必须保护它的古老的体素，也就是保护古老的建筑、街道和城区。有了体素，才有风貌，古老的风貌的唯一载体是古老的体素。而且，古老体素的价值是多方面的、综合的，有历史的、考古的、文化的、社会的、科学的、审美的、情感的等等，这些价值有已经认识了的，还可能有潜在的现在没有被认识而将来会被认识的。风貌不过是这些价值中的一个因素，不但不是唯一的因素，在某些情况下，甚至未必是重要的因素。所以，正确的指导思想只能是保护历史文化名城，也就是它的体素，而不是保护历史文化名城的风貌。

突出地提或者仅仅提保护古城（都）风貌，是十分片面的。这意味着忽视或者没有认识到古城综合的多方面价值。

保护古城风貌，这是只有中国才有的提法，可谓“中国式”的。可惜它不正确。糟糕的是这提法最近蔓延到文物建筑保护上来了，又有了“保护文物建筑风貌”之说。

不管有意无意，突出地或者仅仅提保护风貌，这是建筑师的职业偏见。他们往往钟情于直观，而对文物建筑和名城在它们存在期间积累下来的各种历史文化信息没有多少理解和兴趣，而没有这些历史文化信息，文物就不成其为文物，名城就不成其为名城了。斑斑驳驳、废垒颓墙的长城，就是比焕然一新的长城有价值得多。

忽视文物建筑和古城的多方面的历史文化信息的一个最恶劣的结果，就是造假古董。“仿古一条街”已经成了流行的传染病，因为它虽然丝毫没有历史文化信息，却可以有“风貌”。更可笑的是硬要在现代化的万丈高楼上扣大屋顶或者立小亭子，名曰保护古城（都）风貌，那可比“仿古一条街”更不着边际了。

既然仿古一条街和扣上大屋顶的高楼大厦可以体现古城风貌，那么，逻辑的结论就是不妨拆除真正的文物建筑和真正的古城区。

所以说，像北京琉璃厂和鄂北谷城县那样，拆掉真古街来造仿古一条街，这种荒唐事的原因之一就是以“保护风貌”作为指导思想来代替保护古城体素。这个指导思想实在是应该改一改了。

谷城县的拆除顺城街，还提出了另一个重要的问题，就是迫切需要有选择地保护一批乡土建筑，包括小城镇的，也包括农村里的。王炎松同志说得非常好：

> 许多城镇、农村依然保持着历史悠久的古街、古庙、古塔、古民居，它们各具特色，与周围环境及乡土风情结合密切，真实地记录了当地的历史传统，人文风貌，民间建筑艺术与技术，这恰恰是大城市所不具有的。……保护这样一些典型的地方建筑和场所，无疑是保护了这一地方人民的文化环境和象征，保护了这一地方人民的情感寄托。

保护不但是必要的，而且是紧迫的。经济大潮兴起，小城镇和农村的新建设日新月异，这当然是好的，人人看了都高兴的。但是，如果不及时抢救，许多珍贵的文化宝藏就会在这大潮中飞快地失去。而文化遗产，一旦失去就永远失去，不可能再现。任何惟妙惟肖的假古董或者“风貌”大楼，都绝不能补偿。

欢呼蓬蓬勃勃的新建设，认真保护历史文化遗产，坚决反对造假古董。

这篇短文写成之后，塞在抽屉里，时隔半年，在1993年4月21日的《中国市容报》上又见到一则新闻：河南“卫辉市在注重新区建设的同时，加强了老城区的改造工作，同时，以建于明清年代的南马市街为突破口，拓宽老城街道，把老区改造成具有地方特色的仿古商业一条街”。又是把真古董改成假古董！看来这股风还挺硬。

于是，赶紧把这短文寄出。

但是，当然不会有什么效果！

（原载《建筑师》，1993 年 12 月）

（二六）

1993年9月初，几位台湾朋友邀我到淡水去看Z先生的收藏品。他收藏的大多是大陆民间建筑的有深度艺术加工的构件，有木的，也有石的、砖的。

整个夏天，我都因为眼科手术而住在台北的医院里，这时刚刚出院，行动还很不方便。碰巧那天上午复查，两只眼都散了瞳孔，在南方夏季的阳光下，只见白花花一片，但为了这个难得的参观，还是立即花八百元买了一副墨镜，戴上去了。

我早就想看一两处这样的收藏。五年前我第一次到台北，就有朋友向我提到过这类收藏家。以后年年去，年年有人提起。我曾经在台南成功大学一位教授家住过两次，他家的全部内装修用的都是大陆运过去的民居构件。餐厅和客厅之间的隔断是六扇楠木槅扇，裙板上刻着梅兰竹菊松石，嵌着石绿。过梁两头装着梁托，竟是圆雕的飞天伎乐，像泉州开元寺大殿所见的那种。家门口还挂着一块咸丰年间的黄杨木蕉叶匾，刻着什么什么斋这样优雅的名称。我在台北逛文物市场，见到过不少汉绿釉陶楼，一人多高的就有四五座。这些市场里都有很多大陆的民居木雕和槅扇之类：完整的，一二千新台币一个；片断的，五六百。从台北到桃园机场的半路上，还能见到草丛中堆着十几个翁仲，石人石马，两米来高。朋友们告诉我，这些民居构件都是用集装箱整箱整箱地从大陆运来的。在台湾中部的嘉义市，专门有一个大陆民居市场，可以买到或者预订整幢精美的房子。

台湾文化界、学术界的朋友对这件事十分愤慨。他们认为这是对祖国文化的肆无忌惮的破坏。有些热心人士，甚至呼吁立法，严禁从大陆进口民居构件，据说还可能有成效。前些年，有一次我在一个文化基金会介绍乡土建筑，幻灯片上出现了雕刻十分精致的一个柱础和一对门吊环。报告会的主持人立即打断了我的话，向听众说：这些都是文化珍品，炎黄子孙应当珍惜，大家万万不可动念头去买，也请大家劝阻别人去买。报告结束后，她叮嘱我说，下次你千万不要再放这两张幻灯片了，一定会有人打收买甚至盗窃的鬼主意。另一次，在我介绍了乡土建筑之后，一位新闻记者问我，台湾有人从大陆成批拆来民居构件，形成了不小的市场，你对这件事怎么看？我没有回答。后来他跟我熟了，质问我，为什么不反对这种现象，他那天本来打算写一篇很激烈的批评报道的。我仍然笑而不答。我只是对文化界、学术界的热心朋友们深深表示敬佩和感谢。

但也有一些人，急切地向我打听，哪里可以买到民居，艺术水平如何，大约要多少钱。他们还问我什么时候再下乡，打算跟我走一趟，看看可以买到什么。我也是笑而不答。

正是这些事，使我下决心强忍疾病的折磨，随朋友们到淡水去。

Z先生的家在僻巷里。门前是一座小土地庙，照例用五颜六色鲜艳的交趾陶塑堆得花团锦簇。住宅是新的，钢筋混凝土的小楼。进门去看，上下四层全是陈列室，放满了民俗美术品。从笔筒、火笼直到关公像。比起我在乡间见到的，它们并不特别精彩，不过有一套石雕八仙，简练古拙却又生动传神，实在不可多得。这些民俗美术品都是Z先生多年从大陆搜求来的，自己存一些，卖掉大半，以出卖所得，再去收购。

民俗美术品，用不着去跟吴道子、石涛的画，王羲之、沈周的字，或者钟鼎彝器去比较高低。它们是另一大类文化珍品，是文化遗产的另一个重要部分。它们是历代人民生活的最有说服力的见证，是他们的创造力和生活情趣的结晶。它们的题材、材质、艺术手法、风格等等，都远远比所谓精英美术要丰富得多。从文化史、美术史的整体来看，它们的价值同样是无与伦比的。没有它们，中国美术史、中国文化史就残缺不全。

看了满满四层楼的藏品，我怦然心动。尽管有人责骂Z先生是贩子，是破坏者，是什么东西，我仍然佩服他的用心和眼光。

随后又开车顺淡水河而下，半小时之后，拐进一片美丽的丘陵地，来到Z先生的仓库兼作坊。这仓库在荒野之中，掩映在绿树丛里，占地面积大约有五百平方米，还有不小的夹层。一踏进这仓库，我不觉长长抽了一口气。原来里面有五分之四左右的空间堆满了民间建筑物的木构件，都是经过精雕细刻的，如槅扇、牛腿、细木罩、梁托、壁龛等等。还有几个完整的藻井，拼装起来挂在天花板上。另外五分之一左右的空间，则堆放着民间家具，其中还有一些黄花梨和红木的，看式样似乎是明代的。

仓库一侧是占地更大的一个院子，满院子都堆着建筑石雕，有蟠龙柱、柱础、上马石、抱鼓石、拴马桩等等，还有十几尊文臣武将和战马，是墓前的翁仲，都有两米多高。

这些石雕、木雕，虽然未必都是精品，但毫无疑问有精品。同去的一位年轻的"正统"文物学家，一路上放言高论，鄙夷民间美术，到了那里，竟被镇得半天沉默，没有说一句话。他早该记得，敦煌壁画、大同辽塑之类，本来也是民间美术。

Z先生请了几位技工，有的修复木雕，有的修复石雕。看他们的成品，修复技术不错。因为原件并未定为文物，是否应该像对待文物保护那样去严格要求，我也没有主意。

朋友们说，Z先生的收藏在台湾不过是"小儿科"，在高雄还有几个"大手笔"的。他们甚至想把厦门市的两条街买去，近来得知福州市要改造古老的"三坊七巷"，他们也跃跃欲试，打算全部买过去重建。

晚上回台北到一家山东老乡开的餐馆吃饺子。席上大家议论纷纷，我仍然不置可否。朋友们对我的暧昧态度很以为怪，但我欲说还休，欲说还休，只道牙疼吃东西要细心不能走神。

近年来我常常下乡，调查些乡土建筑。本来以为，经过四十年反反复复多次折腾，乡土建筑大约已经所剩无几。殊不知前些年，越折腾越穷，农民根本造不起新房子，倒意外保存了大批老房子。虽然由于贫困和愚昧，老房子已经被弄得残破不堪，但还没有遭到"扫地出门"式的连根拔。因此，乡土建筑的浩如烟海的丰富，还是使我大为兴奋。但是，这几年，农村经济迅速发展，农民有了几个钱，满堂儿孙再也不能挤在一两间老屋里了，于是纷纷烧砖造房子。造新房子必须在旧房基地上，这一来，古老的民居就大批大批地被拆毁，遭到了“扫地出门”式的连根拔。农村里有拆房专业户，到方圆百余里各处包拆旧房。我见到过一个旧木料市场，夹公路两侧绵延两公里长。值钱的是柱子、梁、檩，还有整个的楼梯。槅扇、牛腿等等雕花的构件，没有用处，不值钱。据说，前些年，因为不大好烧火，这些木雕连当劈柴卖都没有人要，只好用来在下雨天垫烂泥地。近来有贩子收购，价钱才稍稍见长。这些贩子，就连着海峡那边甚至大洋彼岸的收藏家撒开的网，张开的口。

我还曾经在一个以木雕闻名的县参观过一座已经列为保护单位的大宅子。宅子里处处是美不胜收的雕刻，尤其是槅扇千变万化。忽然见到有三间厢房装上了新式玻璃窗，我赶紧问住户，旧槅扇到哪里去了？那位主人用穿着塑料拖鞋的光脚板踢了踢廊下的柴火灶说：烧掉了。看我十分吃惊，他说，还有两扇丢在楼梯下呢。我扒出来一看，伤心之至，开口就问：我买下，要多少钱？这老兄眼珠转了半天，显然是想尽量要个高价。但说出来的价钱竟低得使我这个穷教师都觉得意外。我当然没有买，因为那时候我还严格遵守着原则。但是如今回想起来，我的原则大约把那两片槅扇送进了炉膛，变成了炭灰。

大量精美的乡土建筑正如此这般地毁灭着。我们在农村调查，往往是“一次性”的，前脚走，后脚就有一些东西消失了，“再回头已百年身”。记得在一个山区县调查，副县长兴高采烈地带我们去他的老家，说那村子的水口建筑群多么美，一路上反复描述，还赞叹当年父老们不惜献出生命保卫它们免遭长毛的焚烧。谁知到了现场，一下车，他就蹲在路边抱着头不响了。原来只见一地的瓦砾，三天前刚刚拆光。

水、火、风、虫也加速破坏着已经四十年没有维修的房屋，不管是明代的还是清代的，虽然它们熬过了几百年的岁月。

地方上有些明智人士心急如焚，希望能合理地、适当地保存一些乡土建筑的精华，但是他们束手无策。有一个风景十分优美的县，旅游局的负责同志带我去看一座大宅子、一座祠堂和一座小型住宅。大宅子和祠堂里都办着小学，近来学校有了点经费，要造新校舍，决定把旧房子拆掉，而旧房子都是少见的精品。小住宅是雕砖门脸，分给几家住之后，各家都在门脸上打了个洞，排柴灶的烟，柴烟把雕砖熏得漆黑。这两位同志打算把这三座房子买下来，虽然价钱低得惊人，但在奔走了几个月之后仍然一筹莫展。约定的期限已到，房子转眼就要拆除，他们带我去做最后一次的凭吊。“把美的东西毁灭给人看，这就是悲剧！”这样的悲剧天天都在演出。

从“楚人遗弓，楚人得之”到“人遗之，人得之”是思想的大解放，我站在这些即将从地球上消失的文化珍品前面，心底涌出一句含着抽泣声的叫喊：“有钱的人们，你们快来买去罢，只要能保存它们，不管你们把它们弄到哪里去都行！”

年轻时候，我们曾经为美国人买走了北京智化寺的藻井而愤怒，把这件事记在帝国主义掠夺账上。几十年之后，现在，当我知道更多的乡土建筑将被以大得不可比拟的规模运到碧眼黄髯的国度去，我没有愤怒，只有深深的悲哀。我们直到现在还不能保护我们几千年的文化遗产，虽然有人口口声声炫耀我们古老的文明史，用祖宗的成就给自己增添光彩。

台湾，这毕竟是我们自己的国土，那里住着我们一部分“先富起来”的骨肉同胞。他们懂得文化遗产的价值，珍惜它们，那么，成批成批的大陆乡土建筑被卖到那里去，我们有什么可以反对的呢？保存在台湾，总比在大陆烂掉、烧掉、彻底毁掉好。

所以，我在朋友们的谴责声中，独自保持着微笑不语，近于麻木。

我也做过一些可笑的傻事。我以为，从已经拆除的房子选买些艺术构件是不妨的，但千万不可以把还好好使用着的房子买去。其实，只要允许一集装箱一集装箱地运走构件，这道界限是根本守不住的。有一次，在一个村子里测绘一幢房子，主人告诉我们，有人要整座拆买它，代价是给主人造一幢新的小楼和另外一笔相当于小楼造价的现金。我说了几箩筐的大道理劝他不要卖，他也只报我以微笑不语。一个月之后，我离开村子时，又去看了看这座房子，心里想，如果主人被我说服，不卖掉它，那么，它还能存在多久呢？

当然，大量的乡土建筑是不可避免地要被拆除的，新的更加实用的住宅将要代替它们。但是，我们毕竟需要保护一部分乡土建筑，从个体到整座村庄，作为每个地区的灿烂的创造史的见证，丰富世世代代人的文化生活和感情生活。一个失去了历史记忆的生活环境是十分贫瘠可怜的。而且，一部中国建筑史，没有乡土建筑，将只是断篇零简而已！

即使只看经济效益罢，保存一些乡土建筑发展旅游业，至少不比“西游宫”“封神宫”之类少赚钱，要的只不过是更动脑筋的工作罢了。一些实在非拆不可的老房子，会有一些属于难得的精品的艺术构件，也应该收藏保存它们，为它们在乡里、县里、省里造陈列馆，甚至造全国性的。

那么，谁来主管这件事？怎么管？哪里去筹款？什么时候才能着手管？要等到一无所有之后吗？我现在能到哪里去呼吁？向谁？谁会听？

我不能总是微笑不语，笑而不答。我笑得太苦了！

总得容我呼喊三两声：

我向那些终日昏昏庸庸无所用心的人，向那些用公款四碗八盘大吃大喝甚至飞渡重洋遛街逛店的人，向那些翻手为云覆手为雨发足了投机财的人，向那些一次又一次“交学费”其实什么也不学的人，向那些花天酒地一掷千金的人，向那些遇事推诿以少办事为福的人，向那些笑眯眯标榜“难得糊涂”的人，向那些流水般花钱造仿古建筑的人，大声呼喊：请你们……

（原载《建筑师》，1994 年 2 月）

（二七）

因眼疾住院，医生严禁读书作文。枯坐无聊，平生积习时时袭来，默温这几年建筑学术界的一些情况，觉得有些话过去没有明写，似乎应该补足，于是趁护士小姐不备，偷偷铺开带来的稿纸。不过，这篇文章势必会有不轻的八股气息，过去所以没有明写，也是为了怕这股气。现在只好祈求读者包涵包涵了。

这次想要说几句关于建筑理论的话。不说那些易理禅机，那两阵热风大约快过去了。说的是关于如何研究外国建筑理论，这方面所表现出来的问题似乎更严重也更持久。而且，即使足以使一些人引为民族荣耀的易理禅机，也无非是从洋人那里刮回来的风。"外国人都佩服了，炎黄子孙岂能搞虚无主义？"目前正在升温的"风水科学""科学风水"，也是被西风唤醒的幽灵。

说起对外国建筑理论的兴趣，我在病榻上所保有的印象大致是：外国人致力于研究理论，中国人介绍外国理论家；外国人致力于创立学说，中国人介绍这些学说。现在一些人已经养成一种观念，认为只有当代外国人的那些形态和方法的理论才算得上是理论，是唯一正确的形态和方法。如果从实际出发，从建筑的社会存在和历史存在出发来研究建筑，那算不上理论，至少不是深层次、高档次的理论，因为没有"哲理"。而所谓"哲理"，就要用从当代哲学流派借用来的语言，制造一层抽象的朦胧，半明半暗，似懂非懂。这样一来，就招致了一些读者的批评，说是有些介绍外国建筑理论的文章像天书，故弄玄虚。而作者则反唇相讥，埋怨读者水平太低，自叹"对牛弹琴"。老祖宗说，"春秋责备贤者"，我不在这里评论读者，只想对作者说几句。不过我也不想责备作者，只想说说，如果要研究外国当代建筑理论，应该做一些什么。

第一，外国当代建筑理论，少有例外，都依托于一种哲学思想，使用它的哲学语言，这就是它们的"哲理性"的由来。这些哲学思想都有它们漫长的历史发展背景。理性主义、新理性主义、非理性主义、结构主义、解构主义、现象学、行为学、符号学都是西方哲学经历了长期发展在一定条件下的产物，要理解它们，没有相当程度的西方哲学史知识是不行的。一个建筑学专业出身的人，要理解哲学系学生研读四五年才能理解的当代哲学思想，恐怕是很吃力的，要花大力气才成。不理解那些哲学思想，径直去揣摩那些建筑理论，难免隔靴搔痒，弄错了原意。看得出来，我们有些解读洋理论的人，只是通过建筑理论文章去猜度它们作为根据的哲学的。这其实很危险，可靠性很小。我们有一些讲洋理论的文章，成了看不懂的玄学，根本原因就在于作者本人并没有真正懂得那些洋理论和它们所依傍的哲学思想，甚至穿凿附会，有明显的"郢书燕说"的痕迹。有人说，中国懂得现象学的哲学家寥寥无几，但懂得现象学的年轻建筑系学生却很多。这当然是笑话，但它提醒我们不要太轻率了。

第二，要真正读懂西方的哲学思想和依傍它们的建筑理论，只有一般的外文水平是不够的。要精通外文，比普通外国人有更高的阅读哲学、理论文章的能力。不但要能择得清复杂的语法结构，辨得明字义和语气的细微差别，吃得准各种隐喻、暗示和词外之意，还要摸得住各位哲学家、理论家独特的，有时候甚至是故作艰涩的文字风格。对这种语文的理解能力往往与对"哲理"本身的理解能力纠缠在一起，互为因果，难分难解。对中国的建筑学专业学生来说，要突破这一道障碍可不容易，非下苦功夫不可。我有不少次，看一些外国理论的译文、转述和介绍不得要领，如丈二和尚摸不到头脑，于是去翻原文，这才明白。甚至有好几次，看出来译者并没有查字典，把一个多义词的最平常的意思写上就算了。明明说不通，也不顾，而别人明明不可能看懂，也胡乱引用，真是一笔糊涂账。

第三，要真正弄懂一些当代建筑理论，做出恰当的评价，汲取有益的成分，必须了解这套理论产生的具体的历史背景，当时的政治、经济形势和文化思想，还要知道这些理论家的教育、职业、政治倾向和社会地位等等，甚至还应该知道他们的代表性著作发表时的情况。前几年，台湾大学夏铸九教授介绍亚历山大的“模式语言”的文章，以及张景森先生批评贺陈词翻译弗兰普顿的《近代建筑史》的文章，都是很好的范例。夏先生引用了亚历山大的著作达62种之多。他写的一本《理论建筑》，参考文献目录有27页（因眼疾未愈，恕我没有点数）。

前几年，我们这里一些人出于对西方后现代建筑的狂热，误信现代派建筑已经死亡，以为后现代建筑开辟了一个崭新的足以代替现代派建筑的历史时代，就是因为对现代派建筑和后现代建筑都缺乏深入的了解。当时一些打落水狗的文章家，对“房屋是居住的机器”“少就是多”“装饰是罪恶”等几个现代派建筑的主张大肆挞伐。其实，这些人并没有看过提出这几条主张的原文的整体，更不用说提出这些主张的历史背景了。后来有人译出了原文全篇，介绍了当时的背景，但是，讨伐者并不去看一看，照旧望文生义批判不已。

用这样的方法和态度，是不可能研究、介绍外国当代（任何时代）的建筑理论的。瞎子摸象，能有什么结果？

第四，扎实的世界建筑史的知识，是正确理解和评价各种建筑思潮和理论的基本功之一。这不仅仅是因为外国理论家们喜欢大量征引历史事实，更因为我们自己需要运用历史知识。历史知识能够大大丰富和活跃我们的思维，帮我们对眼前的现象作出正确的判断，既不因循守旧，也不随风俯仰。

“历史”也是一种思维方法，就是从发展中去认识事物，在一定的时代条件下认识事物。前两年有一位文章家，征引了许多18、19世纪美学家和艺术史家的话来论证建筑的本质乃是巅峰性艺术。他忘记了，或者根本不曾知道，正是在20世纪初，建筑发生了一场革命，这场革命不仅仅是技术性的，更重要的是它的社会性。这场革命之前，作为建筑大系统的基本层次的是宫殿、庙宇、教堂、陵墓之类的大型纪念性建筑；而革命之后，基本层次就是住宅、商店、办公楼、火车站、学校之类的普及性大量性建筑了。历史的发展要求根本改变了关于建筑的概念、理论、方法、价值观等等。现代派建筑就是反映这类大量性建筑的基本特点的，这也是工业化社会的基本特点：它讲求功能、效率、经济。功能、效率、经济是现代概念、现代意识，是工业化的产物。它们在前工业化社会里没有什么地位。当然，18、19世纪的美学家和艺术史家只会从宫殿、教堂之类的大型纪念性建筑立论，绝不会把脑筋动到大量性建筑的功能之类的问题上。引用他们的话来论证当代建筑，牛头不对马嘴，毫无意义。近来，这位文章家又引证印度中世纪的从山岩上整体雕凿出来的庙宇来论证建筑的本质了，越滑越远，真是积习难改。

第五，为了研究当代西方建筑理论，像研究一切理论一样，要学习思维科学。起码要概念准确、逻辑严密、方法对头。我们建筑学的专业特点是不大在乎这些，所以，当我们研究理论的时候，就要自觉地补一补思维科学的课。我们有些人，“易理”“禅机”“天人合一”，什么都能侃，三天一变，五天一换，好像才气横溢，其实不过是“不求甚解”，所以容易得很。那些死东西，随便说说倒也罢了，介绍外国当代建筑理论，可不能这样轻率，因为它们还活着，还在眼前起作用。前几年有人写文章大侃当前中国建筑创作中“符号学”的成功运用和杰出成就，以“珠江帆影”和北京某百货大楼设计方案等等为例立论。拜读之际，啼笑皆非，原来“符号学”竟就是贴标签和仿形，如此这般“运用”符号学，就像“脚气一擦灵”一样轻易。不知为什么西洋人要为符号学写了那么多艰涩的论文，是他们智商太低，还是我们的文章家没有搞清楚符号学的基本概念？我说不清楚，不过我一向不大相信“一擦灵”。

近来有人从对《周易》的研究中得出了一个结论，说的是：“（中国古代）建筑首先考虑的是社会功能。社会需要、伦理礼制是第一位的，物质功能则是第二位的。”我没有拜读这本著作，只从一位热烈地推崇它的文章家的评论中见到这一句话。所以，我没有资格多说什么，也不想去议论常识性的第一位和第二位的问题，只是想指出，这一句“带根本性”的话，有概念和逻辑的错误。因为前半句里，“第一位”包括“社会需要”和“伦理礼制”两端，后半句的“第二位”则是“物质功能”。说概念有错，指的是：“社会需要”这个概念，应该也包括“物质功能”。“物质功能”不能是非“社会需要”的，除了在特殊环境中的极低层次上的最原始的一小部分生理要求。既然“社会需要”这个概念发生了错误，那么，这“第一”“第二”地排座次，在逻辑上也就错了。

而我们那位写评论的文章家的逻辑和方法错误就更严重。他把上面引的那句话简单化为“精神第一”“物质第二”，这是一错。“物质需要、伦理礼制”不等于“精神”，这是起码的常识。他论证这个第一、第二的，是举“紫宫”“大内”“风水”等等这些特例，而他所要论证的命题用的却是“（中国古代）建筑”这个全称概念。这是二错。第三，他以“具有精神文化意义”，“附着在建筑身上的如此丰富的精神意蕴”去论证“第一”“第二”，简直扯不到点子上。往下就不必再说了。（这位文章家还说：“风水其实在某种情况下或许还是古代匠师为保护自己的一种手段……在那种迷信与科学混沌不清的社会环境中，以迷信的方式对付迷信，或许也不失为一种策略。”这是惊人的不顾事实的臆造，这种态度离科学实在太远了，不过这篇杂记不能再说态度问题了，虽然它比逻辑问题更根本。）

思维方法对学术理论工作有根本性的意义。思维方法不对头，往往能葬送全部工作。例如，近年来的中外文化保守主义者，连篇累牍地论证，传统是不能割断也不该割断的，谁也摆不脱传统。传统当然是很稳定的，否则，也不会说在历史的转折时期，传统是保守的因素了，也不必说要去粉碎它了。但是，这些文化保守主义者没有或许不愿看到，事实上，传统也是经常被扬弃、被革新、被打断的。而对于历史的发展、进步、创造来说，传统的扬弃、革新、打断是更有意义的。在历史的转折关头，需要人们有很高的自觉性去粉碎旧传统。我们所说的粉碎和打断，也绝不是那么一下子就干净利索了。但是，新时期文化中有前一时期旧传统的成分、因素与旧传统在前一时期占统治地位，那是有本质差别的，那些文化保守主义者也看不到这一点。人身上有与猴子相同的因素，但人与猴子根本不同。文化保守主义者的思维方法是形而上学的。

所以说，要做理论工作，不锻炼思维能力，概念、逻辑、方法“都混成一锅”，那是不行的。

我这篇文章，像这样写下去，大约还能罗列一些条文。例如要训练文字表达能力，努力用中国人看得懂的文字来介绍外国当代建筑理论；例如要熟悉和关切中国当前实际的建筑实践；又例如要热爱生活，了解普通老百姓；等等。不过，文章已经堆满了八股式的陈词滥调，再写下去就要出丑了，只好立即打住。

然而，我总得写下“第八股”。我究竟对评介外国当代建筑理论有什么积极建议呢？

我建议，我们只要有少数有条件的人密切追踪和介绍外国当代建筑理论就可以了，不必有这么多的年轻人投入进去造成热潮，形成一批“追星族”“发烧友”。西方当代建筑理论并不是唯一正确的、深刻的、高层次的、“永恒”的理论。理论还有许多其他的形态和方法，更实事求是、更生活化的形态和方法，从建筑的社会的、历史的存在出发的形态和方法。哲理性是好的，但实践性也许是更高的品格。昂起头来，潇潇洒洒地走自己的路，各人创立自己的理论、自己的学派，如何？

话说得更透彻一些，外国当代某些建筑理论，未必真正正确地体现了某些哲学思想；某些哲学思想，也未必有多少真理性。更何况一些建筑理论家也有生拉硬扯、牵强附会的毛病。我们见到的矫揉造作的、粗劣的作品已经不少了。何必像少男少女们那样，对海外歌星走了调的歌唱如醉如痴。

要把追踪介绍外国当代的建筑理论这工作做好，是十分艰苦的，因此，我给这篇八股文章再添两句酸溜溜的结束语：

板凳须坐半世冷，

职称莫恨十年迟。

罢了！罢了！

（原载《建筑师》，1994 年 4 月）

（二八）

建筑的仿古要反对，园林的盲目仿古也要反对。

反对建筑仿古的人比较多，反对园林仿古的人就少一点。这大概是因为园林在艺术风格上所受的客观限制比建筑少的缘故罢。不过，事情倒也难说，咱们向来有些豪士能说些叫历史倒流的话，所以仿古建筑虽然是些主观主义的矫揉造作，不合客观规律，在北京却越来越红火，过街老鼠快成精了。至于园林呢，客观限制既少，所以仿古容易，加上近年来又不断出口到世界各地，“弘扬传统”且不说，光是外汇就赚了多少！因此，园林仿古之风就更加流行，各处都可以见到。

所谓园林仿古，就是地无分南北东西，都以苏扬一带的旧园林为样板，哪怕在赤日烁金或冰天雪地的边城，都能见到叠石、云墙、曲槛、亭台。那么，园林仿古有什么不好？答曰：第一，任何艺术，都是创造比模仿好；第二，因为苏扬一带的古式园林的性质和功能已经根本不能适应当今城市公共园林的需要了。

我先说说两件事：

前几年，北京有个工厂，以“绿化”之好闻名，称为“园林化的工厂”。有一次，电视台介绍它的“园林”，镜头转来转去，从翼角高翘的亭子转到湖石重叠的假山，从假山转到色彩斑斓的卵石铺地，又从卵石铺地转到蜿蜒的粉墙，最后再有石雕的狮子和水泥塑的姑娘作为高潮。镜头转完之后，竟然没有见到一棵树、一株花、一片草地。我想，这“园林”大约还不至于真的没有一棵树、一株花、一片草地，不过，显然，工厂负责人和摄影师没有把它们当作“园林”的必要因素。而镜头转了这么一大圈，竟然没有一棵树、一株花、一片草地撞进画面中来，则它们的稀少也是很清楚的了。

也是前几年，我在一个大热天到重庆去了一趟，住在一所学校里。这学校是市的绿化先进单位，校园里本来是浓荫蔽天，密密的竹林送来阵阵清气。但是，据说，光是绿化不行，要提高到“园林化”，这个先进单位不幸被指定要带个头。于是，我亲眼看到百十来个人，挥汗如雨，砍掉枝叶茂盛的大树，从远处运来石头堆垒起假山来，山上还要造一座亭子；砍掉竹林，用水泥砖墁一块场地，安置瓷烧的桌子和鼓凳；茸茸的草地也被开辟了，铺上卵石路，从这头到那头只有十来米，还得拐几个弯，“曲折有致”，剩下的草就不多了。这项“园林化”工程完工之后，校园由“绿化”变成了“水泥化”，水泥化成了园林化的灵魂。

这两个单位，一在天南，一在地北，没有经过协商，而对“园林化”的理解竟完全一致。它们又都是样板和模范，经过宣传，要起带头作用的，可见，它们的做法，是在相当大的范围里被公认了的。这说明，在不少人心里，所谓园林，就是亭台楼阁、石头假山、卵石地面、粉墙漏窗，不知为什么，竟没有古木鲜花和如茵的芳草。而这样的“水泥化”的园林，我们这些年可造得不少了。

这样的“园林”观念，来自苏扬一带清末的私家园林。那些园林本来就不大重视绿化，加上几十年来一部分研究者的片面性，就产生了风靡全国的中国式园林观念。

打开我们关于园林艺术的著作，不论是大部头书还是小品文章，大都是以谈建筑的篇幅为多，谈绿化的篇幅为少，甚至压根不谈。书里的照片，拍的大多数是各类房屋或者石头。小到漏窗槅扇，大到曲廊敞榭，拍得津津有味，不厌其详。至于石头，更是一洞一壑，转侧生姿，“瘦、漏、透”的独石峰，不但一个一个地玩赏，而且还要叙述些趣味盎然的故事。树木花草，通常不过是建筑的陪衬，在“石丈”“石兄”旁边侧身侍立的南天竹和芭蕉，被称为“逸笔草草”的写意小品，价值在于它们投在粉墙上的影子。前些年，兴高采烈地搬到美国大都会博物馆去陈列的所谓中国园林，也竟是一所几乎没有花木的庭园，满铺着一地的卵石。“庭院深深深几许”，“庭院无人月上阶，满地阑干影”，这一类不见花木的诗句，连篇累牍地被引用来描绘园林的“意境”。

这些书、这些文章、这些出口园林，虽然一部分不免片面了一点儿，其实对中国传统园林的认识倒也并没有什么错。可怪的仅仅是，它们几乎无一例外，都在这些园林中发现了那么多的魏晋风流，都把这些园林看作“虽由人作，宛自天开”的范例，或者还有那个什么“天人合一”。

近几十年来，我们欣赏的、研究的、介绍的，主要就是以苏扬现存园林为代表的封建晚期的江南私家园林。李渔在《闲情偶寄》里说：“叠石造园，多属荐绅颐养之用。”这些荐绅哪里有什么陶渊明式的田园雅趣，谢灵运式的山水情怀？他们在园林中的生活，虽未必都像西门大官人那样，不过，那样的人怕也不在少数。约略与李渔同时，一位叫东鲁古狂生的，写了一部拟话本小说，叫《醉醒石》，其中第七章描写一个浪荡公子：

> 他每日兴工动作，起厅造楼，开池筑山。弄了几时，高台小榭，曲径幽蹊，也齐整了。一个不合意，重新又拆又造，没个宁日。况有了厅楼，就要厅楼的妆点；书房，书房的妆点；园亭，园亭的妆点。桌椅屏风，大小高低，各处成样。金漆黑漆，湘竹大理，各自成色。还有字画玩器、花觚鼎炉、盆景花竹，都任人脱骗，要妆个风流文雅公子。

“要妆个风流文雅公子”，这种生活方式和“文化”趣味，在文震亨的《长物志》里“拔高”了一些，但实际上是一样的，他说：“吾侪纵不能栖岩谷，追绮园之踪，而混迹市廛，要须门庭雅洁，室庐清靓，亭台具旷士之怀，斋阁有幽人之致。又当种佳木怪箨，陈金石图书，令居之者忘忧，寓之者忘归，游之者忘倦。”刘姥姥所见的怡红公子的住所不就是这样的吗？这种所谓园林，有关于绿化的不过是“盆景花竹”“佳木怪箨”或者几棵芭蕉而已。我们可以相当准确地叫这种明清之际的私家园林为建筑式园林，而不是自然式园林。那本著名的《园冶》也表达了同样的思想。它说：“凡园圃之基，定厅堂为主。”开宗明义第一章的《兴造论》，讲的几乎全是建筑。整本书里，讲建筑的比重大约占一半，然后是叠石，至于绿化，对不起，没有！

但这种园林虽然实实在在是建筑式的，是为了在其中过奢华的城市生活，却仍然要标榜山林情怀、田园雅趣。这是因为，即使到了封建社会末期，一千多年中国文化中的传统价值观依旧保持着强大的势能，依旧是一种强大的历史惰性力。没有一个中国知识分子敢说自己不爱山水田园。“神情不关乎山水”，就是低俗，没有资格谈文化。而标榜爱好山水田园，仿佛文化素养就高了几个档次。连那个富丽豪华的大观园，也要不伦不类地造一个稻香村。不过住在里面的是不识字的年轻寡妇，不是那些传统文化的代表人物，然而他们却非说一句“勾起我归农之意”不可。一方面受这种传统价值观和历史惰性力的控制，一方面又要“混迹市廛”，于是只好在厅堂楼台之间的夹缝里弄点假山假水。在这种情况下，文震亨就胡诌“一峰则太华千寻，一勺则江湖万里”，自欺欺人了。计成的那句“虽由人作，宛自天开”，包含着多少矛盾，多少辛酸。实的是人作，虚的是天开，眼见的是人作，心想的是天开。也就是说，人作是真，天开是假。我们现在所能见到的一些私家园林，都是在清代末年至民国初年经过改建的，它们比起文震亨、计成、李渔和东鲁古狂生们设计的和见到的园林，大多更加市侩气，这是当时这地区的整体历史文化气氛决定的，更何况这些园林里有不少是盐商们养小老婆、吸阿芙蓉的安乐窝。

充塞着建筑，充塞着叠石，只有少量的树木花草，这样的园林，何“自然”之有？自然要有生命，只有树木花草才有生命。自然要有广阔的空间，夹在建筑的缝隙里，哪里展得开天地大块文章？自然要真实，处处矫揉造作，根本谈不上真趣。苏扬一带封建时期末年的私家园林，就是这样一种没有多少自然气息的建筑园林。然而，我们的一些研究者们，也被那股强大的传统价值观和历史惰性力所控制，不能如实地观察那些园林，直截了当地指出它们的虚假和矫情。相反，他们要强迫自己，在高高的围墙里，从“一峰”“一勺”去体味出千寻太华和万里江湖，体味出盐商们的“天人合一”的自然观。仿佛只有能体味出这些来，才能脱去俗骨，才是有资格的园林研究者。

于是，现存的以苏扬园林为代表的江南私家园林的美学品质被歪曲了，被虚饰之后又夸大了。这种被歪曲、被虚饰、被夸大了的造园艺术，又跟所谓热爱自然的民族文化心理联系起来，或者哲理化为“天人合一”的宇宙观，于是，它们的“自然式”成了不易的论断，而且具有超时空的全民族的意义了。正巧赶上一阵“弘扬民族传统”的东风，“好风凭借力，送我上青云”，从青天上纷纷撒落亭台、假山、云墙、漏窗、卵石地面的种子，在各处生根发芽！这就是我见到的北京某工厂和重庆某学校的“水泥化”的园林的由来。

但是，当今的园林，不用说大型的城市公共园林了，就是工厂和学校的园林，它们的功能，以及人们享用它们的方式，都和苏扬一带的明清私家园林完全不同了。它们的生态意义已经是第一位的了，它们是城市（或者工厂、学校）的“肺”。因此，绿化应当成为当代园林的本质。

我们当然不能完全否定明清私家园林的一切，那里有许多精美之极的东西。但是，从整体看，它们过时了，不能适应当代的生活需要了。我们可以使用它们的一些要素，亭台、假山、云墙、漏窗都不妨一用，只是请不要以为它们就是“园林”，“园林化”就是造这些东西。咱们开个玩笑，硬拆一下园林这两个字，那么，它们就意味着一定范围里的树木。

所以说，园林也要反对盲目仿古。

至于艺术要创造而不能模仿，那就用不到说了，不过要提一句，不知为什么，一些建筑文章家，正是以“建筑是艺术”为借口来提倡仿古的，真正奇怪。

（原载《建筑师》，1994 年 4 月）

（二九）

在台湾逛了几年书店，发现建筑类书籍里，大陆学者的著作一年比一年多，除了来自西方的之外，今年几乎达到了一半，尤其是图文并茂的大部头书。这些书里，少数是香港出版的，大部分都在台湾出版。它们可以分为三类：一是盗版书，大多初版于1980年代；二是在大陆已经出版过的，由台湾的出版商买去版权，出繁体字本，这一类目前是主流，而且逐渐增多；第三类书是在大陆很难出版，而在台湾初版的，这一类比较少，主要是大部头书，水平不低。对前二类，我没有什么可说的。六年前我第一次到台北，见到我们编的《建筑史论文集》在那儿有好几种盗印本，一位台大的教授很抱歉地对我说，有一种盗印本是他建议出版的，因为教学工作迫切需要，而他们又没有什么资料。我真诚地告诉他，我很高兴。我们做学术工作，本来就是为年轻人，别无他求，如果能对台湾的年轻人有用处，我不会介意他们的盗印。

使我感慨万千的是第三类书。书在台湾出，台湾朋友可以读到，这当然很好。但是，那边出的书不可能销到大陆来，大陆的建筑界，这边的年轻人，读不到这些书，这就很成问题了。我们近年来常常叹惜“人才外流”，而这种人才虽然并不外流，但成果却外流的情况，岂不是更加使人惋惜！

为什么这些书送到台湾去出版，原因大约不完全一样。拿几个美元版税或稿费未必有多么大的吸引力。我查看了一下，作者都是教师。当教师的，习惯上总希望自己心爱的学生能够看到自己心爱的著作，看不到，心头总不是滋味。

就拿我在台湾出版的几本书来说罢。一本是《外国造园艺术》，三十几万字。这本书写成之后，这边几家出版社都不肯出，说是准会赔钱。有一家专出人文社科书籍的出版社倒是肯出，已经拿去做了编辑加工，但是不知道要排到哪年哪月才出得成。我不得已把稿子带到台湾，半年之后就出版了。另一本是《关于保护文物建筑和历史地段的国际文献汇编》，这本来是一位负责这方面工作的领导同志建议我编的，编成了，他却无法找到出版社。连他属下的出版社也不肯出，说是大约要赔两万元，吃不消。我拿到台湾，两个月就出版了。这两本书都并不是没有多大价值的，它们在台湾一出版，就成了几个大学的指定读物。另外有两部书也是这种情况。

我们的出版社当然有它们的难处，不能要求它们赔钱出书。但赔钱是因为书卖不出去，也就是说，没有足够的读者。问题就在这里，台湾人口是大陆的百分之一；台湾只有八九所大学有建筑系，而大陆有五十来个建筑系；台湾的建筑师只有两千人，而大陆的建筑师有两万。为什么我们的建筑书籍的市场竟这么小？前些年，我们的建筑师穷得可怜巴巴的，买不起书；这些年，我们的建筑师的腰包可并不羞涩，买小轿车的都已经有了。所以，我们建筑书籍市场的狭小更使人十分困惑。是建筑界早就判定许多尚未出版的著作都是不值一读的废物呢，还是他们家豪华的组合柜只能陈列“人头马”？这两种可能都会伤透人们的心，但我更伤心的是我的学生们没有能读到我写的书，我原来是为他们而呕心沥血的。在写这些书的时候，我诌过几首“诗”，不像样子，不过写了实话真情。有一首的末联是：“为怜新苗和血灌，斗室孤灯夜夜心。”想不到写成的书却在遥远的彼岸，海天辽阔，风急浪高，什么时候他们才能见得到呢？

英国人有一句关于学术工作的话，说的是“不出版就完蛋”（publish or perish）。学术工作是要靠出版工作来支持的。出版事业发达，学术就会兴旺；出版事业徘徊犹豫，裹足不前，学术就会萎缩，学术工作者就会作鸟兽散，也就是“完蛋”，这毫无疑问。在发展节拍如此之快的现代世界，不可能也不应该把学术工作当作“名山事业”。对学者个人来说，一生心血，托付给杳不可知的后世，也是很凄凉的。学术工作没有人做了，一个没有学术的建筑界，将是多么可怜！

西南某省有一位年过半百的老师，口袋里揣着“救心丹”，一步三喘，带着几个年轻人，自甘清贫，抵抗了金潮的诱惑，坚持“上山下乡”，研究少数民族的建筑，如今已是积稿盈柜。即使退无数步做最低限度的估计罢，他们收集的资料也是极其宝贵的。然而，这些书稿至今还没有被哪个出版社接受。再这样下去，我担心那几个年轻人终将离他而去。他毕生辛苦，最后的结局竟是一个无情的“完蛋”。也许，还得请台湾的出版商来拯救他的事业。这事业岂是他个人的？

在台湾出书，也还有另一种不同然而相似的原因。

我和楼庆西、李秋香二位合著的《楠溪江中游乡土建筑》，上中下三册，326页。1992年10月在台北出版，到次年5月就卖光了5000套，6月筹备再版，8月又印了5000套。这部书在台湾销售的数量和速度，在学术性著作中很不寻常，台湾的新闻界和评论界都十分重视。1993年年底，《中国时报》把它评为当年十大好书之首。为什么这本书要在台湾出版？简单地说，我们工作的全部经费是那边的一家出版社提供的。我们的乡土建筑研究，六年前的起步，是由一位县级机关的普通工作人员支持的。他无权无钱，只凭一腔热情，八方奔走，为我们张罗来了四个人的来回路费，安排了生活和工作条件。我们永远感谢他崇高的情谊。但不能这样长久维持下去，于是，不得不向台湾的那家出版社卖了青苗。好在出版社的几位“老板”都是极有修养的文化人，对民族的文化事业抱有强烈的责任心，我们合作得非常愉快。我们的第二部书《新叶村乡土建筑》和第三部书《诸葛村乡土建筑》，由于同样的理由，仍旧将在台湾出版。再做下去，也还是这样。我们没有别的选择。

说一句时髦话，我们走上市场，路子就活了。但是，如果投入大陆的市场，我们有活路可走吗？一千字二十块钱，全部稿费连一趟火车票钱都不够！而我们如果下海，那么，用目前我们到图书馆查书目的那点时间，就可以赚几个万元户了。没有公平的价格，就没有市场可言，我们的学术市场在哪里?

但是，学术工作真的可以完全市场化吗？我们的学生说，那些南下淘金的，乘飞机、住宾馆、吃大菜；而我们搞乡土建筑的，挤长途公共汽车，住两块五一天的小旅店，吃三块钱一顿的伙食。这哪里是市场价格在调动我们的积极性。还是我们的台湾出版家送我的两句话最好："欢喜做，甘愿受。"这是我们的性格，你用黄金买不到！不要把市场的作用看得太万能了。把学术、文化、教育完全推向市场，恐怕倒是送上绝路。

大陆学者在台湾出版的书里，大部头图文并茂的书占了相当大的比重，这大约跟那边的印刷、装帧比较考究有关系。这些年来，大陆的书籍的印刷、装帧水平提高得相当可以。可惜，跟书价一挂钩，也就是跟有限的读者的有限的购书意愿一挂钩，我们的书就不得不委屈将就，大幅度降低质量了。前几年，出过一部关于某少数民族的建筑的书，虽然那民族的建筑很有特色，但为了降低成本，用的都是黑白照片和钢笔画，印得也模模糊糊，因为纸张不行。台湾的一家出版社买去了版权，照原样出版了。不料，有一家日本书商见到了这本书，他眼光敏锐，看出这本著作的未被充分实现的价值。于是，他立即派人到了那个民族地区，拍了大量的建筑彩照，加上些生活风情照片，把原书的文字改头换面编一下，很快出了一本非常精美的书。书一到市场，那些独特的、瑰丽的建筑轰动了全世界的读书界，书畅销不必说，可苦了那家台湾出版社，它们照大陆原样出的书再也卖不出去了。我听说，这部书的原作者本来是有许多漂亮的彩照的，由于出版社的要求，才改用黑白照片和钢笔画。钢笔画虽然漂亮，有独立的艺术价值，但是，在一本学术著作里，它们无论如何比不上照片那样具有真实性，那样富有说服力。因此，用钢笔画代替照片，书的学术价值就大大打了折扣。

学术工作者看待自己的著作，就像年轻父母看待自己的"小皇帝"

一样，希望它们长得可爱，逗人喜欢！一个作者，被迫降低他的著作的水平，可是一件十分痛苦的事。如果我们的出版社也有那家日本出版社的眼光，如果也善于开辟海外市场，那么，这样的悲剧性事件是不是可以少一点呢？

末了，再说一件事情。去年这时候，我在杭州一家专卖高档美术书籍的书店里，见到一本台湾出版的大厚书，书名忘记了，内容全是中国古建筑的墨线图。书价高得惊人，是八百多元人民币。我问经理，这本书的销路如何，他说还不错，有些学校、机关、设计部门来买。我站定了翻一翻，大吃一惊，原来百分之百的图是从这边的出版物上转录下来的，我至少可以说出其中三分之二以上的原书或原作者，包括我们教研室的两位年轻同志。她们制的图在其中占有不小的分量。当然，台湾那家出版社根本没有说明资料来源，更没有注明原作者姓名。这种"汇编"式的书，不知是不是牵涉到知识产权问题。不过，即使有问题，去认真打官司大概也是愚不可及的蠢事。

还有一件事，跟上面说的都不一样，不过也是有关两岸出版的话题，就附带说在这里罢。我的一位同窗好友在台湾落籍，独力创办了一家出版社，苦撑了两年，依然只赔不赚。我生病住院时，他几乎天天来陪我，发起牢骚来，说要出版"房中术""秘戏图"之类赚些钱支持下去。一到言归正传，他的批评就指向大陆的一些出版物，主要是翻译书，错误太多。他买去了不少本书的版权，但有一些实在不能照原样出版，以致他不得不在困窘之际，还要花许多钱请人来校改。有一本书，他拿来给我看，已经改得没有剩下多少，连怎样署名、还算不算从这边买去的版权都大成问题。

关于译书质量的问题，我知道得不比他少，只好陪着他苦笑。他毕竟是从大陆过去的人，有割不断的情分，这才有这种苦恼。我替他向我们的出版社转说一句，以后出翻译书更谨慎一点如何？

（原载《建筑师》，1994年6月）

（三〇）

我们的建筑“理论”终于露了脸，起了“指导实践”的作用了。

几年前，几个通讯社和报纸兴致勃勃地报道：“长期被人们视为封建迷信的中国古代风水术，如今被我国著名建筑理论专家……引入建筑设计，通过多年系统的研究，现已确认，风水术其内核为中国古代建筑理论之精华。”这位教授证明，“风水术实际上是集地质地理学、生态学、景观学、建筑学、伦理学、美学等多种学科于一体的古代建筑规划、设计理论”。据说这个结论解答了一个“千古之谜”。某科技情报研究中心为这个“成果”兴奋不已，运用中国语言特有的魅力宣传它的《风水术专题资料》，说这套资料是“建筑研究机构的福音、建筑施工企业的福音、商业服务部门的福音、人民安居乐业的福音”。不多不少，正是“四福音书”，该占半部《新约全书》了。

风水术的“千古沉冤”被“平反”之后，一些人闻风而动，一窝蜂去弘扬这一份“文化遗产”，一些出版社丢下学术著作，赶忙出版“科学风水”“风水科学”，连从来不研究什么问题的人，也破门而出，写文章大吹风水。一下子，阴阳先生的祖坟仿佛都冒出了缕缕青烟，成了“牛眠之地”。时间正好是20世纪八九十年代，于是，这一场奇观，不折不扣可以叫作“世纪末现象”。

有些朋友只把这个“世纪末现象”当作笑料、书呆子的“痴人说梦”，至多不过破费几个同样发呆的人的买书钱罢了，成不了什么气候。可笑的是，竟是这些朋友才是书呆子，那个风水理论，却已经“掌握了群众”，转化为“物质力量”了。1994年2月8日的《北京晚报》简摘了《今晚报》的报道说：

> 近来，天津市一些工厂企业出现奇怪事，请风水先生看风水的事情频有发生。……有的企业领导者遇事相信水土财气，甚至求助风水先生。如津南区一家企业在扩建厂房动工前请风水先生

当参谋，甚至按某种忌讳修改设计方案……某郊区有十几家工厂曾把风水先生奉若上宾，由厂长陪同东看西观，大谈风水与企业兴衰的关系。……一家生产经营暂时遇到困难的国有企业，对个别职工种种“漏财气”之说，采取了让风水先生看风水以期望得出相反结论的做法。

《今晚报》的原文一定更加详尽，想必鲜活精彩，但我实在不肯下这番查阅的功夫了。我倒是迫不及待地要喝一声彩：莫道书生空议论，罗盘指处钱财来！建筑“理论家”终于使“几近失传”的风水术“复生”，给企业、给职工、给社会带来了“福音”。

不过，我这是给“理论家”贴了金，说实在的，并不是作为“综合性环境科学”的风水理论指导了当前的实践，而是连理论带实践一股脑儿随近年来猖狂泛滥的封建文化翻到了水面。封建文化的沉渣泛起，一是因为它经营了几千年，强大有力，根深蒂固；二是因为我们有太多的挫折，不少人失去了信心，或者在急速的社会转型期有点儿眩晕；三是我们整个儿社会的教育程度太低。有了这三条，就会发生把刚刚拉下神坛的东西又重新送上神坛这样的怪事，那么，风水术的“春风吹又生”就不见得可怪了。当然，不同的人又有不同的情况。那些求人看风水的企业负责人，简单地说，就是愚昧，跟到菩萨脚前烧香叩头一样。至于“理论家”，那就相当复杂了。其中有一些，在彷徨求索之际，老是眷恋历史的辉煌，产生了一种对过去、对传统的宗教式崇拜心理。重则认为现在和未来的一切，都已经被古人说完了，例如一本《易经》就包罗万象，从它之后，“太阳底下没有新鲜事”；轻则借古以自重，类似标举各种各样的“祖传秘方”，或者习惯于“追本溯源”，不免夸张、牵强。这些人没有一百五十年前“中体西用”论者那样的沉重，也没有当今海外新儒学派断定21世纪将是中国文化的一统天下那样的自信。他们“不成体统”，往往是捡到一个题目就撂摊儿练起来，闭眼不看世界，也不看实际，在门背后自求心理的平衡。更有那等而下之的，就叫人难以捉摸了，例如有人从风水的形势宗所推重的上百种“吉穴”体格中单单挑出一种来涵括全体，然后大谈女阴，这恐怕只有弗洛伊德才知道是怎么回事了。

尽管有些人宣扬风水“科学”，甚至从宇宙大爆炸、银河系星云，一直说到牵牛花和原子结构，来论证风水的“科学性”，我还是觉得，像对“电脑算命”一样，认真批判风水术的虚妄实在已经没有意思。我只想说说故事，以资谈助，也许能给赔了本的企业家一点灵感。

第一则故事是关于台湾的“立法院”的。近年来那里“民意代表”们不时挥动老拳，闹得鸡犬不宁。于是，各方议论纷纷，认为立法院风水不吉。一位阴阳先生在报纸上批曰：

> “立法院”在整个局格上因群贤楼之前，右高左低，主不利。新旧屋宇不自在，暮色中含烟似雾，纠结丛生，不易厘清，沉疴不兴。正门面对台大医院停尸间，户纳阴气，又西北方有高架桥拱起，西南有烟囱不当位，原四合方正格局被破坏。宅心迁移，置厕所、电梯（楼梯），是闭官。天井朝震方凸出，又多自东北侧门出入，主凶。设原宅心设圆池禳解，但颓塘纳阴，壅塞不通气，效果不彰。又议事厅外观白色，主凶。群贤楼各会议室在电梯出口右方，门又犯白虎，不但易起口角纠纷，未进门便卷袖，准上演全武行，且派系林立，不能和谐。（1991年1月25日《“中国”时报》）

类似的风水“理论”指导了“立法院”的“实践”。首先，是正副两位院长，经高人指点，调整了办公室桌椅橱柜门窗的位置和方向，然后各立法委员如法炮制，以致委员们的办公室里，各人的家具都有自己的朝向，歪七扭八，蔚为奇景。台大医院停尸间的门被迫封闭，“立法院”的门前则增添了水泥台阶和两道玻璃门，外面一道只开中间两扇，里面一道开左右两扇，为的是防“煞气”长驱直入。据说“煞气”和鬼一样，只会走直线。进门之后，院子里又辟了一个水池，万一“煞气”乘隙溜进，也难逃跌落水池淹死的命运。

阴阳师借题大概发了不少财，但“立法院”里的武斗却愈演愈烈，也许是道高一尺魔高一丈，“煞气”学会了游泳，没有在水池里淹死。不知下一步将有什么样的禳解之道。大陆的阴阳师们，有没有兴趣乘槎东渡，去一显身手？

第二则故事。我有一位亲戚，算得上是“商战之雄”，在台北阳明山买了一幢豪华别墅。四周是大片竹林，真个是“龙吟细细，凤尾森森”，好一派风光。不料阴阳先生看了之后说，原主人之所以破产卖房，是因为这别墅犯了风水的忌。根据当地的山形水势，别墅底层如果有厕所，主人必定破产。这位亲戚立即雇工拆了厕所，但从此别墅就租不出去。底层有会客厅、舞厅、宴会厅好几个大厅，没有厕所，谁来承租？他曾经邀我去住在楼上，后来听我对阴阳先生的这套“环境科学”不大恭敬，就收回了承诺，怕我撒野，憋不住了就在楼下浇黄汤。第二年，他请了一位高级阴阳先生去设计禳祛，我奉陪上山。那位先生拿了个大罗盘前前后后猛一通勘察，我端坐在廊下欣赏空山鸟语。午饭的时候，他递给我一张名片，所印头衔之一是易学会会长，还告诉我曾到成都参加过全国易学“学术”会议。时光易逝，再过一年，那别墅还空着，我问敝亲，没有禳辟的办法了吗？他说，那位会长说有办法，但说出来，报酬很高，是要在几十年内分享房租的一半，所以他迟迟没有答应。我当时“灵魂深处一闪念”：可惜第一次来台北的时候没有印一张什么易学会的名片。那罗盘只值新台币3500元，不到别墅月租金的1/20。

第三则故事。台湾几乎家家设大鱼缸养鱼。不少人家，鱼缸的尺寸、位置、朝向和所养鱼儿的品种、颜色、数量都经过阴阳先生掐算，要根据这家的人口、各人的性别和生辰八字来确定。因为还要算计到流年，所以，鱼缸的尺寸、位置、朝向和所养鱼儿的品种、颜色、数量年年都要改变。我第一次去台北，流行的是红龙鱼，一对一拃来长的，要三万新台币左右，约略是一位熟练护士的一个月工资。第三次去台北，更流行的是一种银色的方头方尾的鱼，像尺把长的一段带鱼。我没有记住它的尊姓大名。据说一对要值二三十万新台币，是一位大学教授三个月的薪水。这件事的猫儿腻说来简直滑稽，原来掐算养鱼风水的阴阳先生不是别人，正是鱼店老板自己屈尊兼差。

像这样的“纪实性”故事，说起来会没完没了。但我找不出一则可以证明风水术的“科学性”的故事来，它们其实都是些笑话。笑话说多了不好，会使我们严肃的风水学者冒火。有一位学者，在一篇讨论《易经》与建筑的论文里一本正经地说，风水术可能被一些人用来说服皇帝做些好事。他的这个灵感显然来自历代有些“名宦”曾用天人感应的灾异之说劝皇帝少做坏事。但风水术从来没有起过这种作用，也不可能起。因为灾异是眼前报，属于短期效应，容易跟皇帝的坏事拉扯上关系，而风水术则讲的是远期效应，多要落实到子孙身上。我在上面说的三则故事，倒是求立竿见影的效果的，但那是发生在当前商业社会里的事，跟封建专制时代不大一样。而且，灾异之说说的是人的恶劣行为引起天的惩罚反应，风水术说的则是山川形势对人的影响，而与人的行为无关，跟皇帝的荒唐扯不上边儿。我们那位学者用想当然的臆测来写“学术性”文章，作风之粗率，实在叫人吃惊。不过，这倒可以证明，我们的“学者”已经智穷虑竭，想不出什么办法来论证风水术的“科学”价值了，于是，只好再闹一次笑话。

既然说到了皇帝，那就不妨再说几句关于风水术的社会意义的话。台湾大学建筑与城乡研究所研究生赖仕尧（指导教授夏铸九）的硕士论文在这方面有几处精彩的论述。其中有一段说：

> ……把世俗社会的阶级性价值带进对风水地景的诠释里。《阴阳风水讲义》（佛隐，1927）整理了历来堪舆家们的说法，对于龙脉的护从有下面的叙述：“真龙”融结，必有护从迎从诸山以卫之，犹如大贵人出入，必有前呼后拥，行者辟易，迎送者

鹄候于道。范越凤云："大富大贵之地，如大官行衙，必多前呼后拥。小地如小官出入，不过从者数人而已。……大龙迎送，仓库皆非本身自带，犹如大官出入，沿途自有部封属境，栉次措办，供帐次舍，以候其来。所以大龙经过处，无不聚起观瞻，翕集迎送以护其行。小龙出入，一切皆由自己齐备，犹如小官出入，器皿帷帐，皆自己之物，不容取于他人，唯人从伟烨，经过未尝不起观瞻。"在此，富贵人家的排场被投射到地景形式中，而被定义为"好的地景品质"。换句话说，拥有政治权力及经济权力的阶级，他们以权力营造的"权力形式"（即所谓的排场）以及借着这个"权力形式"所塑造的权力象征，已经被"地理之道"合理化、正当化了。人们所思考的不是这种"权力形式"的本身，而是如何努力地使自己也拥有同样的形式，因此社会也丧失对这个权力表现形式的批判能力了。……是以，一个稳定社会结构下带有权力意涵的社会关系与规范，便悄悄地植入人们的观念中，且日益稳固。

赖仕尧所引用的风水术的材料，都是常见的，但我们的"学者"却缺乏他的敏锐性，对风水术的社会意义视而不见或不愿见，只一味地给它贴"环境科学"的标签。我们再来看赖仕尧的结论的一部分：

……这些形象的吉凶所代表的，完全是现实社会价值的投射。

透过血缘社会，道德规范所行使的教化性权力，维持了社会结构的稳定，确保了既有的权力拥有者继续拥有权力。风水论述在这一个层次的作用，则是透过"地理"的建构与诠释，使血缘社会，人为建构的道德规范，甚至于"稳定的社会结构"自然化。

对一切社会历史现象，都应该做社会历史的分析，这是学术工作的起码功夫。不知为什么，我们的建筑“理论家”们常常把这一点忘得干干净净。在风水术上闹的笑话，或者可以帮我们的“学者”重新想一想这些问题。

“民族的光荣”“优秀的传统”“珍贵的文化遗产”，这些都容易拨动人的心弦，引起感情的激荡。学术工作并不完全排斥感情，但它更不能排斥科学的思考。要紧的是提高我们思维的科学水平，而不是拿愚昧冒充科学。

（原载《建筑师》，1994 年 8 月）

（三一）

我近来不大出门，对天下事很感觉隔膜。翻翻报纸杂志，偶然见到些新鲜事，不免大惊小怪，比如新造的齐都临淄、仿汉的黄帝陵之类，觉得荒唐，就写文章议论一番。一位年轻人，看见我议论有些历史文化名城拆了几百年的旧街重新造一条仿古街的事，跑来笑话我，说这种“雅事”现在已经遍地开花，真不如假，你发议论顶个屁用！我只好自愧浅陋，深恨书越读越蠢。但这种假古董的商业街，一律有个动人的名字，都叫“文化街”，这又引起我一番感慨。

我懒得采用时下流行的办法，去查一查《辞源》或者《辞海》里给文化下的定义。我拍拍脑袋，仿佛记得，近年来大刮了一阵文化风，大发了一阵文化热之后，这文化两字就有了很大的魔力。不但吃喝玩乐都有文化，而且不论什么，只要一沾文化，便立即身价百倍，甚至“化腐朽为神奇”，连三寸金莲都能侃得那么有学问，那么有滋味，使一些后生子神魂颠倒，埋怨爷爷奶奶，不该造成了金莲文化的断裂。不知道这算不算五四运动的“武断专横”和“全盘西化”的一种罪过。

说远了怕收不拢，还是说说建筑这个老本行。热辣辣的文化风一刮，不知为什么，就像雨后牛粪堆上的菌子，仿古文化街里忽然长出一类妓女纪念建筑来。前几年有苏三监狱、杜十娘怒沉百宝箱码头、苏小小墓，近几年有宋徽宗幽会李师师的樊楼，有侯方域梳弄李香君的媚香楼，连一向充满了金戈铁马悲壮故事的三晋大地上，也重建了正德皇帝玩弄李凤姐的酒楼，戏文里只说它在梅龙镇，没有说它叫什么名字，反正不是特聘潮汕名厨掌勺的海鲜酒家美食城就是了。恕我孤陋寡闻，记性又太差，文化街上还有些什么再现出来的藏娇的秦楼楚馆，我一时写不出来了。

大概是现在有些人太煞风景了罢，手持令箭，扫黄一遍又一遍，弄得干卖淫嫖娼这一类风流韵事的入时男女心惊胆战。但是，看来用不着过于遗憾，社会总是会找回平衡的，买春不成，不妨到这些仿古香巢里去逛逛，“误走到巫峰上，添了些行云想，匆匆忘却仙模样。春宵花月休成谎，良缘到手谁推让，准备着身赴高唐”。这多少能在心理上得到些补偿。更妙的是既不怕警察敲门，又赚了个热爱传统文化的美名。“礼拜天到哪里去了？”“逛文化街来着！”看，多么潇洒地走了一回！不知是不是《易经》上有什么预见，旧时代的销金窝儿，被商品经济大潮一冲，就冲进了文化大潮，这类仿古建筑，大约属于娼妓文化，或者更贴切一点儿说，属于嫖客文化罢。谁知道这推波助澜、“炒星”“追星”的光荣是建筑师们的，还是另有决策者？孔老先生说，“狂者进取，狷者有所不为”，咱们建筑师，向来不过是附在皮上的毛，大概都是些狂而不狷的人，所以不管来的是经济大潮还是文化大潮，都能成为弄潮儿。何况这嫖客文化向来是咱们民族文化传统中的风雅成分，是咱们的“文脉”，岂能怠慢？

刚说了几句自以为明白的话，我的与世隔膜又一次使我犯了糊涂。想起不久前在报纸上看到的消息，莫非那些仿古青楼的纷纷再建，不仅仅是传统的嫖客文化，而且是一种真正高档的现代文化，与“雷对弗斯特”的精神一致？那则消息来自1994年2月18日的《人民日报》（海外版），标题是“潮州将建美人城”。它说：

这一旅游文化景区占地800亩，将选取古今中外有代表性的女性人物的史实，运用建筑、绘画、雕塑、现代音像光电技术和人物表演相结合的表现手法，形象地再现她们在文化史上的地位和贡献……

虽然说的是“文化史上的地位和贡献”，城的名字却叫“金马美人城”，金堂玉马加美人，啧，啧！可见，这些入选的“古今中外有代表性的女性人物”，对文化史的主要“贡献”必是她们的美色。三围尺寸以及是否选用了奥丽思美容霜将决定她们在文化史中的“地位”。悬想在满天旋转的七彩光斑之下，由真人表演的玛丽莲·梦露，半袒着酥胸，微睁着星眸，“翩若惊鸿，矫若游龙”，款款而来，那真是文化史上最动人的一页。我仔细琢磨，跟在她后面的，很可能是李师师、李香君、李凤姐这些“三陪”小姐，何况除了美色，《大宋宣和遗事》《桃花扇》《游龙戏凤》，不都是她们对文化史的贡献么？

最使我感到荣幸的，是这座“美人城”要运用的“表现手法”中，排第一名的就是我的老本行，建筑。我要兴奋地向有幸负责设计的建筑师献计献策，以图蹭一点儿荣光：古今中外的文化史著作中，最有地位和贡献的向来是男性，这个偏见被“美人城”彻底翻了案，文化史将要重写。因此，美人城的建筑当然要采用解构主义，把一切习以为常的建筑规则和形式打它个落花流水。堵了头的楼梯，走不通的门，拆散了的骨架，都要用上。其次，“美人城”里一定要有一个小卖部，设专柜出售杨贵妃的那只“遗舄”的复制品。这不仅仅是因为它跟用华清池水洗过的滑如凝脂的肥脚有过肌肤之亲，而且是因为仿古仿到一千二百三十八年前的一只袜子，那功力绝不下于仿齐都临淄、仿西汉黄帝陵和仿三国城，真是足可以傲世而传之不朽的了。

不过，我精力不济，文章写到这里，神思恍惚，渐渐分不清这座美人城跟那些妓楼，在投资的大老爷们儿心里，是不是同样的“文化”。前几年弗洛伊德主义曾经风行一阵子，后来不知为什么又偃旗息鼓，没有人提起了。记得当时建筑界也有人把那个主义引进建筑理论，与易理、禅机相互辉映，如今何不大显一番身手呢?

光有弗洛伊德大概还不行，中军帐里坐在皋比上的是赵公元帅。文化奉了元帅的将令行事，这才有今天的局面，弗洛伊德也不过是躬身听令的一员牙将而已。经济一旦掌握了文化，就显出了一个“社会文化位能总量守恒”现象。一方面，腐朽的化为神奇，娼妓和嫖客都抬高了地位；另一方面，神圣的化为平凡，从高高的宝座上被拉了下来。五四时期，一批反封建的骁将曾经喊过“打倒孔家店”，这孔家店的徽号很伤了传统文化保卫者的心。不过，喊归喊，文宣王大成至圣先师离店门毕竟是很远的。想不到，在文化高潮中，现在他老人家竟也义无反顾地滚入市井下海了。1994年2月19日的《文汇报》有一条消息，标题是“山东活用人文资源，请孔子出来做生意”。消息说：

> 漫步在曲阜的大街小巷，带“孔”“圣”字样的店堂楼馆随处可见，商店商场里带“孔”“圣”字样的商品更是比比皆是。曲阜酒厂因为开发了“孔府家酒”而成为中国出口量最大的白酒生产厂……曲阜啤酒厂……就因为“三孔啤酒”的牌子文化味浓，所以产品销路大畅……

一家英国公司请求跟曲阜啤酒厂合资，直言不讳地说：我们看中的是“三孔啤酒”商标中的文化内涵。

万世师表的孔圣人，成了啤酒商标的“文化内涵”。如果这啤酒不是采用了“春秋宫廷秘方”而能补肾壮阳、“使家庭生活和谐”的无价之宝，那么，就是孔圣人从神坛走下，成了“喻于利”的“小人”，掉了价了。

孔老先生不但在生他、葬他、祭祀他的“三孔”之地曲阜掉价走进了市场，在北京也早就开起“孔家店”来了。北京最高层文化街琉璃厂，落成伊始，十字路口西北角第一家店铺就是孔膳堂，以“孔家菜”

相号召。开张之初，报纸介绍说，大堂中央还挂着一幅圣人像。我当时就纳闷儿，不知圣人手里是捧着玉圭，还是算盘？后来，正对着儒家文化的堡垒国子监，又开了一座孔府酒家，附设卡拉OK。而且，那“一瓢饮”，除了孔府家酒，还有了孔府宴酒。广告不但指出《论语》里说过“食不厌精，脍不厌细”，居然还统计出《论语》里提到“食”字的次数和“礼”字相同。如此看来，从“罢黜百家，独尊儒术”的董仲舒直到现在喝咖啡吃牛排的新儒学家，竟全都没有读懂儒家的经典。原来食文化跟礼文化半斤八两，都是儒学精髓。

我相信，那些妓楼和美人城最好的广告词，应该是引用孔老先生的儒学传人孟子说的“食、色，性也”那句名言。那么，它们就跟孔膳堂、孔府酒家一起形成了完整的一个食色文化。用老百姓的土话说，就是“饱暖思淫欲”从生物现象上升为文化现象了。

“文化热”居然会导出这样的结果，初看似乎荒诞不可思议，细一寻思倒也并不奇怪。文化热标榜的是广义文化，凡人创造的一切都是文化，于是文化大贬值，食文化、茶文化、金莲文化、挠痒痒文化满天飞，过去戴着神圣光环的自然也就跌落尘埃。文化一贬值，就落入赵公元帅掌握，不得不服从市场经济的铁则，赚钱高于一切，于是，连孔子都被请出来做生意，跟孔方兄通谱联宗了。看来如今，孔子要重奖别墅汽车的学生不该是书呆子颜回，而是长袖善舞的子贡。

曲阜城里挂有“孔”字、“圣”字招牌的商店，北京城里新旧文化街上的孔府酒家和孔膳堂，都是仿古建筑，跟樊楼和媚香楼一样。要的就是那个色、香、味嘛！我们的一些建筑文章家，在论证建筑必须复古的时候，曾经援引海外华裔新儒学家的预言，说21世纪将是儒家文化统一全世界，因此我们必须赶早恢复文化传统，包括建筑传统，以免再一次失去机遇，被洋人占了先。我本来对那个预言挺觉得神秘，“思想跟不上”，不过，经过孔府酒家的启发，我的疑虑顿然冰释了。儒家学说，还有那和“礼”字数量相等的“食”字的一半嘛！现在中国餐馆已经开遍了世界，何况还有“吾未见有好德如好色者也”那么一个板上钉钉的论断。到了21世纪，世界各地岂能少得了酒囊饭袋和登徒子！

文化风和文化热起劲的时候，建筑是发烧温度最高的领域之一。有的文章家，干脆用“建筑文化”四个字取代了两个字的“建筑”，虽然所说的话仍然换汤不换药，老一套。有一篇文章，推出了窗扇文化、门扇文化、庭院文化、天井文化、彩画文化等等五花八门的文化，真可谓集文化之大成了。这样泛化建筑文化，也遵守“社会文化位能总量守恒”定律，反而把真正的建筑文化贬了值。然而，并不见有人下过切实的功夫去研究真正的建筑文化，倒是阴阳八卦禅学风水一哄而上，“天人合一”成了口头语，泛滥成灾。不过，倒也有人在文化扫地之际给文化设了一道高门槛，这道门槛也教人摸不着头脑。他们说，只能遮风避雨、生儿育女、起居劳作的房屋没有文化意义，因此不能称为建筑。对比一下那些供嫖妓卖淫之用的“文化建筑”，我终于又坠入云里雾中，再次感到与世界的隔膜。

呜呼，“文化，文化，多少奇事借汝之名以行”！

（原载《建筑师》，1994 年 10 月）

（三二）

研究乡土建筑，其实是非常孤独、非常寂寞的。

一位先富起来的老同事，在走廊上不巧撞上了我们，讪讪地说：“你们还在坚持搞学术工作呀？佩服，佩服！”等擦肩而过，一到背后，就对人说：“这几个人不是傻了，就是疯了！”

疯子和傻子，这就是我们几个铁哥儿们的雅号。工作没有经济效益，需要支援，而理解这工作的人又很少，根本得不到支持。

没有专门的机构，没有稳定的人员和经费，只靠几个人的献身精神，可不是既傻又疯吗？

申请科研基金，很难，人家主要支持的是21世纪的科学技术，民居、祠庙，破破烂烂的，那算什么玩意儿！即使得了一笔，数目也太小，况且不是长远之计。挣扎着写成了书，找到出版社，不接！这也难怪，人家奔市场经济，搞承包了，书压库卖不出去，便拿不到奖金。如今这年头儿，没有奖金，教人怎么活呀？每年都分配几个写毕业论文的学生来参加工作，大多数热情、负责，但其中也必有连人影儿都难得一露的，勉强交活，“逸笔草草”，不是废品也是次品。问他干什么去了，帮人干私活赚钱。把他们拉去打工的，竟就是在走廊上连声说“佩服”的先富起来的老同事。他是教师，当然知道学生要写毕业论文。

赚钱冲击系统的教学，这歪风邪气会把建筑教育刮进深渊。我们这个课题组是眼下第一个直接受害者，因为不赚钱！能赚钱的，有一些已经快把教育工作的庄严使命抛得干干净净了。这也叫轻装上阵。

有人给我们讲解“市场规律”：凡是对社会有用处的工作，都能赚钱，凡是赚不到钱的工作，都是对社会没有用处的。乡土建筑研究赚不了钱，就说明它毫无价值。说得情绪化一点儿，就是：发财的是英雄，受穷的是狗熊！

我不打算在这里评论这种价值观。我只想提醒这位市场规律专家，在一些老牌市场经济社会里，在一些最发达的市场经济社会里，包括一部分炎黄子孙的市场经济社会里，文化、教育、学术也没有无助地被抛进市场。他们大多对教育、文化、学术采取了保护政策，而有识之士也多十分警惕市场对它们的冲击。一位在海外市场经济下从事学术研究的教育工作者，了解到我们的窘迫情况，焦虑地说：这社会不是要自杀吗？

不赚钱的乡土建筑并非没有用处。乡土建筑是千百年来90%以上的中国人的人为生活环境。正是在这个环境里生息着几乎整个中华民族，创造出民族几千年的文明。乡土建筑因此蕴涵着无比丰富的历史信息，也蕴涵着不计其数的文化珍品。在它们身上寄托着深厚的人性记忆。然而，由于社会的大变动，它们正在消失，一丝不留地消失；它们正在毁灭，永远不能再现地毁灭。我们抢救一些历史信息和人性记忆，争取能保存一些文化珍品，以充实以后无穷岁月中子子孙孙的文化生活，提高他们的素养，丰富他们的知识，完美他们的人性，这难道是社会不需要的、不值得做的糊涂事吗？莫非真要眼睁睁看着失去一切，弄到“黄鹤一去不复返，白云千载空悠悠”的地步？一个民族，如果失去了历史记忆，即使花大钱雇用许多外国人来弄成一支世界第一流的足球队，也仍然是卑俗不堪，十分可怜的。

也有朋友好心地给我们出主意，不妨以一半时间下海，赚些钱，用于另一半时间的学术工作。但是，只要还有一星半点儿可能维持下去，我们就不走那条险路。我们相信，真正高水平的学术工作，需要工作者全身心的投入。所谓全身心的投入，不但要用全部的时间和精力，而且要贯注专一的感情，要培养起一整套行为方式和思想习惯。全心全意、朝思暮想，直到废寝忘食，这是真正的、高水平的学术工作的起码境界。这境界，王国维曾经引用过一句宋词来比拟：“衣带渐宽终不悔，为伊消得人憔悴。”每一个追求过姑娘的小伙子都能懂得这叫作“忠心耿耿”！哪一个姑娘肯把绣球抛向半时的“业余”追求者？

请看一看实际情况，有几个下了海先富起来的人，肯再回过头来坐冷板凳？当初多多少少做过一点儿学术工作的人，一旦腰包塞满了“四个头”，马上就“觉今是而昨非”，怕提学术工作了。猪八戒在高老庄招了亲，过上了小康生活，就再也不肯踏上充满了艰难险阻的取经路，被大师兄逼着走，他三心二意，只要一遇到挫折，就会提出辞呈申请回高老庄去过快活日子。

做乡土建筑研究，需要高度的自觉性，需要执着，需要富有诗意的热情。你要为乡土建筑动心，为失去它而从心底唱出悲伤的歌，你才会懂得工作的急迫，才会不怕冲风露冒霜雪，不怕山高路险，不怕在鸡屎猪尿里摸爬滚打，才会甘守清贫。我们毕竟不是天天在乡村里欣赏山青水白，听杜宇声声。

一些朋友体谅我们的困难处境，关切地劝慰我们：“年岁大了，还是要多注意休息，保重身体！”更哥儿们的，再添上一句：“需要什么，给我打个电话就行了！”

我们真诚地感谢他们。但是，我们需要的是什么呢？我们需要理解，需要对工作有效的支持。我们需要突破因工作的无助而感到的无边的孤独和寂寞。

在孤独和寂寞中，万般无奈，我们只得靠卖青苗维持小小规模的研究工作。海那边的出版社给我们预付稿酬，用作经费，我们把全部成果交给他们。有一家买主很仁义，我们成了好朋友，合作得非常愉快。另外一个建筑师的组织竟然给我们脸色看，到书籍出版，他们挖空心思，前前后后做了可耻的手脚，这书竟成了他们的成果，连我们的著作权都被夺去了。我们这才真正尝到了资产阶级的卑劣。学术成果外流已经可悲，而竟落得被人如此欺侮，那真是太不堪了。我们为民族的文化事业尽心尽力地工作，为什么这样孤立无援？是谁抛弃了我们从事学术工作的人？

幸亏还有那一家讲仁义的好朋友，我们以后不再去求那仗财欺人的建筑师组织，以维护残剩的尊严，但是，我们本来已经很小的工作规模，不得不再收缩一下了。

难道我们的工作不应该有更合理、更有效、更稳定的支持吗？这工作不应该大大地扩充规模吗？在全国，能够铁了心坚持乡土建筑研究的学者还有几位？他们的处境如何？国家好像很穷，但也未必。我们在村里、乡里、县里见到的国家资财被浪费、被“转化”的情况，实在惊人。再看看在报纸、杂志、广播、电视上被炒得火热的一些需要花大钱的活动，实在也教人忧虑。为乡土建筑研究成立专门的机构，有稳定的人员和经费，无论如何是必要的，甚至是非常紧迫的。我们听到过太多的“危机”了，但直到现在还没有人意识到乡土建筑研究工作面临的危机，决策者们也许还根本不知道有这么一回事。然而外国人，主要是日本人和美国人，已经下手了。日本人甚至劝告我们：不必干了，将来可以到东京去跟他们借资料。他们好像已经料到我们不可能在乡土建筑研究方面做出像样的成绩。不能说他们狂妄或者没有眼光。他们有工作经验，知道要做好这项研究需要什么样的条件。

由于没有常设的研究机构，没有专门的人员和经费，我们的工作根本不能做长远的打算，不能有积累。我们的资料卡片是一次性的，用完就丢。我们没有系统地购买必要的书籍，也难以建立体系完整的材料档案。我们的选题是随机的，或者仅仅决定于几个暂时性的条件，而不是根据一个全面的长远的计划，有步骤地一个一个做下去。我们做一个题目就局限于一个题目，不可能到处走走看看，同时寻师访友，开阔视野，活跃思路。我们也不能建立一个年龄和知识结构合理而且意志坚定的梯队，以便把乡土建筑研究继续不断地干下去，更不用说扩大工作规模了。至于构建学术传统，那是想都不能想的。我们并非一点也不懂怎样把工作做到世界一流水平，但目前这一切都是废话！

我们所为何来？

在一些先富起来的人的眼里，我们是可怜地自我贬值了。但是，我们相信，还是会有一些正直的人，会真心地认为，我们的人生是增值了，因为我们所选定的目标，因为我们义无反顾的工作。他们也会认为，将来必定要改变的是这个畸形的环境，而不是我们的价值认定。

然而，还有一件事，更使我们感到双倍的孤独和寂寞。为了反击美国人和日本人的挑战，在海峡那边的一所大学里，我说到，我们一定努力工作，以保证中国乡土建筑的研究中心确立在中国，我得到了满堂的欢呼和鼓掌。但我在这里向一些年轻人说的时候，看到的却是冷漠的、怀疑的、困惑的，甚至讥嘲的眼神。太可怕了，那眼神！我心头凄凉。

一位年轻朋友建议我回忆一下二十年前的一件事：我们系过去有一些珍贵的文物，保存在旧系馆的阁楼里。“文化大革命”晚期，我们系要搬到新建的主楼里去，两粒工宣队的“砂子”，跑到阁楼上，明断所有的文物都是“四旧”。这两位从来动口不动手，把劳动的光荣让给知识分子的君子大人，一时兴起，居然不怕闪了腰，躬自劳动贵体，把文物一件一件从阁楼外的阳台上向下扔，听到摔碎的声音，他们就爽快之极地哄笑一阵。那时候我是“罪过比战犯还大”的牛鬼蛇神，冒着可能被打成"阶级斗争新动向"的危险，不顾一切地冲到了阁楼上，把文物往楼下抢。后来一位娇小的女同事也来跟我一起抢。他们扔，我们抢，因为楼梯黑暗、窄小而且曲折，我们抢不了多少，终于有很多文物被毁掉了。"砂粒"们过足了革命瘾，扬长而去，用鄙夷的眼光斜瞥了我们一下。但我们毕竟抢出了一些文物，包括一块很大的汉代画像砖。事后，那位女同事简直想不起来我们是怎样把它抬下那个连空手都难走的楼梯的，但是我知道，我的右脚掉了一个脚趾甲盖，一年多才长好。

那位年轻朋友说，你想想，你现在处境还不是仍旧那样吗？你玩命抢救历史信息、文化遗产，人家不还是不屑正眼看你一下吗？你何苦来？操的哪一门子心！

我笑笑，回答，既然在二十年前"帽子拿在革命群众手上"，随时可以扣下来的情况下，我能冲上阁楼，现在我还怕什么呢？何况我还是抢救了一些珍贵东西的。年轻朋友看到了二十年前故事的一半，我看到的是另一半。在我患目疾后，一位朋友寄赠我六个字："欢喜做，甘愿受。"这是佛家语，但我认同。

"精卫衔微木，将以填沧海"，能干一点就干一点罢。

但是，我们的工作明年还干得下去吗？

（原载《建筑师》，1994 年 12 月）

（三三）

要使任何一门学科有较大的发展，都得找出它在一定历史条件下的生长点、突破口，要认清它面临的有根本意义的挑战和回应之道。在一些时期，生长点、突破口和挑战是隐性的，那么，这学科暂时还没有大发展的机遇。一旦它们成了显性的，成熟了，那么，这学科就要发生革命性的飞跃了。在一门学科的急速发展时期，生长点、突破口和挑战都不一定只有一个，而可能同时存在好几个，不过，总会有主要和次要的分别。这些生长点、突破口和挑战，也未必只存在一个短时期，很可能它们会存在几十年甚至上百年，这个大发展过程就会很长。

那么，当前我们建筑学的生长点、突破口和面临的挑战是什么呢？这是一个必须明确提出，并且经常思考的问题。每一位有志于从事创造性工作的建筑师，不甘心于“马不停蹄”地设计平庸作品的建筑师，都不能淡忘这个问题，都得对它保持很高的自觉性。

近半个世纪以来，西方走马灯似的出现过许多建筑探索，其中以在“后现代”名义下进行的各种各样的探索闹得最欢。其他还有高技派、新造型派、解构主义等等。所有这些探索，其实，都是在寻找建筑发展的生长点和突破口。不过，有自觉的有不自觉的，有理性的有非理性的，有包含着真理的有荒谬绝伦的。我们这里也有人追随过这些派别，尤其是所谓历史主义，不惜坚持一个“文脉主义”错误的翻译，来标榜新潮，好像建筑发展的真谛在于夺回已经失去了的什么风貌，或者在于谨守传统，不要丢了祖宗精血。这些人大多并没有自觉地去寻找当今建筑发展的生长点、突破口，去认清当今建筑面对的挑战。我们那些研究易经、禅学、风水、“天人合一”的文章家，也未必意识到这一点，虽然客观上他们在寻找。

世界建筑史上有过一批人自觉地、清醒地意识到了这些，也正确地找到和认识了这些，这就是20世纪初年的现代建筑的开拓者。20世纪初年的现代建筑运动是几千年世界建筑史上最壮观、最深刻、最彻底的一场大革命，这场革命需要这样一批开拓者，它造就了他们。

当时，这场革命有两个战场，一个在西欧，一个在苏联（即当时的苏俄）。这两个战场并不彼此隔绝，相反，倒是存在频繁的交流，双方的开拓者们结成了“统一战线”。

20世纪初年，西欧和苏俄的建筑的生长点主要有两个。第一，科学化，就是把当代大工业的方法和技术引进到建筑中来，相应地引进大工业的观念，包括功能、效率、经济、健康和技术美学的审美取向，等等。第二，民主化，就是把为普通老百姓服务的大量性建筑提到建筑大系统中的主要层次上来。这也要相应地改变一系列的观念，包括不再像封建帝王和贵族们那样把建筑看作“巅峰性艺术”，而把它看作像轮船、飞机、汽车甚至打火机、刮胡子刀一样的现代机器产品。现代建筑大革命的突破口在与大工业联系的当时的“高技”建筑和大量性低造价的平民住宅。因为建筑面临的根本性的挑战是需要满足新的功能和大批量建造，而传统却无力回应这个挑战。现代建筑的开拓者们对这个挑战的回应是进行了一场全面的大革命，世界建筑史上空前未有的大革命。

于是，现代建筑与传统彻底决裂。当今的文化保守主义者们说，传统是割不断的，是不可能割断的。现代建筑不是割断了传统的脐带了吗？他们又说，传统是不应该割断的，割断了就会发生灾难。但是，如果没有现代建筑的革命，如今世界上的一切城乡建设、工业交通建设、文化教育建设等等难道是可能的吗？

现代建筑革命的自觉程度，集中地反映在两本书里，一本是勒·柯布西耶的《走向新建筑》，一本是金兹堡的《风格与时代》。从学术的角度看，《风格与时代》更深刻，更严谨，更理论化，可惜太书斋气。从革命的角度看，《走向新建筑》更有煽动性，它简直是机关枪和炸弹一起来，再加上端起刺刀冲锋。所以，《走向新建筑》就成了革命宝典，而《风格与时代》则淹没了几十年，当然，苏联当局对它和它的作者的残酷迫害也起了极大的作用，迫害的口实之一就是金兹堡提出要与西欧在建筑革命上结成“统一战线”。

虽然西欧和苏联在现代建筑革命上结成过统一战线，但两个战场的侧重点不一样，命运也不一样。这就是说，两个生长点日后的发育过程和程度不一样。在西欧，资本主义社会里，不但建筑民主化的进度慢了一点，也浅了一点，而且大银行家、大企业家、房地产经营者等等也把他们对社会的统治充分表现在建筑活动上。不过，勒·柯布西耶这样的开拓者，仍然没有放弃在民主化方面的追求。但西欧现代建筑科学化的成就比较高。新观念、新技术、新设备和相应的新形式、新风格在西欧发展得又快又多，那些大银行家、大企业家、大财团的大型城市建设在这方面有很大的成就。在苏联，虽然建筑的科学化被斯大林主义阻滞了，不过，建筑的民主化却比较深入，在城乡规划和建设、平民住宅、公共建筑和工业建筑等领域。金兹堡在被贬黜之后，仍然在这些方面做了大量很有成效的工作。可惜斯大林提倡的建筑复古主义阻碍了建筑的工业化水平，提高了造价，建筑的民主化还是受到了不小的损失。两个生长点，如果一个不发育，另一个也会受牵连而发育不良。即使如此，苏联建筑和城乡规划中的平民理想主义，改造生活、改造世界的强烈愿望，仍然是很宝贵的精神财富。因为苏联解体而蔑视它过去在建筑和规划中的平民理想主义，那就未免太浅薄了。

现代建筑革命已经七八十年了，如今的建筑是不是面对着大不相同的挑战，需要有新的回应，寻找新的生长点和突破口呢？

后现代建筑名下的各派文章家们，对现代建筑进行了全面的讨伐，企图否定它的一切历史功绩和现实基础。他们大肆赞扬高迪和阿尔多，贬低勒·柯布西耶和格罗皮乌斯；他们大肆赞扬手法主义、巴洛克、折衷主义和新艺术运动，贬低卢斯和密斯；他们嘲笑现代建筑开拓者用建筑来改良社会的理想，嘲笑他们的历史使命感和社会责任心；他们谩骂现代建筑的“国际主义”和“功能主义”；他们整个儿抹煞了现代建筑的英雄时期。要如此这般全面否定现代建筑，他们当然得歪曲历史，歪曲事实，也可能是他们压根儿没有懂得近现代建筑的历史。我们一些文章家跟着欢呼“现代建筑已经死亡了”，建筑史的新阶段后现代建筑时代已经开始了，“否定的否定了”，云云。甚至还把文丘里那本充满了混乱和武断的《建筑的复杂性与矛盾性》和现代主义的号角《走向新建筑》相提并论。我们有人发出警告，说后现代现象有非常深刻的哲理，我们远远没有懂得，千万不可对它指手画脚。但是，西方后现代建筑鼓吹者们对一百年来建筑的发展，如此歪曲，如此无知，很难教人相信他们会严肃地思考问题，因此对他们贩来的哲理也不免要怀疑一下。

不管是自觉还是不自觉，各种后现代建筑流派也有他们所认定的当今建筑发展的生长点和突破口。这就是：向拉斯维加斯学习，复杂和矛盾，双重译码，符号意义的再解释，历史主义，反理性，非功能化，甚至还有谐谑。

只消简单比较一下，就能大致分清现代建筑和后现代建筑不同的历史意义。现代建筑的开拓者们找到的和认清了的生长点和突破口，是客观的，是涉及建筑本质的，是工业社会发展到一定程度的必然结果。而后现代建筑的鼓吹者们找到的“生长点”和“突破口”，却是他们主观的，随意的，仅仅着眼于形式的。他们所用的句式之一是：我喜欢如此，我不喜欢那般。用个人的好恶爱憎来代替科学的论证。因此，在实践上，他们采用裂成两半的拱券、断折的檐口、分划成台阶状的立面、上面有尖角的玻璃嵌入体、削角直条窗、丑化了的古典零件等等作为标志符号，结果创作的路子越走越窄，有限的几种手法风行天下，比他们攻击的现代建筑更快得多地国际化了，千篇一律了，没有民族和地方特色了。它终于匆匆地过去了，留下的作品中有不少矫揉造作，趣味相当低俗。

那么，当今建筑发展的生长点和突破口究竟在哪里呢？事实是，生长点和突破口依然是七八十年前现代建筑革命时的那几个，依然是科学化和民主化。这对于我们这种科学和民主都不发达的国家来说尤其准确。因为当今建筑面临的挑战还没有变。当然，几十年过去了，科学技术、政治经济、社会关系、人的行为方式和意识等等全都发生了很大的变化，我们现在对科学化和民主化的阐释比现代建筑的开拓者要有很大的进步，应该汲取人类新的知识和经验，适应多方面的巨大变化，更全面、更综合、更丰富、更开阔，也更细致深入。如考虑到生态问题、环境问题、智能化问题、节能问题、文物古迹保护问题、情感问题、心理问题等。勒·柯布西耶和金兹堡都把眼光扩展到了城市规划，我们现在要进一步拓展到国土规划、区域规划了。

科学化和民主化，这两个生长点的合力所指是人的生活环境的人性化。所以，我们不妨说，当前建筑发展的基本方向是创造人性化的生活环境。

一说到人性化，就必定会想起一些文章家曾经义愤填膺声讨现代建筑的功能主义的反人性。在后现代建筑各流派兴盛的时候，人性化是他们的旗帜之一，但他们却把人性寄托在滥用装饰上，寄托在拼凑古典的符号上，寄托在毫无根据的卖弄风情上。功能主义被指责为反人性的，这真是咄咄怪事。为了反击，前些年我曾经写过一篇文章，题目直截了当地就叫作《功能主义就是人道主义》。一位朋友看了，立刻告诉我，这文章内容可以同意，可是这题目太欠考虑了。因为那时正从上面刮起一阵批判人道主义的狂风。但我不肯修改。现在我还很满意当时的勇气。去年夏天我因眼疾在台北住了四十几天医院，医院的房子是新的，空间设计很有趣。有一天，我对护士小姐说我要提些意见，她起初很紧张。我说，住院区走廊和病房墙上应该装扶手，浴室里要有挂衣钩，服务台的转角不要那么尖锐，重病观察室最好跟普通病房隔离，等等。小姐很惊奇，说："你真是个好心人，想的尽是对别的病人有好处的事。人家提意见，总是埋怨伙食不好，打针太痛之类。"我提的不过是一个建筑师极平常的职业性意见，关于病房功能的，小姐从中见到了道德价值：好心！建筑师在可能条件下完善建筑物的功能，也就是我们曾经说过几年的"对人的关怀"，这工作具有道德意义。所以，功能是建筑人性化的基础，功能主义不但不反人性，它是人道主义的。不过，所谓功能的完善也是在一定的经济、技术和社会条件下相对而言的，不能脱离经济、技术和社会条件讲功能完善。1980年代住上了通"三气"的住宅，不要责骂1950年代生煤炉的平房没有人性；腿脚不便的老人和孕妇、病人也不要骂现在还没有安装电梯的五层住宅没有人性。随着经济、技术和社会的进步，建筑的功能会更加完善，人性也就更美满。这就是"科学化"这个生长点能够在"民主化"的作用下汇合到人性化去的道理。

说细一点，所谓功能完善，除了经济和技术条件外，也还要随着人的家庭和其他社会关系的变化、行为和心理需求的变化、认识水平的提高、知识的增加、情感的丰富和敏锐、审美取向的多样化、审美能力的提高等等而变化进步。

人性化的生活环境有它的历史。并不是说以前的生活环境都没有人性。我们研究乡土建筑，经常陶醉在一些农村环境特有的人情味之中。但是，不卫生、不方便、禁锢妇女、防范外人，以及贫富对立，却使乡土建筑中的人情味大为减色，有时候甚至使人们感到沉重的压抑。

我们现在所说的人性化的生活环境，是当今建筑的两个生长点科学化和民族化的交汇。它与乡村、与北京城里的小胡同大杂院的人情味有性质上的不同，它也要克服大工业生产、商品经济、高速交通、超大的城市规模、异常的建筑尺度等等带来的人与人之间和人与自然之间的疏远趋向，以及人的异化和自我的失落感等等。这种人性化的生活环境对社会、对生活、对人性本身都要起一定程度的改造作用。所以我许多年前就说过，建筑师设计房屋，在某种意义上是在设计生活本身。这样说一点儿也不玄乎，其实我们天天在做。在一定条件下，有些同行做得非常出色。我信手拿起今天（1994年7月26日）的《人民日报》（海外版）来抄一段：

> 自1989年以来，建设部已在全国23个省、市、自治区的45个城市建设了52个试点小区。……小区内不仅环境优美、居室设计合理，还设有幼儿园、小学校、娱乐活动中心、购物中心、粮店、邮局、储蓄所、卫生院等服务设施，甚至每户还在本楼拥有一间半地下储藏室。

这就是生活环境人性化的试点。可以设想，将来的试点小区里逐渐会增加养老院、图书馆、健身房、餐厅、爱好者俱乐部、地下停车场，还会铺设四通八达的无障碍的有导盲功能的道路。各种建筑物内部的人性化也必定会更进一步完善。在这种小区里，人们的生活方式肯定会与小胡同大杂院里的不同，人们的相互关系和人们的性格也会起相应的变化。所以说，设计这样的生活环境，在某种意义上是在设计生活本身，是改造生活。因此，建筑师要关心普通人，热爱生活，对生活的未来发展有前瞻性认识。这就要求建筑师有崇高的社会理想。

既然天天在做，并且不少人做得很出色，那么，我又何必多说废话？不然，虽然天天在做，却并不人人明白。我们不是有人把建筑的生长点放在仿古上、放在风水上、放在符号上或者解构上吗？多少次在全国有影响的评奖，投票选举“十大”“五十喜欢”等等，都丝毫没有蹭到生活环境人性化的边儿。地铁车站墙上贴了几十米的瓷砖画，就得了奖，但是，在站台上却弄不清东南西北，弄不清哪个出口通到哪儿，售票口挤得水泄不通，更不用说无障碍通道了。旅客需要关怀的事多着呢，哪里是给他们看一幅黑不溜秋的山水画！我们的专业杂志、学报，多年来热热闹闹地谈论着的，也大都不是普通老百姓的生活环境的事儿。发表了多少高标“文化”的文章，其中有一些越说越离谱了。

当今建筑进一步发展的生长点：科学化和民主化；突破口：主要为普通人服务的大量性建筑和相应的城乡规划，它们给了建筑学以道德价值，使这门学科具有一种人道的庄严性。然而我们有些同行却仅仅把建筑学当作一种很容易发财的行业，不探索、不思考、不追求理想，一个又一个地制造着平庸的设计。我们有一些大学的建筑系，过去把学生培养成大师迷，现在则将要沦落为职业培训班，匆匆教会学生几招出图卖钱的本领，就带着他们奔向市场了。我们的建筑教育当前面临的最迫切的问题，不是引进电子计算机、开选修课、改学分制之类，而是要紧急地坚决地制止市侩化，首先是制止教师的市侩化。否则，有些大学的建筑系就会烂掉，不管它挂多么漂亮的金字招牌。

二十年前，我的一位高邻，曾经是我的学生而当时正以大批判的“铁嘴”红得发紫，向工宣队告发我只买瘦肉不买肥肉。我在敬听了一番净化灵魂的教导之后，只好跑到一个小村子里去买肉，以避开高邻的火眼金睛。那时候，“四人帮”正利用一份“白卷”和一本“日记”在教育领域里搞恐怖高压，向还想正经教给学生们一点知识的教师开刀，学校都被迫停课。有一天，我去小村的供销社买肉，看见两位很年轻的小学教师，她们互相悄悄地问：怎么办？做些什么？一位说，她每天晚上偷偷邀几个孩子到家里上课；另一位说，她每天晚上偷偷刻钢板，印讲义，发给孩子们。听到这些，我热血涌上脑门，泪流双颊。这两位地位卑微的农村小学教师，满可以杀上大批判的战场，争取在革命中立功，被“提拔”为供销社售货员，或者至少可以在家里养兔子，偷偷搞第二职业捞几个钱。而她们却甘心为孩子们的教育冒风险，既不可能弄到什么名，更不可能弄到什么利，倒很有可能被揪出来七斗八斗，戴上高帽子游街，上“政治纲”可到“资产阶级向无产阶级争夺接班人”。万一其中一位家庭出身有点儿毛病，或者七姑八姨亲戚中有谁跟地富反坏右沾边，那可就更不堪设想了。然而，她们竟毅然负起了一个教师义不容辞的责任，真有点儿赴汤蹈火在所不惜的精神。二十年来，这件事天天都闯上我的心头，逼我思考。我愿我们今天大学里的教师们，在滚滚的黄金潮中，像那两位年轻的农村小学教师那样，知道自己的责任。

建筑师需要道德、需要理想、需要远见、需要勇气，建筑师要真诚地热爱普普通通、平平常常的人。我们的大学的责任，就是培养这样的学生。真正不朽的大师勒·柯布西耶，在他的《走向新建筑》里，多么热情地关怀着普通老百姓，多么热情地为他们设计健康的城市和房屋，给他们灿烂的阳光和新鲜的空气。他表现出多么崇高的道德勇气，多么深邃的远见卓识！

看到这里，我的一些同事，也可能还有几个学生，会拍着他们硬邦邦的腰包嘲笑我的迂腐和“假大空”，会可怜我的“过时”而成了历史的垃圾，也许还会怀疑我得了红眼病，没准还不轻。但是我知道，他们压根儿不会看这篇文章，更没有耐性看到这里。因为当今建筑的生长点和突破口这样的问题，丝毫没有“经济效益”，而他们是信奉“时间就是金钱”的拜物教的。所以，我心坦然，不会因有人戳脊梁骨而背后凉飕飕。

（原载《建筑师》，1994 年 12 月）

（三四）

大约是前年罢，一位在美国MIT教书的洋朋友忽然给我来了一封信，说有一位中国教授到他们学校做学术报告，讲历史文化名城的保护，竟以北京琉璃厂的改建为例，大谈成功的经验。他问：你们国家，为什么对国际上保护文物和历史地段的学术如此陌生？我对这种拆真古迹造假古迹的事早已见惯，虽然写过些小文章反对，但人微言轻，无济于事，这阵风愈刮愈烈，因此懒得再说，也没有回信。去年在台北住院治病，有一位朋友来看我，聊起来，知道他也亲身听了在MIT的那场学术报告。毕竟是中国人，感慨就更深。他说，如果那个报告的观点是中国大陆上主导的观点，那么，大陆的历史文化名城就太危险了。

我在大陆，眼界不过一张八开的报纸，不知道那种观点是不是占了主导地位。我的影响过去还有三尺宽的讲台，自从被学生以罢听的方式赶了下来之后，连这一点讲话的地方也没有了。我只好陪着朋友叹气，心情沉重。

去年冬天，一所大学的一位研究生来找我，他的论文题目是做北京城内某区的“古都风貌”保护“设计”。他的教授告诉他，保护城市“风貌”，只要保护住古建筑的沿街立面就行了，其余部分可以任意改造。因此，他要做的“设计”，就是保护几条小胡同里两侧四合院的“立面”，四合院本身可以不要。我一听就犯了嘀咕。中国建筑的重要特点之一是没有可以切割出来的“立面”。小胡同两侧大多是四合院倒座或后罩房的后檐墙，这个只保小胡同两侧立面而不要四合院的古城区“风貌”保护设计怎么做法？它所据的道理何在？只有天晓得。我怕太难为了年轻人，客客气气把他送走了。

于是我回想起五年前，有一所办过几期文物建筑保护培训班的大学，给一个还保留着宋代基本格局的小村子做保护规划，竟把它寨门前的几亩风水池填平，改为水泥面的停车场，又把寨墙扒开一个口子，把汽车路修了进去，还在位于宋代的园林中的水池上造了一座钢筋混凝土的桥。其实这村子离公路不过一华里多一点，而且路上风光绝胜，即使将来成了旅游热点，汽车也根本不必开到寨门口，更不用说开进村去了。更可笑的是风水池改成停车场已经整整五年，听说至今还没有停过几辆车。

今年春天，出台了一份改建敦煌莫高窟环境的规划，要在窟前建一条气派很大的笔直的中轴路，所经之处，庙宇牌坊一律拆除，这在世界文物保护界引起了轩然大波。洋朋友和港台朋友纷纷来信，问我这是怎么一回事。我知道得不比他们多，只好把报纸上的新闻转告给他们。他们大吃一惊，已经到了什么年代了，居然还有一个颇有地位的设计院做出这种样子的规划来，如此没有历史感，如此没有文物意识！

后来，报纸上连续发表新闻和名人谈话，否认敦煌遭了“灭顶之灾”。声明研究人员对敦煌有深厚的感情。但是，曾经有过那样一个规划却是不争的事实。于是，我仍然忐忑不安，因为既没有见到原先做规划的那个单位公开出来讨论规划的是非成败，也没有见别的什么人从学理上讨论它的是非成败。吃一堑不长一智，我怕以后类似的规划还会在别处出现，同样的缺乏历史感，同样的缺乏文物意识。闻讯匆匆专程赶来到敦煌考察又顺便到西安看了一看的联合国教科文组织的顾问，给我来了一封信，详细说了他的意见，提醒说，要警惕日本人资助的危险，他们的资助，往往着眼于宗教和旅游，而不是文物保护。有一些重要的遗址，已经在日本人的资助下搞得不伦不类，而负责具体搞的，也是咱们这儿的著名学者。

以上说的是几位教授、学者和技术专家的故事。下面再说两件文物管理部门的故事。

在谢灵运后人聚居的一个村落里有一幢房子，面阔比较大，天井被两道花砖墙横向分为三部分。几年前，文物部门定这两道花砖墙为保护单位，但这幢房子却不是。理由是花墙精致，而房子却比较一般。于是，我们见到房子的西厢已经倒塌，没有人管，花墙孤零零地站着，不胜凄凉。

另一个村子，诸葛亮后人的，建筑类型丰富，建筑质量高，村落结构完整而有变化，文物部门看不上眼，却看中了它相邻的一个村子，定为历史文化名村。那村子小，建筑类型贫乏，好房子只有几幢。定它为历史文化名村的理由，是因为它的祠堂的大门的斗栱很符合官式制度。虽然祠堂本身已经是民国年间改造过的，十分简陋。

写到这里，我得端出我的主张来了。这就是，我们迫切需要认真地建立我们完整的文物建筑保护学，把文物建筑保护，从基本观念、原则到普查、鉴定、评价、登记、确定保护单位名录、划定保护范围、制定保护的具体技术措施直至立法，当作一门完整的科学来下功夫研究，并培养专业人员。

不建立一门完整的文物建筑保护学，即使有一层层的行政机构，有一个个的委员会，有一本本的法律，我们的文物建筑保护仍然是很难搞好的。行政机构、委员会、法律，都是起管理作用的。管理，加强管理，这是我们一向的思维习惯。而不重视基础性的学术，这也是我们一向的思维习惯。然而，没有关于保护文物建筑和历史地段的科学，严格管理就难有确定的根据，甚至可能把事情办糟。

近年来，有一些教授、专家、学者积极参与文物建筑和历史文化名城的保护工作，这当然很好。但还远远不够，因为他们大多是以建筑学和城市规划为本行专业的。而我们却迫切需要有正规的文物建筑保护师，要有这样的专业职称，需要有相应的资格审定制度，有必要的专业培训机构。这种职称、这种制度、这种机构，在国外早就有了。在一些文物建筑保护方面的先进国家，例如意大利、法国，一般建筑师，不论多么声名赫赫，都没有资格做文物建筑保护工作。只有经过有正式授权的培训机构培训的建筑师，拿到了专门的许可证，兼有了古建筑保护师的称号，才有资格从事文物建筑保护工作。这个制度是被严格地执行着的。

有这种职称，有这种培训和资格审定，就意味着文物建筑保护已经成了独立的专业，有它的基础性学术体系。

可是，似乎直到现在，我们的主管部门还没有顾到这一点，没有采取相应的措施。由于历史的原因，我们的第一代或者还有第二代的文物建筑保护工作者，大概不得不是未经专业培训、没有专门执照的。但这不是长久之计。文物建筑保护科学，相应的专业工作者队伍，是非建立不可的。由一般的建筑师和城市规划师来做文物建筑和历史文化名城保护工作，在欧洲有过惨痛的教训。未经培训的建筑师中，难免有一些人，缺乏历史感，缺乏文物意识，不理解文物建筑多方面的意义和价值。他们的职业习惯是追求形式的完整，风格的统一，或者还有功能的现代化。因此，文物建筑一经他们的手修缮，可能失去历史真实性，失去大量的历史信息。而文物建筑的意义和价值的基础，正是它的历史真实性，它所携带的历史信息。更有一些建筑师，只重视开发，片面追求经济利益，把文物价值看作障碍，如福州的三坊七巷和杭州保俶塔的情况。一所设在罗马的国际文物建筑保护师培训机构的教学方针是，建筑师进这个机构，首要的事是洗脑筋，改变观念，懂得文物建筑保护的基本理论，其次才是学习专业的知识和技术。这是从欧洲的惨痛教训中得出来的经验。

文物建筑保护学在西方已经有了相当坚实的基础，可以借鉴，不过，我们的建筑和城市，跟西方的差别很大，我们有许多特殊的问题。例如，房屋的基本质量太差，功能落后，构造和结构都很原始，很难使它们适应现代生活的需要；多使用半永久或非永久的材料，木结构、彩画处于举足轻重的地位。至于城市，问题就更多、更尖锐，容积率太低、基础设施几乎没有、街道不能满足现代化的交通需要，等等。这就要求我们建立自己系统的、一贯的理论并发展相应的技术。只有有了比较完备的科学体系，我们的管理才会更有效，我们的立法才会更周密。原民主德国的文物建筑保护法，就足足有几百页的两大本，还有一本同样厚的实施细则，光目录就比我们的整个文物保护法的篇幅还要多。他们的主管官员告诉我，这部法写了足足七年之久，当时觉得似乎太慢，但现在工作起来很方便。

不过，我们现在可不能太迷信立法。法制只有和相当程度的民主化结合才有意义。否则，法律无非是不许百姓点灯，并不妨碍州官放火。我们有了文物保护法之后，报上发了多少欢欣鼓舞的文章。颐和园十七孔桥石狮子上刻了小百姓的名字，就天涯海角一追到底，真像有那么回事。但长官可以一句话就拆光了整整一座王府！北京以故宫为中心的建筑限高规划，还不是由长官一而再、再而三地突破！年年上马路向小百姓宣传文物保护法，简直叫人不寒而栗，试想，万一民众接受了宣传，懂得文物建筑的可贵，一齐起来反对长官拆王府，那将是什么样的局面？我们现在挡不住那种超法律的破坏力量，还是老老实实在文物建筑保护学上下点功夫好。

只有有了专门的学术、专门的人才、专门的资格审定制度，才能培养出对文物建筑保护的献身精神。某一年的三月底，我到意大利一个海拔很高的极偏僻的山村，去看强地震之后的文物建筑抢救工作。村子已经夷为平地，一座教堂和修道院只剩下断壁残垣，一群年轻人正围着它们忙碌。这些年轻人是拿坡里大学文物建筑保护专业的学生，在地震发生之后不到24小时就赶到了现场。当时余震不断，断壁残垣上裂缝满布，还在陆续倒坍。这些年轻人没有退避，抱着不惜随时献出生命的决心，立即动手加固、测绘，甚至攀登上去。我参观的时候，这些断壁残垣还是岌岌可危的，工作人员不让我走近。山上的气候恶劣，五分钟内可以由晴天变为大雪纷飞。当时冷风刺骨，我穿着羽绒服还簌簌发抖，看他们住在简陋的帐篷里，没有取暖设备，连热水都不够。我跟一位小姑娘聊天，她很自豪地告诉我，他们将要在这里工作几个月，而全部工作是没有报酬的，完全自愿。

几年之后，我在南斯拉夫遇到一位英国教授，也是专门从事文物建筑保护的。有一次，他在西西里，赶上大地震，全镇的居民都疏散了，他却带着仪器和摄影机在一座座文物建筑之间奔跑，观察、做记录，为日后的保护工作准备了可靠的资料。当他在会议上把这些记录和录像展示给大家看的时候，人们热烈鼓掌，站起来向他致敬。主持人问他，当时怕不怕？他说：我是文物建筑保护工作者，要尽我的责任。如果死在工作岗位上，那是死得其所。

这位主持人七十多岁，到中国来过。我陪他到天坛去，汽车一进北门，他赶忙叫停，下车步行。走到祈年殿，看见大大小小的车停了一片，他说：不要以为坍了房子才叫破坏，这些车就起破坏作用。我一辈子做文物建筑保护工作，如果乘车进来，就亵渎了我的生命。

只有有了对文物建筑保护的献身精神，才会有这种庄严，这种崇高。

不知道有谁会听一听我的建议，再想一想。愚者千虑，必有一得，何况这些建议，在世界上已经虑过几千遍了。

（原载《建筑师》，1995 年 2 月）

（三五）

从1995年第3期《瞭望》杂志得知，北京王府井南口到东单之间的“东方广场”，经专家学者的反对，停工了。这项工程，本来是一项教人牵肠挂肚的事，因为它最集中、最尖锐地体现着一个问题：是谁左右着我们的城市规划？

类似“东方广场”的事件，不但北京有，许多城市都有；不但历史文化名城有，普普通通的城市也有。在北京，不但古城区或者天安门广场附近有，远离市中心的新区也有。所以，认识这个问题，不能只从“古都风貌”和“天安门景观”着眼，这是一个更为严肃的问题：我们的城市规划法还管不管用？

过去有一首顺口溜，说的是：“规划规划，纸上画画，墙上挂挂，顶不住长官一个电话。”中国历史上有许多民间流行的顺口溜都关系到国家兴亡的大事，这首顺口溜，虽然还不至于关乎兴亡，但城市建筑的成败，倒也是国家大事，影响严重而且长远。于是，有关人士，忧心忡忡地反复呼吁，终于，我们有了一部城市规划法。此法一立，有关人士又兴致勃勃地反复歌颂，大家都松了一口气。在这之前通过的北京市总体规划中的古城区新建筑高度限制，当然在城市规划法的保护之下，人们想起来又一阵高兴：这只“大饭碗”总可以保住了罢。

但是，看来大家歌颂得太早，高兴得太早了一点儿。还是马克思说得对：“社会不是以法律为基础的，那是法学家们的幻想。”我们的城市规划和管理部门，仍然顶不住长官的电话，于是，就有了“东方广场”事件和北京以及全国的不少类似事件。《瞭望》杂志的文章说：“专家们呼吁，必须严肃法纪，如让东方广场项目按现方案建造，法制的严肃性何在？”话说得慷慨激昂，不过，这一问，恐怕是不会有人来理睬的。

任何一个城市规划都不可能至善至美，赢得所有的人百分之百的赞成，而且，世界是活的，城市是活的，城市规划总要经常不断地修改，这毫无疑义。但是，修改有修改的原则，修改有修改的程序，这原则和程序体现着我们建设的根本的长远利益。而我们所知道的东方广场突破北京市总体规划的那种方式，恐怕连对“古都风貌”和天安门广场“景观”持不同意见的人都不会接受。

《瞭望》杂志那篇报道说：“无论哪一位海外投资者到北京搞建设，都必须按规划、按法律办事，不能谁出钱就听谁的。”这段话说得太好了。当前，我们当然欢迎外资，多多益善。为了吸引外资，我们不得不做出让步，甚至有点儿牺牲，这是发展的代价，我们“心甘情愿”。但是，我们总不能没有分寸，总不能太过于廉卖我们根本的长远利益，总不能放弃我们的尊严。百分之百的房地产投资回报率，比香港的高十倍，还不够么？所以，《瞭望》杂志的文章说：“北京市是完全有能力顶住外商的不合理要求的。”然而，事实竟是：没有顶住。不论是顶不住还是不顶住，这事情都教人纳闷，因为在东方广场的“景观”范围之内的天安门广场上，我们欢庆过“中国人民从此站起来了”。至今，每天早晨在那里举行的升旗仪式还是那么庄严隆重。

幸好，专家学者们牢牢记得自己的历史责任，挺身而出，暂时制止了东方广场工程的进行。不过，我现在仍然有些忧虑。

第一条忧虑是，停工不等于撤销，会不会有哪一天，忽然又来了一个抗不住的“批示”或者“传达”，重新上马？

第二条忧虑是，会不会抛出一个折衷方案，给专家学者一点面子，房子象征性地降低一些，却依旧突破规划限高而照造不误？

但愿这两条忧虑是庸人自扰，而天下真是太平无事了。即使真的太平无事，我还有两点希望。一，对北京其他的外资工程，也都教它们循规蹈矩，凡有不符合我们现行规划和法令的，都照东方广场的例子办理。然后，搞一个连锁反应，在全国都整顿一番，并且以后不再给外资以可以违法的“优惠”。二，这类事情，以后不要再靠专家学者事后出来呼吁。有政府、有法律，该怎么办就怎么办。该管的人，切实依法管起来，不该管的人，不要来插手，那不就政清事简了吗？

这倒不是说专家学者要少管事，而是要管更根本的大事，更及时地管。比如说，东方广场这样的工程，以及还有北京西客站，凡是对北京城的面貌有重大影响的，都应该事先广泛请专家学者评议，力争把工作做得好一些。天安门广场、北京图书馆，都曾经这样做过。甚至在条件可能的时候，应该创造机会让群众来评议设计，不要只让他们对公共厕所献计献策。

长官们法外优惠外资的事情，不但在北京有，在许多别的地方也有。

我的故乡，是一座山水秀丽的人间天堂，这几年，为了吸引外资，竟把几处有一千年历史的风景点里的地皮让出，给人家造高楼大厦了。那里湖边小山上有一座造于五代的塔，举世闻名，一位海外投资者要在山脚造一座宾馆，高度直与塔齐。负责规划的专家和另外一些学者竭力反对，说这宾馆会跟古塔发生矛盾，大煞风景。一位职位很高的长官以极大的气魄自称可以“对历史负责”，面不改色地说：“那么，把塔拆掉好了！”这教我想起“大跃进”时代的一首民谣来：“喝令三山五岳开道，我来了！”可惜，现在这个“我”竟是海外投资者，而我们的河山，我们的文化历史，我们的规章制度、政策法令竟要为他们开道了。

就在我的故乡，规划工作者花了几年时间，做了风景区的规划和设计，我没有见到，但我完全同意那位主持者告诉我的规划和设计的基本原则，那就是，风景区的每一处都向普通老百姓开放，没有禁区。但是，一位海外大佬向一位很要得的官员提出，要投资在风景区里造一座高楼。官员立马表示欢迎。于是，原则被破坏了，规划被修改了，以后，那里会有平民百姓必须“止步”的地方。有了一处，还挡得住第二处吗？

专家学者里并非没有类似的人。我有一位朋友，不折不扣是位专家学者。他会应一些人的要求，做完全不顾已有城市规划和相关的政策法令的设计，破坏环境，恶化生活条件，污染水源，造成交通混乱。我问他，怎么可以这么干？他的回答是：“他们拿了这方案去引资，只要有了外资，什么规划都得修改！”给外资当枪使，颇以为得意，可是他这支枪打的是咱们中国。这位老兄笑我太迂，说：“别假装什么清高了，有几个人会不这么干？来钱容易，根本不花多少力气。”我听了，只有目瞪口呆，一方面惊叹世事变化之快和彻底，“眼睛一眨，老母鸡变鸭”，正像前辈大师张开济先生说的，有些人以前仿佛站起来过，现在又要跪下去了；另一方面惊叹我们的规划竟会如此软蛋，禁不住洋钱的诱惑或者压力。这些洋钱如果不符合我们的规划原则的话，于我们的建设未必是利大于弊的，尤其从根本的长远的利益来衡量，例如那么多的游乐场、高尔夫球场和污染大户。

我们的建筑刊物，到现在还在为建筑风格不可避免的“国际化”而痛心疾首，令人奇怪的是，却还没有人正儿八经地说一说这种什么什么的现象，这不是真正的“解构”现象么？

国际上正流行着一种“后殖民主义”的说法，我们也有人提出了“空间殖民主义”之说，虽然都还有争论的余地，但认真地想一想，怕不会全是空穴来风罢。

可不要糊里糊涂当了康伯度！

（原载《建筑师》，1995 年 4 月）

（三六）

北京闹了一场公厕热。

公厕确实是一件十分重要的东西。吃、喝、拉、撒、睡，这五大生命现象之中，就数拉和撒是最急的急茬。肚子再饿，也熬得过半天一天，憋了尿，立时三刻就会出洋相。可偏偏不论中外，都把拉和撒当作极不雅驯的事，必须加以掩蔽，在厕所里办，所以，公厕的重要性就远在肯德基和麦当劳这些快餐店之上了。

公厕如此贴近生活，就必然会反映出一个社会的文明程度，它的生产力水平、它的成员的教养、它的政府的服务意识和行政效率，以及它所承受的文化传统。以史为鉴可以知兴替，以人为鉴可以知得失，如果以公厕为鉴，那么，可以知道的东西肯定会更多得多。

按照当前时兴，我先从传统说起。

前些年，报刊上见到过几篇写“厕史”的文章，我剪下来了，可惜这两年疏懒，资料失于整理，弄得乱七八糟，要找出来很难了。不过依稀记得，文章里写的都不过是私家的净桶和“如意间”。引用了一些古诗古词，绮句丽语，甚至香艳得销魂蚀骨。例如，晋代大官僚石崇的厕所里，有几十个美婢侍候，直至更衣。那都是浪荡子弟想入非非，不去管它。我在颐和园乐寿堂里见到过慈禧太后用的净桶，和江浙等地殷实人家的一样，一只木箱，里面装着一只木桶，做工精致，涂着厚厚的大漆，甚至还有朱漆描金花的，虽然华丽，但其实十分原始简陋。所以我们老家，骂那些华而不实的人为“金漆夜桶”。至于“公厕”，那可提不得了，沿路埋缸设座，男女不分，一律开放，如厕的人跟过路的人不但能打招呼，还能借火点烟。村里如此，城里也如此。所以说，我们的传统，一是重私轻公，二是重看轻用，只顾漂亮而不图改进功能。

可以作为比较的，是我参观过的一千五六百年前古罗马奥斯蒂亚城的公共厕所。房子是红砖造的，很宽敞，男女各半，中间有墙隔开。地面和墙面贴马赛克。二十来个厕位，都是大理石板做的，坐上去挺舒服。我去的时候，正好一群美国青年坐在厕位上嬉闹，还请我给他们照相。厕位下方，是一条砌筑整齐的水沟，流水日夜不断，把秽物冲走，一干二净。据文献记载，当年公厕里还有自动装置，间歇地喷香水。

古代的不必多说了，我真要说的是现代大城市里的公厕。近几年来，我渐入老境，毛病多了起来，其中之一便是常常内急，为这个吃够苦头，因此对公厕很有说话的资格，不论是“硬件”还是“软件”。不过，说起来，还得把话题扯远一点，权且称为“广义”的罢。

且说长途汽车和火车。在欧美，也包括在海峡彼岸，长途汽车上都有一小间厕所，车子连续开几个小时，乘客都很从容。我们这里则不然，一是车上没有厕所，二是乘客着急了，司机先生大多不肯急人之所急，停车让人方便。他们都跟沿路的饮食摊店有关系，只有到了关系户跟前才肯停下。这一招，吓得我这几年再不敢乘长途汽车。不乘汽车乘火车，卧铺车厢两头都有厕所，但是，挨着乘务小姐休息室的那个总是锁着的，不能启用，着急了去求小姐，准要讨个没趣。一来是小姐懒得冲洗，可小姐怕臭，所以把她们休息室旁边的那个锁上了；二来是乘务组的先生小姐们少不了要带一点途中的便宜货，于是，就用这间厕所当了储藏室，那里面经常是箱箱笼笼装得满满的。所以，我现在连火车卧铺都怕坐。

从一粒芥子可以看大千世界，明摆着，这公厕问题，一是要有，二是要管，三是要有“权”的人都得有点儿人道主义的恻隐之心。这三条，大约已经说尽了公厕的基本学问，剩下的无非是技术、设备方面的问题了。

说到人道主义，我不妨插一段知识性的花絮。说的是，每到节假日，台湾纵贯南北的高速公路都会塞车，严重的时候能塞七八个小时。因此，节假日后，医院里会有大量前列腺炎、膀胱炎、尿道炎的病人，都是在路上憋出来的。我认识一位姓张的建筑师，大年初五从台南丈母娘家回台北，竟至于弄到尿中毒，送进荣民总医院抢救，住了好多日子。所以厕所问题并非小事，它会关乎到人命。

现在回到狭义的建筑学来说说。我们的城市里，只靠公共厕所解决熙来攘往的人们的拉撒问题。然而，数量不够多，选址分布也不很合理，这就不免紧张。有时候，一些人万不得已，只得犯自由主义。我深深同情这些人，没有人愿意当众出这种丑，罚他们的款，不如罚环境卫生局长。卫生部门应该负起责任来，多造公厕，而不是气势汹汹地处罚那些可怜虫。公厕的管理也很糟，经常是屎尿横溢。虽然这种情况有很大部分是附近居民乱倒盆盆罐罐造成的，他们却因秽臭而埋怨公众，有时会蛮不讲理地把厕所门封死。一些城市，现在设了收费厕所，但收费员忙于收费，抽不出身来打扫（这话说得很“温柔敦厚”），脏乱依旧。我在法国见到过一些城市公厕，管理人全家在里面居住，看来是家庭承包了，很干净。不知我们北京这次公厕设计竞赛，有没有人提出这样的方案。

封死公厕不让人用的事并不少见。就拿我所在的这个快要成为世界第一流的大学来说，西门、南门、东门和二校门的公厕，大约是“保安公司”的人怕污了他们神气的警服罢，都被巧妙地封死了。说巧妙，是因为稍一改造，并不妨碍他们自己使用。这就是说，他们很缺少人道主义的恻隐之心，因此，可以相当有把握地推测，万一有了流氓闹事，他们大约只会站在围观的人丛中，不能指望他们保什么安的。

我初到欧洲和港台城市里，发觉公厕很少，心情相当紧张，出门不敢喝水，喝了水便不敢出门。后来慢慢知道，原来，那些城市里，所有的饮食店、旅店、剧场、百货店等公共场所，它们的“洗手间”都向过路的公众开放。只有一张方桌的早点铺也有“洗手间”，富丽豪华的星级大宾馆你尽管进去如厕，大大方方接受服务员递上的香手巾，小费随意，不给也行。台北市重庆南路一段是条书店街，我经常在那里一泡就是一整天，从来没有发生过困难。

然而，在我们的城市里，这类公共场所，虽然有厕所，管理人员往往推说没有，连顾客都得另想办法，更不用说过路人了。又懒又缺乏同情心，这就使厕所问题更加严重。不过，不能只怪那些店铺里如花似玉的小姐们讨厌打扫厕所，再回来说我们这所快要成为世界第一流的大学，那座巍峨壮观的大楼里，就有一些厕所因为附近房间的工作人员怕臭，被封死了。借口很容易找，只要在门上贴一张条子，说下水道坏了就行了。中国人受罪挨整忍窝囊气，惯了，不会有什么反应的，这叫作“退一步则海阔天空”，大家很“宽容”地另找地方去减压。

我们的公厕真有一股臊臭味，现在报纸和杂志的目录叫“导读”，进大商场有“导购”，这臊臭味也有引导作用，可以帮人很容易找到公厕。万一臊臭味淡一点，倒可能引出麻烦来。大约是前年夏天罢，我在北京机场大楼里见到一块指引牌，明明标着厕所在正前方。于是循路找去，只见走廊两侧都是办公室，一直到头都没有厕所。可乐的是，那些办公室的门上都贴着一张纸条，写着“本室不是厕所”。不断有旅客急匆匆走来，东张西望，一脸迷惑，又急匆匆地跑去。

厕所为什么会臭？首先当然是设备落后。这是经济水平的反映。我六年前第一次到台北，只见到飞机场、中央图书馆等少数几个地方的便斗是自动化的。第二年去，大约有一半的公厕用这种便斗了。第三年去，就见不到需要人工按钮冲水的便斗了。连巷子里的公厕也都更新了设备。这样，臭气就少多了。其次是管理不善，一些人敬业精神不够。这是人们素质的反映。香港尖沙咀的文化中心，是我常去上厕所的地方，每次都见到一位年轻工人，手脚麻利地冲洗刷擦，从来不见他闲着。那厕所，满眼白晃晃，亮晶晶，臭味就不大容易闻到了。

我们的公厕臊臭的第三个原因就是几千年古老文明的传统了。大约我们认为，厕所臭气熏人是它的本分；要紧的是外观要漂亮，要能担当得起什么“风貌”、什么“景观”的重任，要能蕴有某种“文化含义”，等等。因此，我们的城市里出现了许多“三十六鸳鸯馆”式的公厕，雕栏纤纤，檐牙高啄。北京则有七彩琉璃贴面的公厕，灿烂辉煌，确是皇都气派。然而，这些公厕里，往往连自来水管都没有，或者虽有而闸门早已锈成生铁疙瘩，休想拧开。这设计思想就来自我在前面说过的那种金漆夜桶的传统。更有说服力证明这传统的生命力的，是我所在的不久即将成为世界第一流大学的主楼。楼里的男厕，便池上方本来有一段与便池同长的花漏管，虽然简陋，但淋水冲洗，臭气总会少一点。可是，前几年北京市号召节水，一些掌权人闻风而动，忽然之间，这些水管全都拆掉了，每天只由清洁工提一小桶水拿个刷子刷刷。师生员工几百号人，这厕所焉得不臭？如斯者两三年，大约是外宾渐渐多起来的缘故罢，实在觉得不行了，才又装上一个普通水龙头。几米长的便池，一个龙头，能起多大作用？显而易见，评估一所大学是不是达到了世界第一流水平，是不考虑它的厕所卫生的。所以会没有这一条，大约是国际人士想不到一所大学会这样处理它的厕所。

然而，我们的主楼的外观是保护得很严格的，以至一些实验室、办公室之类装空调，机子都不许装在正立面上，热风统统排到走廊里，那真叫“以邻为壑”。

唉，可悲的金漆夜桶传统！

关于公厕的话还有很多，但是，是不是早已有人骂我无聊了？

不过，我坚持以为，建筑既是“石头的史书”，那么，公厕便是其中的一章。公厕确是可以为鉴的。

（原载《建筑师》，1995 年 4 月）

（三七）

一位朋友写了一篇关于中国造园艺术在国外的影响的文章，叫我看一看。文章的题目叫作“世界园林之母”，我建议他改掉。要说“母”，那就是说世界各国的造园艺术都由中国造园艺术派生而出。这不符合历史事实。他写的是“世界”，那么，除了朝鲜和日本的造园艺术，或许可以说源出于中国之外，其余的都各有渊源。中国造园艺术对西欧的影响起于18世纪，但在这之前两千多年，古希腊已经有了园林，而且它的传统一直很强。即使在18世纪，这个传统也并没有完全丧尽，以后且有所恢复。到了如今，我们却见西欧的造园艺术对中国发生了很大的影响，连颐和园里都有了修剪过的绿篱和草地，天安门前金水河里装上了凡尔赛式的喷泉。年年国庆节，天安门广场上的布置，也基本上是伏-勒-维贡式的。荷兰式的“绿色雕刻”，现在在全国都能看到，再加上些白水泥的雕像，就更加西化了。这并没有什么不好，文化交流，包括造园艺术交流，是好事，也是阻挡不住的事。不过，那个“母子关系”似乎不大恰当。

但是，我这修改题目的建议遭到了抵制，年轻人说，中国园林是世界园林之母，这话是外国人说的。

“外国人说的”，这就比一切历史事实都更有力量。

我倒是因此琢磨出了一个道理。“中国园林是世界园林之母”，这话猛一听像是有点儿天朝上邦的气概，骨子里却是借洋人以自重的一种民族自卑心理，就像满街的迪安娜、奥斯莱、克力架一样，只不过手法不一样，不那么直接而且媚气露骨，转了个弯，用的是反衬法，确是高出了一筹。

类似的东西还有“万园之园”“东方威尼斯”和“世界第八奇迹”，都关乎咱们的建筑或“广义”的建筑。

“万园之园”比“世界园林之母”略为低调一点儿，没有篡夺了人家的血统。它的意思是说圆明园“天下第一”，而且有根有据，也是外国人自己说的。这句话现在流行很广，似乎已经成了定论，写进堂堂正正的书本里。其实这也是一笔以讹传讹的糊涂账。当年法国传教士王致诚写他那篇著名的关于圆明园的报告的时候，中文不过关，弄不清“圆”和“园”这两个同音字的区别。这也难怪他，直到现在，我们的报刊书籍上，还常常把“圆”印成“园”，差错率少说也有百分之五十。王致诚以为这两个字是一样的（yuan），他根据亲眼目睹的圆明园景致，参照法文习惯，以为圆明园就是“Jardin des Jardins”的意思，译成中文，就是“众园之园”，也就是说，圆明园是个集许多小园而成的园林，是个什锦园。这是叙事，并非评价。后来，《中国营造学社汇刊》二卷一期为纪念圆明园罹难七十周年而出了特刊，其中有王致诚这篇报告的中译，那里把“众园之园”译成了“万园之园”。这一来，王致诚的误解就转变成一种最高的评价。按照习惯，咱们一些人抓住不放，扩而大之，张而扬之，几十年下来，积非成是，人人都以为这是外国人下的定论，不可推翻。

历史常有些教人气愤或者教人啼笑皆非的章节。王致诚写信之后才一百来年，他的同胞洗劫了圆明园，然后放了一把火。再经八旗子弟的糟蹋，这座“万园之园”终于彻底成了废墟。不过，外国建筑以砖石为基本材料的优越性却显示了出来，圆明园小小一角里的几座“西洋楼”倒还兀立着一些残柱断壁，荒烟蔓草中约略可见当年的豪华。于是乎，笑话出现了，咱们中国人把这些西洋楼的遗迹当成了圆明园的代表，甚至在圆明园大门前造了一个复制品，骄傲地述说着“万园之园”的光荣，而外国人却把它们叫作“凡尔赛的怪模怪样的翻版”。

再说那个“东方威尼斯”。这个称号在绍兴和苏州都有人说，现在更流行的是指苏州。苏州跟威尼斯有什么相同之处呢？无非是都有河网纵横，像街道一样。此外可只有大得惊人的差别了。威尼斯当然漂亮，当然了不起，但苏州也有它自己的妩媚和历史文化价值，完全用不着攀龙附凤，去蹭外国人的油。算算年龄，威尼斯是公元811年才有人定居的。而苏州从吴王阖闾算起已经有两千五百多年的历史了。《平江府图》立碑刻石的时候，威尼斯才刚刚繁荣起来。年龄相差犹如祖孙，则“东方威尼斯”的比附就更不伦不类了。岂有说奶奶像孙女的道理？这倒不是倚老卖老摆臭资格，说的是逻辑关系。

奶奶当然不妨向孙女求教。苏州要向威尼斯学习的是人家对历史文化名城的兢兢业业的保护工作。为了保护威尼斯，不但威尼斯本城的岛屿上不建工业，甚至离它四公里的大陆上的炼油厂也被收缩。油厂和威尼斯之间的海面上，布满了空气探测器，一旦污染程度超过限度，就会报警，炼油厂立即按规定停产，直到污染降到允许水平。而“东方威尼斯”的河网已经填掉不少，仿古建筑夺走了真正古城的面貌，历史文化名城，俨然一个假古董。如此这般，再夸耀“东方威尼斯”，不是更觉得有点儿不好意思了么？

最后要说的是“世界第八奇迹”。所谓“世界七大奇迹”，是古罗马人先说起来的，那时候他们所知道的世界，不过是地中海周围的罗马帝国，最远才到两河流域。时代是公元初期。从那以后，历史过了两千年，欧洲人并没有把“奇迹”增加为八个、十个、一百个，虽然奇迹在不断创造出来。不过，却形成了一个词语，就是“第八奇迹”，用来形容一件“奇迹”般的东西。这很像咱们中国，自从有了“二十四孝”之后，就有人用“第二十五孝”来称呼（或者挖苦）孝子孝女。所以，一些外国人见到秦陵兵马俑，见到紫禁城，见到人民大会堂，会吐出那个词语“第八奇迹”，如同说“顶呱呱”差不多。我们大可不必像被外国人审定批准了一样，把什么东西真的当作世界第八个奇迹，写到书上、报上，没完没了。

长城大约是获得“世界第八奇迹”赞美之词最多的了。可是咱们在“爱我中华，修我长城”的口号喊得最响的时候，却让一位外国人驾着摩托车“飞越”了它。一时轰动全国，人人佩服外国人的技术和勇气，并且为他的冒险捏着一把汗。但好像没有人能公开为长城所冒的风险喊一声：“我的妈呀！”万一车毁人亡固然不幸，撞坏长城一方雉堞，岂不也是大不幸。报上为游人在长城砖上刻名字而大张舆论，肝火很旺，却为外国人“飞越”长城而兴奋不已，这是什么事？

我们在国歌里高唱“把我们的血肉筑成我们新的长城”，外国人竟“飞越”了，仗的是有钱！这不有点儿象征，有点儿讽刺，有点儿那个吗？

（这篇稿子刚刚写成，广播里传来一则广告：肯德基快餐店在八达岭设了分店。不久前有英国商人相中了孔老夫子做啤酒商标的“文化内涵”，今天美国人又相中了万里长城做快餐鸡的“文化内涵”，怎么就没听说释迦牟尼、穆罕默德和耶稣基督下海，也不知林肯、华盛顿纪念碑下是不是允许开设全聚德烤鸭店？发展经济是特大的好事，但是如果一个民族为了几个钱可以卖掉自己的尊严，那么，这个民族是发展不起来的。）

最后，还有两则故事不妨附写在这里。今天下午，一位八十年代初期的老学生找来，还没有说干什么，先许下一笔可观的咨询费。然后打开图纸，原来是北京市远郊区的一个小小的度假村的设计。投资者是中国老板，设计是请日本人做的。不过七八幢房子，分别要求“现代式”、日本式、西班牙式、美国式和哥特式几种历史风格。房子都不大，日本人的设计只有一点儿“形似”。看得出来，设计者关于这些“式”的知识，不超出明信片上的水平。我问这位老学生，这样的设计为什么要找日本人？人家一接到这任务，就知道是土财主送来了冤枉钱，白白地找人瞧不起。他笑着回答：日本人水平高嘛。叫日本人设计，将来卖得快。顾客认这个！

我想起去年深秋，也是一位中国老板，要在北京四环路外侧造一处“高级”住宅区，中央是一座娱乐宫。老板说：一定要“原汤原汁”的意大利文艺复兴式，因此万里迢迢，到意大利找了个什么事务所做设计。他把图纸送来找我咨询，一看，四个方案，一个是抄古罗马别墅的，一个是后现代，一个是解构主义，只有一个带点儿古典主义的味道，是经过大大地简化了的，就是那种被赖特称为“剥光了的”古典建筑，设计和制图都十分拙劣。老板不知上了个什么当，据说花了不少外汇。我对老板说，你到我们建筑系的走廊上去看看，我们二年级学生的作业水平比这些要高得多。两个月之后，我住院回来，听到消息说，那位意大利建筑师倒挺认真，真的到我们系去看了一看，然后自知不行，辞掉任务走了。但是，那位中国老板还是要到意大利去找人设计，说是铁了心，坚绝不要中国人做。那也是一位送冤枉钱给外国人的土财主。

这些财主，穿着名牌西服，飞来飞去，溜溜地把世界绕了几遍，但脑袋瓜子在根儿上还是土得很的。崇洋崇到了下三烂事务所上去了。叫人心战的是，这些不论有过什么学历，文化档次还是极低的、心理极不健康的老板，他们的“意志”正在左右着我们的许多事务。

这种情况，当然不是新闻，好像也无须乎说什么。市场经济嘛，中国科技人员不值几个钱！

（原载《建筑师》，1995 年 6 月）

（三八）

近一年来，常常有些青年朋友来读书给我听，以耳代目，虽然失去了欣赏的乐趣，降低了理解的能力，毕竟还是有所收获，强胜过百无聊赖地枯坐度日。

日前听梁实秋的散文，有一篇叫《汽车》的，在篇末说：

> 一队骆驼挂着铜铃，驮着煤袋，从城墙边由一个棉衣臃肿的乡下人牵着走过，那个侧影可以成为一幅很美妙的摄影题材，悬在外国人客厅里显着很朴雅可爱。外国人到中国来，喜欢坐人力车，跷起一条长腿拿着一根小杖敲着车夫的头指示他转弯。外国人喜欢看“骆驼祥子”，外国人喜欢给洋车夫照像。可是我们不愿保存这样的国粹，我们也要汽车载货，我们也要汽车代步。我们不要老牛破车，我们要舒适、速度，汽车应该成为日用品。可是有一样，如果汽车几十年内还不能成为大众的日用品，只是给少数人利用享受，作为大众的诅咒的对象，这时节汽车便是有一点“不合国情”。

年轻人读到这里，没有改变声调，也没有改变频率。我听着听着却心情沉重起来，没有听清他以后还读了些什么。拉煤的骆驼队，乘着洋人的人力车，和作为它们背景的古老的城墙，这些“古都风貌”都已经没有了，汽车，至少是公共汽车，也已经成了大众可以利用的代步工具，年轻人从这段文章里感受不到什么。但我们领略过那种

“古都风貌”，能从这段文章里体味出中国人一百多年来的屈辱和痛苦，理想和奋斗。

今年是甲午战争一百周年（按：本文写于1994年）。甲午之前五十四年，是鸦片战争，甲午之后六年，是八国联军，再过三十一年便是东三省的沦陷，接着就开始了日寇侵华的八年战争。那个时代，我们民族一次又一次挨着鞭打，血肉模糊。不为别的，就为我们落后，而且对落后十分麻木，甚至还有点自溺。骆驼和人力车，是落后和麻木的标志。虽然是一种“外国人喜欢”的“古都风貌”，凡是思想正常的中国人都会希望它们早点儿消失。

梁实秋写那篇文章的时候，正是我们国家内忧外患煎迫日亟的危急关头，绝大多数知识分子都有强烈的忧患意识，而不管他们安身立命的所在有什么不同。所以，曾经尖锐激烈地批评过梁实秋的鲁迅，也写过与梁实秋这段文字相似的杂文，且不止一篇，也许可以说那是鲁迅思想的“主旋律”之一罢。

六十年过去（照时下足以和“英思泰克”之类摩登名字比美的说法，是古色古香的“一个甲子过去”），情况变了样，我们国家已经富强，一年可以大吃大喝掉几百亿公款而面不改色，也可以为一两个人的面子而哗嚓哗嚓地把公款花得像流水一样。这真足以叫人扬眉吐气！看一看日本人主办第十二届亚运会所表现出来的寒酸相，咱们总算给甲午之败雪了耻。不过，既然咱们向来有个吃忆苦饭的传统，不妨再想一想梁实秋的话里有什么道理。

他的那段话主要有两层意思。第一层是说，“古都风貌”里有一些非常落后的成分，要不得，咱们要现代化，好比用汽车替代骆驼和人力车。第二层是说，即使像汽车那样的好东西，如果只能为少数人享用，而与大众无缘，那么，还是暂时不要为好。这两层意思都有点儿偏激，当今的文章家们很容易把它们批驳得体无完肤。不过，我想，大概还是认真考虑一下这两层意思更有好处。

现在有些人不大愿意对“古都风貌”做具体的分析，只笼统地提出些主张。有些人把构成“古都风貌”的主体的小胡同四合院描绘得十全十美，并且激动地说：“没有小胡同四合院就没有北京城。”其实呢，小胡同四合院恰恰是很落后而且难以现代化的，因此，北京的“古都风貌”，有一些是我们这个国家落后贫穷的表征。

为什么说小胡同四合院是落后的，因为它们完全不能适应现代化的大城市的发展，而现代化大城市的发展是社会进步的需要。小胡同四合院并不是我们国家的特产，世界上许多国家都有过。但是在欧洲，工业革命之后，它们在城市改造中差不多消失光了。要用小胡同四合院来建成有几百万人口的现代化大城市，那是根本不可能的。它们也不能适应现代人的社会意识。它是中国封建社会中人们社会意识淡薄的反映，它又培养了这种淡薄。北京城的小胡同四合院能保存到晚近，正是它的城市经济极不发达的结果，也正是我国没有发生工业革命的结果。当今大肆赞美小胡同四合院的外国人的祖上，18世纪的欧洲传教士和使节，来到北京，都为小胡同四合院的一副灰头土脸的破烂相感到大大的意外。到处是一片沉闷而封闭的灰色。

建筑是文明的标志，中国的积弱积贫，早就在建筑中表露无遗了。鸦片战争之前一百年，伦敦建造了圣保罗大教堂和英格兰银行，鸦片战争当时，伦敦建造了证券交易所，形成了雄伟壮丽的世界贸易和金融中心。而这时候的北京城依旧是小胡同四合院，连一家门脸儿像样的商店都没有。四合院里过的是家族中心的中世纪式的生活。对比一下两个国家的“古都风貌”，那场战争的胜负就可以判定了，无须去看兵舰和大炮。

近几十年来，由于人口迅速增长，北京的四合院再也维持不住它的悠闲神态了。它们向两极分化，一极是绝大多数变成了大杂院，一极是极少数成了特殊人物的住所。这种分化就是它不能适应现代化发展的明证。四合院的本质特征是独门独户，它所有的优点，它迷人的宁静，都根源于这一点。一旦它变成了大杂院，那么，它的建筑格局就使可怕的贫民窟的干扰、混乱、摩擦、罪恶、肮脏更加严重了多少倍。连近年来大肆渲染大杂院“人情味”的电视剧，也都不得不以居民放着鞭炮欢天喜地搬进居民楼结束。而只为少数人占用的四合院，与民众无缘，我们同意梁先生的意见，不妨说它们“不合国情”。

说到这里，我要交代清楚：我并不赞成把北京的四合院都拆光。相反，我建议保存几片四合院住宅区，并且，为当年北京城建设的战略决策失误感到遗憾，否则，我们还能保护更多的四合院。保护文物建筑和历史地段，着眼的是它们的历史和文化价值，并不在乎它是不是落后。落后也是一种社会历史现象，也有它的文化内涵。何况四合院鲜明地反映着一个漫长的时代的生活。从个体看，四合院也自有它的优点和成就。

现在的“国情”也真难说。在北京城里最好的、最要害的地段里，又造起了一批新的四合院，宽敞豪华，而且有足够的现代化设备。它们当然与普遍民众更加“无缘”。于是，在“古都风貌”中重新产生了一个特别的层次，在当年皇帝老倌的龙庭旁边，有了某种人居住的四合院区。而原先祖居城里的一些老住户却在危房改建中被挤到了远远的郊区。城市的层次结构从来是社会结构的反映，这一个四合院区的出现真教人百感交集。

有朋友笑我头脑僵化，明显有老年痴呆的症状。此一时，彼一时，不识时务怎么跟得上大好形势？据说痴呆症病人跟精神病人一样，不知道自己有病。于是我想测验一下，看我跟正常人有多大差距。我抄录两则房地产广告如下：

（一）……为北京极具规模豪华别墅区，整区工程特聘美国专业建筑师策划，区内有5种国家风格，19种屋款以供选择，20多万平方尺之超级尊贵会员俱乐部……为目前北京设施最多元化豪华住客会所，区内管理均由北京五星级酒店管理人才负责。

（二）国内一流精装修，天然花岗岩地面，进口纯羊毛地毯，何尔斯豪华按摩浴缸，全套高档洁具，天然大理石化妆台，自动遥控车库门，超大私家花园，五星级白金标准，居家若此，夫复何求！

记得还有一些广告声明这些“帝王之居”是有专门的安全保卫人员的；还有一些广告比这两则“更刺激，更够劲”！可惜一时找不到，算了罢，反正不是什么宋元秘笈，大家常常见得到的。

我当然不至于痴呆到以为民众跟这些住宅有缘，它们中一大部分会落到“海外”人士之手，而这些“海外”人士中，又会有不少是以某种方式不久前才从这边跳过龙门去的假洋鬼子。于是，我们将会在北京的地图上看到一片一片的某种区，大约可以叫贵族区罢，说不定还真有它自己的“安全保卫”人员。我很想知道，万一我的痴呆症发作，误进了这些地方，会不会被“抄靶子”。

这些“给少数人利用享受”的房子，难道不怕“作为大众诅咒的对象”吗？

（原载《建筑师》，1995 年 6 月）

（三九）

大约十年前罢，我到希腊访问古建筑，在雅典和德尔斐活动了一个星期之后，决定到西部去参观迈锡尼、泰伦斯、埃庇道鲁斯和奥林匹亚等古迹，大使馆的文化参赞是位诗人，很支持我，决定派他的轿车送我去。头天晚上，就在车上装足了食品和饮料，还有三个大西瓜。司机极其友好地跟我相约，明早天不亮就启程，因为路远，参观点又多，紧赶慢赶也得天黑之后才能回来。

第二天晨前我来到车房，司机说，不能早走了，一位刚从巴黎来“顺道”回国的官员听说有这次远行，不知为什么居然也想去，得等他。眼看天亮了，眼看太阳老高了，八点之后，才传来消息，说官员已经起床。我请文化参赞向官员建议，早餐就在车上吃点什么算了，还是抓紧时间赶路好。官员不同意，正儿八经吃了一顿，后来又嫌车挤，临时找司机，一溜开了三辆车出发。这时已经过了九点，文化参赞苦笑着说：今天只得减掉两处参观点了，奥林匹亚去不成了。

看了公元前480年雅典人全歼波斯海军的萨拉米斯湾，过了科林斯地峡，向南一拐，到了埃庇道鲁斯，已是中午时分。那座造于二千三百多年前，可容一万四千人的大理石剧场完整地斜卧在山坡上。一位管理人员在表演区中央划火柴，我们在最后五十五排听得“嚓”的一响。这时候我忽然发现照相机的广角镜忘在车上了，文化参赞叫我去拿来，连声说：不忙，不忙，还得细细看呐！我快步跑去跑来，还没有跑到剧场，那位官员已经率领着人们回来了。参赞很抱歉地悄悄向我把双手向外摊了一摊。

到了停车场，官员说要找餐厅吃午饭。参赞赶快说，食品都带足了，不必上餐厅，否则迈锡尼等处去不成了。官员带气地说：“破石头堆，有什么好看！”一连看了几个餐厅，官员都不满意。因为他打定了主意要吃海鲜。足足花了一小时，好不容易找到了一家，吃了一顿油炸小海鱼，已经两点半。官员忽然下令，什么也不看了，立即回雅典。参赞握着我的胳膊说：“你改日再来罢！”官员的车打头，飞快回到雅典，差十几分钟到五点，太阳还毒着。官员叫停了车，十分轻巧地跳进了阿尔法-贝塔超级市场，挑挑拣拣，买了半磅开心果。他消息灵通，知道这天礼拜六，市场到五点关门，而他次日一早就要回国了。

准备得很充分的一次参观就这样结束了。教我觉得尤其奇怪的是，这位官员既不是主管机械的，也不是主管航空的，而是主管着新闻，并且正当壮年。我们一路上看到一队队碧眼金发的男女，背着15公斤的标准旅行包，徒步走向埃庇道鲁斯去看那“一堆破石头”，在地中海酷烈的阳光下要跋涉两三天。晚上就睡在帐篷里。

后来我乘船到克里特岛去，虽然阮囊羞涩，还是买一张客舱卧铺票。而许许多多西方人，有年轻的，也有上了岁数的，却横七竖八躺在甲板上露宿。为了看一眼四千年前的米诺王宫，他们真肯吃大苦耐大劳，虽然那王宫其实也只剩下了“一堆破石头”。对比起来，我不得不生出许多感慨来。

西方人对历史遗迹的热爱真叫我感动。不但不惜花费许多钱，不怕做许多麻烦的工作，严格保护它们，连一两块散置的建筑残石都不轻易放弃。普通的人们，不论男女老少，都对古迹怀着那么深重的历史感情。我在罗马居住的时候，天天都看到那些古迹里涌动着人群，眼睛放出虔诚的光。年轻人三五成群。一个小伙子走在头里，背包上摊着一本导游书，另一个边走边高声诵读，后面跟着的几个，听着书上又详尽又生动的介绍，兴致勃勃地左边看看又右边看看，唯恐遗漏了什么。法国的、德国的、其他许多欧洲国家的中学生们，几十个一伙，在古罗马的废墟里，围着老师听历史课：“奥古斯都大帝说，我得到的是砖头的罗马城，留下的是大理石的罗马城……”最可爱的是常常可以见到一批批来自欧美各国的小学生们，胸前挂着一块牌子，上面写着他们的名字、国籍、家庭和学校地址，由女教师们领着，来看那些古迹。过马路的时候，女教师们背一个、抱一个，胳肢窝底下夹一个，一趟又一趟地把孩子们送过去。那是我在罗马最爱看的场景。

日本人也从老远的东方赶到意大利看古迹，在废墟中间徜徉徘徊。有一天，一位美国姑娘指着一车日本小孩子对我说：“这些孩子长大后可不得了。”那些一点点大的孩子脖子上挂着尼康和佳能相机，正咔嚓咔嚓地给一堆一堆的破石头照相。

热爱那些古老的历史遗迹，无论是做保护工作的专家还是来参观的男男女女，都并不对它们抱功利的目的。古迹中有些能吸引全世界的旅游者，带来滚滚的金钱。但那并不是保护古迹的原初目的。在欧洲各国花了许多钱保护的文物建筑中，有很大的部分散处各地，并不能发展旅游业。有些还给城市建设造成很大的困难。例如在罗马的主要商业街道，交通繁忙的纳奇奥纳利大街的一个转折处，路中央有14块“破石头”，那是古罗马城墙的残留，交通常常在这里堵死，但那些石块神圣不可侵犯，连搬个地方都不行。可是没有一个旅游者是为它们而到罗马来的。

这些城墙石头也不能给偶尔看它们一眼的人什么好处，即使深入研究它们，也不可能得到关于修建现代军事防御工事的什么知识或启发。借鉴、汲取，都根本说不上。即使那些完好无损的文物建筑，虽然大量存在，也早已不是西方建筑师必需的“创作源泉”，何况每天成千上万来拜访它们的人当中，搞建筑行业的只是极少数。

有一次，我到罗马郊区参观某座中世纪教皇的府邸，吃午饭的时候，邻座几个小青年发觉我是中国人，而且关心文物建筑，走过来质问我：你们中国人为什么拆长城？我赶紧说：那只是“文化大革命”期间的事。他们说：不，现在还有人拆！接着把那些人说了出来。他们知道得详细，而且肚子里气不小。我问同行的一位印度小姐，他们怎么知道得那么多？她笑笑说：保护文物建筑是世界性的事，你们干什么，人家怎么会不知道？长城的存废肯定不会跟意大利人或印度人有什么利害关系，但我难道能对他们说“干卿底事”？

可惜我们这里，太多的人对文物建筑，对历史古迹，抱着非常功利的态度。且不说那位主管新闻的官员对那“一堆破石头”毫无兴趣，竟为了买半磅开心果而不去看灿烂的古希腊文化的遗迹；且不说有许多人，仅仅把文物建筑和历史古迹当作“旅游资源”“无烟产业”加以“开发”，为了一时的经济效益不惜使文物建筑蒙受无法挽救的损失。就说我们建筑工作者，往往在讨论到保护文物建筑的时候，在评论古建筑的价值的时候，最突出的也是“借鉴”“继承”“吸收”“发展”“古为今用”之类。仿佛如果没有这些直接的功利价值，文物建筑就没有必要保护了。这样一来，历史遗产反倒成了前进的束缚。例如，有人说，调查研究中国传统民居“更主要的目的在于了解、认识其科学与艺术精华，加以消化吸收，继承发展，创造性地用于当前社会主义的有中国特色的现代化建筑中去”。这样的“更主要的目的”，其实是不大可能达到的。于是，很容易翻脸不认人，文物古迹就会被判为“没有用处”“过于简陋”“妨碍城市建设”等等，成为“包袱”。所以我们不能容忍北京的城墙，也不能容忍圆明园的废墟，轻易地把它们毁掉。我们在县里、乡里，多次听到把乡土建筑当作“扶贫济困”的本钱，念头一歪，就会搞出“阴曹地府”“西游记宫”一类的“文物”来，反而把真文物糟蹋掉了。用过于功利性的眼光来看待文物建筑，看待文化遗产，这是文物建筑和历史地段失去保护、遭到破坏的重要原因之一。在这个问题上，我们倒是要多强调一下非功利的文化意识。

有两件从书上读到的事我时时想起：

冰心在幼小时，问她的妈妈：你为什么这样爱我？妈妈回答，不为什么，只因为你是我的女儿。

另一件是，朱自清先生说过：学习经典，不是为了知识，而是为了文化！

但愿我们能够学会热爱我们祖国的文化遗产，“不为什么”，“只为文化”，不要像我在某博物馆里遇到的又一位官员那样，不断地问陪同参观的馆长：“这一件能卖多少钱？”

也愿我们的文物、园林管理部门，不要把文物建筑和古代园林只当作摇钱树，以致实际上向全社会宣传极其功利性的反文化的歪曲的“文物意识”。

更愿我们的建筑师和城市规划师们，小心翼翼地、慎重地对待文物建筑和历史地段，不要只算房地产账，不要只画直线，尤其不要造假古董！

（原载《建筑师》，1995 年 8 月）

（四〇）

我们做乡土建筑研究，铁定春秋两季上山下乡，几年下来，积累了几个“大吃一惊”。第一个吃惊是发现祖国大地上，地无分南北东西，人无分汉满蒙回，即使在穷乡僻壤，乡土建筑都达到过相当高的水平。不但个体，而且聚落的整体都是如此。它们所蕴涵的历史文化信息极其丰富，绝不下于多少个博物馆和图书馆，它们是了解我们民族的重要教材，极其鲜活生动，有很强的说服力。第二个吃惊是，在一些地区，它们在近几十年里竟遭受了那么严重的破坏。寺观祠庙自然不在话下，连公益性的风雨桥和路亭都所剩无几。典雅精致的住宅，失于维修，残败不堪。砖雕木雕，凡是人头，都被砍掉。过去被许多几人合抱的大树浓密遮掩着的村落，赤裸裸地在烈日下曝晒着，侥幸留下的一两棵树，也瘦瘦的，在山坡上伶仃可怜。第三个吃惊是，一些乡人对先人创造的水平那么高的建筑文化，竟丝毫没有知觉，一点也不懂得珍惜。飞甍叠栱的门楼里睡着肥猪，细木槅扇上挂着镰锄，雕栏玉砌上举手之劳便能修复的伤残，竟漠然不顾，渐至不可收拾。全村赖以生存的供水沟渠，成了臭不可闻的垃圾场。新房子乱造，阻塞了水道，一下雨全村渍水。雕梁画栋精美无比的祠堂，拆了卖瓦片，木材则当柴烧掉了。负责文化和文物的干部，有些是什么都不想过问。

过去我对古代希腊罗马文明在中世纪初期竟会毁得荡然无存，觉得不可思议，现在总算有点儿明白了。不过，毁灭古代希腊罗马文明的是外来的“蛮族”，而破坏我们乡土建筑的则是创造者的愚昧子孙，那悲剧色彩就更加强烈得多了。

我们所见到的南方村子，绝大多数是血缘聚落。它们或多或少有过总体设计和建筑控制。根据的大致是地理环境、风水迷信和宗族结构。优先考虑的是农业生产、日常生活和子孙繁衍。村落本身，水利是命脉，那些工程质量很高的完整的水系便是有力的证据。清水污水来去分明，尽管暴雨如注，村里却雨过地干。浙江省楠溪江畔的芙蓉村，北部有一块空地，房子还没有造，水渠和石板路早已井然成形。它说明了村落建造的程序，水系是先决因素，道路缘水渠而建，然后才造各家各户的住宅和公用建筑。宗谱里往往记载着主持修建水系的人们的事迹，把他们称为“功宗德祖”，在祠堂里占显赫的位置。有了初步的整体计划，造屋还得由宗祠管理。例如安徽省休宁县茗洲村吴氏《葆和堂需役给工食定例》里有一条“做屋”的规定：“遵祠堂新例，上自水落，下至墩塍，不得私买地基建造。此外有做屋者，亦须禀明祠堂是何地名，稽查明白，写定文笔，完了承约，然后动手，庶安居焉。但正脊一丈八尺起至二丈止，毋得过于高大，一切门楼装修，只宜朴素，毋得越分奢侈，以自取咎……”

村落的结构，大多依据宗族的结构。血缘村落，通常一村一个宗族，宗族之内又分房派，再下又有支派。所以，祠堂有总祠（大宗）、分祠（称“厅”）、私祭厅和香火堂等好几个等级。总祠以位于村口的居多，分祠则分布全村。各房派成员的住宅簇拥在分祠的周围，形成团块，团块式的村落结构反映着宗族的结构。有些村落里，分祠作为团块核心的作用经过精心的设计，例如浙江省兰溪市的诸葛村，大多数分祠的两侧都有方正的巷子整齐地排列着住宅，显然是和分祠同时建成的。宗祠前面常有泮池，因此，在住宅团块的中央也就有了水面，除了日用，还可以防灾和调节小气候，同时也使村落景观开朗一些。祠堂是多用途的，除了供奉神主、祭祀祖先之外，还有举行婚丧仪式、暂厝灵柩、搭台演戏、附设义塾、执行宗法家规等功能。有些地方，甚至允许穷苦无家的族人寄住在里面。宗祠拥有公田、义田、祀田、学田，除了祭祀、兴学、济贫恤老之外，也以租谷作为维修祠堂和村里一些公共设施的费用。

文昌阁、关帝庙、文峰塔、学堂之类，都由宗祠主持建造，通常靠一些富裕族人捐资，除了兴筑之外，还要置下义田，以收入供祭祀、管理和维修。这些建筑的选址也有惯例可循，一般都在“水口”。

道路、桥梁、路亭之属，大多靠村民捐建，或者由人挑头募建，作为义举善行，是“积德祈福”的事，所以有些孝子为父母增寿而造桥、亭或道路。它们也附有田产，不但以收入供维修，还多在亭子里供茶水、施药和草鞋。宗族鼓励这种义行善举，在宗谱里总要记上一笔。记

（四〇）

得越多，越说明宗族的道德水平之高，人人与有荣焉。

宗祠还担负起管理村落的责任。如保护水源和供水清洁，不许牲畜和鹅鸭走近上游来水，定期举行大扫除，素日牛不得进村，猪不得上街，等等。我们在安徽的一个村子里认识一个人，他的祖父在三十年代偷伐了风水山上的一棵树，就被“开祠堂门”公审之后逐出宗门，死在异乡。解放后他才由父亲带回老家。

由于这些原因，我国的村落有许多历经几百年风雨而始终整齐、清洁、设施配套，房屋完好无损，四围绿树成荫。

近几十年来，情况大变。旧的社会结构消灭了，旧的权威打倒了，旧的管理机制和乡规民约取缔了，旧的风俗习惯改掉了，旧的道德规范不中用了，公田、义田、学田和祀田都分光了。这些都是社会进步所需要的。然而，取代它们的新的当权者的素质太差，新的社会秩序没有来得及完善，由于贫困和愚昧，由于贪婪和专横，乡土建筑，单体的或者整个聚落，遭到了难以挽救的破坏。过去，我们总以为破坏主要因为历次的社会、政治运动，深入了解之后才知道，破坏的原因要深刻得多，运动倒并没有造成多少破坏，除了大炼钢铁的滥伐树木和“文化大革命”的砍凿雕刻。当然，各地破坏的原因并不一样，我在这里援引一篇余治淮写的《“风沙”向小桃源袭来》的文章（载《黄山旅游》），以见一端：

> 十年浩劫，祸及穷乡僻隅，关麓村中，民间砖、木、石雕，凡是涉及帝王将相、才子佳人、鱼虫鸟兽，统统被砸了头。（按：连渔樵耕读也砸了头，而鱼虫鸟兽则大多未砸头。）侥幸的是，建造恢宏的汪氏宗祠和月塘却未受波及。不料，时光转到了风光明媚的1983年，古祠和月塘却飞来了一场灾难。生产队长姜某，借口年久失修，召集一伙人，擅自将宗祠拆毁，将砖、木、石料兜卖一空，发了横财。（按：所谓年久失修，是因为姜某早两年就揭卖了祠堂三进厅堂中后进的一坡瓦，以致那儿的部分木构

件遭雨淋而糟朽。）……农民们是最讲实在的，队长可以带头拆祠堂，卖公产，他们又为什么不可以损公肥私呢？于是，月塘周围的24根石柱，108块栏板，也就今日三、明日四地进了寻常百姓家，派上踏脚石、砌墙脚的用场了。

至于为什么姜姓队长拆汪姓宗祠，为什么汪氏后裔一致反对并联名上告（1982年黟县人民政府已有加强文物保护的通告，规定不得拆卖祠堂）而无结果，那就是更加深刻的问题了，此地不说也罢！

总之，现在是不少地方没有什么人有能力维修古老的乡村和管理新房屋的建设。旧的毁坏了，新的毫无章法。我们失去的是什么呢？

将来回顾历史，大概就是我们对以北京为代表的一批历史文化名城和数量更大得多的乡土建筑的破坏最感到心痛。

破坏掉北京城之后，一些人却又向新建的高楼大厦提出了"夺回古都风貌"的要求，虽然荒唐可笑，总算多少对老北京城表示了一点儿敬意和悼念之忱。但是，对丰富多彩的、历史文化价值至少不下于北京城的乡土建筑，至今还没有哪个决策者表示出一丁点儿理解和关心。过几年，即使略有觉醒，再提出"夺回"乡土风貌的口号，那也跟"夺回古都风貌"一样，徒然成为笑柄了。

就像不可能也不必要原封不动地保存整个老北京城一样，要大量保存古老的农村聚落或个体建筑当然是不可能的，也没有那个必要。但是，每个县份都认真保护几个，即使在目前的大体制下，也还不算太难的事，关键仅仅在于当政的人是不是有足够的文化素养、长远的眼光、清正勤奋的作风和开拓精神。我们听到过许多叹苦诉穷的难经，但真正的大困难却是无所用心、无所作为。至于为什么那么多的食禄者会无所用心、无所作为，那就不是这篇杂记所能讨论的了。

（原载《建筑师》，1995年10月）

（四一）

五年前我第一次到台北，建筑界的朋友就建议我去参观一下“东王汉宫”。这名字很有点儿怪，好不容易弄清了是哪四个字，我却失去了兴趣，因为我想，那大概是跟北京的大葆台汉墓差不多的东西。既然在北京已经看过，台湾这个古时蛮荒的小岛上大概不会有更精彩的古迹了。

有一天，在家门口上了285路公共汽车到天母去拜访王大闳先生，路过民生东路，车窗外忽然望见两幢好不神气的住宅楼，一看便知档次很高。跟同去的《空间》杂志编辑打听，原来这就是“东王汉宫”。嗬嗬，高级住宅叫汉宫，住着的是东王！

以后，矗立在马路边上的房地产广告牌子上，这类“帝”呀，“皇”呀，“宫廷”呀，“御苑”呀，越来越多，虽然口气一个比一个大，名字一个比一个堂皇，我却不再是土老帽儿，知道那是一处处的豪华住宅又在出售了。但心里总带着几分鄙薄，觉得那些大老板们就像前清的土财主一样，捐钱买个奉政大夫当当，光耀门第，不过暴露出对当权贵族们无法排遣的羡慕而已。然而，不久我就改变了我的愚而又浅的见识。一个礼拜天，几位老板邀我到著名的东北海岸风景区去觅造庙的基址。傍晚在瑞芳镇上吃海鲜，几杯台湾产的绍兴老酒一下肚，老板们就有点儿得意忘形，说话随便起来。其中一位拍拍我的肩膀说：“教授，我们这些人都没有什么学问。当年我们考不上大学，但现在，台湾大学的优秀毕业生给我们拎提包。我们不懂英文、德文、日文，可以雇台湾大学的高才生当英文秘书、德文秘书、日文秘书，还要挑漂亮的。”我不觉起了一身鸡皮疙瘩，咂出了他的那一声“教授”的滋味。于是，我很快就明白，那些豪华住宅叫作“帝”什么、“皇”什么，或者什么“宫殿”“御苑”，并不是效穷措大过屠门而大嚼，它们是那个商品经济社会、那个金钱万能社会的真实写照：腰缠万贯的老板，就是那个社会真正的“帝”“皇”，他们的住宅，就是“宫殿”“御苑”。这里没有荒唐的夸张，只不过把老板们对社会的统治表现得太直露了一点儿而已。要知道，当年的皇帝是给自己的宫殿起“颐和”“养心”一类的名字的。终于有一天，我在南港“中央”研究院附近看到了一块登峰造极的房地产大广告，把一个新开发的住宅区叫作“太阳大帝”。老板们竟如此毫不隐讳地炫耀财富的力量，自信财富可以使他们得到至高无上的太阳神的权力地位。

朋友们发觉我对这些高级住宅的名称好像有兴趣，便告诉我，某个大学的建筑研究所曾有一位研究生的硕士论文写的就是对这些名称的调查分析。那些日子，我几乎天天都在图书馆看各大学建筑研究所的学位论文，但我并没有去找那一篇。因为我对那种无限权力的自我表现狂已经太厌恶了。

过不了多少日子，在我们这个曾经宣布过共和国诞生的北京城里，一处处高贵豪华的住宅区也扯起“帝”“皇”“宫廷”“御苑”之类的旗号来了。毕竟是有八百年建都历史的古城，黄土底下埋葬着真命天子的骨头，空气中游荡着真命天子的灵魂，他们似乎随时都在寻找借尸还阳的机会。一些朋友看不惯这些封建气息浓厚的名称，提起笔来批评几句，着眼点大都在于净化语言，或者也对一些人的缺乏历史感慨叹一番。但这些批评和慨叹看起来都闪烁其词，好像故意避免把话说到点子上。这当然用不着去追究为什么，对那些装傻的人也应该宽容。

其实呢，只消把那些房地产广告拿来看一看，事情就能明白个大概齐。离飞机场最近，离高速公路最近，离金融中心最近，离宾馆商场最近，离名胜古迹园林风景区最近；有双语学校，有高尔夫球场，有康乐宫，有游泳池，有双位车库；由美国名师设计，由星级宾馆人员管理，最触动人们神经的是，由自己的安全人员独立做24小时的全天候保卫。瞧瞧，除了不好意思明说有三宫六院之外，它们哪一点比当年“御苑”“宫廷”差？寻常百姓当然是连进去看看都难免要跟“安全人员”打交道的，难道还痴心梦想到那儿去买一套“满足人生无限享受”的四室两厅？能住在那儿的人，跟“帝”“皇”真是差不多，或许还更加觉得“人生至此，夫复何求”？因为皇帝那会儿既没有空调也没有抽水马桶，何况嫔妃们也没有抹过奥勃丽思美容霜。

所以，“帝”“皇”“御苑”“宫廷”，在房地产广告中一个比一个叫得更响亮，既不是用词不当，更不是缺乏历史感，倒是那些批评者没有认识这些广告用语的准确性，缺乏现实感。建筑作为“石头的史书”，它对社会实况的记录运用着各种各样的体裁和各种各样的笔法。二十九年前，当一些骂大街、挥皮鞭的红箍好汉使北京城恐怖得发抖的时候，最值得骄傲的是住在“大院”里，那是他们准备接班“坐天下”的根据。如今呢？大院的光辉暗淡了，值得骄傲的将是住在这些名为“御苑”“宫廷”之类的高级豪华住宅区里。这种价值观的转变，正是社会历史的一个极其重要的现象，它标志着社会转型时权力结构的改组。

价值观的改变是极为深刻的。我且说一件很有嚼头的故事：

我们的学院有了一幢新楼，是香港的一位老板资助的，因此以他的名字命名。新楼落成那一天，要举行一个隆重的典礼仪式。我的一位学生奉派在华丽的院长办公室值班，准备迎候老板。恰巧我在门前经过，她把我让进办公室，一起聊了一会儿天。几位头头来看了一下，见到我竟在那里面坐着，有点儿意外。过了不多时候，一位头头绷着脸赶来，对我的学生说：“香港某先生马上就到，这里要清场了。”既然并没有别的“闲杂人员”，那当然就是我得立刻走出去。我是什么人呢？小可不才，是在这所学院里教了四十五年书的教师。于是，我耳边又响起了在瑞芳镇吃生猛海鲜的时候那位老板叫的那声又酸又涩的“教授”。但那是他酒后失态，而在我工作了一生的地方，我大概连给老板拎提包的资格都没有，因为，在我申请拎提包之前，就已经被清出场外了。这叫作知识分子的“边缘化”。

一部分人先富起来，绝不会停留在醇酒妇人、汽车洋房上。他们会要求权力的再分配，首先会谋求某些权力者的忠诚，如果一径发展到“太阳大帝”的地步，那么，类似“万寿无疆”的喊声大约也会在金元的叮当声的伴奏下整齐而响亮地传布开来。

所以，我看，“帝”“皇”“御苑”“宫廷”之类的名称，也只不过是略嫌直露了一点儿而已，并没有太离谱。当然，大老板要学会“养心”“颐和”，那是还需要很长一段历史时期的，说不定永远也不会去学，财富总是喜欢张扬显摆的，即便在标榜萧散隽逸的东晋，石崇不是照样要几十个美丽的婢女在厕所里侍候着吗？

补记

在《北窗杂记》（三十六）中，我议论了一通公厕，头昏脑涨，竟遗漏了一件极有意思的事，这就是世界上独一无二的我们的“外宾厕所”。这种厕所很给我们增光：第一，它证明我们恪守传统，深信国人使用的公厕必定应该是臭的，“道法自然”，无需全盘西化。第二，又证明我们毕竟是礼仪之邦，维护着“尊卑有别”的儒家思想，让外国人上厕所也如入芝兰之室。至于第三呢？那也许不大体面，证明我们早已忘记了上海滩那座公园门口“华人与狗不得入内”的牌子。那块牌子的侮辱，曾经激发过多少年轻人走上民族解放的战场。然而，现在，我们竟对“外宾厕所”那么麻木不仁！这样建造了，这样谨守着，没有人觉得有什么不合适。真是往事如烟又如梦！难道真的是不能较真儿？

（原载《建筑师》，1995 年 10 月）

（四二）

半个世纪以前，我刚到大学读书的时候，瞅什么都新鲜。有一天，见到心理系门口贴一张纸条，招募志愿者去做智力测验，我进去试了一试，结论是：接近白痴！几十年下来，我没有把这件事当真，放在心上。不过，近来读了一些新潮的建筑理论文章，虽然正襟危坐，案头积了一大堆参考书，还是像当年听杨子荣跟座山雕的对口词“天王盖地虎”，“宝塔镇河妖”，丈二金刚摸不着头脑。于是，心中不免惴惴，竟时时想起心理系的那个测试结论来。有朋友很隐讳地劝我吃点含锌的药片，我买来一看，原来是防治老年痴呆症的。

据说老年痴呆不可逆转，轻度患者的自处之道是恢复自信。于是，一个礼拜天，我请来了两位哲学家朋友和他们的太太，讨教一些关于新潮建筑理论的问题。他们来得很早，都是学者，一坐下就开门见山谈了起来。老赵干脆痛快，略略翻了一下堆在桌子上的几篇文章，就开了口。他说：“现代建筑理论搬来了现代哲学的一些概念、范畴、语言模式和思维习惯。但现代哲学的一个重要特点，是分裂成许许多多小小的流派。他们研究的课题很狭窄，很专深。这些课题由几个人钻研了几十年，甚至可能从他们的前辈开始钻研了一二百年，概念和范畴都自成一套，只有他们自己能理解。他们在小圈子里交流，也不必论证，说话可以跳跃式地进行。好像老两口看电视的时候，拾起昨儿晚半晌的话茬，呢呢喃喃说几个含含糊糊的字，老伴儿就心领神会。这些话要教外人听了，哪怕使出浑身解数，也很难破译。何况西方现代哲学家，大都以精英自诩，不肯屈尊枉驾，把话说得教圈外人听懂。”

这一番话很教我开窍，专心听老赵往下说。他说：“要介绍西方现代哲学，很不容易。第一当然自己得真懂。这一点极难。刚刚说过，他们爱给一些常用的词以只有他们才给的含义，不登堂入室，只靠字典，不大可能把这些词理解准确，理解透彻。理解了，也很难找出适当的中国字来表达。何况还有特殊的句式和跳跃的思路。第二，介绍这些理论，必须做大量的注释和背景说明，否则，即使说明白了几个概念，几条判断，也不能说清楚这个理论。”

我想，这倒好有一比。一则笑话说，几个小伙子到饭馆打牙祭，先要了一只鸡，端上来了，又说不想吃，换一只鸭。吃完了鸭，嘬着牙花子走人。饭馆老板过来收鸭子钱，小伙子说，鸭子是拿鸡换的。老板说，鸡也没有付钱。小伙子答，鸡，我们没有吃呀！胡言乱语，把老板气得要死。这笑话说明，老板要想讨得公道，必须着眼这件事的完整的全过程，片片断断地争论，争不清楚。我想，如果不全面地理解西方某个现代哲学流派，只引进几条新潮理论到建筑中来，很可能不知不觉演出吃鸭子不付钱的小品来。

两位哲学家接着翻小桌上的文章，慢慢锁紧了眉头，我的心也跟着锁紧，暗暗担心他们的智商怕也不高。过了一会儿，还是老赵先开口。他指着一篇文章读：“建筑现象的认识史其中贯穿了‘自律’与‘他律’、‘主体’与‘客体’的思辨斗争。随着对其关系把握的变化，建筑观、建筑形态亦进行着演变。建筑的存在，应是包含于人的存在之中。建筑这一存在物，应是与人的存在相符合的形式。”他问我：“你懂不懂这段话？”我涨红了脸回答：“在下不懂。”他笑了，说：“我搁下这段话的理论、观点的是非不说，只从学术论文的写作上来评一评。第一，作者犯了写论文的第一个忌讳，没有界定它所用的概念的确切含义。他直接从现代哲学中引来了几个概念，却没有在建筑论文中加以界定。概念的含义不明不白，读者怎么理解这种文章。本来嘛，界定概念是学术论文写作的一个很重要的内容，有时候甚至是主要的内容，你把概念界定清楚了，论文也就差不多了。”

我忽然如有所悟。想起苏联建筑科学院建筑历史与理论研究所集体写作的一本《建筑构图概论》来。那些作者，把我们习以为常的概念，如“比例”“尺度”“微差”等等，反过来掉过去，旁征博引，做了极其详尽的论述。虽然看起来累得慌，咒骂作者的书呆子气，但硬着头皮读下来，真觉得大有收获，长了知识。可惜我们的理论家中还没有人学习这种学风。

老赵的太太很活泛，插嘴说：“不说明什么叫‘按揭’，你讲什么房地产；不说明什么叫‘大盘透底’，你讲什么股市行情。”她咯咯笑着说：“去年到香港，看《星岛日报》的赛马版，全是汉字，可是连一句话都看不懂。那真叫傻帽儿了，都傻出水平来了。”

“那位作者犯的学术论文写作的第二个忌讳是：没有论证！”老赵又接下去说了，“他像连珠炮一样打出一个又一个论断，教人喘不过气来，可是他连一句话的论证都没有，好像这些都是不言自明的公理。”趁他歇气，我赶紧说：“不，那段话大可商榷。”老赵说：“当然，几乎句句都可以商榷，甚至有起码的逻辑错误，比如说，‘建筑是……形式’。不过，我现在只说写作上的问题。写论文的目的是说服人，不作论证，怎么说服？一个概念界定，一个论证，这两样是学术论文的主体，没有这两样，人家当然莫名其妙。”

老赵是个教授，在大学里开着一门叫“学术论文写作”的课，很叫座。所以这天议论起来，驾轻就熟很有兴致。他推了一推桌上的文章，说：“写文章还有一忌，就是卖弄。”他太太立刻打断他：“你提倡文风平实就行了，不要说人家卖弄不卖弄。所谓卖弄，有多种多样的心理，其中有一种是初学乍练的人追求成就感，很可以同情的。”老赵说：“其实我批评卖弄并无恶意，挺与人为善的。近来有些人太娇气，一听见批评就反感。好了，那么我说说文风以平实为上罢。”不过，他没有说，只背了一句俄国历史学家克柳切夫斯基的话：

> 写佶屈聱牙的文章，讲晦涩难懂的话，是一件容易的事。可是写浅显易懂的文章，讲通俗流畅的话，则是一件困难的事。

我一向佩服他的博学强记，但这一次，却忍不住悄悄对他的太太说：“您听听，他是不是也在卖弄了。这句话何必引证，就像谁说熘肉片好吃一样。”他太太又一次咯咯笑了起来，说：“我回去立刻给他买含锌的药片来，等过几年再吃怕太晚了。”

另一位哲学家朋友老钱，是个慢性子，戴一副至少有八百度的近视眼镜，细细看了几份新潮建筑论文，很深沉的样子。大约是觉得心中有底了罢，他没有顾别人说些什么，发起议论来：“这些论文中的研究工作有个普遍的毛病，就是从哲学的基本观念到具体的科学研究之间，没有必要的过渡，必要的中间环节。稳妥一点说，作者对这个中间环节很不自觉。”我立刻竖起耳朵，恨不得立即变成一个自觉者。他歇了一口气，说："这个中间环节，就是各个层次的方法论。哲学观念给你选择立足点、出发点和方向，但是只要你一迈腿，你就要有自觉的方法论原则。你的这些原则是不是正确，跟你的哲学观点大有关系，这个我暂时搁下不提，我现在只强调，你在方法论上要自觉。第一个层次是哲学方法论，以后是一般的科学方法论，特殊的学科的研究方法，直到具体的操作方法，等等。撇开这些关键性的中间环节，从哲学观念直接跳到具体的科学研究，当然就不会有必要的概念界定和论证，包括经验事实的证明和逻辑的推论等等。结果必定空洞无物、玄而又玄，看起来好像挺有哲理性，能唬人，其实是没有抓着痒处。这是当前的流行病，倒不限于建筑论文，实质并不是'浅入深出''浅话深说'，而是学术研究不得其法。"想了一想，他又补充一句道："认识固然要从具体上升到抽象，但接下来就要从抽象上升到思维的具体。如果老在抽象中徘徊，那是结不出果实来的。"

我问："既然是普遍的毛病，那就有普遍的原因，你倒说说看。"他说："原因很复杂，但至少有一条，我们过去太简单化，太教条。现在门一打开，有人往外一张，觉得外面世界真奇妙，眼花缭乱，跟着学了起来。其中大部分人并不是学哲学的，而是学各门人文科学的。外国的人文学者，未必都很有水平，相当一些人，沉溺于抽象的思辨游戏，往往从哲学观念直接跳到具体学科，故作高深。我们也有些人失于鉴别，误学了他们的学风。即使后来再去学一点西方哲学，还是跟着走这条路。看来你们建筑学界情况相仿，起作用的'中间环节'是外国的一些蹩脚建筑理论家，带歪了路。"

回想这十来年的过程，我不能不佩服老钱的敏锐。不过，建筑界不但看建筑理论家的文章，也看人文学者的文章，有两个"中间环节"。

老钱也是大学教授，给研究生讲"学术研究方法论"。这个干了一辈子的教书匠，跟老赵一样，也有一个到死改不了的老毛病：好为人师。我看他讲上了瘾，就重沏了新茶。果然，他呷了一口茶，慢悠悠地接着说："其实，研究一个事物，必要的概念和方法都存在于这个事物本身之中。你只要一步步分析这个事物，分析它的要素，要素之间的结构关系和它们的功能，同时也分析事物的外部结构，它和外界因素的交换关系，而且，分析所有这一切在运动过程中的变化，也就是动态地分析它们，这样，积累了足够的必要知识，运用理解力和想象力，就会逐渐形成关于这个事物的特殊的概念系统和论证方法。其他学科的概念和方法，可以借鉴，主要是用于提高研究者的理解力和想象力，而不能生吞活剥地照搬。”

老钱的太太是医生，她很有体会地说：“对，这好比输血，血型不对，输到病人身体里，不但无益，反而有害。”老钱笑了笑，说：“你这是给我的话输了一瓶血型不合的血。”大家跟着笑了一阵。老赵忍住了笑，说：“对了，我看这些看不懂的论文，有个普遍毛病，就是从别的学科搬来了概念和论断，跟建筑合不上榫卯，以致似是而非，把事情搞糊涂了。你们建筑不是什么新鲜事物，历史比人类史短不了多少，又跟人人的生活都非常贴近，实践经验那么丰富，研究起来，何必还要到别的学科去搬用概念和论断？什么‘能指’‘所指’，什么‘文本’‘话语’，那么做真是必要的么？真有好处么？概念不对路，丢失了建筑本身，当然不能做合乎实际的论证，于是就打马虎眼，这样的文章，看得懂才怪呢！”

老钱仍然继续他的思考。他说：“概念和论证存在于对象本身之中，同样，学科本身也会有它自己的习惯语言，它的行话。这种习惯语言当然要逐渐发展，发展过程中难免要移植其他学科里的词汇和表达方式。不过，突然抛弃它自己的习惯语言，大量使用从其他学科借来的语言，必然会造成混乱，造成理解的困难。近年来，‘哲理性”很吃香，有些人误以为哲学比科学的档次高，喜欢从多种哲学流派搬用词汇和表达方式。比如，最肤浅的搬用，有刚才老赵读的那一段里的‘自律’‘他律’‘主体’‘客体’，其实，这些都可以用大白话来说。不过那样很难，要自己下功夫，真正想得明白。照搬就容易得多，不必真想明白，这就是老赵说的打马虎眼。我看，这些文章里，有些哲学用语，连我们专搞哲学的人看上去也眼生。另外，有些是用中文写外国话，有些是生造拗句，以致文字疙疙瘩瘩，教人烦躁，很难安心看下去。”

聊天不免散散漫漫，也有车轱辘话，我怕时间不够，请老钱快点儿解释一下从哲学观念到具体科学工作之间的中间环节，也就是各个层次的方法论问题。他的太太大概是怕他血压升高，抢过了话头说：“那些东西，老钱要讲几十个学时，今天是礼拜天，休息，你找我们来化解化解看不懂新潮文章的烦恼，帮你恢复自信，我看老钱和老赵都讲得不少了，那些高头讲章以后再说罢。”

老赵说：“在国外，许多大学里，研究生要学两门课，就是我和老钱分别讲的‘学术研究方法论’和‘学术论文写作法’。这两门课程非常重要。其实，研究生的基本任务是学这两个方法，硕士论文，不过是这两门课的实习作业而已。可惜在你们这个金牌大学里，居然没有这两门课，相反，有些论文题目都大得吓死人，够一个学者一辈子干的，真是本末倒置！”

听到这里，老钱接过话茬，说：“确实是这样，这两个方法是一切科学工作的基础，应该有正规的课程。”他指了指那些文章说：“我看，这其中有一些是研究生写的，但是，作者读书不得法，研究不得法，写作也不得法。导师应该多管一管。”

我心想，导师当然不能说没有责任，但是，导师实在很难抵挡当前西方文化的冲击，这不是学术水平的较量，起决定作用的是超出学术范围的因素。

大概看出了我的沉闷，老钱为了安慰我，便赠我一条锦囊妙计。他说：“说说那个方法论的中间环节，那不是一时半会儿的事。不过，有一条学术工作的方法论原则，只要认真去做，可以治疗某些新潮论文的流行病。这就是‘逻辑与历史相统一’的原则，或者，也不妨就叫‘理论与实际相结合’的原则。这原则说的是，科学研究要从客观存在着的事实出发，研究就是揭露事实的本质和规律，从中概括出系统的理论，这理论能得到经验材料的证明。作为对象的那些事实，是历史中的事实，既要分析它的运动过程，也要分析它的典型的、成熟的形态。因此，在研究和论述事实的时候，要把对它的认识也当作一个过程。如果坚持按这条方法论原则去做，就不至于写出那种游谈无根的空而且玄的文章来。”

我说：“这么说来，研究建筑，要从建筑的社会存在和历史存在出发，要从建筑的社会功能和社会对建筑的要求出发，要从建筑与人的物质和精神生活的互动出发，从建筑本身的设计和生产过程出发，等等。如此来写理论文章，对不对？”老钱说：“差不多罢，也要把建筑放在具体的历史背景中，放在与其他文化现象的联系中研究，只就建筑论建筑也不好。”我说：“对，建筑是社会历史现象，所以必须做社会历史的分析。”

老赵接着说：“那些论文，大多是洋洋数万字，没有解释中外古今任何一个建筑现象，偶然提到寥寥几幢建筑物的名字，也只是一带而过，没有分析。有些论文，写了一大篇，居然连一幢建筑物也不提，这真是太奇怪，太……”他太太紧逼一句：“太什么？”老赵叹了一口气，说：“实在太那个了。”大家轰地一声笑了起来。那位医生捅了一捅老钱，说：“你学学人家的厚道。”老钱说：“尖锐的、见血的批评，有些也是一种厚道。一团和气，或许倒会害人。”

我老伴看大家都累了，说：“你们这些老东西，开口就说人家不会读书，不会研究，不会写作，你们自己也该振作精神，读点儿新书，不要太顽固不化了。”随后推过一碟南瓜子，她说：“南瓜子含锌丰富，可以抗老年痴呆，你们多吃一点罢！”

医生问我老伴：“你是不是在什么中外合资爱莉奥娜丝环球国际瓜子联合中心公司有股份？”

刚刚整理完这篇老赵、老钱的谈话，第二天从《文摘报》上读到了《青年参考》1994年12月23日的一则新闻，题目叫“英国开展说白话运动”，很有意思，转录如下：

英国公众早就发现，当今的官方红头文件中充斥着越来越多的晦涩的怪词和难懂的长句。如，农业部的一份文件把猪和羊说成是“消耗谷物的动物体”；运输部的一份文件把堵车说成是“道路局部不畅通”；卫生部一份文件用了70个词来描绘普通病床；欧盟的一份文件用86个词来形容一件丝质睡衣……

此外，在法官和律师中，此风也十分流行。在一份防火的法律文件中，火灾被说成是一种基本的化学反应——几种元素接触而产生的燃烧现象，导致的结果是火焰和烟雾，人的触觉、视觉、嗅觉都能轻易感觉……

面对如此啰唆、拗口的套话，一些语言专家发动了一场“说白话运动”，他们要求各机构在文件中少说空洞行话，而代之以一看就懂的通俗语言，即所谓的“白话”。查尔斯王子率先响应语言专家的呼吁，并应邀在一位语言学家的专著《少说废话，多说白话》中写了序。

语言专家，“多说白话”的倡议也得到了官方的支持，据悉，首相府已废除了10万份繁琐表格。

瞧瞧，连英国的语言专家都看不懂那些文字了，我们中国人又如何？真看懂了吗？官方文件如此，建筑理论又如何？他们是不是也要在建筑理论方面提倡一下“少说废话，多说白话”？

（原载《建筑师》，1995 年 12 月）

（四三）

建筑师设计房子、规划城市，这工作的精义可以表述为给人们创造富有人情味儿的生活环境，或者叫生活空间的人性化。

本世纪20年代初期，在苏俄有过一场轰轰烈烈的“劳动人民生活环境艺术化”运动。各行各业的美术家都投入了这场运动，纷纷创作炊具、餐具、灯具、家具和其他用具，还从事花布、书籍、铅字、糊墙纸之类的设计，直到街道和广场的美化。诗人把作品贴上街头，音乐家到广场演奏，也包括在这个生活环境艺术化运动之中。

这运动的先绪可以上溯到19世纪英国的工艺美术运动。著名的倡导人，一个叫拉斯金，是位理论家，一个叫莫里斯，是位实践家。他们都痛恨当时的机械工业产品太粗糙，太简单，缺乏个性，尤其是在它们身上再也见不到制作者的劳动热忱和对手艺的热爱。不过，他们都并不主张走回头路，而是提倡与机械工业相适应的工艺美术设计。拉斯金是位虔诚的基督教徒，悲天悯人，莫里斯思想里有点儿社会主义，所以他们的着眼点偏重于制作者的心理愉悦和使用者生活的文化质量。拉斯金说：“艺术家已经脱离了日常生活……只能被少数人理解，使少数人感动，而不能让人民大众了解的艺术有什么用呢？真正的艺术必须是为人民创作的。”莫里斯也说：“我不赞成那种只为少数人享有的教育和自由，同样也不追求为少数人服务的美术。”他们所说的“为少数人的艺术”，就是传统的雕刻、绘画之类的纯艺术，而为人民大众的艺术，就是日用的工艺美术。他们的思想或许有点儿片面，且不去说它，但他们积极推动日常生活用品的美化，也就是日常生活环境的美化，那是很有功绩的。

后来，由于市场机制的作用，短短几十年间，工业化的机械生产养成了一门新兴的工业产品设计艺术（有人称为“迪扎因”design），有些工业产品不再粗糙，不再单调，而且花样翻新，产生了只有现代工业才能产生的美，形成了只有现代工业才能形成的风格。勒·柯布西耶正是受到这种工业化的美的启发，写成了他的名著《走向新建筑》，而且他上承拉斯金和莫里斯，着眼于人民大众的大量性、普及化的建筑。

1920年代初期苏俄的“劳动人民生活环境艺术化”运动的社会政治背景是完全不同的，它是在新制度下创造新的生活、新的文化的一种努力，也是促使当时在象牙塔里沉溺于脱离现实的种种“先锋派”幻想的艺术家们走向生活、与人民大众相结合的一种方法。它具有更加广泛得多、深刻得多的人民性。不过，这场运动跟上个世纪发生于英国、余波还在整个欧洲荡漾的那场工艺美术运动，有明显的传承关系。由于特殊的历史条件，苏俄的运动过分突出了政治和意识形态。诗歌、漫画和招贴画都是“战斗性”的，装饰城市广场的是纪念像、纪念碑和革命的口号标语，如“不劳动者不得食”等等。因此，“生活环境的艺术化”也就成了一场对人民大众的宣传教育运动。我不想指责那种情况，不过，我相信，人民的生活环境需要一种有恒久价值的品质。

这种品质就是人情味儿，就是人性化。说生活环境的人性化或者创造人情味儿的生活环境，比说艺术化或者美化更合适。这是因为：第一，艺术化和美化的含义过于含混，已经被人议论得相当糊涂、相当“精英化”；第二，人性化意味着平常百姓的普遍参与，意味着他们的直接交流，意味着环境与日常生活的融合。

构成日常生活环境的因素太多了，虽然我们还常常会体验到一百几十年前拉斯金的那种烦恼，我还是只说说我们建筑行当自己的事，暂时把其他的话按下不表。自己的事也只能擦个边儿，把话题提出就行了。

话题从北京城说起。这十几年来，北京市建设的速度说得上是个奇迹。从我们学校进城，以前得穿过许许多多的玉米地，现在一路上已经高楼林立，不知不觉间，我们说得上住在市区了。我自己，也从一个单间搬进了“二室一厅”，又搬进了“三室一厅”，有了一间书斋。十几年前在旧金山看到高架公路和立交桥，觉得那景观真叫气派，现在北京的二环路和三环路上，立交桥一座接着一座。但是，不知为什么，面对这样大规模的建设，似乎各种各样的人都还有些不满意。有人说，新房子像冰棍、像火柴盒、像麻将牌；有人说，新房子千篇一律，全盘西化了，没有北京的特色；有人说，新房子隔绝了人间情谊，邻里几年都互不相识，死了没有人管；有人回过头去，怀念小胡同、四合院，用小说、用电视、用人力三轮车来鼓吹小胡同和四合院“文化”，把小胡同和四合院渲染得那么可爱，竟使多少新建的居住小区相形黯然，好像犯了错误。更富有讽刺意味的是一向喜欢讴歌“旧貌变新颜”的人们忽然提出要“夺回古都风貌”了。于是，我们见到了在20世纪之末，北京大批新建筑上像粪堆上的蘑菇一样长出了大大小小的古式亭阁。此外，还有交通堵塞、墙板漏水、电梯失灵、存车无方等等的抱怨，真叫作“八面受敌”。

所有这些不满意都有它们一定的道理，都会有相应的解决方法。但是我们可以从这些不满意的总体里抽取一个有普遍意义的内容，这就是渴望日常生活环境的人性化，多一点儿人情味儿。

这个话题展开来说可是太大，我还是压缩到我的一个不满意来说：北京城的缺乏人情味儿，重要的原因之一，是它缺乏人性化的公共开放空间。这种人性化的公共开放空间，应该是避开繁忙的机械化交通的、人们可以自在地交流的、富有历史记忆的、建筑艺术质量很高的、洋溢着文化气息的、尺度亲切的、情调优雅的、消闲性质的。这样的公共开放空间，在中国的传统城市里，或者压根儿没有，或者很少，偶然的几个，也是依托于庙宇之类的场所，非常不发达的。北京是帝王之都，它的结构布局都为了表现皇帝老倌和天的“合一”（不是一般的、小老百姓也有份儿的什么“天人合一”），从来就没有正儿八经的一方人性化的公共空间，给寻常老百姓活动。书上记着的，老辈人念叨着的，勉强有点儿这种意思的地方，是天桥，是皇城根，是钟鼓楼，是什刹海，还有短暂的庙会场所。不管书上写得多么生动热闹，不管老辈人说得多么声情并茂，这些低档的公共开放空间不过是城市的边角缝隙，是自发地生成的。不但没有比较好的建筑艺术质量，反而倒是比较贫穷破烂的地方。这正是大一统的封建专制制度在城市结构中的反映。所以，在旧中国，其他城市，作为专制制度下的行政中心，也都大率如此。人们可以去的地方不外城隍庙、相国寺和玄妙观，还得提防高衙内和市井泼皮。我们的专家学者们把北京城的中轴线吹得天花乱坠，可就是不提匍匐在中轴线外侧的小小老百姓的生活空间，偶然提及，就告诉他们小胡同和四合院有多么美妙，应当满足。全封闭的内向的四合院在它们作为独门独户的住宅的时候，也是大门紧闭，“六亲不认”，没有邻里之谊的。

《四世同堂》里钱诗人和大赤包的家就是典型。由它们的死墙夹出来的小胡同，既不公共又不开放，家家对它摆出一副戒备的、拒斥的神气，冷冰冰的没有什么人情味儿。被小说和电视渲染出那么多人情味儿的，其实是大杂院，那是穷人住的。《四世同堂》里那些相濡以沫的下层市民住的就是大杂院。大杂院天地狭窄，人们溢出到了胡同里大槐树下，才给胡同添了些生气。跷起二郎腿坐在人力三轮车里串胡同的老外，究竟看到了什么，想起了什么？当他们说这才看见了真正的北京时，他们说的是什么意思？

凡事只有比较才会明白。在欧洲各国的古老城市里，多有大大小小的广场。大的，在市政厅前、教堂前、市场前；小的，分布在居住区里。这些广场是有意建成的，建筑艺术质量很高，尤其是比较大的广场上，市政厅、教堂、市场，总是全城的建筑艺术中心，是全城的景观标志，市民们以它们为光荣。这些广场和建筑物大多年代久远，是城市几百年的历史见证：它为独立进行的艰苦卓绝的斗争，它的远洋船队开拓性的环球航行，圣徒们充满了灵异色彩的殉道，学者们庄严而从容的献身，还有诗人、画家等等的小故事。这些广场上发生过重大的事件，却也是普通小老百姓日常活动的场所。市政厅教堂里举行着世俗的婚礼，迟到的客人们在门口张望着布告板上本月登记结婚人的名单；教堂里神职人员给胖乎乎的婴儿施洗，亲人们画着十字为他祝福；市场里人潮涌动，有卖黎明前刚运来的蔬菜的，也有卖已经发黄变脆的旧书的；广场边缘是五光十色的日用品小铺，也有画廊和精品书店。咖啡馆和快餐店把小桌摆在门外，上面支一顶鲜艳的阳伞。客人们懒洋洋地看着侍者斟酒，透明的杯子慢慢变成红色。市民们空闲的时候到广场上遛遛逛逛，会会朋友，跟咖啡座上的议员打个招呼，聊几句家常。情侣们依偎在喷泉边，在哗哗的水声中喁喁腻谈，一会儿热烈拥抱，亲吻不休。老年人占着长靠椅，用面包屑逗鸽子玩。鸽子高兴起来，密密麻麻停了老人一身，老人用报纸盖住脸，享受翅膀的抚摸。孩子们哄过来又哄过去，读读雕像座上的铭文，听听游荡音乐家的手风琴，或者围在画家身后，叽叽喳喳议论他的涂抹，忽然鼻子尖上一凉，啊哈，画家甩笔了。

欧洲的这种广场，我们中国建筑界听得最多的大概是威尼斯的圣马可广场、佛罗伦萨的元老院广场和锡耶纳的市政厅广场了。它们都在意大利。其实欧洲城市还有许多不知名的广场，或许更有魅力。例如，意大利北部城市里，市政厅广场、主教堂广场和商业广场往往相邻，有短短的小街连接，或者仅仅相隔一个精雕细刻的券门。而几个广场的建筑艺术风格却不大一样。在它们之间串来串去，景观变化的丰富，真叫人觉得仿佛漫游在幻境之中。罗密欧和朱丽叶的故乡维罗纳城，它的一组广场就像那爱情故事一样曲折动人，当然不那么凄婉。

我到欧洲，也最喜欢在广场上消磨黄昏，欣赏斜阳逆照下人们金色的头发像一盏盏游动的灯笼，跟初放的街灯相辉映。那时候，和城市千百年来的辉煌和沉沦一起，童年、友谊、希望，一切美好的东西都会涌上心头。广场上既宜于沉思哲理和世事的沧桑，也宜于作光彩斑斓的幻想。欧洲有那么多博大深邃的哲学家和热情奔放的浪漫诗人，他们或许是在这些广场上捕捉灵感的罢。圣马可广场的小咖啡馆里，不是流连过卢梭、歌德、拜伦、乔治·桑、果戈里和另外一些璀璨的文化巨星吗？

城市居民的生活环境里有这样富有人情味儿的公共开放空间，那真是一种幸福。人们在广场上无所事事地闲逛，便参与了一种文化的创造，一种历史的赓续。它不是震古烁今的事件，不是改天换地的历史，但它也许更接近社会生活的真谛。

为什么欧洲的古城有这样的公共开放空间？它的历史文化原因很复杂，这里也不宜细究，我只想提出一条来，那就是，欧洲的主要城市，起于商业和手工业，大多有过或者独立或者自治的地位，不完全依附于封建主的统治，而它们自己的政治制度，也或多或少有点儿共和色彩。只有在这样的政治和经济条件下，才会有人文主义的社会化、公共化的城市空间。这里是居民民主生活的舞台。

我在一篇“杂记”里写过，现代建筑的生长点是科学化和民主化，我现在又说，建筑师设计房子、规划城市，这工作的精义可以表述为给人们创造富有人情味儿的生活环境，这两种说法是完全一致的。

西方人很重视他们的这个城市建设的传统。许多老城市都小心翼翼地保存着它们的“历史核心”，也就是旧城。旧城的主要部分是由这些广场组成的。在新大陆的美国，造过不少崭新的城市，有一些甚至完全根据汽车交通来规划，出了家门就进汽车门，下了汽车门就进公司门，宽阔的街道上满是飞驶着的铁壳子。这些城市当然也有它的优点，交通不会拥塞，效率很高。我曾经在美国的一个小城参观过午夜里少男少女们各自驾着汽车到公路上在每小时一百几十公里的运动中追逐、调情、相识、求爱的奇景。不过，它们却不能满足居民们轻松悠闲地在一个尺度宜人、风格高雅、充满了平常生活气息的环境里交流的渴望。那种城市真正是“居住的机器”，没有含情脉脉的温馨，没有心灵的沟通。居民们没有归属感，也就是形不成市民之间的地缘关系。除了纳税和投票，他们总觉得“此身如寄”，所以人口的流动性很大。因此，在这些城市里，现在渐渐增添了一种综合性的、多功能的公共活动场所，影影绰绰有点儿像欧洲古城的广场，市民能在里面漫步闲逛，袭用旧名“迈尔”（mall）。它们多少能提高一些生活环境质量。可惜，欧洲城市广场的历史文化气息是无论如何复制不出来的，虽然这些“迈尔”往往采用古代建筑的“符号”。

除了自发形成的、极不发达的场所之外，我们过去作为政治、行政中心的古老城市里没有这种带有民主性的公共开放空间。在新的城市建设里，我们也遗憾地多少忽略了这件事。不但没有规划足够的人性化的空间，有时候连原有的一些虽然相当原始却受到居民喜爱的这类空间也消灭掉了，例如北京的天桥和皇城根。

我们的城市建设太突出政治了，几乎每个城市都有的那个独一无二的位于中轴线一端的新广场，都是为了政治集会用的，或者是为了烘托某个有政治象征意义的建筑用的。因此这些广场往往尺度失常、大而无当，长年累月地空空旷旷，冷冷清清。为了“弘扬传统”，我们的专业报刊上没完没了地赞美雄伟壮丽的中轴线。于是，不但城市，就连机关、学校和医院，都在中轴线统率之下雄伟壮丽起来了。我们要那么多雄伟壮丽干什么？还是那位拉斯金说得好：雄伟壮丽从来不是普通老百姓的审美爱好。

以前坐在皇城根下晒太阳聊天下象棋的老人家，现在到哪里去了？都到地铁入口处、到立交桥下去了。没有更好的地方，又舍不得有一天没一天的老朋友，于是，直到深秋，梧桐叶都在西风中满地打滚了，他们还滴着清鼻涕不肯回家去。作为我进入老年的“里程碑”式的事件，是我坐在北京闹市区的人行道牙子上啜冰棍儿。我实在太累了，走不动了，非休息一下不可了，然而我无处可去。我们的城市对普通老百姓不是有点儿无情么？

生活的公共化和社会化是人们内在的天然倾向。往昔的北京和其他的中国城市，在封建专制制度的作用之下，住宅形制和城市格局的封闭造成了人们的疏离。同时，也造成了人们和城市的疏离。城市不关心人，人也不关心城市。因而人们的公民意识非常淡薄。这种传统的消极作用至今还随处可见。

这几年，南京重建了夫子庙，上海重建了城隍庙。但是，它们太突出商业了，太想赚钱了，仍然不是普通老百姓可以身无分文而在那里逍遥自在地放松半天的地方，跟欧洲城市的广场并不一样。

近来，我们有些城市建造了很好的住宅小区，以后还会造得更多、更好。我们城市的科学化和民主化水平将会大大提高。这些小区里的设施可以具有欧洲旧城广场的一小部分功能，但是，它们毕竟不能完全代替那种广场，尤其缺乏广场给城市带来的那份儿活力。

我们的城市里，是不是可以建造一些类似于欧洲旧城广场的供普通老百姓日常活动的、富有人情味儿的公共开放空间呢？

当然，广场仅仅是城市或者生活环境人性化这个大题目里的一个话题。那个大题目里还有许多别的话题可说，且待慢慢说来罢。

（原载《建筑师》，1995 年 12 月）

（四四）

我们国家里，对当代建筑的评论确实不够发达。比起法国人对巴黎蓬皮杜文化中心和卢浮宫新入口的讨论来，比起英国人对伦敦圣保罗大教堂附近的几幢高楼的批评来，比起美国在一些大报上开设的建筑评论专栏来，我们都差得很远。

我们倒也并非毫无评论，或者说，也有些“亚评论”。常见的是：第一，某建筑的原设计者写一篇介绍性的文章，说说自己的立意、成绩和缺点；第二，某些有名望的人设计的建筑完成之后，以什么方式召开一个座谈会，大家客客气气，送一堆赞颂之词；第三，有些在建筑上坚持某种观点的人，见到一些合意的建筑出现，立即大肆鼓吹，用来论证自己的正确。当然，这类评论都不大客观公允，缺乏科学性，算不上真正的评论，有时候还不免产生消极作用。还有一种“群众路线”的建筑评论，公开请群众投票选举“十佳”“五十欢喜”之类的建筑，已经有几个城市尝试过了。这种做法更近于儿戏。建筑学毕竟是专业性、综合性都很强的学科，局外人只在马路边上看看，或者根据报纸上刊载的照片就来投票，说好说坏都没有什么意义。更何况有些单位，不惜花钱买几千张“选票”，填上自己设计的作品，这就不免扮演了“后曹锟”的角色。不过手法胜过曹锟，“求人不如求己”，算得上一个进步。

但开展当代建筑评论的难处确实很多，姑且先说几条。

第一是，我们没有，或者说极少专门的或半专门的评论者。因此，评论就不大能经常化、深刻化。为什么？一，这要从目前由建筑师，或者说专业的建筑设计人员来兼写一点儿评论的不利之处说起。首先，抹不开面子。同行之间不要议论人家短处，这几乎成了一种职业道德，一种行规守则。大家低头不见抬头见，谁也别给谁难堪。于是，“将心比心”，好话满天飞。当然，该说好的应该说好，但有缺点而不说，总不是真正的评论，反倒败坏了风气。其次，要给自己留条退路。既然自己也在做设计，保不齐就会出点儿纰漏，今天批评了别人的毛病，明天自己就可能被人揪住辫子，不如息事宁人，一团和气。万一写评论的时候口气大了一点，主张如何如何，人家反唇相讥：你自己呢？为什么不露一手给大家看看？那就会下不了台，岂不尴尬？“是非只为多开口”，何苦来！再其次，当今建筑师太忙，马不停蹄地赶任务，搭上双休日都不够，还要开夜车，连看杂志读书的时间都挤不出来，哪还有心思写评论？虽说评论的是自己专业范围里的东西，毕竟思路跟做设计不大一样，工作方式也不大一样。概念要准确，逻辑要严谨，思维要一贯，这些都很不习惯。唉，文章这玩意儿讨厌得很！

现在来说二。以上“一”里说的建筑师写评论的难处，专门的或半专门的评论者都不会有。首先，他们不做设计或很少做设计，不求以建筑设计名世，没有后顾之忧。其次，他们有可能建立写评论所必要的知识结构，熟悉中外古今的建筑史，了解当今世界建筑思潮和动态，对建筑未来的发展有一定程度的认识，并且有比较广阔的人文视野和社会意识，还在逻辑思维上经过相当的训练。再次，既然以评论为专业，那么，就能培养出评论工作的勤奋和敬业精神，全神贯注地提高自己的修养和能力，不大会甘心浅薄，或者不自尊重，玩庸俗的吹吹拍拍。

不过，这得有一个前提，就是评论工作者能有不怕穿小鞋的工作岗位。咱们现在，大多数人还没有摆脱穿小鞋的威胁。在这样的威胁下，不可能有批评的自由。没有批评的自由，就没有评论。

现在要产生好的专业或半专业的建筑评论者似乎不大可能。首先，我们没有培养这种人的机构和措施。文学、美术、戏剧、舞蹈、工艺美术的高等学校里都有“史论系”（历史与理论），唯独“文化”调子最高的建筑学没有这么个系。不经科班训练，半路出家的评论者底气不足，很难达到高水平。如果有少数人铁了心“自学成才”，当今也没有什么单位给他们饭吃，养活他们。各高等学校里的“建筑历史与理论”教研组或者研究所，原先都以古代史为重点，没有听说过哪一位专攻当代建筑评论，眼下则纷纷下海，否则连生计都难以维持了。

第二是：建筑这行当，现在没有大体上说得过去的统一的评价标准。没有这样的标准，公说公有理，婆说婆有理，倒是很“多元化”，但变得“说了也白说”，于是就不大想说了。两千年前，古罗马的维特鲁威提出过“三项原则”，就是建筑物要便于使用、坚固可靠、看上去悦目。这三项原则确实反映了建筑的本质、社会对它的要求和它可能对社会的效益。因此，在理论上它一直没有受到真正严重的挑战。四十几年前我们国家提出过一条建筑方针，这便是“实用、经济、可能条件下注意美观”。这方针的基本精神没有越出维特鲁威的三项原则，不过在逻辑上有点儿毛病。首先，事实上，不但美观要受可能条件的限制，也没有不受可能条件限制的实用。就住宅来说，从公用厕所和水房的筒子楼到三室二厅的公寓，一步一步地发展过程中，所谓实用，都是在当时当地的一定条件下说话的。五六层楼的公寓不设电梯，并不是电梯没有用处，而是条件不行。坚固也一样，有些房子抗7度地震，有些抗8度，有些甚至据说可以抗12度。它们该抗几度，岂不是由各种条件决定的？前些年建筑界还有点儿空闲，大刮了一阵艺术风，有些人写文章抱怨那个方针唯独给美观加了个“可能条件下”的枷锁，这就显出半路出家的文章家逻辑思维能力的不足来了。其次，“坚固”虽然主要不是建筑师的责任，但作为一个完整的建筑方针，而不是建筑“学”的方针，那么，“坚固”仍然是少不得的。房屋如果不坚固，它的实用也就打了折扣了，弄不好还会出人命官司。其实，即使就建筑“学”来说，对于房屋的安全，也必须有足够的知识和判断能力。再次，那个“经济”嘛，当然非常重要，但是，它却包括在那个“可能条件”之中，换句话说，它就是限定实用、坚固和美观的第一号条件。因此，把它作为与实用并列的因素是不恰当的。这样就又回到了维特鲁威的三项原则去了。不过，汲取了人类实践活动的规模扩大、内容增多的成果，近来也有些人主张给维特鲁威增加一条“环境”，提法可以是自然环境、建筑环境和人文环境三者的总和。也有人用了另一种表述，不叫环境而叫“生态”，包括自然生态、文化生态和社会生态。这两个说法其实一样。那么，不妨把三项原则扩充为四项。还有人建议把“文脉”单独作为一项，然而所谓“文脉”可以认为包括在环境里了。如果图省事，把“实用”广义一下，也许仍然可以归为三项，又一次回到维特鲁威去；不过，也许还是不采广义，而多加一项好一些，起码显示出建筑文化的进步来。

既然有了三项、四项或者五项原则，为什么又说缺乏大体上说得过去的统一的评价标准呢？道理很简单，原则归原则，撂在一边晾着，从建筑教育到建筑创作再到似有似无的当前的建筑评论，统统一边倒，倒向“艺术”。文章家们或者说建筑是艺术的巅峰，或者说建筑的终极关怀是形式，或者说只有成了艺术的才叫建筑。而所谓“文脉”也者，不过是跟古旧建筑的“形似”或莫名其妙的“神似”而已。前几年有过一次年轻建筑师的集会，坐在主席台上的一位“理论家”说：“现在居然还有人在说建筑的实用和经济，这种陈词滥调教我反感至极，我听都不要听，听了会引起生理反应，恶心！”他说得很激动，以致有些口吃。我有幸挤在墙根下恭听，不胜骇异，从此说话小心，常常拐弯抹角。

打开建筑杂志，连篇累牍的是从外洋贩来的“哲理”。符号、双重译码、“向拉斯维加斯学习”、解构、裂变、奥、大乘小乘，叫人眼花缭乱，然而，说的都是形式，形式，第三个还是形式。多年来，同仇敌忾、群起而攻之的，是那个可恶的“功能主义”，“功能主义就是现代主义”，所以要打倒现代主义，提倡后现代。后现代是什么东西？哎呀，您就别问啦，反正搞花活就得啦！花活就是人性啦，人性就是老板的钞票啦。得啦，得啦！

在这种情况下，谁要是讨论建筑的功能优劣得失，只会遭到嘲笑：鼠目寸光，是只知道老婆孩子热炕头的土老帽，是没有艺术细胞的木头疙瘩。那上不去的楼梯，那打不开的门，那走不通的长廊，多么富有谐谑的哲理美！呀！建筑是最完美的诗的结晶！你能懂吗？

有些建筑文章家一听见人家说功能，马上就抛出“精神功能”来，以显得他的“档次”高。而他们认为精神功能就等于形式。其实呢？倒也不见得，那厕所臭不臭就是个很精神功能的问题。

好在建筑物只有次品，不会有废品，即便有许多功能不完善，也能凑合着用，这就帮着建筑师打了马虎眼，掩盖了建筑学的许多顽症。

谁要是讨论建筑的经济，主张根据国情，合理地节约，不要铺张浪费，那也早有话等着：建筑艺术的永恒的意义，岂是多少钱算得出来的？那个悉尼歌剧院，钱花得老鼻子了，现在不是成了澳大利亚的标志，多么值得骄傲！就说那个颐和园，不也是挪用了海军经费重建的，当时民怨沸腾，现在却是国家珍贵的文物。北京大大小小无数的大屋顶和小亭子，花多了钱是不假，但是，它们夺回了古都风貌，弘扬了传统，那意义有多伟大！长官和老板都不怕花钱，你心疼什么呢？都土得掉渣儿了！

那么，好罢，就讨论形式、美、艺术。然而也很难！到话不投机的时候，一句“多元化”，一句“萝卜白菜各有所爱”，话就说不下去了。你说形式要有根据，他就说“形式服从形式”“形式服从无聊”“形式就是一切”。这可是后现代精神，后现代是信息时代，信息时代要解构，解构要反理性，反理性要推翻一切常规思维方式。反了理性，推翻了常规思维方式，你还想讲什么道理？呆一边儿去罢，您哪！有时候，设计人懒得多说，叹口气：“众口难调”，你就心软了，拉倒了罢！

绝大多数实践着的建筑师倒没有这么整套的“哲理”，但他们都很务实。所谓务实，并不一定是重视实用，而是讲求市场效益。当今建筑设计市场上，形式的行情看好。这是因为，第一，老板跟长官，不大搞得清建筑的功能问题，于是就把注意放在形式上。第二，一般人也搞不清建筑的功能问题，于是，老板就用形式来包装商品，长官就用形式来包装政绩。外国人评论说，这是长官和老板都要满足他们的“个人英雄主义”，不怕夸张得出奇的形式。在老板和长官双重作用下，务实的建筑师在建筑形式上猛下功夫。近几年，建筑设计商品化了之后，建筑画的图集销路火爆，便是这个道理。

建筑的实用，确实不大容易被外行的人们十分明确地感受到。对电梯失灵、厕所漏水，常常可以听到抱怨，而我们的大型火车站，由于追求对称和堂皇，给旅客许多不方便，却很少听到抱怨。这大概是因为人们没有意识到这些不便是由于建筑设计的缺点，偶然意识到了，又觉得反正改不动了，就多一事不如少一事，不去谈它了。

不论专业人员还是非专业的，对建筑创作没有比较一致的、健全的评价标准，这是开展建筑评论的一大难点。要克服这个难点，恰恰是要靠扎扎实实的评论，没有别的办法。于是，我们就陷入了一个怪圈。反转过来看，就陷入了恶性循环。但是要突破这个怪圈，又谈何容易？这就引出我们还要遇到的第三个大困难。

这第三个大困难是，如果我们不甘心于站在马路边上议论建筑的外形，而希望把评论做得实在一些、全面一些，那几乎会束手无策。首先，怎么调建筑物的图档来看？能不能访问设计人员并得到他们真诚的合作？可以真实地了解建筑设计过程吗？包括长官或老板出了什么主意，主管部门又提了些什么要求和限制。其次，有可能深入细致地去调查建筑物的使用情况吗？例如：跟负责人和一般工作人员座谈，观察他们在建筑物中的活动和多方面的运作；考察安全、防灾；测量照明、通风、污染等等。

要写一篇真正的建筑评论，这两方面的工作是非做不可的。然而，怎么去做？当前，一个偶或写写文章的人做得到吗？虽不敢说一定做不到，但是，嘻嘻！你做做看！谁给你时间？谁给你经费？谁给你开介绍信？门难进，脸难看，事难办，什么人会搭理你？除非你在调查明白事实之前先向设计人保证给他扬名。如果是这样，建筑评论的客观性就失去了，意义也就不大了。

不做这两方面的工作行不行？那么，请看两个实例。一个是：某市有一座1980年代造的儿童剧场，大门紧贴一条车流繁忙的大街。每到演出散场，孩子们都很兴奋，一涌而出。这时候，带队的老师紧张万分，他们总是提前站在门口，死死拦住，唯恐孩子们冲进了车流。这当然是建筑设计上的大缺点。但是，背后的故事是，当初建筑师是在大门和大街之间留了一段隔离带的。但在审图的时候，公安部门坚决反对，他们提出了一条任何人都绝对不敢辩驳的理由：万一有首长到剧场来，走这一段隔离带，谁保证安全？另一个例子是：某市某大医院有一座病房楼，也是1980年代造的，但产妇和婴儿居然和传染病人共用一个电梯。这简直是骇人听闻，建筑师不该“扣发当月奖金”么？但是，这也有背后的故事。原来这病房楼的妇产科和传染病科是严格隔离的，各有电梯。但是，改革之后，后勤部门搞承包，为了节省人员，擅自把两部分打通，而且只开一个电梯了。只是不知道精通医术的医院领导为什么竟会如此麻木，视而不见？

可见，如果不了解这两个故事，认真批评起来，建筑师就要大吃冤枉了。即使建筑师像弥勒佛一样，大肚能容天下难容之事，不在乎，写文章的人心里毕竟不踏实。

坦率地说，开展建筑评论还有第四个困难，这就是我们两千多年文化传统的沉重包袱。那个被预见为21世纪济世救人的良药儒学里，就有孔老先生的教导：“为尊者讳，为贤者讳，为亲者讳。”大凡有影响的、值得一评的建筑，总是尊者、贤者或者亲者设计的，那就只好“隐恶扬善”，吹捧一阵了事。而没有影响的建筑，评它干什么呢？何况“小人物”，实在也确乎是需要更多的鼓励。

那么，可不可以对事不对人，只评论现状是好是坏就行了呢？写评论的人当然并不愿意臧否设计人员。但这就牵涉到另一个难点了，不过，这难点比较琐碎，因此可以和其他一些小问题合并为第四个困难，就叫作“其他”。

这“其他”难处，就只说说那个对事不对人罢。

一篇评论，如果以积极的揄扬为主，那么，设计人不大会反感指名道姓。如果不幸指责的成分多些，那么，虽然文章不指名道姓，也难免会哑巴吃扁食，心里有数。这种事情本来无所谓，不必大惊小怪，评论毕竟不是刑事宣判，一家之言，你还可以争鸣一番嘛！在大多数情况下，倒也确实没有什么关系。但是，事情就怕万一。在某种特殊情况下，这样的评论，对年轻人，也许就会影响到女朋友，对中年人，也许就会影响到职称、工资、房子，等等。这并非危言耸听，类似的事情是发生过的，而且不过是为了一篇论文被人批评了几句而已。我亲眼看见了这一件事情，所以我写的烂污文章，在非牵涉到人不可的时候，只对准那些大人物和权威，他们是“大树”，不怕蚍蜉摇撼的。

开展对当代建筑的评论还有一个很大很大的困难，那就是政治禁忌。因为当代建筑都是社会主义建设的伟大成就，只能歌颂。评论起来，稍一不慎，就有“恶攻”的危险。那国庆十周年的工程，就是和“三面红旗”连成一体的，碰不得。近年还有一幢大型建筑，钱花得像流水，华而不实，但上面有人说：议论可以，批评文章不能见报。您瞧！

开展对当代建筑的评论的几大困难都说了，那么，究竟怎样去克服呢？我不知道。在我们当前的状态下，这些困难都不是任何个人所能克服的。四十几年来，每当面对一件困难任务时，老百姓总是被教导说要“依靠什么”。真是非“依靠什么”不可啊！

（原载《建筑师》，1996 年 2 月）

（四五）

过去有人迷信“阶级斗争一抓就灵”，凡是遇到难处，提溜一批什么分子来批斗一番，就“迎刃而解”了。现在有人迷信“商品经济一抓就灵”，凡是遇到难处，就往市场上一推，不管死活了，以为市场关系能克服所有的难题。其实，即使在有几百年市场经济历史的国度里，也并不把无论什么都完全推向市场，例如对教育、科学和文化还有不少的保留，有识之士常常大声疾呼，制止商品化对它们的侵害。过去有人认为，商品社会里一切都是恶的，资本的每一个毛孔里都滴着血。现在有些人反过来了，认为与发达的商品经济有关的一切都是正确的，什么人如果不赞成、不欢喜，那就是太顽固，不识时务，要转变观念，换一换价值标准。其实，即使在有几百年市场经济历史的国度里，也有人对许多现象抱批评态度，不同意某些风头劲健的价值观念。不是有外国人预测21世纪将是中国儒家文化的世纪吗？虽然这药方开得莫名其妙，滑稽可笑，但至少可以证明，有些人认为那些市场经济很发达的社会是有病的。

近几年，我们有些建筑师下海了。建筑师的劳动力成了商品，这事情有好的一面，他们的积极性大大高涨，十分卖力气，没日没夜地加班加点是家常便饭，腰包也鼓了起来，近于或等于大款了。但这事情也有不大好的一面，他们很少有可能郑重其事地去创作真正的精品了，甚至很少有可能认真地去思考一下创造性的工作了。障碍主要来自他们的劳动力的买主，或者叫业主、老板。他们一要快，快就是利润，老板们的生存意义就是追求最大限度的利润。二要指手画脚出主意：建筑样式要与众不同，奇一点，怪一点，矫揉造作，堆砌装饰；或者建筑样式要与某国某处的阿丝乌丽雅大厦相同，洋味足，有派！障碍也来自这些建筑设计人员自己，他们已经完成了观念转换，重新选择了价值取向，只要能够推销自己，快快来钱，多多来钱，他们就无怨无悔。

结论是：至少在我们当前情况下，市场化并不一定能提高建筑设计的质量，并不一定能激发创造性的脑力劳动。有时候它反而使建筑的艺术质量下降了。市场化并不是万能的！

这种情况在世界上早已发生过，所以马克思和恩格斯说："资产阶级是与诗为敌的。"同时期的英国散文家拉斯金说得很带文学味儿："一个姑娘能歌唱她失去的爱情，一个守财奴不可能歌唱他失去的钱财。"那些依附于资产阶级守财奴的建筑师们，失去了诗意也不再会唱情意绵绵的歌了。

最近看到一篇文章，作者刘谞，他是一位建筑师，曾经下海当了几年建筑商又上岸回来当建筑师。因为一身曾经两任，所以文章写得异乎寻常地坦率。他以建筑商大总经理的身份写道：

建筑商……的的确确体现了当代社会市场经济的基本价值取

向……建筑商可以任意挑选设计单位，可以任意挑选设计人，可以随时修改设计，设计人常常被牵着鼻子走。出现了建筑师不能也不可能按自己的意愿来构思和创作、非专业人员实际成了建筑创作真正的主宰的现象。

在进入市场经济的初级阶段后，建筑商与建筑师成为一种雇佣与被雇佣的关系，成了我出钱你出力，建筑商把建筑师当成了机器与工具，甚至奴隶，而建筑师全然不顾这些，只要有钱有产值，干什么怎么干都可以。

时至今日，经济大潮使得建筑师不再那么自如自在了……过去的自尊，过去的荣耀，都不复存在。于是，觉悟了的人们开始向现代时髦——“大款”看齐：学生画张渲染图向师长要钱；教师把很大精力投入到第二职业；设计人员奔向了大后方——业余设计。

他描写的这幅图景也许稍稍有点儿夸张，有点儿漫画味道，但大趋势是不错的，相当真实，因而也相当可怕。

刘谞在有八家甲级设计院参加的“海南财盛大厦”建筑方案设计竞赛中得了一等奖，这大厦照他的方案造了起来。他以建筑师的身份说出了他得胜的诀窍：考虑到业主是房地产投资者，因此，第一，“海口市区内地价昂贵……尽最大可能地充分利用场地，即寸土必争”；第二，“必须充分利用投入的资金，建筑的每一平方米都应尽量加以利用”；第三，“运用从事过建筑商的体验”，对功能分区布局加以调整，达到满意的结果；第四，“在立面造型上，采用了东汉古刀币的形象，既说明了业主为一个金融投资公司的性质，也与大厦的名称——财盛大厦相呼应，同时又起到标新立异的作用”；第五，“为业主节约了大量的投资”。这五点确实是把老板的利益放在了首位，揣摩透了老板的心思，服务周到，因而在市场竞争中立于不败之地。换句话说，他在竞争中的获胜，得力于他正确地实现了建筑师与建筑商之间的雇主与雇工的关系，忠实地履行了建筑师作为“机器与工具”的职责。他这根“毛”在那张“皮”上长得很服帖。

他最后总结说：“市场经济对建筑界的冲击，不是主观上认为好不好、行不行、要不要的问题，而是历史发展的必然……建筑师必须主动、积极、热情地适应和投入，参与到商品经济的大潮中去，而绝不应回避或对抗。”结论很实在，没有一丝一毫的扭扭捏捏、遮遮掩掩，挑不出什么大毛病来。就是没有留一点儿余地，一网打尽，怕也不大妥当。比如，“教师把很大精力投入到第二职业”，总得有个适度的限制才成。但这个结论又不免教人沮丧，好像喜儿无可奈何地走进黄家门，认命了！

我现在确实不想说建筑业的市场化好不好、行不行、要不要。因为这是“历史发展的必然”。我要说的是另一个“历史发展的必然”，那就是，在市场中，大多数建筑的文化含量的减退，它的文化意义的衰落。大多数建筑必然走向商业化、粗鄙化、低俗化，谁也挡不住，这已经是眼前的现实。事实已经证明，我们的下海的建筑师大多也失去了诗意，不再能唱含情脉脉的歌了。所谓“建筑是巅峰性的艺术”，不过是梦呓而已。

刘谞的文章能给我们很大启发，给我们观察西方当代建筑和建筑理论增加一个新视角。这就是商品和市场的视角。在那里不但建筑物作为商品在市场上实现价值，建筑师的工作也要作为商品在市场上实现价值。

1980年代以来，我们眼花缭乱地见到了一大堆西方包括日本的建筑理论和相应的设计。我们震惊于它们的“大乘”“小乘”“禅学”，震惊于它们的“符号学”“现象学”“类型学”“语言学”，努力去读大本大本艰涩的“后现代”“结构主义”“解构主义”……那些深奥的“哲理”弄得我们晕头转向，但是，从书本上抬起头来，看看那些房子，似乎又未必有那么多“哲理”可言，只不过是一些花巧的手法而已。于是，参照我们这些年的情况，我们切身的“新体验”，不妨想一想，为什么我们不给西方建筑

“理论”做一些经济的、社会的、历史的分析？在那些老牌的市场经济社会里，建筑师的心灵是不是纯洁得只剩下“哲理”了？难道他们就摆脱了商业化的种种无聊和噱头？摆脱了市场经济下社会关系的烙印？那种皇帝的新衣式的建筑理论，是不是有很大的广告成分？建筑、建筑理论以及那些“哲理”本身，都是社会历史现象。对社会历史现象必须做社会历史的分析。如果完全不考察它们的社会历史背景，一味地闹什么纯净的“哲理”，从前苏格拉底一直闹到海德格尔，恐怕也只会是缘木求鱼。

暂时拨开那些“哲理”的迷雾，看一看直截了当的主张，“波普”（大众化）、“双重译码”（雅俗共赏）、“向拉斯维加斯学习”（商业气息）、“要装饰”（包装），问题就清晰得多。原来，他们主张的是建筑艺术的通俗化。通俗化，在那个市场经济社会里，意味着商业化。所以，那些主张不过是为商业文化吆喝而已。

市场经济社会里，不仅仅是建筑，文化的各个领域都有人在鼓捣商业化，或者说“通俗化”。商业化打着通俗化的旗号，通俗化标榜人民大众，是大多数人的“喜闻乐见”。拉着大众的大旗做虎皮，反对精英文化，因为精英文化会反衬出它们的鄙陋来。西方的后现代主义建筑理论家用很猛的火力攻击现代派建筑大师和他们的信念，未必没有遮掩自己的鄙陋的潜意识在作祟。

另一方面，被当作现代主义的“功能主义”例证的一些“光秃秃的方盒子”“没有人性的机器”等等，其实大多是房地产投机商的杰作，那也是现代主义商业化的后果。

然而，建筑的“文化”性似乎近年来火得很猛。几千年的历史上还从来没有这么有意识地张扬过建筑的文化性，虽然过去它们的文化含量很高。这场文化风的意义和始末看来相当复杂，不过，有一点也不妨想一想，这就是，在那些老牌的市场经济社会里，是不是也有一种“文化搭台、经济唱戏”的高招儿？他们历史悠久，高招儿大约比我们的多，比我们的绝，比我们的更有隐蔽性，早已潜入到意识结构的深层次了。

我不怕转变观念，不过我不想那么匆匆地一头投入到“改造”的洪流中去，因为我已经吃力地改造过好几次了，这次要留一个心眼儿。偷眼看一看老牌的市场经济社会，在它们的运行进入有序化状态之后，精英文化还没有被完全、彻底、干净地消灭掉。既然如此，那么，我们还可以“贫贱不能移”地守着那一点儿血脉，像“赵氏孤儿”那样，熬过漫长的艰苦岁月，以等待我们社会总有一天会到来的有序化。保护和培育精英文化的基因，是高等学校的社会责任和历史使命，希望有人庄严地承担起来。但愿建筑系的教师们，在给建筑商当“机器和工具”的时候，小心保护一点儿“过去的自尊、过去的荣耀”，不要把诗意丢光，也还得会唱几首抒情的歌！

（原载《建筑师》，1996 年 2 月）

（四六）

1995年又到了岁末，年轻人送来了晚会的邀请。去年这个时候，辞岁晚会上，有几个年轻人演了一场小品，讽刺了北京近十年来冒出来的大批“古都风貌”，很遭了几位长者的责备。我问他们，今年还演不演那类题材的节目，他们说，不演了，自从北京出了新闻之后，批“大屋顶”“小亭子”忽然之间成了时髦，再去凑这个热闹，没有什么意思了。我并没有鼓励他们再演，但是，我想，年轻人毕竟想得太简单了些，他们以为大屋顶和小亭子不过是一两个人的口味问题，主张的人不行了，事情就完了。他们因此没有做长期“韧性的战斗”的准备。

中国人遇事都好吹嘘“源远流长”，大屋顶据说形成于战国时期，历经两千多年，虽然为它伐尽了黄河流域的林木，却并没有成为什么“问题”。大屋顶之成为问题，起于中国从传统的封建农业社会开始向现代的工商业社会转型，大屋顶问题的彻底结束，也必然要待到这个转型完成之日。它将要贯穿整个转型过程的始终。

建筑书写着社会的历史，大屋顶问题的起伏兴衰，是中国社会转型史的重要章节。这个章节记录着凤凰浴火的痛苦、困难和危险。

中国社会的转型开始于资产阶级民主革命。从那时候起，大屋顶就已经失去了它的技术上和审美上的客观依据，此后，它的不断被提倡、被膜拜，仅仅因为它象征着中国文化的传统。从二三十年代直到如今，这个角色并没有根本的改变。

虽然据说21世纪将是中国传统文化征服世界的世纪，虽然因此国学正在大炒大热，但没有人能完全否认，两千年封建传统的消极因素像枷锁一样束缚着中国人的手脚，阻碍着我们的前进。因此，失去了客观的技术合理性，经济上成了建设事业的沉重负担，形象上讽刺性地反映着一个民族麻木般的保守、呆滞、乐于向后看、缺乏破格创新的进取精神的大屋顶，只能是传统文化中消极因素的象征。它在转型时期的存在，正由于那些消极因素的存在。

转型时期不是“幺陆捌，一路发”，而是充满了新与旧的斗争，所谓旧，就是两千年的封建传统，我们已经以血和泪的代价尝够了它的滋味，领教了它的无孔不入。这个传统竟强大到了使我们至今没有机会全面地、系统地、深入地揭露它、批判它。它还在安享血食，甚至还时不时地有人要埋怨“五四”运动对不起它。

近十几年来，大屋顶之风刮遍全国，连并不富裕的村镇里都闪烁起黄琉璃瓦的光辉。只消稍稍留心一下，就可以看到，这期间封建文化消极因素正猖狂泛滥。风水、卜卦、拜佛、纳妾；很有声名的作家写辫子、金莲、神功、房中术；寻根、挖掘、弘扬；等级特权制；男权主义重新抬头，个性受压抑，家长专制的正当化；最后的皇帝、皇后、太监；御制、宫廷秘方；孔府、中庸之道、“和为贵”等等。大屋顶的走红与这些现象之间是没有丝毫联系呢，还是准确地写下了这段历史？

一座现代化的大厦拔地而起，上面却重重地压下了一个有两千年历史的大屋顶，这个建筑形象不正是当今世态准确的写照吗？表面上看，大屋顶的流行是个别长官和某些建筑师的个人行为，但是，每一个研究历史的人都知道，他们是不知不觉地在为某种社会力量思考、说话和行动。大屋顶是一种转型时期的历史现象。

某些人至今还在重申，提倡大屋顶、小亭子是为了克服新建筑骰子般的千篇一律。但大屋顶和小亭子本身却是千篇一律的，用此一律去克服彼一律，岂不是常识性的笑话！大屋顶不但是千篇一律的，而且是千年一律的，坚持用这个本来已经失去了存在依据的大屋顶来统一城市的风貌，那不过是去延续千年的一律而已，这就叫作“夺回古都风貌”？

有一天，我陪老伴下饺子馆。坐下环顾四周，十几张桌子上，酱油壶和醋壶都是上好的青花瓷器，样式典雅古朴，无可挑剔，但是，所有的壶，盖子上的提纽小疙瘩都已碎落。我注意了一下，顾客倒酱油、醋的时候，由于壶内所存不多，稍不留神盖子就会掉下来。壶上“酱油”“醋”几个字是烧制在釉下的，显见得壶是特制专用的。我跟老伴说，既是特制专用的，为什么不设计合理的样式，而要保持传统样式呢？一向温柔敦厚的老伴冷不丁冒出一句：“要等外国人发明！”这话太富于刺激性，因此也富于启发性，我忽然想到一个问题：如果外国人不发动一场现代建筑革命，我们现在的建筑会是什么样子呢？我很快就找到了答案：一定到处都是大大小小的四合院、中轴线和如鸟如翚的大屋顶。一句话，风貌依旧！我对这个答案怀着百分之百的自信，虽然历史不能假设，但只要看看这一百多年的历史和近年建筑界最有力的、最“正气凛然”的主张就可以了。“拿来”都还顾虑重重、障碍重重，又怎么可能“数典忘祖”，自己去发明出来？如果说得透彻一些，那答案就更简单，但我们还是以不作假设为好。

十几年前，为武昌黄鹤楼重建而展开讨论的时候，有些人从体量、色彩、比例、尺度立论，有些人从群众“喜闻乐见”的票房价值立论，而我却把它看作一种思潮，一种倾向，从国民心理状态的惰性和传统文化的保守性立论，大加反对。很多人认为我过于偏激，连一些老朋友都不大肯支持。但这十几年的历史证明，复古主义不折不扣是一个相当有冲击力的潮流。不但有仿古建筑，还有仿古街、仿古城，光是《清明上河图》，全国已经“再现”了至少五六处。时间已经到了20世纪之末，连“现代”都要加上个“后”字了，我们还有那么多人鼓吹复古主义，我们这个民族的历史负担有多么可怕！

但是，如今却仍然有人只把大屋顶看作一个设计水平问题，不过是照搬照抄的“低层次”仿古而已。他们主张第二、第三个“高层次”的仿古，例如，“意境”“气氛”，直至“哲理”。所谓哲理，又不过是那个毫无意义的陈词滥调“天人合一”。这与十年前，有人主张用“神似”的复古代替“形似”的复古并没有两样。只不过用“意境”和“哲理”诠释了“神”字而已。那时候我质问过，“形之不存，神将焉附”？所谓神似，仍然离不开形似。而且，大屋顶这种“低层次”的“形似”，其实包含着“高层次”的“神似”，这个“神”，就是封建传统的幽灵。中国社会的转型，从传统的封建农业社会转变为现代化的工商业社会，最根本的任务之一是要进行意识形态的转变，就是“意境”和“哲理”的转变，弃旧图新。没有万世不变的意境和哲理，就像没有万世不变的屋顶一样。必须从根本上破除向后看、眷恋陈旧的光景，而不敢响亮地提出无拘无束的创新口号的心态，不论是低层次的还是高层次的。因循保守，崇拜传统，是我们民族最可怕的心理癌症。那第二、第三个“高”层次，是隐藏得更深的癌块！

最近还有一种新鲜说法，认为我们当前建筑理论的疲软，建筑创作的平庸，是因为我们曾经批判过复古主义和形式主义，因此主张在理论上给复古主义和形式主义平反，脱掉这两顶“永世不得翻身”的帽子。有人质问：“复古主义何罪之有？”主张认真学习形式主义和复古主义。这位作者埋怨，当年批判复古主义和形式主义的文章“有许多强词夺理、似懂非懂的非科学性”。

1950年代初期复古主义的口号就是“民族形式”“民族风格”，这位作者误以为复古主义只是反对拆北京城墙，误以为“民族形式”“民族风格”是批判之后，由一些“聪明人”提出来的。50年代中期的反复古主义，有严重的缺点、错误和不妥当之处，也没有理论的深度。但那场批判是以“反浪费”为主调的，批判的文章，绝大多数从反浪费立论，有详细确切的数据，例如，地安门宿舍楼的大屋顶的造价相当于多少多少户住宅的造价，等等。这样的文章，或许失之于肤浅，但谈不上“强词夺理、似懂非懂的非科学性”。经济性，这绝不是如一些人所说的，是外加于建筑的紧箍咒，它是内在于建筑的本质之中的。建筑，不论中外古今，都是人类为抗衡自然而进行的创造活动中规模巨大的工程，需要大量的人力物力。这样的活动不可能不受经济条件的制约，历史上超越一定的经济能力而强行大规模建造宫殿、陵墓等的帝王是有的，结果都以败亡而告终。“楚人一炬，可怜焦土”，那便是巍峨壮丽的阿房宫的下场。从经济性反对1950年代上半期的复古主义，不能不说是抓住了复古主义的要害之一。不过，这样的批判是很不全面、很不深入的，其实，那时大环境也不允许批评更全面、更深入。因此，一年多之后，早在“国庆工程”之前，以大屋顶为标志的复古主义就重新粉墨登场了。我在前面说过，复古主义有它的社会基础，它会在整个转型期里存在，不可能反一两次就结束。正因为如此，必须对它进行“韧性的战斗”，年年讲，月月讲，坚持反对下去。

四十年之后，1990年代中期，我们的经济情况总体上说比1950年代中期要好得太多了。我们有可能把房子造得更合理一些，更舒适一些，更坚固一些，也更美观一些。但是，造房子仍然不能脱离我们当前的经济条件。我们的经济条件究竟如何？农村、老少边穷地区、下岗职工、失学少年，这些都不必说了。就说说我的两位同行，都是大学建筑系的教授，都是为了想做些学术工作而舍不得下海的。一位说，他连温饱都很难维持，有些日子一天只吃两餐；另一位则来信，他没有买火车票的钱，因此只能困在遥远的边城，守着小小图书馆里残缺不全的几本可怜书。我的切身体验能证实他们的诉说。1995年10月7日下午，我去看望一位为引进当代外国建筑理论做了很多工作的老师，谈到他的健康，他说，他有资格固定一位保健医生定期来检查身体，但是他拒绝了。我急了，高声说，你发什么犟脾气，讲什么歪理，应该接受这项待遇。他沉默了一会儿，然后幽幽地说：我没有钱，付不起费用。作家柳青写的《创业史》里有一个梁生宝，他带着乡亲们的血汗钱去为大家买稻种，那一张张脏污的小票子上残留的乡亲们的体温激起了梁生宝强烈的责任心和使命感。我们的当政者应该有梁生宝那样的感情和良心，小心翼翼地使用老百姓的血汗钱。那么，大屋顶、小亭子，这些20世纪末的“古都风貌”要浪费多少钱呢？谁来公布一下这笔账，如何？据说北京西客站大门头上一个重檐的亭子，造价是八千万元外加一位总工程师的生命。这八千万元能做多少急如水火的事？为一个华而不实的亭子花这么多钱，难道还能像这位作者说得那么轻松：复古主义何罪之有？

评论一座建筑，绝口不提它的经济性，评论一种建筑思潮，不提它对经济问题的态度，那是不可能得到正确的意见的。轻视经济问题，有意无意地撇开它，正是一种贵族老爷的建筑观念，是封建社会的传统之一。当然，经济性不是评价建筑和建筑思潮的唯一准则，但请让我再重申一下：经济性是内在于建筑的本质之中的。不同的建筑，因它们的性质和地位不同，可以有不同的经济标准，但即使是最高级的、最特殊的建筑，同样也是在一定时期的经济条件允许之下才能实现的。

20世纪初年，现代主义建筑在短时期内风行世界，原因之一就是它重视经济性，有很高的经济效益。这是它能够打倒19世纪以来欧洲各色复古主义和折衷主义的优势所在。那些复古主义和折衷主义的建筑并非没有水平，并非不好看，但它们却抵挡不住“光秃秃的方盒子”的进攻，这里面自有客观的必然性在。1930年代，某些国家里，复古主义和折衷主义在官方建筑中一度“再展雄风”，这是因为，那些国家在当时的政治体制下，当权者花老百姓的钱毫不心疼。因此，现代派建筑的优势就没有了，受到了挫折。北京那位鼓吹“夺回古都风貌”的当权人，据揭露的冰山之尖来看，他会珍惜老百姓的血汗吗？“吃皇粮的不愁柴米贵”，我们体制的主要弊病之一便是决策人都吃皇粮。大屋顶就和公费吃喝、公费旅游、公费出国一样，要害就在公费二字。如果自掏腰包，试试看！

认为我们当前建筑理论的疲软和建筑创作的平庸是因为1950年代的批判复古主义和形式主义给建筑界扣上了“永世不得翻身的帽子”，这大概也是不合事实的。这十几年来，复古主义的理论和创作在建筑专业刊物和专业会议上从来没有遮遮掩掩、吞吞吐吐过，而且“高潮迭起”，从来没有冷落过，相反，倒是很有点儿“东风吹、战鼓擂”的味道。圣人家乡那座古色古香的宾舍一出笼，掀起过一场多么热烈的颂扬。连阴阳八卦、禅学、风水堪舆都大摇大摆地披上了“科学”的外衣，而反对复古主义的言论，却遭到过权势者很有霸气的训斥。

反对复古主义，经济性虽然重要，但还应该从国民心理、文化传统、环境的审美取向等方面来说说。1950年代批判的缺点之一就是没有在这些方面展开。1980年代我说过几句，现在没有新话，暂时不再重复了罢。

最近关于大屋顶还有一个说法，说的是：如果北京不再在新的高楼大厦上压大屋顶或小亭子，建筑的面貌就会不统一。起先说，加大屋顶和小亭子是为了打破千篇一律，这又说，是为了面貌统一。哪一个说法是真心话呢？从十几年的“理论”主张和建筑设计的管理实践来看，力求“统一”是真心话。统一就统一在两千年传统的古老“风貌”上。这种在各个领域中维持“统一”的思想和做法的本身也有两千年的传统了，所谓“定于一尊”。这至少是我们民族在各个领域里都缺乏独创精神的一个原因。所以，那位先生说我们的建筑理论和建筑创作要深入研究复古主义和形式主义才能提高，这无异于提倡缘木求鱼，甚至是与虎谋皮。提高之道，恰恰在于发扬创造精神，不要再压制创造精神，不要再为抄袭、贩卖、拼凑老古董碎片叫好！1980年代我就说过，所谓民族形式或者传统风格之类，逻辑上必然是排他的，它排斥非民族形式、非传统风格，也就是排斥各种超越和突破。它只会导致创作的贫乏，导致创新探索的萎缩。十几年的情况证实了我对复古主义道路的预测。如果我们真诚希望我们的建筑创作繁荣昌盛，希望我们的城市面貌丰富多彩，希望我们的精神状态充满活力，生机勃勃，我们必须放弃那种“大一统”的思想，还是百家争鸣、百花齐放为好。

（原载《建筑师》，1996 年 4 月）

（四七）

“怡昌”“万源”这样的店招过去了七八十年了；“蝶来”“紫罗兰”过去了四五十年了；然后是“第一门市部”“第二百货公司”和“新天街副食商店”之类的店招，通用了三十几年，也已经过去了。现在时兴的店招，阴柔派的是“爱迪娜”“奥茜丽丝”，阳刚派的是“亚瑟王”“凯撒大帝”。有人不大赞成，说怎么中国人忽然都卷起舌头来了？也有人很赞成，说这些名字新潮、开放，有市场意识，跟世界接上了轨。不过，近来刮起了一阵弘扬传统的风，要恢复老字号，“全聚德”“瑞蚨祥”都上了电视，于是，一个筋斗翻回去，又挂出了“咸通酒店”“涵远堂”这样的墨底金字招牌来，跟那些舌头打滑的洋妞儿式的店招相映成趣。虽然，洋妞儿式店招下坐着的兴许是赤膊穿拖鞋的小老板，大字儿不识几个；古色古香的酒店里，年轻人喝着德国“扎啤”；以酸梅汤闻名的百年老店，卖得最俏的是可口可乐。

将近一百年来，中国店招的变化，倒是一种很有深度的文化现象，要是我能倒转去从头活一遍，我准会选“店招文化”这个题目写博士论文。政治、经济、社会、伦理，遗老、西崽、打算坐天下的当然好汉，什么都可以收罗进去写写。怕的是可写的话太多，难以剪裁，一时下不了笔。

年光不能倒流，假想毕竟成不了真，我还是老老实实钻回套子里，说说已经摆脱不了的老本行，建筑，也就是可供悬挂那些店招的“硬件儿”。

说建筑而要拉扯上店招做开场白，并非绕远。这建筑跟店招其实差不多，凡能够在店招上照出影儿来的，在建筑上也一定会照出来。学一句时髦腔，这叫作建筑形式的变化跟店招的变化是“同步”的，不过信息容量更大得不可比拟罢了。

要细说起来，这一百多年的中国建筑的变化，可不是一篇两篇甚至一二十篇博士论文能写得明白的。我没有那个本事，只拣容易的废话说说。就说这个时期建筑的变化，跟店招的变化一样，最根本的是源于三股力量的纠葛。一股是封建的传统，一股是殖民地文化，另一股则是咱们这个民族对现代化的顽强不息的追求。主要是这三股力量的消长强弱，演化出建筑的各种大小潮流。说到这里是容易的，但要认真分析这三股力量，那可是难而又难。鸦片战争一声炮响，一个古老的、封闭的、农业的、因循苟且的、愚昧自大的国家跟西方崭新的工业世界撞了个满怀，于是，封建传统与现代化，现代化与殖民文化，殖民文化与封建传统，这三对关系闹了一百多年还没有闹清楚。有时候简直糊涂得很，又加上一个似是而非、似有实无的“西化”问题瞎掺和进来搅浑水。

不但这三股力量的关系分析起来很难，就是弄清楚它们本身也大不容易。近代历史上出现的各种建筑思潮、理论、行为，它们的表象和实质并不总是一致的。有时候有假冒伪劣，也有时候是真诚的迷糊。或者是形此实彼，或者是形同实异。对这些思潮、理论、行为的历史意义做确切的价值判断就更难得多了。复古倒退和崇洋媚外都可以打出“爱国革新”的旗号，而爱国革新又可以被扣上欺祖灭宗全盘西化的罪名；苟且因循的可以被捧为大师，而锐意开拓、向封建余孽开火的可以被责为搞思想专制。真是扑朔迷离，两兔傍地走，谁能辨我是雌雄?

除了真假是非之外，还有时机、民气、国情等因素干扰着价值判断。我们风雨不动在原地打了两千年的盹，人家辛辛苦苦跑了两千年。一觉醒来，有的人急得拔脚就追，不管人家跑的是什么样的路线；有的人却笑眯眯地用《易经》和儒学证明，人家一个圈子又跑回到自己两千年来躺着不挪窝的老地方来了，阴阳八卦跟后现代接上了轨，于是心满意足，庆幸省了脚力和草鞋。

其实天地间哪有这等便宜事！“山中方七日，世上已千年”，那些烂柯山一类的故事，所以能写得迷人，诀窍就在叫“山中”和“世上”完全隔绝。一旦“山中”被“开发”，跟“世上”“接轨”，那故事便一定要乱套，讲不下去了。于是，只好叫主人公“不知所终”，那条山路再也没有人能找到。我们这一百多年来就是苦于这个“时差”调整不过来，而这个时差却影响到一切方面。

但咱们的建筑却能在这个调整时差的历史时期里呼风唤雨，活得挺自在。它不像社会人文学科，它无关乎天理良心、治安就业、经济的健康运行；它也不会像机电行业那样出废品，它最差不过出次品而已。万一房子倒塌，责任都由结构工程师兜着。建筑只有次品而没有废品，出了次品，消费者协会也不会接受投诉，找上门来打官司。订合同的时候，只规定建筑师收多少多少钱的设计费，一个子儿也不能少，却没有关于设计质量的有效规定。这些“特色”掩盖了建筑创作的许多问题。于是，建筑享受着很大的自由度，甚至比时装的自由度还大得多。到现在为止，还没有见到哪位模特小姐戴着瓜皮帽儿甩开大跨扭上舞台，但建筑却成批地戴上了大屋顶和小亭子。照童寯先生的说法，大屋顶和小亭子相当于假辫子，那么，连美容师都要自叹创作天地的狭窄了。漏水的屋顶，打不开的门，走不上去的楼梯，被当作最富有哲理的“创作”，到处传诵，谁不能理解这种“谐谑”而心有所会，谁就是粗俗的“功能主义”者。建筑的这种奇特的自由度，使它有足够的时间在历史的洪流中徘徊观望，提倡此亦一是非，彼亦一是非的折衷主义，否认建筑发展的客观性和规律性。这是建筑评论遇到的又一种困难。一句“萝卜白菜各有所爱”，就能把无论什么评论顶回去，噎评论人一个跟斗。

“各有所爱”当然谁也管不着，不过，各人的所爱，好像确实并不是无缘无故，“我心即我佛”。恰好前天有人给我读了一篇张爱玲的小说，叫《沉香屑·第一炉香》，她写到一九四三年的香港：

> 处处都是对照，各种不调和的地方背景，时代气氛，全是硬

生生地给掺揉在一起，造成一种奇幻的境界。

山腰里这座白房子是流线型的，几何图案式的构造，类似最摩登的电影院。然而屋顶上却盖了一层仿古的碧色琉璃瓦。……从走廊上的玻璃门进去是客室，里面是立体化的西式布置，但是也有几件雅俗共赏的中国摆设，炉台上陈列着翡翠鼻烟壶与象牙观音像，沙发前围着斑竹小屏风，可是这一点东方色彩的存在，显然是看在外国朋友们的面上。英国人老远地来看看中国，不能不给点中国给他们瞧瞧。但是这里的中国，是西方人心目中的中国，荒诞、精巧、滑稽。

这是一大锅萝卜熬白菜，跟“各有所爱”的人开了个大玩笑。建筑师充分享受了他的自由，“中外古今皆为我用”。如果哪一位书呆子想发表几句对这样多才多艺的建筑师不大恭敬的话，那是自讨没趣。只要房子不垮，只要它能住人，有老板肯出大价钱来买，建筑师因这样的“创作”而赚了钱，这就是一切，够了！市场经济的规律嘛，市场是自由的。

七十零几年之前，一位贤哲曾经气呼呼地指责，在资本主义社会里（如今好像只叫“发达国家”，以回避“阶级”两个字），文艺家其实并不自由，他们不得不依附于老板的钱袋。这“不得不”掩盖在公平交易之下，或许并不那么露骨，所以，我们看到过去建筑师埋怨“长官意志”，如今听不见他们埋怨“老板意志”。相反，倒见到有建筑师写文章歌颂老板们的通情达理。虽然老板，尤其是那些二毛子老板，颐指气使起来，那专横绝不下于长官，甚至连咱们的城市规划和规章制度都不放在眼里，更不用说文物建筑和历史文化名城的保护了。可是，教人不得不佩服得五体投地的是，他们有时候一夜之间就能打通层层关节，迫使主管部门让步。可能是因为有钱买得鬼推磨，建筑师在钞票的光华里看出了老板的情和理，但更多的，恐怕倒确实是建筑师和老板有了共同的认识。这共同的认识是什么，就是“时代精神”。店招从“怡昌”到

“紫罗兰”到“第二百货公司”再到“奥茜丽丝”，反映的是一连串变化的“时代精神”。今天的建筑师不论多么自由，都不可能摆脱他们面临的由老板的钞票营造出来的“时代精神”，尽管现在不少文章家压根儿不承认有什么时代精神。

张爱玲笔下的那座住宅——第一，造于三四十年代；第二，造在香港；第三，它高级，属于一个富商。三四十年代的香港，不是封建的中国，不是资本主义的欧洲，是殖民地。三四十年代的香港富商，不是愚昧守旧的土财主，不是有开拓精神的企业家，是买办。于是，我们就看到了这么一座萝卜熬白菜式的高级住宅。它是“最摩登”的，却盖着“仿古”的琉璃瓦；它的布置是“西式”的，却为了不远万里来看看中国的英国人而陈列着鼻烟壶和观音菩萨。因此，它“荒诞、精巧、滑稽”。精巧是因为有钱，荒诞与滑稽则是当时香港文化的特色。这特色主要是由封建传统、殖民地文化和对现代化的追求这三股力量纠结而成的。最摩登的房子盖着仿古的屋顶，正是封建传统压抑着现代化追求的形象表现，绝妙的写照。而迎合英国人的趣味，则是典型的殖民地人民的心理。

这些老倌，一百多年前还是烂柯山上的仙人，一旦与飞速运转的凡世接触，一切都立刻扭曲了，文化与心理失去了健康发展的常态，于是就会“荒诞、滑稽”。那些高级住宅的主人，给外国人当帮办，跟全世界做生意，家里和办公室却供着财神菩萨，香火不断；在孔教会当董事，主持春秋大祭，却送儿女到洋学堂读英文，学西方礼仪；天天吃英式下午茶，跟外国客人周旋，却开着时髦汽车找黄大仙问休咎凶吉。这样的生活方式，跟那样的建筑，都是当年的港式文化。港式文化决定于香港特殊的历史背景和它的经济、政治、社会。这种文化，只能产生在类似的地方，不可能产生在其他地点。看来，不论建筑师多么自由，比松鼠都开心，仍然避免不了被“决定”的命运。不可能把建筑只当作实现“个人价值”的手段，不可能把建筑只当作体现个人“自由意志”的对象，这实在很教一些建筑师悲哀，或者说，其实只不过教一些风头正健的反决定论的文章家悲哀，但又实在没有别的法子可想。否定“时代精神”的存在和它的决定作用，只不过是掩耳盗铃而已。

从张爱玲写那篇小说到现在，半个世纪过去了，新的香港建筑已经有了汇丰银行、中国银行和力霸中心等作为代表。那种荒诞而滑稽的房子不再造了，留下来的，有一两座成了旅游景点，教人看着有趣。香港的现代化终于压过了封建传统，虽然财神菩萨的神龛依然处处可见，甚至毕恭毕敬地供在玻璃幕墙的摩天大楼里，而且风水师还在按建筑物的平方英尺索取报酬，比建筑设计费还高得多。

香港的现代化是它走上了国际化之后，在早已现代化了的欧美的强势文化推动下进展的。强势文化，跟弱势文化接触，或者如当今的说法叫“碰撞”，弱的就会被迫让路，强的成了正宗。所以，有些人看得眼晕，把现代化叫作“西化”。现在，对大陆来说，有腰包做后盾的香港文化是强势文化，以致在大陆，处处可见香港文化排挤大陆本土文化的现象，连本来最忌讳因袭模仿的文学写作，也泛滥着港式的陈词滥调，什么“爬格子”，什么“画一个句号”，还有“炒更”“老公”“皮草”“上班族”之类，写起来津津有味，散发出一股酸腐气。我们有些人口口声声指斥“西化”，事实上，平常所见的所谓“西化”，倒有八成是“港化”，离真正的“西化”还隔着云山几万重。前些年，有人傲慢地说香港是“文化沙漠”，现在却跟在“沙漠文化”屁股后头亦步亦趋。连黄大仙都被请来“寻根”“探亲”了，还抢着举办“黄大仙文化节”。文化的强弱不等于优劣。在一定条件下，强的不优，优的很弱。这就是文化史中的悲剧。

说到建筑，发源于首都、流毒全国的在现代化房屋头上压一个传统顶子的做法，由来已久，自有它产生和曲折变化的历史背景，这笔账算不到港式文化头上。从表层说法来看，1930年代初它成为官式建筑时，正值提倡“四维”“八德”的“新生活运动”；1950年代初，它和“社会主义内容”挂上了钩；1980年代中，则从外国引进“寻根”“文脉”，并且以“外国人喜欢”，反对世界建筑的“千篇一律”为借口；到了1990

年代，调子高了，它成了弘扬民族传统、夺回历史风貌的标志。说法尽管变去变来，其实仍旧没有逃出封建传统、殖民文化和对现代化的追求三者关系的消长。同时，在不同的时期，不同的条件下，这三者本身的内容也在变化。然而，尽管这三者屡屡变化，这种西服革履戴瓜皮帽的建筑样式并没有多少变化。北京西客站的外形，跟18世纪欧洲出版的中国建筑样品册上的图画十分相像。这种停滞是当然的，因为既然建筑设计的指导思想是要仿古，二百年来大家仿的是同一个古，照葫芦画瓢；不论画的人是坐丑向未还是坐申向寅，画出来的只能是一个圆滚滚的东西，逃不了千篇一律。不过，人们都说建筑是社会的编年史，那么，恰恰倒是它们最真实地记录了咱们中国由传统的农业社会向现代的工商业社会转型的艰苦的历史。压在封建传统盖子下的现代化建筑，比起那摆脱了传统束缚的建筑来，更典型地体现了“时代精神”，既准确又鲜明。青史无情，不是哪位专家、哪个市长的偏好所能决定得了的。

在商品经济冲击下，我们的文化一下子被吞进了初级的、贪婪的、没有规范的市场，它很快就低俗化、粗鄙化了，风行了金钱拜物教。对一些人来说，只有钱、钱、钱！此外便再也没有什么别的目标了。“文化搭台、经济唱戏”，赤裸裸地把文化当成了经济的工具和奴仆。热热闹闹的“黄大仙文化节”就是一个明证。有些海外文化人看到大陆上的一些地方修祠堂，续家谱，大为兴奋，以为“21世纪将是儒家世纪”的预言一定会实现。他们哪里知道，这些“恢复传统”的举措，不过是为了赚外国人几个钱而已。“小人喻于利”，跟儒学是背道而驰的。这种什么颜色的文化氛围，不能不影响到建筑。请看1995年7月21日《人民日报》（海外版）的一则新闻，标题是“再造齐都”，说的是山东省淄博市临淄区齐都镇：

> 宽阔的道路建起来了，仿古商业一条街建起来了，一家家颇具齐文化特色名称的饭店、酒家也建造起来了。如今的齐都，街道宽阔平整（按：宽32米，长1600米），仿古建筑鳞次栉比，抬

头飞檐碧瓦，错落有致，低头人流攒动。车辆穿梭的夜晚华灯初上，灯火辉煌，灯影里欢歌笑语伴着舞厅里悠扬的音乐，似在诉说着故都的过去，憧憬着灿烂的未来。

灯影里的欢歌笑语能够诉说三千年前故都的“过去”，本来很教人摸不着头脑，但一想到“亚圣”孟子说的“齐人有一妻一妾”的故事，立时三刻便恍然大悟了。原来这也是港式的“戏说”，和“戏说乾隆”“戏说慈禧”一样，是一种不负责任的“戏说文化”。戏说就是“荒诞、滑稽”。一个国家把“戏说”当作正儿八经的事来办，来宣传，可见这个民族的愚昧已经病入膏肓了，要医治怕不是几十年的工夫能见效的。

商品经济也贩来了商业化的建筑形式。从住宅、别墅、酒楼、夜总会到办公楼，倒是很有“国际化”风味，什么西班牙式、法国式、意大利式，样样都有。而且，也总是用“戏说”的手法，不伦不类。这种“戏说”的建筑常常被称为“后现代”“解构”什么的，用“戏说”来诠释建筑的“后现代”和“解构”或许倒真的挺合适。后现代电影有一种手法，就是“滑稽模仿”，给过去有过的严肃的镜头以喜剧化的重新演绎。这有点儿与后现代建筑相通。但我们不久前还在烂柯山上下棋的仙人，还能游戏在这个世界上么？

然而，世界文化的大势所趋，是全面“戏说”化，庄重的东西将被淘汰。我清醒地看到这一点，因而感到悲剧的所以成为悲剧。

（原载《建筑师》，1996 年 4 月）

（四八）

创新不是一种工作方法，不是一种操作技巧，也不是一种知识积累。创新是一种精神，一种追求，一种价值取向，一种人生的选择。

创新是一种国民素质。国民的素质是否富有创新的进取性，乃是一个国家命运兴衰之所系。

创新没有模式。创新没有可蓄可泄的闸门，也没有可强可弱的调节开关。创新的幅度大小取决于天分、能力、条件和历史机缘。没有历史机缘，纵使有千百万开拓性的天才，也只能取得一点一滴的进步，慢慢积累。这时候，并不见得人们缺少创造的觉醒和努力，相反，倒更需要不懈的坚持。一旦历史机缘成熟，具有高度自觉性的人们便会敏感地抓紧机缘，创造能力像火山喷发，造成崭新的局面。缺乏创新的自觉性，或者这自觉性太低，就会对历史机缘视而不见，失之交臂。

19世纪之末和20世纪之初，是建筑发展的大转折时期，一切条件都已经成熟，机缘到来了，产生了一场空前激烈的建筑革命。欧洲和北美的一些建筑师在这场革命中创立了伟大的业绩，开辟了建筑史的新时代。然而，并不是所有的建筑师都参加了这场革命。和一切革命一样，建筑革命也有它的“反革命”。这些反对革命的建筑师中，有的人有很高的职业技巧，很精的审美能力。他们也不缺业务的委托，在那个风云激荡的时代里平平稳稳地做他们老一套的设计。但他们对建筑的大发展毫无贡献，他们也终于被历史遗忘。建筑革命的彻底胜利靠的是一批有创新的精神准备、保持着强烈的自觉性的人。

所以，跃跃欲试的创新意识应该是一个有出息的建筑师的基本素质。即使在没有条件的时候，也不完全安心于平庸的继承、抄袭，总是寻求着哪怕只有一点点的突破。

创新的自觉性包含着奉献。因为创新意味着挑战，意味着冒险，意味着身败名裂的可能性。现代建筑革命的先驱者们都经历过激烈的斗争，遭受过挫折。勒·柯布西耶自己说：“我像一匹拉车的马，受着无数的鞭打。”格罗皮乌斯和密斯先后主持过的包豪斯是被希特勒的盖世太保封杀了的。赖特也曾备受冷落，几乎饿肚子。但他们都坚持下来了，直到胜利。他们有战士的品质。我们都熟悉赖特的一则故事：当他设计的流水别墅的大挑台要拆钢筋混凝土的模板时，技术人员和工人都害怕了，怕挑台会倒塌。他们退缩不前。于是，赖特自己站到了挑台下去动手拆第一块模块。这真是一幕惊心动魄的场景，放射着灿烂的英雄主义的光芒，赖特为了向历史挑战，竟勇敢地不惜生死相搏！

1831年8月29日，法拉第把一根磁铁插入导线圈的一刹那，被人们称为科学史上最激动人心的时刻。那么，赖特挥起斧头砍向模板支架的一刹那，至少是现代建筑史上最激动人心的时刻之一。

世界建筑史有不少这样的时刻。例如，费地完成了第一个有完整规划的古希腊圣地建筑群雅典卫城，阿格里巴完成了空前绝后的大穹顶建筑罗马的万神庙，许节长老用箭矢形骨架券覆盖了巴黎圣德尼主教堂的圣坛部分，勃鲁诺列斯基给佛罗伦萨主教堂盖上了结构新颖的大穹顶，还有1893年埃菲尔设计的巴黎世界博览会铁塔的落成，如此等等。

我们中国，一向只崇拜帝王将相而蔑视物质文明的发明创造，以致除了政治斗争挖空心思花样翻新之外，科学技术自颇有可疑的“四大发明”以来，一两千年里竟没有记录下什么值得重视的作为。这个民族既然存在了这么多年，建筑上总不可能完全没有那种激动人心的事件，不过，即使有了，也在传说中归功于帝王或神化了的祖师爷：有巢氏和鲁班。这是人们主体自觉性和创新自觉性都很贫弱的一种表现，它又反过来抑制了主体自觉性和创新自觉性。这是我们民族的一种顽强的传统，一直流衍到现在。人们依旧缺乏创新意识，而且创新的观念模模糊糊，不甚了了。以致不但不去唤醒它、培养它、发扬它，反而对它心存疑虑，时时有人劝诫大家要防着它点儿。

建筑界的这种现象当然不是孤立的，而是与整个民族的传统心态一致的。回顾历史，当亚里士多德说“吾爱吾师，吾尤爱真理”的时候，孔老夫子却在弘扬周公，发誓“吾从周”，他的做学问之道是“述而不作”。汉武帝又弘扬以孔老夫子为代表的儒家。以后一千年的科举，把读书人束缚在几本经典里，连对经典的解释都只遵从朱熹的一家之言。不久之前，还演出了使我们整个民族蒙受奇耻大辱的全民齐颂“万寿无疆”的丑剧。现在，人类到月亮已经走了几个来回，连到火星去都不在话下，我们却还有人迷恋“汉宫秘方”，相信一本《易经》说尽了宇宙奥秘、天下真理，“国学”当今又成了大热门。一路下来，都是回头望旧，致力于弘扬祖宗遗业。于是，我们的建筑界便出现了持续一个世纪之久的复古主义，时间之长在世界上独一无二。那一份“决心和毅力”，足够和愚公比美了，子子孙孙已经干了几代，真好像还要复古不止。不过，在建筑领域里，我们祖宗的遗产实在不足以应付当前复杂的需要，于是，一些人有意无意间把欧洲古典主义建筑的一套引了进来，“一箭双雕”，既复中国之古，又复西洋之古，而且形神兼备。用了强有力的钢筋混凝土框架，却仿砖石结构的西方古典主义原型组织内部空间和外部构图。标榜着的纯净“民族传统”其实早已被串了种。

而且，在复中国之古之际仍不免还要向西方看看风色，力求从外面找些实例和理论来支持自己对骸骨的迷恋。几年前抓住了后现代主义中一些人的“历史主义”，引为知己，从此“文脉”之声不绝于耳。其实，西方，尤其是美国，并没有复古主义的根。后现代主义的“历史主义”不过是“戏说”历史而已，骨子里倒是要弄出些“有所创新”“有所不同”的东西来。后来，一些人也咂摸出味道来了，于是干脆自己提出“夺回古都风貌”的口号来。这口号倒是地地道道的中国特色。不过也是还要时不时引用外国人坐人力车逛小胡同时的感慨来作为立论的佐证。要说中国建筑与西方先进国家之间的差距在哪里，主要就差在严重缺乏创新意识上。

一般说来，西方人的创新意识比我们的人要强得很多很多，也比我们的人要勇敢得很多很多，不安分得很多很多。但西方也有些搞历史和搞理论的文章家有点儿糊涂，也或许是在商业文化冲击下有时候装糊涂。在某种情况下，他们或者会去论证勒·柯布西耶和赖特有多深厚的古典主义根底，论证他们作品中的古典主义神韵，连洪尚教堂都保持了古典主义的构图原则；或者，他们会论证埃菲尔铁塔底层的圆圈如何如何表现了古典建筑的生命力；等等。于是，他们认为，现代主义建筑并没有冲决传统，也不可能冲决。他们见到了一些有意思的现象，但是，他们观察这些现象的角度使他们得不到正确的结论。这就好比桌子上有半杯水，一些人看到，它少了半杯，另一些人看到，它还有半杯。如果从历史的全局和总体来看，从事物的发展趋势来看，勒·柯布西耶、赖特和埃菲尔是倒掉了半杯水，他们的作品大大地突破了陈旧的模式，他们创造了崭新的观念、手法和形象。如果从保守主义的一方来看，他们的作品中还剩下半杯水。保守主义者的特点是不看历史的走向。后现代主义中有一些人，包括解构主义者，倒是快把那半杯水倒干净了。

其实，创新不限于形式和风格。尤其在历史机缘下的大幅度创新，都是全面的创新。占主导地位的建筑类型变了，材料和结构方式变了，功能要求变了，业主变了，于是，建筑的观念、建筑的形制、建筑的空间尺度和组合手法、建筑实体的大构图形式、建筑的构成因素的处理及装饰等都会发生变化。19世纪末20世纪初现代建筑的大革命就非常彻底地改变了建筑的一切方面。建筑从“巅峰性艺术”变为“居住的机器”，这是观念的大改变。相应，建筑有条件地民主化了，科学化了；功能性和经济性提到了重要的基本的位置上；建筑空间和实体的造型可能性大大地丰富了；一些新类型的建筑迫切需要新的形制；如此等等。于是，在所有方面都需要大幅度的创新，也发生了大幅度的创新。

所以，1930年代美国人黑赤考克把现代派建筑归结为“国际式”，只着眼于它的形式风格，那本是一个十分肤浅的错误。三十年后，后现代建筑师抓住“国际式”来大肆讨伐现代派建筑，十分荒唐可笑，更可笑的是，我们的一些文章家也跟着起劲。其实，建筑历史上的大发展时期，单纯的形式风格的创新并不多见，即使法国洛可可风格的诞生，也不仅仅是在装饰手法上，那时的贵族和大资产者的府邸，在平面布局上也有所创新，生活方便舒适多了，情调亲切温馨多了。把车马院从主人起居院落分隔出去，就是在洛可可时代的府邸里成为定规并且有了成熟的做法的。

和文明的其他领域一样，建筑创新的频率也是越来越快的。古希腊柱式的成熟经历了三百年的漫长过程，哥特式主教堂的成熟用了一百多年的时间。到了18世纪和19世纪，各种建筑潮流的更替嬗变都只要几十年甚至几年。这种情况到20世纪现代建筑平稳发展时期则以流派纷呈的方式表现出来。

建筑创新频率由慢到快的加速度式变化，是理所当然的。这里首先是条件和历史机缘的出现频率由慢到快。并不是古人的创新意识比较差或者有意采取了一种缓慢的、小幅度的创新模式。

创新是很艰难的，不论是点点滴滴的还是大步跃进的。它需要呕心沥血做长期艰难的探索，并不是每个作品都会有成功的超越。但一个建筑师，绝不应因此知难而退，降低调子，不去提倡和鼓吹创新，而只求稳妥“过得去”。建筑是一个奇怪的领域，它最能容忍平庸。建筑虽然会有大量的次品，却几乎不会出废品。设计得再蹩脚的建筑，也不至于压根儿不能用，非拆掉不可。再不方便，再丑陋，一旦造了起来，就凑凑合合，“克服克服”，存在下去了。这种对平庸的容忍首先是因为它毕竟是要花大量财力的物质产品。一个创新意识模糊的人，在这种情况下很容易甘于走熟路、套路。在当今建筑师的设计劳务成了商品的时候，而且处于卖方市场之中，“方便面”式的“快速设计”尤其会制造出大批平庸的建筑师来。于是，大声疾呼，年年呼、月月呼、天天呼，呼吁建筑师树立创新意识，力求有所突破，就是一种历史的必要。

古今中外，历史上所有的优秀建筑，毫无例外，都是在当时条件下在某些方面有比较大的创新的建筑，如埃及的金字塔、希腊的神庙、罗马的角斗场、哥特式主教堂、文艺复兴贵族府邸、17世纪的宫殿、18世纪的英国庄园、19世纪的政府大厦、应县佛宫寺释迦塔、北京颐和园，等等。一部建筑史，就是建筑的创新史。没有创新，写建筑史干什么？

我们现在，建筑创新的天地是很宽阔的，生活正迅速变化，城乡建设如火如荼，人居环境中有许许多多新的问题需要探索，所有的探索都离不开创新。每个新问题都可能有五花八门的崭新的答案。我们面临着一个提供了历史大机缘的时代。我们不能辜负了它，也辜负了自己。

但创新不是蛮干，不是主观主义地无中生有。一切创新都要受社会生活的基本原则、大环境运作的基本原则、文化学的原则和建筑学的基本原则的检验，判断它们的真伪。六角形的卧室和三角形的大厅不行，消灭了个体家庭的“公社大楼”不行，拆光了历史文化中心的城市再建不行，等等。后现代主义者大肆攻击现代主义建筑的时候，抬出了意大利16—17世纪的手法主义和巴洛克用来壮自己的非理性主义的声势。同时，抬出了20世纪的高迪，一时闹哄哄地要“重新评价”，把他吹得神乎其神。连维也纳街头小小两家商店的淫秽的门面设计也一时大红大紫起来。他们还曾做过一些废墟式的房子和一些乱七八糟的“解构”式的房子。但后现代主义者的这一部分努力很快一阵风地过去了。历史大概不会承认这些是主流性的有意义的创新。

（原载《建筑师》，1996 年 6 月）

（四九）

小小的村子很吸引人。一幢挨着一幢的住宅，都有三百年上下的历史了，依旧那么整齐，那么精致。粉白的高墙衬托着雕花的青砖门罩，显见得当年主人的富足和严谨。我们一家家推门进去，细细欣赏着槅扇上的雕刻，这是渔樵耕读，这是琴棋书画，还有“九世同居”“百子闹春”。忽然，我们的眼睛一亮，哟，这是八幅连续的“山川羁旅图”。画里山高水阔，天涯游子，有的挟伞负担跋涉在崎岖的山道上，有的乘风驾舟出没在触天的浪涛里。柳梢上，残月如钩，几个疲惫不堪的旅人在野店前敲门投宿。末后一幅最教我们怦然心动，青年妇人，一手牵着孩子，一手遮额，倚门远望，期待着久别的亲人归来。这八幅雕刻，描绘了当年徽商经营四方的辛苦，也寄托着徽商眷属对他们的无限思念。

我们是在旧徽州六邑之一的婺源县的延村。从明代晚期到清代中叶，徽州商人形成了全国最重要的四大商帮之一。江南一带，流行着“无徽不成市”的说法。顺治《歙志》说：徽州“山居十之五，民鲜田畴，以货殖为恒产。春月持馀资出贸十一之利，为一岁计。冬日怀归，有数岁一归者”。延村也是一样，男子十之七八出远门经商，终年颠沛于道路之中。徽州子弟感叹他们生活的辛苦道：“前世不修，生在徽州，十二三岁，往外一丢。”但更不幸的却是他们的妻子。由于封建族规的约束，徽商出门不得携眷属，于是妇女只好留在村里，养老育幼，盼望着岁尾年头二三十天的团聚，“一世夫妻三年半”，在等待中流失了青春。她们为奔波于天涯，冲风雪、冒霜露的丈夫们牵肠挂肚，徽州各地的住宅里，因此形成一个风俗，家家堂屋的太师壁前，长长的条案上，东端陈设一只瓷瓶，西端陈设一面插屏，叫作镜，起初是大理石的，后来渐渐被水银玻璃镜代替。一瓶一镜，谐音“平”和“靖”，为的是祝祷远出的亲人们平平安安。

徽州又是“程朱理学之乡”，“朱子阙里”，自宋代以来，理学的统治格外严酷。以致士大夫“非朱子之传不敢言，非朱子之家礼不敢行”（《新安文献志》）。而理学的锁链，却主要套向妇女的颈项。商人们发了财的，在外面可以另立“两头大”的家室，困顿的至少可以玩一些风月故事，而妇女们却因“饿死事极小，失节事极大”（程颢），抑悒一生，憔悴以终。

失节事极大，就因为它不是妇女个人的事，而是宗族的事，关系到封建家长制的父权基础。于是，在“千年之冢不动一抔，千丁之族未尝散处，千载之谱系丝毫不紊，主仆之严数十世不改”（赵吉士：《寄园寄所寄》）的徽商老家血缘村落里，对妇女的防范达到了残酷压迫的地步。从明代以来，一方面，住宅越来越封闭，成了禁锢妇女身体的牢笼；一方面，贞节牌坊越来越多，成了禁锢妇女心灵的石锁。

就拿婺源的明清两代住宅来说。住宅分三部分：主院、后院和前院。主院是主人一家住宿起居的场所，有三间正房，有前后搭厢，前后天井，以厅堂的太师壁为界，前面叫前堂，后面叫后堂。这部分方方正正，四周有砖墙围着。前院不宽，横在主院前面，一头是院门，一头是客厅，种一两棵树，放三五盆花。后院包括厨房、谷仓、柴房、佣仆住房和猪圈，位置在主院的左右或后方。从前院和后院到主院去，都要经过一座石库门，装着厚实的木板门扇。

这三部分划分得如此明确，固然因为它们各有不同的功能，更重要的却是为了对付妇女，维护“家声”。早在宋代，司马光在他的《居家杂仪》里就规定：“令仆子非有警急修葺，不得入中门。妇女婢妾无故不得出中门。只令铃下小童通传内外。”他的《涑水家仪》写得更详尽：“凡为宫室，心辨内外，深宫固门，内外不共井，不共浴室，不共厕。男治外事，女治内事。男子昼无故不处私室，妇人无故不窥中门。男子夜行以烛。妇人有故出中门，必掩蔽其面。男仆非有缮修及有大故，不入中门。入中门，妇人必避之。不可避亦必以袖遮其面。女仆无故不出中门，有故出中门，亦必掩蔽其面。铃下苍头但主通内外室，传致内外之物。”婺源徽商住宅的三部结构，分明是为了落实这一类的清规戒律的。从前院进主院的那道石库门，就是所谓的中门，这道门隔绝了妇女和世界。所以，客厅设在前院里，一般男客来，主人在前院接待。客厅有楼房，即使留宿也不进主院。佃仆、“伙计”等等，也都在客厅回话。后院因为有男仆和伙计出入，所以也必须与主院严其界限，用砖墙和石库门分隔。林西仲《挹奎楼选稿》卷十二“老女行”里便曾说道：“妇持家政，以男仆入室为嫌。”

当年的妇女，即使在主院里也不是自由的。能进主院的外人很少，偶然来一两位亲近的男客，也只能到前堂。这时候，妇女必须回避到后堂而不能碰面。隔开前后堂的太师壁的左右，各有两扇门连通前后。正面朝前的一扇比太师壁退后一步，平日不开，只有侧向的耳门平日可以启闭。这样，从前堂看不到后堂，所以妇女在后堂躲着是“安全”的。堂屋两侧的次间是卧室，它们的门开向它们和厢房之间的小夹道里，这小夹道叫“退步”，也就是正房前廊的两端。退步朝堂屋这一面设双扇门，这门一关上，退步成了卧室的前室，因此，从天井到前堂，都根本看不到卧室的门。妇女与世界的隔绝，又添了一层保障。

正房是三开间，但在左右还各有一道窄弄。一道弄里设楼梯，另一道连接后堂和这边的退步，年轻妇女的卧室就紧靠着这道通达后堂的窄弄，她们可以在密封的情况下活动在卧室和后堂之间而不致在客人面前暴露。

退步的门槅扇和卧室的窗槅扇上，槅心的花色非常细巧，外人在前堂不可能望穿槅扇。为了更加万无一失，卧室的窗子还在外侧再添加一层雕得更精细的半截罩子，叫作“护净”。客人进到主院的前堂，所见的不过是精雕细刻的门窗槅扇而已。这里就集中着徽州人引以为荣的“三雕”之一的木雕。

外人看不见宅子里的妇女，妇女当然也看不到外人，她们被禁锢在一个极狭窄的天地里。这样的住宅，是一个设计得极为严谨细密的牢笼。背井离乡、为锱铢之利而奔走天涯的徽商，借它们保护自己的“尊严”，家长制的封建宗族，借它们保护自己的“纯洁”。不论多么华丽，多么精致，对于妇女，它们都不是充满了温馨的，它们是很残酷的。

离开延村，我们在婺源的金村又见到另一种住宅，规模更大，前后一共三进。当初，后进住女眷，第二进是大厅，所有的男客和佃仆都只能到大厅，后面的“堂楼”不许任何外来的男客进去。内外之防，比延村的住宅更严密多了。

尽管有大小深浅的不同，徽州的商人老宅都这样严密地禁锢着妇女。

与这种住宅相匹配，徽州六邑“节妇贞女”的数量之多，明、清两代都居全国第一位。赵吉士在《寄园寄所寄》里说：“新安名贤辈出，无论忠臣义士，即闺阁节烈，一邑当大省之半。”这些“节妇贞女”，有旌表的、有赐匾的、有建坊的。牌坊被称为徽州“一绝”，徽州“三雕”之一的石雕就集中在牌坊上。

打开道光年间编纂的《徽州府志》，仅仅婺源一县，“节妇贞女”的名单就有整整一百页。我数了数头四页，有一百零八名，大致可以推算出，总数当在二千五百名以上。道光之后，不知又增添了多少！太平天国之役，徽州是重要的战场，曾经长期反复争夺，可以想见，又会有大批妇女成全了“节烈”或者“贞烈”，给家族赢得了“荣誉”。据同治《黟县三志》，太平天国战争之后，牌坊建不胜建，匾额挂不胜挂，只好索性在县里造了一座“烈女总祠”，表彰冤魂，“以观其盛”！

烈女们用生命维护了“程朱理学之乡”的风教，但是，究竟是战场上的锋镝，还是理学风教给烈女祠和贞节牌坊染上了永远也洗刷不清的血腥气？

作为历史的见证，作为文化的积累，也作为创造性劳动的成果，我们当然对那些住宅和牌坊有更全面的认识和评价，但是，我们无论如何不能忘记那住宅里妇女们嘤嘤的夜泣和牌坊上斑斑的血迹。

有些人津津乐道于咱们中国人的什么“天人合一”的宇宙观，建筑界的一些文章家，既不问那“天”指的是什么天，那“人”指的是什么人，也给中国建筑套上了“天人合一”的光环。连徽州这种监狱式的住宅的巴掌大的天井里，放上一盆假山假水，也成了“天人合一”的标本。

但这种住宅，这种牌坊，却是另一种天人关系的标本，是婺源人朱熹宣扬的“存天理、灭人欲”的标本。康熙皇帝称赞朱熹道：“朕以为孔孟之后，有裨斯文者，朱子之功最为宏巨”，恭请他配祀孔庙。则“存天理、灭人欲”并不是朱熹个人的呓语，而是整个封建家长制的一个原则教条。所以，我们记起了徽州的另一位思想家，乾隆时休宁人戴震，他毫不含糊地说：“理学杀人！”被杀的当然主要是妇女。鲁迅先生笔下的“狂人”，不是也在古久先生的陈年流水簿上，于满纸仁义道德之中读出“吃人”的故事了吗？

我们很幸运地在徽州黟县的官路村采集到了流传下来的徽商女眷的一首歌谣。这些在精美的牢笼里失去了青春年华的妇女悲哀地唱道：“悔不该嫁给出门郎，三年两头守空床。图什么高楼房，贪什么大厅堂！……”

有一些朋友从外国搬过来一种建筑理论，不加分析地美化历史上的各种建筑类型（按：应译作“形制”），他们说，过去的住宅类型里，体现着世世代代人们对家的理念，因而“积淀”（按：这词多么绕舌头）着家庭生活无限的温馨。对历史上各种建筑类型的这种认识方法，是从建筑中抽掉了生活真实的、具体的内容，主观地把生活理想化、抽象化。建筑是人们生活的重要的物质环境，是生活的舞台。因此，建筑的形制不可避免地要适应生活，从而打下了生活所给予的深深的烙印，而生活是具体的、历史的，它带有每一个时代、每一种社会制度的善，也带有它们的恶。徽商们的住宅形制里就有封建家长制的恶。我们绝不会像红卫兵那样去砸烂那些住宅和贞节牌坊，但我们也绝不会忘记它们的“历史污点”，一味讴歌甚至弘扬。

真实的生活从来不是永恒不变的，每逢社会生产力、生产关系和社会制度发生实质性变化的时候，生活必定要发生明显的变化。因此也没有永恒不变的建筑形制，包括住宅形制。整部建筑史都充满着这种变化，这种变化是建筑史最有意义的内容之一，企图从建筑历史里总结出万古不变的建筑形制来，这样的建筑历史研究太可悲了。

一个愿意有所创造的建筑师，应该兴致勃勃地研究生活本身，对生活的变化很敏感，而且对生活的变化趋势有超前的意识。建筑不但要适应生活的变化，还要努力去促进生活的健康发展，这就叫作人塑造了环境，环境也会塑造人。这里，主要就在这里，包含着建筑创作的人文精神，建筑创作的人道主义，这里是建筑师的良心所在。这就是为什么一个好的建筑师不能没有崇高的社会理想的原因。仅仅做一个“方案快手”是不够的。

同样，研究建筑史，研究乡土建筑，也不能没有社会理想，那就是一切被欺凌的、被损害的人们的人道主义。背离了这样的人文精神，我们就会失去明辨善恶的敏感性。以一个有高度文化的、受过现代文明熏陶的学者、专家身份，在乡土环境中猎奇，搜集一些建筑的美，可能会有用处，但也可能产生思想的迷误。我们还是要走入生活的深处去，走向在底层的人们的生活中去。

（原载《建筑师》，1996 年 6 月）

（五〇）

街上流行玻璃幕墙。

有人说它们构造技术和材料不过关，随时都可能砸下来伤人，闹市里因此危机四伏。有人说它们会造成光和热的污染，有伤环境。有人说它们不能保温隔热，消耗大量能源。有人说它们轻飘贼亮，是一种商业化包装，文化品位不高，反映暴发户心态。又有人说它们纯粹是舶来品，在这方土地上寻不到根，文脉错乱，有损传统风貌。

这些议论，有些在一定条件下很重要，应当好好研究，有些则不过是陈腐的观念而已。回想十几年前，建造长城饭店，在北京第一次用玻璃幕墙，还没有施工，建筑界便反应强烈。就数量说，大约是反对的多于赞成的，就调门儿说，反对的慷慨激昂，上纲颇高，把它看作异端，而赞成的则大多采取低调，不过说"不妨嘛"，"可以试试嘛"，"没有什么关系嘛"，等等。这场讨论，跟一百几十年前，水晶宫刚刚出现在伦敦的时候那场讨论差不多。翻翻月份牌儿，不免教人犯愁，都到了什么年代了，真是世上千年易过，山中七日难捱啊！

自打水晶宫以后，欧美建筑又有了许许多多的变化。每次变化都意味着一次大的创新。这一百几十年来，一个个叫人目瞪口呆的、影响深远的作品有多少，还数得过来吗？一部近现代欧美建筑史，读起来真教人带劲，你心不跳、气不喘，那就怪了！

在这生生不息的创新之中，就有水晶宫所开辟的玻璃建筑的发展成熟。这个过程中，对玻璃建筑的美学特性有过种种说道。一种说它的透明性使建筑可以同时向观赏者呈现它的内外、左右和前后，这是立体主义者。一种说它的透明性使建筑的内部的运动，尤其是电梯之类的快速运动可以向观赏者呈现，这是未来主义者。一种说，由于它的透明，人们可以欣赏钢铁框架结构的强大有力，这是密斯，一度被人称为结构主义者。密斯对玻璃幕墙建筑的发展成熟做出过特别大的贡献。但成熟了的玻璃幕墙建筑并不透明，由玻璃的透明性所产生的审美价值消失了，代替它的是耀眼的反射性。过去人们赞美它在视觉中的不存在，现在却赞美它在视觉中强力的存在。这也是一桩趣事。不过现在又趋向无反射，因为反射会产生光污染。

在视觉中不存在的透明性也好，强力存在的反射性也好，其实，它的审美特性在于它的新异性，它引发一种从来没有过的视觉经验。

这就是说，玻璃幕墙建筑的美，就美在它的新异，新异能产生美感。所谓新异，指的是一种合理的进步，是创造性劳动的成果，能够给人以更大的自由。新异是挑战，是突破，它是生存的本义，是生命价值的体现。它因此而美。所以说，“物唯求新”。

材料、结构、构造和施工技术的进步，自古以来便是建筑发展的强大推动力。欧洲建筑历史的每一个重要阶段的转换和成熟，都和这种进步息息相关。中国古代建筑的千年一律和千篇一律，也是跟材料、结构、构造和施工技术的落后与停滞息息相关的。现代建筑是工业革命的产儿，它一百年来的迅猛发展更加反映着科学技术的不断进步。新的科学技术使建筑师在创作中有了许多新的可能，许多新的机会，新的手段。建筑师们凭借新的科学技术创造着新的人为空间，解决新的功能问题，塑造新的形式和风格。新的科学技术也在改造着建筑师，扩大他们的眼界，丰富他们的思想，转变他们的观念，更重要的是，激发他们破格创新的精神。

一定的社会环境和新的科学技术陶冶出来的永不止息地追求创新的精神，是现代建筑师的基本品格，创新乃是现代建筑的本性。所以，抄袭一些时兴的建筑样式，懒于创新的建筑师，即使天天出国开洋荤，也仍旧算不上一个够格的现代建筑师。

创新当然是多方面的，并不限于形式风格的花样百出。往小处说，在当今的中国条件下，如何改进公用厕所也应该算得上一个虽然小小的却挺重要的创新课题。我退休之后新建的厕所，跟我当学生的时候所用的厕所没有什么不同，依然是那样的布置、那样的设施，既不雅观，也不卫生。连便后洗手这个初级阶段的文明都难以做到。往大一点说，真正根据功能需要组合建筑空间，不要死守老祖宗传下来的中轴对称模式，恐怕还得我们的建筑师鼓一把勇气。1995年秋季，一天在报纸上读到一条新闻，说我国第一座不对称的火车站在山东某地落成。这真使我大感意外，这半个世纪，我们造了多少火车站哟！记者的见闻或许有限，不对称的火车站可能还有几座，但是，数量之少是可以想见的了。以火车站功能之复杂，硬塞到一个中轴对称的建筑形体之中，它的不便和浪费是不用细究就能明白的。眼前的例子，是北京的那座“国庆工程”的火车站，它的出站口硬和售票厅对称，两翼又有往前伸出的“蛤蟆腿”，因而出站口跟市内公共交通接不上茬，外来的旅客，一出站，便会晕头转向，不知所从。即便熟悉市内公共交通的，提着箱子口袋，东拐西拐，走长长一段路，也够艰难辛苦的，老弱病残就更加苦不堪言了。听说刚刚落成的西火车站又是中轴对称的，愿菩萨保佑它的功能合理，既利于旅客，也利于工作人员，并且造价也没有惊人的浪费。果真如此，那倒是化腐朽为神奇，算得上一项大的创新了。

至于形式和风格的创新，首要的是建筑师要有新的审美观念。新观念的内容之一，是建筑的形式和风格要在具体的条件下合理地利用和表现新的科学技术，表现新的科学技术所蕴涵的精神：理性、效率、精确、简练、符合先进的工业化生产的特色。这便是早在七十几年前柯布西耶在《走向新建筑》里说的那些话——工程师的美学。玻璃幕墙建筑就具有这些特点。虽然，它只不过是现代建筑的一种可能的选择，在当前的中国未必应该普遍推广，但它的审美价值是确确实实无法怀疑的。它教人感到现代化的美，能够培养人的现代化情操。我现在的活动范围很小，所见的无非是我的脚力所及。有一天溜达到海淀镇，见到四通大厦，精神为之一振。一幢建筑，可以使一大片地区洋溢出现代化的气息。

有人借近年外国人的话说，这种工程师的美学已经过时了，甚至已经死亡了，要解它的构了。但客观事实仿佛是，这种说法有点儿像蚍蜉撼大树，而且这些人的创作似乎也并没有脱离工程师的美学，有些方面倒是更“强化”、更“投入”地玩弄起工程技术来了。

有人说，现代化并不意味着到处造玻璃的高楼大厦，洛杉矶、菲尼克斯等超级现代化城市，大部分是安逸宁静的小住宅区。这倒是不假，就像欧洲中世纪，并不是到处都造哥特式主教堂。但是，也正像哥特式主教堂成了中世纪欧洲的标志一样，玻璃大楼大概也将成为我们这个时代的标志。

有人说，玻璃大厦冷冰冰、硬邦邦，缺乏人情味儿。这批评的确击中了当前大多数玻璃大厦的要害。山崎实设计的纽约世贸中心，贝聿铭设计的香港中国银行，它们面貌上傲慢之气教人很难受。但是，冷冰冰、硬邦邦的傲慢气不见得是玻璃楼独有的特色，贝聿铭设计的华盛顿美术馆东馆，外表上一片玻璃都没有，那冷、那硬、那傲气，比玻璃楼可厉害多了。世界上许多城市都有的超尺度的大柱廊议会大厦，那份儿威严，也不见得有什么人情味儿。我这样拉扯上几个陪绑的，并不是说玻璃大厦的缺点就可以在彼此彼此的混沌中消解了。不过，一是可以创造性地从它们本身和它们的环境下手，克服、至少是削弱它们的缺点，后现代的一些建筑师做过这样的尝试。二是要有分寸、有节制地建造它们，不为已甚，就会好一些。

又有人说，现在造玻璃楼，也不过是照搬西方而已，已经说不上什么创新。这话说出了中国建筑师的悲哀，一步落后，步步落后，拼命去追，免不了“踏着先烈足迹前进”。仔细想想，这种悲哀岂止建筑业有，“四大发明”已经过去了一两千年，到现在还凑不齐五样。但不追就会更落后。好在建筑的创新，大多数情况下，是步幅小，步频低，不能一幢房子出来，便前无古人地焕然一新，那么，在创造的天地里，中国建筑师还是可以有所作为的。例如，使玻璃楼更人性化一点儿，造价更低一点儿，更能抗震一点儿，更少耗一点儿能源，更有一点儿个体特色，等等。只要事物的发展没有达到极境，那么，创新的余地总是有的。而且，正因为创新艰难，才更需要创新的自觉，这才能抓住不多的机会。

那些以弘扬传统、保持“文脉”为己任的人，对玻璃大厦是恨得牙痛的。对这些人，我要奉告一句：醒一醒，睁开眼睛，实事求是地看一看，那个“文脉”，那个“传统”，事实上早已经断了，断了快一百年了。它们非断不可，不断就根本不可能实现现代化。一些人口口声声念叨着的中国建筑传统，不过是皇帝的新衣。玻璃楼，比那些假冒伪劣的“古城风貌”要好多了，那些玩意儿已经把我们的古城糟蹋得不成样子了。

至于文物建筑和历史文化名城保护，那是另外一类问题，这里暂时不说了。但我先撂下一句，在那类问题里，玻璃幕墙也是大有用武之地的。

玻璃楼现在在中国已经流行，连一两间门面的理发店都有罩上一层玻璃幕墙的了，似乎不宜于也不需要再来鼓吹。我本来不想写它，因为春节假期长，有些朋友来议论过这个题目，所以就写下来了，算是一种“说法”。

其实，合理地利用和表现新材料、新技术所提供的可能性和自由度，倒是应该有许多话可以说的。例如，我们现在还有不少新建筑，包括口碑很好，得了什么奖的，用的是钢的或钢筋混凝土的框架结构，而内部的空间处理却是17世纪，也就是三百多年前欧洲的古典主义式的，它反映的是砖石承重墙的结构体系，一间一间的封闭的方盒子，串起来，排起来，一条走廊通过去，在对称中轴的位置上放一个大厅，作为统帅，这就完了。进了大厅的人该向哪个方向拐弯，去走进黑咕隆咚的走廊，那就不管了。这是一种几乎万能的内部空间组合，“放之四海而皆准”的，图书馆、教学楼、银行、政府办公楼、博物馆都可以塞进这个模子里去。于是，钢和钢筋混凝土框架结构所提供的更合理、更畅快、更方便、更明朗的空间组合的可能性、自由度，它超过砖石承重墙结构体系的优越性，统统没有发挥出来。这是送到嘴边的香饽饽都没有吃，即使吃惯了的是凡尔赛宫路易十四的御膳，怕也早已馊掉了罢！

（原载《建筑师》，1996 年 8 月）

（五一）

一年以前，北京市的长官出了新闻之后，建筑界有两种反应。一些人很高兴，说话甚至不免激动，以为从此北京的新建筑可以从假冒伪劣的“古都风貌”中“解放”出来了；另一些人则忧心忡忡，不过嗓门儿比较低，他们唯恐北京的建筑面貌会失去了总体的统一性。

这第一种人失之于天真，他们忘记了，在那位长官发出“夺回古都风貌”的将令之前，建筑界不少人在1980年代已经大锣长号地鼓吹了十来年的“传统”和“文脉”了。当年将令一出，那些人著文响应，欢欣之情溢于言表。长官在他们之间口碑颇佳，被推崇为最能听取专家意见的，可见，那道将令，其实是一些专家在长官耳边吹的风。因此，长官歇隐，大屋顶和小亭子未必会从此退出历史舞台，不再卷土重来。1950年代中期有过这样的一场戏，批判复古主义的风浪，来头之大，来势之猛，真好像要出什么大事。不料，“骤雨一刹儿价”，草草收兵不说，没到两年，复古主义就杀了回马枪，而且来头也是很大，来势也是很猛，叫人头晕眼花，自叹“跟不上形势”。当初被“典型化”而承担了全部罪过的人，竟受重托给某大建筑做一个“以大屋顶为纲”的设计。在所谓“国庆工程”里，复古主义十分天下有其四，从此与“三面红旗”挂上钩，受政治保护，谁也不能再说三道四。只可怜北京的“四部一会”办公大楼，长袍马褂，却光着个平头，在这场戏中扮演了一个被出卖的角色。不久前有朋友建议，倒是应该给它夺回被“夺去”了的大屋顶帽子。其实，留着它这副怪模样也好，它将成为难得的史料，认识价值远超出建筑史的范围。现而今，崇古之风弥漫，远甚于1950年代中期，要大屋顶断根，怕是不大可能。这可不是北京市那位长官一个人的事。

至于担心北京新建筑如果不扣大屋顶就会失去总体统一性的人，是不是当时热烈鼓吹过传统、拥护过“夺回”的人，那且不去管它。只说那个“统一”，它是“国粹”，自从有了始皇帝，就在一切领域里都喜欢搞大一统。有的挺好，如“车同轨，书同文”；有的未必，至少，把“大一统”变成了思维定式，很不利于创新发展。以致百家争鸣，归根到底只有“两家”，百花齐放，归根到底只有八个样板戏。就建筑来说，便要使整个城市，甚至所有城市，只有一种建筑风格。

要统一就得有样板。像北京这样一座古城，处处都有庄严华丽的古建筑，所谓新老建筑的统一，依照“先来后到”的规则，当然意味着新建筑的仿古，这就是“夺回古都风貌”。

一座城市，只有一种建筑风格，而且是仿古的风格，这城市，还有建筑的创新么？还有建筑的生机么？这样的城市面貌，只会在一代又一代人的性格上投下阴影，使他们惯于因循保守，不思进取。中国封建时代的城市，建筑风格的统一在世界上是独一无二的，这对于中国人的惰性性格的形成大概并非没有关系。这种性格反过来又使城市建筑风格千篇一律，千年一律。二者互相影响，形成恶性循环。

建筑要创新，要发展，就必然要突破那种不变的统一，突破那种停滞的和谐，这是逻辑的必然，没有别的办法。只有与众不同，敢于站起来的猴子，才有可能变成人。生气勃勃的不统一、不和谐，胜过死气沉沉的统一与和谐。只有生气勃勃才有希望，才能超越。

近来有朋友讨论一个有趣的题目，叫作现代中国的建筑与先进国家相比，差距究竟在哪里？建筑是一种社会文化现象，一种人文现象，建筑的差距，归根到底，就是社会文化的差距，就是人的素质的差距。

我们的社会至今缺乏一种激励建筑创新的机制，我们的民族，与西方人相比，太缺乏挑战性、冒险性、进取性。西方人兴致盎然地搞出了冲浪、攀岩、跳崖、漂流、登山之类玩命的运动，我们却沉溺于坐在房间里打麻将、侃大山。喜好那种“晚来天欲雪，欲饮一杯无”的散淡、萧疏、闲适的情致，懒洋洋地活着。

于是，我们的建筑缺乏想象力、缺乏求新思变的精神。我们有些建筑师甚至主张对创新采取低调。

相反，西方有些国家，例如意大利、瑞士、希腊和美国的一些城市，在建筑规范中明确要求新建筑不能与已有的相似。于是，建筑设计不得不“标一点儿新，立一点儿异”。这种求变精神在西方是自古已然，公元1世纪的庞贝城里的住宅，虽然都是内院式，但变化之大，远远超过两千年之后清末民初的北京四合院群落。

一个城市里，建筑风格不统一，并不那么可怕。就拿北京来说，往日的前门外大栅栏，建筑风格五花八门，同仁堂乐家老铺的门脸跟对面的瑞蚨祥绸缎庄的门脸，相差很远，但大栅栏的旧貌到现在还被许多人怀念着。再说新的，前些日子到海淀镇上去溜达，见到紧贴着那个仿中国之古的图书城的塔楼和牌坊，造了一个仿泰西之古的照相馆，两层的巴洛克式门面。我站定端详了一会儿，觉得没有什么不协调，也许还说得上相映成趣。又觉得那个照相馆，比那个图书城建筑更漂亮。道理其实挺简单，照相馆仿巴洛克建筑，比较接近原型，居然还有几只花缸，挺地道。而图书城建筑则是当今流行的做法，仿古而形神两不似，假模假式，既失了传统建筑之美，又失了现代建筑之真。所以至此的道理也很简单，巴洛克建筑的形式依附于石结构，以钢筋混凝土仿它，很容易；中国传统建筑的形式依附于木结构，以钢筋混凝土仿它，就几乎不可能，于是乎只好加以改造，加以简化，圆的变方的，细的变粗的，曲的变直的，再用水刷石代替油漆彩画，结果是原本轻灵飘逸、玲珑精巧的中国古建筑，被仿成了呆头笨脑，一副傻模样。北京1990年代夺回来的“古都风貌”，所以教人觉得倒胃口，主要原因就在这里。几十年来，比较看得过去的几个复古主义建筑，都是不惜工本的超高价产品。

如果把那条路子当作正路走，保不齐是会亡国的。

传统维护者，文脉论者，最大的失误之一就在不肯承认材料、结构和技术对建筑形式风格的选择、限定和塑型作用。他们从外国书上引来一些话，不经论证地说传统是活的，既切不断也不应该切断，这是一种书斋里的概念游戏。只消看一看真实的世界，各个领域里传统的断裂是经常发生的事。就中国建筑来说，钢筋混凝土和钢代替了木材，这就是传统材料和结构的中断，因此，建筑形式和风格的传统也必定要中断。事实早就已经如此发生了，概念的游戏毫无用处，“夺回”也只是做梦。

从海淀图书城和照相馆往南走几步，是一家商场，大玻璃门面，拐弯向东，连续有些怪模怪样的银行、餐厅之类，然后便是高高地矗立着的四通大厦，不锈钢和玻璃幕墙的，它对面的一幢科技什么的大楼，露着几层钢结构，漆得鲜红。这一路大约一千五百米的样子罢，房子没有重样儿的，我用心去感受了一下，似乎并没有什么杂乱无章、一塌糊涂的印象。当然，每幢房子的设计水平差别很大，其中有一些不大漂亮。有几幢，设计的时候只要照顾一下左右的建成环境便会好得多。可以改进提高的地方固然不少，但似乎并不在于要在风格上统一，更不在于要用大屋顶小亭子来统一。那样的五花八门倒还有点儿活泛，也就是有点儿生命的跃动之感。回想几年前在巴黎的街头踯躅，无数奥斯曼式的灰白色楼房，一模一样，一幢挨一幢，一街接一街，没完没了，那个单调沉闷，真教人难以忍受。直到来到圣母院前面或蓬皮杜文化中心前面才舒一口气。常常有人把巴黎作为建筑风格统一的典范，那种军人操练式的统一，还是不要的好。我家住在一所小学校后面，我每天早晨的一大享受，便是欣赏五颜六色的孩子们，真像百花怒放。后来，不知吹一阵什么风，小学生穿制服了，一色的蓝，一式的什么什么样子，好一似春尽花残，满树的绿叶，真没劲！

这样说并不是主张一街上的建筑可以自行其是，乱七八糟。一个好的建筑设计，应该是考虑到前后左右的，甚至要考虑到整条街、整个区。更好的是要有完整的群体设计。但是，这应该容许各幢建筑物有它自己的个性和特色。要十分珍惜、十分爱护建筑的个性和特色。突破性的进展总是从个性和特色开始的。一个交响乐队里，铙钹和提琴是不能发出同样的声音的。

应该向威尼斯的圣马可广场学习！那是一个交响乐队的演奏。

（原载《建筑师》，1996 年 8 月）

（五二）

做了几年乡土建筑研究，熟悉了几句民俗的吉祥词儿，常见的有贴在大门扇上的斗方“国泰”“民安”，“人寿”“年丰”，也有的把这八个字写成上下两条副联，春节分贴在大门门缝两边。这是小老百姓的四大心愿，推想起来，古今中外恐怕都不会有例外。

今年大喜。5月份庆祝了汪坦老师的八十大寿，6月份又庆祝莫宗江老师的八十大寿。两位老师，一位是向来不生什么上档次的病，胖而且壮，说起话来黄钟大吕似的洪亮嗓门，走廊上便能听到，滔滔不绝，几小时不见倦容。一位是黑而且瘦，危重病不断，但每次都履险如夷，走起路来依然轻快有弹性，还不时拿起网球拍子到场边比划比划。不需要渲染什么乐观主义的色彩，谁都会高高兴兴地打算，2006年，二位老师九十大庆，怎样再热闹一番。

“人寿”，这是吉祥，是学生们的心愿。

二位老师多半辈子在建筑教育的园地上辛勤耕耘，桃李满天下。没有显赫的头衔，没有如云的奖状，终生清贫。但是两位老师所受到的学生的尊敬、爱戴和钦仰，不是多少头衔、奖状和财富所能抵得上的。寿庆之日，前来致礼祝贺的，有的早到了望七之年，是笔底已经现出广厦千万间的建筑大师了。

莫先生是我最初的建筑学启蒙老师之一。他在梁思成先生指导之下参与了创立中国建筑史学科的奠基工作，不过在我的学生时代，他教的却是图案和水彩画。那时候，教图案没有什么可以参考的书籍，莫先生就天天开夜车，硬啃下有限的几本英文书，如《运动中的视像》之类。有一次，早晨上课，他没有来。那时他没有结婚，住在古月堂的单身宿舍里，我们怕他熏了煤气，几个人去找他，推门进屋，他竟还在蒙头大打呼噜，显然是通宵没有睡觉。我们舍不得叫醒他，顺手把桌子上半个糖火烧分了吃掉就回来了。

吃莫先生的糖火烧是我们这拨小伙子的常事。那时候，他还年轻，常见他在足球场上东奔西跑，用极优美的姿势踢上一脚，自然容易亲近。我们喜欢在课余时间到他宿舍去，听他讲讲，看他的作品，其实这才是我们从他那里学到的真正的图案课。莫先生的那双眼睛，趣味之高，鉴赏之精，教我们佩服。更加教我们佩服的是他那双手，眼有多高，手就有多灵，他设计出来的作品，真叫精美绝伦。1950年代初，北京的景泰蓝生产发生了极大的困难，为了打开外销局面，系里的老师们帮着做了些设计。有一次，几只制成的样品陈列在系馆里，我正在欣赏，林徽因先生走过来，问我喜欢哪些。我指了两只，都是莫先生设计的。林先生很高兴，给我详细分析莫先生怎样汲取了战国金银错铜器和漆器的精华。我这才知道，抗日战争时期，莫先生曾经测绘过大量的青铜器。梁思成先生领导我们系各位老师参加国徽设计的时候，莫先生做过一个方案，图案采用汉代的玉璧。虽然因为题材不大适合，这个设计早早就被搁置在一边了，但是它的庄重典雅，它的和谐完美，我们当初见过的老学生们，至今念念不忘。后来向莫先生提起，他兴致勃勃地跟我们讲，1930年代，他初到中国营造学社工作，有机会接触到故宫里和朱桂辛先生收藏的大量文物，其中就有玉器。他伸出右手，张开手指，中指略略下按，做出轻轻抚摸玉器的动作，眼睛眯着，带一点笑容，陶醉在细腻的感觉中。

所见者多，取法乎上，固然重要，但莫先生确实有过人的艺术天分。早在抗日战争时期，他还不过是个小青年，给石印本《营造学社汇刊》手绘的插图，给梁先生著作画的图版，以及他更早几年画的应县木塔和大同几座古建筑的渲染图，都说得上是经典性的，至今没有人能达到那个水平。即使尺规图，也那么教人赏心悦目，俨然一幅美术作品。当年莫先生画的王建墓研究的插图，徒手的，又精练又准确而又优美，绝不像时下流行的那种没有建筑味的“建筑画”，为了求线条之“帅”，把电线画得拐了三道弯。梁先生曾经很坦率地对我说过：老莫的钢笔画，我要让他三分。

光有天分是不够的。莫先生对工作的精益求精，对美的执着追求，真是少见。就说那些尺规图，图面的位置经营，线条的粗细疏密，字体的风格结构，都经过细心的推敲，一丝不苟，这才能那么漂亮。教学生做古建筑的水墨渲染，他自己也跟着做示范图。一遍又一遍上墨，每一遍都极淡极淡。他再三强调，只有淡淡地上墨，不怕下功夫，最后才能显得滋润厚实。如果急于求成，几遍就出效果，虽然大体过得去，但是一眼就能看得出粗糙浮躁。只有淡淡地上墨，才能产生最微妙的变化，掌握住最精致的火候，恰到好处。莫先生虽然经验丰富，他在渲染的最后阶段，还要不断地另做小样，比了又比，再三琢磨，才肯下笔。他眼睛的锐利，大概就是这样苦苦练出来的罢。不过，也因此，往往学生交了作业，放了暑假，莫先生的示范图还没有完成。

莫先生指导我们欣赏或者设计什么的时候，总爱做出他抚摸玉器的手势，再用大拇指接住按下来的中指，像唱戏的兰花手一样，举到眼前，说：“微微的。”这跟高庄先生爱说的“一眼眼”是相同的意思。所以莫先生和高先生成了最要好的朋友，互相很尊重。同气相应，同声相求嘛！“微微的”，既是艺术精鉴的敏感性，也是科学作风的严谨性。就是这个“微微的”，给了我一辈子的好处。艺术的精粗雅俗和理论的是非，往往就在关键处的纤毫之差。

不过，执着地追求完美，也会给莫先生带来失落。比方说，网球场上，对方击球过来，等他摆好了优雅的姿势，球已经蹦到后面去了。所以他没有赢得过奥运会的金牌。

1950年代中期，莫先生的艺术才华还没有来得及发挥，就被安排教中国建筑史了。那个时期，教建筑史注定了不会有多大成绩。政治运动频频，阳谋阴谋一齐上，侮弄知识分子于股掌之上。运动一来，在某种地位上的人，或者为了保全自己，或者为了打击别人，就把某几个建筑史教师抛出来，不管三七二十一，先吃五百杀威棒。是非善恶，全都搞乱。待运动暂歇，没有人来弄清是非，说句公道话，也不许人申辩。不过，他来教研组，对我很有好处，一部中国建筑史在他肚子里滚瓜烂熟，坐在一个办公室里，我随时可以请教。有一年，莫先生带我们到雁北地区参观古建筑，他一路讲解，喉咙疲劳得几乎失声，但他依旧讲解不停。那会儿，我们年轻教师上课，先得在教研组里试讲，类似彩排，他常常会非常平和地说出些别人从来没有说过的新鲜的或者尖锐的意见来。他那细密到“微微的”程度的分析，促使我思考更加谨慎，哪怕说家常大白话的时候。我曾说，莫先生是一桶油，我们是灯芯草，只要跟莫先生蹭一次，总能蹭上点儿油点三天火。

汪坦先生和莫先生大不相同。他思想奔放，海阔天空，喜欢抽象的理论。汪先生读书勤奋，读了就爱找人说说。只要几天不见，就会有头有尾给我们介绍一个新作者，一本新书，一种新思想。有他赞同的内容，他讲得眉飞色舞，有不赞同的，也眉飞色舞，从辩诘中得到乐趣。汪先生知识宏富，评介一本书，往往广征博引，牵涉许多书，因此说服力很强。又因为他的性格富有浪漫色彩，思想驰骋不羁，所以他的雄辩极富感染力，常常教听的人心潮澎湃。汪先生在道德操守上相当古板，但是在学术思想上很开放，乐于接受新事物而憎厌因循保守，时时追踪着世界学术的前沿。

正因为有这样的性格、习惯和爱好，在大局改革之后，汪先生很自然地成了引进世界当今建筑思潮和理论的先行者。他第一个在系里开设了有关的新课，还屡屡外出讲课。课的内容，年年有补充和扩展，常讲常新。他对这门课怀着深厚的感情，到了七十多岁，不能再讲了，他非常难过，多次对我说：我很喜欢再讲下去，我有兴趣。无可奈何的心情，使我也十分沉重。又是他，第一个写了评介西方新思潮和理论的系列文章，打开了人们的眼界，并且在许多人还心存疑惧，害怕“七八年一次”的“横扫”的时候，挺身担任了《世界建筑》杂志社的社长。凡是知道他在“文化大革命”中遭受的迫害和践踏的人都能知道，那时他出来担任这个社长需要有多大的勇气和信心。易水风寒，这是他为发展中国的建筑学的一次无畏的献身。有一年冬天，一些人对他的理论工作叽叽咕咕有不少议论，他却每周在家里讲一次最新的外国哲学和建筑理论。有三个人听，我有幸是其中之一。每次都得讲到深夜，直到我们怕他太疲劳，不顾扫他的兴，站起来便走。多年来，我常常请教他一些问题，因此便常常在系馆的走廊上、楼梯间里，被他逼住在墙角，听他一讲便是一个钟头，从德里达到孔夫子，什么都有。当然，也会看到别人在墙角里听他兴高采烈地讲。

汪先生的记忆力十分惊人。有一次，一个学生问我某外国建筑师如何把“场论”引用到建筑设计上来。我没有注意过这件事，去问汪先生，不料他不假思索，张口就告诉我，某年某月的某杂志上，有什么什么人写的文章，篇名叫什么什么，开头怎么提出问题，以后怎么展开，结论如何。最后，还加上他自己的评论。我听得目瞪口呆。大概只过了一天，汪先生又把一叠卡片交给我，全是有关“场论”之应用于建筑设计的。这件事给我的教育太深了。记忆力是爹妈给的，学不来，但读书要认真，要讲求效率，这总是可以努力去做的。所以有一次他要我查一查英国人威廉·莫里斯的资料，我在图书馆里泡了几天，没有敢偷一点懒。

查莫里斯的资料是为了给他主编的《建筑理论译丛》中的一种写注释。这套丛书是汪先生给中国建筑学界的一个重大贡献。他为这十几本书花去的心血，恐怕没有人真的知道。几年时间里，他天天为这些书一个字一个字地校对译稿，别人校过的，他还要校。我尝过校对译稿的苦头，经常比自己译要费劲得多。有一回去看他，他眼球出血，通红，怪怕人的。我劝他不要细校了，现在当丛书主编的，有谁这么认真干。

他摇摇头，说：不行呀，不能拆烂污。我看看原译稿，有一些相当拆烂污，汪先生改得密密麻麻，出版之后，书上却没有一个字提到他的工作。本来，快七十岁的时候，他还在自学日文，为这套书，他把已经学了几年的日文也丢掉了。

在主编译丛的时候，他还花很大的精力整理童寯先生的遗稿。他是童先生的学生，对童先生的道德、学问钦佩之至，经常向我们谈起。

童先生的遗著里有一部分是用英文写的，他帮着编、译、校对和写注释，做了大量工作。有一个时期，我每次去看他，他都要对我讲阅读遗著的心得和注释中的一些问题，满怀着对老师的敬意。童先生曾经把仿古大屋顶比作往死人头上插假辫子，就是他告诉我的。等到这篇文章一发表，我就迫不及待地找来学习，得益很多。

汪先生在中国近代建筑史方面所做的贡献，也是奠基性的。他以为人为学的声望，赢得了某种工作条件，他无私地把这些条件让一切有志于研究中国近代建筑史的人们共享，这在中国建筑学界没有第二例。他的设想是，打开局面，推动这项工作，而不要着眼于个人的得失。由于条件毕竟十分有限，汪先生的设想不能说全部完满地实现了，不过，至少是系统地调查了一些城市，汇为一套资料，给进一步的工作开了个头。

虽然汪先生忙于读书和著述，教许多人大感意外的是，他竟有本事自己动手改装彩色电视机和电子计算机。有好多次，我到了他家，看他正把这些最现代化的玩意儿搞得开肠剖肚、七零八落。他满不在乎地说：玩玩，好玩得很。下次再去，他就会得意地说，它们又增加了什么性能，提高了多少效率。再过些日子，当然，又拆开了。至于拆洗油烟机和燃气热水器，那更是小事一桩。我还记得，我们国内第一篇讲计算机辅助建筑设计的文章，便是他写的。

汪先生传道解惑，从来不问对象。不论是什么人，不管认识不认识，了解不了解，有求必应，有问必答。有时候火热心肠接待了半天，人家走了，他连人家的名字和身份都不知道。这方便了一些好学的年轻人，但可惜也因此上过当。毕竟还有些心术不正的人。他很难改变这个习惯，上了当，气闷一会儿，便又一如既往。

从1969年到1971年，汪先生和我都被“横扫”到江西鄱阳湖边的鲤鱼洲农场，一起劳动。我当瓦工垒墙，汪先生挑砂浆供应；我插秧，他送秧；我上屋顶补油毡，他在雪地里熬沥青。我们这一对牛鬼蛇神搭档，不论干什么活在全连队都是数一数二的。汪先生生性争强好胜，有时候跟小孩子一样，为了保持插秧的领先地位，他会面红耳赤地跟别人抢夺秧苗，在水田里东倒西歪。他咬着牙锻炼，终于一担能挑48块砖，足足240斤。青竹扁担挑断了好几根。当然，不会有人表扬他，他也不期望人表扬，只是自我欣赏，心里也满高兴。

那个时候，莫先生在鲤鱼洲农场当大木工，做屋架，立屋架。常见骨瘦如柴的他，扛着一大棵杉木，大雨中，趺趺撞撞地蹒跚在没踝的泥泞里，穿一件鲜艳的翠绿色塑料雨衣。

这样的劳作对二位老师都很沉重。那时候，正流行着一些浅薄无聊的话挖苦知识分子的“无能”，什么书读多了就蠢，肩不能担，手不能提，不会杀猪，不认识禾苗，等等。汪先生、莫先生和千千万万知识分子，在下放的体力劳动中忍辱负重，以出色的劳动能力维护了自己人格的尊严。在人为刀俎，我为鱼肉的大疯狂年代，这样的抗争有几分无奈，有几分可怜，几分凄惶，但也有英雄主义的悲壮！

（原载《建筑师》，1996 年 10 月）

（五三）

在“杂记”（四十三）里，我一开头便说：建筑师设计房子、规划城市，这工作的精义可以表述为给人们创造富有人情味儿的生活环境。这个题目说起来当然很大，我在那里只是建议，我们的生活环境中，应该多一些人性化的公共开放空间。关于这种空间，我提出了几条界定性的说明：避开繁忙的机械化交通的、人们可以自在地交流的、富有历史记忆的、建筑艺术质量很高的、洋溢着文化气息的、尺度亲切的、情调优雅的、消闲性质的。作为例子，我说到了欧洲古老城市里的广场，特别是意大利的。

现在看来，那篇“杂记”里所说的生活环境，应该改作居处环境，以避开当今一些人对生活的过于狭窄的理解。至于那个人情味儿嘛，也应该包容得比较宽一点，它虽然着重于感情色彩和心理因素，却要以建筑体现对人的全面关怀为前提，以物质功能的完善为基础。当西北风从窗缝飕飕钻进来的时候，那房间里是不大可能有什么人情味儿的，即使挂满了拉斐尔的圣母子像。做这点补充说明，也是为了避开当今一些人抛开建筑的物质功能来空谈精神功能。

生活性、休闲性广场是公共开放空间的一种，人性化的公共开放空间是居处环境的一种。这三个层次中，要说的是公共开放空间。说到公共开放空间的人性化，在我提出的几条界定中，还应该补充上一条：有明确的可以感觉到的界限，也就是说，能给人以领域感。这一条和尺度亲切那一条相结合，就是说，人性化的公共开放空间不宜于太大。不大的公共开放空间，可以以较大的数量分布在人们的居处环境之中，从而避开紧张的机械化交通，贴近普通老百姓，成为真正的生活性、休闲性、交往性的空间，它们能在人们心中引发出归属感，使人们对居处环境产生一种眷恋的心情，培育出人们之间友好的情谊。

一个人每天走出家门，一离开那三室一厅就撞进楼厦林立的庞大城市，一离开老婆孩子就撞进陌生的茫茫人海，一离开宁静安逸的日常生活就撞进繁忙的高速车流，这在人们心理上会造成孤独之感，失落之感，反过来会造成对社会的冷漠态度。在私宅和城市之间，在亲人和人海之间，在悠悠然的生活和杂乱的喧嚣之间，需要一个过渡。这是一种心理的过渡，感情的过渡。富有人情味儿的公共开放空间就是这种过渡的方式和条件之一。它是个人和社会之间的纽带。

我们现在越来越重视“回归自然”，其实我们最大的自然就是人类自己，就是有感悟、有思想、有血有肉的人类自己。在现代化的大城市里，我们很容易失去自己。我们的心、脑、身体和五官都变得很被动。坐在汽车里飞驰，城市和人一掠而过，什么也看不清楚。下了汽车，得小心翼翼，怕撞上不知是张三还是李四开的汽车。上高楼嘛，走不动，乘电梯嘛，关在笼子里。熙熙攘攘的人群，谁可以跟你聊几句天？被人掏了腰包，没有人同情你帮助你，说不定还要挖苦一句。所以，有些人，尽管并不打算买东西，也乐于逛逛商场。在商场里，用自己的腿慢慢走着，用自己的眼细细瞧着，跟同伴议论着、商量着，于是，人们多少恢复了一点儿有思想、有感情、有血有肉的自我意识。外国人现在爱把大型商场叫作“广场”（plaza），并非毫无道理的做作，它们在相当大程度上具有欧洲旧城里广场的作用，不过是把广场装进了大楼广厦里罢了。现代大商场的设计，也有意识地追求这种效果，例如，在大楼里做小店面的商业街和小吃大排档，还有喷泉甚至绿地。

现代城市越来越被高速的机械化交通和拥挤的钢铁水泥大楼征服。它离自然的人远了，和自然的人隔膜了。它异化了，人在城市中也异化了，不再是自然的人了。

我们因此更需要在城市中营造一些人性化的公共开放空间，使居民们能够“回归自然”，回到有思想、有感情、有血有肉的自然的人。

这样的空间，当然不只是意大利式的城市小广场，还有绿地、滨河路、街巷、社区中心等等，更有意义的是古老的历史城区。现在人们怀念起大杂院和小胡同来，大概就因为它们多少具备使人们回归自身的功能。

我少年时代曾经在上海公共租界卡德路的一条弄堂里住过。弄堂口有一家小杂货店和一个早点摊。弄堂里的妇女，要上街去办点儿事，可以把孩子交给小杂货店的老板娘看管一下。如果不急着用，有些小店里不卖的东西可以托老板娘过一两天带回来。小学生们天天在摊子上吃早点，并不付钱，到了月底，摊主到各家去讨总账。每到晚上，卖夜宵的担子来了，敲几下梆子，有些楼上的窗口就会吊下一只篮子来，挑担的往里放一碗馄饨或者酒酿，篮子就吊上去了。钱也是到了月底总付，大家信得过。主妇们在后门口择菜、洗衣、刷马桶，你一言我一语聊聊家常。天热的时候，男人们也在弄堂里抹澡、洗脚，大声议论各种新闻。住户的搬迁很少，各家各户互相认识祖孙三代。弄堂成了富有人情味儿的公共开放空间。连我们这些小朋友，也都是铁哥儿们。不但在弄堂里一起踢球，万一有谁受了欺侮，我们绝不会袖手旁观，而是一哄而上，“见义勇为”，头破血流在所不惜。这就是我们的社区归属感。六十年匆匆过去，现在回想起来，还都很有兴味，愿意再回去待些日子。

将近老年，我在意大利又重新体验了一次这样的生活。我在罗马西部的一条小巷子里住下，当天女房东就和左邻右舍打了招呼，第二天早晨出去，人人都咕噜一句问候，巷口一家蔬菜副食店、一家奶制品店和一家咖啡店，店主和伙计隔着玻璃门跟我打招呼。虽然我只光顾过几次副食店，另外两家的殷勤始终不改。有一天，我包饺子请巴西小姑娘阿尼达吃晚餐，下午到副食店去买葱，刚刚拿起一把，女店主夺过去扔进了筐里，比划着说已经不新鲜了。我挺遗憾地回家，还没有和好面，女店主笃笃敲开门来了，交给我一把碧绿的葱。只过了大约两个礼拜，竟有人邀我到教堂去参加婚礼。

我每隔两三个星期到大使馆去取一次国内的报纸。虽然有公共汽车月票，我总是步行来回。路很远，要横穿过整个罗马城，但是我很喜欢走，一路上经过波尔基斯花园、品巧山、波波洛广场、西班牙大台阶、圆柱广场、特列维喷泉、万神庙广场、阿根廷广场、甲尼可洛山麓。有几次，暂时不回家，到特维勒河对岸阿芳丁山上修道院的院子里晒晒太阳把报纸看完。整个罗马城就是由这些可爱的公共开放空间连缀而成的，它们造就了罗马城永恒的魅力。我曾经总结古老罗马城的特色为两句话：小街小巷小广场，小店小铺小教堂。在那里，人跟建筑环境很和谐。

和谐产生了感情。所以，意大利历史悠久的城市，虽然斑斑驳驳，有些地方甚至近乎破烂，居民们仍然热衷于保护它们。他们跟政府合作，使房地产商几乎无计可施，无隙可乘。退休的人们自动聚合起来研究一街一巷每幢府邸的历史，搜求几百年的资料，一张纸片，一只信封，都挺珍重地陈列起来。有的甚至编成了专著出版。住户们对整个街区的建设严加监督。我在罗马的时候，大使馆要造一个放映电影并开招待会的大厅，体量比较大，还得破掉几棵老树。街区的住户不同意，按照制度，他们不同意就不能建造。后来经过反复协商，决定把大厅造成半地下的，屋顶高度不超过围墙，并且在屋顶上栽树种草，这才被答应。

不但意大利的城乡居民有这种权力，我在雅典和苏黎世也都听说过同样的情况。苏黎世大学的新校舍，就是因为街区居民反对，嫌它太高太大，才不得不远迁到郊外建造。

后来我到了巴黎，大马路上，大广场里，成千上万的汽车像江河一样奔流不息。行人们匆匆忙忙，一脸的冷漠。我感到自己像雨打的浮萍，风吹的飞絮，血肉之躯无法和这个环境协调，建立不起亲切温存的关系。我在一家学生公寓里借住了半个月，天天到街口一家食品店买面包。有一天进了店门，忽然发觉没有带钱，赶紧道了一声歉，退了出来，店主老头居然发了火，叽里呱啦，还把门摔得好响。

巴黎也有许多闻名世界的广场、街道和建筑物，但大都尺度和规模太大，又受到高速的机械化交通的困扰，跑去参观，简直找不到立足之地。只有在沃士奇广场、蒙玛特山和圣母院前后等几处地方，我才能安下心来，去领略这个城市曾经有过的美。

城市规模扩大，现代化交通发达，会破坏一部分原有的人性化的公共开放空间，破坏古老城市的人情味儿。但是，只要清醒地意识到这个问题，认真对待，不但可以把破坏尽可能地减少，还可以营造出新的人性化公共开放空间。前面提到过的以“广场”为名的百货大楼，以及波特曼首创的大型旅店的“共享空间”和日本的筑波中心之类，现在在欧美很流行，多少有点这种意思。不过那些地方人们的流动性太大，而且与日常居住生活很有距离，还不能成为真正的城市居民休闲、交往空间。在住宅区里，创造更亲切的休闲、交往空间的努力也随处可见。还是以巴黎为例，在现代美术馆对岸，造了一个高层住宅区，叫弗洪·德·塞纳，那里就设了一个公共活动中心，有餐厅、酒吧、咖啡馆、花店、露台、健身房等设施。而且这个中心有一个明确的边界，领域性很强。巴黎的新区，德方斯，大家都介绍它的各种大型的、超高的建筑物，其实，它也建设了一个有人情味儿的公共活动中心，午餐休息时间，就看见公司的职工们纷纷来比赛滚一种小铁球，做健身运动。这场地旁边是一长溜五颜六色的小摊子，卖各种日用品、图书和古玩之类。我在瑞士的穆欣艮村住过十来天，那里居住区范围不大，它的公共中心有体育运动设施、各种餐饮店、小电影院、图书室、书店、花店等，老人公寓挨着幼儿园，幼儿们在游戏场上嬉闹的时候，老人们坐在树荫下的靠椅上看着，眯眯地笑。有些孩子会爬上老人的膝头，揪白胡子。幼儿园旁边有一个小小的动物园，孩子们隔着铁丝网喂孔雀吃食。挨着动物园有一座两层楼房，是“爱好者俱乐部”，里面有几个演讲厅，门上贴着一周内的节目，又有几个作坊，可以做木工、金工、陶艺等等，备着现成的原料，安装着简单的机械，只要入会当了会员，就可以去自己动手制作些东西，有技术人员指导。俱乐部斜对面是座中世纪的府邸，改成了穆欣艮的地方史博物馆。它右侧是教区小教堂，高高的金色尖塔上顶着个十字架，按时打钟，钟声清亮，传遍各处。一到周末，村子的活动中心里热热闹闹，许多居民都来转一转，坐一坐，聊一会儿天。在一个高度现代化的环境里，这个活动中心照样可以培育出亲切和谐的属于社区的人群。

同时，国外的城市，越是现代化，就越是重视古建筑和古城区的保护。历史文化的长期厚积，使古建筑和古城区洋溢着沁人心脾的人情味儿。它们是最理想的步行区之一，供人们徘徊，寻觅历史的记忆。在古城区里溜达溜达，心情都会温柔起来。

我们这些年的城市建设，成绩之大，确实是“史无前例”。但是，在建设中，我们没有足够重视居处环境的人性化。城市建设好像是只着眼于技术性的问题，高架路、立交桥、全封闭，城市成了一台高速运转的机器。所有的新辟道路和改建道路几乎都是为汽车使用的。可以让人们兴趣盎然地溜溜达达的步行街，新的没有，旧的越来越少。交往性、生活性的公共空间更谈不上了。高速路边绿化倒是很好，但是，“春兰秋菊为谁妍”？连一些新造的公园里，都很少安静的不受干扰的小环境。这种环境不但火热的情侣需要，老夫老妻也需要，当然也还有朋友和同学。去年有些文化界朋友们呼吁恢复茶馆，旧日的茶馆多少起一些人性化公共空间的作用。但是，“响应”这种呼吁而开的一两家茶馆，每壶茶的最低价是30元。过去，茶馆是贩夫走卒、引车卖浆者之流都可以经常去坐一坐的地方，照现在这个价码，有多少人可以享受？

近年来，居住区里的公共设施逐渐增加、逐渐完善了。可惜，它们的规划设计太技术性了，太物质性了，大多并没有着意经营居住区里的人性化空间。原因大致为：第一，居住区很大，北京市有几个居住区的规模快赶上一个中等的县城了。而这些公共设施很集中，服务于整个居住区，因此，尺度太大，熙来攘往，人们彼此都是陌路人，跟市内商业区差不多。第二，那些公共设施大多没有形成尺度亲切的、界限明确的、给人以领域感的空间。第三，扩大一点说，整个居住区都不大能给人以领域感，引发不了居民的归属感，居住区没有成为居民的寄托。

关于居处环境的人性化问题，还有许许多多方面可以说说，这真是一个值得说说的问题。

（原载《建筑师》，1996 年 10 月）

（五四）

脑子发木。不知是因为老来发胖，怕热，以致暑天昏昏然，还是不幸果真有点儿痴呆。总之是文思枯涩。正巧，刚刚读了一份报纸，有一则很有趣的短文，于是想了个懒招，权当一次文抄公如何？只是不清楚会不会触犯知识产权，吃官司。好在我的一些文章，虽然不过是信手涂鸦，也被人偷偷抄了不少，我抄人家一回，平衡平衡，还不至于太悖了天理良心。何况我是明抄。

这篇短文见于《华商时报》1996年6月4日，篇名《住京城别墅的人是谁?》，何世境作。短文写道："据最近对北京市已入住的8个别墅区的400个住家进行的调查结果发现，购置别墅的人因使用方式不同而分为两大类：自用和投资。投资客占购买总数的15%。这些投资客95%以上是港澳台人士，余下的5%则是内地人。而以自住为目的的购买者100%都是已成家的人士，他们当中99%的人不愿意公开自己的身份、买房的目的及自己的年薪。其中有约20%的人住的是'公家'购买的别墅，他们拥有的是相对稳定的居住权。别墅的购买者有以下几种不同职业类型：海外驻京商社的代表、合资公司的外方经理、在中国做生意的高级外方销售人员、归国华侨、个体老板、文艺界'大腕'。在调查中，曾发现有中国国内企业用公款购买别墅的行为。"

这篇短文毛病颇多，例如，调查是什么单位在什么时候做的?"约20%的人住的是'公家'购买的别墅"是什么意思?既然99%的人不愿意公开自己的身份，则购买者的职业类型是怎么知道的?所谓"外方"人都是些什么样的人?很可能是奥丽斯牌臭豆腐，地道的土产。而且，各种职业类型的入住者所占的百分比也没有统计，这百分比却是决定这个调查的价值的关键。我的这份资料是从《文摘报》上转抄来的，也许并非原作者的失误，而是摘编者的疏忽。

抄完这篇短文，理应告诉读者，这些别墅区是什么样子。可是我害怕那里的"24小时安全保卫"，不敢去看一看，只好翻旧报纸，再抄几段资料来塞责。

要抄的第一则是两年前存下的旧广告。大字标题"永远出类拔萃的建筑"，副标题"宝安新奉献北京艺术大地"。第一段是引子："艺术大地是宝安集团恒丰房地产开发有限公司在北京投资兴建的纯高级欧式私家别墅区，北靠稳固丘峦，南接绿色平原，西临康庄大道，东伴潮白河水，为‘四神相应’的风水宝地，清华大学建筑学院著名教授，汇集欧美别墅的风格与东方古典园林文化的精粹，设计成一流住宅精品，雄踞京城。”

以下是一个小标题：“有谁比我更完善？”说的是“9万平方米的土地仅盖58幢别墅，充分享受独立庭院的乐趣，配套设施一应俱全，真正做到九通一平，设置卫星电视接收系统，提供IDD电信线路，电视屏幕可控安全门铃系统……物业公司提供24小时全方位管理服务。细致周到，绝无疏漏。方便居家，无可比拟”。

第二个小标题：“有谁比我更精美？”说的是：“国内一流精装修，天然花岗岩地面，进口纯羊毛地毯，阿尔卑斯豪华按摩浴缸，全套高档洁具，天然大理石化妆台，自动遥控车库门，超大私家花园……五星级白金标准，居家若此，夫复何求？”

第三个小标题：“有谁比我更可靠？”文曰：“恒丰房地产开发有限公司是宝安集团的子公司，宝安集团资金雄厚，是实力的象征。一诺千金：如期交屋的信誉，物超所值的优势，真材实料的保证……成为艺术大地的主人，一切担心成多余！”

最后一个小标题：“有谁比我更方便？”文曰：“艺术大地位于潮白河畔，紧邻乡村赛马场、水上运动场和国内最大的高尔夫球场，三十分钟到市区，十分钟到首都机场。地理位置得天独厚，购物休闲，左右逢源！”

这广告抄自1994年9月15日的《人民日报》(海外版)。

这样的广告本来只想抄一个，抄到这里，又想索性再抄一个，以便住在每户五十几平方米的公寓里的朋友们“过屠门而大嚼”，或者用海派语言“眼睛吃冰淇淋”，也可以过瘾。

同报的另一个广告，大标题“北京利达玫瑰园”，内容是“一朵含苞待放的玫瑰，选择了北京最优美宁静的环境、清新的空气、洁净的水源，在利达行悉心的栽培下，散发着无穷的魅力。北京利达玫瑰园，为北京极具规模豪华别墅区，整区工程特聘美国专业建筑师策划，区内有五种国家风格，十九种屋款以供选择，廿多万平方尺之超级尊贵会员俱乐部，将于九五年正式启用，为目前北京设施最多元化豪华住客会所，区内管理均由北京五星级酒店管理人才负责。北京利达玫瑰园典雅风范，至尊府邸，首期只付两成”。

这两则广告里最精彩的警句是“居家若此，夫复何求”，我不知“外方”人士和中方大款大腕们是不是真的别无所求，但我对十几亿中国人在居住上的梦想略有所闻。不过，大、中、小城市居民的居住情况尽人皆知，我不必抄录什么了，否则大有骗稿费的嫌疑，就只摘抄1995年10月20日《南方周末》上的一篇《中国窑洞与两亿人的命运》罢。文曰：“在中国，一边是高楼大厦在大都市如雨后春笋般地生长，一边是数千万孔窑洞在默默地忍受着岁月的侵蚀。然而，您想象得出居住在那些窑洞以及类似的其他生土民居里的两亿多人的生存状态吗？……中国窑洞，主要分布在广阔的黄土高原地带和黄河流域，在这些地区，直至今日尚有四千万人口居住在简陋的土窑洞里，加上福建、广东、江浙、云南、西藏以及东北等地的种种居住在类似生土建筑里的人，目前总数已达两亿多人。”

两亿多人，这是全国人口的六分之一，相当于日本全国的人口。

这篇文章也有毛病，它不该把黄土高原的窑洞和南方的夯土墙民居混在一起说。这两种建筑其实大不相同。不过，里面居民的“生存状态”与住在“至尊府邸”里相差倒都是很遥远的。我这里再抄一则最新的资料，1996年7月17日的《人民日报》登了一封来信：“我们是山西原平农校教师，我们的家属均为城镇户口，至今仍住在破旧的窑洞里。窑洞已年久失修，破败不堪，极度阴暗潮湿，衣被米面常因潮湿而霉烂变质，教师及家属得关节炎、风湿病的也越来越多；窑顶塌土现象不断发生，窑洞内蛇蝎毒虫出没无常。在这种居住条件下，我们不仅健康受损，生命安全也没有保障。为此我们整天忧心忡忡，度日如年。学校因故不能解决我们的住房，我们自己更无力修盖，那么，我们的出路在哪里？”出路在哪里？这会儿还提这样的问题，这些教师们是在装疯卖傻吗？

我刚刚从渭北高原回来，那里窑洞的居住情况确实不行，但是，许多村落里丈二见方的大字广告却写着“抽帝王烟，过皇上瘾”。人们忘不了八百里秦川十一朝帝都的辉煌，还在咀嚼传统以麻木自己，只要抽一支起了“帝王”牌子的劣质土烟，就仿佛当了万岁、万岁、万万岁的皇上了。窑洞门上斗格里写着的“能忍是福”四个字，真够叫人感慨一辈子。然而，那里的厕所确是我在各处农村中所见过的最干净的，甚至大大好过了北京的。

一想到厕所，就记得有些资料可抄。翻一翻，果然有，先抄一段1995年10月29日《北京晚报》的文章，叫《京城公厕要露脸》。文章说：“在发达国家已把厕所改口称为卫生间、洗手间和盥洗室，并且在里面可以听音乐、喝咖啡、读书看报的时候，京城小胡同的老百姓还在沟槽式没遮挡的简陋公厕里‘轮蹲’。据首都文明工程课题组统计，十年来批评和抨击过北京公厕问题的新闻媒体约有八百多家，批评报道一万篇以上，这些新闻媒体包括国际上有名的报刊、广播电视，京城公厕可谓臭名远扬。没辙，脸丑不能怨镜子。京城公厕已到了非革命不可的时候了。……公厕要革命，要有钱垫底，可是钱从哪儿来呢？市政府给环卫部门的钱是按每座公厕计算的，一个公厕一年给三百块钱维修费，三百块钱保洁费，这个标准是1984年定的，十多年没动。可这十多年物价却翻了一番。这点钱用在环卫工人一年的‘人吃马嚼’费用都不够。”

这篇文章也有一些失误。比方它说：“按照卫生城市标准，城市每平方公里至少要有三十个公厕，繁华地区每隔两百米应有一个。据调查全国没有一个城市能达到这个标准，北京当然也没有达标。”这段话没有交代“据调查”是哪个单位调查的，什么时候调查的。这且不去说它。只说那个“按照卫生城市标准”，很莫名其妙。这标准是何方神灵所订？如果来自西土，那么，要说明一下，西土人士家里都有厕所，而且有些人家不止一个，而北京小胡同大杂院里的住家是没有厕所的，全靠那些公厕。

这篇文章发表之后八个月，全国都经历了一番“公厕热”，大张旗鼓地宣传“公厕革命”，举办设计竞赛。不料，岂但众口难调，众腚也难调。1996年6月27日的《光明日报》有一封读者来信，题目叫《公厕何必太豪华》。这位读者说：“据报端披露，某省市的厕所似有同别墅比美之势。公厕里电话、彩电、空调、音响、沙发、茶几、地毯、磁化及矿化自动热水器、大理石梳妆台等便民设施，应有尽有，而许多单位的办公条件及家庭居住条件都不能同公厕相比，不知是喜还是忧？这类贵族式的公厕，工薪阶层是不会去享用的，那么公厕的‘便民’又体现在何处？厕所毕竟是厕所，只要卫生、方便就可以了，也不必铺上红地毯之类。眼下不少农村学校尚普遍不漂亮，公厕又何必急于向‘星级’靠拢？”

这位读者太低估了“工薪阶层”。这个阶层从来不是铁板一块，他们中有些人是有权连玩卡拉OK、请小姐“三陪”都用公费报销的，如厕乃生命之基本需要，岂有自己掏腰包之理？纵使进的是“贵族式”的豪华厕所。明乎此，则对厕所之豪华便可以理解了，上公厕很可能发展成又一种“消费热点”，美其名曰“拉撒文化”。

和这封读者来信差不多同时，1996年6月11日，《中国妇女报》发表了张祺和吴宝丽的文章，题目叫《豪华：公厕革命的出路？》，全文抄录如下：“6月5日至10日，北京中国革命历史博物馆展出了中国‘公厕革命’的首批成果。北京。八达岭金龙阁公厕内有真皮沙发、地毯、鲜花；昌平定陵公厕有熏香、音乐、休闲服务；故宫‘仿古公厕引人进入新境界’……武汉。1990年至今投资4862万元于公厕，其中一间‘主流公厕’，设有休息室、化妆间并以天然珊瑚红花岗岩铺地，造价35万元。广东佛山。近年投资五百多万元兴建改建37座公厕，其中一所仿照澳大利亚悉尼歌剧院的贝壳形结构，人称‘悉尼公厕’。有三十余年施工经验的王耕工程师对记者说，看了这么多公厕，我发现很多设计中少了一样东西——衣帽钩。花不了多少钱的事，可这是必需的。公厕设计可以超前些，但钱要花在正地方，没有必要搞太多的装饰。一方面是公众旅游区的少数豪华公厕，一方面是胡同里沟槽式，甚至没有隔挡的三类四类厕所。一位北京居民问：公厕革命什么时候才能进胡同啊？”

这位王工程师有所不知，只顾玩花活而不顾起码的功能，乃是我们从几千年封建社会继承下来的建筑传统。从庄严宏伟的故宫到精雕细刻的民居，都从来没有认真处理过拉撒问题，区区挂钩小事，何足道哉！文章家说，传统是不该割断的，何况玩花活而不屑一顾功能的建筑传统已经跟世界上崭新的“主义”接上了轨。那位北京市民的问题则很好回答：等你住上了那些豪华别墅的时候，如厕自然就不成问题了，小胡同也早就没有了。

当了一晚上文抄公，从豪华别墅抄到豪华公厕又绕回豪华别墅，抄来抄去怎么就逃不出这豪华二字？想了一会儿，想到困劲儿上来，终于悟出，原来我有豪华恐惧症。今儿个上午，在三天的激烈思想斗争之后，终于横下一条心买了一本豪华版的书，花去了我月退休金的三分之二。这是我必需的参考书，不买不行。但下半月的伙食费成了问题，于是我对这豪华二字便有了难解的恐惧。

补抄

抄完几段报纸，还没有寄出，又见到一则值得一抄的新闻，见于1996年6月30日的《北京晚报》：“有的公园为赚大钱，竟划出一方景点，出租给大户兴办高档俱乐部。人们曾记得‘文化大革命’后，为了请出各种侵占公园房屋、绿地的单位，经历了多少年的努力才得以解决，而今凭一把大钱就可以满心欢喜地拱手让人占去风水宝地，筹建园中园，甚至不惜破坏原有格局，按承租单位意图增建若干实用房屋。可能公园负责人会辩解说：这是提高服务档次、完善娱乐设施。岂不知即使标榜向游人开放，恐怕亦与广大平头百姓无缘。这种把星级宾馆为大款服务的现代化的健身房、娱乐厅搬到风景秀丽的公园中的谋策，真可谓聪明透顶，但只怕被百姓笑骂。更有甚者，有的公园并非仅向一二家私人提供楼台亭阁式的建筑，还兴办通宵歌舞厅。就在全市多次统一扫黄、取缔三陪的行动中，这里亦成死角，岂不怪哉！”

豪华餐厅、豪华宾馆、豪华歌舞厅、豪华海滨浴场之类，在西方市场经济社会里不少见，我们现在逐一赶上，倒不觉稀奇，但大款们豪华的“园中园”，则不见于西方，可谓有中国特色。它很有来历。中国私家园林的创始者，一个叫梁冀，是大将军，另一个叫袁广汉，他的身份便是“茂陵富人”，汉代的大款。大将军之跋扈，当然不消说得，要圈哪块地就圈哪块，平头百姓岂敢“笑骂”？“富人”也不弱，“藏镪巨万，家僮八九百人，于北邙山下筑园，东西四里，南北五里”。后来两千年间，从事“末业”的富人有点儿倒霉，大将军之流主宰着一切，一直到了清代初年，淮扬盐商才又重新登上了园林史的舞台。此后仿佛又经历了一个循环，现在，大款们终于扬眉吐气，要左右文化的命脉了，园林当然不能例外。不过，新大款们迟到了，“风水宝地”早被大将军们占领，所剩无几，只好来宰割公共园林，暂时还达不到茂陵富人的气派。平头百姓纵然还敢对大款们笑骂几句，但中国有位人物说过一句真话：“笑骂由他笑骂，好事我自为之。”笑骂改变不了社会，更改变不了历史。相反，笑骂会渐渐变成羡慕，乘“宝马”，挟美人，吃海鲜，玩豪华的园中园，“大丈夫当如是也”。于是，当年把小红书倒背如流的人们，如今又为“168”和“888”发疯。此之谓“观念转变”乎？

（原载《建筑师》，1996 年 12 月）

（五五）

做了一次文抄公，便有了点儿过来人的味道，一不做二不休，索性再做一次，把些相关资料抄在一起，连缀成篇，对百忙之中的读者来说，未必没有好处。

这次先从法国浪漫主义作家雨果抄起。1839年7月，雨果来到法国西南部的港口城市波尔多，他说："波尔多是一座奇妙、独特，也许非常杰出的城市，凡尔赛再加上安特卫普，这就是波尔多了。"安特卫普，指的是它的旧城，中世纪的；凡尔赛，指的是它的新城，房屋多依照当时流行的仿古典主义建筑建造。"波尔多新城像凡尔赛那样，气势十分宏伟；老城则像安特卫普，笼罩着一片历史的光辉。"然而，"四通八达的街道和风格新雅的建筑物地盘日益扩大，将渐渐抹去具有历史意义的旧城"。这种情况，跟我们那些历史文化名城现在所面临的命运危机差不多。雨果忧心忡忡地写道：

> 波尔多人在这里可要当心啊！安特卫普，总的说来，在艺术、历史和思想方面要比凡尔赛引人注目。……你要在这两个城市之间摆摆平，要制止这两个城市之间的争端，要美化新城，但也要保护好古老的旧城。你们曾有一段历史，有过一个国家，你得记住，并永远以此自豪！
>
> 没有什么比癖好破坏更糟、更令人沮丧的了。毁掉房屋，就是毁掉他的家；毁掉城市，就是毁掉他的祖国；毁没他的住所，也就是毁没他的名字。这古老的石头里正保存着古代的辉煌。
>
> 这些残破旧居都是声名卓著的古屋；它们说话，它们召唤；它们证明了前人所曾做过的业绩。
>
> 伽连纳斯的圆形剧场说道：我曾见过高卢统治者得特里克斯皇帝登基；我曾见过诗人、大罗马执政官奥宗纳；我见过圣·马丁主持首次主教会议；我见过阿布代拉姆走过；我也曾看见过皇太子经过此地。圣十字教堂说道：我曾看见过……市政厅的钟楼说：米歇尔·蒙田就任市长，孟德斯鸠就任议长都在我的拱穹下面。古老的城垣说：蒙莫朗西陆军元帅当年是从我的城墙缺口进入波尔多的。难道这一切就比不上一条笔直的街道吗？这一切，就是往昔，伟大、崇高、辉煌的往昔。……一个民族如果没有了往昔将会怎样呢？

1743年法国总督都尔尼先生开始拆除波尔多旧城建造新城，他对这个城市究竟是好呢还是坏呢？现在我不想讨论这个问题。人们为他树立了一座雕像……然而我们能说波尔多之所以著名于世就是因为有这么一位都尔尼先生吗？

啊！奥古斯都曾经在此建立守护神庙，而你却把它推倒。伽连纳斯曾经给你建造了圆形剧场，而你却把它毁掉。克洛维斯曾经给了你佳荫宫，而你却使它成为废墟。阿奎丹公爵曾经在此筑成城楼卫墙，而你却把它摧毁。英格兰诸王曾经把鞣革工壕到制盐工壕都筑成墙垣，而你却把它夷为平地。查理七世为你建造了喇叭城堡，你却把它拆除干净。你把这本书一页一页地撕光，而只保留下最后一页。你把查理七世、英吉利诸王、居云诸公爵、克洛维斯、伽连纳斯和奥古斯都从你的城市里统统赶走，从你的历史上全部抹掉，就只为都尔尼先生一个人树起了铜像！你这是推翻了某些非常伟大的事物而树立起极其渺小的东西。(《雨果散文·阿尔卑斯山与比利牛斯山游记》，徐知免译，中国广播电视出版社，1996年）

在欧洲的文物建筑和历史地段的保护运动中，雨果是个功勋卓著的人物，他以饱满的热情和雄辩的文字唤醒了欧洲人对古老建筑和城乡聚落的保护意识，他也曾有力地支持过另一位大作家梅里美主持的法国文物建筑保护工作。

这段关于保护中世纪的波尔多城的呼吁，雨果着眼的是古城的历史价值，古城铭记着伟大、崇高、辉煌的往昔，而一个民族是不能没有往昔的。不能为了修筑笔直的街道而毁掉非常伟大的事物——往昔历史的见证。

这是一位高尚的人道主义者光辉的思想，后来世界的文物建筑与历史地段的保护，主要依据着这样的思想路线。

现在对我们的文物保护工作实际影响最大的国际性权威文献是联合

国教科文组织（UNESCO）的《世界文化遗产公约》，它是1987年6月制定的，我们有一些文物建筑被审查通过，接纳进了这个公约的目录，有一些还在争取加入。这个公约写道：

> 对生活的延续性的觉悟的程度，决定于社会受历史激活的程度。固定不动的大型文物和聚居区的形态对激活过程起很大的作用，我们需要这样的一个被激活了的环境，就像动物需要生存的地域一样。……文化的认同性是一种归属感，它是由体形环境的许多方面引起的，它们使我们想起当今的世代与历史的过去之间的联系。
>
> 文物保护的目的是制止浪费人类的和自然的资源，使它们可以被社会更长久地享用，从而在急速变化着的世界上提高生活的质量，加强文化的趋同性。
>
> 可以认为历史性城市是人类最美好的创造。“世界文化遗产城市”是过去世世代代人的产物，具有独特的价值，对于……今日的文化认同性有重大的意义。

这个公约着眼的也是文物建筑和历史地段的历史文化意义。公约上距雨果的那篇文章整整一百五十年，西方的市场经济从初级阶段发展到了高级阶段，文物建筑没有被抛进市场里去，对于文物建筑的价值判断的角度没有质的变化。看来，也不大可能再发生根本性质的变化了。它的性质是“文化遗产”。

这份公约收在我选编并翻译的《保护文物建筑和历史地段的国际文献》一书中。这本书分三部分，第一部分选译了《威尼斯宪章》（1964年）《内罗毕建议》（1976年）《华盛顿宪章》（1987年）和《世界文化遗产公约实施守则》（1987年）四篇当前施行的国际文献。第二部分是我自己撰写的《欧洲文物建筑和历史地段保护科学的历史文化背景》。第三部分选译了八篇资料：一、维奥勒-勒-杜克论文物建筑的修复（1868

年）；二、拉斯金论文物建筑保护（1849年）；三、《英国“文物建筑保护协会”成立宣言》（1877年）；四、《国际建筑师协会第六次大会决议》（1904年）；五、墨索里尼对罗马市第一行政长官的讲话（1925年）；六、意大利《文物建筑修复规则》（1931年）；七、《雅典宪章》（1931年）；八、《雅典宪章》（1933年）。这些文献和资料都是经典性的，对文物建筑和历史地段保护具有根本的原则意义。我编译了它们，原来希望对我们这个历史悠久的国家有所帮助。但是，几个出版社都拒绝了它，说是赚不了钱。万不得已，我把它带到台湾，两个月之后，博远出版有限公司就把它出版了。销路很好，引起广泛的重视，有些大学拿它当作教材。但是我们这里，朋友们却见不到它，我不但遗憾，简直是百感交集。“天下可忧非一事，书生无地效孤忠”，我在十年横扫时期常常默念的陆游的这句诗，现在依然有默念的时候。

乍看起来，抄下这本书的目录，再写上这么几句话，有点儿离题。但是，不，我再往下抄一段读者就明白了。

1996年7月7日的《中国市容报》有一则短短的新闻，标题叫“赣州巧打名城牌”。内容如下：

> 国家历史文化名城江西赣州市紧紧抓住“名城”牌，切实抓好历史文化名城的保护、开发和利用工作，巧打“名城”牌，促进经济发展和社会进步。
>
> 具有2100多年悠久历史的赣州市，以其极为丰富的宋文化遗产为特色，被有关专家誉为当代“宋城博物馆”。面对遗产，该市提出了不等不停，巧打“名城”牌的战略目标，注重在历史文化名城保护、开发、建设和利用上做文章，坚持以保护为原则，以开发利用为目的，因此，该市首先推出了名城与旅游业的强化宣传大举措，举办以宋文化为主要特色的“中国赣州宋城文化节”……

短短三百来字里，打了四次“名城牌”，倒也提到了“保护”，但保护的“目的”是“开发利用”。至于对庄严辉煌的历史的自豪，对先人创造业绩的尊崇，对故园乡土的眷恋，对生存环境中丰富多彩的岁月记忆的珍惜，统统没有了。

这当然不只是赣州才有的现象。用最急功近利的方式利用文物建筑和历史地段赚钱，而不惜毁掉它们的文化价值，这种情况处处可见。那个什么“文化节”，早已泛滥得教人伤心，凡是以文化为名的节，都成了文化的灾难。庸俗粗鄙、假冒伪劣、唯利是图，是这些文化节的“主旋律”。读者对这些事一定知道得很多，我不必再抄什么资料了。

对文化遗产的这种“开发利用”，有一个畸巧古怪的口号，叫作“文化搭台、经济唱戏”。戏未必唱得精彩，而台则必垮无疑！因为这个口号是一个反文化、反历史的口号。每一个有点儿常识的人都懂得，经济与文化正确的关系恰恰应该反过来，是“经济搭台、文化唱戏”！一个不懂得文化本身的意义和价值的民族，能有什么出息！我们怎么快要走到这个份儿上了？

亚特兰大奥运会刚刚结束。我们的新闻界对这次奥运会的商业气息很有些尖锐的批评，这当然有道理，但我们为什么对故宫、颐和园、景山、北海、八达岭等等中国文化的顶尖代表所遭受的商业化摧残默不作声？那里的商业气息已经呛得人喘不过气来了。连“明清用于贮存历朝皇帝实录、圣训、玉牒等皇家档案，亦存放过《永乐大典》副本、《大清会典》、将军印信等重要文献”的皇史宬，都办起了露天酒吧！《北京晚报》（1996年6月19日）的这篇文章以巧妙不露痕迹的广告语言写道：“坐于大殿平台上，月光如水，星光如梦，而群燕伴着轻柔的音乐在空旷的院落内逐飞飘落，市井的喧嚣被远隔在高高的红墙黄瓦之外，此时，会感到什么？”感到什么？皇史宬大殿平台成了酒吧，会教人感到文化被蹂躏的痛苦与羞耻！这就是“文化搭台、经济唱戏”的场面。此外，作者竟能在“月光如水，星光如梦”之际看到群燕的逐飞，又会教人感到他的特异功能！

十几年前，我陪一位远方来的朋友到北海去，一进门，桥头“积翠”牌楼上挂着一件红布横幅，上面贴着几个黄纸剪的字“只生一个好”。张挂横幅的绳子松松垮垮，红布的一角随风翻舞，“好”字已经破烂不堪。朋友端起相机瞄了一下白塔，摆脱不了这横幅的讨厌干扰，没有按快门便放下了，问我，这几个字是什么意思？我吞吞吐吐支吾了过去，从此不肯再陪远方朋友去北海和颐和园了，颐和园也有不少使我不得不假装口吃来应付朋友的东西。不幸，前几天又被迫去了一趟北海，进门，过了“堆云积翠桥”，真正意想不到，堵着桥头两座建筑，左边的是肯德基快餐店，右边的是富士王子面食馆。每一个对民族、对文化、对历史、对自己还有一点自爱自尊的人，到了这儿，怎么能不愤怒？！

我不反对引进肯德基和什么富士太子面食，但是，在作为我们国家文化珍品的北京最早的园林里，在这样一个最冲要的、本来连任何商业都不该有的位置上，放这样两座东西，却是无论如何不能容忍的！“穷而不改其志”，何况我们还不致穷到这个地步！只要少造一个“古都风貌”大屋顶，就抵得上它们的租金了。

如果我们也展开雨果式的想象力的翅膀，那么，这一座桥，它承受过多少历史上值得纪念的人的脚步，这两座牌楼，目睹过多少历史上值得纪念的事件，而这座园林，又在我们值得自豪的文化成就中占着多么重要的地位！

有人说，慢慢来，不要着急，这些都不过是市场经济初级阶段的现象，以后会过去的。更有人颇有滋味地说，这是“狄更斯时代”的现象，不可避免。

狄更斯时代怎么啦？狄更斯生于1812年，死于1870年。狄更斯时代应该指19世纪上半叶和中叶。这是资本主义的原始积累时期，但这时候除了狄更斯之外，还有雨果、巴尔扎克、拜伦、济慈这样的文学巨匠；还有吕德、罗莎、透纳、库尔贝、马奈这样的艺术大师；自然科学中，有法拉第、门捷列夫、达尔文、巴斯德等伟大的发现和发明家；哲学中则有谢林、黑格尔。19世纪中叶，也正是马克思和恩格斯的时代。

以上抄录的名单不过是灿烂星空中的小小一部分。19世纪上半叶和中叶，资本主义原始积累时期，所谓狄更斯时代，是欧洲文化的一个光辉的高峰期。真正的文物建筑保护也是在这时候起步的。高老头的金币能使旧贵族的纹章黯然失色，但高老头不能使文化完全成为他的奴仆。我们不能把我们的粗鄙和低俗牵强附会说成狄更斯时代现象。

我们的雨果呢？我们的马奈呢？我们的法拉第、达尔文和黑格尔呢？

文物建筑和历史文化名城，它们自身有最珍贵的文化价值、历史价值、科学价值和情感价值。就凭这些价值，一代一代的人便应该尽心尽力地保护它们。保护它们，目的是保护这些价值，而不是为了给经济搭台唱戏。文物建筑和历史地段并非不可以开发利用，但开发的、利用的，首先是它们本身的价值。在一定条件下，保护文物建筑和历史地段可以有相当的经济效益，例如发展旅游业，但是，前提必须是保护，而不能为了满足一时的经济收益“打名城牌”“打文物牌”，伤害甚至破坏文物建筑和历史地段固有的价值，如果什么都唯利是图，那我们就会成为野蛮人！

文物的特点是一旦失去便永远失去，不能再拿文物给一些人“交学费”了，我们交不起！请那些靠没完没了地交学费混日子的人们退学回家去罢！

我们还能不能认识文化本身的意义和价值，变得文明起来？

（原载《建筑师》，1996 年 12 月）

（五六）

飞机在天上飞行的时候，轮子碍事，要收起来藏到舱里去。但是，所有的飞机设计制造者，都忘不了给飞机装上轮子，如果飞机不能在地面上长距离行驶，它就压根儿上不了天。

建筑学的教育工作者，当然希望自己培养出来的学生个个成为天才的大师。但是，没有一个学生一出校门就能成为大师，他要从很基础的、很平凡的，甚至很烦人的工作做起。几十年的磨练之后，有的成了大师，有的成了小师，有的始终虽然默默无闻然而踏踏实实做着必不可少的工作，对国家的建设有所贡献。建筑教育应该尽可能培养学生具有发展成为大师的潜质，但也应该尽可能使学生具有做很基础的、很平凡的，甚至很烦人的工作的能力和品格。这种能力和品格是作为大师的潜质的一部分。就像在跑道上滑行是飞机起飞能力的一部分一样。我们的建筑教育就应该建立在这样的全面考虑之上，不能只盯着大师的所作所为去制定教学方针。

这本来是常识，不值得写出来说说。但是，今年春天，系里一位年轻人给我送来了他的论文，坐下来聊了几句天，他说，建筑系的学生们和教师们，普遍认为，建筑教育应该着重培养学生们的“宏观”设计能力，而不要引导学生们把精力放在“微观”的事物上。

教了一辈子书，虽然最后很不光彩地被学生赶下了讲台，我仍然很关心教育。听了这番话，立即正襟肃然，请问何谓“微观”事物。这位年轻人说，指的就是功能、构造、经济这些束缚想象力的东西。那么，何谓“宏观”设计能力？他有点说不清楚，用手划来划去在虚空中画圈子。我提示他：就是指“大构思”？他说，是的，是的！

我听懂了，系里的学生和老师们，说的是要培养“大师”，而不是做基础、平凡工作的“小”建筑师。

千真万确，“大构思”能力非常重要，这是作为高水平建筑师的指标之一。但是要当大师，光有这能力还不够，还要有创新的自觉，或者说，创新的本能。只有能破格出新的人才能成为大师，靠级别、靠头衔、靠平方米，是成不了真正的大师的。

如何培养学生的创新自觉和本能，这话题说来太长。总之，它不只是学校的事情，要从婴儿时期就着手培养，它是整个社会的事情。所以，富有创造性或者缺乏创造性，往往是某些民族的民族性格。总之，害怕突破传统，害怕挑战，眷恋过去，不惜标榜“保守”的民族是缺乏创造力的民族，不会有多大出息。用这种精神去教育学生，不论多么“宏观”，都是培养不出大师的潜质来的。一些中国人在国外做出很大的成绩，国内多半会有两种议论：一种是：某某人并不怎么样，当初穿开裆裤啃脚趾头的时候，也是一副傻样；另一种是：中国人挺聪明，在外国既然做得出成绩，在国内照样能行。这两种议论都忘记了国内和国外两种差别很大的文化大氛围。

1992年初，我在罗马，和二十几位各国的朋友一起做一个作业：给发掘出来的古罗马奥古斯都大帝的“和平祭坛”设计一个陈列馆。做了一天，负责人宣布，只有我的设计是可能实现的，其余的都不过是幻想。他并没有做什么评价，而那些朋友们则围在他们的千奇百怪的设计方案前讨论不休，并没有人对我的方案发生兴趣。不久之后，我们一起去参观公元79年和庞贝同时被维苏威火山埋没的厄尔古兰诺城，看到城外海堤上的陈列馆，那个奇思妙想的“大构思”立刻教我感到，只有那些洋朋友们才设计得出那种方案来，我不行！洋朋友的想象力比我强得多，而且他们对设计中表现出来的想象力的尊重远远大于设计的现实性。所以他们才能设计出似乎横空出世的建筑来。

信笔写到这里，其实已经跑了题。我本来要说的是，绝不可把所谓“微观”的功能、经济、构造做法等等看作是束缚想象力的东西并“低调处理”。相反，应该十分重视它们，把它们当作建筑学的基石。

根据的道理都是些老生常谈。首先，正是功能、经济、技术构成了建筑最核心的本质。所以，没有天才大师仍然能进行建设，而没有普普通通的建筑师便不可能进行建设。其次，大师在成为大师之前，必不可免地要经过长期的磨练，在这期间他做的便是基础的，平凡的，处理功能、经济和技术的工作。没有这种磨练和在磨练中积累的这些方面的丰富知识，他的创造力便会落空，成不了真正的大师。第三，虽然教育工作者满心希望每一位学生都能发展成为天才的大师，但是，事实上，大师只能是极少数，绝大多数的建筑师是普普通通的，做着最基本的工作。他们必须有建筑学基本的看家本领。

那位向我介绍重“宏观”轻“微观”教学论的年轻人又说，美国的建筑学教学便是这样的，美国的建筑师便不管那些“微观”的问题。我们系确实有不少头面人物曾经多次到美国考察建筑教育，也确实熟悉美国的建筑师业务，不知道这位年轻人的说法是不是他们带回来的，我不敢有所议论，因为我没有考察过，也没有机会听他们做扎实而有见解的介绍。

不过，我倒有一个疑问：我在美国和欧洲看到过一些挺有名气的大师作品，也看到过一些平常作品，它们的“微观”问题都处理得不错，甚至很精致，很深入。1980年代中期，苏黎世市政府的一位主管建筑师陪我们参观苏黎世大学新校舍的时候，兴致勃勃地给我们讲一些非常“微观”的问题，包括檐口滴水、雨水管和绿化屋面的做法等等。他甚至套用现代主义建筑的一句当时正议论纷纷的名言说：“形式决定于做法（Form follows making）。”

前些年有文章家说，只有艺术性很高的房屋才叫建筑物，住宅之类的大量性房屋只能叫构筑物。我当时觉得很奇怪，那么，是不是应该专门设立一个构筑系来培养一批构筑师呢？现在，照这位年轻人的说法，美国的建筑师不管“微观”的问题，那么，美国，或者也还有欧洲，是不是有专门的“微观建筑师”来做这些工作呢？是不是有专门的系来培养“微观建筑师”呢？否则，它们的建筑的“微观”问题怎么能处理得那么妥帖呢？然而，似乎没有听说过有这样的系，这样的建筑师。那么，是不是有些考察者对美国的建筑教育或者建筑师业务，了解得还不够全面呢？

外国的事情且不去说它。我想起了理论物理学家杨振宁说过的一段很有意思的话：“奥本海默如果在中国的话，领导不了原子弹设计；邓稼先如果在美国的话，也领导不了原子弹设计。”天才要在合适的土壤里才能开花结果。中国的天才建筑大师应该怎样培育，要看中国建筑师扎根在什么样的土壤里。我们要培养的是邓稼先，不是奥本海默。不管美国建筑师是不是要负责处理“微观”问题，反正我们的建筑师至少在现在和可见的将来不能不处理“微观”问题，因为，至少现在我们还没有专门的“微观建筑师”，我们的天才大师恐怕还得一步一步从平凡的基础工作做起。而且，基础工作做不好，天才恐怕也没有机会脱颖而出，成为大师。如果没有真本事，只凭“老板”身份叫人家做“微观”工作，而自己找灵感出“大构思”，那大约也不过是假冒伪劣的大师而已。

在所谓“微观”的东西里，功能问题不但是建筑师的职业技能问题，而且是职业道德问题。前些年，有人跟在外国人后面大骂“功能主义”是反人性的、反人道主义的。当时我写了一篇文章反驳，题名便叫《功能主义就是人道主义》，以后又多次重申这个观点。现在我可以学得聪明一点，把建筑的“功能”拐个弯叫作广义的“舒适度”，则大可跟正在发烧的“人文精神”直接挂钩，那么，人道主义的桂冠更是戴定了。这在三十六计里不知道属哪一计，不管它，黑猫白猫，能抓到老鼠就行了！既然事关人道主义，那么，它便是个道德问题，便是建筑师职业道德的重要组成部分。

这篇“杂记”是在医院病房里写的，住院三个礼拜，明天便要出院了。我住的病房楼，八百五十个床位，十四层，很神气，是1993年落成使用的，还是新房子。但是可怕的是，现用的病床比标准的窄十厘米，因为设计的病房的门太窄，标准床推不进来，而按照医院的规矩，病床必须能直接进出病房，以便急救。于是刚刚落成的新病房，不得不一方面把房门门洞重新凿宽，一方面把病床改窄，这才勉强能用。像旅馆房间一样，进房门的一侧便是卫生间，病房小，病床唯一合理的位置是顺卫生间的里墙放。而标准床又比这墙长出十二厘米。于是，不但平日磕磕碰碰，手术床推进来的时候，病床和桌子都得搬动才行。我住的是单人间，楼上三人间，靠窗的病人下了手术台推回来，得把另两张病床和桌子都挪开。按医院规矩，手术床是必须要能跟病床靠拢的。

病床头上有一套定型的标准设施，包括吸痰机、输氧机、呼铃、头灯等等，这些都不是什么新鲜事物了，然而这病房里居然当初都没有为安装它们留下预埋件，连电线都没有。现在这些都是后来凿洞打眼才安上的，电线是从卫生间拉过来的明线。卫生间里原来没有呼铃，也是后来拉拉扯扯才装设的，而卫生间的呼铃，连好一点的宾馆里都得有，何况医院。更奇怪的是卫生间浴盆边居然没有扶手，病人坐在浴盆里，很可能起不来。卫生间也没有机械换气设备。医院里考究，天天用药水洗刷卫生间，气味很怪而有刺激性，一整天也排不出去，于是整个病房楼就充溢着这种呛鼻子的气味。夏天打开窗子还好一点，冬天可受不了。说到打开窗子，又勾起另一件话题：虽然外面阳台很宽，阳台门却不知道为什么没有纱扇，我刚住进来，护士长就告诫我，小心蚊子飞蛾。阳台门旁边有暖气包，从那上面有一段十二厘米长的弯头向门洞口凸出，贴近地面，这简直是成心给病人下绊子！我穿着软拖鞋不小心踢了一脚，大拇哥的趾甲盖变成紫黑色的了。阳台上的栏杆是混凝土的，刷一道调和漆，虽然大楼只用了不到三年，调和漆早已脱落得斑斑驳驳。我住院期间，刮过几次大风，巴掌大的调和漆片满天飞，差不多是“燕山雪花大如席”的景象了。虽然我的同事有许多死不肯承认这是“建筑”问题，但房屋外饰面做法是要建筑师签字的。他有责任。难道在建筑两个字后面再加上“艺术”或者“文化”两个字，就为了逃避这责任？

病房楼有七部电梯，四部在中央，有个小小的前厅。可是两部运送手术床的电梯竟在后面，要通过狭窄而曲折的走道才能到达。我躺在手术床上，护士小姐像在小胡同里给大卡车掉头一样，进一步，退半步，再进一步，再退半步，调了好半天，才把我送进电梯。我一向有晕车的毛病，手术床上枕头又低，经过这一场折腾，竟呕吐了起来。造成这曲折的原因，是在电梯间前面堵了一间开水房。这开水房是没有外墙外窗的暗房子，当初设计的是用燃煤锅炉，那煤气怎么排出去？后来不得不拆了锅炉，改成了配餐室。我不能不诅咒这位建筑师！诅咒的不只我一个。进院的当天，护士小姐用轮椅推我去做B超、心电图和胸透，这些设施全集中在地下室。她要先送我乘电梯到首层，然后向东经过十二个房门的走廊，再转弯向北，经过4个房门，才到一部通地下室的电梯。地下室像迷宫一样，只见找不着去处的病人们急得来回地窜，向护士小姐打听，小姐也说不清楚，于是大家一起气恼地诅咒："这座破楼！"大概，建筑师在"文化大革命"时期看多了《地道战》，又把病人和护士当成"太君"和"二狗子"了。诅咒得最凶的是医院院长。星期一上午，他照例查病房，知道我滥竽建筑学，在发了一通牢骚之后，一跺脚说：我真恨不得把这楼炸掉！据说这是外科大夫的典型语言，他们做惯了手术。那么内科大夫会说些什么呢？恐怕会慢条斯理地说出些更难听的话来，他们喜欢找出病根儿来。

病根儿在哪里呢？病房楼所有这些建筑的错误和缺点，都不是要有多高深的学问、多复杂的技术才能避免的，都是些肤浅的"微观"问题。病根儿就在，我们多少年来，主要在学校里，对建筑的本质，对建筑师的基本任务，理解得很片面，太过于"高档"，于是就产生了那位年轻人告诉我的重"宏观"轻"微观"的建筑学教学理论，也产生了这座病房楼种种恼人的事。

建筑学的基本精神是关怀人，或者如过去所说，"对人的关怀"。这不仅仅是"宏观"意义上的关怀，而且是深入细致的极其亲切的关怀。我在建筑系当学生的时候，梁思成先生给我们讲他设计的北大女生宿舍，讲到女生的手掌小，所以楼梯扶手就做得细一点，曲面平缓一点，好让女生们握上去舒舒服服。林徽因先生曾经专门给我们讲家庭厨房设计，油盐酱醋怎么放，案板菜刀跟锅灶相互位置怎么样，等等。她主张厨房的朝向要好，窗子要大。她很郑重地说：妇女每天都有好几个钟头要在厨房里度过，得让她们在厨房里心情舒畅。

我们上"设计初步"课，从人体的基本尺寸学起，不是现在流行的那种"空间想象力"训练。我不反对空间想象力的训练，熟悉人体，也不见得要背出多少尺寸，直接使用。但是，从人体入门，能给初学建筑的人一个印象，便是，建筑是为人服务的，是人的活动场所，要关怀人、体贴人，给人们创造舒适、方便、安全的环境。方便而舒适的房屋是有感情的，它使人觉得温暖。因此，它能净化人的心灵，促进社会的和谐。在教育工作中培养未来建筑师或者天才大师关注建筑“微观”问题的习惯和价值观，不仅仅是培养职业能力，而且更重要的是培养职业道德。这就是人道主义。

那位向我讲解建筑教育方针的年轻人说，功能问题，这里面有许多属于“业主知识”，不是“基本功”，宏观的能力才是“基本功”。学校要训练“基本功”，至于“业主知识”，在接到任务后，通过调查、翻翻资料就能解决。“宏观”的“基本功”当然重要，但职业道德是基本功的基本。职业道德差，建筑师就不会下功夫去调查和学习“业主知识”。就说我住的那座病房大楼罢，我跟查房的院长说，那位设计人员要到医院来看一看，跟医务人员学学，跟病人谈谈，再回去查一查参考资料，就不至于出这么多的纰漏。院长听了，气不打一处来，说，为了设计这座楼，建筑师们曾专门到香港和日本去了一趟，说是考察最现代化的病房，谁知道他们干什么去了！谁知道？这些年，毫无效益的出国考察、访问、参观、交流之类，我们见得还少吗？

是“宏观”到了看不见七尺汉子的程度，“见泰山而不见舆薪”，还是为了多赚钞票，草草了事，便把社会责任抛掉了？

当然，建筑的形式、风格，建筑的“主义”们，也会关系到建筑是否有人性，关系到精神文明建设。但是，一个建筑师连人们对建筑的起码要求都不屑一顾，你还能指望他的人道主义么？还能指望他的人文精神么？建筑师或者天才大师，不能首先把建筑当作“实现自我价值”的手段，不能把建筑师的“自我价值”当作建筑创作的“终极目标”。我们的大师跟美国的大师恐怕也是得有点儿区别的。

当然，还有另一种“缺德”。那座病房大楼，连家具陈设在内，造价将近八千万元。这便是说，造北京西客站那座三层楼“小”亭子的钱，可以造一幢八百五十个床位的病房大楼了。你去看一看北京像集贸市场一样拥挤的医院，你去看一看小县城医院里在露天生孩子的妈妈们，你去看一看因为没有床位进不了医院的重危病人们，你会觉得那个巍峨壮丽的“首都的大门”有什么样的“政治意义”呢？难道你还能那么洒脱地说，“一般老百姓对西客站的雄伟还是满意的”吗？如果你向一般老百姓算明白了这笔账，他们还会“满意”吗？

（原载《建筑师》，1997 年 2 月）

（五七）

1996年底，北京市出了个热门话题：北京站东，为了造中外合资的大楼，拆掉一溜破旧民房，竟由此发现了一百米出头的一段明代城墙的残迹。市文物局下了决心，要保护，要修复。于是乎，市民掀起了一场献老城砖的热潮，上起八十多岁的老人，下至不到十岁的孩子，一块两块，十块八块，用车拉，用肩扛，把手边拿得到的老城砖送还到了现场。喜坏了也忙坏了文物局长，半夜里还东奔西跑去收砖；副市长也来了，捋起袖子咔哧砖上的残灰。据说，两个月里，送来的砖将近三万块，或许够修复这一百多米的城墙。

北京的明代城墙，外城周长两万五千多米，内城周长差不多一万五千米，在“革命”的年代里，群众运动式地三下五除二很快就拆得一干二净了。如今，虽说送回来的砖不多，但是，毕竟表现出，不但普通老百姓，连一些领导，文物意识增强了，作为历史文化名城的居民的意识也增强了。比起二十几年前，多少有了进步。

到20世纪中叶为止，北京城墙是全世界唯一完整无损的大国都城的城墙，是世界最长的城墙，连同它的城门一起，也是世界最宏伟的城墙。古罗马的城墙只有十九公里，而且单薄、城门矮小。君士坦丁堡的城墙早已所剩无几。此外，世上还有哪一个都城能和北京相比呢？如果照那时的样子保存到现在，北京的城墙和城门可以当之无愧地被认定为世界文化遗产。

但是，进了城的人很快就要拆除城墙了。1950年代初，报纸上发表了一幅新风俗画，一辆驴车从新拆的城墙豁口颠进城来，赶车的老汉高高地扬起了鞭子。评论家说，画家敏锐地抓住了城乡关系的新变化，旧城墙是城乡对立的标志，而新的生活取向则是要消灭城乡的对立。当然，还有别的许多拆墙的理由。

于是，梁思成先生被迫挺身出来应战了。1950年5月7日，也就是正阳门举行入城式之后不到一年半，梁先生在第六期的《新观察》上发表了一篇文章，叫作《关于北京城墙存废问题的讨论》。梁先生说，北京城墙“是举世无匹的大胆的建筑纪念物，磊拓嵯峨，意味深厚的艺术创造，无论是它壮硕的品质，或是它轩昂的外像，或是那样年年历尽风雨甘辛，同北京人民共甘苦的象征意味，总都要引起后人复杂的情感的”。他建议在城墙上建造市民休闲的绿地，批驳了关于拆城墙的种种理由，包括拆墙可以得砖，“拆之不但不可惜，且有薄利可图”。

但是，梁先生万万没有想到，拆不拆城墙已经被“最高地”确定为“政治问题”，也就是说，不但一切讨论都是白费口舌，甚至还有被打成什么“分子”的危险。梁先生也没有想到，正是那一点“薄利”，到了时机，便能轻而易举地“动员”多少人一齐下手来折城墙，很快便拆得净光。本来梁先生以为“用由二十节八吨的车皮组成的列车每日运送一次，要八十三年才能运完”，梁先生太书生气了，太低估了“薄利”的驱动力！博学如梁公，竟也会忘记“人为财死”的“民族智慧”。

在保护北京城墙问题上，梁先生是十分孤立的。为保护天安门前的东西三座门，为保护帝王庙牌楼，为保护西长安街南侧的双塔，我们建筑系年轻人中间，还有不少他的支持者、同情者。但是，保护城墙，理解他的人就不多了。这当然也跟上面有人打了招呼有关系，当时一位前辈为汽车在城门楼下绕个弯会多耗多少汽油给一些年轻人上了一课。那时候有个口号叫作“一滴汽油一滴血”。这位前辈把北京市的建筑遗产叫作“包袱”，碍手碍脚，那意思跟一张白纸才能画最新最美的图画差不多。我当年不懂事，但我五十年前第一次到北京，正巧是个中秋节晚上，出了火车站，抬头见到正阳门箭楼和城楼在月光下巍峨庄严的剪影，印象之强烈，一辈子也不可能忘记。因此，对拆掉城墙城门，朦朦胧胧有点儿惋惜。不过，普列汉诺夫说过，我们这种普通人，就像数目字中的“0”，赞成拆墙也罢，不赞成也罢，都毫无意义，“本来无一物”嘛！

然而，梁先生无援因而无望的心境的痛苦是可以想见的。他一生把全部感情，甚至整个生命都倾注到中国古建筑中去了，这时候，即使前面有刀山火海，他也不能沉默地退缩。因此，似乎不可思议，他竟在很危险的情况下勇敢得有如无知地说：“拆掉一座城楼像挖去我的一块肉，剥去了外城的城砖，像剥去我一层皮。”真是奇迹，他竟没有因此遭劫。这或许是因为正逢一次大政治运动后的调整时期，需要有“向党交心”的样板。那时还只是剥外城的城砖，若干年后，到彻底、干净地大拆内城城墙的时候，梁先生已经什么话都不能说了。

拆内城的时候，我们正在鄱阳湖边跟血吸虫赌东道。听说西直门城墙里拆出了元代的正则门，很有兴趣，并且幻想着也许能保留下一些什么。等回到北京，才知道什么都没有留下来。已经被当作“反动学术权威”打倒在地，再踩上千万只脚的梁思成先生，很想给正则门遗迹照一张相，可惜已经重病在身，没有如愿。

整个北京城墙和城门都没有留下完整的资料，以至于前几年燕山出版社打算为它们出一本专书的时候，只好翻译了瑞典的美术史家奥斯伍尔德·喜仁龙博士于1942年在伦敦出版的书，就叫作《北京的城墙和城门》。这本书的资料很不完备，但是，有什么别的办法可想？

关于北京城墙，还有一件文物应该介绍一下。这是一把十分精巧的镐，镐头是纯银铸的，两头尖尖，长18.5厘米，檀木柄长51.7厘米，整重1.4千克。木柄两头有镂花的银套，上面紧贴镐头的套上刻着这样几个字：“内务部朱总长启钤奉大总统命令修改正阳门朱总长爰于一千九百十五年六月十六日用此器拆去旧城第一砖俾交通永便。”这位大总统是袁世凯，朱启钤是他的内务总长，兼主管交通。所谓修改正阳门是拆除瓮城，为的是方便门外东西两个火车站前的交通。由内务总长亲自用这把特制的银镐来拆第一块砖，这仪式不仅庄重，而且给了老城墙一点儿神圣的意义。但为了现代化的交通，毕竟改了城墙。这件史实的评说，请列位看官自便了罢。

多少年来，一些人大凡给国家造成了损失，又推诿不掉，就会轻松地说："交学费嘛！"但是，恐怕许多学费都是不必交的。北京城墙的存废，只要有一点儿民主精神，能认真听听各方的意见就行了。可见"知识就是力量"这句话是完全不真的，权力不要知识的话，知识便毫无作为。

所以，1996年底，北京的一些市民和领导人对保护和修复小小一段城墙残址的热情，确实是非常可贵的，这点进步得来可太不容易了，付出了多少代价哟！但是，文物的一个最重要的特点是一旦失去便永远失去。文物的主要价值在于它携带着历史的信息，所以，文物的最根本的品质是它的原生性。毁后重建的城墙不再是原生的城墙，它失去了绝大多数的历史信息，任何科学、任何技术，都不能重现历史，因此都不可能使它具有老城墙的价值。这是永远无法挽回的千古遗恨。

荷兰的鹿特丹城有一座名为"被毁的鹿特丹市"的纪念碑，碑的主体是一个青铜的人像，象征这座城市，他全身痉挛地扭曲，双臂高高举起，头颅后仰，面朝苍天，撕心裂肺地呼喊。每一个看到他的人都会被他感动得喘不出气来。这个人为什么如此悲痛？因为他的腹腔和胸腔都是空的，为什么是空的？那是他，鹿特丹市，1940年8月，被纳粹德国把历史文化中心炸成了废墟一堆，从此再也不能恢复！不能恢复的失去，那是永远的悲痛！

有人说：已经无可挽回的损失何必再说？只顾向前看好了，不要再念叨过去了罢！但是，不对，岂不闻"前事不忘，后事之师"乎？把以前拆的烂污统统一笔抹杀不提，那就是只要老百姓交学费而他们并不打算学习，这样的人总也聪明不起来，烂污还会再拆。而我们难道还要继续为愚昧和野蛮付出代价？

我读到过一本奇书，叫作《文物建筑破坏史》，作者姓名我忘记了，反正是欧洲人写的。它记述了大量珍贵的历史文化遗产被毁灭的史实。正是这本书，比所有雄辩地讲正面大道理的书都更强烈地震动了欧洲人，使他们痛心不已，幡然憬悟，从而在20世纪中叶掀起了文物建筑保护的新高潮。对欧洲的古迹保护史起过重大作用的1975年的欧洲文物建筑保护年是其中一个重要环节。我们现在所要的不是忘记过去的痛苦教训，而是应该好好写一本我们的《文物建筑破坏史》，记下一件件触目惊心的事实。例如，北京市要拆掉帝王庙前的一对明代的牌楼，为了怕梁思成先生阻止，竟下令连夜动工，赶在梁先生早晨上班前拆完。要用这些事实来教育一切应该接受教育的人，尽量减少以后的损失。否则，过去早已犯过的错误还会莫名其妙地再犯。像不长进的蹲班生，反复交学费。

这当然不是多虑，眼前便有例子。同样也在去年年底，为了大抓精神文明，有些封建迷信猖狂回潮的省市，忽然，手硬了起来，强行拆毁了大量庙宇和祠堂。这阵风在某些程度上重复了三十年前那一场“破四旧”的无知胡闹。“四旧”也罢，封建迷信也罢，都不在庙宇和祠堂的建筑里，而在人们的脑袋里，在那个至今还被人称颂不已的文化传统里。那些庙宇和祠堂，有一些倒可能是珍贵的历史文物，是官式的和乡土的建筑艺术的精华，代表着我们民族建筑成就的某些方面。三十年前，一些人以“革命”的名义粗野地大肆破坏了许许多多庙宇和祠堂，然而“四旧”却在万岁万岁万万岁的呼喊中更加猖獗，更加泛滥了。那个全民跳“忠字舞”的场面真说得上“史无前例”！大“革命”刚刚过去，我在莆田县见到，一个被改成了粮仓的三进大庙，周围一百多米长的墙根下插满了香烛。那份绝不动摇的虔诚，真教人感慨万千。近年在乡土建筑调查中，我又看到地无分南北东西，所有村子，连深山老林中的三家村里，即使有几座侥幸逃过劫难的庙宇、祠堂，它们的装饰雕刻，连同住宅的装饰雕刻，所有的人头都被当作“四旧”砍掉了。据说这种“革命行动”的首创者是一百多年前农民起义的太平军，他们不是为了“破四旧”，而是因为信奉唯一的上帝，而要破坏掉其他一切偶像。去年秋天，我们到了福建省福安市楼下村，刘氏宗祠里，除了砍头，戏台上连“出将”“入相”两个上下场门都改成了“劳动人民的”“出作”“入息”，然而，后台板壁上却分明写着1967年11月22日，冬至日，西安剧团在这里上演的节目是棋盘山、铁弓缘、白玉堂、丹桂图、丁海杲、雌雄玉鹤、曹公判和碧痕泪。不是帝王将相就是才子佳人，清一色的“四旧”。那场野蛮的“革命”遭到了辛辣的嘲笑。

也有一些看来和上面的故事相反，实质上却是相同的笑话。在“破四旧”的高潮中，有些地方给当代的英雄们造了雕像纪念物，以满足人们高涨起来的崇拜心理。真正没有想到，在这些革命者雕像前，不久便有人具了香烛来叩头礼拜。没有安全感、不能理解现实的“愚夫愚妇”们惶恐地来向“当代神灵”们祈求保佑了。

如果我们认真地汲取当年“破四旧”越破越旧的教训，现在就不至于用拆毁庙宇、祠堂的方式来破除封建迷信，进行精神文明建设了。拆掉几座建筑是很容易的，何况又“有薄利可图”。但真正破除封建迷信是完全不同的另一回事。人们过去是因为迷信才造庙的，不是因为造了庙才迷信的。去年年底这一轮的拆除，不知会不会有文物建筑遭殃。有朋友告诉我，这次拆的不大可能是文物，而是近年死灰复燃新建的庙宇。那么，更可以证明，二十多年前红卫兵拆庙是白费力气了，现在再拆还有用吗？

在轰轰烈烈的“破四旧”运动中，有一件特别的事值得一提。江西婺源本来有不少文峰塔，大多在大动乱的年代里被破坏了。李坑村的文峰塔是用炸药包炸了几次才炸干净的。我们到凤山村去，意外地见到了劫后幸存的全县唯一的一座塔，它矗立在紫云英盛开的田野里，玲珑秀逸，给村子增加了许多魅力。村人们说，当一些村子为了争表忠心而毁掉文峰塔的时候，这座塔的脚下也堆起了炸药包。当时驻村领导“革命”的一位“工作组干部”，曾经是县委的宣传部长，把村民召集到一起，说：这座塔，炸掉了有什么好处，留着它有什么坏处，大家再想一想，讨论讨论。这些话在当时具体情况下有明显的倾向性，“革命的”

村民们便没有点燃炸药包。这位干部的见识和勇气真值得我们钦佩，应该好好感谢他！说真话，那些年，有这种见识的人倒并不少，少的是这种勇气。有些人，面对一些蠢事，明知不对，也是“闲事不管，饭吃三碗”。这算是好的，更有人因了某种打算，还要声嘶力竭为蠢事摇旗呐喊，甚至“杀上第一线”。他们是识时务的“俊杰”，任你东南西北风，他都能应付裕如。

看来，过去的事，对的，错的，好的，坏的，还是不要忘记为好。为了不忘记，就得常常念叨念叨，千万别嫌烦。只要人类还存在，就没有单纯放马后炮的事后诸葛亮。一件事的事后，便是下一件事的事前，所以才有“前事不忘，后事之师”的说法。

关于北京那一段残墙的保护和修复的事，本来也有许多历史经验和教训可以借鉴，用红卫兵的格式说，千言万语，万语千言，汇成一句话：最大限度地保存历史的真实，不要把佛头着粪当作锦上添花。

第二次世界大战结束之后，侵略国和被侵略国都曾经着力重建被战争破坏了的文物建筑和历史城市。我参观过德累斯顿的重建，那是个极美的巴洛克城市，被炸得一片狼藉，当时的民主德国政府把它从废墟中重建，工作十分慎重细致。例如皇家歌剧院，在重建之前，做了将近二十年的研究，为了尽可能地忠实于原状，从碎砖烂瓦堆中一点一点地搜集残迹，到欧洲各国图书馆和档案馆里去查找资料，包括游记，连过去小学生画的写生都收罗了一大批。为这些资料专门造了一个博物馆，我在那里看到，甚至有指甲那么大的灰片被小心翼翼地珍藏着，它们或者有颜色，或者有彩绘的一道笔触。经过这样的研究之后，才动手重建，慢工细活，长达九年之久，方告成功。主持者不无自豪地告诉我，皇家歌剧院，每个线脚，每个装饰纹样，都和原来的一样，随时可以拿出证据来。我又参观过法国鲁昂的主教堂，那也是从遗址上重建的，每片墙上，每个柱墩上，都挂着镜框，里面有战前的照片和图，有炸毁后的照片，有修复后现状的图，图上标明每一块石头是幸存的还是从废墟中找到复位的还是新配的。那些工作一丝不苟的严肃认真，着实教人钦佩！欧洲人的科学精神，虽然目前很受到我们儒家后人的嘲笑甚至指责，但是，我想，我们实在还是应该老老实实向他们学习。有一次，我向我们一些专业的文物保护工作者介绍这些情况，座中竟有人冒出一句："那是吃饱了撑的。"我真心希望，在文物建筑保护中，"中国特色的"这个词，不包含有千年传统的马马虎虎、随随便便、差不多就行，也不包含充满拜金主义的"古为今用"，更不包含对历史任意的篡改。中国人太需要那种认死理的科学精神了。

自从苏联解体之后，俄罗斯产生了一种强烈的怀古情绪。计划重建一批在1930年代被拆掉的教堂。莫斯科红场边一座最大的救世主教堂正在重建，前天刚刚有同学从莫斯科打电话来说已经封顶。这座教堂原来于1883年建成，是纪念1812年战胜拿破仑侵略军的，规模很大，可以容纳一万人做礼拜，是东正教最重要的教堂之一。1939年为了建造苏维埃宫而拆掉，1994年起严格按照当年的测绘图重建。

不论是战后的重建还是俄罗斯目前的那种重建，尽管工作做得很到家，在国际文物建筑保护界都引起许多激烈的争论。正像"被毁的鹿特丹市"纪念碑所显示的那样，失去了的历史信息是不能完全恢复的，掏空了的胸腔和腹腔是补不回去的。不过，它们毕竟多少还能挽回一部分历史信息，并非一无所有。而且它们也携带着自己新的历史信息，其中包括人们对文化遗产的珍爱、人们细致深入的科学精神等等。这跟我们那些亵渎文化和历史的无数仿古街和假文物建筑是完全不同的，仿古街和假文物建筑的历史信息是告诉后人我们现在还有多么的愚昧无聊。

但愿北京那段老城墙的修复能真正反映出北京市民和领导人文化水平的提高、文物保护意识的觉醒、科学精神的加强。不要像过去做过的修复城墙那样，是邪非邪，真邪幻邪，弄不清楚，成了笑话。

附记一

这段"杂记"刚刚写好，正是农历大年三十的中午，邮递员小姐在楼下一声吼，我赶紧下去取来了当天的《光明日报》。真是奇巧，那上面有一张照片，是一片碎砖烂瓦中草草搭起来的一间小小的单坡的“庙”，我数了一下，高只有十一皮砖，还不到七十厘米。照片的标题叫“阴魂何日散”，有几十字的说明，抄录如下：“河南省滑县慈周寨乡朱街村西头，在一座前不久被强行拆除的庙宇的废墟上，日前又搭建了一座小庙，真不知人们心头的阴魂何日才能彻底散去？”其实，问题不是阴魂何日才能散去，而是如何才能使它散去。事实证明，“强行拆除”庙宇，是不能使迷信的阴魂散去的。我倒要问一问，这种三十年前“强行拆除”庙宇的愚蠢的阴魂，何时才能散去？

我们确实迫切需要一场切切实实的、彻底的“文化大革命”，需要切切实实的、彻底的“破四旧”。但这场革命不能是急风暴雨的十年大杀大砍，而是科学地、民主地、坚定而有韧性地进行，准备一百年的时间。

附记二

近日报纸上报道，经专家议决，“修复”的那段北京城墙将是空心的，里面设城墙博物馆。那就是说，实际上并不是修复城墙，而是新建一座城墙形的博物馆，如果城墙形立面两端还留一点破茬的话，或许算得上“解构主义”的作品。唉！城墙被“戏说”了，可怜送还城砖的老人和孩子们的一片至诚。我耳边又响起了凡事都可以马马虎虎无所谓的同胞斥责那些凡事一板一眼顶真的洋人的那句“掷地有声”的话：“吃饱了撑的。”此所谓“东方式的智慧”乎？

文物建筑保护是一门科学，科学有它的原则，有它的系统的理论，不是由几个“专家”和几个官员，就事论事地商量一下便可以的。没有一以贯之的原则，没有逻辑严谨的系统理论，我们的文物建筑保护工作的随意性就很大，东边保一个，西边可能拆一个更有价值的，而且所谓保，有时候倒或许是更彻底的破坏。

幸好还听到另一种新闻，使我觉得日后还有点儿希望。怀柔县的一些朋友，辛辛苦苦调查了一大批长城游客，有六成以上的说，宁愿看残损的真长城，不愿看修得整整齐齐的假长城。“喜真厌假”的人占了多数，看来打假之风总有一天会刮进文物建筑界，人们会对着假冒伪劣“文物”建筑诅咒：“天厌之，天厌之！”只是不知道我们的某些专家，某些文物工作者，什么时候能加入到这六成多人里面去。总会有这样的日子的罢！

文物建筑保护需要科学，需要民主。科学和民主，我们追求了将近一百年了，还得坚持追求下去。

（原载《建筑师》，1997年8月）

（五八）

一个好的建筑物，不但本身的设计要完美，而且必须与它所处的环境，自然的或者城市的，有某种深思熟虑的和谐关系。这毫无疑问是正确的要求。

一个好的建筑群，街道、广场、校园，它们的组成部分，房屋、雕像、树木、水池、招牌等等，应该经过细致的推敲，形成谐调的整体。这也毫无疑问是正确的要求。

但是，为了达到这样的目的，就要反对单体建筑物的个性吗？就要削弱甚至压抑建筑师或建筑创作集体的个性吗？

不！绝不！

没有建筑师的个性，就不会有建筑物的个性，没有建筑物的个性，也就没有创新和发展，城市和建筑群，就会老一套，就会单调、枯燥、死气沉沉。

追求鲜明个性的建筑物是建筑发展的催化剂，它们会使我们的聚居环境、城市和建筑群屡出新意，丰富多姿，色彩缤纷，充满蓬勃的生气。

个性就是特色。岂有一方面反对千篇一律，一方面又反对特色的道理？为了反对千篇一律，必须提倡个性特色。

我们所需要的城市和建筑群的景观的和谐统一，是交响乐式的和谐统一，不是腰鼓队式的统一。一个管弦乐队，如果钢琴和小号一样，黑管和竖琴一样，能奏出千变万化的交响乐来吗？正是钢琴、小号、黑管和竖琴的个性特色，才使音乐那么复杂而丰满。所以，问题不是要取消各种乐器的个性特色，而是要善于把个性特色鲜明的乐器恰当地组合起来。要善于作曲，要善于指挥。作不好曲，当不好指挥，演出就会一塌糊涂，但不要怪罪钢琴没有奏出小号的音响来。只有一种声音，那叫什么音乐？建筑师，好的建筑师，就是要作好曲，当好乐队的指挥。

比喻总是蹩脚的，还是不谈乐队，来看看一些世界上公认杰出的建筑群罢。

第一个要看的当然是古希腊的雅典卫城。那上面，有建筑也有雕刻。建筑中有陶立克式，也有爱奥尼式，有单纯长方形的也有多种体形组合的，有彩色的也有石料本色的，有围廊式的也有裸露着大片光墙的。雕刻则有圆雕有浮雕，有独立的有附于庙宇的，有青铜有大理石。圆雕又有单体有群体，浮雕有独幅的也有长达一百六十米的。总之，雅典卫城上的每一座建筑，每一个雕刻，都有强烈的个性，但它们形成了很和谐的整体。更重要的是，它是一个前所未见的大幅度创新的建筑群。

第二个要说的是意大利威尼斯的圣马可广场。它的教堂是拜占庭式的，总督宫是哥特式的，钟塔是罗曼乃斯克式的，图书馆是晚期文艺复兴式的，市政厅是古典主义的，钟塔下的敞廊是巴洛克式的。这些建筑物，有水平地长长展开的，也有瘦瘦地高耸百米的。有很华丽的，也有很朴素的。总之，圣马可广场上的每一座建筑物都有自己强烈的个性，同时也形成了很和谐的整体。每一个建筑师在设计的时候，都没有卑躬屈节去模仿早已存在的建筑物，而是按照自己时代的风格去创作。它因此成了最富新意的建筑群。

这样的例子还有很多。罗马的纳沃纳广场、佛罗伦萨的主教堂广场、比萨的主教堂建筑群、圣彼得堡市中心、莫斯科红场等等都是。现在许多人津津乐道华盛顿的美术馆东馆和它对面的航天博物馆，总爱忘记它们处在很严谨的古典主义建筑物的包围之中。东馆的创造性在于它在这个环境中的突破，而不是它的三角形。

当然，并不是把各色各样的有个性的建筑物随意放在一起都能形成杰出的群体的，只有经过精心的创造性的推敲才行。雅典卫城、圣马可广场和其他一些好的实例都是整体创作的成果。所谓整体创作，并不都是一次性完成的，例如圣马可广场和圣彼得堡城市中心，在长达几百年的建设过程中，每一个建筑师，在创作时都考虑到建筑群的整体景观。这两个建筑群经过多次的改造，每次都改善了它们内部的和外部的形象。但那些建筑师并没有牺牲他们的个性，而是以个性鲜明的作品谱成了丰富多彩的建筑交响乐。

失败的，许多有个性的建筑物凑成一个杂乱的环境的事也不少。例子似乎不必举了，大家见得多了。但这种后果并不是因为建筑物有个性，而是因为建筑师不善于谱曲，不善于指挥，而让钢琴、小号等等各自乱来一气，成了噪声大杂烩。

应该提倡建筑环境的整体景观效果，但不必，而且千万不可以牺牲建筑物的个性特色为代价。这很难，但有一句豪言壮语曰："没有困难，还要我们干什么？"现在有不少人讥笑豪言壮语，喜欢走捷径轻轻松松多多赚票子，那我就只好不说了。

与前面所举的生气勃勃的建筑相反，也有另一类建筑群，统一和谐，然而沉闷得没有一丝儿活泛气儿。例子也不少，在巴黎就有奥斯曼式的一条一条的长街和早些的沃士什广场、旺多姆广场，在伦敦有西部的维多利亚时代的住宅区。那里没有一幢建筑物是有个性的，大家都是谦谦君子，唯恐自己比邻舍隔壁突出。向右看齐，眼睛正好对着前面老兄的耳朵；正步走，一排排白手套甩得一样高。那样的"统一和谐"，真教人受不了，远远不如香港弥敦道上那些乱七八糟、五花八门的店招形成的街景可爱。

所以，衡量一座城市和一组建筑群的景观，统一和谐并不是唯一的标准，也未必是最高的标准。城市和建筑群有一种“气”，问题在于是生气还是死气，是充满了活力教人振奋，还是泯灭了活力教人压抑。有生气才有灵魂！

人类的历史，是为解放而斗争的历史。从自然力的威胁下解放出来（绝不是“天人合一”），从阶级的压迫下解放出来，从金钱的奴役下解放出来，从形形色色的迷信的愚弄下解放出来。每一步政治的、经济的、思想的解放，也都意味着人性的进一步解放，它的完善和发扬。不可能存在没有个性的人性，所以对个性的尊重，是社会进步的一个标志。城市或者建筑群，具有什么样的气质，是发扬个性的还是压抑个性的，不是建筑师个人的事，它是时代精神的反映。

雅典卫城造于古希腊的盛期，那时候，雅典人团结全希腊刚刚打败了波斯的侵略军，保卫了自己的独立，雅典的商业繁荣、经济发达，伯里克利的政策把城邦民主制度推到古代的最高峰。圣马可广场造于威尼斯共和国的极盛时期，那时候它的舰队保护它的商船通行于地中海各个港口，欧洲与东方的贸易大多由它中介，富裕的商人们建立和维护他们的共和制度。圣彼得堡市中心始建于彼得大帝时期，采取了激烈的改革开放政策之后，封闭落后僻处欧洲东缘的俄罗斯迅速强大起来，不久成了欧洲举足轻重的力量，后来又艰苦卓绝地战胜了拿破仑的侵略。这个市中心便是这一百多年历史的纪念碑。但这段历史毕竟是沙皇专制统治下的历史，因此圣彼得堡市中心有长长的中轴线，庄严多于欢乐，生活化和人性化就差得多。

古典的希腊也好，共和的威尼斯也好，都大量汲取外来的文化，成了当时地中海文化交流的中心，因此人们的观念勇于进取，很少保守。改革开放的俄罗斯，更是大胆地敞开门户全面向先进的西方学习，包括喝咖啡和刮胡子，圣彼得堡市中心建筑群的建设甚至有不少意大利和法国建筑师参加。

正是在那种繁荣、进步、开放的历史时期，人们的个性觉醒，思想活泼，创造力发挥，所以才有了那些伟大的建筑群，具有强烈的个性特色的建筑群，包括有强烈的个性特色的单体建筑。

再看另一种情况。

巴黎的旺多姆广场是路易十四时建造的。路易十四建立了法国的绝对君权制度，他是“太阳王”，自称“朕即国家”，他的首辅大臣组织了全国的文学家、艺术家和建筑师来歌颂他个人。这个广场的中央原来立着路易十四的骑马像，广场的名字就叫“伟大的路易”。1852—1870年建造奥斯曼式街道的目的之一是拆除劳动者聚居的贫民窟，驱赶他们离开市中心，同时又便于调动军队，尤其是马队和炮队，镇压当时经常发生的劳动者起义。那时正值拿破仑第三的黑暗统治时期。至于伦敦的维多利亚式住宅区，则是房地产开发的产品，成批成批造起来出卖或者出租。

因此，那些建筑群、广场和街道，就缺乏建筑师的个性，缺乏想象力，缺乏创新的激情。它们是那么的公式化，那么的平庸。它们的统一和谐像一批拘谨、呆笨、等候上司支使的饱经世故的小办事员的群体性格。

如果说雅典卫城、圣马可广场等等像辉煌的史诗，那么，旺多姆广场和奥斯曼式的街道就像工整的呈文。

有一位年轻朋友很诚挚地告诫我，我对建筑历史的理解，我对建筑历史的阐释方法，很容易坠入庸俗社会学中去。我真心感谢这位朋友，经常在心里念叨这个问题。但是，一方面是我对庸俗社会学还琢磨不透，另一方面是我近年的学习和工作反倒更加加强了我的那些认识，所以，至少目前暂时还不能改变我的思想。

我们中国人，大概是从宋代理学兴起之后罢，便不大赞成鲜明强烈的个性。从童蒙时代起，就被各种各样的家训、格言、行为规范、伦理教条，一层一层地束缚得紧紧的。直到现在，我们对孩子们的教育还没有培养和发扬他们的个性这一条，相反，倒是有意无意地压制他们个性的发展。学术上，有了不同意见，提倡“述而不争”，就是你说你的，我说我的，不正面交锋。开会讨论些什么问题，一个个说起话来都那么中规中矩，缺棱少角。只要谁带头一说，后来的人便都随声附和，要说一点点不同的意见，先要做许多铺垫，首先是转弯抹角地表明其实与别人的意见并没有原则的分歧。我们的古典文学作品中，只有一个孙悟空有点个性，但文学研究者对他没有兴趣，却一窝蜂地去吹捧纨绔子弟贾宝玉的什么“叛逆性格”。

自古以来，中国的建筑一直沿着封建社会匠作的路子在走。没有建筑师，只有工匠，工匠没有个性的觉醒，建筑的进步依靠一点一滴的经验积累，没有自觉的创新，因为创新需要个性，创新也意味着个性。跟欧洲建筑相比，我们不得不痛心地说，中国古代的建筑是千年一律、千篇一律的。

现在，我们建筑师所处的社会环境大大不同于古代了，我们应该有创新的可能了，应该可以追求创作个性了。但是，我们的个性还受着不少的束缚和压抑。对建筑个性的压抑主要来自两个方面。一方面是长官意志和老板意志，所谓“三分匠人、七分主人”，建筑师常常还是听命于主人的匠人。我的一位四十多年前的老同学去年秋天对我说，搞了几十年建筑设计，头发都白了，还不过是有权的人或者有钱的人的高级描图员，一个设计做出来，最多只有百分之二十的创意是自己的。他说：真没劲！他劝他的儿女再也不要学建筑了。另一方面对建筑个性的压抑来自建筑师自己：背负着文化传统的重担，有些人“思想不解放”，缺乏树立个性的自觉追求。前几天读到一本杂志，一位艺术家激动地痛斥了长官意志和老板意志之后，大声疾呼：要建立权威的建筑艺术指导管理机构，把城市的建筑风格统一管起来。这不依旧是“大海航行靠舵手”的思想模式吗？历史的牢门已经打开，牢中人还犹犹豫豫，离不开牢头禁子。

面对着这种可悲的情况，我们必须为创新、为发扬建筑师的创作个性而大声疾呼。“文章合为时而作”，理论永远不可能是全面的，永远不可能是适应于任何时代的，更不用企图写出绝对真理来了。理论工作只能抓住一个时期最紧迫的问题，大做文章。这就是说，每个时期有它的理论热点，目前就是要为发扬建筑师的个性和创造性，为尊重建筑师的个性和创造性而大呼大叫。假定说，也许有朝一日，我们建筑师的创新精神，也便是个性，太过剩了，那时候，我们再来反对不迟。但至少目前还不是那种情况。引用欧美的某些建筑作品与环境格格不入来警告中国人不要发扬创作个性，那真个是外国人打喷嚏，中国人吃阿司匹林。

这不是理论工作的片面性。好像人们保健，缺钙就补钙，缺碘就补碘，不能任何时候都只喝十全大补汤。事实上没有那种十全大补的东西，谁说有了，便一定是假冒伪劣的产品，违反广告法的。

可能会有点儿偏激？但偏激不偏激，其实往往决定于评论者的立场和观察的角度，决定于他的价值取向。赞同某个主张的人，会觉得说得还不够痛快淋漓，不够犀利透彻；而反对这主张的人，却觉得说得太刺激了，太过头了，太不留余地了。现在，20世纪90年代，有一些人盲目学某些美国人的样，自封为“文化保守主义者”，批评五四运动是“文化激进主义”，弄断了文脉；鲁迅是思想的“暴君”，吹捧那个铁案如山的汉奸来贬低鲁迅；甚至连辛亥革命都被认为是不必要的过激行为，不如“君主立宪”、走洋务运动的路子。那么，换个立场，从另一面看，这些“文化保守主义者”的话不是也很“过激”吗？

无论古今中外，大凡有过一点影响的理论，都得有点儿“偏激”。现代的“文化保守主义者”，断定孔孟之道可以在三年之后便将到来的21世纪拯救全人类。据说孔孟之道的最基本的核心是“礼之用，和为贵”，是“允执厥中”，一副雍容揖让的样子。其实，孔子和孟子都说过一些“偏激”的话。例如，孔子曰：“毋友不如己者”；“唯女子与小人为难养也，近之则不逊，远之则怨”；“八佾舞于庭，是可忍也，孰不可忍也”。如果真有人像他说的那样，“朝闻道，夕死可矣”，那么，恐怕谁都不敢说正经话了。至于孔曰“君子喻于义，小人喻于利”，孟曰“为富不仁”，岂不是“偏激”到了很教当今一些人受不了的程度吗？他们爱憎分明，何曾是和事佬！

前几年翻译出版了一本美国人房龙著的《宽容》，我们这里大大掀起了一场揄扬宽容精神的风波。最近又出版了同一位房龙先生的著作，叫作《人类的艺术》，读起来很有趣。他说：中国音乐，“在我听起来，好像猫在邻居花园拼命嘶咬”。他说：“拜占庭艺术堕落到死人遗骨堂的艺术，因为拜占庭的生活，就像死人遗骨堂那个样子。这说明，我们为什么对这种艺术，格格不入。”他又说俄罗斯的教堂是“怪异”的，莫斯科的华西里·伯拉仁内教堂“像精神错乱的人做梦”。原来，这位《宽容》的作者，对欧洲“正宗”艺术之外其他民族和国家的艺术也并不宽容，挖苦起来措辞相当刻薄。看来，毫无偏见的宽容是很难得有的。

我们现在，有些人对“个性”，对“创新”怀有疑虑，倒并不见得像房龙那样有狭隘的偏见，而是因为他们确实见到了不少不很成功的、很不成功的，甚至假冒“创新”的和乔装“个性”的建筑。其实，提倡“创新”，并不是提倡毫无根据地出怪招；提倡“个性”，并不是提倡不顾一切地自我炫奇。这本来不言自明。譬如说，有教练批评某些足球运动员缺乏创造性，缺乏想象力，球迷们大可不必担心他会叫运动员把球踢进自家大门。

提倡创新也好，提倡个性化也好，都是一种历史的论断，应从建筑发展的角度认识和理解。静止地、孤立地去考察一个个建筑，是很难看清创新和个性化的重大意义和作用的。“发展是硬道理”，理论需要历史意识。

缺乏历史意识，脱离建筑发展的长河，也往往不能真正认识一些路标式建筑物的价值。例如巴黎铁塔，这分明是一座划时代的、突破了传统的、最富有个性的建筑物，前所未见，可是，有些人却偏偏不赞成弘扬它的创新，而着重寻找它与过去的联系，论证传统的永恒。又例如在萨乌阿别墅立面上寻找古典主义的构图，在洪尚教堂形体上寻找地中海乡间建筑甚至古典主义的传统。一些人总是喜欢向后看，迷信过去，崇拜祖先，这就叫世界观问题。有人把这种现象比作张果老倒骑驴，并且说：要改也难。

学习历史，主要的目的本来是要学会在历史的前进发展中去认识与评价事物和现象，可奇怪的是，却有一些研究历史的人走向了反面，这事且待以后再说。

附记

杂记写成，迟迟没有寄出。礼拜天接着看房龙的《人类的艺术》，看到一段很有意思的话，抄下来请读者欣赏：

> 正如路德不是新思想的先驱，而是中世纪信仰的最后捍卫者——中世纪最后的一名伟大的英雄——巴赫也不是新的音乐表现形式的先驱，而是中世纪的伟大音乐家中最后的一个。我们很容易忽略这一事实，但这却能说明一切。巴赫的音乐，在我们这些对这个问题不是特别有研究的人听起来，是使我们耳目一新的东西——我们现代人听起来最舒服的东西。但是巴赫音乐之新颖，有如乔托的壁画或约翰·凡·爱克的绘画的新颖。事实上，这些东西，不过是对过去的文明的最后的总结，是过去的艺术的最高成就，绝不是新世纪的开路先锋。

所以，尽管房龙把巴赫恭维为“旧时代音乐的最崇高的代表，旧时代最高尚的、最高贵的音乐的化身”，他还是遗憾地认为巴赫是“悲剧”性的，因为“德国当时急需一个能谱写现代形式的乐曲的音乐家”，而巴赫“没有成为那个人”。

对音乐不能“忽略这一事实”，对建筑也一样，而对建筑的观念和理论，就尤其不能“忽略这一事实”。这是历史思维的基本原则。

（原载《建筑师》，1997 年 8 月）

（五九）

旅途中，一位年轻朋友问我：现在的建筑学著作中，你觉得最不满足的是什么？我立刻回答：是著作中几乎没有人。没有建筑师，没有长官和老板，没有使用者，更没有需要建筑服务而得不到的人。说没有，是说没有他们血肉丰满的鲜活形象。

接着我给她讲了一件事：抗日战争时期，我在一个深山小城里读初中，教国文的叶老师是当地的一位乡绅，前清的举人。每逢日寇飞机来袭的时候，他必定穿好长袍马褂，站在学校大门前的乱葬岗上仰天痛骂，绝不躲避。那时候，没有教科书，老师们自编课文。叶老师第一堂课就教陆游的《示儿》诗。他先在讲台上庄严地静静站一会儿，大家都屏住了气息，他才用沉重的声调长吟"死去元知万事空，但悲不见九州同"，于是，我们的泪珠顺脸蛋儿滚滚而下。就是这位叶老师，给我们讲《史记》，他说，《史记》之好，好在历史著作里有活生生的人。有人批评太史公，写历史写得像小说，不是正宗史笔。像小说固然不妥，但写史要写人，这创意是非常好的。因为叶老师是我一生最敬重的人之一，所以我几十年来都牢牢记着他的话，相信他是对的。

可惜，不知为什么，建筑学术的著作，总是不大喜欢写人。不但建筑史中不写，一般的文章里也不写；不但不明写，也不暗写。我说不写，指的是不写有个性、有理想、有追求、有愿望的人；不写人们的辛苦、谈吐、欢愉、牢骚，不写他们工作和生活中富有表现力的情节。

建筑与所有的人都发生很密切的关系，每个人都为它动过感情。建筑师为它熬干了心血，"三更灯火五更鸡"，早在学生时代就习惯了在绘图桌前过夜。长官为它操心，或是为了关怀平民百姓的安居乐业，或是为自己的"政绩"和"权力意志"。老板关心它能为自己赚多少票子，或者怎样包装自己的事业。职工们生活不富裕，但是一旦分到了几间房子，不惜花掉多半辈子的积蓄去大大装修一番。那祖孙三代挤在一间小厦子里过日子的，那领了结婚证为弄不到房子干着急的，都眼巴巴地望着它。即使毫不相干的过路客，见到一幢房子，美了，丑了，也会议论几句，报纸上叫投票选举好建筑，就兴致勃勃地参加。要是细说起来，人们对建筑的“参与”简直说不完。

怎么所有这些，在建筑学的著作里都很少见了呢？或者只用一种职业化的冷漠态度略略提过不表了呢？所以，我说我觉得建筑学的著作，包括建筑刊物，普遍的不足是没有人，或者说见物不见人，大概不算过于“偏激”。现在，建筑学界很爱说建筑的社会性和人文性，没有人，怎样阐释建筑的社会性和人文性呢？例外的也有，刊物里我最喜欢看的是关于住宅、关于试点小区的文章，因为那里常常洋溢着亲切的、细致的对居民日常生活的关怀，读起来人情味儿十足。但是，在当今中国的建筑学界，住宅设计的行情是不大看好的，被翻过来掉过去地大侃特侃的，都是些难得一遇的大型公共建筑。像悉尼歌剧院那样，多么吃得开！而住宅的所以吃不开，恰恰因为它要关怀人。应该反过来，要让住户们都知道住宅设计者的婆婆心肠，懂得敬重那些一辈子勤勤恳恳为住户推敲最健康、最合理的居住环境，直至推敲放鞋子、安插头的最佳位置的住宅设计者。大家都要心中有人，彼此彼此。

会有人提醒我，我们也出版过若干本建筑师的传记，刊物上也不断发表介绍建筑师的文章。我阅读有困难，“据不完全统计”，这些书和短文，绝大多数是写外国人的。写中国人的寥寥无几。我当小学生的时候，每年都有几次，由老师安排，很多同学们一起，打着红绿纸旗上街游行，纸旗上写着“提倡国货、爱我中华”一类的口号。我们推介建筑师，是不是也应该喊一喊类似的口号？

我手头有三四本介绍中国建筑师的书，很难得。但是，恕我直言，介绍的不是他这个人，而是他的作品，至多有几句他自己说的对建筑创作的“哲学”或观念。而这些作品分析，这些“哲学”和观念，大半是风格呀，空间呀，传统呀，色彩呀，还有“形神俱备、表里统一”之类，就是没有人，既没有传主其人，也没有评论者其人，更没有建筑的使用者们和不得其门而入的望楼兴叹者们。发表在刊物上的纪念老一辈中国建筑师的文章，大多按一个套路写，不外乎工作勤奋、学习努力、诲人不倦、深入认真等等，当然还得有一条“热爱”。连标题都差不多，大半是上下五言的对偶句。现在许多人批评我们的建筑千篇一律，或许，原因就在建筑师们的千篇一律。建筑没有个性，或许原因就在建筑师没有个性。但是这大概并不真实，这是因为写作者把“性情中人”的建筑师往一个模子里套，终于失去了这位建筑师的性情。这很像50年代初期的标准设计，干干巴巴，没滋没味。

我认识不了几个建筑师，这些话也许失之于揣测。但是，相差不会太多，八九不离十罢。只要看我们出版的外国建筑师传记和发表的介绍外国建筑师的文章就明白了。外国人写外国人的书一般很好看，所写的建筑师和他们的各色各样的业主，有长官、有老板、也有倔老太太，都是活灵活现的。我们的作者写外国人，想必看过那些书，但是，奇怪得很，写成的书或文章，简历之后，仍然是作品介绍或传主本人几句商品包装式的“哲理”，似通不通。那些鲜活的内容统统被删除掉了。又套进了模子，还是“中国特色”。呜呼，此所谓传统乎？

造成这个传统的第一个原因，大概是那条“学了就要用”的读书秘诀不但还在起作用，而且经过市场经济的磨洗，人们更加急功近利了。我问过一个女学生，一本学术著作，一本图集，同样价钱，你买哪一本？她很不好意思地忸怩了一下，还是老老实实地回答：买图集。因为可以照搬。只有立竿见影能用得上的东西才有价值，建筑师的阅历、思想、爱好、心理，那些玩意儿“干卿底事”？长官的不懂装懂，老板的颐指气使，写了不但没有用处，而且，那些岂可以随便写得？一个拿权管着，一个拿钱买着，你还想怎么着？多一事不如少一事罢。

第二个原因，我又要说说建筑系的教育了。我们的教育里，恐怕也不大引导学生们去注意人事。手法、技巧为主，再辅以能照搬照抄的资料介绍。当然少不了对将来当大师的鼓励，而大师就是新异的空间组合、精巧的构图等等。我有机会看过一些建筑系四年级学生写的调查报告，有写高楼大厦的，有写古老园林的，但到现在没有见到一篇写大杂院和危房区居民的苦恼和企盼的。而写高楼大厦和园林的文章，也没有一篇写到人，甚至没有写到自己，写来写去都是“物”，立面呀，空间呀，曲径通幽呀，如此等等。

我也有机会看到一些建筑系的研究生论文。其中一部分，从选题到写作，都脱离生活、脱离人，因而也脱离了建筑的真正本质。好像建筑思维的源泉，建筑发展的动力，不在生活，不在人，而在太极，在阴阳八卦，在三千年前的一本《易经》，或者在外国人书本里的什么“哲理”和“诗意”之中。我很奇怪，当今大兴住宅装修热，各有所好，各有创意，五花八门，都热情洋溢，为什么没有一位研究生把它当作论文题目呢？这里面既有实践，又有社会上各个阶层的人，他们的教养、爱好、经济实力，有人的现实生活。如果把长官意志和老板意志当作一个题目来研究，广泛调查一下他们在一些建筑的设计和诞生过程中起的各种各样的作用，说过的各种各样的话，加以剖析，一定可以写出很有意思的论文来。二十年来，我们造了那么多房子，城乡面貌焕然一新，一派兴旺气象，但也有不大满意的声音。为什么还不见以普通的人们对这些年城乡建设的各种看法为题的研究论文？我们的某些研究生，为什么那么迷恋书本，迷恋中国的古书和外国当代的哲学书？走向生活，走向人，形形色色的人，不是更好吗？人说文学是人学，那么建筑学更是人学，有不接触文学的人，却没有不接触建筑的人，没有不要求建筑服务和庇护的人。研究建筑而不研究人，那不见得是建筑研究的正路。

今天读了两本写贝聿铭的书。一本是炎黄子孙写的，书的精美到了极致，但依旧是老脾气的“中国特色”，以贝先生的作品为纲，一个作品一章，只交代一点点不能再少的背景资料，马上就“闲话少叙，言归正传”，平面、立面，直到构造做法，一一介绍。另一本是美国人 M. Cannell 写的，请看它的“目录”：前言，“金字塔战役”，上海与苏州，坎布里奇的中国学生，我们将改变这一切，背弃的诺言，肯尼迪家族的祝福，贝聿铭建筑事务所，考帕列广场上方的窗户，美国最敏感的地皮，旷世建筑，事实的明证，重返中国，不祥风水，桑榆暮景。尽管作者难免有西方人的某些偏见，但这是一本写人的书。第一章“金字塔战役”，写的是巴黎卢浮宫扩建改建工程的前前后后，那里面生动地写到了总统、部长、“历史文物最高委员会”的先生们、历史学家、政客、博物馆长、官僚、教授、摄影师、“卢浮宫修复协会”、报纸评论员和“90%的巴黎人”。也写到了三百年前太阳王路易十四和意大利巴洛克建筑师贝尼尼，现实的社会党与保守势力的斗争，法国的文化传统和它对美国庸俗文化的排斥，巴黎建设中各种观念的较量，等等。这位传记作者写下了这样一段：

> 虽然离正式的总统就职仪式还有八个月时间，但庭院和金字塔——卢浮宫崭新面貌的象征——已经在1988年7月3日那天全部竣工，向世人展示了它们的风采。那天有2000多名赶时髦的人士在里沃利街排队，以便对期待多时的金字塔先睹为快。人群在暮色中徐徐步入庭院。他们背对金字塔，坐听贝聿铭的支持者皮塔尔·布莱指挥法国国家交响乐团演奏乐曲。但雨点打断了音乐会。在客人们分头寻找避雨场所的时候，许多人第一次从内部看到了灯火通明的金字塔（按：此句译文可能有误）。原来，夜幕降临后博物馆的地面总是阴森森一团漆黑。现在，这些陈旧的表面在600盏聚光灯的照射下闪闪发光；同时，七座电脑控制的喷泉向夜空中喷射着被泛光灯照亮的水柱。而金字塔本身悬挂在布局规则、不长草木的花园上空，晶莹透明，堪称奇景。……
>
> 备受冷落和打击的贝聿铭此刻得到了平反昭雪。他站在一群新的崇拜者中间，尽情享受沐浴着雨水的喜人局面。他在一顶黑雨伞下和记者打招呼时，面庞像金字塔般神采奕奕。他告诉记者：“我一直在等待这一刻的到来。”

这一段教我想起了埃菲尔铁塔落成典礼时候的场景：乐队奏着马赛曲行进，埃菲尔和总统并肩走在游行队伍的前面，铁塔顶上，三百米的高空，法兰西的国旗冉冉升起。

如果有人用迷惑不解的眼光望着我，问：写这些干什么？我会用更加迷惑不解的眼光回望他，但什么都说不出来。

（原载《建筑师》，1997年10月）

（六〇）

这几年，“流派”的名声不大好。很有些人，在文章里对“流派”表示出一种厌烦甚至憎恶的心情。客气一点的，则说，不要管它什么流派，怎么合适就怎么做罢了。

这些文章大多没有明说，不过，我们在字里行间琢磨一下，看得出来，意见多半是因为近年来后现代主义走红一时，还没见结出几颗果子，就又听说被“解构主义”取代而引起的。

这里面，有一些是对“流派”的意义、地位和作用的误解，有一些，则恐怕是“追星族”的失落或者是对“追星族”的反感。

见到一个“流派”出来，一窝蜂地去追，这是商业建筑师的一般行为方式，从来如此，将来还会如此，本来无所谓，不足怪的。追得没有了滋味，难免失落或者失望，这是常事，也无所谓，不足怪的。如果一定要说有问题，问题不在“流派”，而在随大流的“追”。流派本来不是教你去追的，但大多数商业建筑师总要去追；流派是要你去创的，但创流派的人必定是微乎其微，有这种自觉性的人不多，创得成功的更没有几个。创流派可不容易，你“不去管它”，肯定创不了，你下了苦功夫去创，也未必能行。这多少有点儿像创名牌，天下的包子铺多于牛毛，“狗不理”却只此一家。“狗不理”的包子，从选料、配料到操作，那讲究可多了去了，岂是人人都做得了的。所以，一位西方建筑史教授说，20世纪西方只有四位建筑大师，这便是格罗皮乌斯、柯布西耶、密斯和赖特，因为只有他们创立了大有影响的流派，而没有创立大有影响的流派的，就不能称为大师。这也就是说，他认为20世纪的西方只有四个建筑流派。他的大师标准可能太苛刻，我们且不去深究，但是，流派不是想要就能有的，这一点倒是事实。因此，“追而不创”便是绝大多数商业建筑师的态度，有点儿无奈，也很实事求是。这现象很正常，“滔滔者天下皆是也”，“大师”哪能那么多。“大师”是精英。

话说回来，一位学识丰富、思想深刻、有坚定的追求的建筑师，总是走在创立流派的道路上的。至于在这条路上能走多远，那当然各人功力道行还有差别，更有一个机缘问题。说他“总是”走在创立流派的道路上，是说不论他自己在多大程度上意识到这一点，客观上他在做这样的工作。当然，意识越清醒，他在这条路上便越能走得远些。厌烦或者憎恶流派的人，虽然绝不可能创立流派，不过他仍然可以是一位很称职的建筑师，就像开包子铺的，绝大多数都能叫顾客吃饱吃好，即使赶不上“狗不理”。人总不能死心眼儿只吃“狗不理”包子。

那么，什么是建筑的流派，什么是流派的意义、地位和作用呢？

在人类创造活动的几乎每一个领域都有流派。文学艺术界的流派是人们最熟悉的：写诗有元和体、香奁体；作文有公安派、竟陵派；唱戏有梅派、骐派；绘画有新安派、岭南派；书法有碑体、阁体；等等。社会科学和人文学也是流派林立，历史学有年鉴派，人类学有结构主义，社会学有功能主义，哲学有存在主义，如此等等。宗教有基督教、佛教、伊斯兰教，都有数不清的流派。打乒乓球有直拍、横拍，有弧圈有稳削，踢足球则分巴西派和英格兰派。甚至那个鬼话连篇的风水堪舆之术，也还有形势宗和理气宗之分。

连硬碰硬的科学技术也分派。科学的发展离不开假设，有假设就会有流派。宇宙天体的形成之说有派，生物的起源演进之说有派，人类的诞生之说也有不同的派别。光的性质、恐龙的灭绝、石油的分布、地震的成因，都是各派各说，这连小学生都知道。至于技术，别的不说，电视和电脑的发展也有不同的流派，只不过变化太快，周期太短，不是专门从事的人便不大容易察觉罢了。一些流派胜利了，一些流派消灭了，或者几个流派九九归一了，这就是科学技术的历史。

说到建筑，那当然也不例外。古老的，上有官式建筑，下有千变万化的乡土建筑。乡土建筑里，大的有晋派、徽派这一类地方性流派，小的有东阳帮、浦江帮这一类半地方性半师承性的流派。新近一点的，有人称中国建筑现在有三个流派：京派、海派和广派。京派追求“正宗”，保守得呆头呆脑；海派和广派比较开放活泼，不拘一格，至于它们俩之间的差别，我记不得当初论者是怎么说的了。这种以地缘划分的流派，大而化之，还不很贴切，不过也略有所得，姑且就这么说罢。流派本来有成熟的、有不大成熟的，建筑的海派、广派大约还不成熟，所以特色不够鲜明，也没有相应的理论主张。

至于外国建筑，从古到今，流派纷呈，那场面就热闹得多了。不过中国建筑界对外国东西比对中国东西知道得多得多，我就不再啰唆了，免得招人讨厌。需要提一句的是，后现代主义和解构主义建筑，虽然具有流派的某些特征，但失之庞杂，还是不把它们看作单一的流派为好，不妨认为它们中包含着一些小流派。

从文学艺术到社会人文再到科学技术，最后落脚到建筑，看来流派是无所不在。这些流派的性质和形成千差万别，它们的功能作用也是千差万别的。比如说，照相机的专门化和“傻瓜化”，与禅宗的南派和北派，虽然它们都是流派，但在“流派”这个概念上是有很大差别的。不过，我们还是可以谈谈流派。

流派产生的根本原因是事物存在和事物发展的无限的丰富性和复杂性，以及人的认识能力和创作能力的局限性和过程性。这两者巨大的差异造成了流派产生的必然性和必要性。人类以有限的能力、手段，有限的方式、方法，在一定的历史和现实条件下，去探索无限的世界，便产生了流派。孔乙己知道回字有四种写法，但是谁也不可能说清楚青衣、花旦有几种演法和唱法，没有一个人能穷尽它们的可能性。于是，一个天才演员只好竭毕生精力去探索和完善一套演法和唱法，这就产生了梅、尚、荀、程四位大师的流派，以后还能产生无数种旦角流派。石油矿藏形成的原因非常复杂，没有一个天才科学家能一下子都了解完全，于是，根据不同的条件，科学家们自然会各有侧重提出自己的解释，成了多少个学派。提出大陆板块漂浮学说和烹制天福号酱肘子也都是一样的，一个是认识地球运动，一个是创造美味佳肴。

总之，流派是人们认识事物和创造事物时所采取的一个有客观意义的看法、想法和做法的完整的系统。但不是也不可能是唯一的、穷尽了一切的系统。它本身的逻辑结构可能是排他的，但在人类认识和创造的大河中它不可能排他。流派的出现和更迭是人类认识世界和创造世界的一种形式，是人类进步发展的一种形式。

只有有客观意义的系统才能成为流派，凭主观硬造是不成的，东一榔头西一棒槌也是不成的。我们还是收缩回来，只拿建筑来说。华盛顿国家美术馆东馆大出风头之后，有人写文章大谈三角形空间的种种奥妙，并且在设计方案中刻意追求，但只能写写画画而已，成不了气候。北京的那种“夺回”式的怪物也不可能成为流派，它不但没有客观的依据，而且没有思想与方法的系统完整性。

流派的形成，可能是由于个人的力量，但更多的是由一些人参与、共同创立的。前者需要大的社会历史环境，后者往往仍然需要有杰出人物作为核心。有些大的历史性流派需要几代人的努力才能创立，例如法国美术学院的建筑流派和现代主义建筑。一个人也好，一些人也好，他们都是某个领域中的精英。他们有进取的人格，富有独创精神。不追求个性、不追求创新的人是建立不了流派的。对流派现象一无所知，对现有流派主张“不要管它”的人当然更是创立不了流派的。

派而成流，除了创立者往往不止一个人之外，更重要的是，由于流派的客观意义，创立之后，总会有一批景从者。景从者与追星族是大不一样的。景从者对流派有深刻的理解，虽然由于力不从心或者机不我予不能参加流派的创立，但真诚地愿意为它的完善或者推广效力。例如，达尔文创立了进化论之后，赫胥黎自称为他的“走狗”而到处演说、辩论，大加卫护和宣传。又如马克思主义者之于马克思主义。追星族则不同，他们对流派并没有什么了解，只把它当作一种时尚，一种新潮，加以追逐，只不过是随人俯仰而已。流派不是一种组织，追随者不必填表报名给龙头老大三跪九叩申请加入，但由于流派强大的影响力，一些本来无所谓的人会不知不觉“加入”，真是“不入于杨，便入于墨”，往往身不由己。这既说明流派的生命力，却也会使流派庸俗化、退化。当社会上人人都口称马克思主义，上台“讲用”，甚至一些人仅仅因为出身或职业就天然代表马克思主义的“真理”时，马克思主义就发生了危机。建筑也一样，现代主义建筑产生的时候，重视功能、经济，提倡技术美学的形式和谐，反对停滞和抄袭，热烈主张创新。欧洲的三位开山大师都曾经有进步的社会理想，从事工业化的工人住宅设计。柯布西耶在他为现代主义建筑奠定理论基础的名著《走向新建筑》里愤怒地谴责过贫民窟，并且立志把工业化生产的现代主义建筑当作消灭贫民窟的有力武器。但是，到现代主义建筑取得了完全的胜利之后，什么样的建筑师都自以为是现代主义者，终于使现代主义建筑僵化了、简单化了，连房地产投机商新建的贫民窟都算作现代主义的了。于是，现代主义建筑就被阉割了、歪曲了，只剩下了“光秃秃的方盒子”，堕入了危机状态，终于被后现代主义者抓住了把柄，往死里攻击。不过，现代主义建筑的基本精神并没有过时，它离寿终正寝之期还遥远得很。人们轻而易举地看到，后现代主义者不过在形式上大做文章，骨子里他们仍然吃着现代主义的饭。而且，后现代主义者在形式上的花样很快也玩得底儿朝天，没有了新鲜货，老货则早已成了花活俗套，远没有现代主义那么大方、雅洁。至于后来杀上台来的解构主义，时不时露出“戏说”的味道，没有多少正经。尽管有人下了断语，说今后审美的观念将要因解构主义的流行而彻底改造，构图原理将要重写，把丑、乱、怪、杂都变成审美对象，但恐怕它还是难以被“扶正”。如果真像这位先生所说，那么，不是改造和重写美学和构图原理的事，而是取消审美，取消构图，留下个一塌糊涂世界真糟糕。

说到这里，又回到前面说过的那段话：一个有生命力的流派，必须有客观依据，不能是主观的“纯创造”。用铜锤花脸来唱《拾玉镯》，是改写不了戏剧美学的。于是，这里又引出了另一个话题，前面也已经提出半句，这就是，流派的产生，除了天才、勤奋、意识之外，还要有历史机缘。是历史机缘提供了创立流派的客观依据。所谓历史机缘，是人类某个创造领域的整体或者它的某些要素的发展水平和状态、相关领域的状态以及它和相关领域交流的情况。就建筑来说，现在大概还没有产生影响深远的大流派的历史条件，硬来是行不通的，这叫作“成事在天”。但是，创立影响程度和范围不大的小流派的可能性是有的，像贝聿铭、KPF、SOM那样。希望我们的建筑师保持高度的自觉性，努力提高自己的修养，有所追求，有所独创，以期成为百家中的一家，百花中的一花，用创立小流派的方式推动建筑的前进。这叫作“谋事在人”。

明白了流派产生的原因，它的地位和作用，就不必厌烦或者憎恶流派，也不必用鄙薄不屑的态度说“不要管它”。在建筑设计中或者学术工作中创立有意义的流派，毕竟是一个值得追求的目标。它是创作能力和学术思想全面成熟的标志，是创造精神发扬的标志，是信念坚定的标志，是见解独到的标志，也是个性鲜明的标志。创立流派，就是把人类文明推进一步，它有可能领导潮流。

造成我们一些人讨厌流派的原因之一是后现代主义建筑和解构建筑不大地道。其实，后现代主义建筑和解构建筑并非没有探索，并非没有小小的创造，后现代主义中也有几个次级的小流派。但总体说来，它们是太缺乏历史感和现实感了，牛皮吹得太大，大大超过了客观的可能性，其实历史并没有提供这么大的机缘。时间一长，把戏玩够了，牛皮戳穿，便招来了人们的反感。对极少数中国建筑师来说，前些年闹大糊弄，事情还没有弄明白，便紧跟着詹克斯杀上第一线，大叫“现代主义建筑死亡了”，要装饰了，要“文脉”了，要符号了，要折衷主义了，要隐喻了，甚至把维也纳街头那两个单开间的、布景式的、含义淫秽的小店门面也“引进”了杂志，还上了封皮。我们这里几乎没有一种建筑杂志没有登载过勒杜设计的妓院的平面。另一方面，则大批特批现代主义为“没有人性”的“功能主义”。连真正的“文脉”看都不看，便一口咬定了痛骂“房屋是居住的机器”。如今，心绪冷静了下来，或者是吃透了商业精神，觉得那一阵过头的狂热实在没有意思，甚至觉得上了一当，像吃了苍蝇一样，便又受“逆反心理”支配，再也不爱打听这个主义和那个流派了，推而广之，连“流派”和“主义”俩词也不爱听了。当初热烈地追，现在冰冷地拒绝，都是不动脑筋的结果。

大量的商业建筑师确实可以不管它什么主义、什么流派，如同开普通裁缝铺的不必管时装大师玩什么，只要市场需要，上午画中国大屋顶，下午画西洋柱式，无可无不可。什么都会画，什么都肯画，市场路子宽，财路就宽，顺着市场规律走，绝不会有亏吃。

但是我们总得有少数多少有点儿学者气质的建筑师，往高档里走，那么，有意识地去创立流派，大概是必由之路。如果没有这种意识，我们大约还只能是老样子：外国人创立理论，我们吭哧吭哧去读，然后吭哧哧去学舌；外国人创立流派，我们或者一窝蜂去起哄，或者不知不觉身不由己跟着这些流派飘飘荡荡。

附记

开始写这篇杂记的时候，我的北窗下的温度是35℃。当天没有写完，从第二天起就升到了38℃，接连几天，日子不好过，没有工作。小时候，写作文往往套一些陈词滥调，除了“光阴似箭，日月如梭”之外，用得最多的大约就是“好似热锅上的蚂蚁”了，那时候哪里知道那是什么样的滋味！过去对暑热也并不敏感，“文化大革命”时期发配到鄱阳湖边挣命，40℃上下的天气，大太阳底下无遮无挡干12个小时，晚上在草棚里睡双层通铺，每人七十几厘米宽，也熬过来了。如今身体大不如前，十几天的酷暑，竟觉得也许要找老朋友们告别了。蚂蚁在热锅上，怕也是这般心境罢。幸亏一位年轻人急急赶来，不由分说，便自作主张给我装上了一架空调器，立竿见影，室温下降了10℃。我就像涸辙之鲋，得了甘露，重新有了点儿活气，于是，得以写完了这篇杂记。看来，“征服自然”，还是比“融于自然”好。

早就有一些在空调环境里过惯了舒服日子的朋友，向我们诉苦，说“空调病”如何如何严重，很羡慕我们的“自然环境”。又有一些出门便乘汽车的朋友，劝我们还是步行和骑自行车好，不但避免了交通堵塞、废气污染，而且更有利于健康。当然，我们还记得一些住在现代化高楼大厦里的朋友，眉飞色舞地说四合院小胡同多么地值得留恋，教我们死抱住传统别放。看起来，好像那些享受着人类文明最高成就的人们真的要为他们的“征服自然”而忏悔了，要“返璞归真”了。于是，我们有些在征服自然上毫无尺寸之功的人们高兴起来了，“懒人自有懒福”，瞧，人家苦干了几百年，现在又要回到我们打盹的地方来了。我们“天人合一”，多么自在，啊哈！

其实，人如果不跟自然斗争，是一天也存在不下去的。圣人造房子，上栋下宇，以待风雨，就是对抗自然。人类的进步，无不是这种斗争的结果。这是人人都可以证明的事实，用不着引多少西而今或中而古的书本上的话来争辩。

在征服自然的斗争中，也造成了一些遗憾，一些负面效应：资源浪费、污染、生态失调、环境恶化、“空调病”，等等。但是，这和人类巨大的成就相比，真正是“九个指头比一个指头”。而且，不能“坐着说话不腰疼”，忘记了祖先们开辟草莱、驱除虫兽的功劳，挺有绅士风度地说费厄泼赖的话：“地球不仅仅是人类的，也是万物共有的。”现在老虎是保护动物，和我们共有这个地球，打死了要吃官司，但当年武老二打死一只白额吊睛猛虎，是何等英雄的壮举，传颂了将近一千年。那时候，老虎先生并不认为地球是它与人类共有的。如果没有先人们对异己力量的“你死我活”的斗争并且占了上风，我们现在大约不能坐在冬暖夏凉的房子里跷着二郎腿谈什么生态平衡。人类现在放虎归山，是因为已经彻底征服了老虎。至于血吸虫之类，则大概除了个把研究机构之外，是必欲置之死地而后快的，绝不跟它共享这个地球。

而且，如今要整治污染，要绿化沙漠，要治疗空调病，靠什么？靠的是科学，是技术，是进一步更全面、更彻底、更完善地认识和征服自然。读《易经》和《道德经》是什么用处也没有的。“宁要传统的草，不要‘西化’的苗”，只会导致全面的沙漠化。事实上，我们国家大量河流的毒化、林木和草地的严重破坏，是由于贫穷和愚昧，而不是由于工业的过度发展。

陶醉在“天人合一”的“高级思维”里，讥笑“征服自然”的“片面性思维”的人们，想来是光着膀子汗流浃背地过这个夏天的罢。

（以上说的“天人合一”是建筑文章家的“天人合一”，并非原来的哲学意义。）

（原载《建筑师》，1997年12月）

（六一）

一位在市场经济社会中出生、长大、受教育、从业至今的建筑师朋友，到山西去看了古庙旧塔，按捺不住兴奋的心情，午夜从太原给我打来个电话，说：开了眼界，拓了胸襟，对我们民族文化的深厚博大增加了十分的敬意。待他到了北京，我笑着向他挑逗，看那些古庙旧塔，对你一个建筑师有什么用处？他瞪圆了眼睛，期期艾艾结巴了半天，反问：还要什么用处？我说得还不够么？

够了。我真怕他在我的逼问下说出借鉴这些、借鉴那些的话来，给一场壮游抹上狭隘的功利色彩，焚琴煮鹤，倒了两个人的胃口。

正是高考时节，十八九岁小青年和他们父母焦灼的心情把太阳都烤糊了，天气热得要命。我是没事的人儿，有闲心想起这半年呛呛得最起劲的关于应试教育和素质教育的话题来。我本来不大弄得清它们的区别，学得好素质就高，学得好分数也就高，这不齐了？不想有一天读初三的孙子来，不玩不聊，拿出书本念念有词地读。他正铆劲儿考高中呢，这叫中考。我看他读的是刘禹锡的《陋室铭》，心想我也许能帮帮他。哪里知道，他对这篇文章的神髓毫无兴趣，他是在读这篇文章里的17个“可考点”的标准答案。所谓“可考点”，就是可能出考题的地方。如今，老师的好坏，就在“可考点”抓得准不准，而不在于课文是不是讲得精辟。孙子说，就是会不会“蒙题”。我于是豁然开朗，懂得了应试教育和素质教育的区别。应试教育隐含着一种极其功利的价值观：文化知识本身并没有价值，它的价值仅仅在于当一块敲门砖，能敲开门的就叫有用，否则便是没有用。难怪有人把高考、中考叫作“科举”。科举敲开的门是龙门，一登龙门，那好处可就大了。宋朝一位皇帝“教导我们”说：“书中自有千钟粟，书中自有黄金屋，书中自有颜如玉。”升官、发财、玩“小蜜”，全都有了。那时候大约不会产生“读书无用论”，连深山老林里的小村子，至今还有当年“耕读文化”的遗迹。“朝为田舍郎，暮登天子堂”，这便是“耕读文化”的全部精神所在，像王冕那样“牛角挂书”而不求功名，大概是五百年才出一个的傻蛋。

于是，功利的读书观就成了我们文化传统的主流因素之一。求知本是人类的天性，我孙子幼年的时候，像苏格拉底一样，想知道一切，并不管有用无用，从太阳月亮一直问到冰淇淋，常常问得我成了白痴，只好顾左右而言他。现在，经过应试的磨练，他不问我什么了，偶然说到“可考点”上，也很容易对付。我又恢复了爷爷的尊严。李世民当年的得意杰作所造成的传统，一千多年之后还在起作用，天罗地网，谁也逃不脱，我孙子小小年纪，便已经落入它的“彀中”了，他因此失去了天性。

常听人说，人世是一个大考场。人的一生要通过无数次考试，于是，应试成了生活的基本内容，什么知识都功利化了，都要对考试“有用”。我的那位建筑师朋友，为了开了眼界，拓了胸襟，对民族文化的深厚博大增加了十分的敬意，便兴奋得睡不着觉，要打电话对我说说，而且认为这就够了，不必再谈有什么用处，这真教我觉得稀奇。想起近年一些理论家说过，市场经济下，功利主义是最合理的价值观，而那位朋友感到满足的，竟是古庙旧塔提高了他的情操和境界，这分明是另一种价值观。我有点儿糊涂。

我于是想了一想，专讲古庙旧塔的建筑史，是应该走素质教育的路呢，还是走应试教育的路。这个应试，是应人生历程上的各种考试，对一个建筑师来说，就是对各种设计任务的准备，要立竿见影，要“用得上”。我并不简单地反对“用得上”，但我更主张，建筑历史的教学目的主要是提高建筑师的素质，他们的文化素质和精神素质。这两种不同的教学目的，会导致两种大不相同的建筑史课程的内容和方法。我曾经在一篇“杂记”的末尾对现在有些建筑史的教师，屈从或迎合时尚，追求把建筑史变成一门实用的课程，表示了很大的遗憾。

上半年，看到一篇文章，介绍一座大学里的几位建筑史教师如何想方设法把建筑史课程改造得尽可能地对设计创作直接有用。毫无疑问，这几位都是热情的，是认真负责的，是敢于探索的。这在当今许多建筑史老师下海淘金，把教学工作当作第二职业应付的情况下，真正是太难得了。可惜，在那篇长长的文章里，我没有读到一句话，有关于如何充实和提高建筑史教学，使它更有力地培养学生的历史意识和爱国情愫，启发学生的创造自觉性和个性意识，唤醒他们的人文精神和职业道德，开阔他们的眼界和胸襟，丰富和活跃他们的思维领域，使学生们能登高望远，并且在生活和创作中充满了历史使命感和社会责任心，充满了理想和激情。或许是太顽固了罢，我至今坚持，这些才是建筑史教学的根本目的，是建筑史教师最艰难也最崇高的任务。在人欲横流、急功近利的浪潮中，这些话相当迂腐、可笑，但那位生活在市场经济中的朋友，给了我一点希望和信心，相信人类只会越来越大气，不会变得鼠目寸光。

另外见到过好几篇文章，也是都在一开始就提出建筑史学科的改造问题。有人说，在转型期，建筑史学科也要转型，要和市场经济合拍、接轨，不能再固守老一套了。什么叫老一套呢？我不知他们那边的老一套是怎样的，但我想，建筑史教学着重在培养学生的文化素质和精神素质，这到可见的将来还不会过时。如果把建筑史改造成实用性的，训练学生做仿古设计，把古建筑变形重构，截取古建筑的符号来拼贴，如此这般地加强建筑史课程的“设计参与”，简单化地满足眼前要求，恐怕是舍本逐末。这种做法大概相当于在历史遗产中寻找“可考点”，以应当前建筑设计市场上“多元化”之试。

有篇文章的一段话很典型地说明了这种思想状态：“80年代以来，国内仍不时地出现一些历史风格的新建筑群，许多都是特殊环境脉络下的产物，其中有优有劣，有的出于设计策略上的选择，也有的属于虚假拙劣的‘仿古’。笔者认为，笼统地谈论要不要仿古，于今在理论和实践上意义都不大了，这一复杂的情结，已被市场经济条件下的多向选择所消解。倒是在建筑史教学中，应当把这些选择及其理念与手法包括进去。”第一，这位作者认为，当前建筑仿古不仿古，不是一个方向性的原则问题，在理论和实践上都无所谓是非；第二，要不要仿古，不过是一种情结，而且因为市场上各路货色都有销路，所以这种情结已经消解了；第三，建筑史教学，应该教会学生各种手法，包括“仿古”，以适应这种市场销售情况。这就是说，要培养学生，未来的建筑师，放弃自己的个性和自由思想，完成对有权有钱的人的人格依附。这样，建筑史课程本身也就适应了市场需要，完成了转型和接轨。这是对市场经济的农民式的理解。

这一套理论，其实一点也不新鲜，它曾经产生于19世纪上半叶的欧洲，是封建传统文化的残余对早期市场经济的一种适应方法。它的名字叫折衷主义。折衷主义就是市侩式的无原则主义，老板要什么，建筑师便做什么。要古典就古典，要哥特就哥特，要东方的，也行。当时的学校教学，就要教会学生能做各种历史风格的设计，以备市场的“多向选择”。但是，建筑的历史有它的规律和方向，即使在老牌市场经济社会中，欧洲建筑发展的主流也终于抛弃了各种历史风格，抛弃了仿古，也就是抛弃了折衷主义。因为现代主义建筑更适合社会的需要，并且，市场经济培养了人们独立的人格和自由的人性。

市场确实是多元的、自由而开放的、多向选择的，至今欧美各国还都有人造仿古的历史风格的建筑，但那只是个别现象，与浩浩荡荡的历史主流相比，可以略而不计。所以，建筑的发展史并不是一团乱糟糟的、随随便便的什么个人情结的偶然。当今中国的仿古风，各种历史风格的再现，有它的合乎规律的必然性，但它同样无论如何只可能是局部的、短暂的现象，是极少数，因为它们是反历史的。

折衷主义就是反历史的。19世纪下半叶到20世纪上半叶，欧洲建筑发生了伟大的革命，诞生了现代主义建筑，开辟了一个空前繁荣的生气勃勃的时代。折衷主义本质上是与进步无缘的。在这场革命中，折衷主义不但毫无贡献，反而是一种顽固的阻力，成为革命对象。

建筑史的教学，如果不阐明建筑发展的规律，不阐明当前建筑发展的主流和它的方向，从而分清创作思想的是非，旗帜鲜明，热情地支持前进的，坚定地反对开倒车的，那么，这种建筑史也是反历史的。这种认识就叫作历史意识。历史意识不是把眼光盯在过去，向传统继承这个，汲取那个，加以“现代化的转换”的意思，它是向前看的，是促进发展的。

有人说，这种关于进步和保守的争论，无休无止，是因为历史意识的僵化或简单化。而且喜欢板着面孔，语气过于凝重。然而，语气凝重是因为心情沉重，板着面孔是因为笑不起来。只要把眼光挣脱出狭隘的技术专业的框框，像一个建筑史教师应该的那样，看一看中国思想文化的现状，那个封建传统的阴魂怎样束缚着我们，销蚀着我们，而世界并不等待我们，并不怜悯我们，我们不能不产生强烈的危机感！而逃出危险境地的重要途径之一，便是提高或改造我们国民的素质。再也不能因循苟且地去应付一切种类的“考试”了。

同济大学博士生傅丹林先生在他的学位论文里写道：

商业化对于建筑界的影响是广泛和深刻的，在急功近利的思想左右下……教育界也适时而动，及时调整了培养目标和方针，宣称“社会需要什么样的人才，我们就培养什么样的人才”，完全忽视教育目标中应有的理想性与批判性。如此，教育界作为真理的捍卫者和坚持者，作为社会的良心，其职责何在？

这段话写得太精彩了，所以它虽然还没有正式发表，我还是迫不及待地冒昧抄录了出来，只好请傅丹林先生原谅了。傅先生又批评了“如同业主点菜、建筑师料理”的甲乙方关系，呼吁“建筑师的社会责任和理想”。那么，“社会需要什么样的人才，我们就培养什么样的人才”，就是“业主点菜，建筑学院料理”了。至于把建筑学院的教学目标简单地定为“培养注册建筑师”，则简直是媚俗，把大学教育降低为单纯的职业教育，放弃了大学培养社会精英（不管承认不承认，实质都是如此）的神圣职责。我们是不是也该呼吁“建筑学教师们的社会责任和理想”了呢？

细细想来，当今建筑学的“应试教育”也是培养人的素质的，这是一种“逆向”的培养，它会使人失去独立人格，失去自由个性，失去想象力，失去创造性和开拓性，只会迎合潮流，逆来顺受地把自己的劳动力当作商品出卖。这样的人，活得一点气势都没有，一点锋芒都没有，一点灵性都没有。有人说，这是市场经济下建筑师走上市场必然的结果，这叫作商业导向！但它却与封建的自然经济下，以儒家思想为主导的素质教育相合，如符如契，而与世界上发达的市场经济下人的素质的发展方向恰恰相反。这说明，我们一些人是带着封建传统的农民思想理解市场，带着封建传统的农民思想走向市场的。而这个市场正是笼罩在自然经济残余势力下的转型期的市场。马克思说过，在以交换价值基础上的生产为前提之下，人的发展方向是成为“具有发达的自由个性的社会化的人”。我们的教育要接的轨正是这样的轨，虽然要经过不知多少代人的努力。

附记

1997年6月，一位维吾尔族青年英雄阿地力在长江瞿塘峡的夔门上以神话般的绝技打破了加拿大人科克伦的走钢丝的世界纪录。当场，电视记者把话筒捅到一位负责当地一个文化机构的人的下巴颏上，请他发表感想。他说：阿地力胜过科克伦，是因为“科克伦走钢丝是征服自然，阿地力走钢丝是天人合一”。我想笑，又笑不出来。这不是莫名其妙的幼稚，这说明，有些人多么愿意把自己的思想塞进上千年封建的意识形态中去，不论是否恰当而且以此为能，以此为荣。这太可怕了！咱们的建筑界的某些文章家们，不是也很有这种心态，这种追求吗？

（原载《建筑师》，1998 年 2 月）

（六二）

苦熬了两个多月，好不容易度过了一个烤炉般的夏季。刚活过一口气来，想不到忽然间楼上楼下，左邻右舍，刮起了一阵装修风。每天十几个小时，机关枪手榴弹在脑门上爆炸，我又陷入了比进烤炉更可怕的生存危机之中。那场毁灭性的“文化大革命”初期，我窗外的槐树上装过一个叫作“九头鸟”的高音喇叭，虽然震得我血压和心脏都出了毛病，但那声浪的冲击力比风钻和电锯差多了。

真是火上浇油，老伴提醒我，一篇关于“现代性”的约稿快到期了。在这种情况下，要动脑筋，要写文章，没有超人的功夫怎么做得到？只好再熬夜。但现代性可是个头绪纷繁的大难题。十多年前，就听说世界上关于文化的定义，正儿八经论证过的有一百五十多种，现在恐怕超过二百了罢。现代性有多少认真的定义，不知可有人统计过，恐怕比起文化来，只多不少，这怎么下笔！憋到三更半夜，忽然灵机一动，何不先写一写这种住宅装修之风的前现代性。尽管我们的建筑据说早已否定了现代性，“后现代”化了，但我却自以为还生活在前现代的历史氛围之中。

这住宅装修热何以见得是前现代现象呢？夜深人静，恢复了一点儿智性，且听我慢慢道来。

首先，不管不顾，大吵大闹，搅扰得四邻不安，而毫无克己收敛之心，便属于前现代行为。在中国，前现代，正是封建宗法制时代。那时候，一个个宗法共同体是社会的基本单位，内聚力很强，而各个宗法共同体之间的交往则很少，以致稍早一点还把“鸡犬之声相闻，老死不相往来”当作理想的生活环境。所以，被我们现在许多人吹嘘的中华两千年的道德，基本上都是宗法制度下的私德，而公德则很薄弱，近于没有。“正心、诚意、修身、齐家”，属于私德范畴，再往上，“治国、平天下”便是政治活动了，这中间缺了社会公德。小时候，我们写字用的墨锭，一面模印“胡开文监制”五个字，另一面模印“朱子家训”四个字。朱子家训便是朱柏庐治家格言，在前现代时期流传很广泛。它开头第一句是“黎明即起，洒扫庭除，要内外整洁”。以下都是封建财主居家过日子的准则。其他多如牛毛的民间劝善书也不过如此。我们在农村看过许许多多宗谱，那里面都少不了有一篇“族规”，内容不外乎家门里的事，最多再添上一两条要遵守圣训、按时足额缴纳皇粮之类的话。

所以，缺乏公德，并非如现在一些人摇头喟叹的那样，是市场经济带来的负面现象，而是前现代时期还没有市场经济时形成的传统。那时候，社会关系很不发达，社会生活很简单，所以没有系统的公共遵守的有关社会整体秩序的行为规范。

我们的现代化，我们经济的市场化，不是从社会内部自然生长的正常过程，它是在外部世界强烈影响之下急急忙忙赶出来的，因此，社会各方面的发展不免不均衡，顾此失彼。随着市场经济的发展，社会关系复杂了，社会生活紧密了，而我们却还没有建立起必要的公德系统。许多人甚至没有公德意识。于是，我们传统道德的不足越来越暴露出来了，越尖锐了。这就包括不懂得尊重别人，不懂得互相帮助，不懂得维护整个社会的和谐。

因此，产生了住宅装修工程中的“以四邻八舍为刍狗”的“不仁”现象。甚至还有些装修得很漂亮的人家，会往楼道里扔西瓜皮。

公德是一种现代道德。道德建设需要很长期的教育、濡染过程，应该有一个长远的打算，今天订三讲六美，明天订五要七不要，刚刚轰轰烈烈弄了一个市民守则，不几天就没有人提了，赶紧再来一个向什么人学习，零敲碎打，又企图立竿见影，大约都不是什么好办法。

不久前十分郑重地立了个《城市噪声管理法》。立了法，街头秧歌照样扭，夜市喇叭照样放，住宅装修当然也照样干。有法不依，犯法难究，求告无门，法便等于虚设。这也是一种前现代现象。

第二，住宅装修的前现代性，还表现在追求把本来普普通通过家常日子的住宅弄得豪华气派，而不求方便实用。

今天是1997年9月8日，《北京晚报》上有两篇小文章谈到住宅装修。一篇是秦海写的《锁住遗憾》，题目很古怪，文字倒挺清楚，那里写道：“这些年，兴起家庭装修热。不少家庭都不惜花费巨资把家庭装修得尽量豪华，我认识一位做父亲的，光为厕所的重新装修和购置设备就花费五六千元，可孩子要一张独用的学习的桌子，却硬是舍不得买。还有一位做父亲的，就住两居室，把一间大屋装修成客厅，一家三口挤在一间小屋中，孩子只能被挤在小屋一角做作业。大屋有电视机和音响设备，是不适于做作业的。”另一篇叫《量力而行，各得其所》，是三鸣博雅装饰公司供稿，带着浓重的广告气息。那里写了两位顾客，一位是工薪阶层，公司给他做了个“舒适型”方案，他不满意，要求“再把环境营造得温馨些，用材可以再高档些”。于是，给他改成了“典雅型”。这位顾客大概是很满意罢，“风风火火”地给公司介绍来了一位朋友，这位新顾客要求“豪华型”，“其主卧及女孩房采用柏丽复合木地板；客餐厅铺西班牙地砖；墙面ICI饰面，进口壁纸；壁柜红榉木贴面；还应业主要求定做一套布艺沙发；按实际尺寸定做一套橱柜；卫生间配备进口

TOTO牌洁具”。

求“典雅”、求“豪华”，讲究表面文章而不顾生活的实际质量，在中国古代的农村民居里可以大量见到，这是一种典型的前现代农民心态，现在居然也成了传统。

我再抄现代主义建筑的经典著作《走向新建筑》中的一段，给这种心态作个比较。柯布西耶在书里写了一篇“住宅指南”，主要的内容是：

> 需要一间向南的浴室……有瓷便器、浴缸、淋浴、体育锻炼用具。（要有一间）化妆室，你在那儿穿脱衣服，不要在卧室里脱衣服，这既不卫生又会搞得乱糟糟。化妆室里要有柜子放内衣和外套，不高于1.50米，有抽屉、挂衣处等等。……在卧室里、大厅里和餐厅里要有空白墙面。用壁橱代替昂贵的、占据许多地方的、需要维修的家具。……去掉仿石的抹灰和菱形的拼花门，它们意味着虚假的风格。如果可能，把厨房放在顶楼里，以避免油烟气味。……要买实用的家具，绝不可买装饰性的家具。……每个房间的窗子都要有换气扇。告诉你的孩子，只有光线充足、地板和墙面都干干净净的房子才能居住。为保持地板干净，你不要用独立的家具和东方地毯。……要盘算：你做事、买东西、想问题都应该省钱。

这位现代主义建筑大师的建议，重点在于使住宅舒适、卫生、实用。这比我们现在流行的住宅装修所追求的要“文明”得多了。我们现在的做法，几乎逐项跟现代主义建筑大师针锋相对。他最后总结的一句原则是“应该省钱”，而我们现在一些人以为现代化就是大把大把地花钱不心疼。自己的不心疼，公家的更不心疼。

这一条农民式的前现代与现代的比较，好像还没有见到哪一位写“比较建筑学”的人提到，我看，它可以推论到当今建筑思潮的各个方面去，许多城市不是有了豪华型的星级公共厕所了吗？

豪华装修的前现代性可以有第三条论证。就在三鸣博雅装饰公司的那篇文章里，提到那位要“豪华型”装修的顾客：“她认为家居装修是件大事，一辈子也许就这一次，要么就不装修，只要经济上能承受，要装修就够个档次，几年、十几年甚至几十年不落伍，不后悔。”先顺便说两点，首先，这种“几十年不落伍、不后悔”的想法，反映了前现代农业社会发展缓慢近于停滞的状态。这分明是“安土重迁”，“务本之家、百世不散”的思想。每一个有点儿现代意识的人都明白，现在哪有这样的事？其次，现代人哪有这样的追求？居住的流动性是社会现代化的标志之一。

中国的前现代农民，一辈子有三件大事：娶妻、生子、造房子。其中以造房子的投入为最大，往往要省吃俭用积攒一辈子。我们在农村，还见到过一百多年前存下的大堆阶条石和做好了还没有用过的精致的窗槅扇。住宅是生儿育女的场所。宗族的盛衰决定于人口的多寡，繁殖人口是农民对宗族的义务，所以一个农民必须竭毕生之力造一幢住宅，这是他的人生价值之所系。因此，农村民居的精美与农村的贫穷落后同时存在。

徽商和晋商的家乡，村村都十分漂亮。17、18、19三个世纪里，徽、晋两地的宗族制定族规并且利用宗法社会的传统观念使在外经商的族人在家乡建筑房屋。“贸迁有成，广兴栋宇”。他们因此不能往工商业上投更多的资，扩大再生产，于是19世纪后半叶，在激烈的市场竞争中敌不过买办资本，败下阵来，从此衰落不堪。封建宗法制度限制了中国资本主义经济的发展，这是原因之一。我们在啧啧赞叹徽商和晋商的豪华大宅的时候，最好不要忘记了这个历史教训。

但农民们显然很不容易认识这个教训。我们在陕北看到，许许多多穷得一年四季只吃油泼辣子和咸菜的老乡，虽然原来窑院的居住质量并不是很差，还是要把钞票一张一张塞在炕头墙窟窿里，攒到七八千块，便向亲戚再借贷七八千块，好歹要造三间砖瓦房。房子造起来，欠一大笔债，于是接着过只吃油泼辣子的日子，慢慢存钱还账，也许要整个后半辈子。当地旱地一季麦子每亩收一百六七十斤，水浇地能收七百来斤，请地质队打一眼扶贫机井不过五六百块钱，一年的增产便可以收回成本。买一辆四轮拖拉机大约八千元，跑运输很快就能发家。但农民们既舍不得打井也舍不得买拖拉机，只知道存钱造房子。还要花十几块钱一吨的价钱去买日常用水。这么简单的账都不会算，发展经济，摆脱贫困从何谈起？问乡民为什么这样急于造房子，普遍的回答是：新房子看起来神气。那么为什么用这样的笨办法攒造房子的钱而不先发展生产，他们嘿嘿一笑说：不会干那些精的。“造房子情结”成了“致穷”的主要原因。

即使在沿海很开放的农村，这“造房子情结”照样普遍存在。十五年前，我乘火车穿过江、浙两省，沿途看见农村里到处都有崭新的粉墙青瓦的两三层小楼。同座的一位总后勤部营房处的人说：“哦，都超过将军级标准了！”这几年再去看看，那批房子不大见得到了，贴白瓷砖、镶黄琉璃瓦檐口的三四层大型独家住宅已经成林。梅县南口镇一位朋友，三个儿子都在潮州发财，举家迁去，他却依然按照传统给他们每人造了一幢住宅，一幢七百平方米，两幢六百平方米。镇上一位在深圳发财的朋友，为了孝敬老母，在村里造了一幢三层楼房给她养老，每层六室一大厅，她老人家一个人孤零零地住着，活像广寒宫里的老嫦娥。这些房子不但规模惊人，装修也都是歌舞厅式的，极其富丽，地面和楼梯用磨光花岗石，一层一层的吊顶挂着五颜六色的串珠灯，还有像夜总会里那种能缓缓转动闪出七彩光斑的我只在电视里见过叫不出名字的什么灯。但是这些豪宅，没有几个人住，空空的，到了晚上，只见一两个窗子亮着。浙江省东阳有个小村子，生产米粉干，家家造了三四层的豪华房子。我们去参观，只见米粉干的生产工艺还是非常原始，简陋低效，成了“活化石”，以致电视台能在那里拍摄古老的“传统百工文化”。为什么不投资买些设备改进生产工艺呢？电视台的人告诉我们，造房子的钱便是银行贷给村民发展米粉干生产的，但村民却拿来造了房子，以致银行收不回贷款，毫无办法。

看来，那个使徽商、晋商没落的宗法时代的传统观念还在起作用。

城市里的“豪华型”装修热，如三鸣博雅装饰公司的那位女顾客所说，“装修是件大事，一辈子也许就这一次，要装修就够个档次”。跟农村里的“造房子情结”有共同之处，都是前现代的现象。

小百姓如此，官儿们又如何？私人如此，“公家”又如何？村里县里如此，省里京里又如何？全国都在一个文化传统里，能有多少差别？没有清醒的、坚定的、长期的努力，封建农业时代的传统是不会自己消失的。

四十多年来，我们国家为农民式的穷摆阔“造房情结”挥霍了多少本来可以用于发展生产的钱？农民造房是一辈子的体面，我们国家的许多大型建筑，不也是仅仅为了排场体面，要神气，在什么什么的高帽子下干了多少华而不实、大而无当、费而不惠的蠢事吗？我们有多少长官们的“政绩工程”？四十几年前，国家其实还没有几个钱，便为了造北京的十大建筑，延缓了全国的基本建设，而十大建筑里没有一座是生产性的。富丽堂皇的宫殿式农业展览馆落成的时候，全国的农民都在挨饿。现在，经济形势仍然不很好，许多剧场还在出租场地办展销，却又要花多少多少钱造大剧场了。这跟陕北农民把本来可以用来打井浇地、买拖拉机跑运输的钱花到并不十分急需的三间瓦房上去，不是一样吗？

这些在前现代观念下的建筑实践，常常用的是欧美风行的后现代的样式。如果我们写当代建筑史，我们将怎样称呼它们？是根据浅层的样式呢，还是根据深层的文化心理？这倒是个很有趣的课题。

写到这里，我忽然意识到，应该立即停笔了。因为这篇杂记是从烦恼开始的，现在笔下竟出现了“有趣”两字，太难得了。再写下去怕又要烦恼了。天也快亮了，又要准备忍受机关枪和手榴弹的进攻了。

（原载《建筑师》，1998 年 4 月）

（六三）

拜读了程泰宁先生发表在《新建筑》1996年第1期上的文章《从加纳国家剧院创作想起的》，印象很深，以至到了1997年10月见到他的时候，谈起这篇文章来，还以为是当年年初发表的。这文章使我年轻了一岁。

一年多来，我一直想接着程先生的文章写几句续貂的狗尾巴话，没有下笔，因为觉得从正面说，他已经写得很完全。请看这样一段：

> 设计做多了，考虑的问题多了，思想的束缚也多了。久而久之，慢慢形成了自己习惯和熟悉的一种风格，一种思路。一旦不自觉地到处运用同一种套路，作品在“成熟”“稳健”的同时，也失去了活力和新意。因此，建筑师所面临的问题，不仅是要不落前人和他人的窠臼，而且也要能自觉地跳出自己的思想框架，做到不重复别人，也不重复自己。……对于一个建筑师，特别是对于一个有一定经验的建筑师来说，这是一个艰难的过程。我想有两点是重要的，其一，不要拒绝自己不熟悉的东西，始终保持对外界的敏感；其二，也是最主要的，要有一个不满足的创作态度，在不失去自己的前提下，敢于否定自己，努力超越自己。

他说得好，也做得好，把自己已经中了标的加纳国家剧院的方案大大突破了。他把这看作自己创作生涯中一件很有意义的事。我想，如果有什么人写《建筑设计原理》这样一本书，应该把程先生这段话和这件事引用进去。

我拣要紧的再说两点。第一，程先生力求突破的，不是一个毛病百出的方案，而是“成熟”和“稳健”的，也就是已经很“得体”的。他更加看重的是“活力和新意”。这是追求人的本质力量的更高体现，人的价值的更高体现。第二，程先生正是敢于否定自己，超越自己，才确立了他这个有所创新、有所前进的自己，不致失去自己。

这两点，区分了两种态度，一种是建筑创作，一种是做设计。程先生说，创作是“十分艰难的”，需要有永远“不满足”的精神。因此，可以说，创作是一种境界，是精神的一种超越状态。

记得格罗皮乌斯曾经说过，他在创作之前，先要把脑子腾空，让它一无所有。他说得挺玄，但细一砸摸，意思大概跟程先生说的差不多，就是要摆脱已经可能有的思维定式，避免掉在老一套里。

当然，在创作和做设计之间不可能楚河汉界，分明划出两档来。脑子当然也不可能真的腾空，一无所有。这些话说的是一位杰出建筑师应该有的精神状态和思想准备。

不过，要真正进行创作，仅仅有精神和思想当然是不够的，还得有深博的知识和得心应手的专业功力。但是只说到这些主观因素仍然不够，因为还需要外部条件：一是设计课题本身要有创新的潜在可能性，并不是任何一个课题都能创新；二是社会、时代要能激发建筑师的创作冲动，而不致销蚀它；三是社会要有保障建筑师创造性劳动的机制，有相应的法。

我在这里要写的，是从反面说的几句话，给程先生做个补充。这几句话的主旨是：在我们国家，当今的时势下，存在着一些不利于建筑师在建筑艺术上创新的因素，要创新，机会实在不多。

下面就说说这些不利因素。

房地产投资开发商的“物业”几乎不提供有重大意义的艺术创新的可能性。建筑成了商品，它的性质就异化了，对开发商来说，它的唯一功能就是转化出利润，而且是最大限度的利润，其余一切都服从于，或者服务于这个目标。随着商品化的建筑的份额越来越多，建筑师的大部分劳务走上市场，也商品化了。东北沿海某大城市建筑设计院的门厅正中，挂着一幅鲜红的大横幅，桌面大的方块字赫然写的是：“业主是我们的衣食父母”！中国人向来卑微地喊当权者为爹呀，娘呀的，现在有些人又把有钱的业主叫作父母了。这些建筑师被市场异化了，于是，他们失去了独立的意志、自由的思想，他们失去了主体意识，放弃了责任，心甘情愿地当业主的孝顺儿女了。建筑师一旦如此这般丧失了人格的尊严，那就谈不上创造性了。他们为投资者的最大利益做设计，同时谋求自己的最大利益，为财赶图，粗制滥造就在所不免了。有人说建筑师要懂哲学、美学、社会学、文化学，等等等等，陈义很高。其实，说一句不中听的话，建筑师这职业最现实的特点之一是容易混。试看搞电脑、搞家用电器的，一年要出一种甚至几种型号，花样不断翻新，性能一个赛过一个，稍慢一步，便要折跟斗。再看洗发露、美容霜和减肥茶之类，也要在无情的市场上刺刀见红地拼搏。只有建筑，好的赖的一勺烩，房子只要造起来，便没有不能用的，仓库可以当食堂，食堂可以打羽毛球。电视上，商品房有因面积不足、漏雨、裂缝而被曝光的，没有因设计马虎而被投诉的。写文章、编字典，都要小心，谨防打知识产权官司，独有建筑，抄袭、仿造，克隆了一个又一个，还没有听说惹来什么麻烦，甚至还有人提倡这一套办法，美其名曰“识大体”，或曰承延了“文脉”。

建筑师因此尽可以放心大胆迎合新的“衣食父母”的需要，房地产投资商一般情况下并不要求建筑师出精品，建筑师只要设计费到手，也不大肯费功夫追求精品。商品建筑的这种情况，既不是大款业主的过错，也基本上不是一些商业建筑师的过错，这首先是客观法则铁的逻辑的作用，再加上中国知识分子两千年的传统，一是惯于屈膝效忠，当驯服工具，二是一向缺乏原创力和原创激情。因此，市场经济的负面作用在中国就比几百年老牌市场经济社会里恶形恶状得多。

因为是客观法则，所以就有普遍性。老牌市场经济社会里，房地产商的“物业”也不是建筑师发挥创造性的对象。近年，迈克尔·坎内尔写的《贝聿铭传》走红一时，朋友们最应该仔细阅读的是它的第四章和第五章。这两章写的是贝聿铭辞去了哈佛大学助教的职务，投奔了房地产投资开发商威廉·泽肯铎夫。这位老板劝诱贝聿铭和他合作时的说法是："优秀建筑师的精髓不仅在于构思伟大的建筑物，而且要使它们与金融和经济要素有效地联系在一起。"贝聿铭按这个原则在为泽肯铎夫服务的十几年中，发了财，但并没有做出在建筑学上有多少价值的作品。他的声名赫赫的代表作都是在脱离了房地产公司之后设计的非牟利性建筑。

在黄健敏先生主编的另一本关于贝聿铭的书《阅读贝聿铭》中，我读到一则资料：黄永洪先生说，"美国大约只有6%的建筑物是真正由建筑师好好设计的"。那剩下的94%，当然不可能是"没有建筑师的建筑"，因为法令不允许，那么，它们就是由建筑师"不"好好地设计的了，也就是"混"的了。西方其他国家的情况跟美国大约不会相差太多。至于台湾，那么，据马以工女士说，社区建筑都像美国的那94%的房子，社区住宅的绝大部分是房地产开发商的"物业"，极少数的"公房"的建筑质量更差。

"好好设计"与"不好好设计"，这界限怎么划，怎么评，想来是个大难题，不知道美国人是怎么弄出来的那个比例数。他们那里时兴搞定量分析，动不动便玩高等数学，只怕是杀鸡用了擀面杖。且不去管它。咱们中国大陆有百分之几的房子是由建筑师"好好设计"的，大约也不会有人有兴趣去研究，不过，这几年听听道途议论，说好的不大多。我们姑且模糊地说，有一多半是"不好好设计"的罢。就近年来说，这一多半里又有一多半是房地产投资开发商的"物业"，而且份额飞快地增长着。

这并没有什么可抱怨的，国家要发展，要改善人们的物质生活，就得搞市场经济，要搞市场经济，就要舍得付代价，这代价就是文化不可避免的平庸化和低俗化，当然包括建筑在内。

不过，在发达的市场经济社会里，为了多少抵消一些建筑和建筑师劳务商品化产生的负面效果，有它们的万变不离其宗的机制，这便是竞争。一种是市场上的自由竞争，迫使投资商要把建筑做得更合乎市场需要；如果市场上买主的经济和文化水平都高一些，那么，"物业"的水平也必然会高一些。一种是组织设计竞赛，虽然不能使建筑艺术重现历史的辉煌，至少可以在经济罗网上有点儿突破，促进建筑思想活跃。但是，这两种竞争在我们这里都不大能起作用。第一，我们的设计机构几乎一律国营，对内对外都是铁饭碗，纵使有竞争，而且争得很剧烈，也不能触动它们的根本惰性。照现在的市场情况，“混”的利益占到了，“混不下去”的苦头还吃不到。第二，我们的竞赛，我们的设计竞标，在无法可依、有法不依、违法难究的情况下，很容易被弄权者操纵做手脚，有些竞赛和竞标竟成了丑闻或者闹剧。而且，即使得了奖、中了标的设计，也并没有法律的保护，老板和长官们仍旧可以指手画脚，大拆大改。而我们的建筑师大多也只能唯唯诺诺，很少抗争。没有健康的竞争和竞赛，我们就没有减轻市场经济负面影响的办法。这是我们的情况比老牌市场经济国家更糟的又一个原因。

与市场经济配套，建筑市场需要建筑评论，这是建筑质量的社会监督机制，在西方老牌市场经济社会里相当发达。但是，我们这里，呼吁了多少年了，评论就是开展不起来。“炒作”倒是有兴旺的趋势，这当然也是一种市场行为。至于为什么建筑评论开展不起来，根本原因，是我们没有独立撰稿人制度，也没有独立的报纸杂志，没有让真正的评论家存在和活动的条件。

根据我们几十年来的体制的基本思想，一切都要从上面“管”起来。于是，有些城市设立了给建筑艺术“把关”的机构。但我们现行的体制给这种机构本身带来了致命的弱点。第一，它本身不受公众的监督，无限的权力可能会产生一些流行的弊病。第二，那些“把关”官员自己的资格并没有经过把关，他们坐上这把交椅，不是因为精通建筑艺术，而仅仅是通过某种组织程序。何况坐的又是铁交椅，谁也奈何不了他们。这就难免不懂装懂，颐指气使。第三，这些“把关”机构还有它们的“太上皇”，那才真正是说一不二的。可惜他们往往更加不通而又更加喜欢拿主意拍板，以致“把关”机构只得卖力贯彻顶头上司的个人癖好。第四，即使“把关”官员和更高的上司精通建筑设计，一种创造性的工作，又岂是能由几个人把关的？“把关”，这件事就注定了建筑设计的创造性要遭到扼杀。第五，这种“把关”更加会促使一些商业建筑师放弃创作，为求过关去揣摩“把关”人的口味，投其所好。哪个设计单位有“关系”，过关的本领大，它的市场“信誉”就好，就会买卖兴隆，而不一定靠真本事。“把关”制度因此是我国建筑比老牌市场经济国家更糟的第三个原因。

以上说的是房地产投资开发商的“物业”一般很少可能产生建筑艺术精品。何况开发商中间，还有一些“有门路”的人是高容积率的贪婪追求者、城市规划的践踏者、交通困难的制造者、公共绿地的侵占者、历史文物的破坏者、豪华奢侈的炫耀者和庸俗粗鄙趣味的撒播者，等等。也有一些“父母官”甘心尊他们为“衣食父母”，不惜放弃公众的利益，迎合开发商的这些永不餍足的贪欲，把自己主管的建筑事业变成反社会的了。1997年第9期《炎黄春秋》上有一篇原最高人民法院院长郑天翔写的纪念已故北京城市规划设计研究院总建筑师陈干的文章，里面说，陈干曾就“东方广场”的设计对郑天翔说：“就是这一个又蠢又不协调的设计，陈希同也不许说一个不字！陈希同把有关部门的负责人找去看这个方案，当着外商的面，他竟说，谁也不许提反对性意见，谁要是提了，谁就辞职。他甚至当众对外商说，我同意了，就算定了！”这篇文章接着说：“再看一看，北京城的其他地方，有多少历史文化古迹和景色秀丽的胜地不受切削和侵犯？一些房地产资本，甚至是空头资本，千方百计追求这些黄金地段。事实上他们正主宰着北京的城市建设。他们占街，占道，占山，占水，占学校，占体育场，眼睛里哪有什么政治中心、文化中心？”这位陈希同曾经以“夺回古都风貌”而扬名全国。几年前有几位建筑师在一次正式会议上曾建议为他刻石立碑，表彰他为首都风貌立下的不朽功勋。

那么，我们只得把“好好设计”寄希望于国家性的大型公共建筑和试点小区了。但是，在这些方面也还有些不利的因素。一个问题是建筑界自己不大看重试点小区，虽然事实上住宅是建筑的重中之重，最能体现建筑的人道主义本质，当前建造的数量也最大。曾经有一个大学建筑系二年级的小姑娘，在走廊里拦住我，忧心忡忡地说："没有想到建筑师还要设计老百姓的住宅，如果我毕了业被分配去干这个，这一辈子岂不是完了？"我当时脑袋瓜子嗡的一响，心想，我们的建筑教育怕是得了病了罢！几年过去，这件事烙在我心里没有平复，一有机会就提起来唠叨几句，写点杂记之类小文章，也抓机会宣传宣传住宅建筑设计的无限风光。但是，胳膊拧不过大腿，轻视住宅设计的心态依然很盛。请打开老苏联的旧建筑杂志看看，每年的斯大林奖金获得者，最前面的几位都是设计劳动者的普通住宅的。那先后顺序或许并没有多大含义，但那人数所占比例之多则是很有意义的。斯大林体制有许多根本性的弊病，后来被人民摒弃，但它并非一无是处，重视普通劳动者的住宅建设，同时尊重从事住宅设计的建筑师，便是一件很值得赞美的大事。我们的加了冕的和没有加冕的大师们，恐怕还没有以住宅设计为安身立命的基地的；反过来，一辈子勤勤恳恳从事住宅设计的，尽管成绩很了不起，大概也很难被人称为大师，不论是否加冕。虽然试点小区也有评奖，但那效应很弱，远远不足以和当今并非急需的国家大剧院半公开的初步设计的轰动效应相比。这种情况恐怕多少也会妨碍在住宅小区中多出精品。

在大型公共建筑中出艺术精品的机会可能比较多。但是，当前，期望也不能太高。埋怨长官专横地瞎指挥，感叹建筑师功力不够，已经说得很多了，我不必重复。在传统的笼罩下，建筑师的创新意识不鲜明，思想上有束缚，理论上有误导，我也已经说得很多了，也不必重复。

我想说的是，建筑艺术的衰退，是一个历史趋势，非人力所可挽回。有朋友指出，现在的建筑，悦目的还有，赏心的太少了。我想，所谓赏心，就是有积极的含义，有人道精神，有动人心魄的艺术感染力。在当今这个失去了理想主义、失去了英雄主义、失去了历史使命感和社会责任心，几乎人人埋头发财致富的时代，这些足以赏心的艺术素质到哪里去找？从我们习惯的尺度出发，说这建筑是张三设计的，那建筑是李四设计的，但是，如果我们腾云驾雾到天上高处去看，穿过时间隧道到历史远处去看，我们只能说，这是20世纪末的中国建筑，看不清墙根奠基石上设计者的名字，何况常常压根儿没有这么一块奠基石。建筑因此是社会的石头编年史，而不是在那个严防知识分子翘尾巴的年代，那些只睁着左眼的人口口声声批判的什么建筑师的个人纪念碑。

再说一说，市场经济必然会使社会文化平庸化、低俗化，在我们这个文明素质很差、贪欲恶性膨胀的国度里，更会粗鄙化。这种事说起来头绪太多，我只说人人都接触到而习以为常的一端：正月十五元宵灯节成了汤圆节，五月初五端阳节成了粽子节，八月十五中秋节成了月饼节。每到节期临近，报纸、电视、广播便津津有味热热闹闹地大讲稻香村如何，三合盛如何，大三元又如何。（今天是戊寅年正月初十，《北京晚报》第三版十三条新闻里有十二条是报道什么名店卖什么汤圆的。）三个美丽的节日，在中国文化中曾经占着那么重要地位的节日，都成了“吃文化”的盛大节日。中国的“吃文化”据说“独步天下”，但汤圆比起“谁家见月能闲坐，何处闻灯不看来”的尽兴来，粽子比起屈子踯躅泽畔、低唱“路漫漫其修远兮，吾将上下而求索”的忧愤来，月饼比起“嫦娥应悔偷灵药，碧海青天夜夜心”的孤寂来，那文化蕴涵恐怕低了不止一个档次罢。但现在，有几个人还记得元夜的欢乐、汨罗江畔的悲凄和广寒宫里的寂寞？市场板起铁的面孔来说：我只记得汤圆、粽子和月饼能赚多少钱！我读小学五年级的时候，中秋之夜，父亲带我在溶溶月色之中踏着洒满了竹影的石子路攀登方岩山，站在胡公庙前，他给我讲了一个笑话，大意是，一位穷措大，妻子邀他共赏明月，他竟说月亮哪有烧饼可爱。那时候，说月亮不如烧饼的是穷措大，被人嘲笑；现在，说月亮不如月饼的是大款，受人羡慕。文化粗鄙如此，还怎么要求建筑艺术有意境、有品位、有人文性，不仅能够悦目，还能赏心？建筑毕竟是社会、时代的产物。

在老百姓最喜爱的香山，拆去了乾隆皇帝一所花园的遗址，砍去了173棵两人合抱的古松，造了一所白色的庞然大物，它厨房的排风扇，熏得一大片山林充满鸡鸭鱼肉的腥膻气。坎内尔说，泽肯铎夫“本人就是一所大学”，进过这所大学的建筑师就是用房地产投资商式的霸蛮气选中了这块本应属于大众、属于文化史的地段的。这样一件彻底反文化的事件，却被我们的建筑界热热闹闹地吹捧为弘扬了建筑传统。可见，我们的建筑界，对真正的文化早已很隔膜了。19世纪中叶，英国文艺学家拉斯金说过：“一位姑娘会为失去的爱情歌唱，一个守财奴绝不会为失去的金钱歌唱。”在人欲横流的拜金主义社会里，是没有高尚艺术生长的土壤的。于是，我们一些不太死心的建筑师只好追慕古代建筑艺术的辉煌，建筑界的复古逆流不能断根，跟这个事实多少有点儿关系，因而演出了西方19世纪下半叶的旧脚本。

一个健全的市场经济是能培养人们独立的人格和自由的人性的，但我们的市场经济离健全还远得很，那形成于专制之下、愚昧之中的传统，还紧紧地束缚着我们。这又是我们的想象力和创造精神比老牌市场经济社会中更匮乏的重要原因之一。

我虽然有些惆怅，有些失落，但我绝不希望历史走回头路。我写这些事，不过是为了奉劝朋友们，尽可能心情平静地接受这些事实，现在又要重新说“走历史必然之路”了！近三年来，春夏之交，校园里都响起布谷鸟清亮的叫声。“杜宇夜半犹啼血，不信东风唤不回”，但我虽然啼血，却深深知道，东风是难得回来了。

我们并不需要唉声叹气，虽然创造意境深远、品位高越、既悦目又赏心的建筑的机缘很少了，但建筑中却有很多新的探索性工作要做。“历史必然之路”给出了空前未有的创造的机缘，不过要求我们改变观念，改变价值标准。比方说，光是高层建筑设计，那里面有多少值得探索的问题！换一个角度看，我们这个时代，毕竟在建筑的许许多多新的方面取得了菲底、米开朗琪罗、喻皓、雷发达等等大师哲匠们做梦也想不到的伟大成就。例如香港、深圳、浦东，跟曼哈顿一样，是人类建筑史上空前未有的奇迹。那里的建筑并不都是艺术精品，有很多在房地产投资开发商的扞格下，在专横长官的钳制下，或者在术业不精的建筑师的蒙混下，有很多遗憾，但它们的总体，毫无疑问，是我们这个国家在这个时代蓬蓬勃勃进行历史性大转变的见证。它们更需要想象力，更需要创造性。

所以，程泰宁先生的文章深深地吸引了我。他的创造精神使他有很宽阔的适应性，去开发出当代建筑蕴涵的崭新的创造可能性。

同时，在程先生的启发下，我也希望能多几位不甘平庸的建筑师，丢掉驾轻车、就熟路的积习，不在克隆古人和克隆洋人中没完没了地克隆自己。并且不要太过于屈从老板和长官，敢于对他们讲些科学的道理和百姓的利益。也希望评论家们多一点儿锐气，不要把历史"文脉"和环境"文脉"（我指的是"中国式的文脉"，不是context）弄成教条，诱导建筑师们犯傻。

附记

一个偶然的机会，读到某大学建筑系一位二年级的学生郑重地写给同学的建议。他说：

> 你想如何吸引老师（今后是甲方）的目光（按：着重号是我加的）？你要是不能给他们留下深刻印象，就别想成功。因此，你的设计必须是突出而鲜明的。你必须要极其与众不同……不要在乎你的特别会招来老师的批评。尽量使你的功能别出大问题就行了，特别的东西肯定会有人喜欢的。埃菲尔铁塔、卢浮宫改建、蓬皮杜中心，都曾经受到暴风雨般的批评，但都获得了成功。在这个美学标准宽松的时代里，不用怕没人欢迎。因此，抱定不能流芳百世，也得遗臭万年的决心，把你的设计做得越特别、越醒目、越有个性越好。

这篇短文大约可以作为建筑教育与市场经济接轨成功的绝妙例子。不过，"不能流芳百世，也得遗臭万年"的决心，是封建时代某些有偏执狂心态的人的价值观，与市场经济不协调，说明这位学生修炼还不够到家，没有达到炉火纯青的地步。

我不想批评年轻人。在我脑子里像不干胶一样咔哧不掉的问题是：这篇短文在学生的刊物上发表，教师们看到了没有？有没有及时告诉他一个好的建筑设计和一个好的建筑师的真正标准？我还想知道，建筑史课程里是怎样向学生们介绍埃菲尔铁塔、卢浮宫改建和蓬皮杜中心的？如果课程内容是正确而且全面的，那么，这个学生的成绩得了几分？教师有没有给他补课？

我只有一句话要贴着这位学生的耳朵悄悄告诉他：有不少时候，吸引甲方，不是靠设计图纸的“特别、醒目和个性”，而是靠来一点儿腐化，怎么样？

（原载《建筑师》，1998 年 6 月）

（六四）

我这一代人，从事建筑学术工作的，大多到了六十岁以后，才相继出版了重要的专门著作。有些好做统计分析的人会说：建筑学术工作者，要到六十岁才能成熟。事实当然不是这样，我们工作的黄金时期，也是在三四十岁。不过，我们最富有创造力、最精力饱满的时候，却一次又一次地在政治运动的浪潮中被迫“学游泳”。

我希望，朋友们在探讨为什么中国建筑落后于西方一大截的时候，不要忘记了那些“游泳”的故事，永远也不要忘记。但是，如果没有人传说，这些故事很快就会没有人知道了，更谈不上记得，我因之有大恐惧。

1997年年底，侯幼彬老兄寄来了一本他写的《中国建筑美学》，掰着手指头算算，他早已过了六十岁。一阵心酸，立即抄了一句马克思的话寄给他。这句话是：“我们的事业并不显赫一时，而将永远存在，高尚的人们将在我们的墓前洒下热泪。”不过，我的热泪早已洒下，湿透了那张信笺。

看了一眼书名，我有点儿犹豫。这十几年，被一些脱离实际、脱离生活、游谈无根的“理论著作”弄得落下了病根，见到“美学”之类的名词儿就怕。转念一想，他侯兄是最严谨、最实在的人，不致玩云山雾罩的把戏，于是把书打开。果然，文如其人，这是一本严谨而实在的书，便趁春节得闲，在沉寂了两年重新热闹起来的鞭炮声中，把它读了一遍。

侯兄写这本《中国建筑美学》，是打阵地战。自从《中国古代建筑技术史》编写之后，二十年了，在中国建筑的历史理论领域里，好像还没有出版过这样一本打阵地战的大书。那本“技术史”是集合了一大帮精兵强将写的，而侯兄这本“美学”，足足六十五万字的篇幅，是他在老伴李婉贞的支持下写成的，借了些研究生的力。没有拼命三郎的精神，压根儿下不了这个大决心。

学术工作，凭“三五个人，七八条枪”而要打阵地战，那是最吃力不过的了，何况只有两口子的夫妻档。他要付出多少辛苦，耐住多少煎熬哟！

写书打阵地战，先得拉开架势，甲乙丙丁，一二三四，章章节节要铺开，搭配要齐整，这就是一场有决定意义的前哨战。架势搭好了之后，就得一章一节打攻坚战，有资料、有观点、有思想，各章各节还得呼应照顾，均衡匀称。不论前后一共有多少课题，思想要贯穿，概念要肯定，观点要统一，不能有轻有重，有松有紧，不能自相矛盾，不能露出明显的漏洞或者弱点。一本书要形成一个框架体系完备的逻辑的整体。那阵地战岂是容易打的！所以，这些年来，打运动战和游击战的人多，阵地战很少有人去打。这当然是迫于形势和条件，倒并非都是孬种。

侯兄有勇气打这一仗，他也有智慧把这仗打赢。打赢，不只是著作的结构完美，论证严密，资料丰富；他更是在学术上有所创造，有所开拓，有所前进。创造、开拓、前进，首先要有自觉的追求，其次要有功力，然后是斗室孤灯，日日夜夜绞尽脑汁，呕干心血。翻开这本《中国建筑美学》，许多地方都有独到的见解、独到的史论结合的方法、独到的动态分析思路。但这本书更大的特点和价值是专门成立了几个独到的章节，系统地论述了几个重要的问题，既是历史的，也是理论的。

我没有必要具体地介绍这本书，只请读者们认真去读就是了。你和我一样，不见得同意著者的全部思想，但是，一本有创造性的书，一定会给你享受，给你启发。我特别请读者仔细玩味第四章的第二节和第三节。第三节的标题是“述而不作：建筑创新意识受严重束缚”，下面讲了三个“现象”：明堂现象、斗栱现象和仿木现象。在明堂现象这一段里，五个小标题是“参合古今，伪托古制”，“引经据典，反本修古”，“承袭先例，完善旧制”，“强争不休，议而不决”，最后是“自我作古，备受责难”。每一段都是一则关于明堂兴废的历史故事，写来非常轻松，非常生动，自然而然，导出了沉重而又深刻的结论：“明堂设计史上出现的上述现象给我们留下了古人对‘遵从古制’何等认真，何等执着，何等迂腐的深刻印象。这种现象的背后就是礼的等级规制的幽灵在作怪。实际上官式建筑的所有类型几乎都深深地囚于古制、旧制、祖制的传统枷锁中，‘明堂现象’只是其中的突出事例。”斗栱现象一段写了斗栱的起源、初始的功能、演变和没落。著者最后说：“斗栱在后期演变中，在结构机能蜕变的情况下，仍固执地拘于旧制，表现出述而不作的、极其顽固的传统惰力。使得‘斗栱原始的功用及美德，至清代已丧失殆尽’（引梁思成语）。斗栱自身走向了僵化、繁缛化、虚假化，成为木构架体系晚期衰老的突出症候。”这样的评论，又在仿木现象一段中层层推进，出现了三次。第一次说“石牌坊仿木”，因为材性不合，“不仅带来了工艺上的不合理，也使大量的石牌坊拘泥于仿木现象而显得琐屑、累赘，陷于造型与材质之间不合拍的扭曲状态，严重地阻塞了通向真正体现石牌坊石作特色的创新之途”。第二次说到“砖塔仿木”，在历数了中国塔的演变后说：“我国砖塔的建造数量很大，是古代高层建筑活动的主要领域，却在拘于旧制的迂腐理念枷锁下，直到明清仍摆脱不开仿木的阴影，而未能展露富有高层砖构机能特色的风格，这不能不说是中国建筑的一大憾事。”第三次说的是“无梁殿仿木”，也是先说无梁殿的发展史，最后还是不得不十分遗憾地说：“无梁殿突破了中国殿屋惯用的木构架结构，出现了截然不同的新结构形式，按理它应该为中国建筑朝砖石结构体系迈出崭新的步伐，但是在旧规制的枷锁下，无梁殿的平面始终没有跳出木构架殿堂间架平面的框框，新的拱券结构完全被束缚在仿木形式之中。……紧箍在仿木外表下的无梁殿，结构面积与使用面积几乎相等，有的甚至还超过使用面积。很有生命力的拱券结构终于被仿木窒息了生命力，无梁殿仅仅延续很短时间就消失了。”

我抄录了这么一大篇，意图是请读者注意，中国文化传统的绝灭生机的保守性如何咬啮着一位严肃的学者的心，迫使他设专题论述和抨击。还要请读者注意，一位严肃的学者，对民族文化的发展抱着何等强烈的忧患意识，这意识来自他对进步的渴望。侯幼彬老兄沉稳、含蓄而厚道。为人，这是大大的优点；为学，有的时候可能是个弱点。在这两节里，如果他把中国传统文化的保守性，它所产生的社会土壤，无保留地再揭露得透彻一点，那么，这两节就会有更大的震撼力。

中国的思想文化需要震撼。我说的是现在还需要。旁的不去说它，只说建筑，只说北京的建筑。北京的建筑至今还在强大的保守主义的笼罩之下。一个保守主义的有大力的支持者因罪倒台之后，有些人高兴了一阵子，以为大屋顶小亭子“可以休矣”！我当时冷冷地说过，不要高兴得太早，大屋顶小亭子是个社会历史现象，不是什么个别人的事，它在整个转型时期都会存在。事实果然这样，那个人倒台三年之后，北京的大屋顶小亭子依然“很有生命力”，甚至造出了空前庞大空前“形似”的大屋顶。大屋顶底下扣着的是两百多年前古典主义的空间。在这种大屋顶小亭子和古典主义空间模式中，钢筋混凝土、钢、玻璃、各种最现代化的设备，它们强大的实用可能性、经济可能性和造型可能性都被宰割得七零八落了。而它们的局限性，那就是仿木结构的种种困难、浪费和“办不到”，则被充分抖搂出来了。扬其短而避其长，所得到的是违反了真善美的所有法则的拙劣之极的建筑。

面对这些陈腐丑陋的、毫无创造意识的建筑，我请读者们温习《中国建筑美学》第四章第三节里的那几段话，它们说得多么好，好像不是说石牌坊、砖塔和无梁殿，而是针对这些宾馆、饭店、商城、图书馆、办公楼写的。那些话的现实意义多么强！“述而不作”“谨守古制”都已经有了现代化的理论，甚至建立了伪托的国际“统一战线”，我们因此不得不做针锋相对的批判。然而，这种批判在世界上也已经落后了一百多年，多么叫人窝心！我们其实也喜欢做些“前瞻性”的研究，好好探讨探讨生态建筑什么的，但既然有人还拖着鼻涕，我们只好先把它擦干净。我不大相信，僵化了的思想侏儒能面向未来。

侯兄的著作，还有一点应该提出来说一说，这就是学品和文风的严正。这样一本三百多页的书里，凡是借鉴了、汲取了别人的学术思想成果之处，都不怕麻烦，一一引出原文，绝不掠人之美。不但对梁思成、刘敦桢这样受人尊敬的前辈学者如此，对年轻人也一视同仁。这本来是人人都应该遵守的一般的学术工作规范，也许不值一提，但是，环顾当今的有些所谓学术著作，虽然凡外国人说的话，尽管是有一搭没一搭的谈话，也重点突出地标明洋名洋书，而中国当代人的思想学术成果，那就“公有化”了，抄进自己的著作里去，根本不打招呼。相比之下，侯兄的做法就不是不值一提了。虽然，“学术者，天下之公器也”，被抄的人或许不必计较，但是，抄来抄去，把学术思想史搅乱了，一团糟，弄不清楚，而学术思想史对一个国家学术的进步发展是十分重要的。这不是个人的事。

学术的进步发展靠一点一滴的积累，积累资料、积累思想、积累方法、积累问题。学术工作，追求的是为这个积累做一点儿贡献。这便靠实实在在。世界上没有十全十美的学术著作，但只要实实在在，连某些片面和失误都可以成为财富。那些哗众取宠、炫耀卖弄、迷人眼目于一时的“学术”，不论是抄“前苏格拉底的逻各斯”还是抄“河图洛书”，只要风头一转，便会被人忘个精光，是进不了这个积累的。

侯幼彬老兄的《中国建筑美学》，毫无疑问，是这个积累里结结实实的一部分。但学术的积累，最根本的是人才的积累，不知侯兄是否接班有人？

最后，说句笑话。不知为什么，这本书的“前言”末尾，侯兄的署名是写在一小块白纸上贴上去的。我用指甲抠，抠不掉，对着灯光照，照不透，那下面，侯兄玩了什么把戏呢？

（原载《建筑师》，1998 年 8 月）

（六五）

前人说“秀才不出门，能知天下事”，当年天下很小，事情也很少。如今外面的事既有奇妙的，也有蹊跷的，有些事，真是不看不知道，一看吓一跳，实堪当续刻《拍案惊奇》之选也。

话说戊寅年四月，正值春光明媚，鸟噪枝头，秀水书生李某一行，晓行夜宿，迤逦来到某山城。文化局长迎进官廨，分宾主落座，道彼此仰慕之忱。寒暄已毕，书生说明来意，向闻山城四乡村舍、祠宇、庙塔、牌坊，华美典丽，大有可观，亟思一睹，以偿平生之愿。局长听罢，环视左右，颇有难色。嗫嚅久之，长叹一声道，罢了，便实说了罢。这一说，有分晓，倒使书生大惊失色。原来，头年初春，局长奉某上司咨文，偕同属员，分赴县内各乡各村访察，见各地虽历经劫难，数百年乡土建筑之积贮并未灭绝，精光宝气，依然可赏心，可悦目，完整无损之村落尚有遗存，足可为当地历史文化与人民勤劳智慧之极佳见证。于是众人大喜，漏夜修文，择其中之最珍贵有价值者上报，呈请批准为历史文化名村或文物保护单位。

时光荏苒，弹指间柳絮飞尽，春去夏来，文化局方在拟订古老村落之保护计划，一日，乌鸦绕树聒噪，驱之不去，局长心中烦闷，至庭前闲望，忽然门外人声鼎沸，业已具文上报为保护单位之各村地保纷纷前来告急，道是省长衙门驰文各地，为小康达标，建文明城乡，令全省农村克期拆旧屋建新屋，不得有误。凡在汽车路两侧若干丈以内之旧屋，无论是否文物名村，首当其冲，尤需从速拆除。局长闻讯，如惊雷轰顶，急忙率属员直奔那几座村落，只见已是一片狼藉。建文明小康新村，事关长官政绩，也便是事关长官升迁，故此一声令下，无不雷厉风行。说到此处，局长虑言多有失，便起身斟茶。书生正色力请，愿闻其详。局长复又长叹一声道，初时，村民或因旧屋尚称舒适实用，不忍弃去，或因家徒四壁，无力筹建新屋，多有迟延。只见日限一到，各乡乡长亲率民工队，驾推土机隆隆而至，顷刻间墙摧屋塌，可怜雕梁画栋，顿时零落成泥。全县妙计布置，东乡民工拆西乡旧屋，西乡则拆东乡旧屋，且有约在先，以料抵工，故来自外地之民工无不踊跃异常，将拆下木料尽数装车，呼啸而去。此计名曰以氓制氓，因为忒毒，故不见于古人所传三十六计之中。村民呼天抢地，无家可归，不得已，从废墟中拣出破被烂袄，投亲靠友而去，有那走投无路的只好去牛棚里寄身。

有道是福无双至，祸不单行，此乃天数，早见于《易经》，圣人已具言之矣。毁家之后，村民还须遵勒令各于原基地重建一色白瓷砖贴面三层楼房一幢，足壮观瞻，以证长官建小康文明村之政绩。无奈何，村民只得求爷爷、告奶奶，连素日里早断了往来的，到处乞借苦贷。有那宽裕些的，相帮三两五两；有日子过得紧的，不过应付些散碎银子。待房壳子立起来，早已是债台高筑。

书生不解，乃问道，那拆，怕是抵挡不住，那建，便不能拖十年八载？局长苦笑道，建得迟些，乡长便将房基地批给别人了。汽车路边，好做各种营生买卖，赚些过路人的茶水饭菜钱，原房主舍不得让了别人。而且，老房基批给了别人，并不另批房基地给你，你到哪里去安家？那官家岂是惹得的么？书生心里惶恐，无意周旋，推说一路劳累，身上烦躁，而且胃脘嘈杂，不想吃饭，便休息了。

胡乱过了一夜，次日，央请文化局胥吏一名陪伴，下乡去看。先到城外不远的献山村。路途上听胥吏讲说，得知此村烟灶稠密，原有数百户人家，房舍整齐，皆是明末清初遗构，绕村一周寨墙，寨门敌楼远近相望，好一派气象。文化局申报历史文化名村，这献山位居第一。书生满心欢喜，一路看不尽的山花怒放。须臾来到村头，不觉心中一沉，却见寨墙全无，泰半村子，早已夷为平地，瓦砾堆中，只偶有残破砖雕、梁托、菱花，可供凭吊昔日风华。那胥吏道，这一片废墟，足有两百多幢老房子，明、清各半。咨嗟间，忽闻隆隆之声，书生寻声望去，推土机正大展神威，铁轮所向，老房子轰然而倒。每倒一座房屋，便有一帮夯汉蜂拥而上，抢夺牛腿、雀替、门窗槅扇之类。书生见路边停有货车数辆，夯汉将抢得之物，抛于车上，忙上前打探司机，方知此等艺术珍品都将运往善川文物市场，彼处有洋庄买办坐地收购。

书生无奈，随胥吏信步走去，见北面尚余一排老屋，街门上白粉画一大圈，内书一“拆”字，遂一一进内观看，但见房舍精美，庭院整洁，条石花架上还有几盆杜鹃盛开。书生默念，倘能得如此一宅居住，诗画自娱，平生之愿足矣！方遐思间，闻推土机摧墙辗梁之声渐近，心中一惊，便匆匆走出，不免心中怆然。

那文化局胥吏顾念书生年事已高，过于伤感，有损肝脾，遂驱车数十里，引书生来到一风景点中之小村，村名祥川，也属正在申报历史文化名村者。众人下得车来，四望青山层叠，绿水萦绕，茶丛勃发，鸟鸣啁啾，洵是佳丽之地也。书生兴致大发，急急进村，忽闻胥吏啊呀一声，口不能言而举手前指，书生但见所指之处，一排四幢三层红砖房子挡住去路。正踌躇间，村民十数人围集拢来，见是胥吏，早已相识，便纷纷诉苦。道：此四幢新屋恰才落成，纯为彰显长官建小康文明村政绩而造，以示所谓新面貌、新气象者也。因基址系填没之祠堂前旧水塘，造成之日，地基下陷，墙体便裂大缝数道。新屋高大，堵塞在古村中央，顿使小村亲切祥和之气丧失殆尽。书生细看，新屋底层原来全为车库、店面，便问村民，屋主为谁，造屋银子从何而来？村民默然不语，询之再三，村民竟陆续散去矣。

此时忽有杖声笃笃，四位耄耋老者，蹒跚而来。沟纹满面，发秃齿稀，招呼胥吏，执手甚欢。胥吏告书生曰，往年建设部门拟将小村祖屋拆除，村人竭力反对，此四位长老宣言，誓与祖屋共存亡，有朝一日，推土机开来，将卧倒在铁轮之前，以死相争。胥吏闻讯赶来，见祖屋梁架俨然，琐窗网户，雕梁刻桷，工艺之精，堪称全省之最。且间间满布壁画，渔樵耕读，神色如生。门前原有八对石雕功名龙柱，犹存一对。于是奔走呼吁，四处上书，终于暂时将祖屋保住。村民感激，胥吏离村返城之日，倾村夹道相送，锣鼓喧天，鞭炮震耳。胥吏娓娓道来，泪光中闪烁得意之色。但不曾料到，保得祖屋，却未能阻住四幢新屋之扰乱全村。于是，得意之色尽失，易之以一脸沮丧之色矣。

书生一行，嗒然上车返城。其时阳乌西沉，暮烟四合，牛羊归村，渔舟傍岸，书生闷闷不乐，闲眺车窗外，见路边新建楼房，凡第二层、第三层，均砖墙裸露，既无窗扇，亦不见室内抹灰粉白，阳台均未装栏杆。底层也仅有一二房间粉白。不免好奇，遂问胥吏，胥吏道，村民举债建房，费用不足，而且家庭人口少，三层楼无所用，故只建房壳，至于装修，只好且待来日了。书生又问，路外稍远处，古老房屋屋面四周边均刷石灰，成一白色四方框，不知何故。答曰：为达标小康文明村，虽离汽车路稍远之房屋，如果被乡长指认为破旧，有碍观瞻，也要拆除，村民遂纷纷画此种白粉框，使老房子稍见亮色，以免被拆。书生忽然想到，北方农村，往往在墙上画白粉圈，野狼畏惧粉圈，便不敢进村，不知此白粉框能吓退虎狼否耶？

以上所写，是《拍案惊奇》的续篇，拟话本风格，半文半白，文白夹杂。模仿别人文体，非小可所长，不免献丑，望列位看官包涵则个！好在半文半白虽近画犬，却有半真半幻的效果，这倒很好，但愿这故事并非事实，不过是一场噩梦而已。

闲话少叙，以下再讲一段这位秀水李生另一次可以写入《今古奇观》的遭遇。但不求文脉的和谐，我用我的本色话说了。

正是白露为霜的深秋，薄暮时分，李生来到一个古老的村庄，迎面一堵粉墙上，赫然写着两行大标语，上一行是“坚决打击”，下一行是“打死不管”。他吃了一惊，仿佛这里还横行着高举“老子打天下，儿子坐天下”旗帜的红卫英雄们。心里惴惴的，安顿下来，觉都没有睡好。第二天早晨，才发现石库门的右侧还有两行字，原来头天见到的两行都是下半句。“坚决打击”的上半句是“破坏计生”，“打死不管”的上半句是“畜禽下地”。虽然放下了悬着的心，李生还是感受到一股暴戾之气的压力。

这座村子，近几年来名声闹得很大，有几位热心人士正忙着给它申请为高级的文物保护单位。李生便是应邀而来帮助做些工作的。二十几天时间，李生觉得好生奇怪，村民们对他和他的同事们很冷淡，几乎不能交谈。而他们过去在工作中总能跟村民们结为很亲热的朋友，几年之后，村中姑娘找对象，还有来信诉说心事的。

有一天，李生去考察一幢已经被定为文保单位，建于清代初年，甚至可能建于明末的老房子。拐进小巷，忽见头天还好好的房子，隔一夜便塌了一角，锅灶也砸烂了。赶忙打听，原来这房子的住户“破坏计生”，遭到了“坚决打击”。村干部带夯汉来拆屋砸锅，便是打击的一个绝招。计生的事不敢过问，但那房子是文保单位呀，难道也“打死不管”？早在闲聊之中，李生就听说村长有四个儿子，支书有五个儿子，都是近几年的丰收成果，李生纳闷，他们家的房子为什么还好好儿的呢？

工作完毕，临走的那天上午，李生和同事们又到住处附近的一座宗祠里，去看最后一眼。这所宗祠的当前情况还好，不必大修。上级打算把它当作一个展览馆，不过，什么时候动手办，还是很遥远的事。刚一踏进门槛，住在西厢的一位青年木匠，急步走上前来，向李生们弯腰递烟，从一脸皱纹里挤出讨好的微笑，李生很觉得狼狈。那木匠说，村长来了通知，这宗祠要做文物保护单位，限定里面的住户五天内搬出。李生忙问，搬到哪里去，木匠说：各户自找住处，村里一概不管。这时几户人家的男女都围了上来，纷纷说，没有地方搬呀，有地方搬本来就不会住这个破祠堂呀！一位老妇人说，我娘家离这里几十里，嫁过来几十年了，娘家都没有人了，我回不去呀！李生明白了，这几户人家以为逼老百姓搬出，是他们的主意。他从递过来的烟和挤出来的笑容里，分明看到了卑微和悲怆，却没有愤怒和抗争。于是他问：不搬行不行？人们一齐惊叫了起来：村长说了，过五天带人来，把所有的家具什物统统扔到门外去。

李生拉起同事，扭头便逃出了宗祠。待惊魂甫定，他想起，这座创建于宋代，规划于明代，出过几十位进士的村落，民居的最大特点，是天井上方屋檐之间的天只有一拃宽，人们就生活在昏暗的空间里。

《拍案惊奇》的建小康村也罢，《今古奇观》的申请文物保护单位也罢，都是以野蛮的思想和方法去做名义上文明的事。这两件事给李生很大的刺激。他一向努力鼓吹保护文物建筑，这次回家，闷声不语过了几天，明白了一个道理：鼓吹文明，必须批判野蛮；保护文物，先要保护人民。

听说李生要写一篇文章阐述这个道理，我一方面希望他写，一方面又怕他因此吃闷棍。心里老记挂着，隔一天打一个电话过去，听说到现在还没有动笔。我说，不写也罢！我为什么这般畏首畏尾？因为当牛鬼蛇神那会儿，专门负责触动我的灵魂的工宣队员教训我，我的罪就是忧国忧民。生活在古往今来最幸福的社会里，还要忧这忧那，岂不是脑后长了反骨？当然，现在已经天下澄明，不必再牢记那位工宣队员的教导了，但精神上落下的后遗症还没有完全消失，不免时时记起。

不过那余悸倒也并非全是空穴来风，不信请看下面一段。

有一座古老的村落，经过努力，被批准为文物保护单位，开放旅游业，很有点儿实惠。村干部和耆老们弄出来个《乡规民约》，主旨是要大家好好保护老房子，保护村落环境。很好。但是，往下看去，有一条却使我大吃一惊。这一条写道："发现有碍本村文物保护的言行，立即进行制止、纠正，及时向村委会、镇文物保护领导小组和文化、公安部门报告。"作为一个正式的文物保护单位，人们对有碍它的保护的行为，加以制止，这当然是正当的。但是，如果有什么言论，甚至反对把它列为保护单位的言论，却应该允许自由发表，这与公安部门没有什么关系。保护一座有历史文化价值的村落，需要村民的支持，要获得这种支持，一靠讲道理，二靠使村民得到适当的利益。但无论如何，要保护一个古老的村落，难免会使一些村民在某些方面感到不方便，要付出代价。因此，也就难免会有一些村民不赞成保护或者不赞成保护条例的某些方面，表达这些意见是他们的权利，应该受到尊重。处理这些反对意见，唯一的办法是不断改进宣传说服工作和利民工作。想到由公安部门来对付这些意见，显然是那个祸国殃民的“以阶级斗争为纲”论的余毒还没有消除干净。

这故事还有另一半，请往下看：

就是这个村子，在公布为文物保护单位之后，发生了一件严重破坏古村面貌的事：一口宽敞明亮的大水塘被填掉了不少，去伪造什么太极阴阳仪，以印证伪造出来的什么“八卦图”，以致村子文化历史的真实性遭到破坏，村中心的景观恶化，塘中本来十分可爱的倒影只剩下一点点了。填塘造仪的工程费用竟高达十余万元，村民和村干部怨声载道。然而，至今这个错误没有能够纠正，因为强行干这件事的是长官。这位长官曾经大言不惭，说旅游业就是要“无中生有、虚中生实”，硬造出个“八卦图”来便是这“理论”的实践。这位长官的思想见识水平只相当于古时的愚夫愚妇。长官当然不受《乡规民约》的管束，但是，不是有《文物保护法》吗？还有《刑法》呢！根据《中华人民共和国刑法》第324条，这种损坏文物保护单位的行为是要吃官司，坐三年上下的牢的。执法者应该是谁？为什么一层层的文物主管部门对他的违法行为竟束手无策呢？难道“刑不上大夫”的传统也是必须继承弘扬而万万断裂不得的吗？

附记

写完《拍案惊奇》的续篇，我一脑袋迷糊，不知那李生的故事是梦是真。正在犹豫间，见到1998年6月14日的《文摘报》，那里引了一篇6

月5日《周末》上胡震杰先生的短文。文章的标题是“国家级贫困县竟如此摆阔”，副题是“耗巨资营造‘南国风光’，违民意强令兴建别墅”。拜读一过，迷糊顿失，犹豫全消，确信李生的故事全系事实。于是把胡先生的文章照抄如下，一来可佐证李生不曾诳语，二来大概也可多赚十来元稿费：

河南省卢氏县是一个国家级贫困县，其综合经济实力在全省列倒数第三，县办工业中80%以上资不抵债，1996年大旱灾使一部分刚刚脱贫的农户重新返贫。国家每年投入该县的扶贫资金都在数千万元以上。然而，近日记者却惊异地发现，这里正忙着扒房拉墙，营造着一场轰轰烈烈的“形象工程”。

为了营造“南国风光”，大街两侧植满了一行行棕树、四季桂、云杉……这样的街道在县城内共建有七条，所栽的树种总造价高达80万元。在长达54公里的公路两侧，每隔五米栽有一株塔松，每两株塔松之间还栽有一株月季花。这笔开支也在20万元以上。

所有村庄的临街建筑，不论是住房、猪圈还是厕所，清一色全被强令漆成醒目的红色。卢氏县内约有200个横跨公路的大标语牌，其造价每个少则数千元，多的则高达十多万元。

该县官道口镇临街的许多房子都被扒掉了。原来，今年4月底，镇土地管理所与该镇临街住户强行签订了一份协议，要求住户将所有土木结构的房屋一律拆除，重建成两层砖混结构的门面房，临街一面全部得喷刷立邦漆，安装铝合金门窗，甚至连屋顶也要按统一标准进行装修。许多村民说：盖一座这样的楼房至少得5万—6万元，虽然镇里在协议书中称，对于资金困难的建房户，可以贷款，但贷了款建了房之后，将来靠什么来还？

一些县城居民说，以前不少街道上栽植的都是郁郁葱葱的泡桐，夏天遮阳、雨天避雨，但现在搞的这些名堂却让老百姓吃尽了苦头，大夏天热得不得了，连个乘凉的地方都找不到。县委的这一做法无非是想搞些花头，以赚取政绩。

卢氏县委可谓敢想敢干，不过也可谓癞痢头打伞，无法无天。

说到法，倒可以再补充一则故事。话说我今春右侧后臀尖上忽然长了一颗黑痣，大而且硬，到医院请大夫一看，说是很有恶变的可能，必须割掉。因为当年大批“保命哲学”的时候我没有“狠斗私字一闪念”，还贪生怕死，所以就交了两百元钱，忍了一刀之痛。不料，回来拿着单据去报销，却被拒绝，主管人在小小的窗洞里说，这种手术属于美容，只能自费。虽然单据上写明了黑痣的部位，也不能通融。我老汉今年七十整，竟会到屁股蛋儿上去动刀子搞美容，岂不是滑天下之大稽！但是，既然有规章制度，我只有老老实实服从的份儿。不过，我倒因此琢磨，我们难道没有什么规章制度来约束一下无法无天的官儿们？他们为自己的“政绩”美容，也不许报销，叫他们自掏腰包如何？

（原载《建筑师》，1998 年 10 月）

（六六）

1998年7月19日，《北京青年报》发表了一篇调查报告，叫作“历史档案了结国徽设计公案”，作者梓平。报告说：“关于国徽设计问题，近十多年来众说不一，争论不断，最近又再度升温。……为探解国徽设计之究竟，笔者特地到全国政协档案处和清华大学查阅了国徽设计的历史档案。”所谓“国徽设计问题”，其实就是国徽的设计人是谁的问题。这位作者经过严肃认真的工作，在长达一整版的报告之末，作了这样的结论：“国徽采用清华大学营建系设计的方案本应是不争的事实，可是，1980年代以来，关于国徽的设计却出现诸多版本，几成公案。共和国国徽的诞生史不应再被讹传下去了。”

确实，国徽的设计经过是个“不争的事实”，虽然梁思成先生、林徽因先生、高庄先生已经作古，但当时参加设计竞赛的许多人都还健在，全国政协的档案应该还保存着，怎么一件不过只有四十多年历史的大事就几乎弄不清楚了呢？原因之一是制造“讹传”的人恰恰是还健在的设计竞赛参加者，而且颇有名望。他们本来应该是真实历史的见证人，却不知为什么去伪证了历史。他们的话当然很有分量，容易叫人相信。原因之二是他们在“创意”“设计”这些概念上制造混乱，把提出用天安门作为图案的主要内容混充作“设计”，这就好像一位业主要造一套住宅，提出四室二厅便成了住宅的设计者一样，非常滑稽。何况，正如梓平先生所说，图案中至少和天安门同等重要，而且作为政权性质的象征的五颗金星，自始至终只出现在清华大学营建系老师们的设计里。但是，有些报刊，习惯于只听名人的话当事实，习惯于马马虎虎而不去认真弄清概念的意义，却偏偏喜欢炒作热点，于是就把历史搞糊涂了，弄出一件“公案”来。

为了保卫历史的真实性，清华大学建筑学院教授朱畅中先生坚持不懈地忙碌了十几年，这件事成了他晚年最重要的活动之一。1998年春末的某一天下午，他把十几年来整理的关于国徽设计过程的全部资料，整整齐齐地交给了建筑学院的资料室存档，并且殷殷嘱咐。第二天，他患了脑溢血，再过一天便去世了，这件工作，这份档案，成了朱先生留给中国历史的一份重要遗产。梓平先生说，弄清这段历史，“并不是与谁争名的问题，而是对国徽当选者一个隆重纪念，并表示对国徽尊重”。我要补充一句，这也是为了捍卫正义，谴责那些欺世盗名的人。

朱畅中先生是我的启蒙老师之一，先教我们建筑设计初步和投影几何，后来又教建筑设计。朱先生是位极认真的人，专门刻了一枚图章，“迟交”两字，不论是草图还是正图，我们都得按规定的进度准时上交，逾期不交，就磕上一个红印，要扣分。建筑系的学生一般比较散漫，那时候政治运动又多，很容易把作业耽误了。我们怕朱先生的红印章，快到交图日子了，便紧赶慢赶，往往来不及下版就连图板一起戳到墙根上。那真叫分秒必争。不过，朱先生其实也就是红着脸吆喝，我记不起有哪个同学的图上真的吃过他的印章了。他要的是培养我们的认真作风。

朱先生的认真到了天真的地步，以为不论什么时候和境况都可以讲道理。1969年，工宣队来学校"领导一切"，没多久就开始"清理阶级队伍"。一场杀气腾腾的"政策攻心"之后，按照早就拟好的名单，我们建筑系的牛鬼蛇神们便被横扫到了一幢小楼房的楼上。这其中有朱先生，荣幸的是也有我。进到那间房间里，气氛不但恐怖，也很诡秘。各人都在心里默默揣测自己究竟有些什么把柄落到了草拟那份名单的老朋友、老同学手里。我的"恶毒攻击"罪名早已由一位老朋友、老同学迫不及待地提前在大字报上公布，那是在外国古代建筑史教科书里"借描写古埃及奴隶被迫建造金字塔时的饥饿困苦影射三面红旗"。我当时也很天真，还相信这运动真的不会冤枉好人，心情虽然很觉得委屈压抑，倒并不惊慌。不过也表现得很"老实"，唯唯诺诺。但朱先生却在那种情况下仍旧认真，习惯地瞪起眼睛，吵吵嚷嚷，不服气，要求工宣队讲清楚。工宣队就叫我们这些牛鬼蛇神们互相批态度，我顺从工宣队的"布置"，也对朱先生说过一句工宣队以后对我不知说过多少遍的话："你的问题，革命群众早就全部掌握，早交代比晚交代好，逃是逃不过去的。"会后，他虽然不大说什么了，但总是气鼓鼓的。后来，大概确实没有什么"辫子"，他很快便解放成了革命群众，我却在鄱阳湖边的农场里在"认罪书"上签了字。那时候，我老伴患了肾炎，很严重，一个人在北京，随时可能撒手西去，工宣队对我说，认了罪，还可以当"人民内部"处理，让我回北京看看。朱先生也在农场，我们不在一个班，他两年里只对我说了四个字，他说："你真孱头。"那是在我"服罪"之后的一个晚上，我们被抽调到湖堤上往卡车里装大木料。我一听，知道他并不相信我在教科书里影射什么，又知道他并不记恨我在"批态度"会上说的话。书上写的那些话，本是一般历史书上都写到的，不写才怪呢，但熟读历史书的人把它"揭发"出来了，而不专攻建筑史的朱先生，恐怕没有时间多读历史书，却不信那一套。他的认真，不仅仅对事情，而且对自己的人格良心。在那种环境里，我当时没有什么反应，只是心里很感激，更敬重他了。

到了1980年代，作为专家学者，朱先生常常被请去咨询、开会。有些会，并不要求专家、学者们认真，专家、学者们也不能认真。但朱先生仍然钉是钉、铆是铆，既不肯圆通依附，也不肯沉默不语。数落起不通的人和不通的事来，往往直来直去，不大会看眼色、顾情面。偏偏不通的人和不通的事不少，因此朱先生慢慢不大受人待见，背后还有人叫他“朱大炮”。我倒很欣赏这个称号，并不是人人都能成为大炮的。当大炮，一要有真知灼见，二要有责任心和勇气。这两样，许多人都缺，但他朱先生不缺。何况他依旧认真得天真，有道理就要涨红了脸争个水落石出。一位精通世故的老同学说：“哪个当头儿的不喜欢听人家说好话。专家学者在会上的作用不过是论证头儿们的正确。”朱先生就是通不了这个世故，通了便不能认真，不认真便不是他朱先生了。

朱先生晚年最认真地做的一件事便是戳穿那个名人的谎话。中华人民共和国的国徽采用的是梁思成、林徽因二位老师领导清华大学营建系的教师们做的设计，1980年代，那位名人却出来说国徽是他设计的，一些报纸被名人唬住，屡屡做出不符合事实的报道。朱先生见了，很生气，骂一声“鸭屎臭”，就认起真来。因为设计国徽的时候朱先生是营建系的系秘书，参加过设计竞赛和评选过程中全国政协的好几次重要会议，所以他自然就担当了辨证事实真相的责任。他召开座谈会、搜集资料、写文章、会见记者，忙个不停。1949年和1950年，我还是营建系的低班学生，不能参与国徽设计，不过，这么一件大事，当然很关心，见过老师们的设计图，也不断听到一些有关的消息和评论。中央美术学院出了什么样的方案、评选会上什么人说了什么话，多少都能知道一点。还很清楚记得最后选定的那个方案画完之后在系馆门前拍照、装车，热热闹闹运向中南海去的场景。因此，这几年每每见到朱先生，便也跟他议论一番。朱先生要我写过一份材料，回忆高庄老师完成国徽的塑造之后给我们讲的一堂课的内容。他还要我派我的一个研究生到北京图书馆去查找当时《文汇报》的一篇报道。两件事我都照办了。不知道这两份材料是不是也由朱先生最后交给了资料室。

我曾经好几次问过朱先生，国徽的设计人是谁这个问题，查一下政协的档案不就结了，这有什么可争论的。朱先生听了总是摇摇头，苦笑一下，不说什么。想来档案并不容易查，这才有人想浑水摸鱼。

朱先生过世不到半年，梓平先生终于写出了这篇实事求是的调查报告。不过，“公案”是不是真的便可以“了结”，还得看那些人的打算。因为1980年代他们挑起这个争论的时候，他们心里对事实真相是一清二楚的，了解得并不比梓平先生少。他们还可能像今年2月6日《中华读书报》上的文章那样，利用“主体创意”“图纸成稿”这样的概念把水搅浑，纠缠不休。所以我在这篇杂记的开头写下了业主“创意”和住宅设计的比方。本来我想写一句“朱先生在天之灵可以安心了”，转念一想，还是暂时不说为好，要学一学朱先生的认真。

梓平先生的调查报告里披露了一则非常有价值的资料，1950年6月15日，张仃拿出了他设计的国徽图案，并且附了一份设计人意见书。意见书有四条，大概是：“一、……设计人认为，齿轮、嘉禾、天安门，均为图案主要构成部分，……即使画成风景画亦无妨，……不能因形式而害主题。二、……设计人认为，自然形态的事物，必须经过加工才能变成艺术品。但加工过分或不适当，不但没有强调自然事物的本质，反而改变了它的面貌。……三、……设计人认为，……但继承美术上历史传统，应该是有批判的，我们应该承继能服务人民的部分，批判反人民的部分……四、……北京朱墙、黄瓦、青天，为世界都城中独有之风貌，庄严华丽，故草案中色彩主要采朱、金（同黄）、青三色，此亦为中国民族色彩。但一般知识分子因受资本主义教育，或受近世文人画影响，多厌此对比强烈色彩，认为‘不雅’。……实则文人画未发展之前，国画一向重金、朱，敦煌唐画，再早汉画，均是如此。更重要的是广大人民至今仍热爱，此丰富强烈的色彩。……倘一味强调‘调和’，适应书斋趣味，……”

和这篇《设计人意见书》“对比强烈”的是梁思成先生在6月15日晚上的发言，梁先生提出：“一、国徽不能像风景画。……二、国徽不能像商标。三、国徽必须庄严。”看起来，和张仃先生相比，梁先生确实不大懂得“突出政治”的重要。张先生一面依傍“广大人民”，一面直斥知识分子受资本主义教育，而且生活在“书斋”里，再加上很有理论气味的“形式与内容”“事物的本质”“批判反人民的部分”等等，气势不同凡响。反观梁先生，说的净是艺术家的大白话，简简单单。这一回合话语较量照当时的气候，梁先生显然处于下风。朦胧中仿佛记得，朱畅中先生是列席了那次会议的，依他的性格，精神不知会紧张到什么程度。不过他从来没有向我讲起这两位大师的对阵。再细一想，朱先生大概压根儿就不会注意到张先生的阶级分析。他是个务实的人，所以他向我反复讲述多次会议的情况，总是谁谁向前走近了几步细看，谁谁跟谁谁讨论了几句，周恩来总理又是怎么拍板定了案。值得庆幸的是，大多数参加评审的人没有受那番“阶级分析”的影响，最后被通过采用的设计是不像风景画，不像商标，而十分庄严的国徽，虽然设计者是受过资本主义教育的人。我想，从“设计”和“创意”两个基本概念来说，人们是能够分辨现有的国徽和风景画、和商标的界限的。我也相信，“广大人民”是会喜欢现有的国徽的。我更希望，以后不会再有人企图用“挖阶级根源”的战术来胜过竞赛对手。

我深深感谢五十年前手把手领我进了建筑学门槛的朱畅中先生。我为那次“批态度”会上的一句话深深地悔恨。

（原载《建筑师》，1998 年 12 月）

（六七）

当年身强力壮，理解力高，记忆力强的时候，没有什么书可看。现在，书店里琳琅满目，我却已经几乎失去了阅读能力。但是多年积贮下来的对读书的渴望，迫使我仍旧常常到书店里去逛逛。向来爱读杂书，近日买到一本中州古籍出版社的《清代工商行业碑文集粹》，回家一翻，居然有一些很有意思的资料，其中有一篇上海《水木工业公所记》，宣统三年辛亥秋七月蒋维屏谨勒，尤其引起我的兴趣。水木工业，就是建筑业，是我们的同行，我且摘抄一段请大家看看：

> 余维中国贵士而贱工，崇道而卑艺，士大夫崖岸高峻，喜空谈，耻实验，有言制造新法者，不斥为逐末，必诋为奇技淫巧；为之工者亦然自下，觍然不敢与士大夫亢礼。但识日益短，技日益拙，器日益窳。而外人乘吾之弊，输运其物品，以供吾之求取，又曲顺吾之好尚，以吸吾之脂膏。吾用其物而未厌也，则思效其法；求其法而不得也，则思师其人。于是官署有洋员，工厂有洋匠，学堂有洋教习，欧风美雨，卷地东来，横流滔滔，莫知纪极。独此建筑之术，楼阁轩廊，案图而肖其形，金木土石，引尺而悉其数；能知外人之嗜好，而未尝求师于外人，能吸收外人之金钱，而不容外人插足其间，少分我纤毫之利益。然则吾中国四万万同胞中，差强人意，不依赖而能自立者，唯此水木工业耳！且夫人必能自立而后能自由；必能自由而后能自强；必人人能自强而后其国强，其种强。……余悲吾中国之不能自强，而喜水木工业之能自立也，因进以团体之精善，而为吾上海八十万之居民勖。

这段碑文，实在太有意思。开头说的是，中国的文化传统，严重阻碍了中国近代工业的产生，连“师夷之长技”都不可能，不得不请洋员、洋匠、洋教习，以致“吾之脂膏”被人吸走，说得很沉痛。接着情绪一转说，独有水木工业能自立，“楼阁轩廊”，什么都会做，不必求洋人，不但洋人赚不了中国人的钱，中国工匠倒要赚他们的钱。最后以建筑业为样板，呼吁中国人自立、自由、自强。碑文里说的“水木工业”，是指建筑施工营造业。“楼阁轩廊”，既是“外人之嗜好”，则必是20世纪初年上海的“洋房”无疑。

中国其他行业的工匠是不是那么无能，我们且不去说它，营造业的工匠能够无师自通，案图肖形，引尺悉数，我是深信不疑的。因为在这篇碑文之前整整一百五十年，圆明园里就造过西洋楼。我在西洋楼的废墟里寻寻觅觅的时候，最吃惊、最大惑不解的便是中国工匠居然能把它们做得那么地道，虽然当时有蒋友仁之流的传教士做洋师，但没有资料说曾经有过一个洋匠。而那些造型、线脚、浮雕等等，竟是一点儿也不含糊。我奇怪为什么写有关中国建筑史，写圆明园文章的人，对这些精湛的工艺居然视而不见，没有写上一笔。

这篇碑文的历史价值，第一在于它明确主张，国家要自强，必须发展工业，而要发展工业，必须跟贵士贱工、崇道卑艺，喜空谈而耻实验的文化传统决裂；第二在于它表现出来水木工人的自信、自豪，表现出他们对强国、强种的责任心和奉献精神。这篇碑文写于推翻大清帝国的辛亥民主革命的前夕，毫无疑问，作者受到了革命思想的洗礼。我们可以见到，作为社会底层的苦力，水木工人们跟那场民主革命是声息相关的。

当今的建筑学跟营造业分了家，不过，古罗马时期维特鲁威写的《建筑十书》和文艺复兴时期阿尔伯蒂写的同名书里，是包含了营造学在内的。在中国，从鲁班爷开始，建筑和营造不分，直到明清，造房子的还是大木厂，既承担设计，也承担施工。1931年，上海市建筑协会还是“凡营造家、建筑师、工程师、监工员及与建筑业有关之热心赞助本会者”都可以加入为会员的（见伍江：《上海百年建筑史》）。当初梁思成先生在清华大学创办的是“营建系”而不是“建筑系”，他的立意就是要把建筑和营造统一起来。这也是柯布西耶和格罗皮乌斯这些现代主义建筑开山人的思想。现在建筑学跟营造业依旧关系密切，不能两断。所以，我们还可以把九十年前上海水木工人的话当作自己先辈的话，好好温习温习。

中国的现代建筑从西方移植过来，到现在快一百年了，似乎整体水平还没有赶上西方。这当然有许多原因，我们可以从各方面去总结，不过，宣统三年上海水木工人所见到的，所感到的，依我看，仍然有很重要的现实意义，需要我们认真对待。那主要的便是，与封建的文化传统决裂，要有自强自立的志气，要努力掌握世界各国的先进技术。

当今，使命感和崇高理想都被当作过了时的笑话，当然就谈不上为国家、为民族的志气。不少受过高等教育的建筑师，恐怕比九十年前的水木工人还不如，这一点我不敢多说什么。我们当然不必像他们那样排斥洋匠、洋教习，“不容外人插足”，应当欢迎外国建筑师参与我们的建设；现在欢迎，将来也欢迎，建筑设计市场总得走向国际化。不过，老是抄袭外国，老是外国大师的“追星族”，弄得满大街溜溜的都是KPF式，都是SOM式，总不是上策。再问一句，我们什么时候也出口建筑设计，也到国际建筑设计市场上去占领一席之地呢？

现代的建筑师，高级知识分子，所见到的封建传统的束缚，当然应该不仅仅是“贵士而贱工，崇道而卑艺”那些了，还应该看得更深一点，更高一点。

不论西方还是东方，不论外国还是中国，封建传统的核心本质都是一样的，那便是专制–权威，信仰–崇拜。具体化一点，便是体制崇拜、权力崇拜和祖先崇拜。体制崇拜包括对它的意识形态的崇拜，权力崇拜包括对财富的崇拜，祖先崇拜则包括着对传统本身的崇拜。

不冲决这样的封建传统的罗网，就不可能现代化。因为现代化的核心本质正是八十年前中国的先行者们呼吁过的“德先生”和“赛先生”，便是民主和科学，这也是不论东西，不论中外，都一样的。什么时候民主和科学遭到了践踏，什么时候现代化便停滞不前，甚至倒退。民主和科学，跟专制–权威和信仰–崇拜是针尖对麦芒，不能两立。这不但已经被世界历史证实，而且也是逻辑的必然。我们都说过社会的“转型”，那么，从哪里转到哪里？不管有些什么样的措词，本质当然都是从传统型转向现代型。既然转向现代型，就得否定传统型，如果硬要保存传统型，那还转什么型呢？压根儿谈不上转型。

就我们建筑来说，它的现代化的实质内容也是民主化和科学化。

科学化，大约可以分为两个方面。一方面，建筑师要有求真务实的理性精神和严谨的逻辑思考能力，要对建筑的发展有一个规律性的认识。另一方面，要合理地使用新技术、新材料、新设备，追求建筑物功能的完善，讲究经济，妥善地考虑环境效应，直到当前热门的建筑智能化、生态化以及城市与自然的可持续发展。

民主化，大约也可以分为两个方面。一个是，建筑要从历来主要为帝王将相、权贵阔佬极少数人服务转变到主要为最大多数的普通平常的老百姓服务，把老百姓的利益放在第一位。相应地，必然要转变关于建筑的基本观念和整个价值观系统，适当地改造建筑学的内容。另一个是，建筑师要有独立的精神和自由的意志，要有平民意识和人道情怀，要有强烈的创新追求，敢于发挥丰富的想象力，要有社会责任心和历史使命感。这样的建筑师才能真正成为民主化的个体，为社会的民主化工作。

我们可以清晰地看到，西方一百多年来的建筑现代化过程就是这样的民主化和科学化的过程，虽然到现在还有很长的路要走。

所以，建筑的现代化，不仅仅是钢铁、玻璃，超高层、大跨度，高速电梯，“电灯电话、楼上楼下”，也不是“方盒子”“光秃秃”。它的含义要宽广得多，深层得多。

同样，作为现代化的对立面的传统，也不仅仅是大屋顶、小亭子、中轴线、色彩、空间层次之类的形式问题，或者“就地取材”“因地制宜”这样的套话。从这里根本概括不出建筑传统的“神”来。

建筑的封建传统，同样也主要表现为体制（意识形态在内）崇拜、权力（财富在内）崇拜和祖先（包括传统本身）崇拜。当然，如今说封建传统，就得说是它的残余了，而且得说它的当代形态。

体制崇拜，当今大致主要反映在两个方面。一方面是体制成了一种不容检验的超理性力量，体制内的统治力量天然具有绝对的真理性。人被体制奴役，成为它的驯服工具，齿轮和螺丝钉。具体化地说，例如，用各种行政的、组织的手段把建筑师和建筑创作统统管理起来。创作课题越重大，越要管理得紧，而且管理者也越不懂建筑。另一方面是，建筑成了体制的象征，为了体制的意识形态需要，常常不惜花费大量人力物力建造一些颂扬体制本身的“光荣和伟大”的建筑物，或者强使一些公共建筑物承担这个任务。而人民大众迫切需要的建筑物却被放在很不重要的位置上，常常要为体制性的建筑让路。

权力崇拜，当今的形态，一方面是长官或老板可以把自己的意志强加给建筑师，不尊重他们的人格和权益。他们可以恣意不顾正式的城市规划和相应的法规，为自己谋利益。另一方面，长官和老板在建筑资源的享用上跟普通百姓之间存在着巨大的落差，甚至在一些公共建筑个体中，他们的特权也表现得很尖锐。

祖先崇拜，主要是一些建筑师迷信中外古人，对今天、对未来，缺乏坚定的信念。虽然“继承”古代的建筑传统，现在在理论上和实践上已经毫无意义，在文化心理上只能起促退作用，但建筑界至今很少有人敢于公开说要和它决裂，相反，不少人倒总要对它做出一副毕恭毕敬的姿态。至少表面上要保持和气，不敢得罪。大大小小、深深浅浅的复古主义建筑依然招摇过市，把老百姓的血汗当水泼。

显而易见，这体制崇拜、权力崇拜和祖先崇拜是现代化的严重障碍，也便是民主化和科学化的严重障碍。不清除这样的传统的残余，我们的发展、进步就不大可能顺顺利利。

中国的现代建筑是从西方移植过来的，中国建筑师没有亲身经历过西方现代主义建筑从诞生到成熟的过程中跟陈旧传统进行的激烈的、决绝的斗争。所以，我们中许多人只从工具理性层面认识现代建筑，没有从价值理性层面认识现代建筑，也就是没有足够清醒地认识到现代主义建筑的本质，它含有的民主性和科学性。而且，中国建筑师中至今还有一些人仍然缺少民主性和科学性的自觉追求，所以后现代主义建筑的风一刮，便纷纷跟着彻底“否定”起现代主义建筑来。

这当然不仅仅是中国建筑界的现象，这在很大程度上是整个中国社会中的现象。当今不是“文化保守主义”思潮颇有点儿市场吗？连辛亥革命和五四运动都要作为“过激主义”加以“否定”。所以，要克服这些现象，只能靠整个社会的进步，而不能只靠建筑界自己。因此，我们批判的锋芒常常不能不越出专业界限，指向社会。

说到这里，我怕话语慢慢会变得太沉重，不大妥当，还是轻松一下为好，我把最近看到一篇很有趣的文章抄录给大家看看罢。这是清华大学建研六班朱青模发表在学生刊物《思成》第二期上的，小标题叫“副总经理”：

> 几年前的暑假，我跟随先生一起到无锡见甲方。先生是我很崇拜的先生，甲方是第一次见。先生事先介绍，甲方是个从中央电视台淘汰下来的导演，对建筑颇有些搭道具的观点。我心想：有戏看。
>
> 终于没有谈拢，对方竟红了脸。我很诧异，这样一位可敬的先生竟有人跟他红脸。最难以接受的却是最后一个回合，甲方拍案而起：“我一个副总经理，亲自陪你们谈……”
>
> 当时我是个刚开始学建筑的新学徒，感到遭受了沉重的打击。一个总经理，副的，在我敬爱的先生面前竟然如此大发神威。我后悔进了建筑系，如果是进了“副总经理系”该多好，不必苦学建筑就可以决定建筑的命运。甚至我想，万一混到副局长、副厅长或副市长那分上，那岂不更是对建筑呼来喝去：“建筑，端杯茶来”，“去，建筑，跳个舞看看”。那真是太过瘾了。

……别学建筑了，从副总经理干起吧。

这一桩写得如此生动的“事件”，传统文化内涵实在太丰富了。为了避免它落为“孤例”，被专家学者弃置纸篚，不屑一顾，我再把一次亲身经历写下，顺便也洗刷一下我“招摇撞骗”的罪过：近日到某省会开一个评审会，操持者是一位县级领导干部，他深知我不过是个退了休的普通老教师。我们正在闲聊，地区专员来了，他向专员介绍我说，这是某大学的建筑系主任。我惊魂未定，又一会儿，来了个省级的什么领导，他又介绍我说，这是某大学建筑学院院长。这一下，十几分钟，连升三级，吓得我简直说不出话来。事后躺在宾馆的席梦思上想想，大约这是为了“对应定位”。他认为一个普通教师没有资格和省级领导坐在一起讨论问题，如果如实介绍，到谈不拢的时候，万一那位大官“拍案而起”来一句：“我一个副省长，亲自陪你谈……”害怕我不吃这一套，会做出什么使他为难的反应来。

记得建筑文章家们曾经提出过一个“使传统现代化”的怪论，这两起“事件”，便是“传统的现代化转型”的绝妙例子。它们是体制崇拜和权力崇拜的当代版本。这倒不是什么人从理论上提倡过，而恰恰是由于传统的“强大生命力”，由于传统的“不能断裂”。而现在对这两起事件要做出的反应是：必须把这些封建传统的残余清扫干净，否则我们的现代化便只能是畸形的、发育不全的、千创百孔的。

写到这里，又已经很不专业，越了界，而且再写下去，轻松的笑话便会变成十分沉重的话题。我本来是为了逃避沉重才写下这两则笑话来轻松一下的。那么，就此打住了罢。

（原载《建筑师》，1999年2月）

（六八）

我和楼庆西、李秋香写的《婺源乡土建筑》已经出版了，这是我们出版的第四本乡土建筑研究著作。还有好几本已经完稿了的，还等待着陆续出版。

1989年，我和李秋香应邀到浙江省龙游市测绘了十三座宗祠，顺便参观了一些村子。工作结束之后，建德市的叶同宽老师陪我们到他的老家新叶村去看了看，胡理琛同志带我们到了他的老家永嘉县的楠溪江流域。新叶村和楠溪江中游的村落群使我们非常兴奋，就像考古队员一锹挖出了一座地宫，满眼晃动着稀世的宝藏。我们本来以为，经过四十年来一次又一次激烈的社会大震荡，农村里早已没有多少有意义的历史遗迹了，不料，在新叶村，在楠溪江中游，我们发现，几百年来积累起来的乡土建筑，基本上安然无恙。原来，农村越折腾越穷，越穷越没有力量去改变古老村落的面貌。农民的不幸，倒意外地使一些地方的乡土建筑几乎完整地保存了下来。我们又发现，改革开放以来，农民渐渐有了钱，要造新房子了，乡土建筑要给新房子腾地皮了。历经风雨，侥幸保存下来的乡土建筑，在新的建设浪潮冲刷下，很快便会消失。于是，我们打定主意，放弃手中眼看就会结出大桃子来的工作，赶紧着手研究我们的乡土建筑，抢在它们完全消失之前，给我们的民族留下一份文化档案。这样做，对我们自己来说，有点儿牺牲，冒点儿风险，但我们顾不得了。我们一路参观，一路在心里琢磨着乡土建筑研究的大纲。到参观完毕，大纲也差不多形成了。

从那时候到现在，整整十年，我们把今年当作我们乡土建筑研究的十周年来纪念。纪念的当儿，我们想到的首先是支持了我们工作的许多朋友们，尤其要感谢的，是建德的叶同宽老师和台北的王镇华先生以及龙虎文化基金会的吴美云、黄永松、姚孟嘉和奚淞四位先生。

研究工作不是想做就能做的，第一要有钱。钱从哪里来？弄不到钱，再大的决心，再好的计划都毫无用处，只不过是猪八戒做梦娶媳妇，空想而已。我们情急中问叶老师，如果我们来研究新叶村，能不能给我们设法搞三四张火车票的钱。叶老师当时不过是位县旅游局里普通的职员，不带长字，我们的请求简直荒唐透顶。但是，叶老师真正是“及时雨”，居然不知从什么机关里要来了这么几个钱。于是，我们的工作便从新叶村开始了。半年过后，李秋香完成的新叶村乡土建筑研究初稿证明我们拟就的大纲是行得通的，可以达到预想的成果，这便更加燃烧起我们干起来的强烈愿望。一直到现在，我时时在想，当时如果没有那几张火车票的钱，我们的研究愿望就会被迎头一棍子打闷，没戏了。以后，叶老师还给了我们许多有效的支持和切实的帮助。有一次，我们带了十来个学生到新叶村去，他从城里给我们租了床铺，借车运到村里。那时他心脏很不好，反反复复住了好几次医院，依然扛起几十斤重的铁床，跑上跑下。后来，我们在邻近另一个村子工作，遭到狭隘地方主义者的刁难甚至驱赶，在处境十分困难的时候，他急忙跑来看望我们，利用关系，找了些朋友来鼓励我们。最后和建德旅游局的乐祖康局长一起用车子把我们接到灵栖洞风景区休息了几天，调养调养，缓解一下心情。

叶老师当然不可能长期给我们筹措经费。我利用到台北探望老母的机会，打算在那里想想办法。1990年年初，我访问了几个基金会，但都有些不大容易解决的难题。眼看两个月的探亲期限已到，马上该回来了，经费还是没有着落，只有王镇华先生私人支援了我一千美元。真是苍天有眼，一个很偶然的机会，龙虎文化基金会的朋友们知道了我的难处，一天清晨打来电话邀我早餐。我匆匆赶去，吴美云和黄永松两位，虽然初次见面，却一谈就通，一只煎鸡蛋还没有吃完，就决定提供我们工作经费。当时我只有一张名片证明我的身份，那东西其实什么也证明不了，哪个头衔不能印去上呢？他们是高水平的文化人，有高尚的理想，有热烈的追求。吴美云说：你们工作到哪天，我们就支持到哪天。我回答：你们支持到哪天，我们就工作到哪天。双方说话算数，我们已经干了十年了，研究成果，都由他们主持的《汉声》杂志社负责出版。

到现在，已经出版了楠溪江、诸葛村和婺源三套。出我们的书要赔很多钱，他们忍痛坚持着，而且再三表示，不干涉我们的选题、写法和篇幅。龙虎基金会几位先生，都成了我们的好朋友，越来越彼此了解和尊重。可惜，姚先生几年前去世了。

十年来，一个聚落一个聚落地研究，看到了什么变化没有？变化是有的。第一个变化，很教人高兴，就是发觉有些地方渐渐知道乡土建筑的价值了，虽然仅仅从可以搞旅游赚钱着眼。我们在楠溪江中游工作的时候，当地一些负责干部弄不清我们要干什么，对我们不闻不问，好在倒也并不阻挠我们。有几位则以为我们很有钱，还打算找机会从我们身上捞一把。一天，温州市里主要的媒体的记者随长官下乡，恰巧遇到我们，我们大费口舌，向她宣传乡土建筑的价值，她似乎一点也听不明白，最后，问了我们一句，能不能帮忙从台湾引进一笔投资，譬如说，搞个鞋厂什么的。现在，有些村子至少知道城里人爱看乡村，如果保护得好，可以卖门票。1997年我们访问了山西省一个村子，过不多久村支书和村会计带着录像带跑到北京来，要京里的大专家们开个会，给他们村子一个评价。大专家们大受感动，七老八十的，平日凑个会很难，这次居然有几位出席了座谈。我们的下一个研究课题就是他们的村子。

第二个变化是，前几年，有些同行对我们不遵循向来的民居研究的思路和方法，另创系统而全面的乡土建筑研究，还有点儿不满意，如今，已经有几位朋友愿意改弦更张，着手乡土建筑研究了。我们因此受到鼓舞。只有更多的人来做这件工作，这工作才能真正繁荣。研究工作繁荣了，才能推动合理的保护工作，如果不但能抢救些资料，还能把一些最有历史、文化、艺术价值的聚落保护下去，阿弥陀佛，子孙有福了。

第三个变化是，近来一些出版社也看到了乡土文化飞快地成了热门，要出版一些有关的书籍了。这当然也很可喜。但他们中有一些着眼的是单纯的经济利益，并不比乡民高明一点儿。这一部分人设想的都是“农村旅游指南”一类的书，一开口就先声明，不求学术性。他们并没有实际研究过农村，对农村没有起码的感性认识，却预设了许多条条框框，要研究者钻进那个模子里去。可喜中又有可悲！

第四个变化则只有可悲了。十年下来，我们的工作小组，“两个老汉一个姨”中，老汉已经七十岁了。我失去了一只眼睛，楼庆西心脏不断出毛病。在楠溪江中游工作的时候，冒着四十多度的高温，我翻山越岭，一天能走六十多里。现在走上坡路常常会过来一帮年轻人，前头搀着，后头扶着，怕我一脚踩空，呜呼哀哉。老伴身体也大不如前，前些年我下乡一次四十多天，毫无后顾之忧，现在则常常要惦记老伴儿一个人在家行不行了。跟我们一起工作过的年轻人，已经有二十几位到了大洋彼岸，有的很有出息，但我们这个小摊子日渐衰老，不知还能支持多久。人嘛，完蛋就完蛋，但这份工作呢？真是等着瞧吹灯拔蜡吗？唉！

十周年纪念，不该说丧气话，好，那么说说对以后的希望罢。

第一希望我们的大环境发生些体制性的变化，能形成支持各种学术研究的社会机制。比方说，由累进制所得税逼出来的大量文化基金会，既可能向研究者提供经费，也可能直接做些乡土建筑的保护工作。基金会制度是世界各国行之有效的制度。这是一项使学术工作社会化、民主化的制度，我们能不能及早引进呢？第二希望美国闹经济危机，一批年轻有为的中国人下了岗，不得不回国投靠爹娘，而我们这边，正好准备了既必要又充分的体制性的和经济性的条件，吸引一部分人来上山下乡做乡土建筑研究。第三希望全社会都懂得，乡土建筑不仅仅是旅游资源，从本质上说，它是文化资源。人们都懂得，保护生态环境，不但要保护自然生态，不让一些珍稀的动植物灭绝，更要保护人文生态，不要让一些文化遗产灭绝。一个物种灭绝固然是极大的损失，一种文化灭绝，是更大的不可挽回的损失。因此，第四个希望是国家建立有法律和钞票做后盾的强有力的文化保护机构，不受不大懂事而又急于出“政绩”的地方长官的颐指气使，更顶得住财大气粗而又目光短浅的旅游部门的胡作非为。第五希望我们的出版界，也懂得除了赚钱之外，还要支援学术界。既给财神菩萨叩头，还给文昌帝君烧香，要知道，市场经济不等于唯利是图。第六条希望，是我们两个老汉身体硬硬朗朗，再玩命干几年。就像得了绝症的病人，拖一天，说不定就等到发明了新药新疗法。我们拖一天是一天，也说不定哪天当权者醒了瞌睡，知道该弄些人把乡土建筑的研究和保护干下去，甚至大大扩大规模。

鲁迅先生说过，希望之为虚妄，正与绝望相同。不过他还是给革命者的坟头添了一束花。我也想添一束花，但是在谁的坟头上？在愚昧、粗鄙和骄横的坟头上是只能添上一块重重的石板，再“踏上千万只脚”的。

不管怎么说，有几条希望总是好的，会教我们不至于垂头丧气，时时保持着进取的劲头。进取意味着创新，学术工作也要有一种创新图变的精神，不要满足于老一套，尤其在老一套讨下了一两声喝彩的时候。

回头看一看十年的工作，我们各个课题的研究成果都不大一样。这并不是因为我们在研究方法和原则上有这么大的摇摆，而正是因为我们力求避免老一套。我们工作方法变动的主要根据是对象的特点和文献资料的多寡、性质和水平。楠溪江中游各村的宗谱比较齐全，而且内容丰富，涵盖面广，文学性很强。既可以利用它们说明已经失去了的乡土生活、乡土文化和乡土建筑，相当充分，又可以作为美文欣赏，读来有滋有味。关麓村的宗谱片纸不存，但我们居然得到了不少书信、笔记、账册、契据、文约等等，从中看到了任何宗谱里都不可能有的更日常、更世俗、更个人化的历史场景，非常生动。张壁村，什么纸质资料都没有了，却还剩下二十几块石碑，从各个方面去解读它们，也可以得到很有意思的信息；当然，生活气息就差多了。文献资料的多寡和性质的不同，当然会影响到写法的不同。同时，各个聚落和房屋本身的差别也很大。十里铺都是最原始的窑院，在厚厚的黄土层里挖窟窿；寺前排村则是侨乡，围龙屋宽敞而又华丽。纯农业的新叶村宗祠系统发达，左右着村落的布局；而俞源村左右着村落布局的是富商巨贾的几座巨型大宅。诸葛村商业发达，村落分裂为“祠下”“街上”两部分，甚至在1930年代自己就造起了小发电厂；郭洞村则到现在还没有一家正经的小铺。我们每到一处，最注意的便是找出它和前面的课题不同的特点，而不是忙于概括出它们的共同点。我们希望每个成果都有所变化。

尽管如此，我们还是战战兢兢，担心我们的研究和写作会渐渐驾轻就熟，不知不觉走向模式化。失去个性，也便是失去生活气息。模式化是学术工作的大敌。但愿我们还能保持住一点对新鲜事物的敏感性，晚一点跌进这个陷阱；不幸跌进去了，也浅一点。

这十年来，我们选择研究题目，已经大红大紫的村子我们不要。我们希望，通过我们的工作，把一些默默无闻的山村挖掘出来。天下知名的村子，人们蜂拥而至，写得够多的了，保护也不大会成为问题。如果有问题，那多半是被盛名所累，旅游者太多，主办旅游的人又急功近利，太眼红。相反，一些小山村，如果不赶快去调查，就会无声无息地消失了，而它们的历史、学术和艺术价值并不小，甚至有一些可能胜过大名鼎鼎的村子。把这些被埋没了的宝贝挖掘出来，丰富我们库藏，这才是我们当下应该做的。十年来，已经有几个本来没有人搭理的村子，在我们的工作之后，渐渐受到重视，有了进账了，我们心里很欣慰。不过也有一点担心，怕因此反而毁了它们，这也已经有了点儿苗头。

由于同样的考虑，我们马不停蹄，做了一个课题又立刻再做一个。按照惯例，七十岁的人了，工作不要求多，而要精雕细刻，磨出一两个耐得住时光销蚀的作品来。说得局促一点，就是要为身后留下一两件纪念品，说得高大一点，就是垂范于后来者，使他们学有所宗。但我们两个老汉，却反其道而行之，依然贪多贪快。道理只有一条，我们要抢救文化遗产，尽可能多一点，顾不上我们自己的声名了。个人其实算不得什么，那许多无比珍贵的乡土建筑遗产转眼间不再存在，竟连一点记录都没有留下，那可是民族的悲剧。抢救，抢救，急如星火，别的都谈不上。但是，我们，和我们几个不多于一支足球队的朋友们，在这九百六十万平方公里的土地上，面对几百年近千年的文化遗产积累，能抢救得了多少资料呢？

"难回者天，不负者心。"罢了，罢了，我们只好满足于尽心。这是十周年工作的最终结论。这难道便是十周年纪念时候该说的话么？

（原载《建筑师》，1999 年 4 月）

（六九）

我所在的这座大学，从建筑上分，主要有两个大区。一个是"红区"，多数房子造于1930年代，红砖本色；一个是"白区"，都是些1990年代的房子，一律贴白瓷砖饰面。红区的房子，围绕着两三块绿地布置，不大，体形简单，十分素雅，十分沉静。出过不少大科学家的科学馆、化学馆、电机馆、生物馆，都只有小小一个双扇门。出过不少大人文学者的图书馆，只在大门额头上有几条线脚。白区的房子，沿着一条笔直宽阔的大中轴路布置，多数体形复杂，大柱廊、大花架子、大过街楼，十分夸张，十分浮躁。形式变化很多，手法堆砌不少，如果说建筑是凝固的音乐，那一幢幢白色大楼就是凝固了的"九头鸟"里播出来的摇滚乐。

三十年前，我曾经在一篇文章里写过，建筑艺术的最高层次是风格。构图和谐得体能悦人目，而"赏心"则只有靠内涵高雅的风格了。如今男女青年找对象，都把"气质"两个字挂在嘴边上，这气质便是风格。可惜我们有些建筑师们现在不大爱琢磨风格，大多推敲推敲构图、色彩，追求些新异手法，等而下之的抄抄图集，更省脑筋。也有人把风格完全和主义混为一谈，以为有了点儿什么主义的模样，便是有了当今最时髦的风格。

恕我直说，我所在的这座大学，1930年代的红区，从建筑风格说，是学术文化区。在那里，人们自然倾向于深沉的思考和勤奋的探索。而1990年代的白区，则是、则是、则是像个金融商行区。您瞧，白区那些楼，跟银行、证券交易所、进出口公司办公楼，味道相差不多。两个区之间有一座十层的大楼，那是1960年代前半的作品，政治挂帅的架势十足。三十年一种风格，说建筑是社会的史书，真是一丝儿不差。只要进西门向东走，到了尽端再向南一拐，这所大学历史的大轮廓便大致明白了。

如果有一位导演，要给华罗庚、钱三强这样的科学家和陈寅恪、钱锺书这样的学者拍电影，即使他压根儿不知道红区、白区的建造年代，也绝不会以白区为故事背景，而一定会选红区。只有那样的建筑环境才能和那样的学者、科学家的活动联系起来。

白区缺乏一所高等学府应有的格调，首先在于它的大布局，主要是它宽阔笔直的中轴线。大约是1980年代中期，那时候建筑师们不大忙碌，还有人写写文章，提倡继承中国建筑的“民族传统”。不论提倡“形似”也罢，提倡“神似”也罢，总结出来的第一条形神兼备的精髓便是中轴线。不知是学了那些文章的缘故还是自然而然心有所会，现今铺张扬厉的中轴线真是随处可见。其实，中轴线并非咱们的民族特产，普天之下凡有专制皇权的地方都有中轴线。它形象地突出统率和从属的关系，“天无二日，世无二君”，是一条专制主义的政治性意识形态线。古希腊城邦从自由民主制转型为僭主专政制，公共建筑群就从自由布局转变为中轴线统率。古罗马从共和国转型为帝国，公共建筑群也从自由布局转变为中轴线统率。欧洲各主要国家，经过中世纪的混乱，到了17世纪，先后建立了绝对君权，中轴线便立即建立了它的统治，从宫殿、城市、广场直到园林。中国的建筑群中轴线，大约不会早于公元前3世纪的希腊，后来也没有像法国和它的追随者那么彻底，直至贯穿园林。所以把中轴线夸耀为中国建筑专有的一大特色、一大成就，不免有点儿胡吹。不过，中国的皇权特别连贯持久，以致中国人的皇权崇拜特别强烈顽固，衍伸开来，中国建筑师观念中的中轴线情结便有特别大的传统“惯性”，不但施用于全国，而且时代变了，中轴线却仗着惯性，还继续往前运动，一直运动进了大学的校园里。

皇家的中轴线是摆给老百姓看的，要威严气派，统治者自己并不爱看。汉高祖和宋太祖看到宫阙的中轴线，只不过觉得当皇帝真过瘾而已。法国的路易十四看到了福凯花园的中轴线，便把福凯拘捕了，他看到的也是中轴线的政治意义。会享福的皇帝都到离宫别苑里去呆着，唐玄宗是在离长安中轴线老远的兴庆宫里跟胖乎乎的杨贵妃玩霓裳羽衣舞的。清代皇帝和太后们则常在承德避暑山庄、畅春园、圆明园和颐和园里混日子，那里只在小小的一角殿堂前有不长的中轴线。法国的路易十四，住在凡尔赛宫的时间也不多，更多的时间住在另外两个没有中轴线的小园林里。到路易十五就更嫌弃大大的中轴线了。在中国，连官宦地主人家，轻松安逸的书斋别馆也都在正屋的旁侧，躲开并不很神气但毕竟比较庄重的中轴线。

我们学校的红区没有威风凛凛的中轴线，大草地上，每逢晴好的日子，总会有学生坐在那里看书。有些青年男女偶或撂下书本，搂搂抱抱，看去也挺教人高兴喜欢。1960年代造政治挂帅的大楼时前面规划了中轴线，当时传说这轴线一直要延长到都城西门，那就比北京城的轴线都长了。无产阶级要压倒地主阶级，这当然不在话下。后来，“无产阶级”闹起“文化大革命”来，耽误了这条轴线的建设。现在由市场经济的浪潮下完成了它在校园内的一段，就是白区。不过，在新时期，它失去了一本正经的政治色彩，而成了“金融一条街”式的了，还没有最后完工，便车如流水，书卷气和青春气连影儿也没有了。

用这样一条交通繁忙的中轴线来布局大学校园，只能说是规划者没有细想大学为何物，没有细想大学生和大学教师们在校园里干些什么，想些什么，爱些什么，忘记了给大学生和大学教师营造一个学术文化气息浓厚的读书学习的建筑环境，使他们受到潜移默化，更易于成为具有自由的思想、独立的精神的探索者。他们在传统“惯性”的支使下，不知不觉把校园当作皇上的禁苑来规划了。这就是说，规划者忽略了大学建筑环境应有的风格和气质问题，氛围问题。值得附一笔的是在北京著名的学院路上往一溜大学校园里张望一下，近半个世纪里建造的校园没有一所不是以中轴线统率布局的。我家不远的一座过去以湖光塔影闻名的大学校园，它的新区也渐渐用轴线来加强“气势”了。我们当今的建筑师们，是怎样理解大学的灵魂的呢？

白区缺乏高等学府应有的格调，也在于大多数个体建筑缺乏书卷气和青春气。这些建筑的设计，主要是拼贴杂志上流行的各种各样的构图手法。样式化、时尚化、表演化，因此商业气很强，正是文化内涵肤浅贫乏的一种症状。有一天，我接待了石家庄市的一位官员，在送他回去的时候，下楼，出门，随便问他对学校白区的评价。他十分礼貌地夸赞：“很好，很好，和我们市的毛巾厂一样！”所以会这样，和规划的失败相同，是因为建筑师对大学、对大学生、对大学教师缺乏深层次的理解，缺乏悠远的想象。建筑系的学生在这样的环境里学习，真是双重的不幸。

这种文化缺乏的病因之一，无疑是建筑系一些教师的非学者化、建筑教育的非学术化。建筑设计在他们手里成了单纯的技术性操作，设计教学工作基本上是手法的传授、样式的介绍。学生从低班到高班，无非是手法积累多了，运用熟练了，但对建筑本质的理解，对建筑文化的思考却进步不大，对有关建筑创作的一些基本问题十分冷漠，没有兴趣，因此缺乏应有的知识，也便缺乏探讨的能力。一些研究生不大知道研究工作的方法和基本规范，恐怕有一些还并不很明白应该怎样读书。一个轻视建筑学术、不鼓励教师做一些像样的学术工作的建筑系，或许可以培养出合格的注册建筑师来，但要想真的自立于世界先进之列，恐怕是没有多大希望的。

此外，白区的一大片建筑差不多是同时设计、同时建造的，一个业主、一个设计院、一个权威，却是一个个各不相顾。它们之间的空间也看不出经过精心的设计。看来，建筑师驾驭大建筑群的自觉和能力都还不足；校园如此，那么，我们对城市还有什么话说呢。

手法、手法、手法，建筑学成了一大堆东拼西凑的手法，思想是没有的。所以一些人最欣赏的箴言，是剥去了语境的“中外古今皆为我用”这样一种没有原则的折衷主义。有些很认真的教师，也在这种风气之下很努力地打算把建筑史这门课程转变为一顿手法的快餐，以适应“市场经济的需要”。有些人提倡“不谈主义，只借鉴手法”，以致“后现代”解构主义在他们眼里，也都成了一些“新”手法，完全不顾它们的强烈的意识形态意义。“后现代”解构主义的手法当然也可以借鉴，但是，更要弄清楚它的历史地位和作用，弄清楚它自命为信息时代（后工业时代）的意识形态对现代性的全面消解的意义和产生根源，也就是说，先要谈谈主义，再弄清楚咱们在许多方面还处于前现代状态的中国当今最重要的是建立现代性还是消解现代性，比如理性、化成性、科学性和民主性。当我们还需要为建立现代性而奋斗的时候，我们怎么能跟在西方一些人的后面去消解理性、化成性、科学性和民主性呢？后现代主义者注意到了二百多年来现代化过程中的教训，对现代性的一些批评是合理的，我们在现代化过程中应该重视这些，使我们的现代化更全面、更稳妥，并不是要否定现代化。但后现代主义者对现代性的批评并不完全正确，何况还有不少属于先把现代化的历史歪曲、抹黑，然后再批评的事。在建筑领域中，对现代主义建筑的歪曲和抹黑就很严重。总之，只有弄清了后现代解构主义的来龙去脉，和我们自己的现状，我们才能够正确地对待它和现代主义。只谈手法而不做理论思考，只会走上商业建筑师的道路。

说句公道话，我所在的这所大学八十年代造的几座不很大的教学楼，外面看来倒比较有文教建筑应该有的风格，它们朴实、典雅，不大喊大叫。

风格，或者说气质，便是对建筑、对历史、对现状、对生活、对设计对象的理解，它不但对教学楼、对大学校园重要，对其他建筑、对街道、对城市也重要。拣最起码的说说，比如，我们常常听到建筑“千篇一律”的批评，听到大大小小的城市没有个性特色的批评。这多少有一点道理。但是，有些朋友提出来的改进的方法却未必有道理。他们的方法是：继承传统。于是，大屋顶、马头墙，像标签一样贴上了当代建筑，结果是这些“符号学”的标签也千篇一律了，江南的农舍戴上了金黄色的琉璃瓦顶，朔北的厕所围上了什锦仿形灯窗的粉壁。又有人在“传统”两字前面加上了“地方”两字，但是有几个人说得清深圳、浦东、保定、沈阳的建筑传统？真正真实的、有持久生命力的、有创造性的风格，应该是来源于当时当地的生活。一座城市区别于另一座的，是它的生活内容。北京与深圳的区别，不在于它们的传统建筑，而在于一个是首都，一个是经济特区。首都的规划和建筑，就不应该是一副洋场商埠的模样，而深圳则可以。首都应该有首都的风格，生气勃勃而又典重，丰富多彩而又沉稳，大大方方，富有人性。“把关的”，要把的是这个关，但现在却是把首都建成了洋场商埠，而“把关的”垂青的大屋顶、小亭子徒然留下历史的笑话。

我并不认为我们现代的建筑和城市可以完全避免趋同化。也就是说，相当大程度的“千篇一律”是不可避免的。但是，我们的现代城市过于轻易地失去了个性特色，统统造成了洋场商埠，原因固然很多，我搞不懂，姑妄言之，主要的恐怕不外乎，一是我们许多城市的性质并没有经过充分必要的研究，或者说，并没有研究出它们的特点来，因此不清楚它们的形象应该具有什么样的风格、气质。二是我们的建筑设计主要是参考西方杂志上洋场商埠的建筑。这几年的代表性口号“矛盾和复杂”，在很大程度上反映的是这类建筑的要求。口号是“向拉斯维加斯学习”。三是没有充分考虑自然环境以及经济地理和人文地理条件。有些城市本来有很优美的山川风景，但在规划和建设中不但没有利用它们，反而置它们于不顾，甚至破坏了它们。四是没有系统地保护好文物建筑和历史性地段并且利用它们创造城市独特的形象。文物建筑和历史性地段作为人民生活的环境，在几百年的存在过程中吸纳了本乡本土的文化精神，最能成为城市极有个性的标志。就拿我所在的这所大学来说，它的代表性镜头不是雄伟壮丽的高楼大厦，而是几个具有历史意义的小建筑，其中一座是被红卫兵当作“四旧”的象征在“文化大革命”一开始就拆掉了的，一拨乱反正，很快又重建了。我们甚至很难用一种纯理性的态度来论证它的意义和重建的必要。它是成千上万在这个校园里生活过的人的感情的寄托、青春的记忆，因此它绝不会和别的校园“千篇一律”。它的这层价值，这层意义，是任何新的高楼大厦都不可能有的。文物建筑能赋予城市一种风格因素。一些城市，无情地毁灭光了它们的鼓楼、文庙、城墙、小街、曲巷，但是在一张白纸上不可能绘出最新最美的图画，它们都显得那么贫乏，那么单调，那么“千篇一律”。

造成“千篇一律”的又一个原因是建筑师们缺乏创造城市特性的自觉的意识，在这方面无所追求，一味地克隆古人、克隆洋人、克隆别人。有了点“手法”便大家照抄照搬。所以连大学校园都弄得像洋场商埠，失去了风格。

风格，这便是灵性，灵性是最活跃的，要捕捉住它很难很难，但是，艺术的最高境界在风格之中，请千万多琢磨琢磨。

让我们真正懂得高档的建筑环境，那便是有灵魂的建筑环境。

附记

在《北窗杂记》（六五）里，我记录了一则《拍案惊奇》，又抄录了一则报上的新闻。所说的都是长官们要给自己的“政绩”美容而竟致祸害百姓的事。1998年秋天到山西西部去了一趟，发现这种美容术还有别样的名堂。大约是长江闹水灾的缘故罢，黄土高原上也要改善生态，植树了，村舍泥壁上刷着许多大标语。但是，乘汽车走了多半天，处处是荒山秃岭，没有人去种树，连山脚下也不去种，却调动了许多农民在公路两侧挖树坑，每侧四行，少算算也有五米宽，加起来要占用足有十米来宽的地段。这些地段都是上好的农田。把树种在公路两边，“香粉往脸蛋儿上擦”，当然只是为了给上级看“政绩”，因为水土流失其实都是在山坡坡上。儿童都知道的道理，被另一种什么“道理”打倒了。蒙受损害的是眼前失去了本来已少得可怜的土地的农民，是将来失去了生存环境的子孙们。①

① 不到三年，再到那里去，这些树木一棵都没有了，是移走了还是死光了？不知道！

这一件事不直接与建筑有关，赶快放下不提，再说一件与建筑有关的事。大约也是为了“建设”小康文明村吧，公路两旁的房子，虽然破破烂烂，泥墙土壁，却都新刷上玫瑰红和苹果绿两色娇艳欲滴的油漆。不过，显然是因为穷，只刷朝着公路的一面。其余三面依旧一副破旧相。好在还没有像南方某省那样强迫老百姓拆掉旧房去举债盖三层白瓷砖贴面的“文明房”，恐怕是知道老百姓穷得根本没有地方去借这么一笔不少的钱，这也算得上长官体察民情。不过，这些油漆费用不知是公费报销，还是长官自己掏腰包，还是由农民摊派。这事当然以不问为好。

为美化政绩，弄虚作假，手法极其肤浅，简直是明摆着欺骗，任何人都能一眼看穿。但是，这种美容术为什么会流行呢？想必是行之有效。那么，那些“考核”政绩的人，眼珠子往哪里看，脑瓜子往哪里想呢？这倒真是奥妙无穷了。

既然都是亮出来专为给人看的政绩，我记下这一笔大约不但不会犯忌，说不定还会受到嘉奖，那就试试看罢。

（原载《建筑师》，1999年6月）

（七〇）*

又来到台湾，与上次相隔已是六年。老朋友见面，最常问的一句话就是觉得台北市有什么变化。我这次来，打定主意在家隐居，把该写的东西抓紧写完，所以除了近处的朋友和几家不可不去的大书店之外，足不出户。但是日子长了，总有些耳闻眼见，到后来，便能有些话来回答那个老问题了。我想，把这些话写下来，对大陆的人们大约也会有点儿意思。交友之道，背后不议论人的短处，要写下来的，当然是在台北所见的一些好的变化，可以给我们以借鉴或者启发的进步。

* 原刊误作“北窗札记（九〇）”。——编者注

六年来好的变化，印象比较深的大致有三点。第一是在人口、商机最密集的地区，也就是房地产投资回报率可以最高的黄金地段，开辟了三个公园，规模很大，分别叫作九、十四、十五号公园。我住的地方离九号公园只有一站远，偶然起早去遛弯儿，总看见许许多多男女老少用各种方式享受这一片绿地。坐在轮椅里的“银发族”，在树荫下漾出来的笑容真是幸福。这几年我每逢春季都在江南农村工作，最大的遗憾之一是听不到鹧鸪鸟的啼声，想不到在台北的闹市区，我坐在家里却整天都有清亮的“布谷、布谷”声突破汽车的喧闹传来，声声入耳。第二是，古迹保护工作有了明显的进展。向来热心的专家学者们百折不挠，依然高扬着动人的奉献精神，工作深入多了。社会对古迹的关注也今非昔比，过去私产主总是反对把自己的房子列为古迹加以保护，如今有主动要求的了。台北市的新行政中心里，世界贸易中心和国际会议中心两座大楼对面，寸土寸金的地段上，有几公顷的一片“眷村”，破破烂烂的平房，因为不能住人而早被丢荒了，现在决定列为古迹，市政府已经邀请各方人士做过几轮保护规划。第三是，地下铁路，当地叫“捷运”系统的，有淡水线和木栅线两条线路已经开通运行。叫地下铁路并不恰当，因为它们都有相当长的段落是在高架上的，木栅线的高架路甚至进了市中心。不过，如果叫“捷运”，大陆的朋友会茫然不解。十年前我第一次到台北，那时候“捷运”的建设就是热门话题，我费了好大劲才弄清它是什么东西。捷运系统既高效又安全又卫生。老同学戴吾明在台北落户，家住石牌，公司在台湾大学门前，乘公共汽车单程要将近两个钟头。无可奈何，他只好骑摩托车，减少到四十五分钟。但是，年近七十，跟年轻的“飙车族”一起疯狂地横冲直撞，真教人提心吊胆。现在，他乘“捷运”，下了班，舒舒服服十五分钟就到家了，不失绅士风度。

我接着把这三点再展开来说说。

去年秋季，我到俄罗斯和白俄罗斯去了一趟。要问我最深的感受是什么，我会毫不犹豫地回答，是森林。1950年代，几乎每个中国人都会唱一句苏联歌：“我们祖国多么辽阔广大，它有无数田野和森林。”那森林，指的是广阔大地中的森林。我现在说的，却是城市中的森林，莫斯科、圣彼得堡和明斯克这样大城市中和城市边缘的森林。早在学生时期，就听说过莫斯科有七块绿地从城外楔进市区，叫“绿楔”，多年来没有去想象过这绿楔是什么样子。这次去一看，才知道原来是森林，不折不扣的森林。在莫斯科河上乘船游览，只见右岸密密麻麻的一片大森林，初时以为那是郊外，打开地图一看，原来那是市区的高尔基公园。有把年纪的建筑工作者，大概都很熟悉莫斯科大学那座摩天教学大楼，说好的说坏的都有。哪里想得到，莫斯科大学竟会在一望无边的大森林当中，大楼从树梢上高高耸立。我们借住的公寓，楼侧斜坡下就是一片树林，不很大，但是，早晨林边常常停着几辆汽车，是上班去的人们顺路到林子里采些蘑菇。明斯克城边缘满布大面积的森林，一些体育、文化、游乐和休闲设施深深隐藏在森林里。我们一到，规划局的总建筑师就带我们去观赏，显然他们很以这些森林为荣。

城市绿化以森林为主，我想，至少有几个好处：一，生态效益好，树木净化空气的能力远比花花草草强，绿地真正成了城市的肺。莫斯科市56%的人家有汽车，但它的空气质量显然比北京好，我们都能直接感觉出来。二，景观效果好，几棵树美化一大片地方，老远都能看到，而且四季有景，不像花花草草，短短的花季一过，就毫不足观。我们到俄罗斯和白俄罗斯，正是初秋，树林里色彩斑斓，“霜叶红于二月花”，一点儿不假。三，树木的养护比花花草草要省工省钱。

看看我们的城市，恰恰相反，绿化都以花花草草为主。北京有个口诀，叫作“四季见绿，三季有花”，费了许多钱、许多人工去培育绿篱、花坛，但是生态效益和景观效果都不见得好，小里小气，没有点儿大气派。这种做法当然不仅仅在北京，而是相当普遍，连名山大川里都弄出大片空地来干这些蠢事。不求实效，只重形式，而且是跟风的形式，这是我们许许多多工作的癌症。以北京为首的城市绿化的要害在于我们园林艺术的“传统”，被一些专家学者吹得天花乱坠的中国园林艺术，就是最不讲究绿化生态效益的一种。充满了石头呀，亭榭呀，曲栏杆呀，哪里还有天然的生机。我们一些人自吹自擂中国人的什么“天人合一”的怪论，以为欧洲人都不懂自然之美，这是对中西方的审美都没有全面的了解。别的不说，单说所谓几何式园林，即使走在凡尔赛宫的林园里笔直的道路上，感受到的自然之美还远远强过于在故宫曲曲折折矫揉造作的御花园里。“园林的传统”再加上唯利是图，我们城市绿地里的又一种癌症便是充满了“设施”。碰碰车，翻天轮，小吃店，成了公共绿地里的癞疤。绿地也就剩不下多少绿色了，大片绿色只涂抹在规划图上。

台北的九、十四、十五号公园，到目前为止，还没有患上“传统”的癌症，它们都以种植高大的乔木为主。九号公园，名称就叫“大安森林公园”。现在新建才七八年，树木还没有成荫，相信再过十来年，它就真正有了森林的气象了。我在这几句话的头上加了“到目前为止”几个字，是因为现在有些人主张把它们变为“主题公园”，加建许多“设施”。这些人里有几个很有地位，我很担心他们有朝一日发号施令，在森林公园里制造钢筋混凝土的癞疤。1999年4月15日的《中国时报》报道，关于十五号公园，台北市政府所拟议的“主题公园”方案经过剔除，还剩下三个，它们是原住民公共艺术品园、防灾科学博物馆和劳工公园。公园处的劳工公园方案中，“将置放象征劳工精神的雄伟地标，并设立职业灾害死亡者的纪念碑，此外还要辟建可容千人劳工集会、活动的广场”。看到这里，我已经心惊胆战，再往下看，更加可怕了：“除此之外，劳工公园内还规划行动剧和劳工表演剧场及艺术、展演文化中心，资讯中心和劳工安全、教育、就业训练场所等，名目不一而足。”台北街头有许多神坛，我真想去烧炷香，叩个头，求哪位大仙让这些提案人不得好死！而且要趁他们还没有得手前快快死掉。好在在台北公共事务要“硬干”还不大容易，这些规划已经使居民感到“震惊”，14日那天，有二百多位各方代表到康乐里开会，“群起反对”这些方案，“担心如此规划，周边的生活空间将受到莫大冲击”。但愿居民们的“反弹”能战胜当局的愚昧。不过，愚昧战胜居民们的“反弹”也并非不可能，4月8日的《联合报》上有一篇该报记者杨金严的文章，参照十三、四十一号公园的历史，对十四、十五号公园的命运忧心忡忡。他写道：“（台）北市的公园似乎是各类设施的集合体，即使是河滨公园，也要大兴土木。就没有办法开辟一座不要有太多设施，不要都是水泥或是各式面砖的公园？要一片绿草如茵，造景少、林荫多的公园，似乎遥不可及。”

报纸上说，提出公园的“改建”，是因为台北市长换了人。新市长一般不愿意当老市长的“跟班”，总是要出点儿新招，把前任的“政绩”转化为自己的“政绩”。我曾经向白俄罗斯首都明斯克的总建筑师提过一个问题：你们的城市建设得这么美，如果市长先生指示要在什么地方造个什么样的房子，你们怎么办？总建筑师显然认为这个问题有点儿怪，回答说，从来没有发生过这种事。我紧追一句：如果发生了呢！他想了一想，说：那就按法律程序办事，跟普通百姓的提议一样。看来，炎黄子孙要真正学会民主，还得下点苦功夫才成。

十四、十五号公园的用地，本来是眷村和公墓。眷村就是五十年前初到台湾的军人和公务人员眷属的聚居地，渐渐成了最怕人的贫民窟。十年前我第一次到台北，改造这两个眷村就是个舆论热点。困难很大，安置十来公顷贫民窟里的居民岂是容易的事。现在公园建成了，当然是值得庆贺的大进步。希望我的祝贺几年之后不至于成为笑话。

我前六次到台北，每次都撞上一个古迹保护的题目。先是迪化街的保护，接着有台南法院的保护，三峡的保护，鹿港老街的保护等等。每个题目，都闹成全岛性的大事件。学者专家们奔走呼号，各大媒体连篇累牍地报道，业余爱好者聚会宣传，都为文化保存尽了全力。当政的也在动脑筋制定对策。但是，私产主在经济利益驱动下却迫不及待地要拆旧建新，专家学者和业余爱好者到迪化街去解释说服，都会遭到臭鸡蛋的轰炸，甚至发生“肢体接触”。所谓“肢体接触”本是新闻记者为“立法院”里拳脚交加的斗殴所起的雅称。当时热心保护文物古迹的人的困难可以想见一斑。台南法院院长当然不会搞“肢体接触”，但是他另有一套软功，拿出法律来为拆除古迹辩护。这是他的专长。我当时看不过，拔刀相助，写了一篇短文驳斥他的立论，发表在《空间》上。我的基本论点是，文物古迹的价值是客观的、固有的，是历史赋予的，而法律是可以随着人们对文物古迹价值的认识的深入而修订的。毕竟是先有文物的价值后有文物保护法，不是因为有了文物保护法之后文物才有了价值。院长先生的职责不是搬来法律否定文物古迹的价值，而是在认识文物古迹的价值之后来积极倡导修改法律。这些话据说受到了朋友们的欢迎。至于散处各地的大宅，当地叫作“古厝”的，要保护就更难了。业主可以用各种理由来反对保护，例如说，族众繁盛，老祖屋的产权人有好几十，分散在世界各地，不可能取得统一意见。这条理由在大陆的人们听来简直荒唐得出格，台湾的规矩是，业主不同意，就不能把私产列为文物古迹加以保护。在资本主义世界，财产的私有权是受宪法保护的，宪法保护私有权的完整和不可侵犯性，也就是说，房产主人拆除自己的房屋，谁也不能阻拦。宪法是基本法，一切法律不能跟它抵触，文物保护法当然也不能。还有些大厝的主人，在房子没有列为保护对象之前，出了毛病自己及时修理，一旦列为保护对象，出了毛病，就不再维修，随它恶化，袖手等待政府来修。以致有些古迹因此遭到严重的大破坏。记得芦洲李宅好像就是这样。

这一次到台北，情况有了些变化。迪化街还没有拆，“政府”在几年前出台了“容积转移法”，给文物古迹的业主以补偿，也就是业主在别处建造新屋的时候在容积率上给予优惠。这就大大缓解了业主的反对。我这次到台北的第二天，一批老朋友都到迪化街去了，向居民们宣传具体的保护方案和补偿方案，征求意见。第三天见到积极的参与者吴威廉先生，他一脸宽慰的笑容，说迪化街的保护已经成了定局。“肢体接触”不会有了，臭鸡蛋也砸不到头上了。我望着他胖胖的身躯，想起他们几年来锲而不舍的奋斗过程，简直说得上悲壮。幸而有了个好结果。

更教我高兴起来的是社会的进步。3月26日的《自由时报》上，台中市筱云山庄吕氏宗亲发表了一篇长文，标题就是“抢救筱云山庄！保存台湾第一书香世家”。吕氏二十世孙吕立聪介绍这座古厝说，山庄建于同治五年，是台湾第一位藏书名家吕炳南的别庄，藏书两万余卷，为台湾中部地区文人雅士游学盛地。山庄曾出过一位进士，四位举人。这位进士就是清末著名的爱国人士丘逢甲。这次“抢救”，是因为一条拟建的道路经过山庄，要拆除它的一部分和它的花园。事情捅出来之后，舆论很热闹，《中国时报》和《联合报》都接连发表不少文章和消息声援吕氏宗亲，批评坚持造路拆屋的台中县政府，学者专家们一一辩驳了道路规划和县政府、省政府的操作程序。《中国时报》的一篇文章标题是“筱云山庄未列入古迹，业主不满”。文章说：“吕氏族人坚持，台中县政府如果要保存筱云山庄，就需完整保存，而非一个支离破碎的古迹。他们则愿在指定为古迹后局部开放外界参观，同时……举办文化活动，让古迹更加活化。”《联合报》的一篇文章的标题是“筱云山庄，以完整留存为最大优先”，里面说：“保存百年古迹，当以片瓦似金的态度慎重从事，以尽量完整留存为最大优先，切莫轻忽而在拆毁多少面积上论斤两！现在吕家愿意为保存社会珍贵文化资产而奉献，县政府若依据议决结果进行公告，则筱云山庄得保全，不负文化、历史、建筑各界学者及社会贤达之殷切关注，与吕家承先人文化传家之志，不为己藏之风。”不几天，我接到正在为保存筱云山庄而奔忙的李乾朗先生的电话，他很高兴地说：过去业主都反对保存古迹而坚持要拆，现在业主主动要求保存，这么大的好事，我们怎么能坐视不管。他还说，现在一些长官和地方权势，以为开大路造高楼就是现代化，就能振兴地方经济，真是盲目之极。看来，筱云山庄的完整保存大约也已经成了定局。

可能是受到筱云山庄吕氏后裔的影响，报纸上陆陆续续发表了不少类似的新闻。例如，《中时晚报》4月1日的一条，标题“黄氏古宅要拆，后裔抢救”，“建筑具有百年历史的黄氏老宅，面临政府推土机来临之前，后代子孙为保存文化史迹，向民政局申请将黄氏家族（原文如此）列为古迹”。这栋古宅虽然在市中心师范大学旁边，“却是传统农家形式，是汉人文化在台北的象征”。4月1日《联合报》报道，台北的“大安内湖两老宅，具古迹保存价值”，所说的大安区的那一栋，就是师大旁边的，“可作为台北农业史及大安区发展史的见证”。4月13日，《中国时报》发表一篇报道，“蓬莱国小校园设计与古迹相辉映”。说的是蓬莱国小扩建校园时，校方与相邻的台北陈氏宗亲大宗祠陈德星堂达成协议，“学校未来规划将会配合古迹风貌，建设一处结合乡土教学及古迹寻根的场所，开放社区居民共同参与”。蓬莱国小和陈德星堂的矛盾已经闹了十年，这次总算有了圆满的结局。

文物古迹的保护，尤其是民间的文物古迹，最重要的条件之一是民众的广泛支持。民众不支持，这项工作就做不好，甚至做不成功。和六年前相比，台湾民众对文物保护的支持要多得多了，这当然算得上是一个值得大写一笔的进步，可见台湾同胞在经济上繁荣的同时，在文化上也提高了档次。

民众的文化水平提高了，当局的水平也相应地有了提高，世界贸易中心对面叫作“四四南村”的老眷村的保护案就是一个明证。这眷村和十四、十五号公园原来的基地一样，早已成了极可怕的贫民窟。它本来是一座兵工厂的家属住宅区，住宅都是低矮简陋的小平房，四周挤满了像蘑菇一样长出来的私搭乱建的破棚子，几乎水泄不通，据说邮差进去送信都怕走不出来。现在已经没有居民。中原大学喻肇青教授带我去参观，看起来整个四四南村像一堆垃圾。受市政府的委托，喻老师和他的学生们给这村子做了好几个保护方案。各个方案探讨的第一个基本问题是，这村子的文化内涵怎样理解？保留下来做什么？意义何在？如何赋予它以生命力？五十年前到台湾去的人里，有很大一部分住在遍布全岛的眷村里，现在他们的子女大都已经成了社会的中坚。他们和他们的子女很怀念眷村里的艰苦生活。有许多文学作品和社会学作品是关于眷村的，仿佛公认有一种叫作“眷村文化”的东西。喻教授他们要抓住的、要明确的，就是这个“眷村文化”。四四南村有几个老居民积极赞成保护它，有一位说，“眷村文化”就是“妈妈文化”。我体味到，“眷村文化”大体上就是北京的“大杂院文化”，“妈妈文化”就是“老大妈文化”。一些人对眷村的怀念，就跟北京有些人怀念和睦互助的大杂院、怀念那里慈祥热情的老大妈一样。要保护眷村，就要使它能充盈这种感情，否则就不大有意义。这工作的难度可真够大的。四四南村出过许多人才，有一位从这里出身的著名学者指着一棵电线杆子说，请一定保留这棵电线杆，当年小伙伴们就是围在那盏昏黄的街灯下苦苦读书，终于考上大学的。这里寄托着多少人饱含深情的记忆哟，那记忆里有奋斗，有成功，也会有爱恋和悔恨，这里的小小细节，都可能关系到他们一生的酸甜苦辣。眷村是一段历史的见证，它正在台北消失，保存几处，也是合乎道理的。

我看看四周蓬勃而起的崭新的高楼大厦，问喻教授，这么一块黄金宝地，房地产投资商怎么会放过它？喻教授不假思索地脱口而出：“这是‘政府’的地，公有的，只能用于公益，房地产插不进手来。”我明白了。那些大公园之所以能开辟在土地最昂贵的地区，也是同一个道理。道理很浅近，不过，我们不妨多想想。

台北市的文物古迹保护和城市规划远远不是一切都顺利得毫无障碍了。就像森林公园有可能再度遭到破坏一样，在古迹保护方面，愚昧战胜真理、专制战胜民意的可能性依然严重存在着。有一天，我溜达到台湾大学医学院门前，觉得有点儿异样，怎么会有一幢不很像样的大楼卡在路口？细细一想，想起来了，这里不是国民党的总部么？本来那是一幢日本人造的洋房，未必好，但是体积小，树木多，对环境景观很有好处。大约是1997年罢，国民党要把它拆掉，另建大楼。台北的专家学者、文物古迹的业余爱好者和普通有良知的学生、市民，几千人包围了那幢小楼，反对拆除。高潮时刻，甚至有二百多辆出租车参加了包围。抗议持续了许多日日夜夜，有一天，忽然传来一个消息，说今天按黄历不宜拆房，国民党向来迷信，大家可以休息一夜，明天再来。于是，已经很疲劳的人群散去了不少，包围圈露出了空隙。谁知，就在这个半夜三更，突然开来了一批推土机，冲进人墙，轰隆隆夷平了小楼。当人们闻讯赶来，已经只剩下断砖碎瓦。后来在那个旧址上，造起了眼前的大楼。

就是喻肇青教授，把记载了那个事件来龙去脉的报纸，前后三四年的，剪了厚厚一叠寄给我。我本想专门写一篇杂记，积压好久没有动手，在这里先带上这么一笔罢。要发表什么样的感想，议论什么样的道理，请读者自便好了。

最后该说说捷运系统了。这一段大概要说得远一点。

先从建筑是什么说起。近二十年来，大陆上的建筑学界比过去活跃多了，不过，活多活在"跟进"，跟洋人，跟古人，跟人文学界。先是随着"平反"，重弹"社会主义内容、民族形式"的老调。然后，因为发表了"伟人"的一句批示，便紧随着人文学界大谈"形象思维"和直观，好像什么人一谈理性和逻辑思维，就没有资格当建筑师了。再后来，"引进"了外国人的"寻根"和经过误译的"文脉"。在"寻根"和"文脉"的启发下，一些人大搞易经、禅学、道德经、阴阳八卦、"风水科学"，宣布服膺"文化决定论"。又有一些人，拿起18、19世纪的西洋美学，翻出"建筑是巅峰性艺术"是"纯艺术"的结论，大加宣扬。时隔不久，又趸来了"建筑是空间艺术"的定义，跟老子的"空无"挂上钩，似乎只有低档的一窍不通的人才会去注意梁、柱、墙和楼板。再新鲜一点，就有海德格尔之流和前苏格拉底的逻各斯和现象学。还有人相信解构主义的兴起，终将改变建筑美学和艺术学的一切规律和原则，建筑将是非理性的。

所有这些"思维""学说"和"主义"，似乎都在讲建筑。在我这种鲁钝的人看来，他们好像并不在讲建筑。越讲越玄，越讲越奥妙，讲的是什么呢？我不知道。"皇帝的新衣"理论化了，天真的孩子已经看不见皇帝的光腚，要孙悟空的火眼真睛才看得透了。

我们这里那些学者文章家们，各有各的一套窍门，但是，有一个共同点，就是声讨现代派建筑，批判它的"功能主义"和几个基本口号，如“住宅是居住的机器”。于是从“社会主义内容、民族形式”到“解构主义”，形成了统一战线。

二十年来，我一直抵抗着这些“思维”“学说”和“主义”，尽我所能捍卫建筑学的科学性和民主性。这就是《北窗杂记》的主要内容。但是，区区者我，何足道哉，当然收不到什么效果。好在“实践是检验真理的唯一标准”，一切游谈无根的浮言，在实践中都不战自败，找不到立足之地。这次我来台北，路经香港，特意多逗留一天，专门仔细看了看新的飞机场。从位于香港中区的乘机登录站、机场铁路、巴士专线和地铁香港站，经公路、铁路、桥梁、涵洞，到赤鱲角机场终点站、旅社和一系列服务设施，我都看了一遍。越看越觉得这个系统确确实实像一架机器，它是完全像设计机器那样设计起来的，它的基本的设计原则是高效和经济。它有空间艺术，但空间艺术并没有被放在主导的位置去刻意考虑。主导这个设计的是十分严密精细的逻辑思维，是基于调查研究的实证精神，这便是科学。靠什么形象思维，靠单纯的空间想象力，是不可能设计出这套机场系统来的。看了香港机场，我更加相信，建筑学的教学，如果忽视了逻辑思考能力和实证精神的培养，那将会是一场灾难。

说了这些话，再说台北的捷运系统，只消几句就够了。那捷运系统，也是一架机器，也是要靠严密的逻辑思维和实证精神。也就是靠科学性。它们的空间系列，就是建筑的功能系列的外壳，而不是基于什么“灰调子”“奥”或者“诗意”。

功能和经济是逻辑思考和实证研究的核心问题，功能，就是千方百计地便利旅客并节约老百姓的血汗钱，也就是机场和捷运的民主性。科学性保证民主性的实现。这是建筑学的人道主义原则。这是建筑学的根本，是灵魂。

捷运站为旅客的服务很周到。有步梯、滚梯还有箱式电梯。有自动售票机、兑硬币机。有卖报、卖饮料、卖小吃的自动机。有宽敞干净的卫生间。还有专门的工作人员值班负责面对面的服务。台北火车总站下的捷运站还有一条商业街。近来，淡水线站台上还设了书架，旅客自由拿书在车上看，可以在任何一个站台放回书架。很教我喜欢的，是站里都有很明显、很详细的各种指示图和标志。捷运的线路，站台的几个出入口的位置，上去到哪里，附近有什么公共汽车站和重要的标识性公共建筑，一目了然。我记得，北京地铁刚刚落成的时候，报纸上大肆宣传那些黑不溜秋的瓷砖壁画。十几年之后，鼓动市民投票选举了建筑中的“五十欢喜”，报纸上还说，一个地铁站当选，是因为它的瓷砖壁画多么多么好。可是，这个站，跟所有别的站一样，没有必要的地上交通指示图，也没有公共厕所。瓷砖壁画要花多少钱，一幅交通图要花多少钱，这笔账一看就明白，我们缺的只是钱吗？我们缺的，首先是对建筑的正确的全面的理解，缺的是真正对普通而平常的老百姓的亲切细致的关怀！缺的是科学和民主精神。

北京的交通堵塞情况现在已经十分严重，人人都头痛。解决的办法之一无疑是赶快发展地下铁道。但是地铁的建设进展迟缓，据说是没有钱。那么，把将要用来造用处不大的剧院的几十亿人民币为人民造几公里地铁如何呢？

“为人民服务”的口号落实得如何，点点滴滴都反映在建筑学术和建筑创作上，建筑是社会的史书嘛！

（原载《建筑师》，1999 年 8 月）

（七一）

七月一日早晨，天还没有亮透，老伴把我叫醒，说：“从今天起，就是下半年了。”五十年生死相依，我听出了她的弦外之音，心里一激灵，可不是嘛，1999年又过去了一半，天还没有热起来，却眼看秋天就要来了。于是不免有点儿凄凉。

据说而今世界上最统一的东西是时间，绕地球一个遍，没有地方能差一分一秒。但是，恐怕每个人都有过一种体验，时间的长短，又是随着人的心境变化的。度日如年者有之，叹人生倏忽者有之，从来不得统一。回想天昏地暗的十年间，因为知道只有系铃人归天才能解铃，结束毁灭性的灾难，所以天天盼望着日子快快过去，便觉得昼夜轮回得太慢了。虽然自己的大好年华也会在这轮回中水一样逝去，却并不想留住时光。

待到灾难一结束，想起许多失落的要找回来，许多耽误的要追回来，立刻就觉得日子过得太快了。1970年代末，看到一位已经六十多岁的老师拿着初级的日文教科书苦读，禁不住激动得落泪。算来这本来是他十几年前或者更早就想做的事，他早该精通那怪模怪样的文字了。

二十年来，虽然学术环境还很艰难，既缺经费，又缺人力，毕竟没有了那些制造愚昧、制造虚伪、培植奴性、培植卑鄙小人的政治运动，我们终于不再去轰麻雀、炼钢铁、批斗正派人而能着手做点儿有益的工作了。这也可以算“形势大好”罢。于是就认真地发奋去做，越做，越觉得学海无涯，该做的事实在太多了，因此便警觉到人生的有涯。孔老夫子说，勤于读书求知，乐于授业育人，便会心情愉快，“不知老之将至”。而我却相反，分明地感到脑袋瓜和手脚都一天不如一天地失灵了。1998年9月15日，我北窗外的紫花洋槐被暴雷劈死，于是忽然间便有了“木犹如此，人何以堪”的枨触。这大概是因为孔老先生追求的主要只是个人道德的完美，“君子坦荡荡”，老不老就不大在乎了。我却常常要想些“不在其位”者不该想的事，于是不免“小人长戚戚”。

朋友们劝导我说：你尽心尽力做些能做的事就罢了，有些事，小百姓无力回天，想它干什么？我知道他们说得有理，“人生不满百，常怀千岁忧”，确实太可笑。但我真舍不得花时间去秉烛夜游，活得那么潇洒。而且仔细一琢磨，品味出他们的话，看起来挺通脱，其实不过是无可奈何的叹息，他们何尝那么想得开。是真读书人，就难免“眼中常含泪水”。

警觉到生之有涯，倒不是要吊一吊我这个不值多少钱的自己。嵇康在临刑之前，可惜的是“广陵散从此绝矣”。我没有他那一手绝活儿，花五角钱买粒枪子儿“自绝于人民”的危险又似乎已经过去，因此演不出千古以下还教人肠断心碎的悲剧来。不过，我也有我觉得可惜的事。虽然专心致志做些学术工作的人在建筑界还有一些，但是，把迫切该做的工作当作分母来计算一下，那就几近于零，也就是说，差不多等于没有。眼见一些学术工作还没有人做，一些学术工作后继乏人，我心里就火烧火燎。说相声的人少了，唱大鼓书的人少了，就会在报纸上掀起一场大喊大叫，“形势危急”，于是各地办起了少年班，“从娃娃抓起”。但从来不见建筑界的大佬们为建筑学术界的凋零着急。官样文章也会指责评论少，理论少，但是，在当前的体制下不专门培育学术界，像点儿样子的评论和理论会从五指山下蹦出来吗？我们的学术工作还能等待多久？就我目前的关怀来说，眼见我们民族千百年来积累起来的乡土建筑遗产正在像山崩一样毁灭，我们还能活得舒坦吗？一头大熊猫被偷猎了，一尊佛像被盗走了，会引起很大的震动，有人拍桌子限期破案，但我们蕴涵着丰富的人文历史信息的古老村落整座整座地拆掉了，却没有人出来拍桌子保护几个。我们这些人所能做的，不过是给临终的它们留下一幅遗像，一篇小传而已。如果考虑到乡土建筑像海洋一样浩瀚的话，连这样的工作，肯做的人也“几近于零”了。

但我还没有最后绝望，我还看到几星亮光。三天前刚刚写成山西省介休县张壁村的研究报告，我在“后记”里写了两件叫我感到安慰的故事。我就把这篇“后记”抄一段在这里罢：

> 我们每到一个地方，着手新的课题，满眼惊奇，心里都充溢着强烈的感情，非常激动。可惜，当我们回来，从广阔的原野回到狭窄的书斋，一笔一画制图，一字一句写作的时候，我们不得不冷静下来。浪漫的激情换成了理性的推敲，沉闷的咀嚼代替了新鲜的发现。到课题研究告了一个段落，工作的兴奋甚至欢乐

早被尺寸大小、年代先后和一大堆参考书折磨完了。有人说，最舒畅的时刻是写后记，就像收割完了的农人面对饱满的谷粒，欣赏自己劳作的成功。而我们在写后记的时候，却没有满意的成就感，反而往往感到失落，我们的谷粒为什么那么干瘪，当时在我们心中汹涌激荡过的诗意到哪里去了？我们应该另外有一支笔，来写我们一步步进村的欣喜、一点点发现的快乐和一层层认识的陶醉。遗憾的是我们没有这样的笔，能使读者也和我们一样激动的笔。

从张壁村回来，开始了室内工作，我们的生活和思想照例枯燥起来。不过，这次和过去不一样，写作期间还有一点感动，应该在后记留下一笔。

张壁村在清代曾经是介休南乡一个比较富裕的村子，自从晋商衰落之后，它也衰落了。半个世纪以来，绵山的朝圣活动没有了，新式的交通线撇开了它，它便成了一个偏僻的地方。过去多少代晋商轻视文化教育的后果这时显露了出来，它便由衰落进而变为颓败，冷冷地埋没在黄土塬上。秋风劲了，软软地冒出的几缕白烟，把村子罩得朦朦胧胧。田野早就没有人了，却见两个女孩子，背着小小的行囊，踩着几寸厚的浮土，走进了张壁村的北门。她们便是清华大学建筑系的硕士研究生邹颖和舒楠。她们并不认识村里的什么人，只听人说起过有这样一个古堡式的村子，就一路打听着，自己摸到村里来了。那是1992年。我们打开邹颖的学位论文《晋中南四合院及其村落形态研究》，心里不觉一跳。几张照片，复印得模模糊糊，但还看得出，关帝庙大殿的屋顶上杂草丛生，献殿塌了屋角，院子里野树纵横，西场巷口的凝秀门，墙头剥蚀不堪，长满了刺棵。永春楼，可罕庙的戏台，南门上的西方圣境殿，和可罕庙里大台阶上的垂花门，也都是同样破败荒凉。这是一个几乎废弃了的村子。那时候，滚滚的黄金大潮已经淹没了整个建筑界，包括学校里的教师和学生。坐在教室里或者宿舍里，在轻柔的音乐声中，做几个方案，画几张渲染，成扎的钞票轻易可得。但这两位女孩子，却在这遥远的山村里住下来调查、测绘、摄影。邹颖的导师说，这女孩子对民居研究很有兴趣，我们理解，这是一种超越个人利益之外的兴趣。这是一种无私的爱，对普通百姓的文化创造成果的爱，因为这些成果里不但有他们的聪明和技巧，他们的审美能力，还有他们的现实生活，他们的理想和愿望，还有我们这个民族的历史记忆。

写到这里，我向舒楠问了一些情况，她找出当年的笔记本来说，那次她和邹颖住在二郎庙的窑洞里，没有电灯，晚上燃一支烛，窗子没有遮拦，全敞着，窗外不分日夜都有一个疯子乱唱些什么。一位大婶给她们一天煮两次面条，没有油，没有菜，只放几粒盐。到下午饿得受不了，在小店里买一角钱一袋的葵花子嗑。那时候，关帝庙里还是牛棚，草料堆满了献殿和大殿，为了看碑，要把大堆草料搬开。有一天，到一家住宅去测绘，院子里没有人，静悄悄地，她们觉得工作很方便，干得高兴。到了最后，想进屋看看，撩起白布门帘进去，吓得叫了起来：哎唷，炕上躺着个死人呐。两个女孩子在张壁工作了整整五天，离开张壁村，累得不得了，在介休去洪洞的长途汽车上，没有占到座位，站着就睡着了，半路上被小流氓骚扰，两个人壮起胆子，跟小流氓大闹了一场。……

我们赞赏邹颖和舒楠的识见和精神，有这样的青年，我们就不会泯灭希望。我们也佩服她们的勇气和胆量。不过，老实说，我们也觉得她们过于鲁莽了，直到今天，女孩子家孤零零去这样一个陌生又荒僻的村子，还不敢说是充分安全的。

继她们之后的是赖德霖博士。1995年他开始做张壁村乡土建筑研究，他去过好几次……1998年秋天我们一进村，就不断听到村民说，有个姓赖的年轻人来过，很和气，跟大家都说得来，也很努力，天天晚上都工作到半夜。郑广根先生家里，还挂着他坐在炕上和郑先生一起喝酒吃黄米糕的照片。我们是带着他写的文稿去的，那后面附了张壁村所有现存碑刻的全文，我们只做了校核、修正和补充，省了许多时间。他也抄录了附近西宋壁村和东宋壁村的石碑。我们去校核的时候，有一块费了很大气力才找到，连坐在离碑不过三十来米晒太阳的老人们都不知道。他甚至跑到几十里路外的兴地村抄了几块碑，我们没有能抽时间去校核。他探明了村子南缘的地道，画了平面图和一些段落的剖面图。这工作很不容易，我们也没有校核。回到学校，我们打开他留下来的两个大笔记本，那里面有好几幅附近几个村子的寨子围的平面图和剖面图。他为收集资料所跑到的范围很大。笔记本里有不少张壁村庙宇脊檩下题字的记录。这些我们虽然都见到了，但是，他记录的空王殿屋脊正中“三山聚顶”的两块琉璃碑上的题字，我们因为爬不上屋顶，没有看清，不知他想了什么办法。他留下了一千张左右的照片，有一些照得很好，其中有张氏家谱的照片，那是张勳举先生专门拿给他看的。

我们这次没有麻烦勳举先生再打开收藏家谱的箱子，就因为知道已经有了赖博士的照片。在笔记本里，赖博士还抄录了北京图书馆、山西省图书馆、山西大学图书馆和清华大学图书馆里全部有关山西省的书籍的目录。

赖德霖博士搜集史料的勤奋和细致，很使我们感动。他独自一个人在那样的地方工作，需要有多强的坚韧性和意志力。我们在那个黄土沟壑地带东奔西跑，往往一两个钟头遇不见人，想起赖博士来，真觉得难为他了。他默默做了这么多的工作，因为要到美国去深造而没有完成这个课题的研究，太可惜了。在离开祖国之前，他写了一篇短短的千字文，标题是“我想当学者”；我们祝愿他在明师的指导下能够达到这个很有意义的目标，同时也希望他不要忘记张壁村和千千万万有很高历史文化价值的村子，更希望他不要忘记热情接待过他的张壁村的乡亲们和同样会热情接待他的千千万万的村子里的乡亲们。

年轻的人儿啊，你们在哪里？一别几年，还找得到俺们村口的小路吗？枣子熟了，留着一大筐，你们什么时候再来呢？

这三位年轻人当然不可能再踏上乡间小路了。纵使他们乐于带上背包下去，谁来养活他们一家老少？

我们不缺有志的年轻人，但是，一个领域出不出有献身精神的学者，决定于有没有产生他们的条件。在我们这个正如烈火烹油、鲜花着锦般的建筑界，有什么人（当然是有力量的人）关心培育一个健全的学术界呢？首先是肯不肯养活几个做学术工作的呆子呢？只要你们给几杯残羹就行了呀！

（原载《建筑师》，1999 年 12 月）

（七二）

近几年订报纸，年年换一种，换来换去，差不多，不大能激起我的兴趣。不看又不行，今年换到了《北京日报》，是由于一位五十年前的老同学的推荐。推荐的理由是这份报上常有一些有益于老年人健康的文章。想想这理由够充分，便订了。看了三个半月，终于有几篇文章和消息引起了我的注意，倒不是关于如何补钙、如何喝益寿回春汤的，而是关于我的老本行建筑的。心里有这根弦，一拨就响。

话说2000年4月8日，《北京日报》“九州快递”版登载了一则新闻，标题叫“人大代表抨击广州歌舞院：不要搞‘标志建筑’”，注明“据《新快报》报道”。新闻篇幅短而写得紧凑，不妨全文引录：

广州市部分人大代表日前审议“三年一中变”规划时提出：广州并非很有钱，现在没有必要投巨资搞歌剧院、观光塔等锦上添花的标志性建筑和“形象工程”，纳税人的钱应当用于雪中送炭的“民心工程”，及时解决一些群众急切需要解决的问题。

代表们批评最多的是投资八亿多元的广州歌剧院项目。有代表问：据说歌剧院一个座位的平均造价就要100万元，投资如此之大，广州市到底能有多少市民看得起歌剧？有代表认为，广州应充分利用已有场馆。星海音乐厅的利用率不高，中山纪念堂装修后也只放了27场电影。

至于钱应当用在哪里，代表们各有看法。郭岳代表认为，不如把建歌剧院的钱用于建设广州大学，建设一个像样的人才培养中心，这才是真正的百年大计。天河区的一位人大代表则认为，这些钱应用于地铁建设。听说在建的地铁二号线为节约成本打算缩小车站规模，这样做恐怕适应不了今后城市的发展需要。二号线还是应该高标准、更快地建成。

歌剧院上了档次，成为城市的“形象”，必定豪华，场租就得上涨，演出团体不得不提高票价。如今歌剧票卖近五百元的是平价，上千元的也不在话下。普通纳税人哪里买得起。把现有设施扔在一边，再另起炉灶大搞重复建设，这种花钱不心痛的事，实在办得太多了。

这几位人大代表的审议意见有理有据，提得确实是好。第一，先摆出“广州并非很有钱”这么一个当前的实际情况。这是一切建设都要首先考虑的经济条件。第二，歌剧院投资八亿，将来市民买不起票，而市民却是纳税人，歌剧院是用他们的血汗钱造的，而看演出的是阔佬和强人。这样花钱不公平。第三，目前已有的演出场馆利用率不高，歌剧院并不是急需的项目。有一些意义重大的工程还缺乏资金，应该优先于歌剧院，例子是：办教育。把“科教兴国”当作基本国策刚刚轰轰烈烈宣传过一阵子，仿佛有了点儿认识，热气还没有凉，怎么又把大笔资金优先投到歌剧院上去？还没有提出过“歌舞兴国”的基本国策不是？再一个例子：造地铁。“衣食住行”，这是普通老百姓日常生活的必需，而广州的市内交通情况，恐怕至少谈不上方便快捷，更不用说舒适了。

办大学和改善交通，算得上“群众急切需要解决的问题”。我猜测，其他的例子当然还可以举出很多，比方说，多造几所医院，改善环境质量之类。群众，或者叫老百姓，大多数是“纳税人”，这几位人大代表说，“纳税人的钱应当用于雪中送炭的‘民心工程’”，而现在“没有必要投巨资搞锦上添花的标志性建筑”。这就是说，歌剧院、观光塔这样的工程，不是“民心工程”，直白地说，现在花钱造它们不得民心。人大代表实话实说，说出了“民心”，他们真正履行了自己的职责，没有辜负选民们的重托。北京与广州相距几千里，《北京日报》转发了这个报道，说明有人觉得，现下“并非有钱”的不止广州一个城市；或许广州还可以算是比较有点儿钱的，而“标志性建筑”“形象工程”，却不顾纳税人的利益在一些远远不及广州有钱的地方一个赛着一个地干，还可以当“政绩”来炫耀。于是，各地的人大代表们其实都有必要说说“民心”问题。

真是“百家争鸣”的大好形势，这份《北京日报》，过了两天，也就是4月12日就发表了一篇《我看“标志性建筑”》，反驳了广州市人民代表对广州市要不要急于在“三年一中变”规划里造歌剧院的审议意见。反应之快，十分惊人，而且管“闲事”管到了几千里之外，也可以看出一些人对国家建设怀着一种“匹夫有责”的神圣自觉。这篇文章也不长，便也全文照抄，以见我的公平。

> 报载，某地拟建的一歌剧院引起非议。批评者认为现在没有必要投资搞这类“标志性建筑”。
>
> 这些同志的看法自有其道理，但在笔者看来，凡事需一分为二地看，不可一概而论，对标志性建筑亦如是。
>
> 可以说，世界上任何一座名城都离不开自己的标志性建筑，如巴黎埃菲尔铁塔、伦敦大笨钟等历久弥新，成为大都市一道独特的风景线，向人们栩栩如生地陈述着历史的记忆。而那些与时俱进的新标志性建筑，则展示着新时代的风采。近些

年凡作客沪上者，恐怕大都感受到正是东方明珠、金茂大厦、上海大剧院和博物馆等美轮美奂的标志性建筑，使浦江两岸的面貌更为绚丽壮观。

标志性建筑的设计建造有特定的时代背景，埃菲尔铁塔集中体现了19世纪人类科技发展的成就，中华世纪坛则体现了中华民族继往开来，再创辉煌，迎接新世纪的豪情壮志。当我们漫步于此，欣赏其厚重、精美的同时，还得到了精神上的莫大享受。标志性建筑对人心灵的美化、智慧的启迪确有不可估量的作用。

建筑的要素之一是实用性，满足人们社会生活的不同需要。遐迩闻名的标志性建筑悉尼歌剧院设计巧妙、精美绝伦，尽管耗资不菲，但却足以载入世界建筑史册。它不仅作为出色的文艺演出场所，而且成为悉尼的“城市名片”，吸引了各国旅游者竞相来此观光，促进了当地的城市建设和经济、文化发展。由此看来，标志性建筑务必要精心设计，使其真正具有典型的标志意义，得以长久地发挥作用；再者，也应量力而行，不要多搞，不要一拥而上。

这篇文章大约写得太急，不免有点儿欠缺。它针对广州市部分人民代表的意见说，“凡事需一分为二地看，不可一概而论”，不过，依我的看法，广州市那几位人民代表对广州市目前要不要造歌剧院的意见，是经过具体分析的，论据很充分，而恰恰是这篇文章犯了“一概而论”的毛病。它文章虽短，而中外古今都说到了，既说到“历史记忆”，又说到“时代风采”，还有“漫步于此”的亲身体验，甚至没有忘记建筑的要素之一是“实用性”，还告诫要“精心设计”，文章的体格真可谓“大”。但它丝毫没有接触到目前不少地方“标志性建筑”和“形象工程”泛滥、浪费惊人的情况，回避了目前普通老百姓，也就是纳税人，对这种情况的强烈反感。它也丝毫没有接触到我们国家普遍的“并非很有钱”，还有许多“群众急切需要解决的问题”，需要建造不少

“民心工程”而缺乏资金。它对中外古今的“标志建筑”也完全没有做它所标榜的“一分为二”的具体分析，只是一味地颂扬，连悉尼歌剧院都被说成“出色的文艺演出场所”。它更没有探讨那些中外古今的“标志建筑”产生的历史背景和它们的意义。例如，澳大利亚国土不小，经济实力很强，算来算去，也不过只有一幢“标志建筑”而已。至于“世界上任何一座名城都离不开自己的标志建筑”，这样“一概而论”的话恐怕也靠不大住。因此，这篇短短的“大”文章可谓“空”。大概这位“笔者”自己也知道文章空了，于是浓泼笔墨抒发了一番“豪情壮志”和“精神上莫大的享受”来填充，说“标志性建筑对人心灵的美化、智慧的启迪确有不可估量的作用”，高其谈而阔其论，游辞无根，是可谓“假”。

中外历史上都有些“标志性建筑”是在“并非很有钱”的情况下造起来的，如秦始皇的阿房宫、路易十四的凡尔赛、沙杰罕的泰姬陵和慈禧太后重建的颐和园等等。它们都毫无例外地耗竭了国库，在这些标志性建筑落成之日国家便走了下坡路，一蹶不振，因此搞得民怨沸腾。贵族子弟项羽见到秦始皇的威仪，发出豪言壮语说“彼可取而代也”，大概是想到阿房宫里坐天下的。可是手下江东小农出身的兵丁们却看不下去，一把火烧掉了阿房宫。“楚人一炬，可怜焦土”，一千年后还有个大才子杜牧感叹不已。凡尔赛刚刚大致有了模样，路易十四一死，法国资产阶级大革命立刻开始了思想准备，以致路易十六走上了断头台。泰姬陵造好之后沙杰罕就被捉将起来，囚禁了二十几年，只得天天站到阳台上望着老婆的陵墓发呆。颐和园的重建动用了海军经费，成了甲午海战失败的原因之一。那场失败，把中国进一步推到了殖民主义的深渊里。现在人们讲到那些“标志性”建筑，一方面固然对本民族的文化成就感到自豪，一方面也会记得这些专制君主们的罪过和小民们的痛苦，如那位“笔者”所言，那些标志性建筑“栩栩如生地陈述着历史的记忆，”这才是“一分为二地”看那些标志性建筑。

历史是过去的事，现在当然大不相同了，我们有了社会主义的民主制度，有了人民代表大会，人民代表有机会代表纳税人说出自己的主张。而且除了人大代表，我们还有政协委员可以说话。4月14日，我陪老伴到医院去做胃镜检查，候诊时间很长，买了一份当天出版的《南方周末》看，那里有一则“时事点评”说：“广州市政协主席陈开枝在参加本次广州市政协会议的第九小组讨论时说：我赞成市歌剧院的方案，也赞成搞，但应该缓建。一是当务之急要搞好广大市民所急需的文化设施，这些没搞好，缺口很大，搞一个这么漂亮的歌剧院，反差太大；二是当前环境污染问题没有解决好，群众意见很大，用歌剧院缓建的钱，可以多建一个污水处理厂。”

《南方周末》的栏目编辑给这则新闻点评了一句：“如果我是广州市民，我会对陈开枝主席的提议投赞成票。”看来，有这种看法的人并不少。这就是说，那些费而不惠的不急之务，在不该出手的时候不要出手。何况，只要价值观念转变一下，转变得更人道更公道，更有利于社会整体的利益，更有利于社会全面而健康的发展，那么，医院、地下铁道、污水处理厂、大学校舍、百姓住宅，难道不是更好的“形象工程”吗？还有清洁的空气、清洁的土壤和清洁的水。

再回到4月12日的《北京日报》去，那天还发表了一篇新华社特约评论员写的《坚决反对形式主义》，里面有两段话可以作为这篇杂论的结束。

> 形式主义严重损害党群、干群关系，损害党和政府的形象。一些干部把大量的时间和精力花在做表面文章、搞花架子上，不为群众办实事、办好事，增加群众负担，引起群众反感，伤害群众感情，影响党和政府在人民群众中的威信。
>
> 把党和人民的利益放在第一位，作为一切工作的出发点和落脚点，真正做到想群众之所想，急群众之所急，解群众之所难。这样，形式主义就失去了存在的基础。
>
> 五六十年代，几次批判建筑的形式主义，给人印象比较深的

是反对“杨贵妃”(洋、怪、飞)。现在,可以在更深一个层次上批判形式主义了,我们毕竟有了很大的进步。

附记

好消息真不少。刚刚写完这篇杂记,收到了4月16日的《北京日报》,第3版有一则新闻,叫“政府办实事,百姓定项目”,原来西安市政府年年要承诺为老百姓办十件好事,从今年起,办哪十件好事由百姓来决定。新闻里说,十八年来,政府年年办实事,包括兴建精神病患者康复中心,残疾儿童康复培训中心,全面实施最低生活保障制度,建设高档次社区服务中心,等等,“受到群众普遍好评”。西安的这种做法真叫人高兴,其实,从一个社会主义者眼中看来,“民心工程”才是最好的“形象工程”,最好的“标志性建筑”。

附论

广东省毕竟不愧为中国近代史上开风气之先的地方。5月7日的《文摘报》上,有一段摘自4月27日《城市导报》的消息,标题是“治治形象工程‘豪华病’”。题前摘要是“一点九亿元改造三点五公里道路,用花岗岩铺人行道,四个五百万元铺一个五公顷广场草皮……”最后的删节号给的信息是,这样大手大脚的“形象工程”还有的是。我索性把这段“摘”过的消息抄录如下:

> 日前,广东省城市规划协会有关专家针对城市形象工程铺张浪费的现象指出,其中隐藏的奢侈浪费、过分追求表面化的倾向却并不让人乐观。各地的公园、广场大多宁愿大量栽种价格普遍高于本地物种五至十倍的台湾草和大王椰子树,而不愿采用便宜粗生的乡土品种。为求视觉效果,甚至用花岗岩铺人行道。一些经济发达的国家,对于这些公用设施的投入却要节省得多。
>
> 专家指出,城市建设花的是纳税人的钱。作为政府,有责任

充分做好计划，把钱恰如其分地用在与民生关系最紧密的方面，而不能随意铺张浪费。各地领导切勿把改善和保障人民生活的钱拿去搞“政绩工程”。

当今，“形象工程”说得上遍地开花。年初我到东南沿海某省的山区去了一趟。一个贫困县，县城里却花三千多万元造了一个音乐喷泉广场，足足有六公顷多，全铺上了花岗石。或许整个县城的男女老少都到广场上去还站不满。那天晚上，“上级”有五六个人来县里检查工作，音乐喷泉表现了一番，知情人告诉我，表现一次，要用三千多度电。我是个土包子，看不出倏高倏低的水柱跟翩翩起舞的梁山伯和祝英台有什么关系，但是我知道，这个县的乡民们生活得还很艰苦，我亲眼看到他们吃些什么，住在什么环境里。天气很冷了，初中学生们还光脚穿塑料凉鞋，饭盒里装的是酸菜、酸菜、酸菜，一年四季永恒的酸菜，正是他们父兄的血汗供养了这个“形象工程”！我真弄不明白，究竟什么叫“政绩”。这个广场，放五个曲子，连喷水要用三千度电，按农业用电每度五角计，花费一千五百元。农村鸡蛋每斤五角，可买三千斤鸡蛋。每斤鸡蛋至少十枚，则共有三万枚鸡蛋。把这些鸡蛋发给全县的中小学生，孩子们的营养状况就可能有所改善。为什么发鸡蛋就不算“政绩”？

那段消息里说到种树，我也有见闻。就是那个贫困县的邻县，一段不短的公路两旁，清一色种的是蒲葵，全都冻死了。蒲葵是从海南岛引进来的，而这个县冬天气温年年都能到零度以下，根本种不活。据说是“父母官”到海南岛“考察”了一下之后回来叫种的。我也纳闷，“父母官”没有知识乱指挥，难道县里懂点儿事的人就不能提个醒儿？怕什么？提了能有什么后果？穿小鞋吗？“下岗”？

广东省的人大代表们、政协委员们终于为“纳税人”说话了。城市规划协会的专家也没有再说看到建设成就之后如何“欢欣鼓舞”“大受教育”之类的套话，为“纳税人”说话了。不过，说是说了，效果如何，不知会不会还有消息报道。我很不乐观。广东省、广州市的“形象工程”正如匹帛之袖和一丈之髻，其风之来，盖因上有好之者在焉。否则怎么成得了“政绩”。

（原载《建筑师》，2000 年 6 月）

（七三）

去年秋季，有朋友邀我去跟一些年轻教师说一说我对建筑教育的建议。我过去教过几年书，主要是讲大班课，不敢说对教育有什么系统的看法。不过，既然在这个圈子里待了一辈子，也推不掉这样的邀请，便冒冒失失地去了。事先还拟了一个详细的提纲，当作应试的夹带。因为朋友允许我随便说说，所以我的提纲就比较宽泛。几个月过去，为了找一本书，居然发现那一小摞卡片还没有丢掉，于是把大标题抄录如下：

一、没有教育家，教育是办不好的。

二、没有大师，教育是办不好的。

三、尊官不尊师，教育是办不好的。

四、重利不重学，教育是办不好的。

五、没有历史使命感和社会责任心，教育是办不好的。

六、不培养独立的精神和自由的思想，教育是办不好的。

七、没有面向世界、面向未来的胸襟和眼光，教育是办不好的。

每一个标题说的都是缺了什么便办不好教育，那是因为它们每一条都只是必要条件，而且加在一起，条件恐怕还不充分，所以便只好这么说了。这是逻辑决定的，并不是我专爱说带刺儿的话。

在这些标题下，可说的话当然很多，即使去掉那些最重要的但可能是“有碍安定团结”的话，说起来还会很有趣。所以我的卡片上写得密密麻麻。不料，我兴致勃勃刚刚说了一会儿，第一个题目还没有说完，就有人递来了一张条子，叫我说说建筑学的课程体系。这意思当然是表示不爱听我讲空话。我已经“报废”了许多年，对如今“培养合格注册建筑师”的课程体系了解得远不如在座的年轻人，只好死不悔改，接着按我的既定方针讲。不过这张条子击中了我的“报废”现状，心里发虚，再讲下去便没有了底气，比当年批斗会上“老实交代”问题的时候还心慌，结结巴巴，语无伦次起来。于是，记起了“识时务者为俊杰”的民族智慧，草草收场，“全身而退”，随钟华楠先生吃烤鸭去也。

难怪那些年轻人。我要讲的东西，绝大部分是他们管不着的事。相当于行政多少级的大学校长在报纸上露面的时候，头衔也只有哪一门的科学家，或者再加一个“院士”什么的，从来不称教育家。那么，他大概也不必考虑那些问题，至少是不必太认真。一切自有“上面”拿主意。

今夜灯下，去年讲堂里那些年轻人打瞌睡的场景已经淡去，我“人还在，心不死”，看到旧提纲，觉得还想再说几句。不过却都和提纲无关。

课程体系，从1950年代初到1990年代中叶，除了“三忠于、四无限”那几年，我倒也并不生疏。不过，我的理解是，那东西固然重要，充其量只能算“教学”问题，而不能算“教育”问题。教学问题，基本上是技术性的，而教育则是根本性的。要提高教育水平，固然不能不提高教学水平，但只顾教学水平，教育水平是提不高多少的。近年报纸上常有提起，说中国学生的创新意识和创新能力不如外国的。承认有不如人之处，总比过去一味自吹自擂好。但可怪的是改进之道，开的却都是技术性的药方。到现在还没有一个教师把素质教育说清楚，一会儿要弹琴，一会儿要绘画，一会儿不许把作业本带回家，一会儿不许看辅导读物，真是笑话百出。一切锦囊妙计，都还是“加强管理”那一套老思路，而不是从培养独立的人格、自由的精神着手。这叫作“缘木求鱼”。而且，把个人的创新精神的养成只推给学校，那也是自欺欺人。如果我们的父母、长官、老板和丈母娘，都喜欢老实巴交、乖巧听话、循规蹈矩、不惹麻烦的青年，那么，我们永远不会有富于创新精神的人才，什么学校都没有办法。于是，我应该在我的提纲里再加上第八条：“没有健康的社会大环境，教育是办不好的。”过去，有教育工作者说，授人以鱼不若授人以渔，这两年，有人补充一句，说，授人以渔不若授人以结网的技术，好像进了一步，但讲的依旧是课程体系，是教学而不是教育。那位学会了结网的青年，一旦没有麻绳、棕绳、尼龙绳，大概还是会饿死在鱼塘边的。我希望，我们的教师，尤其是主管教育的长官，还是多想想真正的教育问题为好。我们校园里，不知什么时候悄悄地竖立了一尊孔二先生的像。孔二先生一辈子教了三千个学生，其中有七十二个高材生，成才率之高，现在恐怕没有哪一位教授及得上。孔二先生是教育家，他的课程体系很简单，只有六门必修课，管理也不很严格，似乎没有制度化。一本《论语》，并没有记载他六门课程的具体内容和讲授方法，记的都是他如何培养学生的素质，虽然只能是两千多年前他能认识的素质。可惜我们并没有真正了解他的教育方针，以致我们学校的校园里那尊像塑得跟侏儒似的。

话总得说回到建筑教育，但我先得从建筑教学说起。那个课程体系，从五十年代初到九十年代中叶，我知道，年年都讨论得很热闹，还有人为争一两个学时吵得脸红脖子粗。我不大懂其中奥妙。不过，我的老师一辈，学的是美国课程体系，我的学生一辈，学的是苏联课程体系，我看，不管姓资姓社，黑的白的，他们都有相当好的基本功，都是能逮耗子的好猫。当然，老建筑师遇到新问题，断不了要学习学习，干到老学到老嘛。这学习新知识本来也是人生常事，跟市场经济还是计划经济没有本质的联系；跟学校规模有多大，学校里有多少专业、多少科系也不见得有本质联系。就咱们的建筑学来说，当年的包豪斯，一点点儿大，很专业化，课程体系也不完整，还有些“因人设课”的情况，教师的学历不高，有一些甚至连体面的文凭都没有。但是，整个20世纪，整个世界，有哪一个建筑院系的影响比得上它？包豪斯有眼光远大、思想敏锐的校长，有多才多艺、跃动着创造精神的教师，他们认清了建筑发展的脉搏。当然，包豪斯也赶上了建筑大转型的机遇。但是，20世纪初年，世界上建筑院系成百上千，怎么只有一个乘潮流新办的包豪斯抓住了历史机遇了呢？那些庆祝过校庆一百周年，二百周年，甚至三百周年的学科齐全的大大的学校，怎么不但没有抓住机遇，甚至还带着花岗石脑袋，逆潮流而动，扮演了不光彩的角色了呢？我们的校长、院长、主任和老师们，不妨设想一下，如果工作在上世纪二十年代，自己的角色是孙悟空呢还是申公豹呢？就说当申公豹吧，真正当出了水平的还是那个小小的专业性学校巴黎美术学院。它的成就和影响，又是哪一个综合性大学的建筑系比得上的呢？

我说我的老师辈和我的学生辈，大多都是能逮耗子的好猫，这是就一般性完成设计任务而言。要再上一层楼，“一二三四五，上山打老虎”，则有一些黑猫白猫，就不免力不从心了。我们的建筑师，在更高的层次上，还很少一试身手。例如，历史的首创精神确实差了一截。法国人安德鲁给北京设计的国家大剧院，遇到了不少受过美式教育或苏式教育的几代中国建筑师的反对，声势之大，是几十年来之最。除了理性地对这项建设的必要性和可行性的怀疑和功能、技术上的忧虑之外，最激发多数反对者感情的是那个“驴粪蛋”。向来没有的，便不能有，连它对环境的积极效果都视而不见。可是，就在“东风催，战鼓擂”反对浪潮汹涌的时候，却有人悄悄地克隆了那枚“驴粪蛋”，大功即将告成，“中外古今，皆为我用”了。这件事情，实在是过于滑稽，比侯宝林的“包袱”还更出奇。反对驴粪蛋也罢，克隆驴粪蛋也罢，都是同一个顽症，叫作不尊重创新，不理解创新的价值。这个顽症，当然是全社会养成的，甚至是两千多年的文化传统养成的。但是建筑教育也不能说没有责任，至少建筑教育没有旗帜鲜明地、有计划地去试图治疗这个顽症。1950年代“一波未平，一波又起”的政治运动中，“标一点儿新，立一点儿异”的思想曾经大受批判，倡导者甚至被打成了“右派”。改革开放、拨乱反正的时候，似乎漏掉了这件冤案，只忙着给一篇折衷主义的讲话平反，以致“夺回古都风貌”时期，竟没有几声像样的异议。到“欧陆风”刮起，倒有人长篇大论鼓吹它的正当性。当今的设计中，有一些所谓“新意”，看上去眼熟，像是洋书上见到过的。卢浮宫的玻璃金字塔也有了克隆品，伦理学家说，不知它们是兄弟还是父子，我就更说不清楚了。卢浮宫的金字塔，且不论好坏，用在那个环境里，毕竟是一种创新，而克隆则是亵渎创新，真是堕落了。但这却不是什么课程体系能解决得了的。

教育问题，可说的当然不止一个如何培养创造精神的老问题。这老问题说了一百多年了，都说腻了，说俗了，虽然还不能不说，但实在提不起精神多说了，且放下罢。

建筑教育还有一个问题不得不说，这就是我们的学生，有一些，逻辑思维能力实在太差，高年级学生，连个简单的调查报告都写不成样子。要写点类似论文的东西，就更难了，概念不清，思维结构乱七八糟。大学生了，甚至是研究生了，要学要改需要赶快下大功夫了，但是似乎没有人着急这个问题。这就造成了我们建筑学术和理论水平难以提高。杂志上的文章，有时候在“因为”和“所以”之间压根儿没有必然的关系，推论不能成立。看上去似乎很重要的观点，却没有必要的论证，不过是“我以为”而已。学术规范更加谈不上，哲学、语言学、美学，不管什么学，摘几句话来就附会一通，通不通？不通！

捉拿了“四人帮”之初，“两个凡是”还没有批倒，哲学界吹了一股“形象思维”之风。建筑界立即有人把它拿来，还没有想明白这是怎么回事，就兴奋地大谈特谈建筑设计用的是形象思维，是直觉，是灵感，一时间热热闹闹，好像抓住了建筑设计的“纲”，纲举目张，一切设计问题都可以迎刃而解了。有人从“形象思维”下手，不费吹灰之力，一下子就证明了建筑是艺术，是巅峰性艺术；仿佛这么一来，建筑学的身价就提高了多少倍。先不说这“形象思维”是不是真有，即使真有，它也并不比逻辑思维高一等，不过是思维的另一种形式而已，没有什么了不起，不可能凭借它的好风，把建筑学送上青天。其实，冷静下来想想，建筑设计一时一刻也不能没有逻辑思维，忙不迭地想和逻辑思维脱钩，正是缺乏逻辑思维能力的表现。不善于进行严密的逻辑思维，设计是达不到更高水平的，理论和学术，更谈不上了。逻辑思维不是别的，乃是理性。

那一场“形象思维”的大风过后，反理性的“禅学”“阴阳八卦”“大乘小乘”“奥”等等又相继登上建筑文章舞台，演了一场又一场。等到那些戏班子散了摊，建筑设计还是需要理性，需要逻辑思维的能力。没有理性，怎么驾驭复杂的建筑设计？讲讲安德鲁“驴粪蛋”的是非成败，靠的是理性的力量，不是单靠形象感觉。可是，我们的建筑学教学工作里，似乎忽略了逻辑思维能力的培养，包括研究生在内。

有一次，在农村，晚上坐在炕头上和学生闲聊，一位很优秀的女孩子说：“我看书从来只看图片，不看文字。”一位男孩子说到一本很热门的书，说：“太贵，把文字都删掉就好了，没有用，白花钱。”看看图片，什么新鲜，什么有趣，金字塔、透空挑檐、角窗、断开的发券等等，搬过来安到自己的设计上，这就叫“形象思维”？我们在街上见到的这种思维实在是太多了。拒绝理性知识，轻视逻辑思维能力，会阻碍我们的建筑师攀登上更高的层次。这个问题也不是技术性的课程体系能解决得了的。

教育上要做的事还很多，例如我们有一些学生，生活态度太功利、太狭隘，个人太膨胀了。有一些学生，对民族的兴衰、大众的疾苦很冷漠。过去不许人思想的时候，有过一些敢思敢想的青年，如今改革开放了，年轻人反倒不愿意思想了。这些当然也不全是学校的责任，但学校总不能置之不顾罢。

这些问题，对我这一篇杂记来说，太过于沉重了。我只能再说一个和“不看字书”有关的小问题，那就是，我们有一些学生有一种过分职业化、技术化的倾向，也就是说，非学术化倾向。这倒不完全是“读书只为稻粱谋”，而是对许多问题，包括社会文化性的问题，都采取了一种纯职业的、纯技术的态度。记得1980年代，国门刚刚打开，各种西方的主义和“理论”扑面而来的时候，建筑界不少人眼花缭乱，有点六神无主，不知如何是好。这时就有几位大学教授写文章发表高见，有的套用胡适的话，说："少谈些主义，多谈些手法。"有的说得更直爽："管它什么主义和理论，有好手法就拿来，白猫黑猫，为我所用嘛。"这种主张果然见效，近几年刊物上不大有介绍西方主义和理论的文章了，多的是一味地用大照片介绍外国手法，而各种手法确实是被大量拿进来，出现在我们的大小城市里了。八十年代曾经很活跃的文章家，九十年代大多不作声了，"禅心已成沾泥絮，不随东风到处飞"。于是，我们的年轻学生们，也就只看书上的图片而不看文字了。

在这种情况下，忽然间，刮起了八级欧陆风，连土而又土的内地小小山城里居然也兴造了西装笔挺的洋楼，陶立克的、爱奥尼的，嘿！当年的"夺回风"，只在北京刮，如今欧陆风刮遍全国，却不见引起认真的讨论，刊物上只偶然有点不满的意见。只见得讲西方古典建筑的书比过去好卖了，找手法嘛。最近才见一大篇宏论，论证欧陆风的正当性。论证它的正当性，也可以嘛，总比一声不吭好。

欧陆风不只是中国现象，风源更不是在中国。它是一个世界性现象，当然，在美国和欧洲它不能叫"欧陆风"。它是西方世界一种新的社会文化思潮的表现，建筑总是要书写社会的编年史的。欧美发达国家里，自从后现代主义在各个领域弥漫开来之后，思想界有些人以"反思"和"超越"为名，全面批判"现代性"，物质的、精神的，他们几乎否定了自18世纪启蒙运动以来一切现代化的努力和成就，不但法国大革命是个错误，文明和科学也没有好处，连医药进步延长了人的寿命都是现代化给人类带来的灾难。他们力图遏制"全球化"的势头，办法之一是模糊进步和落后的区别，美化"房前种豆、房后种瓜"的田园生活方式和"知足常乐"式的生活"哲理"，把它们诗化。所谓"诗意的栖居"充斥了我们的建筑杂志。后现代在建筑领域里的思潮之一便是攻击20世纪初年的建筑革命，攻击现代派建筑，歪曲和丑化现代派建筑的基本纲领。于是，一些建筑师把当时被现代派打倒的古典主义建筑又捡了回来。一些建筑师提倡"地方主义"，与现代派建筑的"国际式"对立，又有一些建筑师以"解构"之名否定现代建筑的理性原则。总之，跟“现代性”对着干，跟理性对着干。

后现代思潮当然传到了中国，作为从西方吹过来的强势文化，立即在中国得到了反应。中国的现代化，一百多年来跌跌撞撞，进进退退，始终没有在精神领域里牢牢生根，而且还面对着强大的封建传统势力的阻挠，举步维艰。后现代思潮一来，就和传统势力一起，对馁弱的现代性前后夹击。有一些“学者”大写文章，不但否定五四运动、否定鲁迅，连辛亥革命都否定了，甚至说如果搞君主立宪，由慈禧太后领导维新，中国早就富强了；如果袁世凯不死，洪宪皇帝坐稳了天下，也不至于弄得军阀混战。总之，搞革命，是一步走错，满盘皆输。于是，李鸿章、张之洞、左宗棠、胡雪岩，拖着长辫子在电视屏幕上济世经国，着实风光了一番。从这些表演看，中国的一些“学者”，离后现代思想其实是很远的，他们骨子里是封建传统的根子，不过自作多情，强拉起后现代思潮当同盟军罢了。于是我们看到了建筑界的几幕好戏，同样也是封建传统学舌后现代的理论，向现代派建筑开火。先是欢庆“现代派建筑死亡了”，跟着外国人起哄，在对现代派建筑毫不理解的情况下，用“人性”“天人合一”做“武器”，向现代派的基本口号大举讨伐。然后搬来了禅、大乘小乘、阴阳八卦、堪舆风水等等非理性的东西，为封建的意识形态叫魂。在创作方面则重新鼓吹民族形式、地方风格，还有那个著名的“夺回”口号。但是，中国建筑界，其实西方的也一样，虽然常常紧跟新鲜时尚思想，并没有习惯和功力去真正理解形而上的东西，那不是只看图片就能理解的。于是，拳脚打得不得要领，乱了套数，又受制于逻辑思维能力不行的老毛病，终于闹不出名堂，到九十年代后半叶，理论家们便不再声张，老老实实埋头做设计赚钱去了。

这时候，房地产老板从市场出发，掌握了建筑潮流。上星期《北京晚报》的房地产专刊上有一篇豆腐干文章，记得标题好像是“建筑风格应该谁说了算？”——很有“试看今日之域中，竟是谁家之天下”那样的气魄。论点很明确，当然是房地产老板说了算，因为他出了钱，他要赚钱。房地产老板虽然没有闲心去了解什么后现代的高论，但他们并非一无所知，这从他们的广告和刊物上便可以知道。他们有些人还摆出“儒商”的架势，养几个“清客”，说说“哲理”，包括“人道主义”“以人为本”之类。房地产商也并不“土”，他们出国“考察”的次数比建筑师多得多，早把世界溜溜地跑了几遍。他们在西方国家当然见到了仿古典主义新建筑的市场势头。我有几位年轻朋友，在纽约专做仿古典主义建筑，业务好得忙不过来。年前来信，说有一位大财主委托他们给设计一幢庄园府邸，规模之大，在美国数头一份。

中国的房地产老板熟知这一类信息，甚至请来西方建筑师做设计。对他们的市场来说，主要的买主是大款和白领。这批大款和白领有了大笔的钱之后，急于要包装自己，给自己一个上档次的“形象”。包装品之一便是“文化”，这也是后现代主义煽起的泛文化热的时尚。他们要在家里摆上成套的精装书，挂名家字画，玩古琴，品普洱茶，买几千块钱一张的票去听音乐会，穿衣服讲究款式搭配。这些书，这些音乐，这些衣服款式，是有一定社会心理学趣味的。19世纪初年欧洲的暴发户乐于花钱买个爵位，府邸门头挂上家徽，甚至把家徽挂上马车招摇过市。那时候的中国暴发户，也乐于花大笔钱买个什么“大夫”，什么“司马”之类的虚衔，刻在家屋门头上光宗耀祖。否则，暴发户就会觉得社会身份不高，连在破产没落的贵族或地主面前都抬不起头来，丢份儿。当今中国的大款和白领，大多并非出身世家，他们也希望沾上点贵族气，来补上心里的缺憾和自卑。因此，他们不能用大众文化来包装自己，而要用贵族文化。他们是中国人，一百多年的历史在许多中国人心里造成了难以抹去的对西洋事物和文化的崇拜。而在目前的落后状态下，西洋文化比起中国传统文化来又是强势文化，大款和白领们就选择了西洋贵族文化做包装。于是，这几年，芭蕾舞和交响乐在中国又火了起来。新贵们为了附庸风雅，不惜一掷千金。在建筑上，房地产老板及时向他们推出了西方古典主义建筑，告诉他们，这既是西方的，又是贵族的，而且正在欧洲时兴。“贵族气派，欧陆经典”，这是房地产广告里用得最多的话，投合了大款和白领们的贵族化情结和新潮癖。

中国的欧陆风，是后现代思潮、封建传统、崇洋心理、反大众化的贵族身份意识的综合产物。这几年，有好几个房地产老板来找过我，有的要造“欧风一条街”，有的要造欧风小区或度假村，要我当他们的建筑顾问。虽然我坚持“饿死事小，失节事大”，不肯去为这种病态的时尚推波助澜，但我却得到了机会跟他们聊聊天，摸一摸他们的看法和打算。他们都很健谈，而且相当有水平，确实让我长了不少知识，我也算得上做了一番调查。

市场规律，通过房地产老板的运作，把西方的后现代主义和中国大款、白领们的“前现代意识”接上了轨。虽然他们并不自知这个历史性的文化潮流，这个不自知，大概是文化传播的常态罢。

可是，由于设计水平低，施工能力差，资金投入又远远不够，这种“欧陆风”只能是很粗俗的，甚至是“光着屁股”的，哪里谈得上“高雅”艺术。“画虎不成反类犬”，贵族气没有沾上，反而弄得酸溜溜地寒碜。

有一天，当我把这些话讲给几位年轻学生听的时候，一位女孩子不耐烦地哎哟了一声，说：“老师，您怎么活得这么累。当建筑师的，业主要什么样子，就给他做什么样子得了，想那么多干嘛？”

这就是“少讲点主义，多讲点手法”的意思。老师讲了，学生跟着讲，不但通过课程，而且通过榜样，这就是教育。这些学生没有经历过刚刚过去的三十年非常的时代，但他们属于中国知识分子这个群体。那个非常时代摧毁了知识分子群体的自尊、自信和自爱，把他们训练成乖巧讨好的“驯服的工具”，这是新传统，房地产老板们毫不费力地收获了“伟大者”培育的果实。

这位女孩子的话，就像我在一所大学里讲建筑教育的时候收到的字条一样，很有力地教我明白，我确实是该“报废”的了。那么，我还要写这一节杂记干什么呢？是习惯罢，留一个记录，就像项籍临死前唱了一串“可奈何”一样。那一首《垓下歌》也是毫无用处的，而且，连一丝悲壮都没有，只有凄凉。

附记

刚刚写完这篇杂记，2001年2月3日，《北京晚报》介绍了北京师范大学教育系对全国一万名高中学生的一项调查结果。叫人吃惊的是，在“终极价值观”一栏里，高中生们“最不愿过充满刺激与挑战的生活”。“理想信念”排在“人生最重要的东西”的末位。对我们这个民族来说，高中生是早晨六七点钟的太阳，太阳还没有发热怎么就凉了！这个民族还有出息吗？

教育家们，你们在哪里？

（原载《建筑师》，2001 年 4 月）

（七四）

一

数字很精确，但精确的数字会骗人。当然，不是数字忽然有了灵气或邪气来说假话，而是使用数字的人常常会疏忽数字的真实含义。例如，统计学里的平均数，弄不好就会掩盖许多事实。不妨设想个笑话，拿杨白劳的收入和黄世仁的收入平均一下，那么，毫无疑问，两个人都是小康生活水平，大可安定团结。

这样的统计方法，并不仅仅是玩笑，只要一不留神，或者有所希求，就会闹将出来。今年年初，某权威机关宣布，北京市居民的平均居住面积达到了20平方米，已经是小康标准了。过了没有几天，有人在报纸上写了一篇豆腐干文章提出质疑，说有些人拥有几套上百平方米的住宅或者更大的豪宅、别墅，有的人还在大杂院里挣扎，大男大女甚至两对已婚夫妇睡上下铺，那么，这个平均数有什么意义，不过是虚假的亮色而已。当然，有一个事实并没有人怀疑，那就是北京市的建设规模大，速度快，年年都有许许多多缺房户搬进新居，大杂院正在减少。不过，即使如此，还是不应该犯那种统计学的错误。平均数的应用范围是有限制的。为了说明一个城市的居住水平，我想，方法之一是从分析下手，区别几个段落来统计，求出数字。比方说，占有居住面积5平方米以下的人口，占有5—10平方米、10—15平方米、15—20平方米和20平方米以上的人口，各有多少，各占总数的百分之几，从这个百分比考察城市居民的居住情况，从这个百分比的变化考察城市居民的居住情况的变化。这个方法，比不加区别地求平均数更真实，更有用。那个“人均绿地面积”也有类似的问题，拿市区和郊区一加一除，得到平均数，这哪里能真实反映居民生活环境的质量。就北京来说，至少要分别二环路以内、三环路以内、四环路以内来做统计才有意义。做统计，是为了说明问题，从而制定方针政策，采取相应的措施，不是为了宣传什么。

这些例子说明，在带社会性的问题上，要对人群做一点儿分析，才能看得出应该如何去做统计、求平均数。想起十来年前，思想界忽然刮起一阵风，叫作人类的思维方式要转型了，分析性思维要淘汰了，要用综合性思维了。这又是后现代的一股反理性的风。建筑界很奇怪，实际上并不真的关心这类劳什子理论，也并不真的有多少创新意识，却总有人急于紧跟一切新的理论，于是也把这个要综合不要分析的新鲜怪话引进到建筑文章中来了。我当时曾经引用一位被一些人认为过时了的先哲的话，“一切认识从分析开始”，“没有分析就没有综合”，希望使一些人冷静下来。但是，当然不能起什么作用，有些人还是坚守不喜欢分析事理的习惯，于是，那种不加分析的平均数屡屡出现，总能用来证明“形势大好”。所以，我不禁还要说一说，虽然明智的人告诉我“说了也白说”。但我同意一些老顽固的话：“白说也得说。”这至少能给自己的心理“减负”。

数字骗人，还有一个例子。为了提高小区的容积率，增加建筑面积，建筑师尽量加大住宅的进深。但进深太大，户型不合理，有不小的面积没有用，白白浪费掉了。得利的是房地产老板，吃亏的是购房户。

国家的资源也扔掉一大批。我想，在住宅进深大于一定数值的时候，计算住宅面积应该乘一个小于一的系数，才不致上账面数字的当。

至于人口统计、年终总结、春季植树报告，那些数字更是信不得的。不过，它们都为各种长官的“政绩”而编造，动机简单，手法赤露，不值一提，且撂到一边去。

二

尽管有人不爱听，客观实际是，人是分化为不同利益的群体的，过去如此，现在也还没有完全消灭人群之间利益的矛盾。房地产老板的利益和普通城市居民的利益往往并不一致。有时甚至冲突得相当尖锐。城市规划和规划管理机关，依违于两者之间，常常觉得很为难，而最终又常常不得不屈从房地产老板的意志。于是，有利地段的贵族化，弱势群体居住的远郊化，经济适用房的高档化，小区容积率或高或低的摇摆等现象普遍出现。房地产老板的经济利益也会和整个民族的某些长远利益发生尖锐的冲突，例如文物建筑和生态的保护等等经常被老板们看作眼中钉，肉中刺。他们喜欢的是“一张白纸，好绘最新最美的图画”，恨不得把所有古老的有重大历史价值的城市都拆光，让他们发最多最快的财。好像这些方面近年来也是老板们得手的时候多，而文物管理部门总是扼腕顿足、唉声叹气的时候多。号称历史文化名城的，有几个挡住了房地产老板的手腕？北京都不行，别处还能怎么样！于是，国家机关便面临着为什么人服务的问题。

计划经济在诞生之初，目标是缩小乃至消灭“三大差别”，但实行了几十年之后，有一些社会差别反而变本加厉了。现在，残余的计划经济体制和思维模式，还在保护某些不合理的差别，例如把一些人的社会地位所带来的利益固定化，扩大化，也便是特权化。有些新建住宅小区，号称商品房，但销售的时候却按人的社会地位的等级差别做了各种各样的规定。注定要给上层人物购买的楼房，前面的间距比一般的大上一倍，而房价并不因此提高，设计者美其名曰“众星捧月”。有的人是明亮的月，有的人不过是暗淡的星，就像梁山泊好汉排座次一样，都是根据“天罡”“地煞”的顺序，命里注定了的。

再如城市的交通建设，越建，拥有小轿车的人越方便了，而骑自行车和步行的人则越不方便了。汽车造成的噪声和废气污染，以及交通混乱，有车的和没车的，不分彼此，大家一起“享受”。我住的楼房前本来有一块绿地，长着几棵紫花洋槐，春天一到，满地二月兰。楼里四十户人家，常常在绿地上散步，谈天。去年，有五户人家买了小轿车，绿地成了停车场、污染源，半夜里都会有报警器怪声高叫。有一天，几个老头站在停车场边闲聊，一位车主在一旁走过，笑着问道：“你们是不是在议论阶级斗争新动向？”“损不足以奉有余”，在社会发展的某些阶段上，看来不能避免。

建筑师的工作，有意无意间，未必是在为“一般的人”的利益服务，有时倒是为了一些人的利益，损害另一些人的利益；为一些人的利益，损害民族的长远利益。在社会性很强的领域，实际生活中，不能把“人”看作抽象的存在，抽象地讨论人，那是哲学家在书斋里干的事。不知为什么，建筑界总是热衷于生搬哲学家的话。总而言之，遇到什么事，还是先得分析分析，不要“模糊”，不要“混沌”，要“明明白白”。

三

我说一个故事：我的老师莫宗江先生，五十多岁的时候，带我们参观应县佛宫寺释迦塔，他一直上到顶层，钻出宝顶根上的小门洞，在几十米高空又陡又滑的攒尖屋面上，轻松自在地走来走去，而我们几个年轻人，后背紧贴宝顶根儿，横着一步一挪，没有一个敢走到屋面上去。莫先生八十二岁的时候，有一天我在路上迎面遇见他，积雪刚化，前面有一摊积水，只见他用脚尖从黄杨树下扒拉出两块碎砖，三下两下，把它们很准确地踢进积水里，然后施展出蜻蜓点水的轻功，极其灵巧地连蹦带跳就过来了。我上前问候了他，对他的健康大表钦佩。他一歪脖子，说：“不行了，我儿子已经不许我踢足球了。”可见他那时的心境远远没有老化。就是这样一位浑身解数的先生，有一天到系馆来，一进门便摔了个跟头，就因为地上铺的是磨光大理石。好在他毕竟功力不凡，没有伤了筋骨。还要再说一个故事：十来天前，电视上直播消防演习。只见一座大楼烟火冲天，消防车拉着尖厉的长笛，及时赶到。镜头转到楼内，一位消防队员，举着水龙喷枪，英姿飒爽，在走廊里勇猛地往前冲。我老伴怀着无限宽慰的心情，轻轻感叹，因为有这些小伙子而感到了安全。不料，话声未落，这位消防队员竟一头栽倒，滑出老远。我紧张得往前一猫腰，这才看清楚了，原来地上铺的是磨光花岗石。惊魂稍定之后，老伴说，幸亏是演习，要是真事儿，消防队员摔跤，不但误了救火，还会像高速公路上汽车追尾事故，绊倒一大堆人，说不定慌乱之中得踩死几个。

用磨光大理石和磨光花岗石铺地，不论室内室外，都已经跟白瓷砖一起在全国泛滥成灾，连土得掉渣的山村里，那些先富起来的村支书和村主任们造的小洋楼也都用上了，闪闪发光，能映出他们发福的肚子。我请教过好几位建筑师，为什么这么偏爱磨光大理石和花岗石？磨光石料铺地，太滑，不但我这样风烛残年的人走上去小腿肚子会发酸、抽筋，也不断听说有年轻人跌倒或者扭一段秧歌舞。尤其铺在露天地里，下点儿小雪，走在上面真是“战战兢兢，如履薄冰”，不知怎么一来就会跌个仰面朝天。但建筑师们几乎一致教导我：磨光石料铺地，镜光铮亮，多么有现代气息！

现代气息当然值得欢迎，但是凡事不能一概而论，应该清醒地分析分析，千万不可模糊。逼迫人在光溜溜地面上提心吊胆地走，便有悖于现代精神。没有现代精神，现代气息从何谈起？

关于这个问题还有一则故事可以附带说说。二十年前，我的一位老同学到美国定居，有一天，走过一家商店门前，不知被什么绊了一跤。他站起身，既没有磕掉门牙，也没有蹭破手掌，按照家乡的习惯，自认倒霉，拍拍衣服，还要继续赶路。不料，店主人冲了出来，说上一大箩筐道歉的话，还送他六千美元作为赔偿，弄得他莫名其妙，被人糟践惯了的老九没有想到自己还有这份属于人的尊严。谁知刚回到寓所，更教他大出意外，一位律师跟上门来，建议他状告那家商店，打官司索赔。这位同学异国他乡初来乍到，不敢招惹是非。律师很遗憾，说，如果打官司，连我这份律师费都远远不止六千美元。

早在公元前1900多年，也就是整整四千年前，古巴比伦王国著名的《汉谟拉比法典》里就规定：对每一座建筑物，建筑师都有权得到法律所规定的报酬。但是，如果房屋坍塌，压死了房主，建筑师就要被处死。如果压死了房主的儿子，那就要处死建筑师的儿子抵命。这条法律条文说得好，建筑师该得的报酬一个子儿不能少，不过，拿了钱，就得负责任，不能马马虎虎，只顾自己的“现代气息”，拿房屋使用者的安全不当回事儿。关怀住房者的安全不仅仅是建筑师的职业道德，也是建筑师的职业责任。我想，我们应该制定一项规范和一条法律，规定在我们的房屋里或道路上，谁滑倒了，如果原因是地面的摩擦系数低于规范的标准值，那么，就可以根据法律到法院去告建筑师，叫他吃不了兜着走。这样，我们就会活得放心多了，轻松多了，“人均”寿命肯定便会延长。

19世纪英国著名的建筑师，英国国会大厦的设计人之一普金说：“只有道德高尚的人们才能设计出优秀的艺术品来。”我觉得，对于建筑来说，尤其如此。建筑师要设身处地为各色各样的人着想，不仅仅是要建筑物看上去“有现代气息”。新技术在本质上、总体上是能促使建筑进步的，但个别的、具体地讲来，这要求建筑师有正确的思想，有时候新技术并没有为“人”服务，倒害了人，利弊之间，就在于建筑师心里是不是装着“人”。

另一位19世纪的英国人，散文家、文艺评论家、建筑史家拉斯金说过：“豪华壮丽不是普通老百姓的审美要求。”（《建筑七灯》）那么，美观的房子就不一定豪华壮丽。他又说：“一个笨蛋傻乎乎地造房子，一个聪明人深思熟虑地造房子；一个高尚的人造得美观，一个坏痞子造得

一塌糊涂。”(1869,《空中女王》)

不过，这种唯道德主义的说法也会骗人，我们还是分析一下为好。

附记

这篇杂记写成在抽屉里压了一个多月，刚刚打算塞进信封寄出，收到了第1839期《文摘报》，第一版醒目位置摘登了2001年第15期《瞭望》上汪金友的一篇文章，题目叫《平均数与大多数》。虽然讲的不是建筑学专业的事，但对促进建筑界朋友们多分析分析问题也有好处，不妨转录如下：

> “平均数”是个很重要的数。农民年度收入要看“平均数”，市民生活水平也要看“平均数”。在人们的印象中，“平均数”上去了，就说明这里的速度“发展快”；“平均数”上不去，就说明这里的工作“没做好”。
>
> 然而，“平均数”能代表“大多数”吗？江苏省委书记回良玉的一席话，不能不引起各级领导的深思。他说：“2000年，江苏省农民人均纯收入增长了2.9%。但这个增长只是由不占多数的农民的收入增长拉动的。实际上，去年江苏省农民减收户达60%，真正增收的农户只占1/3强。对此，我们必须要有清醒的认识，平均数代替不了大多数。”
>
> 40%农民增收，60%农民减收，这是一个多么沉重的话题！如果单看“平均数”，就很容易使人这样想：农民收入“稳中有升”，口袋比过去鼓了，日子比过去好了，我们的各级干部，也可以松口气了。但换个角度就会发现，“大多数”的农民不仅没有增收，相反，收入的差距却在进一步拉大。

(原载《建筑师》，2001 年 12 月)

（七五）

有一位书评家评论了几本乡土建筑的书之后，说了一句：这些建筑学家的人文社会学科功力也还可以。这或许是因为人文社会学科本来就是建筑学本义中的东西吧。人文社会学科的学养和工作方法应当包容在建筑学本义之中，这在梁思成先生著名的公式“建筑⊂社会科学∪技术科学∪美术”里已经表达得非常肯定、非常清楚了。可惜近年来在建筑界渐渐有被遗忘的迹象，倒是几个房地产公司在“高举”人文旗帜，有朋友告诉我，这是因为他们在“人文”或者“以人为本”的时令话题上找到了“卖点”。

这几句开场白其实和我要写的这篇杂记没有多少关系。我也不想对房地产开发商说什么不敬的话，因为这些年有些学校自筹集资房，口碑还不如开发商搞的什么苑、什么园之类。我要写的是另外一些事。

因为十几年来做乡土建筑的研究和保护工作，我需要补充有关中国封建社会里宗族制度的知识。虽然主要靠下乡调查时候留意，也还得看些书。这一看，就发觉，原来我们的历史学家们对这个中国历史上的根本性问题之一并没有多少研究，能找到的有数些个专著和论文，绝大多数是书斋里的作品，不过是找些家谱和地方志，拼拼凑凑，归纳出几个条条来。这还算好的，国内还有人连这点书斋工作都不做，索性或明或暗地克隆。更糟糕的是重复斗争时代的八股。

写历史著作，不论是“复原”也好，阐释也好，最束手无策的难点大概是根本没有办法写出历史的丰富性、复杂性。所以说书人慨叹“一张嘴难说两家事”。历史著作总是只能写主流，写脉络，而舍弃大量枝枝蔓蔓的东西。由于各人的眼光和兴趣不同，取舍就会有差异，有些主流可能是旁支，有些被删除的枝蔓里很可能有最本质的东西。于是，历史便永远是历史学家心里的历史。这样一来，历史一方面给毒汁四溅的“戏说”留下了市场，一方面又给喜欢“一言以蔽之”的思想家留下了一展雄才的机会，例如有人说，一部人类文明史，就是一些阶级胜利了、一些阶级失败了的阶级斗争史。有人只用几百个字就能把一个个社会阶级极其复杂的性质、意识和现实作用写尽，归根到底也成了“戏说”，不过是板着面孔装“英明”而已。

用戏说的态度来搞学术工作是不成的。不久前买了一本讲中国封建社会里的家族制度的书，下乡带在身边。晚上靠在热炕头上先拜读了关于村落社会结构的一部分。一看之下，大出意外，觉得上了一当。研究这样的题材，作者依靠的全部是地方志和家谱，竟没有调查过一个村落。整本书从头至尾没有介绍过一个实例，只有概括性的论断，“一二三四”“甲乙丙丁”，列举了中国村落社会结构的几大特点，挺有“派”。但是，每个特点的“确立”都只根据一两本地方志或者一两本家谱里的一两句话。以中国之大，各地情况之千差万别，一句引文能论证某个特点的普遍性吗？何况所用的地方志和家谱，往往一则在广东，一则在山西，一则在四川，一则在江苏，相去几千里，这些零碎布头怎么能拼凑出一整幅涵括中国农村社会结构的图画来？

这种写作方法，在关于中国建筑的著作里也可能见到，所以我从那本关于家族制度的书里顺手就和我们工作多少有点关系的例子说几条，以图引起同行们的注意。

作者说：“绝大多数的中国村落是聚族而居的血缘村落，一村一姓，没有异性，少数村落有异姓杂居，也必有一姓占多数。两个以上异姓家族共居一村的情况很少见。”这个论断很可疑。南方各省，确实有大量血缘村落，但北方各省血缘村落就很少。即使南方的血缘村落，我们也没有见到仅有一姓的，所调查过的诸葛村、新叶村、俞源村等等，都可以算血缘村落，但除主姓外，还各有十几二十个杂姓。在北方，我们调研过的山西省张壁、郭峪这些以姓氏为名的村落，连主姓都没有，姓张的，姓郭的，至少在明代末年就已经寥寥无几。襄汾县的丁村也是个杂姓村，明代中叶丁姓人才迁来，因为经商致富成了大户，到清代初年就改村名为丁村，但其他十几个姓氏仍然在这里居住着，子孙满堂。中国封建社会里，血缘村落和“没有异姓”的村落大致占多大份额，这得做很多调查工作才能知道，坐在书斋里拍脑袋是说不出来的。即使蒙对了也不能算数。

这位作者又说："村落在南方一般叫村、湾，北方叫庄、屯者居多。"这个论断也同样很可疑。我在南北两地都生活过，也做过多年的调查，两地的村名，叫法极多，哪种叫法是"一般"的或者"居多"，恐怕很难得出结论。例如浙江，我小时候住过的村子，有几个就叫"花晓桥""方岩"和"坊下"，附近有个名字非常好听的村子叫"两股金钗"，因为在两条河的交汇点。近年我们工作过的地方，有"山下鲍"（隔一道岭有一个"山下杨"）、"樊岭脚"等等。叫"湾"的非常之少。北方，到过山西省的高家塌（tà，记音）、郭峪、麻墕、白狐窑、枣屹垛和陕西省的杨家沟、刘家峁等等。"村"字是行政单位的称呼，官方文书上有时会把它缀在通行的村名之后，如梁坡底村黑龙庙村之类，老百姓是不这样叫的，只有少量周村、王村这样的村名组合方式。东北叫"屯"的村子稍多一些，但大概并没有到"居多"的程度。

作者又说："在北方平原地区，占地百亩的地主也不会很多。"他所根据的仅仅是直隶获鹿一县的统计。凭一个县的统计，就给整个北方下结论，这实在太玄乎了。至少他应该论证一下获鹿县的土地占有情况在北方的典型性。

在那本书里，这样的论断还有不少，比如说："一个聚族而居的村落往往就是一个壁垒，一般都用石或新土构筑围墙或栏栅，把整个村落圈起来，不能筑围墙的，也用竹篱或壕沟围圈。村民就像生活在独立的小王国里一样，与外界完全隔绝，长期处于极端愚昧无知的状态。"这个论断也同样过于大胆。这样的村落不敢说没有，但绝不是"往往"这样。山西、安徽、江西、浙江、江苏、福建、广东，有许多村落，从明代晚期起，居民就以从事商业为主要经济活动。我们在这几省工作，所见到的村落只要稍稍整齐一点，讲究一点，建筑类型丰富一点，大多是商人的老家，少量是村里出了几个科举有成的人。除了住宅之外，在这些省份的许多农村里，作为宗法制度的象征的宗祠，不论规模大小，有不少是商人捐款建造，甚至连庙宇也如此。山西省的张壁村，造庙的功德碑后的捐款芳名录，所列大多是商号的名字，甚至有远在汉口的。明末为抵抗李自成的杀掠，山西阳城县一批村子建寨墙，靠的也是商人。而且，就我们所知，没有围墙的村子还是比有围墙的多得多。它们并不十分闭塞。江西婺源的农村，有许多住宅和宗祠用广州运来的雕砖做门头；浙江的诸葛村，则有不少从苏州运来的砖门头。安徽黟县的关麓村，总共只有三十七幢住宅，却另有独立成院的书房院十四座。我们在书房里找到一些清代中叶的文书、信件之类，证明村民并不都"极端愚昧无知"。

这篇论文的失误，或许不能太嗔怪作者个人的学风。因为这些失误是中国两千年史学的失误，这是中国史学传统的一个大痼疾。正如大学者梁启超所说，二十四史不过是帝王将相的家谱加断烂朝报而已。

古代的历史学家不去研究社会的整体面貌，或者研究社会的某些方面的面貌，而只是为皇帝写"参考消息"，《资治通鉴》这个书名就道破了它的编写目的。历代没有史学家去研究社会史，地方志里写"风俗"，常常只是颂古代民风的淳厚，叹时下民风的浇漓。以致我们要了解清朝后期的中国社会，倒常常要去看外国传教士写的书。既然前人没有系统的社会史研究，现在要坐在书斋里写一本关于家族制度的专著或论文，就近乎搞"无米之炊"，抓瞎。我们的史学传统的又一个弊病和上述问题有联系，就是大多数学者只喜欢坐下来读书，书上没有的东西，就写不出来了，不知道，或者不肯下功夫做一番实地调查。太史公是史学开创者，还知道要"行万里路"去做实地考察，后来的学者，除少数例外，只是读前人写成的书而已；所谓"坐冷板凳"便是做学问的基本功。以致史学很难有所发展。而书里的信息量又太少，例如地方志里，就我们所见，节妇烈女的芳名录所占的篇幅往往比"风俗篇"要多得多。读这些书所得实在有限，它们的真实性也不免要打些折扣，尤其是家谱，用起来就得小心，用什么，怎么用，都要好好琢磨一番才行。家谱里有两种内容的可靠性很小，一个是祖脉出自某个名门望族，姓李的出自唐代皇室之后，姓朱的便是朱熹后人。另一个是祖先的迁居路线。北方诸省的人大多来自山西洪洞县，徽州人大多来自歙县篁墩，四川人从湖北麻城孝感乡来，福建人则经汀州石壁来，可靠性极低。往昔编族谱，尤其是初编，要请专业的谱师主持，这些谱师的“学问”是祖传的，他们的文化水平不高，却专有这么一套“知识”，世代口传。如果某姓的祖先里没有名人，他们也会编出故事来说祖先本是某大人物之后，因某种事件，如落难，改了姓名。

我们的史学传统还有一个弊病，便是文字太笼统，华丽的修饰多，铿锵成诵，而语焉不详，或者不确。这就是所谓“文史合一”，沦落为“以文害史”，导致后世考据之学在中国大盛。但学者“皓首穷经”，未必都把功夫用在该用的地方，例如俞正燮为“五通神”就引经据典写过一大篇考据，却并没有结论。

我们中国建筑史的研究，也不会不受到这种中国史学传统的拖累。第一本中国建筑史著作，乐嘉藻先生的《中国建筑史》有开辟之功，但它基本上是书斋里的作品，而且写的只是“上层建筑”。这样一本建筑史，当然是残缺不全的，要补足它，只依靠现成的书本史料，根本不可能，书上没有这方面系统的信息。要研究中国建筑史，非从中国传统史学跳出来不可。梁思成先生的功绩，就是与中国的史学传统决裂，从现场调查下手来实证地研究中国建筑史。这不只是采用一种工作方法，这是开创一种学风，一种科学的、实事求是的学风。梁先生的学术道路是从蓟县独乐寺的调查开始的，然后一座座、一处处地调查下去，以实物研究奠定了中国建筑史的基础。梁先生当然不是不读书，他有很深的文史功底。文献史料和实物互补互证，文献史料就活了，有意义了，而一座座古建筑实物也在历史的大格局里发挥了结构作用。

可惜，特殊的历史条件耽误了梁先生后半生将近三十年的学术工作，他在学术思想最成熟的盛年放下了系统的建筑史研究。中国建筑史遗憾地留下了不少空白，这其中，最重要的便是极其丰富多彩的乡土建筑。

怎样开垦乡土建筑这一片处女地？还得从田野工作下手，那便是做实地调查。乡土建筑，以及相关的乡土文化社会史，在图书馆里可以查找的资料比宫室庙宇更少，少得几乎等于零。怎样做实地调查？当然不是东跑西颠，东张西望，回来再查几本书，就一二三四，甲乙丙丁归纳出“特点”体系。而是要一个个案又一个个案地深入做研究，这研究便是全面地从历史、地理、经济、社会、文化、生活中认识聚落建筑群的系统性整体。也就是把乡土建筑研究建立在扎扎实实的实证基础之上。只有积累了大量的个案研究成果，我们才能比较准确地写一部乡土建筑史。古书当然还是不可不读，对中国历史和文化了解得越多越深，调查的时候就会更敏感、更全面，思维也会更活泼。当地的乡土文献，如家谱、碑文和各种书契之类也不能不读，它们比大图书馆里的庋藏对了解乡土生活和聚落建筑群是更重要的参考资料。

坚持这样做了。我们自信，我们的实地调研是学术上打基础的工作，是乡土建筑研究的必由之路。尤其当今乡土建筑像雪崩一样地消失的时候，我们的工作就是抢救历史信息。我们越来越觉得“抢救”的急迫性，再不抢救就要永远失去它们，永远不可能写出像样的乡土建筑史了。于是，我们就根据抢救的需要安排工作。但是，意想不到，调查研究的成果在大陆的出版竟成了问题。出版社一家家地都说：不要太专业，不要太学术，要通俗，一句话，要大量删削，连精美的测绘图都不要，降低了水平，才能适销对路。为了减少“学术气”，出版社甚至要我们所有的引文都不注明出处。学术工作要通过出版社进入市场，市场便通过出版社来发号施令，控制学术工作。我不知道出版社是不是真正了解读书市场，但它们是垄断市场与学术工作之间通道的唯一者。我们对出版社所代表的市场毫无反抗之力。有一个出版社，摆出订货人的架势，要求我们这样写、那样写。我说，我们一开始就不赞成这样、那样的写法，我们一向反对根据一些零零碎碎的资料就写“中国的什么什么”。要写“中国的什么什么”，即使是很狭窄的什么什么，也得从打基础做起，也就是从调查做起，否则，空中楼阁，是造不起来的。这位订货人又出主意：做了十几年工作，你们已经有足够的资料，可以这样写一本，又那样写一本；再改头换面这样一本，又那样一本。我回答，我们是在心急火燎地抢救历史文化遗产，生怕慢一步就会多失去一些，一天也不敢偷懒，寒暑假照样干。可是你们竟要我们在原地绕圈子，书可以出得不少，但实际上是停步不前。这位先生说：我们中国，现在所有的出版社都是商业出版社，只看商业利益。这样做书来钱快，我可以给你百分之十的版税，你们的收入会大大增加，我们也大有赚头。我忽然觉得，这位出版商主演一位江湖艺人，拿我们这些学术工作者当猴子耍：一敲锣，哨哨，拿大顶，给个桃子；哨哨，翻筋斗，给个桃子；哨哨，跳火圈，多给几个桃子。拿大顶，翻筋斗，跳火圈，都是江湖艺人编出来的节目，我们则成了出版社手里乖巧的猴子！

我们严肃的学术工作，我们自认为对民族文化负责任的历史信息抢救工作，竟被嘲弄成这么一种玩意儿，这是我们的可悲可悯，还是国家的可悲可悯？一切都市场化，一切都商品化，一切都产业化，连教育、学术、文化、医疗都不例外，这会有什么样的后果？连几位外国朋友，也就是血液里浸透了资本主义思想的朋友，对我们的这种“全方位、立体化”的市场化、商品化都友好地表示过深深的忧虑。

在我们的体制下，一网打尽，出版社都得削尖脑袋为经济效益奔命，要养活几百口子人。我认识几位对岸的出版家，一位是学者，下定决心要支持一切抢救民族文化遗产的学术工作。他的办法是一手出儿童读物赚钱，赚了钱再一手贴补民族文化的研究和出版。另一位是阔小开，专出精美的豪华书，每出一本，要赔好多钱。我想挖他的“灵魂深处”，他说：我就是要提高书籍的身价，文化的身价。我问：能维持多久？他答：父亲留下一大笔遗产，够我赔五十年，到赔完了，我自己也就差不多了。我为文化花钱，将来见父亲，他不会责怪我。这两位出版家都使我钦佩，我这才知道，原来正宗老牌商品社会里的老板，并不个打个地都“唯利是图”。就我所知，那些地方，书呆子的学术工作主要靠基金会支持，但这样有个性的出版社，也是很起作用的。我们的出版界能不能提高点儿见识呢？或者，我们的体制，能不能灵活一点，给出版社这么一种可能呢？

我们还曾经和一家出版社订了几本书的出版合同。出版社拿来的合同文本里有一款说，书出版之后，出版社有权改编、缩编、出让版权，等等。我们对这款很有疑问，但责任编辑和编辑主任当面保证，凡做这些事，当然会先征求我们的意见，并且会要求我们自己来改、来缩。我们一向觉得，出版社和作者应该是朋友关系，互相支持，便以君子之风对待了这一款，没有要求修改。想不到，第二年这家出版社便把版权卖给了另一家财大气粗的出版社。两家出版社都没有给我们打招呼，过了很久，我们才从漏出来的口风里知道这件事。买了版权的这一家，起初说要照样出，我们便没有很在意，后来忽然要把我们的著作改编成“故事”，我们大吃一惊。学术成果改编成“故事”，岂不是“戏说”？我们当然反对。这家出版社便以我们和先前那家出版社的合同上的那一款为由，说，这是他们两家出版社之间的事，与我们这几个作者无关，我们无权拒绝。我们没有估计到，先前那家出版社会如此健忘，忘记了他们对我们的口头承诺，使我们吃了一闷棍；我们也没有估计到，后来这家出版社，对作者会如此不尊重，连一点起码的礼貌都没有。“市场经济就是法制经济”，那么，我们只好怨自己订原合同的时候太过于轻信了人。人并不都是君子，我们便不应该当君子。“人啊，你们可要小心！”这是五十多年前捷克民族英雄伏契克上绞架时留下的一句话，我们如今又想了起来。

写上这么一段关于出版社的事，并非为了解气，而是因为近两年来，大家对“学术腐败”很忧虑，常常有尖锐的批评。“学术腐败”的表现很多，其中就有坐在书斋里抄书而不肯做艰苦的基础性工作；凭一点老本左一本右一本炒冷饭编书而于学术毫无新的贡献；为求市场效益而降低学术水平，以“故事”代替严肃的著作，等等。这些批评都很对，可惜，都只针对学术工作者，而就我亲历，原来出版社在这种“学术腐败”现象中是有一份责任的。目前，学术工作者的地位很脆弱，工作条件很差，出版条件尤其困难，所以，被出版社操纵的可能性很大，我自己也不知道能抵抗到什么时候，也许会有一天，我也不得不“同其流俗，合其污世”。我预先记下这一笔，为我以后可能的没落提前辩解一下。

（原载《建筑师》，2002 年 10 月）

（七六）

终于要搬家了，搬进比较宽敞一点的房子里去。

平心而论，老夫老妻两个人，住在现在的老房子里，也不算很亏了，一些香港客人还羡慕得很呐。不过，自从前年在南窗前造了一批高层塔楼，我的家就成天价罩在阴影里了，弄得心里也生出了阴影，很不痛快。在那个十年浩劫时期，我常常默默地念《日出》里陈白露的话：“太阳出来了……太阳不是我们的。”两年多来，望着塔楼黑不溜秋的背面，我又常常念这句话。

申请购买这套新房子的时候，起初我没有被批准，理由是我混了几十年，既没有成绩，也没有贡献。而学校的这一千多户房子是要分给有成绩、有贡献的人的，当然不用说还有那些下台的和台上的大小官儿们。我听了很惭愧，后悔冒冒失失去申请了一下，不敢再作非分之想。不料几位老朋友热心，替我奔走了几趟，我这才勉强挤了进去，看来老脸皮还管了一点用。

老伴喜出望外，忙着实践早先的承诺去张罗房款。前几年，一位老师为装进口的心脏起搏器，不得不接受女儿的“赞助”，挫折感很强烈，非常伤心。两口子早在1950年代就都是高级教授，辛苦一辈子，连治病的钱都不够。我挫折惯了，只默默地看着老伴写信。

快搬进新房子了，老伴真个是“漫卷诗书喜欲狂”，孱弱的身体似乎也有了劲了。但是我在收拾东西的时候，却渐渐伤感起来。我从板床底下，书柜顶上，椅子背后拉扯出来了一摞又一摞装得鼓鼓的牛皮纸袋，堆起来，不到一立方也差不多。仔细一只一只打开来看，绝大部分是学术工作的资料，其中最重要的是卡片和未定的文稿或异体稿，另外还有图片、会议文件、零星书刊和剪报之类。这些资料涵盖领域之广连我自己也吃惊，那些年怎么有这么旺盛的精力和热忱。

在那个祸国殃民的十年里，我把被“砂子”们抄家剩下的学术资料都毁了，现在所有的全是近二十年新积累起来的。二十年的改革开放，使我们的知识来源广阔了一些，也使我们的思想活跃了一些，所以，卡片多了，未完稿和异体稿也就多了。但是，这些东西吸干了我的血，我衰老了。曾经有过的兴趣，不得不抑制了；曾经有过的计划，不得不放弃了；开拓性的工作，再也不敢尝试了。翻出十年前上山下乡时候的照片看，我还挺有精神的，现在则连吃饭的时候都会打瞌睡了。“譬如朝露，去日苦多”，能做的事情不过有数的几件了。

于是，左思右想，横下一条心，把这些学术资料，以五角钱一斤的价格，统统卖给收废品的了。他来来回回装了三麻袋，我问他，这些“废纸”怎么处理。他回答，送到北面十来里外的处理厂，一下子就粉碎了。我的心一沉。二十几年的生命，要不了几天就将成为纸浆。“动乱时期”销毁资料是出于“匹夫之怒”，我对前途并没有死心，仍然相信黑咕隆咚的日子总会过去，新的工作必定会开始，而我还能做一点儿事。这第二次的销毁可就不同了，那是我已经看见了路的尽头，到了我自己没有用的时候，这些资料也就没有用了。

因此我不免伤感。我感受到了时光的残酷。

过去说，学术上的成功，一靠天分，二靠努力。不久前大家又加上了一条，三靠机遇。我想，恐怕还得加上一条，那就是要靠一代又一代人的积累。有人以为，最好彻底破掉以前一切的旧东西，只剩下一张白纸，白纸没有负担，可以绘又新又美的图画。但那只是无知的空话大话。我想，一个国家，或者一个单位，能认真地把前人的工作成果保存下来，加以妥善的利用，那么，这个国家，这个单位，必定能比较顺当地绘出真正更新更美的图画来。这就是说，我们应该有一种积累学术成果的机制，这成果不仅仅是造成的房子，出版的书籍，也应该，甚至更应该是收集的资料和未定稿、异体稿。要建立这样的机制，首先得有稳定的学术机构和稳定的学术工作人员，要有一个时期内比较稳定的研究方向和课题。只有这样才能建立学统。有传承，有发展，才能最有效地造就人才，出高水平的成果。

大学，毫无疑问，应该同时是一个学术机构，负有提高国家学术水平的责任。西方从古希腊以来，教学和学术工作都是合一的，从苏格拉底往下，积三代人的智慧，出了个亚里士多德。在中国，“至圣先师”孔老先生就是个学术工作者，宋代的理学家，也是一面教学，一面做学术工作的。因此，一所现代的大学，一个系，不能没有自己的学术抱负和学术规划。而学术要达到比较高的水平，必须要有稳定的人员，做长远的打算。资料工作要有规范，有档案式的管理，它不是综合性的，保存性的，而应该是专业性的，研究性的。我在国外和对岸参观过一些建筑历史和文物建筑保护的研究所和大学的院系，除了听口头介绍之外，用眼睛看的无非就是资料室。维也纳美术学院阿赫莱特教授个人的资料室连夹层在一起总得有三百平方米，他的研究生就在那里做案头工作。这样才有传承，才有一代一代学识的积累，才能培养学统。“接班人”不能等到前一辈学者死了之后才来报到。像体育竞赛的接力跑一样，新老之间得有个亲手交接那根棒子的动作才行。

现在的大学马上就要实行大部分教师的聘任制了，而且要一年一聘。一年算一次账，合则留，不合则去。那少数脱出轮回的教授，都是院士、博导之流学有所成的，他们享有“终身”待遇，这是理所应当。但是，年轻的“新锐”们怎样才能潜心治学，以期脱颖而出呢？他们中有些人在学术上有潜力，有责任心，也有献身精神，但短期内还难有表现，有谁来给他们信任和机会呢？大学者陈寅恪先生曾有两句话：“板凳宁坐十年冷，文章不写一句空。”学术成就，要看多年的功夫，不能草草速成，一年是算不清账的。而一年一聘，只能刺激出一些急就的“成果”来，其中恐怕就会有不少经不起推敲。一位教师不能安下心来做长期的打算，进了书店该买什么书都心中无底。

说到书，也有伤心事。这次搬家，至少有五分之二的藏书卖给收破烂儿的了。其中有从创刊号一直完整地积存至今的《建筑学报》《世界建筑》《新建筑》《建筑师》。更可惜的是一批俄文的有关外国建筑史的书。当年，全国学校抽风一样一律弃英语而学俄语，“一边倒”，而且西语书也根本买不到了。学校图书馆里有关外国建筑史的书都是第二次世界大战之前的古董，没有几本。我奉命主讲外国建筑史，几乎是做无米之炊，幸亏不久便可以买到苏联的书，虽然印刷太差，一股浓烈的油墨臭不说，照片更模糊得可怜。但是价钱不贵，资料丰富，学术水平也相当好。它们救了我的急。到走下讲台之后，这批书便没有用处了。几年前，为了腾出书架来，我曾经打算把它们送给学院的图书馆，不料一打听，图书馆里连苏联建筑科学院编写的成套的《外国建筑史》都和别的俄文书一起被“处理”掉了。我急忙追问管理员，这是怎么一回事，听到的回答更教我大吃一惊。是领导人亲自剔出来的，因为俄文书没有人看得懂了。这又是一阵抽风，全国学校一律弃俄语而习英语了，又朝另一方向“一边倒”。有谁深入地认真地思考过俄语的价值？是不是真的不值得学了？就我的浅见，近年出版的十二大本从英语译过来的世界建筑史，学术水平未必赶得上那套也是十二大本的苏联书。

大学的图书馆，不能只收藏热门书，畅销书。有些十年二十年未必有人去看一看的书，可能有很高的价值。相反，有些火爆一时的书，很快便会冷却。那些皇皇然的著作，它们的存在就树立起一座学术高峰，就能激励后人去做终身的追求，未必要多少人都去细读。这应该是常识，怎么可以因为一时没有人去看就把它们“处理”掉了呢？何况，一个学院，教师们不能清一色都是习英语的，懂各个大语种的都应该有几个，这也是大学里头头们应该有的眼光。

既然俄语书在图书馆遭到厄运，我也就只好把我自己的卖到废品站去，得个三块五块钱换几斤烤白薯也好。

当然，像我这样既没有成绩也没有贡献的人，是根本不存在学术传承问题的，积攒的图书资料和文稿必定没有什么价值，完蛋就完蛋，除了自己觉得心酸之外，丝毫不必叹气。不过，我冷眼偷觑，好像有一些院士、博导之流的大腕，他们自己和他们的上级领导也没有打算建立一个“可持续发展”的学统，这就有点儿可惜了，一旦《广陵散》绝响，对学术的积累将会是很大的损失。这种事本来轮不到我操心，我也是多管闲事，好像是丢弃了自己的资料，诱发了牢骚而已。但我这个人光吃堑而不长智，总爱多嘴多舌，我曾经在一个地方对一些政府官员说：“我这些话你们爱听就听，不爱听也最好听一听，以后怕没有人会给你们说这些话了。”所以，现在我还是说。

为了驱赶心里的郁闷，我要写点儿亮色出来。因为我的新房子是别人第一轮选剩下的，所以在怕漏怕晒怕自来水上不去更怕停电没有了电梯有家归不得的顶层，不料却大有好处，在北阳台上，可以遥见温泉镇的百望山，站在南阳台，可以遥见万寿山上的佛香阁。坐在北窗下的书桌上，极目所见的是几十公里外连绵起伏逶迤如腾巨浪的燕山山脉。这几天下雪，白茫茫一片，有点儿苍凉，更有一点儿雄壮。我想，对于写《北窗杂记》，这窗外景色恐怕能逗出一点儿灵感来罢。

不过，实话实说，这些景色平时根本看不到，因为远处总是笼罩在昏黄的烟雾之中。只在几天前，雪后起风放晴，我才意外发现它们，欢喜了一阵子。两天之后又隐没在昏黄中了。四五十年前罢，深秋季节，在我们学校里还可以见到隐隐泛出枫叶红色的香山。现在只好盼望2008年能给我们带来明朗的天了。大约二十年前，我们学校的所在地还是郊区，出了校门便是玉米地，现在校园已经成了闹市，有些日子，教学楼前简直车水马龙，大型的旅游车占去半条道。学术工作安静的环境气氛不幸被浮躁的功利气氛取代，我眼前的伤心事在这个学校里大概引不起几个人的关怀了。

最后再写上几笔，昨天，忽然发现北面不远至少有两个标准运动场那么大的一片树林已经被大型机械顶风冒雪一扫而光，东南面，两座高而又高的塔吊车已经竖立起来，老天佑我！

哲学家的话太深奥，我一向听不懂，随它去罢，我现在只想跟建筑学家们讨教，这天和人，到哪里去合一？

（原载《建筑师》，2003 年 4 月）

（七七）

中国共产党第十六次代表大会上，党中央所做的政治报告里要求“自觉地把思想认识从那些不合时宜的观念、做法和体制的束缚中解放出来”。这是一段十分重要的，十分及时的话，如果认真做去，它将会极大地推动我们的国家前进。就我们的文物建筑和城乡聚落的保护工作来说，近年遇到了越来越大的困难，为什么？就因为在这个领域里以及和这个领域有关的外部条件里，有许多许多大大小小不合时宜的观念、做法和体制在起着阻碍甚至破坏的作用。为了做好文物建筑和城乡聚落的保护工作，我们必须从那些束缚中解放出来，而且时不我待，已经十分紧迫，否则，等我们慢吞吞地讨论、研究，一步三回头地改革，八字还没有一撇，文物建筑和城乡聚落也许就没有几个了。

长期以来，禁区处处，不合时宜的东西难以打扫，积存得太多了，我今天只能先挑几个关键的说说。

第一个，呼吁文物建筑和城乡聚落的保护，究竟是几个遗老遗少骚人墨客的偏执狂，还是代表先进文化的思想和行为？

我先说一说这个思想的当前外围文化环境。

20世纪下半叶，世界上产生并且流行几个思潮。一个是可持续发展的思潮，也就是说，不要为了我们短期的经济利益，把自然资源都消耗尽了，把自然环境都破坏完了，要为子孙后代留下一个能够健康地、丰裕地生活的地球。和这个思潮相应，紧接着就有了第二个思潮，就是要保护地球上自然生态的完整性，保护它内在的平衡；保护生物物种的多样性，让各种生命体和谐地共存。第三个思潮，就是人文主义。人文主义是早就存在了的，但是，它吸收了前两种思潮，给自然环境、自然资源、自然生态和生物物种几个概念都加上了“人文”两个字，成了自然和人文环境、自然和人文资源、自然和人文生态以及生物物种和文化品类这样复合的概念，从而把人文主义又向前推进了一步。

这三个思潮，成熟了不过三四十年，已经成了人类的共同认识。不用我来论证，显而易见，它们都跟文物建筑和城乡聚落的保护思想息息相关。文物建筑和城乡聚落的保护在这三四十年里也更全面、更深入了，最后有了保护“世界文化遗产”的举动并且扩大到了非物质文化遗产。

所以，从外围的文化环境来说，保护文物建筑和城乡聚落的思想是很先进的文明成果。

再来看这个文明成果本身的发展历史。人类从新石器时代就会造房子，我想，推测人类从会造房子时候起就会修缮房子，这大概是不会太错的。不过，国际上一般认为，真正的文物建筑保护工作是从19世纪中叶才起步，直到20世纪中叶才成熟的。所谓起步，就是意识到要探索一种文物建筑保护特有的理论和方法，也就是要建立文物建筑保护独立的知识系统。所谓成熟，就是终于得到了它完整的科学的理论和方法，得到了它逻辑严密的知识系统和思想原则。而且它是特有的、独立的，这就彻底和修缮古老房屋划清了界限，既不是“焕然一新”也不是“修旧如旧”。这个成熟的标志，就是1964年《威尼斯宪章》的形成，这是一份经过浓缩的纲领性文件。1975年，欧洲议会举办了“文物保护年”活动，在欧洲大大普及了文物建筑保护的意识。这以后又“与时俱进”，到1990年代，三十年里，陆续发表了一些“宪章”或“决议”，一方面把文物建筑保护从个体推及到文物建筑周围地段，再扩大到城市和村落的整体；一方面从“纪念物”（monument）推及到民间建筑（vernacular building）。

19世纪中叶，文物建筑保护科学刚刚起步时，《共产党宣言》已经发表；而1964年，文物建筑保护科学成熟时，人类已经实现了太空旅行；1990年代，人类已经向数字化时代迈进。文物建筑和城乡聚落的保护，作为一门科学和它们齐头并进，算起来也同样是很年轻的。

所以不论从外围的文化环境说，还是从本身的发展历史说，文物建筑和城乡聚落保护都是先进的文化，它不是遗老遗少骚人墨客的偏执狂。

反过来，认为保护文物建筑是一种过时的、留恋旧文化旧生活的怀旧情绪，那才是对这项工作缺乏历史的、科学的认识的不合时宜的观念，应该摒弃。

第二，什么是文物建筑？它们的价值何在？应该如何保护这些价值？

从19世纪中叶到20世纪中叶，欧洲人花了整整一百年时间，一路摸索的是什么呢？核心问题是给文物建筑定性，最终达到了一个重要的结论：文物建筑首先是文物，其次才是建筑。从这里出发，认定文物建筑的基本价值在于：它是有意义的历史信息的载体，是一个民族，一个国家的历史的实物见证。对它们的艺术价值，也并不停留在单纯的审美上，而要深入到它们所携带的美术史的信息之中。某些人对某些建筑怀有特殊的感情，这感情毫无例外地是由这建筑所携带的历史记忆触发的。当然，用不着我多说，文物建筑中有很大一部分还有实用价值。但"实用"并不构成它们作为"文物"的核心价值。一幢房屋被审定为文物，不可能因为它有一般的实用价值。所以理所当然，保护文物建筑和历史地段，最根本的就是保护它们所携带的历史信息，不仅仅是为了品赏它们的造型、风格、装饰、技术等等。这也是欧洲从保护个体"纪念物"向保护一些完整的城市村镇聚落发展的主要原因。因为聚落所携带的历史信息比个体纪念物更全面、更完整，因而更真实。从这里就产生了文物保护专家和建筑师的差别。建筑师职业的思维定式是追求建筑的造型完美、构图和谐、风格统一，他们也会对文物建筑采取这样单纯审美的态度。他们一般不能接受残缺，斥之为破破烂烂，更倾向于"焕然一新"。专业的保护专家则着眼于文物建筑和历史地段的历史真实性，着眼于它们从诞生之时起整个存在过程中所获得的有意义的历史信息。由于这个根本的差别，建筑师和专业的文物建筑保护专家就有了一系列不同的做法。19世纪中叶，欧洲文物建筑保护工作大体是由建筑师主持的，建筑师式的保护造成了许多后来在专业保护工作者眼中的巨大损失，因为他们在文物建筑维修或环境整顿中破坏了许多不可再生的历史信息。例如为了把雄伟的纪念性建筑“亮出来”，或者为它们制造某些“视线通廊”，拆掉了许多他们认为“毫无价值”的建筑和街区。而对纪念性建筑本身，也往往喜欢加以“完善”，给它们“恢复”到“原来”的样子等等。这以后，直到20世纪中叶的一百年的探索过程，实际上就是在这个领域里克服建筑师式的观念和做法的过程，就是文物建筑和历史地段保护成为一门独立的专业的过程。

这个过程在我们国家不但没有完成，甚至有些人还没有意识到它的必要性。我们的文物建筑和历史地段保护工作中建筑师式的观念和做法还占着重要的甚至主导的地位。有不少专门从事文物建筑保护的人，一直还自觉或不自觉地保持着19世纪欧洲建筑师式的观念和做法。一些很有影响力的建筑学者，还在这个领域发挥着很大的影响，提出诸如“风貌保护”“有机更新”和“微循环发展”之类的说法，甚至出现了“仿古四合院文物保护区”这样的奇怪说法。这些说法和当前世界上主流保护理念背道而驰，对保护工作有很大的危害。例如，它们误导了北京的小胡同和四合院的“保护”工作，北京将会失去它原生的体素，使所谓的“保护”彻底失败。他们自认为这些说法是“与时俱进”的，实际上是向一百五十年前的欧洲靠拢，开历史的倒车。关于目前又重新提起来的北京城的整体保护，多少年来人们谈论的无非是壮丽的宫殿坛庙、庄严的中轴线、雄伟的城墙、华美的牌楼、宁静的小胡同和四合院等等。这些都是建筑师眼中审美的无比杰作，但是，更重要的却应该是：北京城是世界上最大的有六百年历史的封建帝国的首都，北京城自有它作为这样的首都的完整的功能系统，其中包含着许多子系统。这些功能系统物化为整个北京城。从历史信息的角度来看，这个物化的功能系统才是北京城最主要的价值所在。所以，要整体地保护北京城，就必须从这个物化的功能系统着眼，做深入的、细致的研究，提出全面的规划。不是只在宫殿、城墙、中轴线、小胡同、四合院等孤立的对象上做文章，更不是提出“保护”二十五片或者再加若干片四合院。那样做，即使保护了一些房子，无非是文物建筑简单的集合而已，而且停留在表面的审美现象上，没有深入到历史的本质，谈不上北京城的系统性整体保护。

半个世纪以来，一些人惯于批判“理论脱离实际”，用来堵智者的嘴，但真实的祸害则是实践往往摆脱理论的前导，而坚持一些强词夺理、极为片面甚至“灵活”得摸不清其含义的“思想”，造成了许多的错误和损失。这种情况早就应该克服了。

第三，作为历史的实物见证，文物建筑和城乡聚落的总和必须是系统化的，成龙配套的，不是孤立的，互不相干的。例如，应该按照社会史、经济史、政治史、军事史、科技史、文化史、艺术史、教育史等等，组成文物建筑的系列。这些大的部门史之下还可以分若干个次一级别的专题史。例如科举史，就能有家塾、私塾、义塾、尊经阁、文会、贡院、考棚、文峰塔、文昌阁、举人桅杆、进士牌楼、状元楼等等。不妨再饶上文笔峰、笔架山、砚池之类的风水因素。村落史可以有社庙、三义庙、宗祠、贞节牌坊、义仓、孤老院、育婴堂、太平厝、枯童塔、路亭、义渡、风雨桥、长明灯座、申明亭、戏台、寨门、更楼等等。如果我们不是只片面偏好寺、庙、塔和梁架结构、砖雕木刻，并且不过分强调年代久远和形式壮丽，而是根据建筑所携带的历史信息的丰富性和独特性，根据它们在构成信息系统中的地位，建立文物建筑和历史地段的大小系统，那么，它们的数量就会大大增加。西方国家有些城市的文物建筑数量比我们全国的都多，常常使我们迷惑不解，这便是原因之一。我们零敲碎打的做法，不以形成我们悠久历史的完整的实物见证体系为目标，会给我们的文物保护造成极大的损失。

要做到这种文物建筑和城乡聚落的系统化，一个重要的工作便是花大力气做经常性的文物普查。我们很少做文物普查，做一次停顿几年，做的时候临时调动一些非专业的人参加，指导思想也不明确。在欧洲，例如意大利，政府有一个常设的全国文物普查登录所，拥有三千个固定的工作人员，长年累月地普查、登录。把普查所得，经专家鉴定、评价之后，由政府指定哪些建筑为应该保护的文物。而由于没有经常性的普查工作，我们的文物建筑的确认是先由地方上申报的，这种做法很难有全局性的整体性的专业眼光。这是我们的文物建筑和城乡聚落零碎而不成体系的又一个原因。这种做法非改不可。

第四，保护文物建筑和城乡聚落所携带的历史信息，根本上就要保护它们的原真性。原真性是对历史信息的本质要求。

为了保证历史信息的真实性，对文物建筑和城乡聚落保护有几项基本原则。一、最低限度干预原则，就是，只对文物建筑施加为预防或制止倒塌和腐烂等破坏过程所必需的最少的干预，此外便不再对它们动手动脚。这条原则很重要，但主要适用于没有生活内容的“纪念性”建筑。对于继续在使用的文物建筑，内部做适当的改动以提高它们的使用质量是难以避免的。二、最大限度保存原用的构件和材料的原则，不可轻易更换它们。三、可识别性原则，就是，凡在维修过程中不得已更换过的或添加到文物建筑上去的大大小小的构件和材料，都要和原来的构件和材料有所区别，可以比较容易地看出来。例如颜色、材质、做法等不同，但不要太过于变化突兀。也可以使用钉牌子、挂说明图等方法。四、可逆性，就是凡施加于文物建筑的各种修缮措施或新加的构件，都可以在必要时予以撤除而不致伤害文物建筑的原真性。所以，在西方可以见到有些文物建筑的墙体有倾斜、断裂等险情的时候，并不拆卸重建，而用临时支撑维持，以最大限度地保存原物，等待将来有更妥善的技术。这一项原则也保证了第一项原则中所说的对继续使用的文物建筑做适当改动之后仍可以回复原状。五、可读性，就是想方设法把文物建筑过去的历次变化表现出来，使它们的历史成为可读的。譬如原有的某个窗子封堵了，某个房间隔断了，某个壁炉改造了，等等。这是一项很费脑筋但却是技术上和艺术上都很有创造性的工作。六、只有经过详细深入的研究，有确凿可信的证据，并且经过论证认定拟采取的措施的积极意义，才可以补上文物建筑缺失的部分或去掉后加的部分。七、真实地保护一处文物建筑或城乡聚落，必须同时保护它们适当范围的环境，因为它们建造在并存在于这个环境中，长期和环境发生着信息的交换。八、事先要对文物建筑的历史、现状等做多角度的全面研究。深入了解它的各方面的价值。要把修缮文物建筑的措施、过程、做法、材料等等翔实地记录下来。如果发生过争议，则应把各方的意见、论证和最后如何做出决定也都记录下来，并且正式出版。

以上八项原则，表明文物建筑保护是一项复杂的高度专业化的工作，它的内容和精神绝不是一句“整旧如旧”所能概括的。因此建筑师或者抱着建筑师式的观念的文物保护工作者，经常对某些严格的保护原则难以接受。但是，正是这些原则才能最大限度地保护文物建筑的历史真实性，最大限度地保证它们作为历史的实物见证的价值，毫无疑问是建筑师式的文物建筑保护观念和方法不合时宜了。

所以，联合国教科文组织推荐的文物建筑保护教科书里，把这些基本原则称为文物建筑保护的“道德守则”。

第五，文物建筑和历史地段保护工作者必须专业化，文物建筑和历史地段保护机构必须专业化。

我们现在从事文物建筑和历史地段保护的人，不论是从事技术工作的还是从事管理的，什么样教育背景的都有，在文物建筑保护工作已经高度专业化的时候，这种情况是太不合时宜了。长期不培养高学历的专门技术人员和管理人员，有关的保护机构也不专业化，这说明我们的文物建筑及历史地段保护的观念是太落后了。

在欧洲各国，文物建筑保护师是一个专门的职业，他们大多出身于大学的文物建筑保护专业，有一些是从建筑系毕业后再经过相当于硕士的几十个学分的学习，得到专门的毕业证书，再考一张执照，才能有从事文物建筑保护的资格。没有经过专门的学习，任何一位建筑师，不论声望多好，水平多高，都不能从事文物建筑保护工作。现在，专门的文物建筑保护系科在国外大学里已经很多，而我们却没有一个。在我们一个经济文化都很发达的省里，我结识过由幼儿园阿姨直接调任的县文物办公室主任，有由民营小五金厂厂长任上调来的县文物局局长。跟他们谈话，发现他们连起码的文物保护知识都没有，甚至不知道中国有一个《文物保护法》。过去，有两个说法，一句是“外行领导内行是普遍规律”，另一句是“破除迷信，解放思想，卑贱者最聪明”，看来，这两句从来就强词夺理的话在文物建筑保护领域里还在起作用。

行政管理机构方面的非专业化就更可笑了。一个文化很发达的省里，几十个县只有一个县有文物局，别的县里，文物工作有由文体局管的，有由广电局管的，更有由旅游局管的。它们怎么管？大多是由一位副局长顺便过问，上面则通常是由民主党派的女副县长“关心”一下。这样的人这样地抓一下，过问一下，文物建筑和历史地段的保护怎么可能做好呢？

有一个文物大省的地级市的文化局里设了一个文物科，有一个科长、一个副科长和一个科员。科长长期养病，副科长长期到乡里挂职，剩下一个科员，专做各种短期工作，春天调去搞计划生育，夏天要参加抗洪、灭山火，秋天调去收农业税，冬天则参加征兵。他成了地方机构储备着的机动干部，凡临时要人的事，他总得去参加。我问他有关下面县里的文物建筑的情况，真是一问三不知。这当然不能怪他。

专业的文物建筑保护机构可有可无，等于文物可有可无，这就是我们不少地方长官的看法。有一位很有名气的地方长官就把文物建筑叫作“包袱”，碍手碍脚，不如“一张白纸，可画最新最美的图画”。

文物建筑和历史地段保护工作需要专门人才，需要专门机构，我们应该真正地“与时俱进”，赶快下决心培养高学历的专业人才，加强建立专业化的管理机构。

第六，必须把旅游看作是体现文物建筑和历史地段的文化教育价值的一种活动。旅游活动必须在保护文物的前提下展开，必须服从文物保护部门的有关规定。

旅游本质上是一种文化教育活动，人们在旅游中增长知识、开阔眼界、陶冶性情，但我们近年的旅游热是在“拉动内需”的经济目标下煽动起来的，变成了地方政府唯利是图的急功近利的活动。旅游活动错了位变了味，所以，它不但降低了旅游的文化教育意义，反而常常对文物建筑和历史地段进行压榨式的“开发”，威胁到作为保护单位的文物建筑和历史地段的安全，以致有些已经遭到严重的破坏。

1984年，我到瑞士巴塞尔城参加了一个国际文物保护界和旅游业界合开的讨论会。大会将要结束的时候，欧美旅游业联合会的主席在台上宣布，旅游业界一致同意，力争在短期内把旅游从经济活动改造成为文化活动。并且宣布，接受文物保护工作者的意见，各旅游社将在短期内协商削减某些文物在旅游高峰期的参观人数，严格遵守文物点上旅游最大容量的限定，放弃一些旅游点以利于文物的保护，把一部分乘大旅游车的路线改为步行线，等等。不久之后，大旅游车就不进罗马城了，改用小面包车进城。然而在我们国内，旅游业者一般并不考虑文物的保护，更不考虑旅游者的文化需求，甚至以购物和吃吃喝喝代替旅游，不顾文物建筑和历史地段正式的保护规划，乱建商业设施。更糟的是，一些地方官员，为了增加收入，也同样不顾文物保护，而去迎合旅游业。一位地级市的副市长在有关文物建筑和历史地段保护的一次会议上说：“文物建筑的价值就在于开展旅游，不能开展旅游的文物便没有价值。”一位旅游学校的教师接着说：“文物建筑和历史地段一定要有卖点，没有卖点便没有价值。”在争论中，一位旅游局的官员说：“什么文物法，什么文物局，没有旅游局给钱，文物早完蛋了。文物局有钱修吗？”他们认为，只要讲市场、讲经济，便是先进的观念，否则便是落后的。但这种简单化的想法恰恰非常落后、非常错误。

文物的价值是它自身固有的，那是它根本的价值。实际上，旅游业在很大程度上依靠文物建筑和历史地段，例如故宫、莫高窟和苏州园林。有些自然景观，例如黄山、泰山、漓江，实际上早已人文化了。不妨说，正是文物养活了旅游业。因此，旅游业理所当然地应该依法支付一笔钱给文物保护单位用来修缮和管理文物，这是它应负的责任，不是施舍，不是捐助。

正常的情况下，开展了旅游，大部分文物保护单位应该是很富裕的，有足够的钱来维持修缮和管理。但现在没有政策或法律规定旅游业履行它们付钱保护文物的义务，这是决策者和立法者的错误或疏漏所造成的，导致了旅游业者忘乎所以，一意孤行，而文物保护单位却穷得没有钱修房子。

旅游业者不懂文物保护，一门心思只想赚钱，这在当前文化水平普遍很低的情况下难以避免，但应该有一个力量来制约他们的行为，这力量之一便是文物保护的主管部门。正当的关系应该是：旅游是企业行为，文物保护是政府行为，在涉及文物建筑和历史地段保护的问题上，由政府的文物保护部门来制约旅游企业，是顺理成章的事。但我们当前的情况正相反，由于旅游业是地方财政的支柱，是地方长官政绩之所系，所以，长官们往往是迁就甚至支持旅游业而压制文物保护工作，有些文物保护工作者在地方长官的漠视下守不住阵地，便在旅游业的压迫下一败涂地。

这种近视的短期行为，跟以破坏生态环境、破坏自然资源以求一时的经济效益是同样的愚蠢。“砍树的出政绩，种树的不出政绩”，这是国家的自残行为。

第七，我们文物建筑和历史地段保护工作遇到的困难很多，但归根到底，绝大部分困难都可以追溯到体制上的问题。要比较有效地改善我们的工作，就得改善相关的体制。

前面谈到文物保护单位的认定方式，管理机构专业化和对旅游业的制约等问题，就已经牵涉到了体制。问题太多，下面只择重要的再谈一两个。

现在许多人，在讨论政治体制改革的时候，都说政府不应该是全能的，而应该是有限的。当前的情况，最大的毛病出在“第一把手”的全能上。五花八门、千头万绪的事情，全都决定于“第一把手”的一张嘴、一支笔。但实际上，我想，清正廉洁、一心为民的好长官一定不少，但全知全能的长官一个也不可能有。

某地有一个村子，被批准为国家级重点文物保护单位，并且做好了保护规划。村里人的保护工作做得相当好。但是，市里的长官来了，先是书记下令填了小半个水塘，假造什么太极八卦，给村子起了个名字叫“八卦村”。后来，市长又下令在村口最重要的位置上造了一排三十九间仿古店面，打算发一笔大财。长官们的两次硬性命令既破坏了文物的面貌，又破坏了它的文化内涵。村里人是抵制过的，但怎么顶得住市里长官的压力。又有一个聚落，也被批准为国家级重点文物保护单位，并且也做好了保护规划。但是，它内部充斥着大量的近、现代楼房，老房子寥寥无几。市里的长官给它编了一个顺口溜的“改造”计划，很长，我只记住头尾几句：“全部拆光，彻底重建，明清风格，原汁原味……市场运作，两年完成。”

我并不怀疑长官们做这些事情有不良的动机，但是，我遗憾地认为他们对文物，对《文物保护法》，对有关国家级重点文物保护单位的规定是完全无知的，更糟糕的是他们并不知道自己知识的局限。如果按照中国共产党第十六次代表大会的政治报告中建设“学习型社会”的设想，他们努力学习，也许会好一点，但是，不论怎样努力，他们和所有的人一样，是不可能学成全知全能的。而我们的体制却设定他们是全知全能的，或者要求他们全知全能，并且使他们习惯于自以为全知全能。

据我所知，西方一些国家，市长先生并不能过问市里所有的问题，至少没有最后拍板的权力。例如，意大利的城市规划，是由城市的总规划师、总建筑师和总文物建筑保护师三个人签字而由市议会通过的，市长管不着。又如我到白俄罗斯的明斯克参观，看到城市非常漂亮，绿化尤其好，我指着一处草地问规划局的总建筑师，如果市长要求在这里造一幢高楼怎么样。这位口若悬河能回答所有问题的人，一时竟回答不出来，想了一想说：从来没有发生过这种情况。我又追问了一句：如果发生了这么一件事呢？他又想了一想说：那就按市民来信一样处理好了。我听了很轻松，觉得这市长也当得轻松，多好！何必叫他去管造房子，他何必去管！

我们的地方长官统管一切。对不少长官来说，一切之中最重要的，是上任三五年后的升迁，也便是一上台就要搞立竿见影的“政绩”。为了这个，他们片面地抓经济，本来有个“以经济建设为中心”的方针，但他们把“为中心”歪曲为唯一。一来是“上面”沿袭计划经济的老办法，有指标压下来，必须完成。二来是抓数字容易出“政绩”。出不了真的可以出虚的。三来是文物保护工作从来没有指标，而且三五年出不了什么“政绩”，长官们等不及。何况保存一片历史地段，说不定还会被负责审定“政绩”的人认为没有改变旧面貌，还不如浪掷一大笔钱去造个音乐喷泉广场，倒像是“面貌一新”。

长官万能，就是政府万能。政府万能，就会导致排斥或轻视民间力量的作用。在西方，民间的文物保护组织很多，能起大作用。这些组织的活动靠民间的文化基金会，而文化基金会的成立是由于政府税法的引导，连私人产权的住宅，如果是文物保护单位，都可以直接向某些基金会申请修缮费，只要负责修缮的是有资质证书的正规文物建筑保护师。我们的政府喜欢包揽一切，但实际上干不了一切，弄得焦头烂额，顾此失彼。这种吃力不讨好的体制能不能改一改呢？

既然包揽一切，就应该统筹一切，但虽然称为社会主义国家，我们在文物保护工作上，却并不统筹。“市场化”一来，文物保护单位被各自孤零零地扔进市场，靠开放旅游挣钱养活自己。但文物保护是不能完全“市场化”的。首先，有很高价值的文物不一定在旅游市场上有多大的“卖点”，有火爆“卖点”的不一定真有多大价值。何况还有交通是否方便等外部条件。这就要求统筹，否则有些珍贵的文物就会连修罅补漏的钱都没有。其次，简单的文物市场化会鼓励某些文物保护单位弄虚作假，给文物加添无中生有的“卖点”。有一个这样恶干的古村落，财倒是发了不少，掌门人也当上省级劳动模范，但原本很好的文物却毁掉了。而且还会扩散影响。一位市委副书记在全省的经验交流会上说：旅游业就是要无中生有，虚中生实。他所做的样板就是生造了那个“八卦村”。在这个榜样带动之下，附近又出现了“二十八宿村”“太极村”之类的东西，闹得乌烟瘴气。第三，简单的市场化，会引起文保单位之间的恶性竞争，在作为文保单位的聚落内部，也会造成各家各户之间的竞争，餐饮业、旅宿业纷纷高挂招牌、广告，严重破坏了村子朴实、宁静的气质，也会导致改造原有建筑。总之，应该探讨文物建筑服务于社会的规律，而不是盲目地把文物保护单位往市场一丢，“自谋生路”。

我们这个国家，在古建筑和古聚落方面并不富有，而在不合时宜的观念、方法和体制的束缚之下，被认定为保护单位的更是少得可怜。把这些珍贵的文化遗产妥善地交代给我们的后代，这是我们这一代人必须认真对待的责任，我们必须交给后代子孙一个文化资源丰富、多样、和谐的生态环境。为了这个目的，我们必须自觉地从错误观念、做法和体制的束缚中解放出来。这也是一次伟大的解放。

（原载《建筑师》，2003 年 6 月）

（七八）

洋草坪风已经刮了几年了。虽然一开始我就在各种场合对它的过度蔓延表示了忧虑，但是没有专业水平，话说不到点子上。后来读到一些挺有深度的意见，有理有据，我便不再忧虑，以为这阵风将会很快过去。不料，几年下来，这阵风不但没有消停的意思，反而愈演愈烈，甚至一些地地道道的农业村落，为了开展旅游业，居然也铺起了舶来的洋草皮。有一次，我在南方一个村子里，对县里的负责人说：农村嘛，最好的绿化是豆棚瓜架、萝卜白菜。还有什么比一望无际的油菜花、红花草更美的吗？这位老兄嘿嘿了两下，很谦逊地说：笑话，笑话，那都是些土东西。我一下子开了窍，明白了要刹住一些糊涂事，只靠有理有据的专业知识去说服什么人，是不会有用处的。这类事情背后总有“非理可喻”的因素在起作用。种洋草皮这样的“区区小事”，背后起作用的“因素”恐怕也复杂得足够写一篇学位论文的了。专家学者，不大明白这些背后因素，误信了“知识就是力量”，以为可以“以理服人”，所以常常犯傻，以致被某些强人讥讽为“书读得越多越蠢”。

闲话表过，言归正传。话说那洋草坪作为园林因素，正宗的起源地主要在英国。英国的园林，在流行“中国”的自然化造园艺术之前，曾有一段“庄园式”园林时期。所谓庄园式，其实就是牧场式。那时候，正是工业革命初期，新兴资产阶级和新贵族得势，大搞圈地运动，挤去小农，兴建大型牧场，羊毛滚滚流进纺织工厂，被称为白色金子。英国就是靠纺织业的兴起而成为世界强国。现实的经济利益反映到审美观念里，牧场草地成为造园艺术的新宠，取代了法国的几何化园林，这就是庄园式园林。相伴着就产生了许多关于牧羊女的浪漫故事和诗歌，以至于把宁静安逸的田园生活叫作“牧歌式”的生活。庄园式园林差不多就是一片草地牧场，几乎没有人工的修饰。虽然牧场地势缓缓起伏如波浪，毕竟单调，于是便用树丛来点缀。苍劲的老树，像老祖母照看小姑娘一样照看着草地上的羊群，也颇有情致。但自然主义的园林还是不能满足人们的文化追求，正赶上欧洲刮起了一股“中国热”，英国园林更向前走了一步，中国化了。有一年，汪坦老师正编校童寯先生英文著作的中译本，告诉我：童先生有一句很有意思的话，说的是：“只有奶牛才会喜欢草坪。”童先生说的是奶牛而不是牧场里最主要的牲畜绵羊。如果我们看看那时候的欧洲绘画，田园风光中倒确实多画奶牛或肉牛，因为牛奶和牛肉本是欧洲人吃得最多的食物，牧场里当然少不了它们。童先生的话并不是有所疏忽，而是偏重画意，我却只看重了经济效益，或许倒算得上“与时俱进”了。

有些人喜欢批评“光秃秃”的现代派建筑，却不见他们批评“光秃秃”、平展展的方块草地。我们到英国去看看，那儿的园林大多并不是平展展的，而是颇有些起伏，这是一；其次是大多并不光秃秃，而总有些十分古拙的老橡树之类给它以蓬勃的生气。起伏是空间变化的形式，古拙是时间变化的痕迹，有了空间和时间的变化，才有诗情画意，田园风光是这样的，牧歌也是这样的。试想一想，年轻美丽的牧羊姑娘光着一双娇嫩的小脚丫在足球场一样的方块草地上奔跑，哪里还有一点点儿浪漫主义的味道呢？

我所在的这所学校，旧校区的中心是一座美国古典主义式的大礼堂，礼堂前面有一片草坪。伤天害理的十年浩劫之前，草地里长着几棵老榆树，铁杆铜枝，夭矫虬曲，年龄好像比礼堂还大，给我的学校一种深沉的历史感。我在英国和美国参观过一些著名的大学，大多有一些草坪，但景观的主角必是几百年老龄的古树，树冠宽展，荫蔽一大片，枝杈上挂着藤蔓，离披垂地。它们播扬出一种庄严肃穆的气息，教人沉下心来，乐于献身于穷究宇宙奥秘的学术事业，而忘却眼前的浮华。我被那种气氛深深感染，觉得这些阅历世事的老树是一所大学最能触动人心的象征。但是，我们这所学校，那疯狂的十年里竟砍掉了礼堂前的老树，只剩下光秃秃、平展展的一片青草，连奶牛都没有。在学校的新区，辟了几大片方的或圆的草坪，只有一片种了几棵松树，另外几片，比几个运动场还大，光秃秃一无所有。夏天骄阳似火，从林荫道一走到草地边上，汗珠儿立刻冒出了脑门，连眼睛都晃得睁不开。有一天，我陪一位地方官员走过这里，我问他，看这个建筑群怎么样。他非常客气地说：很好，很好，跟我们那里的毛巾厂一样。这或许可以做“教育与生产劳动相结合”的样板了罢。在中国两千年的诗文里，草总是用来比喻小人，或者象征生命的短暂。古诗“郁郁涧底松，离离山上苗，以彼径寸茎，荫此百尺条……”就是把草比作小人。我并不想继承这个传统，不过，文学上的比喻，是由草这种东西本身特点决定的，它毕竟不能像树木那样有大气、正气、刚气，上得了台面，撑得住场面。草地只能演配角，勉强充大角色，充主角，就给一所学校以毛巾厂的形象，因为它浅薄，如果是一片林地，那感觉就绝不会这样，它厚重，有深度。

我们学校的那些草地里，仔细看去，隔不远就有一块制作得相当精致的小牌子，上面写着些酸不溜丢的话，比如“依依芳草，踏之何忍”，“青青的草，怕你的脚”，“距离产生美，请勿密切接触”之类，其实归拢包堆不过是“勿踏草地”这么一句话。校园里到处铺了娇生惯养的草皮，不能踏，“草进人退”，人们的活动场所就越来越少了。这些草都是进口的品种，不知为什么，我在欧洲见到的草地并不怕践踏，没有不许进入的规矩。天气晴朗的日子，草地上坐满了人，也有踢足球或托排球的。最教我吃惊的是，英国一些府邸的停车场竟是一片草地，大型旅游车进进退退，掉头拐弯，伤不了它一根毫毛。到了中国，草就怕践踏了，是不是橘逾淮而为枳，草的基因和冠状病毒一样发生变异了呢？

说到中国的草地怕人践踏，又可以讲一则故事。大约五年前罢，我到山西省一个穷困县里去。一路上只见黄土梁、黄土峁、黄土沟，一色的黄，寸草不生。进了县城，忽然见到一片三十来棵树的林子，树的长势不强，但毕竟是树呀，真是太难得的宝地，教人喜欢死了。一帮老头老太，高高兴兴地在树下打太极拳，下腰踢腿，也有一些斗牌玩棋的，其乐融融。第二年春天我再去，树砍光了，种上了草坪。草坪边安了栏杆，不许人进去。老头老太们到哪里去了呢？不知道。这草地大约是“形象工程”，算得上“政绩”，但小民百姓可吃了亏。当年秋天我又去了，这回可好，草地没有了，树也没有补种，只剩下一片干枯的黄土地。老头老太们又回来了，匆匆忙忙比划两下子，活动完了腿脚就走了。我问县里管事的，草坪呢？回答是：这里是干旱区，没有水，草坪没有活下来。我再问：还种树吗？回答是：谁种？原来那些树是人民公社时候种的，现在哪有人干这傻事！种下也活不了，这几年比那时候更旱得狠了。据我所知，洋草皮要大量浇水，黄土高原严重缺水，连人畜喝水都有困难，这两点是早早都知道了的。县里凡事都能拍板的人绝不是弱智傻瓜，那么，这场毁树种草终于空无所余的闹剧，那背后起作用的因素究竟是什么呢？

（七八）

种草种成了一片干土，太差劲，那么草活着是不是就一好百好呢？我所在的这所学校，有许多优越的条件，比如说，在市里通知市民和各单位厉行节水的夏季，学校里的大量草坪依旧一天可以喝两顿、三顿甚至四顿水，饱饱地喝。所以，经过两三年不断的挖补，草的长势还不错。绿倒是绿了，但二百多公顷的校园里，只有两种草了，一种叶片短一点，一种叶片长一点，都被轰鸣的铡草机剃成板寸头，一般高，天天看着它们，四季没有变化，整个校园像铺了一层绿色的塑料毯子，了无生气。每隔十天八天，总可以见到十个八个男女农工，跪成一线，小心翼翼地拔除杂草，挖出三眠蚕儿那么大的白胖虫子，也是进口的。

整整十年了，我从家里到工作室，都要走过一片松林，每天来回四趟。林间是野生草地。春天，最先忙乎起来的是二月兰，紫色的花朵密密麻麻地一层又一层，不留一点儿空隙。盛期刚过，金黄的蒲公英赶紧给补上了。过了立夏，各种草儿猛长一气，盖住了蒲公英，又有一种苦菜挺身而出，不论草兄草弟怎么长，它总要高出一头，把黄色花朵覆满草地。还零星点缀一些紫色的像蛋卷那样的花，瓣儿上长着茸毛。随后，拉拉秧和香蒿压倒了牛舌、地黄等等，疯狂地长到齐胸高，称王称霸，草地便从妩媚变成了充满神秘。连粉蝶都感到了寂寞，飞飞停停，无精打采。只有几株不知什么时候留下来的凌霄，顽强地从拉拉秧和香蒿的胳肢窝下伸出头来，开几朵猩红的花，一副傲岸不屈的气概。这时候走过野草地，裤子上就会粘上一些带刺的种子，大的如豆，小的如粟。盛夏过去，秋季来临，拉拉秧萎了，牵牛花缠上香蒿，又把草地变成它的天下，精力充沛地覆满了白的、粉的、蓝的花儿。待到牵牛花谢幕退场，高秆儿的野草也都凋零，矮矮的狗尾巴草和蛐蛐草显露出来，那时候它们已经籽粒饱满，招来了一群又一群的麻雀。我从草地穿过，每走一步，前面就有一家子麻雀轰地惊飞，又落到我的身后。这些小生灵吃得滚圆溜肥，飞不远了。待到西风一起，枯草丛里最后的虫声停歇，灰喜鹊也飞走了，终于到了冬天。“冬天来了，春天还会远吗？”我知道，几个月后，春雨洇润，这里又将是生命的大联唱。

那是我的百草园，它比鲁迅先生捉过斑蝥的三味书屋后园广阔得多；它教我想起屠格涅夫在《猎人笔记》里描绘过的莫斯科郊野，可惜没有沼泽和野鹬；它告诉我生命的倔强和生活的可爱。但是，两年前这些倔强的生命失去了它们可爱的生活，被无情地连根铲掉了。现在，那里只有一种草，一种进口的高贵的草，铡得崭齐，不论春夏秋冬，不论寒暑旱涝，都呆呆地绿着。

百花齐放，百卉齐荣，从来是生命力最旺盛、生活最丰满的象征，但一些人却过分喜欢一律，更喜欢一致。于是生活单调了，生命力衰退了。

今年我搬了家，每天上工作室去，要经过校园的背面，阳春三月，蓦地见到老柳树根边，废机房墙下，陈年煤渣堆周围，竟有二月兰、蒲公英和不知名的小黄花欣欣然次第盛开。还是那样生机勃勃。相信到了秋初，土蚂蚱还会从乱石碎瓦之间跳将出来。老朋友见面，我欣喜万分。那些高贵的草皮，要有多少专业的园丁，给它拔除杂草，毒杀虫蚁，施肥浇水，小心翼翼地侍候着。但尽管享受级别很高的待遇，草地里依旧常见一摊一摊的黄疤，需要挖补。而这些野花乱草，受尽摧残折磨，却顽强地、坚韧地活了下来，不在乎冷落，挣扎着献出色彩和馨香。我们的造园艺术家们，是不是发一点儿慈悲，给野性留下可以活下去的一角闲地呢？灭绝了野性，未必是福。

（原载《建筑师》，2003 年 8 月）

（七九）

今天，终于可以把《外国建筑史（19世纪末叶之前）》的第三版修订稿交出去了，心里有一阵轻松，想写几句话。

如果把“文化大革命”之前的一版算进去的话，这一版其实是第四版，真正的第一版出在1962年。1979年，当时的建筑学教材编审委员会将这书的修订版正式列入高等学校教学参考书出版，大概为了和新时期的“万象更新”合拍，算作第一版。所以这个第四版就亏了一代，成了第三版。

文也罢，书也罢，写出来之后总归是要修改的，所以自古以来就有学者“悔其少作”的话。尤其像这样一部外国建筑史，归根到底要靠全世界有关学者的知识积累和见识的进步，甚至一些似乎不搭界的学术上的新成就也会影响到这部书。

我这次修订《外国建筑史（19世纪末叶之前）》大概是最后一次了，以后未必还有这样的精力，回想起来，真是感慨万端。记得1958年写完最早一版书稿的时候，五十多万字是用钢板铁笔刻蜡纸油印的。1961年，“全民”饿了三年肚子之后，当政者暂时停下了无道的政治运动，要重兴弦歌制造平和，决定出版一批高校教材。我很幸运，凑巧赶上了这班车，我的书稿被编为高等学校教学用书（只限学校内部使用），由中国工业出版社于1962年1月正式出版。那时候我还年轻力壮，最后翻拍插照，百十部外国书，是我用扁担挑两三里路到学校南门外上公共汽车，进城在鼓楼附近下车，再用扁担挑到中央戏剧学院，请那里的照相室去做。如此舍近求远，是因为在本系翻拍要花钱，而经过朋友照顾，中央戏剧学院可以免费为我翻拍。那时候我每月工资四十几元，哪里花得起几百张照片的翻拍费用，就只好这么办了；虽然那时因为“大跃进”的神话破灭，全国饥荒严重，我也营养不良，一双腿都还浮肿着。等到翻拍完毕，也是我自己一个人一根扁担把书挑回学校。等到书出来，我有点儿高兴，不知高低写下了平生第一首不押韵的打油诗：“未敢纵笔论古今，一字一句费沉吟，为怜新苗和血灌，斗室孤灯夜夜心。”末一句还有剽窃的痕迹。但是用了两年之后，有朋友说书太厚了，价格高，学生买不起，建议压缩。怎么压缩？那就是按主管部门制定的标准，一门课几个学时配多少字的教材。可怪的是，这个规定里，历史课和数学、物理等课程每学时可配的教材字数是一样的。偏偏又是饥荒刚刚过去，肚子刚刚吃饱，又开始了全国范围一切领域中的“四清运动”。运动来势很猛，人人心惊肉跳，虽然运动的火焰还没有烧到学校，学校已经很紧张，决定把历次政治运动中都成为众矢之的的建筑史课程学时大大减少。因此，教材的篇幅就得压缩过半，不得不大砍大伐。待我把书稿在气势汹汹的大批“海瑞罢官”和“三家店”的风浪中完成，上交，“四清”就变成了“文化大革命”。我对那场既疯狂又残酷的“革命”颇有“腹诽”，当了“逍遥派”，提心吊胆地过日子，只求“苟全性命于乱世”。不料，“夹着尾巴做人”还是不成，一天忽然在系馆门外的大字报栏上看到一份“捷报”，热烈欢呼把我这个“阶级敌人”揪出来了。我的“罪过”全在那份刚刚交上去的新书稿里，被“眼睛雪亮”的“革命干部”看出了许多恶毒的“影射”。其中最重要的是：我在初版书里引用过两则古希腊历史学家的史料，是记述建造古埃及金字塔的“公社农民”苦难的，却在新书稿里删去了一条，只剩下一条，那位“革命干部”振振有词地质问：“如果你心中无鬼，你删掉干什么？”于是，我便是心中有鬼的了，这鬼便是用“借古讽今”的手法攻击“大跃进”，攻击人民公社。“是可忍孰不可忍！”我当然明白这绝不是他一个人干得出来的事，而是一些人早在风声渐紧的时候暗地里准备好要把我抛出来，以证明他们自己对“革命”的忠诚，逃过这一劫。那是一场对黎民百姓既疯狂又残酷的虐杀和镇压，无法无天，我知道大难临头，只好提心吊胆地等着宰割。挨到“工人阶级毛泽东思想宣传队”一接管学校，我就第一批当上了“牛鬼蛇神”，被关进了“牛棚”。工宣队“师傅”恶狠狠地“挽救”我，告诉我“两条道路随你自己选”：“老实认罪”，可以回到“人民队伍”中来；“抗拒到底”，立马可以按“敌我矛盾”定为反革命分子。我没有立即投降，在枕头下塞了一大瓶“敌敌畏”，接着在“无产阶级专政的铁拳”下“劳动改造”了整整八年，受尽摧残和侮辱。其中到全国血吸虫最严重的鄱阳湖边的劳改农场干了两年，连查出得了血吸虫病都不告诉我，要看着我“自然死亡”。后来听说，当时确实有一个伟大英明的“思想”：知识分子要换种。

但是我终于没有“自绝于人民”，熬过了那一场全民族的大劫难。理由倒也简单，因为毕竟有一点儿知识，不相信那场民族自杀般的“伟大革命”能在它的发动者消失之后还继续下去。

终于，那一天来到了，一塌糊涂的形势逼迫一些人不得不有所变革，包括尽快恢复正常的教育体制和秩序。不久，在兄弟院校教师们的支持下，我又重新负责编写《外国建筑史》，但对教材字数的限制依然存在，篇幅的标准还是历史和数学、物理一样。因为“文化大革命”前夕改写的那份稿子没有发还给我，不得不重写，内容大体上跟老版差不多，只增加了一些针对“大批判”的辩论性段落。篇幅则从五十多万字压缩到三十万字，留下了许多刀砍斧削的疤痕，1979年出版，叫第一版。1997年改了第二版也没有把疤痕修补尽，篇幅也还是很局促。直到动手改这个第三版，责任编辑还是几次三番打电话给我，叫我千万别增加太多的篇幅。我除了继续修补疤痕外，又补充了一些新资料。这几年中外版本的书籍比以前多得多了，但以我的退休工资，委实买不起，就向出版社要两千元钱买书，幸而得到了谅解和支持。边看书边修改，三年时间里改了三四遍，稿子乱得一塌糊涂，叫我自己再誊写一遍几乎不可能，我的老搭档，资深编辑王玉容女士，也已经上了岁数，一看这稿子便急出了一身汗，但她菩萨心肠，还是拎走了，多谢多谢！

修订期间，有一位朋友问我：现在全国形势好多了，学术有了比较多的自由，你为什么不彻底改写外国建筑史，还要常常用阶级分析方法来阐释历史？这问题很有意思，有一个由成见造成的漏洞。我回答，既然学术有了比较多的自由，那就请允许我在写历史的时候还用阶级分析的方法罢。

我并不闭目塞聪、顽固守旧。我平时也还留意各种新生的或新介绍进来的历史哲学和历史学方法论，我觉得，各种比较深刻、比较全面的历史哲学和历史学方法论中，大多还是要对某些历史现象做一番社会经济的和阶级的分析。我知道，在我们民族最困难危急的时期里，曾经有一段话起过煽风点火的作用，那就是：“阶级，阶级斗争，一个阶级胜利了，一个阶级消灭了，这就是历史，这就是人类几千年的文明史。”这个极端简单化，极端庸俗化的思想，导致全国的“革命者”觉得要革命就得斗人，把整个国家弄到了崩溃的边缘。因此，现在一些朋友听到“阶级”两个字还心有余悸，不肯接受。这情况当然值得同情，也值得警惕。不过，平心而论，问题出在把历史哲学和方法论极端简单化和庸俗化上，出在把它当作政治斗争的武器上，不是它本身的罪过。而要理解这种现象在中国长期统治和肆虐的原因，仍然要借助于真正历史的甚至阶级的分析。

思想家们很早以前就认识到，人类社会是分化为一些不同的利益群体的，而这种群体的划分主要是由于不同的经济地位和与经济地位相应的政治地位。这地位比较稳定，因此这些群体的意识形态就反映了他们各自的利益、生存状态和追求，直到赋予他们各自的世界观以某种稳定的特色。只要深入而细致地去分析他们不同的文化、思想的特点，就不难看出这些特点和他们的经济地位以及政治地位的关系。历史上这样的社会分化现象，我们现在不必去夸张它，以为它决定一切，也不要视而不见，去回避它。不要因为它曾被某些人歪曲、利用，就对这种观察反感。但是，即使在现在，我们仍旧可以在社会上观察到这种社会分化现象。例如，城市的规划建设，就鲜明地形成了贵族区和平（贫）民区，前者占尽了城市中最好的地段，而后者却被挤出城中心，甚至挤到了远郊区去，而城市建设的精华和居民发展的机会则向贵族区汇聚。贵族区的售房广告是：“帝王气派，尊荣富贵，人生得此，夫复何求？”“天上神仙府，人间帝王家，青山流碧水，一园四季花。”除了两三个车位，每户还有下房和狗舍。平民区的情况是“位在远郊，密集建造，缺少配套公共设施，交通不便。中小学质量差，毗邻垃圾处理场”，而且，不论老弱病残还是身怀六甲的孕妇，都得一步一步走上五六层楼去。那么，这两种居民，能有同样的思想状态、文化追求和艺术趣味吗？这种对照分明的城市状态，如果不做社会的、经济的甚至心理的分析，能把它解释得清楚吗？

“历史教人聪明”，我们不要因为某种刻骨铭心的经历而对曾经被一度严重歪曲并且“武器化”了的科学观念和方法发生抵触的情绪，从而放弃了可贵的历史认识。当然，不远的历史教训了我们，在社会分析上千万不可以教条化、简单化，更不可以“立场化”！

在我作为“牛鬼蛇神”而被批斗的时候，还有一条罪名是“对抗党的教育方针”，指斥我反对“古为今用”，在教材和讲课中不为建筑设计服务。有一个教师，真正的大学教师，怒斥道：“他不总结世界历史上有多少种栏杆、多少种檐口等等教给学生，学以致用，尽说些和建筑设计没有关系的事，这是腐蚀学生，与无产阶级争夺年轻一代。”

我不反对有一门课，有一些教师，花时间去总结两三千年来世界各地的各种建筑手法，好让学生直接借鉴。但是，我坚持认为，这绝不是建筑史这门学术、这门课程，应该担当的。这就好比，文学史不以教会学生写诗、写小说为目的，那是另外一些课的任务。“史”嘛，讲的就是建筑发展变化的现象和规律。19世纪中叶，包括雨果在内的一些作家和思想家，说过“建筑是石头的史书”这样的话，作为一个方面，到现在被人们一致认可。建筑史这门学术的主要任务之一，便是解读这本石头的史书，阐明建筑与时代，与各种社会历史现象的关系，帮助我们的学生在更深入的层次上去认识建筑。如果把建筑史这门课看作各种建筑设计手法和样式的汇编，那就不对了。这不但对这门课的性质是个误解，而且不利于青年学生的世界观，会引导他们过于功利和狭隘。

建筑是为人们生活的各个方面服务的，这不仅仅要一种技术，更要对人们的深刻而实在的人文关怀。没有对人的关怀，从身体的到精神的，那种建筑，不论有多少亘古未见的新鲜手法，都不是好建筑；讲建筑史而脱离了人文的历史，也不可能是好的建筑史。

（原载《建筑师》，2003 年 10 月）

（八〇）

2003年10月，三联书店出版了一本厚厚的三十万字的书，书的作者给我打电话，说他在写作的时候不知流过多少次眼泪。我回答说，我在读这本书的时候，也不知流了多少泪水。这本书叫《城记》，作者叫王军。

书写的是一出悲剧，一出真实的而不是虚构的悲剧，是鲁迅先生说的“把美好的东西毁灭给你看”的那种悲剧。作者以新闻记者的职业习惯，依靠文献资料和当事人的口述，有根有据地写了五十年来北京老城整体的毁灭的过程，它毁灭于无知、贪婪和专横。

北京老城是世界上历史最长久的、领土最广阔的封建大帝国的最后一个首都，它总结了两千年来都城建设的经验；北京老城是全世界最大的根据一个统一的规划建造起来的城市；北京老城不但满足了一个封建大帝国首都的复杂的需要，而且有在当时条件下最人性的居住质量和最完美的艺术质量，所以梁思成先生说它是“都市计划的无比杰作”。不仅仅在中国国内没有其他城市可比，在全世界都独一无二，它是全人类所拥有的“唯一”之一。现在几乎人人都听熟了大作家雨果说过的一句话：建筑是一部编年史。大致完整地留存到1949年的北京老城的建设，是和《永乐大典》的编纂同时进行的，它是一部卷帙空前浩繁的史书，比任何一部书籍都更真实生动，更详尽完备，更直观可读。十几年前我曾经陪伴一位外国历史学家参观故宫，走到太和门，他前望太和殿，开阔、崇高、壮丽，后望午门，沉重、巍峨、威严，十分感慨地说：“我搞了一辈子历史，现在才真正领教什么叫专制主义。”我想，如果他实地考察一下北京老城整体，他的史学悟性一定会大大提高一步。萧何帮刘邦打天下，进了咸阳城，第一件要做的事便是把秦始皇的典籍抢到手。老北京城作为两千年封建专制文化的集大成者，它的“典籍价值”是无与伦比的，上起帝国朝廷的统治，下到黎民百姓的生活，政治、经济、社会、文化，一切典章制度，一切民情风俗，这份“典籍”的记录都极其全面，是任何别的东西都不能替代的。“历史的实物见证”，“实物写成的历史”，这就是文物的基本价值，是文物的本质。北京这一部典籍需要妥善保护，传之子孙万代。

我们至今还记恨帝国主义者烧掉了圆明园，但我们自己却拆光了远比圆明园更有价值的老北京城的绝大部分，尤其奇中之绝的是最粗暴的拆毁行动竟发生在1982年把老北京城定为“历史文化名城”之后。把北京老城定为“历史文化名城”，是向中国人民，向世界人民承诺要保护它。不保护它，挂上“历史文化名城”的招牌是为了什么呢？岂不是莫名其妙！可怪的是，在我国提出“历史文化名城”这个称号之后，整整二十一年过去了，却还没有一个统一的保护法规，北京城的“历史文化保护区”，也还没有一个正式的有力的保护政策。在这样的情况下，急于求成，匆匆动手“改造”“保护区”，遇到不顺意的事，便节节后退，结果只能是造成不可挽回的破坏。破坏中国历史文化名城之首的北京老城的整体，说明我们的决策者不懂得北京老城的整体的历史文化价值，不懂得当今世界保护历史文化遗产的汹涌浪潮。

破坏北京老城的整体是在“旧城改造”的名义下进行的。中国有将近四千座旧城，其中或许有三千几百座要拆掉重建，但最后一座不能拆除的是北京老城。它不是一般的“旧城”，它是有世界意义的古城，它是人类文明不可替代又不可或缺的见证之一。作为文物，它当然显得陈旧，世界上有哪一件可移动的或不可移动的、物质的或非物质的文物不显得陈旧呢？陈旧是历史的痕迹，北京老城的陈旧是它六百年风风雨雨的痕迹，正是历史的痕迹成就了文物的价值。

但是，城市毕竟不同于青铜器之类，它是要住人的，人是要生活的，而当前老北京城里许多市民的居住情况确实太困难了，是到了必须下定决心大大予以改善的时候了，但改善绝不是把老城一拆了之的事。首先，它是历史文化名城，是中国人可以在世界上引以自豪的文化成就，虽然应该在保护的前提下做必要的、合理的改造，但不能拆光；其次，要找出导致目前老城区居住状况恶劣的真正原因来，对症下药，不可病急乱投医。粗略地说，老城区状况破败，主要原因可能是：第一，住在老城区小胡同四合院里的居民分为两极，除了少数社会地位相当高的人士之外，绝大多数是弱势群体，“张大民式”的困难户，既没有钱，又没有条件受到良好的文化教育。他们居住状况的恶劣，归根到底是因为贫穷，不是因为房子古老。只要看看那少数社会地位相当高的人所住的四合院，不但住房面积足够，而且现代化设施一样都不缺，现在请那些住户去住高楼大厦，他们还不肯呐。据说，早在上个世纪的20年代，有些四合院里就已经装上现代化的暖卫设备了，四合院里并不是注定了要生煤炉、上旱厕的。相反，弱势群体里有一些条件稍好的人家，在搬进了经济适用房之后，还是宁愿在冬天生煤炉，既取暖又烧水煮饭，可以省一些钱，也宁愿跑出去上公共旱厕，少花些水费。所以，要改善弱势群体的居住状况，根本的办法是发展经济，增加就业机会，以提高他们的收入，而不是拆他们的“破”房子。收入多了，一些人会买新房子外迁，一些人则会在房屋产权理清之后掏钱修缮房子。目前的拆迁，对一部分弱势人家来说，只会越搬迁越穷，拆迁费不够用，一辈子节衣缩食辛辛苦苦攒下来的几个钱全搭了进去还得背上债。万一爷爷病了，爸爸下岗了，儿子要上学了，怎么办？而且，他们搬迁到远郊区之后，生活费用增加，就业困难，孩子也没有好学校读书，在升学和竞争方面都处于不利地位，还会是弱势，一代又一代地“弱者恒弱”下去。第二，经过五十几年来的种种变化，造成老城古屋的产权以及与产权有关的政策混乱不堪。祖祖辈辈住在老房子里的私房主不知房产前途如何，对房子无从爱惜，近几十年硬插进去的住户和公房住户，对房子更不知爱惜。房子的维修归房管所，房管所在许多场合，例如修公房，只会用油毡挡挡雨漏，用竹竿捅捅下水道，都是临时凑合，因为“当权派”从1950年代初期起已经决定废弃古老的旧房子了，并没有长远保护老房子的打算，当然就舍不得花钱。而且产权变化之后，由政府一下子大包大揽，也没有这么多钱。大量二三百年来好好的四合院就这样在五十年里破败了。不过，虽然破败，恐怕没有几座真正称得上“危房”，像四合院这样的单层木架房子，维修起来，并没有什么技术性困难，难就难在房子没有心里踏实的主人。哪怕富丽堂皇如人民大会堂，只要五十年没有人照顾，也会破烂不堪的。如果四合院有了主人，加上配套的政策，那么，需要政府投入的老城区的维修费用会大大小于一些人的估算。解决产权问题比起拆光拉倒来，应该是合理得多的办法。第三，对待北京老城，主事人接二连三犯过几次致命的决策错误。要认识北京老城整体的价值和保护它的意义，需要有世界的、历史的眼光，而主事者没有这样的眼光。具有这样眼光的梁思成先生和陈占祥先生，参考国际经验提出把新的行政中心建在西郊的规划遭到批判，于是，一个现代行政中心便被硬塞进了15世纪规划建设起来的封建专制帝国的首都里。这个决策注定了完整的老北京城整体的破坏，无可挽回。一来是大量的公共建筑、道路和现代化设施等等势必要破坏老北京城的结构和整体面貌；二来是老城里人口急速膨胀了几倍（当然包括狠批马寅初的“新人口论”的后果），宁静的、舒适的、充满了生活情趣的四合院，除了由少数地位相当高的人占用的之外，几乎都成了拥挤的、乱糟糟的大杂院。有一些主事人见到居民生活的艰难，心中也不免焦急，于是提出了“危（？）旧房改造”的任务。但是不知为什么，他们竟把这个任务交给了房地产开发商，而开发商从本性来说是唯利是图的，他们并不关心黎民百姓的福利。十几年来，北京的商品房造了真不少，越来越高档，越来越漂亮，但也越来越昂贵，老城区的困难户根本买不起，他们的居住水平并没有改善，其中一些人家倒是在大规模的拆迁中遭到了更大的打击，雪上加霜，而老北京城也在危旧房改造中被成片成片地剃了光头，哪怕是水平很高的或者很有纪念意义的四合院和小胡同。历史文化名城终于名存实亡，连凭吊都找不到地方了。由此可见，要改善弱势群体的生存状态，要真正实践对“历史文化名城”的保护，根本不能放任开发商去搞“旧城改造”，这个“思路”早就被国际经验否定了。老北京城里房屋和居民的现状，是在长时期里造成的，情况复杂，不能期望用一步登天的办法在短短的几年内解决。如果真心为几百万贫困居民的利益着想，而不是只图拿“现代化”的城市面貌当政绩，只图趁“拆迁”卖地皮赚钱，那就应该首先制定关于历史文化保护区的法规制度，探讨出外迁过多人口和公私协力维修旧房的妥善办法，计划出一个过渡时期，分阶段有步骤地去做。再也不要用“旧城改造”代替“古城保护”，草率地、片面地做出决策来了。

王军的《城记》写的是真实的历史。限于时间和篇幅，这一本主要写了上面所提到的第三点：由决策错误导致的老北京城整体的破坏。希望他还将对其他各方面也陆续写一写。

王军在书里用事实辨明了一个重要的历史是非。一些当年反对“梁陈方案”并且至死坚持不改初衷的人说，1949年（按：大概也应该包括20世纪50年代初期），像“梁陈方案”所拟的那样，在西郊另建国家行政中心，“不但经济上力不从心，政治上亦将丧失民心。所以事情是不能这样做的”。于是新的国家行政中心只能建在老城里，虽然老城的整体终于因此而毁灭，那是无可奈何的事，当年的决策并没有错误。但是，王军在《城记》里用确凿可靠的历史档案证明，事实恰恰相反，那时，在老城区造房子，要“拆迁旧房、安置居民”，“工作麻烦”“多花钱”“耽误时间”，以致“被许多单位视为畏途，情愿到郊区去建造”。直到1962年，北京市总结十三年来的城市建设时还说：“鉴于旧城空地基本占完，改建将遇到大量拆迁，国家财力有限，改建速度不可能太快。”反对“梁陈方案”的人又说，在老城内建设新中心，可以利用原有的基础设施，能节约投资。但在1962年的总结里说，旧的基础设施已经不适用，反而妨碍建造新的基础设施，更加浪费。可见，在郊区建设，才是政治上和经济上都最合理的。而在老城里搞建设将需要大量拆迁，老城里原有的基础设施已经陈旧不堪再用，是梁、陈二位先生在“方案”里早已预料到了的。正因为当时的真实情况是不宜于在旧城里搞大量新建设，三四十年来新建设实际上大多在城外，所以，直到1982年宣布老北京城为历史文化名城之首的时候，老北京城虽然已经千创百孔，但内城的大部分，尤其是皇城一片，还来得及整体抢救。正是在其后国家经济实力大增，老北京城的整体才在大型推土机的隆隆轰鸣声中被破坏的。这就更加叫人心痛不已了。这场大破坏中，出现了号称“时代的智慧”的做法：在皇城里的南池子地区成片拆掉古老的民居，而用钢筋混凝土的两层新屋代替。无价之宝的真古董永远失去了，冒名顶替的假古董又不可能弄好，更可怕的是还要吹嘘为成功的样板普遍推广。

文物建筑保护是一门很年轻的学科，欧洲人从19世纪中叶起步，当时主要有英国、法国和意大利三个流派，到1960年代，才有了一些被大多数学者共认的基本原则，写进了《威尼斯宪章》(1964)，这时候，人类早已逛了一趟太空回来了。但是，文物建筑保护成为欧洲人的普遍愿望，成为一种习尚，则是起于受到1970年代初期的一本书的震撼，这本书不妨译作《文物建筑毁灭史》。是这本书唤醒了欧洲人的良知，痛悔过去对文物建筑价值的认识的浅薄，赶快起来不惜用巨大的代价保护文物建筑，使过去的文化遗产成为当前文化的一部分，连旧城墙上残剩下来的几块顽石都不放弃。我希望，王军写的这本《城记》也能起到这样的作用，使主事人和民众都痛惜老北京城整体的毁灭，和王军一样流下两行清泪，从而更热情地珍爱还侥幸存在的历史文物，学习世界上文明国家公认的原则和方法，严格地保护它们，赶上世界文明的潮流。

世界上一些真正的专家说，保护生态环境，要不惜血本，因为自然生态环境关系到人类的生存，而人文生态环境，则关系到人类生存的质量和人类自身的质量，文物建筑和历史文化名城（名区）是人文生态环境最普遍存在的主要因素，为了提高我们自身的质量和我们生存的质量，我们真的要不惜血本去保护它们！梁思成先生和陈占祥先生已经付出了沉重的代价，日前一位八十多岁的文物界老前辈誓言要“以身殉城”：“今后只要我有三寸气在，仍将继续为保护祖国文化遗产而努力奋斗，鞠躬尽瘁，死而后已。”人和人心的付出是最大的血本，但愿我们都不吝付出。

（原载《建筑师》，2003 年 12 月）

（八一）

或许是新家的风水好，“钟燕山之灵爽，毓清河之神秀”，今年居然有机会逛了三个国家级的风景区。我和朋友在庐山脚下工作了两年，没有上过庐山，在黄山脚下工作了三年，没有上过黄山，倒不是因为从来弄不明白那个“天人合一”的真谛，以致对自然风光木然不能有所感受，实在是人生苦短，又被硬生生耽误了许多年，想做的事情来不及做，便只好坚守在尘世。偶得一点休息时间，拿起陶、谢的诗集来解解馋。陶诗当然不读“刑天舞干戚”，只求闲适心境，谢诗则每首只读几句，寻味一下山水的清趣，避开那些酸溜溜的东西。不料凡俗如我，“非典”劫难过后，竟被邀去游山玩水，而且两个月里连续三次之多。

第一次去的是粤中某山，山区颇大，海拔也高，刚进山绕了两个弯，就见不到荔枝树了，因为温度偏低。这山山岭岭，过去是国有林场，把几百年的老树都砍伐之后，林场被迫转业，改为保护区管理处。当地雨水丰沛、四季温暖，封山才十几年，次生阔叶林就厚厚地盖满了一度荒秃的山岭。我少年时代生活在江南山地，熟悉一些鸟雀、狸鼪和蝴蝶、蜻蜓之类的小生灵，后来长久见不到它们了，不意在这个风景区里又再度重逢，心中自然十分欢喜。我的生日和地藏王菩萨相重，这位普度众生的菩萨立下宏愿说：地狱不空誓不成佛，而我只希望地狱里没有无辜的受难者，那些坑人害人的善于假忏悔，最好还是让他们蹲在那里面别出来。现在回忆起小时候好玩弹弓，有虐杀生灵的恶行，便惭愧得无地自容，更害怕进地狱，想想还是地藏王菩萨好。

到了山区腹地，往下一望，忽见一个小小的，真的是小小的坑谷，谷里剑齿狼牙般冒出一大簇高楼来。地盘局促，楼和楼紧紧挨着。下陡坡进街，两边旅馆饭店，一座接着一座，夹缝里塞着些小店铺，卖些灵芝、蘑菇、笋干之类的地方特产。这当然是个旅游服务区了。不用我打听，人家就告诉我，这里是寻花问柳的安乐乡，声名远播港、澳、台。一到周末，客官驾车长驱而来，满街的莺莺燕燕。想不到崇山深谷里，竟藏着这么一处风流繁华之地。

纵然繁华如锦，管理处并得不到什么好处，脑筋一转，另出高招，出卖土地使用权给开发商，造度假村，七十年为限。我掐指一算，往后看七十年，风云苍黄，世事多少变幻！往前呢？七十年后的事情实在难测。所以买这七十年使用权的老板还真不少。

于是，我看到了另一番情况。凡好一些的风景点，都在大兴土木。首先难免毁林，再开山劈坡，于是，东一块创疤，西一块创疤，好端端的风景区，就像一只艳红的苹果里面长了许多蛀虫，咬得遍体鳞伤。然后是造各式各样、千奇百怪的别墅。说千奇百怪，其实倒也不奇不怪，无非是仿英、仿法、仿德、仿西班牙，仿的既不是现代式样，也不是后现代式样，而是19世纪欧洲那种折衷主义的房子。或许这是从西洋刮进来的一股“地方主义”建筑潮流，可笑是弄错了地方，此地方非彼地方。地方主义者以反对“世界文化”为口号，一阵风刮遍全世界，料不到自己竟也会跌进“世界文化”的菜篮子里，远涉重洋，把大国、强国、富国的文化送到异国他乡，烹出来又一盘“世界文化”的杂烩海鲜。

我坐在小溪边的树荫下，望着这些不知是拿来的还是送来的世界化了的地方主义，默默地想，脉管里出来的总是血，喷泉里出来的总是水，如果我们不洗刷掉封建主义和殖民主义的传统，引进什么思潮来都会变质。这种“引进”源自心中无底，心中无底，便听外国人的，人家说什么，都觉得时髦。何况所说的又是继承传统之类的话，正中下怀。在崇外心态下引进“地方主义”，却忘记了自己生在什么地方，还能抵御什么“世界化”。再则，只要放出独立的眼光，看透自己，看透世界，看透眼前，看透未来，便“世界化”又待怎地？且说北京“夺回古都风貌”的闹剧刚刚过去，立时三刻便演出了一场西洋古典的闹剧，且不说水平竟还赶不上西交民巷的老银行，就说咱们“思潮”的大摇大摆，只有潮而没有思，不是认错了祖籍，便是认错了祖宗，我们这个民族，是患上老年痴呆症了吗？

要说向外国人学些什么，倒也不必害怕，只要自己识得大体，当然可学的东西就相当多。这个风景区里，有一家开发商，立意弄出个生态旅游村来，他们请外国人做规划，做个体设计，花了大大一笔钱，恐怕花得未必很值。这且不去说它，他们找一家英国公司设计室外照明，这家公司要求他们提供基本资料，主要的是山上有什么昆虫，有什么鸟，什么兽，还有什么植物。他们要根据这些来设计灯具的种类、位置、照度和样式等等，以防灯光会伤害它们或者有碍它们的繁殖。公司要求这份资料的采集由有资质的专家去做。更使开发商觉得不寻常的是：这家英国公司说，如果开发商认真在生态保护方面和他们合作，他们乐于接受这项业务，否则便不接。赚钱要赚得有原则，“君子爱财，取之有道”，开发商说起这件事来，倒也很有感慨。

在这家生态旅游度假村的范围内，原来有一座客家人的小村子，不大，二十来幢房子而已，并且散落在沟沟岔岔里。开发商本来打算来个大拆迁，把村民都弄走，然后在“一张白纸”上“画最新最美的图画”，因而引起村民强烈的对抗情绪。负责做总体规划的法国公司不赞成拆迁，主张保存老村子，而且主张新建的房子不大不高，汽车在村外远处停下，改用电瓶车进村。开发商很快同意了这个建议。难得的是还同意出钱扶助村民发展点儿农副产品加工、家庭手工业和工艺品制作，让他们从旅游业中得到实在的好处。

我看到从大学哲学系毕业不久的开发商，还颇有良知，便给他写下了一份建议，基本思想是“善待自然，善待历史，善待村民，争取共存共荣，皆大欢喜”。我跟开发商结了一次同盟。哲学家在商海里浮沉，能把良知维持到什么时候，那就难说了。

教我心里堵得慌的是，这个国家级自然保护区的管理处，只顾卖地皮，卖出去了，对开发商是不是保护自然不闻不问，只有一句空话写在纸上。我只能祈求开发商的良知，天可怜见！

不久之后，我又到了江南另一个自然保护区，那是一段澄江，早在东汉初年便以风景之美闻名。将近两千年来，不少诗人、画家和音乐家都在这里留下过不朽的作品。

我搭乘一艘小木船在江上游行，那山山水水和刚刚有点儿变色的秋叶酿造出的仙境真是醉人。可是，自从保护天然林的决定下来，既不能伐木又不能开山种地的林业工人无事可做，生计十分艰难。江边有几个渔村，居民祖祖辈辈打鱼为业，没有田地，只有渔船一艘而已，日子不好过。管理局的局长兴致勃勃地介绍他的“开发”设想，要大上特上旅游业。我一听，好呀！政府扶植林业工人和渔民来办旅游，岂不是公私两利。但是不！局长另有宏图，一年内要搞定十个项目：买豪华游轮、造酒家、建别墅区、开汽车路，等等。这当然不是林业工人和渔民有力插手的事了。怎么办？局长很痛快：招商！我惴惴地问：做过可行性研究吗？能有多少客源？什么样的游客为主？他们的旅游意愿如何？局长很自信地说：用不着研究，那还会有什么问题！我听了吓一跳，几十年来，一些人事先不研究可行性，凭几百年出一个的“英明”盲目地“大干快上”，懂事的人提一点谨慎的意见，不是被斥为思想保守，便是“脱离实际”，一句话便能噎回去，因而造成多少损失。交了这么多“学费”，如今的官儿们怎么还是拍脑袋做决策，不学聪明一点呢？停了停神，我又说，这些开发项目，除了游船之外，都会破坏山体林木。游轮也会破坏这并不宽阔的江面的意境，哪里比得上渔家的小木船。这段风景区，从上端到下端，乘装上马达的渔船还要不了两小时，沿途有些林业工人的小屋，弃舟上岸去吃活鱼、活虾、活王八，那滋味如何？趣味又如何？未必要在金碧辉煌的酒家里吃才过瘾。局长不理不睬，我便讲些外地见闻，转弯抹角想请他关照一下林业工人和渔民，他们祖祖辈辈生活在这里，备尝艰辛，如今“形势大好，越来越好”，开发旅游，总得先让他们得利为好。局长颇不耐烦地回答：这十大项目是市长压到我身上的。我便后悔多嘴多舌，只顾看无限风光。晚饭过后，旅游局的一位朋友告诉我，招商引资是政绩，有指标的，扶植林业工人和渔民没有指标，算不了政绩。我这才悟到我有多么孱头！不过，我也颇为纳闷，当今之世，这弱势群体有谁来代表呢？想不通，第二天一大早就溜之乎也！路上，我心里发狠，想，那些豪华游轮买进来，高档饭店造起来，客源稀落，一天卖不出几个钱，赔本，活该，这才解气呐！车子一颠，忽然惊醒，这岂不是有点儿什么斗争的味道了，于是赶快转为盼望灯红酒绿，敬祝被官儿们照顾得非常周到的老板们的腰包几天就鼓胀得撑破！

第三个风景区其实我并没有去，是开发商来了，说是华中某地一个水库，面积比千岛湖大，水质比千岛湖好，位置比千岛湖适中，交通方便，森林覆盖率86%以上，目前是洪莽未辟的处女地，管理局下决心开发它，开发的方法也是出卖七十年的使用权，和广东的一样。这位开发商在水库边上已经买下了几百亩地，打算从全国各地收买代表性的民间住宅来，建一个“中华民居博物馆”。谈话中，知道在他所买的这块地皮的对岸，别人已经买了地，着手用花岗岩造一座世界最高的观音菩萨像。我问开发商，这个大水库，国家自然保护区，它的开发，有没有一个总体的规划或者一个起码的完整设想呢？管理局对开发商有什么限定性的要求呢？他摇摇头说，没有，一切都随开发商的意。我边听边想，开发商们一块一块买去地皮，一个建中华民居博物馆，一个建戏台博物馆，一个建牌楼博物馆，又一个博物馆则收集全国的土地庙；对岸在造了第一高的观音像之后，一个又一个地造阿弥陀佛像、如来佛像、玉皇大帝像，再来一个全球最高的净坛使者像，懿欤盛哉！这个风景胜地说不定一边将是“咫尺应须论万里”，“移天缩地入君怀”，一边将聚“十方三世一切佛，诸尊菩萨摩诃萨，摩诃般若波罗蜜”。如此极乐世界，我这样的凡夫俗子，怎么能说上半句呢？于是敬谢不敏，不敢前去，虽然知道，比千岛湖还美的天然资源，吾中华也不多了，不去游历一下，待来日它成了“天人相尅”的铁证，就后悔莫及了。但一言既出，不便反悔，只得罢了！不过，我心中老有一句话拂之不去，19世纪俄罗斯大作家果戈里说：“我们最了不起的才能便是使伟大化为渺小！”

三处风景区，给我上了三堂课，这个秋天没有白过。但愿有一个好过的冬天。

大自然的丰饶与美丽是天地大块所生。它属于众生，而“众生平等”。强势人们不要太欺凌了弱势人们，更不要为了当“人上人”而破坏了弱势人们也有一份的自然。强势人们榨干了自然，弱势人们遭池鱼之殃而无可奈何，这总不是我们愿意看到的罢。

（原载《建筑师》，2004 年 2 月）

（八二）

一

A先生：

来信早已收到，因为春节期间到山西去了一趟，看看民俗，多住了些日子，以致耽误了回复，请原谅。

关于乡土建筑保护，我曾经写过一篇《乡土建筑保护十议》，2003 年发表在《建筑史论文集》第17辑上，大体把我的看法都写在里面了。一年多了，觉得那里有些地方还应该着重一点，有些地方还应该再展开多说几句，不过基本的论点并不需要修改。您要了解我的主张，请看那篇文章就行了，有几万字，再要我在信里复述一遍，我有点儿懒了。

您问：乡土建筑保护如何做到“起点高”，说实在的，我不很明白这个问题的真实含义。记得大约三年前，我在某省听到一段话，叫作传统民居的“开发”要“高起点，高思路，高标准”，要“大投入，大力度，大手笔”。我听了很害怕。第一怕就是只提“开发”而不提“保护”。所谓“开发”，又简单化为“大办旅游”。我一向认为，保护是“开发”的前提，这好比办个动物园赚门票钱，要紧的是把狮子老虎，孔雀鸵鸟先侍弄好，而不是忙着去造门票厅。钱固然是从门票上赚的，但动物园所以能卖出门票去，却是因为有珍稀的飞禽走兽。这道理其实肤浅到了极点，但是我后来在那个省里见到，上上下下忙乎着造动物园的门票厅，而动物呢？不是红烧就是涮了锅子，有的把剥下来的皮做成了标本，有的竟至于用塑料做假的了。

说动物园，这是孔老夫子亲手删定的《诗三百》的笔法，叫作“比兴”，我真正要说的当然是乡土聚落。就在那个省，“高起点、大手笔”开发传统民居，是怎么做的呢？说“做”，当然就包括“打算怎么做”在内。我说几个“打算怎么做”给你听。一个山脚下的小村子，不到一百户人家，整整齐齐，确实不错，依我看，定为国家级文保单位也够资格。但是，主事者请某单位给它做了个“开发”规划，这规划撇开了村落的保护，要在南门外设置个“水上乐园”，有游艇，可以办水上活动，岸边要造一座漂亮的歌舞厅，还有桑拿厅等等。你见多不怪，一定知道搞这些设施准备干什么，是瞄准了什么人的腰包。但是我看了这个规划，没有“哑然失笑”，而是“大吃一惊”。因为村子在十年九旱的黄土高原上，村民吃喝靠的是两个积存雨水的臭烘烘的涝池，村民把它们叫作“龙眼”，可见有多么珍贵。村边有条大黄土沟，沟里有个滴滴嗒嗒的小泉眼，这泉眼竟成了神，给它搭了个龛，摆上香炉烛台，四时不敢断了香火。那么，“水上乐园”的灵感是怎么来的呢？原来是那里有个不知挖了几百年的窑坑，造砖瓦取土用的。

这个省里还有一个村子，有六七十幢房子。本来就是第一批国家级文物保护单位，却为了“建设文明小康村”在1980年代末开了一条双向汽车路把村子一破为二，毁了不少珍贵的古建筑，真是糊涂到连“文明”和“野蛮”的区别都还没有分清楚。前年在“大手笔”“高起点”的口号下，竟要求造一条三上三下六车道的大路直插进村里。我们当场比画了一下，如果这条路造起来，村子就剩不下什么了。这村子离县城有几十公里，附近都是些土墼平房的小村。主事人死活也要坚持在村口造一个几百座的全景电影院，像科技馆里的那种，球形的。村后的河边上，要开辟一个大游乐场。不瞒您说，我连要劝劝他的劲头都提不起来，哼哼哈哈了几声就离开了。第二年又从它附近走过，六车道的大路还没有造，不过在高速公路口子上起来了一座金碧辉煌的大牌楼，北京皇宫才有的那种。

要在应该保护的古村落边上建设三星级宾馆和度假村的“高起点”“大手笔”就更多了。您曾经告诉过我这些玩意儿是干什么用的，是谁来用的。我也亲身见识过，不说了。

我且放下这个黄土地上的省份，说说在滨海某省见到的一个例子，为的是在这封信里造成地区间的平衡，免得你说这些事只发生在不太发达的地方。话说这个富省有一个很小很小的小村子，紧靠在一座古木参天的山头之下。主事人去年请人做了“开发”规划，这规划的重点竟是在村前小水口之外造一条笔直的商业街，足足有三百米长，而这个古村子本身的总长度却不足两百米。商业街上一律造两层的店铺，标准设计，活脱脱像兵营。停车位能容大车小车几十辆。店铺背后又有二十米座三层的独家别墅。这个规划的气派够得上几个“大”字，几个“高”字了，但这种规划只能比作挖墓穴，把文物村落埋葬进去。好在这个玩意儿被村里的一位老兄告倒了，没有能实现，但是规划费早就装进了腰包。号称专业工作者的认识如此这般，你不觉得可怕吗？

我举的几个例子都是没有或没有完全实现的规划，倒不是举不出已经实现了的这类规划，实现了的其实更多，甚至更教人伤心。在那个滨海省份里，有个很完整的又很多样化的村子，已经戴上了文物保护单位的帽子，村中央展开一大片沼泽地（湿地），长着茂盛的芦苇、水红蓼和芙蓉，经常白鸥翩翩，衬着炊烟轻柔地飞。主事人嫌它不够气派，给沼泽填上土，铺就了个硬地大广场，广场一端造起城隍庙一般的大戏台。这还不够，还要造一座塔，可以登高远望，我去的时候，究竟造木的还是石的，正在犹豫之中。两个方案都已经画出，都是“其来有自”，有点儿常识的人一眼便能看出它们的原型。

你一定已经感觉到了，我对那些大有魄力的主事者的“高起点、高思路、高标准”和“大投入、大力度、大手笔”是非常地害怕的。因为害怕，所以日常也就是多想想很平实的一些关于乡土聚落保护的问题，不大有高而大的眼力。

但经你一挑逗，我倒也想了一想。想的结果是，关于乡土建筑保护的“高起点”还是可以说上几句，虽然仍旧是些平实不过的话。

我想，乡土建筑保护的高起点，第一条是要保护乡土聚落的整体。你知道，我曾经写过，就在那篇《乡土建筑保护十议》里，乡土建筑的保护应该以一座完整的聚落为单位，而不是只去保护个别的建筑。乡土建筑基本的存在方式是形成聚落，成为聚落的一个有机单元。个别的建筑，只有在一个聚落内，在它和整个聚落的联系中，才能充分获得并体现它多方面的价值。反过来，一个聚落，只有在它完整地保存着它所有的各种建筑所形成的系统性整体时才能充分获得并体现它多方面的价值。

第二，我想，就是在保护一个聚落之时，要把这个聚落当作中国农业文明历史的实物见证来看。中国的村落是有头有尾、有心有肺、有骨头有肉的，它的有机性里蕴含着很大的历史文化意义。如果我们认真地研究了作为村民生活的物质环境的村落，把村落作为特定的时期和地点的一个特定的宗族或村民集体的生活的见证，那么，我们的保护工作的起点就可能是高的。所以，选择一个作为保护对象的村落，制定它的保护规划，首先不是它的建筑美不美，砖雕、木雕、石雕妙不妙，也不是纯功利地评价它们，而是它们蕴含的历史信息的丰富、独特、鲜明、可靠。你是建筑学专业出身，千万要克服你的专业的习惯性思维，换一套价值标准。

第三，在做一个聚落（或聚落群）的保护规划之前，要对这个聚落的历史、社会、人文、体系结构、地理环境等等做一个全面而深入的研究。这一条其实是上一条的补充。经过研究，把握住聚落的多方面的价值和特点，主要是它的历史信息的价值和特点，然后设法小心翼翼地保护住这些价值和特点。做了这个研究，我们的工作的起点才会是高的。

第四呢，我又说过，我们的文物建筑保护应该有系统性，要使被保护的建筑能形成完整的体系，就是能完整地见证我们民族的历史，它的各个方面。乡土建筑保护，也应该从建立这种体系着眼。在着手保护古聚落之前，先做个力所能及的范围里的普查，摸清楚一定范围里乡土聚落有哪些类型。是从几个角度看，而不是只从一个角度看。然后列一个应该保护的聚落的名单，形成这个范围里乡土历史的物证体系。如果我们这样做了，我们工作的起点就高了。

或许还会有其他的条条可以补充，但我想，主要的我已经都说了。你是不是同意？

我先写到这里，以后再聊。

二

B先生：

您来信说对一些作为文物保护单位的古村落的“开发”很不满意，它们被弄得面目全非，失去了历史的真实性。旅游的人太多，看来看去都是游客，当地人反而见不到了。有些古建筑也被大幅度改造，因而也就认识不了当年人们的生活状态。你说，从某些文物村落开发的现状，看出咱们中国人的文明水平实在太低。

我很同意你的意见。这件事，牵涉到对文物建筑的价值的认识，也牵涉到对旅游的认识。

先说说文物建筑和文物村落的价值。文物建筑的第一位价值是作为历史的见证。作为文物保护单位的村落，它的第一位价值是作为中国农业文明的实物见证。它不把美与丑、雅与俗和是不是“好白相”放在决定性的位置上，起决定作用的是历史信息是否真实、丰富，是否独特，是否有价值等等。秦始皇陵的武士俑，呆头呆脑，笨手笨脚，实在很难看，但它们却价值连城，因为它们活生生地告诉我们两千多年前战士的兵种、队列、武器、服装、发式，还有制作陶俑的手艺，最重要的是告诉我们秦始皇时代专制皇朝的武备威力。它们给我们上了一堂极其丰富生动的历史课。

一个村落的主要价值也是给我们上历史课。历史教材并不一定美，不一定雅，不一定“有用”，更不一定“好白相”。打个比方来说，上海大世界和城隍庙都俗气得很，但依我看，它们都应该是文物建筑，因为它们能讲一段只有它们才能讲的很独特的城市文化史。中国古代的村落虽然有雅得很的，但实在不多，多么“好白相”也说不上，它们的价值主要在会讲中国农业社会的历史，非常实在。

因为主要的价值在讲历史，所以，我们对它们的要求就是真实，不能假，不能歪曲。是雅就雅，是俗就俗，雅的不要犯俗，俗的不要装雅。也不要为了教人觉得“好白相”要些什么花样。要真正建立这样的文物价值观，就必须克服建筑师的专业习惯性思维，这一点你已经很有体会了。

如果我们抓住了这个关于文物建筑（聚落）的根本的价值标准，我们就能很清楚地评价文物建筑村落保护的成败了，也就知道在文物建筑（聚落）保护方面应该追求什么了。

你所提到的那几个村镇，现今是赫赫有名，游人挤得像炒豆子，而且个个兴奋有得意之色，村镇的经济收入着实可观。这样的情况岂不是好得很吗？从旅行社的利润看，从游客的满意度看，从村镇居民的收益看，甚至从建筑工作者的爱好看，似乎都无可非议，实在好得很。然而从文物建筑（聚落）保护来看，却并不很好，甚至很不好。看瀑布般晾着的蓝印花布，好的；看精雕细刻的“百工床”，好的；吃传统美食，也是好的。但它们应该另有场所，而不应该弄得整个镇子里没有一幢古老房子还保持着原式的布置陈设。连大作家的故居也空空荡荡。文物失去了历史真实性，镇子失去了生活气息，要恢复可就难了。

我们可以为了旅行社的利润、村镇居民的收入和游客的满意而牺牲文物吗？这就是你所说的“民族的文明程度太低”的问题了。而民族的文明程度总会逐步提高的，再过些年，年轻的人们就会因为我们没有好好地保护文物而责备我们了。当然更不能为了房地产开发商的利益而牺牲文物。有个地方，大肆拆毁无价之宝的古城，代之以完全歪曲历史的趣味低劣的“风貌建筑”，主事者一方面严密控制媒体，一方面掌握几个“专家学者”，大造恭维的舆论。他们用这种方法“证明”他们的

“正确”，但他们岂能逃脱历史的审判。

第二个问题关于旅游本身。旅游本来应该是一种文化活动，一种教育活动，以增长年轻人的知识和阅历为主要目标。从这个目标出发，文物是大可利用的，是可以充分发挥作用的。一个文物村镇通过旅游来开发，就是开发它蕴含的文化教育价值，而不是去搞些什么“卖点”。旅游业者，从高层行政主管到村里的导游姑娘，都应该从这个认识角度来工作，让旅游者在休闲和饱览陌生新奇的事物之时增长知识和阅历，这是一种“快乐的学习”。在欧洲，我经常见到小青年们三五成群，手捧着学术水平很高的导游书，在古迹中徘徊寻觅。我也问过一些西方建筑学者，为什么他们学校里的建筑史课程学时这么少，他们总是回答，因为早在中学时代，年轻人都已经熟悉世界的历史文物建筑了。

然而，我们的大规模旅游活动，是从“拉动内需”出发的，以增长GDP为根本目标。这是一种极其片面的短视行为。旅行社只追求游客数量，有些导游满嘴无稽之谈甚至污言秽语，而有些地方政府则致力于制造“八卦”“二十八宿”这样的假话，淆乱历史，歪曲文物村落的文化内涵。毫无节制的“全民经商”现象出现了，五花八门的假景点也大量出现了。甚至不惜大兴土木，把本来还有很高价值的古村改造成“皇城相府”这样的假文物，好端端的古村遗存就这样被毁掉了，而旅游部门却给它加上“4A”级的冠冕，政府还要反复给它申报个什么名堂。有一位以善于开发旅游业出名的副市长曾经在一次颇为重要的全省会议上发表讲话，说，旅游业就是要“无中生有、虚中生实”。在他心目之中，旅游的文化教育意义完全失去了，剩下的只有钱、钱、钱！不惜为赚钱而骗人。旅游者受到了愚弄，花了钱反而装了一肚子伪知识。你说说看，这样的旅游能提高民族的文明水准吗？它只能降低我们民族的文化水平，可怕！

在大多数国家，旅游业是企业的事，文物保护是政府的事。政府的文物保护部门要制约旅游企业的行为，不让它越出限度以保护文物。然而，在我们这里，旅游也是政府行为，它在各级政府眼里还大大重于文物保护，因为它能“来钱”，出“政绩”。在我们的许多省份里，文物是归旅游部门管的。叫狐狸养鸡，没有了节制，这鸡还活得下去吗？在中国的行政体制设计中，往往为了“提高效率”而取消部门间的制约（所谓“扯皮”），但事实是效率并不见提高，而由于没有制约，“一竿子到底”了，事情反而办糟了。事情办糟了，还有什么效率可说。

在古老聚落的旅游业中，还有一个大问题，这就是政府推动旅游业，是“助民受益”还是“与民争利”。例如，有一个十分贫困的地方，由于极特殊的历史和地理原因，留下一个村子，很有旅游价值。这个村子几十年来由盛转衰，所以有不少空房子。近年旅游之风稍稍刮了一点到那里，村民们利用空房子办客店，多少有点儿收入。政府部门的职责，依我看，是履行“执政为民”的承诺，指导或者协助村民改善老房子和村民的生活质量，乘机借旅游业脱贫。然而，一些多少年不关心村子存废的官员忽然对这个好机会眼红了，立即行动起来，筹了钱要造宾馆，造度假村，他们又有钱又有权，村民岂是他们竞争的对手！现今流行的话语高远缥缈，但乡民们当前的利益谁来代表？没有说！

这一类烦心事不便往深里说，也不便敞开了说。说了也没有用。我们这种人，归根到底只不过是“招之即来，挥之即去”的技术人员，管不了那么多。

一年下乡七八次十来次，每次下乡，都为丰富多彩、深厚如海洋的乡土文化激动。当我见到那么多珍贵的乡土建筑被一些鼠目寸光的人、唯利是图的人和对当代文明一无所知的人糟蹋、歪曲甚至摧毁，我更痛苦得泪流满面。我常常默念艾青的诗句“为什么我的眼中常含泪水，因为我把这土地爱得深沉”。这句诗已经刻在诗人的墓碑上，我真想也刻在我的什么东西上，不知诗人在天之灵是否允许。

不多说了。再见。

问好！

（原载《建筑师》，2004 年 4 月）

（八三）

4月10日《南方周末》发表了一篇长文，写的是湖南卫视“形象节目”组办了个“大型城市文化地理专题栏目《问城记》”，3月27日至4月1日邀请了原台北市文化局局长、知名作家龙应台作为嘉宾，议论了一下成都市的建设。《南方周末》的这篇文章的题目叫“成都还像成都吗?”，主要内容是《南方周末》记者对龙应台的访问记，不是那场电视对话。

电视对话我没有收看，龙应台答《南方周末》记者的话，说得很好，相当全面，有些意见也相当深刻。但那篇长文一开头的情况简介和后面的“链接”却很使我吃惊。且请看“链接”里的几句：

> 成都市在去年年初启动了新的城市行销活动，并推出了“东方伊甸园”的概念重新为成都进行城市定位……每年一度的都江堰放水节干脆更名为“东方伊甸园放水盛典”。……成都某学者发表了《成都平原就是东方伊甸园》的长篇理论文章，证明其东方伊甸园就在成都的结论，连美国著名制片人比尔也被请来，手里拿着1920年的《国家地理》杂志寻找“东方伊甸园”。

提出成都就是“东方伊甸园”，是“城市营销新策略”，要“对全市的旅游资源进行重新整合定位”。

城市要有个“行销策略”，这说法就不免荒诞，我且撂下不提，但对这个“新”策略给成都的“定位”，却不能不提一下了。

成都，作为一个城市，从不同的角度，不同的目的，可以有不同的定位。“东方伊甸园”的定位是从“城市行销”角度做的定位，其实就是确定为发展旅游业能“卖”什么！这个问题本来似乎不难回答，成都是国家级的历史文化名城，当初给它定下这个“位”，我想，应该是根据它真实的历史和文化。关于这些，我手头没有资料，先放胆拍脑袋说几句：成都是古老的蜀文化的中心，它的历史文化遗存本来很丰富。老一点的，有三星堆奇特而且精美的青铜器和玉石器，年代大约在公元前2700年到公元前900年，近来听说已经有更惊人的发现。春秋中期，“杜宇曾为蜀帝王，化禽飞去旧城荒，年年来叫桃花月，似向春风诉国亡。”（胡曾：《成都》）这就是“望帝春心托杜鹃”的故事。战国时筑都江堰，这个水利工程的主持人李冰是公元前277年左右当秦国蜀郡太守的。地理上稍远一点而仍在它周边的，有蜀道，有盐井，有大量的画像石（砖）。成都这名字早在《史记·司马相如列传》里就见到了，一直沿用到现在，它的存在至少有两千多年的历史。汉初大文学家司马相如和扬雄都是成都人，司马相如玩了点儿浪漫，把卓文君弄到手，卓家就是个冶铁业大户。成都平原自古农桑富盛，领先于全国，而且战略地位极其重要，诸葛亮在南阳草庐中对还没有立足之地的刘备说：“益州险塞，沃野千里，天府之土，高祖因之以成帝业。”他建议刘备立足益州，“则霸业可成，汉室可兴矣！”唐代闹了个安史之乱，李白、杜甫跟着皇帝老子逃亡到成都，看到成都繁华气象，诗兴大发。李诗有句：“九天开出一成都，万户千门入画图”，“天子一行成圣迹，锦城长作帝王州”；杜诗有句“晓看红湿处，花重锦官城”，“丞相祠堂何处寻，锦官城外柏森森”。那时候成都还出薛涛笺。宋代，范成大、陆游都在成都住过。陆游有诗描写南宋时期成都之富有和文化之发达：“薪米家可求，借书亦易得。”在成都，出现了世界最早的货币“交子”。宋末的蒙古入侵和明末的农民战争，使四川大遭祸殃，成都也受了伤，但清代恢复很快，成都从此以民俗文化闻名天下，川剧、川菜、终日高朋满座的茶馆等等都极有特色。这恐怕倒是好事，民俗文化比上层贵族文化和文士文化更有地方风味，更有亲和力。几十年前的成都，既有宁静肃穆的深宅大院，也有充满了市井活力的大街小巷，曾经被人誉为最适宜于居住的城市之一。这样的成都城，当然承担得起历史文化名城的“定位”。

然而，前年我应朋友的邀请到成都去了一趟，没有见到什么能够触动人的心灵、教人回想起它辉煌的历史或者平实的生活的东西了。它只不过是一座很普通的喧闹的城市，我们很容易找出些陈词滥调来描绘它，比如说：灯红酒绿，车水马龙。朋友说，这座历史文化名城已经失尽了它的历史和文化记忆。他陪我到宽巷和窄巷去了一趟，倒还依稀有一点那种平和、静谧的居住气息。可惜推门进院，里面大多已经拥挤杂乱，面目俱非了。晚上去了一趟府南河岸，几座新茶馆正在营业，仿佛还延续着当年成都的生活，但是，且不说它们已经没有了小巷里老茶馆那种亲切随和充满了友善气氛的平民风格，那“消费”也不是当年老茶客所能承担的了。

或许，成都市的主事者们也觉察到了这个“历史文化名城”的“定位”已经名不符实，但是又想在爆炸般突然兴起的旅游热中捞一笔好处，于是便“重新为成都进行城市定位”，以便“行销”成都。这事情当然很尴尬，它表明，这座“历史文化名城”已经既没有历史见证也没有文化遗存了。

老东西稀少了，那就争口气，拿出点儿气魄胆略，在新东西上搞出一番名堂来。像香港，像新加坡，像深圳那样，也可以“行销”得有声有色。如果回心转意，想起来“借重”一下老东西，那么，远一点有三星堆、青城山、都江堰，近在咫尺至少还有武侯祠和杜甫草堂。不过，正经地办事，打算“借重”它们，那就得真心诚意地端正自己的文化意识，保护好它们。只要高标准地保护了它们，自然不难得到回报，也包括在“行销”成都中可能发挥的重要作用。（写到这里，心想，都江堰上游那个水库大坝不知最后怎么样决定的。）

但是，又一个但是，不知怎么的，又一个不知怎么的，成都竟被“重新定位”成了“东方伊甸园”。这就好像把孔夫子“定位”为维也纳一个什么小学的语文教师，以为可以借维也纳的历史文化价值提高孔夫子的身价，便于“行销”大成先师。

我知识浅薄，不知道这个“东方伊甸园”的来历，但既需要某学者的“长篇理论文章”来证明“东方伊甸园就在成都”，则这个结论并不像“成都是蜀文化的中心”那样明白肯定是显而易见的。又说，当地还“请了”一个美国制片人拿着1920年的《国家地理》杂志来寻找“东方伊甸园”，那么，我猜测好在我不是在写理论文章，无须那么字字有据这“东方伊甸园”大概是八九十年前一个美国旅游者给中国某一个“快活”的地区起的外号罢了。而且，那个地区究竟在哪里，现在还需要中国学者考证，需要外国制片人寻找，可见当年写得很不经意，无非是一种文学化的比喻而已，要知道，八九十年前地理科学本来早就很发达了呀！

江、浙两省已经有不知多少个“东方威尼斯”了，那好像是咱们中国人自己攀附上去的，而“东方伊甸园”呢，则是一个外国人说过的，可惜说得不清楚，还得请学者和制片人来咬定。从“行销策略”来说，大概成都某些人，至少是有权“启动”大规模城市行销活动的人，有权推动“成都媒体为此进行的宣传活动迅速升温”的人，他们大概听说过西南某地有个“香格里拉”的故事。但那个被附会为“香格里拉”的地方，是个遥远的、原始的地方，笼罩在一层厚厚的神秘传奇色彩之下，叫它“香格里拉”，倒还有点儿趣味。但成都可不是呀！成都两千几百年的历史清清楚楚，人文荟萃，经济发达，而且崭新的现代化新城区已经有了二百八十平方公里了呀！我懒得为这件事认真去查书，不知道在犹太人的文化中，“伊甸园”的传说最早起于什么时候，只记得19世纪一个英国人根据靠不住的证据做了个靠不住的推测，说伊甸园的故事在公元前两千年已经有了。但我至少知道，成都市的历史比《旧约》成书起码要早几百年，亚当和夏娃在听到那条老蛇的挑逗之前就已经听到过杜鹃的悲啼了，说不定那颗开心果上还有那只小鸟的血迹！都江堰最初放水的时候，比“东方伊甸园”的“发现”要早两千多年，把都江堰放水节更名为“东方伊甸园放水节”岂不是自轻自贱！

为什么会产生把成都市“重新定位为东方伊甸园”的决策呢？我不敢妄断，姑且大胆说两句，一是因为有人习惯于认为“外国人”放的屁比刁德一“参谋长”放的还要更香，更有“文化内涵”，更有“行销”效益。顺便把话拐出一个弯去说：这在咱们建筑界也一样。现在颇有些根本看不懂甚至无法断句的建筑理论文章，说的净是最摩登的“哲理”，而追溯他们的“学统”，却是些不知哪里蹦出来的外国人不知发表在哪里的文章里写的什么话。那些外国人的那些文章，都写得有些技巧，巧就巧在叫人摸不清头脑。我从来不一般地反对向外国人学习，但我也从来不赞成不掂量掂量那些外国人的分量，对他们的作品做些认真的价值判断，便“唯洋是从”。外国人说的，便是真的么？便是好的么？

二是，《南方周末》在那篇文章的“链接”里引用某媒体的报道说：“一位名叫刘友财的马来西亚人也来凑热闹：‘你看看，这是我们马来西亚人眼中的成都。’这个人甚至‘在春熙路向成都市民推销起了成都’。”1972年，我以“牛鬼蛇神”的身份在菜窖里捯白菜，接受贫下中农再教育。我的一位扛长活出身的教育者，有一天极认真地告诫我：“对什么有仇也不能对钱有仇，钱可是好东西，你可要好好挣钱、攒钱！”那位马来西亚人的大名起得好，要跟财友好。成都市的主事人大约也觉得莫须有的“东方伊甸园”比起两三千年实实在在的历史文化来更有“卖点”，更能吸引旅游者。但，岂不闻“君子爱财，取之有道”乎？仿我的教育者的话说：“对什么有仇也不能对老祖宗有仇！”对不对？

现在有一个词，叫“文化殖民主义”，或者叫“后现代殖民主义”，听说还很有争议。依我看，这“文化”或“后现代”殖民主义，和旧殖民主义的区别，就是后者用武力和财力强加于人，而前者则是出于一些人的“自觉自愿”，甚至“苦苦”追求。

再套一句我的教育者的话：“对什么有爱，也不能对殖民主义有爱呀！”

（原载《建筑师》，2004年6月）

（八四）

今年纪念林徽因先生百岁冥寿，杨永生先生邀我写一篇回忆文章，编进他主编的《记忆中的林徽因》小书里。我进清华大学建筑系读书很晚，那时候林先生已经病重，不再在系里开课，待我毕业留在系里工作，林先生几乎不到系里来了，我向林先生求教的机会很少，只能把很零散的一点记忆，写了给杨先生，以表我对林先生的敬意。到小书出版之后，我倒又想起了一件很重要的事，毕竟年老昏聩，当时写那篇《爱美·审美·创造美》的时候，竟忘记了。但这件事很有意义，虽然不过一次谈话，却反映了林先生建筑思想的根本，不可不写，只好在这里补缀一篇。

我在系里头几年教“建筑初步”。当初我刚进建筑系的时候，“建筑初步”学的是从平面到空间的抽象构图。到我教这门课的时候，苏联专家伊·阿·阿谢普可夫已经带来了他母校莫斯科建筑学院的教程，“建筑初步”要从欧洲的古典柱式入手。而且说“建筑初步”不等于“建筑设计初步”，它的内涵应该比较宽泛，要帮助学生一进系里学习就树立正确的建筑观，所以这门课由建筑历史和理论教研组负责。苏联专家是很重视这个教研组的。但是我那时实在不懂得怎么从古典柱式学习，于是，就赶快读一本叫《古典建筑形式》的书，作者依·布·米哈洛夫斯基。读了还是不得要领，我们的教研组主任胡允敬先生就叫我去向林徽因先生求教，但同时又嘱咐，不可太劳累了重病的林先生。这分寸很难掌握，我眼见林先生十分衰弱，却又十分热情，恨不得把一生的知识全塞进我肚子里，弄得很累，经常呼哧呼哧地喘个不停。因此我就不大敢去，满打满算，大概只去打扰过四五次。我给杨永生先生写的那篇短文，主要是这几次求教的感受。但是，不知怎么搞的，我竟忘了其实是最重要的一次教导。

我每次去见林先生，总是把提问严格限制在柱式范围之内，为的是节省先生的时间和精力。先生在解答的时候却海阔天空，什么都说。有一天，先生忽然说，并不赞成从柱式下手引领学生走进建筑学的天地，也不赞成过去从平面的和空间的抽象构图下手。这意见立即引起了我极大的兴趣，于是，突破了胡允敬先生立下的规矩，希望林先生进一步讲一讲。

林先生的主张是，建筑学的入门教育，应该从建筑和人的关系下手。学生一进门，就要画小人儿，站着的、坐着的、走着的、伸开双臂的、高举双臂的、两条腿大劈八叉的，如此等等。从人体的姿态和尺寸导出桌、椅、板凳、床、书架之类家具的形式和尺寸，再导出房门、窗台、栏杆、踏步等等的尺寸。熟悉了这些，就做一个卧室、一个书房、一个厨房、一个客厅的小设计，以了解人的起居、人的活动方式和建筑空间的关系。我不知道这种入门教育是不是先生在美国初学建筑时候的方式，不过我曾经听说过这种方式，而且在教研组里讨论过，没有采纳。至于为什么没有采纳，大概是：一，嫌这做法太迂，太绕圈子——没有弄懂就自以为有些事一句话就能交代明白了；二，当然是不能不按苏联老大哥的“先进经验”办事。我当时不理解林先生的意思，虽然没有胆量跟林先生争辩，但先生显然敏锐地觉察到了我的犹豫，便教导我说，这样引导学生的目的，就是教学生，也便是未来的建筑师，树立一个基本理念：建筑是为人而造的，是人的各种活动的场所，它要为使用它的人服务，细致入微地满足人的各方面要求，包括实用的和审美的，这样的教育，要从学生入门开始。我现在写下的这么几句，未必是当时林先生的原话，但是基本意思是绝不会错的，何况当时先生就这个问题说的话还要多得多。在我的学生时代，还听到林先生说过另外一些类似的话，例如，先生说：梁先生设计的沙滩北京大学女生宿舍的楼梯栏杆比较矮，扶手比较细，那是为了适合女孩子的身材和手掌。这本来是林先生一贯的建筑思想。比这次谈话还早一些，先生向我们一些同学介绍过先生正在设计的清华大学一批教师小住宅，先生说厨房窗子应该对着好朝向，因为主妇一天有很多时间花在厨房里，既要保证她们健康，又要使她们心情愉快。还说，厨房里，油盐酱醋放在什么位置最便于主妇取用，都要考虑周到，减少她们家务工作的劳累。先生还解释过为什么要把一面暖墙造在大门里，为的是抵御开门时候漏进来的冷风。所有这些话的精神，和先生主张的“建筑初步”课的教学目标是完全一致的：“建筑初步”要在专业的启蒙阶段引导年轻人养成关怀人的思维习惯。而这种习惯将贯彻在建筑师终身的工作当中。

林先生给“建筑初步”这门课的重要性做了这样的界定，这是和苏联专家阿谢普可夫的意思一致的，不过，所界定的内容可能差别相当大。我当时年轻，专业课又没有正经学过多少，俄文水平远远不能口语，所以并没有深入理解从欧洲柱式入门学建筑学的全部意义。后来我们实际执行的课程是折衷的，做一个平面抽象图案，渲染一个塔斯干柱式，画一个清代官式亭子，再设计一个“我的房间”。这个做法，显然既没有懂得林先生的思想，也没有弄清阿谢普可夫的思想，七拼八凑，水平不高，想起来很惭愧。

虽然我一辈子没干多少正经事，但在建筑系里待着，总不免会想些建筑方面的事。现在人到暮年，正逢林先生百岁冥寿，我想了想从林先生得到的教益，对林先生的建筑思想多了一点理解，才认识林先生在对“建筑初步”的意见中所表达的建筑思想，是非常重要，非常深刻的。

林先生的建筑思想，我想，可以归纳为一句简单的话，便是：“建筑学是人学。”“人学”就是“仁学”，“仁者爱人”，所爱的当然首先是普通而平常的大多数人，例如整天在厨房操劳的家庭主妇，而不是有财有势，对老百姓张牙舞爪的人。

好几年前了，一家房地产公司所办的杂志的总编辑，对我大谈“以人为本”，被我抢白了一阵，气鼓鼓地走了。我不能容忍这些唯利是图，操纵城市建设，欺凌弱势的穷困市民直到动用暴力驱赶他们、逼迫他们让出“黄金宝地”的人，用花言巧语来亵渎这种近乎终极性的思想。我素所敬仰的林徽因先生在五十几年前那么清晰、那么实在地表达过的建筑应该“以人为本”的思想，我现在把它记录下来，心里觉得十分愉快。老一辈的学者，经过“五四”先进文化的洗礼，人文关怀是真诚的，不同于房地产投机商和为他们效劳的人那么虚伪。那些人所关心的不是“人”，而是买主，即使对买主，他们也要常常耍手腕，玩花招，或者，为了讨好买主，不惜损害非买主的“人”的利益。

我不大清楚当今建筑界占主导地位的建筑观，前些年仿佛感觉到流行一种理论，说建筑是艺术，是空间艺术，是诗意的空间艺术，后来又在“诗意”前面加上了“哲理”两个字。这些高妙的理论的一个共同特点是，都不顾普通而平常的老百姓的实际生活需要，虽然有些人很会挥舞“人文”的旗子。

当今的“哲理”尤其教我害怕，最时髦的哲理好像是“消解”或“颠覆”过去的理念。我不懂其中奥妙，不知这哲理是不是跟三十几年前红卫兵的“怀疑一切、反对一切”有点瓜葛。不过，以凡夫俗子的眼光看，那好像用踩扁了的易拉罐堆积起来的建筑物，虽说“采用”了最先进的科学思维和技术，真不是东西！听说那里面像迷宫一样，进出过几年的人还会找不到楼梯、找不到房门。它把“建筑学”中有客观实在意义的许多原则颠覆了、消解了。围着它喝彩的人仿佛并不在意这些建筑物是不是能很好地为普通而平常的使用者服务。

杨永生先生在电话里说：“建筑要以人为本”是一个天经地义用不着说的真理，人们造房子本来就是为了使用嘛！我想，这样一个真理，现在还要来回地说说，就是因为人类高度社会化了之后，在一定的社会历史条件下，有些建筑活动“异化”了。例如，房地产投机商造房子是为了卖钱，某些官僚造房子是为了“政绩”，所以，他们造房子常常会不惜损害老百姓的利益，并不“以人为本”。于是，“建筑要以人为本”便成了当前条件下他们非说不可的漂亮话。有些建筑师因为一开始就受到建筑是抽象的空间艺术的教育，并且长期受雇于各种各样的业主，例如老板和长官，而脱离老百姓，他们的专业认知和工作习惯也不免有不同程度的“异化”，所以一听说“建筑要以人为本”，便当作一种时髦话挂上了嘴角。赶时髦本来就是建筑师的一种风习。

过去常听人说，一个学电子科学、核能科学、信息科学等等尖端科学的人，几个礼拜不看新杂志就会落伍。那时我以为是吹得玄乎。现在，几乎“雷打不动”的建筑学好像也赶上去了。二十几年前，我们这里也曾一窝蜂推介过维也纳街头那一对淫秽的小店门面，并且津津乐道三百年前一个仿生的妓院平面设计。从这里又诱发了“符号学”，在建筑物上大贴古典碎片，也闹得挺火。碎片贴得兴起，便索性刮起一阵“夺回古都风貌”风，把古代的亭台楼阁堆到高楼大厦上。“夺回风”随着政治风的转向熄了火，又刮起来至少十级的“欧陆风”。“欧陆风”疲软了之后，SOM风和KPF风便起而代之。这风那风，各领风骚三五年，眼看它起来，眼看它没了，这完全是现代商业社会的现象，不足为奇，既然走市场经济道路，既然向世界全面开放，这种现象当然不能避免，我们只得习惯它。不过，我们还得清醒地知道它并不是使电子学家们感到紧迫的日新月异的真正进步。

而且，要头脑放明白些，这就是，不论它东南西北风怎么刮，多么强，“建筑学是人学”这个终极目标不能动摇。当然，“人学”，“以人为本”，内涵非常非常丰富，我们还得一点点深入地去认识。抓住了事物的本质，我们就能稳一些，不至于过分随风摇摆，更不至于望风而靡。这样我们才有时间精力像电子学家那样踏踏实实去创造真正的新事物。

那么，我们的“建筑初步”究竟应该怎么教呢？林先生的意思该不该好好想一想呢？

（原载《建筑师》，2004年8月）

（八五）

一位社会学者尖锐地斥责为保护老北京城而奔走呼号的人，说：“你们不顾老百姓的死活。”这样的话也常常出自主事者的嘴巴。换一种说法则是，伙同房地产投机商大搞旧城拆迁，是为了改善老百姓的生活。可是奇怪，“受惠”的老百姓里有很大一部分人并不领情，不断地闹出点儿动静来。这位社会学者竟完全不懂得社会学的命根子，它的基本方法，是到社会中去搞调查。于是我不得不写一点情况出来，希望真心想给老百姓办实事的人看一看。

首先，当今一部分住在大杂院里的人，生活状态确实很差。但是，很容易弄明白的是，他们是因为穷才不得不住在大杂院里的，不是因为住在大杂院里才变穷了的。要改善他们的生活，简单明白，对症的办法是帮助他们就业，提高他们的收入，而不是拆迁，把他们驱逐出老市中心。对很大一部分住在大杂院里的弱势群体中人来说，拆迁不但不能帮助他们脱贫，改善生活，反而会使他们越来越穷。这就是为什么拆迁常常会闹得鸡飞狗跳，成了近年城市里一大问题的原因。

其次，目前的确有一些沦为大杂院的老四合院状态很不好。但它们的“破破烂烂”，恰恰是因为半个世纪以来没有受到好好保护，而不是因为保护了才变得破烂的。保护的目的是防止它们破烂，而不是任它们破烂。只要及时采取措施，保护得当，四合院，包括一些小型“低档”的四合院，都可以提高到现代人能接受的水平。其中有不少甚至可以成为高档的住宅。几十年没有及时保养和修缮他们栖身的房屋，如今房地产业火起来了，却又为了分一杯羹，把老房子不分青红皂白，一拆了之，这是为了改善人民的生活吗？

以上两点，事实清楚，道理简单，现在竟成了纠缠不清的问题，无非是因为利之所在，义就靠一边去了。

用拆迁来“提高”大杂院里住户的生活水平，是文不对题，缘木求鱼。生活水平是复杂而综合的，不仅仅是个居住水平的问题。就居住水平来说，也是复杂而综合的，不仅仅是住宅面积大小，有什么样设备的问题。它至少还要牵涉到住宅的位置是不是利于就业，是不是利于子女入学，是不是利于老人治病，是不是利于主妇买菜，是不是利于保持亲友来往，还有环境是不是安全和健康等等许多问题。一辈子几十年里，甚至上溯几辈子，在一个居住环境里形成的社会关系、感情纽带和生活习惯，都在人们生活水平的考量之内。如果这样去认识问题，就能够发现，住在老城区的四合院、小胡同里自有它的许多优点。老城区如果没有优点，房地产投机商为什么会那么死死地盯住它不放呢？

给一些有限的拆迁费，就把在老城区住了几辈子的人家赶到远郊区去，对其中很大一部分人来说，不但不可能提高他们综合的生活水平，恐怕连单纯的居住水平都不能提高，甚至反而会降低。如果被拆迁的人家还要保持原先的谋生之道，奔走于被迫迁往的郊区和原住地之间，就要付出一笔不小的交通费和午餐费。如果不得不放弃原来的谋生之道，另谋职业，在远郊区又谈何容易。对弱势群体来说，当今世态下改变他们社会地位的几乎唯一的办法是让子女考上大学。要考上大学，就得先上一所好的中学，要上一所好的中学，就要先上一所好的小学，直到一所好的幼儿园。有些大杂院里的住户，吃苦耐劳，坚忍多少艰难困顿，就是为了盼望子女循这条道路有出头之日。住在市区，这样的机会多一些，把他们迁到远郊区去，这样的希望就微乎其微了。在这种情况下，即使多几平方米居住面积，用上抽水马桶，所谓提高生活水平，对他们也是一种欺人之谈。

前天的北京报纸上有一则新闻，说是有一户人家，前几年住到西三旗，新房一百四十四平米，最近却卖掉了这套房子，到中关村买了一套五十四平米的房子住下了。为什么，就因为中关村有几所颇有名气的中学，他们要保证孩子的前途。这是一位“中产阶级”，对弱势群体来说，这种事就更加重要了。

我所在的这个大学，今年初有过一种说法，要把校内的教师住户统统搬出去，搬至西三旗、回龙观和朱房一带。那里住房面积大，设备新，空气好，购买又给一点优惠。但是，几乎没有一户教师同意这个方案，理由也无非是考虑到自己上下班麻烦，孩子上学没有响当当的“名校”，老人家万一生病上医院又不方便。其实，那几处新区并不很远，教师里又有不少人是“私车族”。设身处地想一想，老城区拆迁的弱势群体可是大部分要搬到昌平、大兴、通县这些远郊区去呀！那叫“改善生活”吗？那就顾了“老百姓死活”了吗？这本来是社会学的起码知识，可敬的社会学家怎么居然不明白呢？

拆迁户固然可以得到一笔补偿的钱，但要买一套经济适用房还得贴上自己许多年省吃俭用攒下来的钱，这些钱本来是为防老人生病，夫妻下岗，子女上学或者结婚用的。如今把这笔钱花光了，以后过日子心头能踏实吗？心头不踏实，这日子过得舒坦吗？过不舒坦的日子能叫“提高了生活水平”吗？生活水平理所应当是包含了心理状态在内的。颜回“一箪食、一瓢饮、居陋巷”而仍然能坦然问学求道，就因为心里踏实。

经济适用房的物质条件比大杂院好，有厨房，有浴厕，通自来水、暖气，说不定还通天然气。但是，搬进去的人家里，有一些到冬天还是宁愿生个煤炉子，既做了饭又取了暖，一举两得，一冬天也能省下不少钱。上厕所，也还是喜欢到街角去用公共的，家里按一下水箱就得五分钱呀！经济适用房的住户间流传着一则新笑话：上学的、上班的，回家之前先解干净了手，在家里，要解手就大家一起招呼着集体行动，这不是省下一两次冲水吗？水费又涨了哇！

总而言之，提高生活水平，根本的、唯一的办法是提高收入，舍此别无他途。拆迁能提高谁的收入？是拆迁户吗？我所在的这所大学前些年和另一所大学一起在西南角上造大楼，那些拆迁户把“诉状”贴满了工地的挡板墙，看了真叫人心酸。老城区不也有类似的事情发生吗？如果拆迁能提高他们的生活水平，那么，那些人岂不都是糊涂透顶的傻蛋吗？

社会学家们和长官们，真要有心提高人民生活水平，那就下死功夫去帮他们就业，增加他们的收入。

大杂院里的住户收入真正提高了，新住宅区的就学、求医、购物、治安、交通等等情况都改善了，他们自然会有迁居的愿望。大杂院里的住户减少了，尤其是低收入的弱势群体减少了，再加上房子的产权问题理顺了，老北京城里的小胡同、四合院的保护也就不会很难了。其他的技术性问题，只要珍重文明，对历史文化名城的价值多少有一些认识，不急功近利，肯动脑筋研究，大都可以解决。只不过是红了眼睛的房地产投机商们要大失所望罢了，那就随他们去罢。

中央和北京市委一贯坚持节俭办奥运的原则，大家都很拥护。节俭的第一条，就是不要破坏不能再生的资源。文物建筑，可是不能再生的无价之宝！可不能为了在开奥运会之前要“消灭破烂”把它们给毁了呀！现在停手拆迁，还能剩下一点点！

（原载《建筑师》，2004 年 10 月）

（八六）

据说解构主义是最新的哲学，是后现代或者后后现代的哲学，这些我当然道听途说，一点儿也不懂。不过，又听说解构主义哲学的老祖宗德里达亲自找了一位大有名气的建筑师合作想搞出个解构主义的样板建筑来，并没有成功。建筑设计课上，老师启发学生“解一下构嘛”，看来并不容易。建筑和哲学毕竟不是同一条道上跑的车。

不过，有些解构主义的建筑师，或者说，号称解构主义的建筑师，曾经大大兴奋过一阵子，原来他们发现，上世纪二三十年代的苏俄先锋派建筑师的设计就是典型的解构主义作品，真个是“踏破铁鞋无觅处，得来全不费工夫”。于是，那些被苏联人猛批了几十年而且抛弃了几十年几乎忘记的东西，在西方印成了精美的图册，大热了一阵子。

对我这号有点儿历史癖的人来说，这事情不免蹊跷：“这是哪对哪呀！”想当年，苏俄建筑师热情澎湃，浮想联翩，画了些思出天外的“建筑设计”，那是因为十月革命胜利，奴隶们要“起来”，实现“旧世界打它落花流水，我们要做新社会的主人”的理想。新时代要新文化，新文化要新建筑，新建筑岂能有几千年传统的痕迹。而要创造出崭新的样式来，只有依靠新的材料：钢铁、玻璃和新的结构方法，主要是大胆的悬挑。他们赋予新材料以象征的意义，他们说："钢铁的坚强如同无产阶级的意志，玻璃的纯净如同无产阶级的意识。"而所拟的设计课题大都是政治性的、纪念性的，如"第三国际纪念塔""列宁讲台""工农兵代表苏维埃大厦""真理报社""劳动宫""公社大楼"等等，洋溢着革命气息。

这样的设计，无论从技术上还是财力上说，在当时苏俄都不可能真正付诸建造，它们都是"意向性"的。但是，不要紧，只要"团结起来，到明天，英特纳雄乃尔就一定要实现"，因此，这些先锋派的建筑师就自封为"未来主义者"，并且和意大利的"未来主义者"声应气求。后来却因此而不幸，大大倒霉。虽然设计不可能建造，并且倒了霉，但苏俄的先锋派建筑师所表现出来的理想主义，甚至可谓英雄主义，还是创造了一个时代，他们的确提供了不少奇思妙想，能帮后人心眼儿开窍，尤其在当今技术手段和经济水平都大大提高了之后，如果硬要实现那些意向，也并不像登天那么难。不过，这和解构主义是丝毫不搭界的，不知那些经常走上街头，为共产主义欢呼的苏俄先锋派，见到孙子辈的布尔乔亚谬托知己，会有什么感慨。

因为苏俄的先锋派对新社会抱有十分的热情，所以他们中的大多数人并不是都把精力花在空想上，他们还积极从事为劳动大众所需要的文化站、学校、厂房、市场、售货亭等的设计，尤其是劳动者的住宅。文化站和学校是为了提高工人阶级的教育文化水平和共产主义政治觉悟。厂房要大大改善劳动者的工作环境，使它成为健康的、安全的、叫人愉快的。住宅则立足于改造生活，使家务事儿社会化，解放妇女，培养居住者的集体主义精神；市场和售货亭遍布工人居住区，作为改造生活的大文章的一部分。这些建筑的设计，都围绕着工人阶级当家做主，创造全新的社会主义社会这个总题目。当时的这些设计都是很理想化的，内容积极而有探索精神。和那种充满了浪漫主义气息的"未来派"设计不同，这些设计大多很实际，在城市建设中改善了、提高了劳动者的物质和文化生活水平。这是功不可没的，它开辟过一个建设的新时代。

20世纪二三十年代，苏俄建筑的这两大潮流，都是创新，大幅度的创新。一股偏向于技术和艺术性的创新，追求共产主义的精神表现；另一股偏向于社会和文化性的创新，追求生活的共产主义改造。它们都是十月革命的产物。

但是，那股先锋派的技术艺术性探索因为太沉溺于幻想，因为和西方资本主义国家的前卫派艺术关系密切，更因为当时意大利未来主义者倾向接近墨索里尼的法西斯政权，被联共剿灭了。那股务实的社会文化性和生活性的探索，被为歌颂光荣伟大正确的斯大林而建造雄伟的纪念物压倒了。待到崇高理想掩饰之下的专制独裁露馅之后，那些用共产主义精神改造社会生活的可贵努力也被遗忘了。

然而，埋没了半个世纪之后，苏俄先锋派的意向性设计，由于技术上和体形上的大胆设想，引起了西方高技派和解构派建筑师的兴趣，出版了介绍那些先行者的思想和草图的书，但在思想介绍中抹去了或者淡化了他们对建设新社会的真诚的热忱，也忘记了他们对西方现代建筑发展的贡献。当时西方的现代建筑大师绝大多数思想左倾，与苏俄知识界关系密切，也曾经称颂苏俄是“现代建筑的真正中心”。再后来，依托于高科技的“新而又新”的解构主义者，也把尘封已久的苏俄先锋派认做了自己的先行者，连哲学思想的DNA亲子鉴定都没有做，有点儿滑稽，但这是形而下的建筑界特别喜欢闹形而上的笑话的惯例。中外皆然，于今为烈，斯亦不足怪也。

创新是一切文化、学术、科学、技术的灵魂。就个人来说，创新应该是一种精神状态，一种性格倾向，一种生命追求。但创新要有客观的依据，否则就难免胡闹。在创新和胡闹之间是有界限的。讲到建筑，则创新作品的是否能够实现又要考虑许多现实的条件。可行性研究成为一门学问，甚至成为一种行业，便是这个道理。解构主义的建筑设想之所以大多依然陷于纸上谈兵，原因就在于它不大行得通，勉强造了几个，都是笑话百出。解构主义者否认一切既有规则，但足球比赛中如果允许运动员抬腿踹人肚子，踢进自家大门也算赢球，岂不是一塌糊涂。

就我们中国来说，第一条基本规则就是造房子，尤其是公家造房子，总得拨拉一下算盘珠子（现在是摁几下电子什么器），总得想一想，咱们虽然养得出卷款一百亿逃逸国外的高官，但国家实在不富，还有许多许多人生活得十分艰难，也还有许多应该赶快做的工作因为没有经费而撂下，已经或者将会造成不可挽回的损失。

我一向鼓吹创新，但我也一向鼓吹节俭。约莫二十来年前罢，也就是“国民经济闹到了崩溃边缘”之后还不到十年，忽然上上下下刮起了一场批判节俭之风。“新三年，旧三年，缝缝补补再三年”的生活态度在媒体上成了被大肆嘲笑的典型，经济学家说这是小农意识，说就是这种意识妨碍了经济的发展。“谁都不消费，商品卖不出去，生产岂不就得萎缩。”于是提倡像美国人那样会借钱消费，经济学家说只有那样国家才会富起来。

但是，我早先听说过，消费有两个层次，第一层是花钱，第二层是消耗资源。花钱的背后，大多免不了要消耗资源。花钱好说，有了钞票不妨到夜总会去哔嚓哔嚓，至少可以拉动酿酒业和性服务业两个行业的繁荣，但消耗资源可要另说着了。宝马奔驰，到了石油枯竭的时候还不如脚踏车实惠。这不，才潇洒了几年，咱们就煤也缺了，油也缺了，粮食也紧张了，连淡水和土地都怕不够用了。美国的消费主义有全世界的资源撑着，曾帮助它摆脱经济危机，对经济落后的国家来说，消费主义就很可能是饮鸩止渴了。

我们一天比一天高涨起消费热来，四块月饼要用尺半见方的盒子装，一层纸板，一层绸缎，一层塑料，再一层硬纸壳，这还是简装。我们的地球经得起这样的消耗吗？杞人忧天成了笑话，那么，忧地呢？

这几年，外国建筑师在中国出足了风头。一些重要的“政绩工程”大多是他们中了标。有人忧虑，说中国成了外国建筑师的试验场，颇有后殖民主义或者文化殖民主义的色彩；有人高兴，说这些中标之作大大开阔了中国建筑师的眼界，活跃了他们的思想，会提高他们的创作水平。这样的争论是不会有什么结果的，因为双方观点的是非都不能只就建筑论建筑来做出判断，很可能倒是“双赢”。我糊涂一脑袋的问题是：为什么建筑界只有极少数人对几个大“政绩工程”的造价提出了意见。一个个都是几十个亿呀！几十个亿是多还是少，我弄不清楚，我只拿来和今年给全国种粮农户的补助比一比，就心里有点儿明白了。

这些大“政绩工程”的设计之所以得标，有一个共同点，就是都在结构技术和建筑形式的结合上有些新意。这很好。我不知道国家剧院、中央电视台新楼和2008年奥运会主会场的设计人们是不是解构主义者，也不知道他们是不是钻研过苏俄先锋派的意向性建筑设计，这三件作品，或多或少，或隐或显都能找出些苏俄先锋派作品的手法来。这是因为苏俄先锋派在这方面蹚过许多路子，而当今的建筑结构和材料以及各种功能建筑的使用方式和那时候相比较又并没有根本性的变化。这也没有什么不好。

但是，今年上半年本来报纸上说中央电视台大楼的设计要改，我猜测，要改，大约总是改掉那个矫揉造作、摇摇欲坠的倾斜和半天里的大拐弯罢。拐那么一下，就是“创新”吗？如果是，创新倒也并不很难。听说那一拐就拐掉了造价的一多半呐！（有人说90%，这或许太夸张了。）可惜，到了十月初，新的消息传来：这座大楼照原设计施工。

这就叫“由俭入奢易，由奢入俭难”！

有人说，苏俄先锋派建筑师当年的意向性设计方案很引起了我们一些建筑师的兴趣。我听了一则以喜，一则以忧。喜的是大家对创造性想象力有很高的接纳气度和赏析能力。这是极其重要的，胸襟狭隘的人不但当不了好的建筑师，甚至当不了好的现代人。忧的是万一少数人不禁手痒，忘记拨拉算盘珠子，也教摩天楼两脚歪斜、凌空拐一个弯，也把几座演出厅像魔术师变戏法那样蒙上一个大罩子，或者出个什么方案，多用几千吨钢材去玩弄凡夫俗子看不到的规律性。少数建筑师还好说，怕就怕用公款造政绩工程的甲方，那可是天干之首。

最好还是吃透八十多年前苏俄的先锋派的精神，既要有海阔天空的想象力，又能为改善普通劳动者的日常生活而精心推敲，二者都立足于创造一个更理想的社会的热情。

当今之世，一种思潮正在兴起，这就是主张科学精神和人文精神的互相渗透乃至交融。从根本上说，科技工作者要提高他们的人文素质，人文学者要提高他们的科学素养，这很容易理解。但在各自的专业范围内怎么做，对相当多的科学技术门类来说，恐怕会有些难处。建筑学这门科学技术，却天生就非常人文化。它要理解人，关怀人，一切为了人的幸福；要理解社会，关怀社会，一切为了社会的进步。20世纪的哲人们把现代化归纳为科学和民主。科学好理解，民主也早有很精辟的解释，那就是19世纪大政治家林肯说的“民有、民治、民享”。苏俄早期的先锋派建筑师，虽然被政治愚弄，他们有不少人的精神是很“现代化”的，即使在用高科技大玩特玩“象征的浪漫主义”的时候，也是把它们当作消灭剥削的新时代的标志的。

希望我们的建筑师们能理解他们，贴近他们，不要把他们的意向性设计仅仅看作“空间艺术”手法和形式的创新，或者仅仅是某种旧观念的“颠覆”。否则就会走向现代性的反面。

多想想普通而平常的老百姓的利益罢！那是真正“人文精神”的精髓。

（原载《建筑师》，2004 年 12 月）

（八七）

科学这玩意儿是好东西，跟“民主”一块儿组成现代化的一对轮子。

不过，科学有时候也挺煞风景，比如在大美人的香腮上看出多少螨虫之类。这还是小事儿一桩，不提也罢。最近不大不小地又煞了一次风景，却是有些话可以说说，不过说多了会招人嫌，就只说几句闲话罢。

这次煞风景事件，是考古学家们经过科学的发掘，证明两千多年来传说得热热闹闹的秦代的阿房宫，其实并没有正式开工建造。

作为“史家之绝唱”的《史记》，在《秦始皇本纪》里写道：“始皇以为咸阳人多，先王之宫廷小，乃营作朝宫渭南上林苑中。先作前殿阿房，东西五百步，南北五十丈，上可以坐万人，下可以建五丈旗。周驰为阁道，自殿下直抵南山。表南山之巅以为阙；为复道，自阿房渡渭，属之咸阳，以象天极阁道，绝汉抵营室也。”但这段话很带着中国文人的老毛病，写得挺热闹，可惜事理儿不清不楚。比如，它说“阿房宫未成”，但它写的这些是已成的部分呢，还是“意向性设计”呢？

后来，太史公写到《项羽本纪》，说那位楚霸王“烧秦宫室，火三月不灭”。但《秦始皇本纪》里说过，秦时“关中计宫三百，关外四百余”，关外的不算，只说关内三百座，项羽烧的也不知是哪一座或哪几座。

大约唐代的诗人杜牧也没有看明白《史记》，好在这不明白对他自由发挥文思倒很有好处，于是便写下了赫赫有名的《阿房宫赋》，我少年时代背诵过这篇大作，老师再三告诉我们要记得的句子是“秦爱纷奢，人亦念其家，奈何取之尽锱铢，用之如泥沙”，和“使六国各爱其人，则足以拒秦，使秦复爱六国之人，则递三世可至万世而为君”。老师说，这才是杜牧写这篇赋真正要说的话。但是当时我，大约也有我的同学们，并不太在意这些，记得牢牢的，倒是“五步一楼，十步一阁，廊腰缦回，檐牙高啄，各抱地势，钩心斗角……长桥卧波，未云何龙，复道行空，不霁何虹”这些话，它们教人永远弄不明白但是永远觉得美得不得了，因为美，衬托出后面“楚人一炬，可怜焦土”那句话的分量。那时不懂得阶级分析，没有留意项羽“出身成分很高”，不过因他的野蛮而对他有一种难消的仇恨在心头。这些年，上山下乡，常常见到山头秃秃的了，溪水浅浅的了，田夫野老们给我们描绘当年的山青水绿，上山可以打野猪雉鸡，下水可以走船放筏，我听得出神，而他们总要叹几声气，于是，我就会想起杜牧赋里的“蜀山兀，阿房出”，我对《阿房宫赋》的认识，算是进了一步。

考古学家对阿房宫的研究的结论是：阿房宫压根儿没有造起来，项羽一把火烧掉的当然也不会是阿房宫，那么，流传了一千年出头的《阿房宫赋》就全都是凭空想象的了，我当年把它背得滚瓜烂熟，岂不是上当受骗！另一方面，这才懂得，老师的教导是多么深刻。他把中国古代文人“托物言志”那一套拿捏准了，知道不必看重他们说的那些事实，要看重的是伦理教化，要懂他们的话而不要信他们的话。

《阿房宫赋》虽然穿了帮，但它所说的是非善恶还是很有价值的，说不定在一千多年后的今天比当年写作的时候还更有价值，不过文章进不了拍卖行，行情涨了，作者和他的追随者也得不到实惠。深邃的、有永恒意义的思想，比不上几笔书法、几撇兰草。不过，思想无价，不进市场，倒是维护了思想的尊严。

想一想当今处处都晃得人眼痛的政绩工程和形象工程，我们不是分明感到那一句“奈何取之尽锱铢，用之如泥沙”有多么重的分量么？

*

这篇“杂记”在构思的时候，打算还要在后面写几个我亲眼见到过的劳民伤财、挥霍无度的形象工程和政绩工程，而且专选那些在贫困地区的写。待走笔到了这儿，忽然觉得不需要再写什么，所谓“此时无声胜有声”。于是把稿纸塞进了抽屉里。

过了些日子，今天，2005年1月4日，忽然见到《北京日报》第三版有一篇报道，附着三幅照片，看了一看，觉得记者调查得挺不错的，于是决定把报道全文抄录，加上我的注，附在这里，好像也未必多余。

这篇报道的标题叫“镇政府办公楼竟如天安门，与农民茅屋形成强烈反差”，是新华社1月3日电，记者王金涛、张桂林写的：

> 从重庆市忠县县城到万州区，走12公里左右，路边一座颇具古典特色的建筑会跃入眼帘。它依山而建，中间是宽宽的111级青石阶梯（注：宽大约15米），两旁梅花形霓虹灯分立。沿阶梯自下而上走到顶端，是一座形如“天安门”的大会堂，红墙金

顶，上下两层，下层是多功能大厅和电教室，上层是有170个座位的会议室（注：照片上看，为五个大开间，重檐歇山顶）。青石台阶两边各有3栋二层小楼对称排列（注：每栋六开间，每间门一，双扇窗一），一律红柱白墙绿瓦，屋顶上是别致的花坛。大会堂左右两边各有一个花园（注：照片上看不到花园远处的尽头）。

如果不是“宫殿”门阙上挂着牌子，谁都不相信它是忠县黄金镇（注：好名字）政府的办公楼。记者发现，黄金镇党委、政府的各个机构分布在60套家具全新的办公室内，每套房都配有卫生间和休息室（注：我见到过某县的一座办公楼，副科长以上职务的办公室都是套间，有前厅、写字间和休息室，卫生间24小时供应热水）。

这套高高在上的办公楼群占用了黄金村农民5.95亩耕地（注：疑有误）。镇政府新楼群的后面就是黄金村。一位村民指着自己用茅草铺顶的屋子（注：这样的屋子现今已很难得见到，说明这村子极穷）说：我们的房子还不如镇政府修的厕所好呢（注：这大概是因为镇长眼光有前瞻性）。

黄金村64岁的农民吴玉平说，新办公楼占地主要是稻田，可是镇政府占了地却不修路。以前从山下到这里有一条乡村公路，是地质队1984年勘探石油时修的，大车可以开上来。现在新办公楼刚好把路掐断了（注：或许小车还可以开上来）。

记者走访了几户农民，他们普遍反映，征地补偿被冻结了，一亩地9000元的征地费被押在了镇财政所，用来抵押农业税、医疗合作费等各种税费。（注：“农民嘛！”）

记者调查发现，黄金镇农民非常贫困。2003年，黄金镇人均纯收入为1055元。2004年预计可达1450元（注：不少地方农民收入还远低于这个数）。

我也在Z省见到过一座，在S省见到过两座这类天安门式的办公楼，都在乡镇街上。旧时代农民和皇帝在社会的两极，但却有共同的思想，所以刘邦见到秦始皇的排场，才会说："大丈夫当如是也！"佣耕者一旦得意，便愿意教老朋友惊叹："夥颐！涉之为王沉沉者。"

黄金镇并非遍地是黄金，弯弯腰就能捡到一大堆，造镇政府的钱总脱不了向农民弄来，那可是一滴汗珠摔八瓣苦苦挣来的钱，"奈何用之如泥沙"？

这样的例子，全国上上下下还少吗？机关有几个不争着上厅堂楼馆，有的城市，甚至还在策划着要造一百米高的雕像！这需要多少"中人之产"？那个写《阿房宫赋》的杜牧，就是写"远上寒山石径斜，白云生处有人家。停车坐爱枫林晚，霜叶红于二月花"的人，本来喜欢潇潇洒洒不问人间烟火！我也愿意乘一叶扁舟，轻荡双桨，领略"二十四桥明月夜，玉人何处教吹箫"的情景！杜牧静不下心来，我又怎么静得下来呢？

（原载《建筑师》，2005 年 2 月）

（八八）

天下事真是无奇不有。杨利伟乘着神舟号飞船到宇宙空间逛了一趟回来了，人民大会堂里却开了个"国际易学家"们的会，大吹了一番"风水术"，而且听说还有人建议把风水术拿去申报世界文化遗产。如果竟真的如此照办，那么，以后编辞书的时候，"出洋相"这一条就有了最恰当的例子了。

记得十几二十年来，我曾经对"风水术"说过几次大不敬的话，承蒙"学院派风水大师"不弃，拿我当"不学无术"的样板，时时予以指教。为答谢那些指教，我多次挣扎着看一些风水术数的"原典"，每次下乡，也都不忘向村子里的阴阳先生和坐在墙根晒太阳的父老们求教。

但因为缺少“慧根”，冥顽不灵，一直没有体会到“顿悟”的畅快，反倒把风水术数越来越看扁了。

那些风水术的“原典”，虽然荒唐，但有一些还不失蒙昧的朴实。在强大的社会力量和自然力量之前，软弱无力，束手无策，只得“听天由命”的人们，在风水术数中表达了追求好一点的生活状态的愿望，也能教人感动。

但是，当今的一些“学院派风水大师”，动用了“天人合一”的“哲理”，“宇宙气场”的“科学”，以及综合天文、地理、生态、地质、环保、心理、伦理、建筑设计、聚落规划、人居环境等等当代最先进学术思想的智慧，却只教人觉得滑稽，套用一千年前最富有想象力的诗人苏东坡的话：“不知人间学府，今夕是何年？”

人民大会堂的盛会，有什么学术成果，我不大清楚，也无从打听，且等申报世界文化遗产的时候再领教。不过近来看了一套十分权威的中国建筑史的大部头书，其中第四卷有专门讲风水术的一节，觉得在现在这个风水术又要出风头的时刻，不妨介绍出来给大家看看。这卷书出版于2001年，这一节专论大约算得上是“学院派风水大师”们比较新的成就了罢。

这一节“风水”，重要的当然是对风水术的基本定性和评价。且看它是怎样定下来的。“风水凝聚着中国古代哲学、科学、美学的智慧，隐含着国人所特有的对天、地、人的真知灼见。有其自身的逻辑关系与因果关系……它们不是迷信或原始宗教信仰，只不过以神谕式信仰的面目出现而已。”“风水把中国的古老哲学、科学（特别是天文学、地理学）引入建筑，充当着中国哲学、科学与建筑的中介。但在引入的过程中却掺杂着大量的巫术，从而赋予中国建筑以特有的哲理意趣与巫术气息。”“风水作用下的中国传统建筑同样体现着中国古老哲学、科学、巫术礼仪的混合特征。因而风水在建筑学中具有不容忽视的地位与价值。”“在某种意义上说，最初的有关风水理论的书籍便是最早的中国建筑理论书。”“风水在古代特定条件下所创造出来的许多优秀成果，仍可作为今天吸取建筑创作养分的典范，有着永恒的价值……”

看到“以神谕式信仰面目出现”的“掺杂着大量巫术”气息的风水术有这么重大的“永恒的价值”，我们的院士们、大师们、博导们恐怕要面红耳赤，悔不该当年“三更灯火五更鸡”，苦苦攻读现代科学了罢。——唉！

但是，且慢点儿后悔，在整整十二页十六开的篇幅里，那位作者竟一点都没有论证风水术的所以为“巫术”，也没有论证它的“科学”和“哲学”，因此，他也没有论证为什么风水术“有着永恒的价值”。我现在遇到了二十年来一直为拆穿风水术的虚妄而遇到的最大困难：面对的原来是“无物之阵”。但话头既然已经提起，也就只好说下去了。春节假期，闲着也是闲着。

在那一节“风水”里，作者介绍了形法（江西形势宗）的主要内容，即“觅龙、察砂、观水、点穴”。行文很简约，没有一句涉及科学、哲学、美学，也没有一句涉及巫术。例如“觅龙”一段里讲到“观势喝形，定吉凶衰旺”，这本来是一个可以论证一下风水术究竟是巫术还是科学的问题，但作者只说：“所谓喝形就是凭直觉本能将山比作某种生肖动物，如狮、龟、蛇、凤等，并将生肖动物所隐喻的吉凶与人的吉凶衰旺相联系……借助动物与自然建立关系从而确定人的居住位置。”撇开巫术、哲学和科学不论，列位看官，你们什么时候听说过狮、象、龟、凤是“生肖动物”？六十多年前我读中学的时候，大家开玩笑叫跑得慢的同学是属鸭子的，现在一个甲子过去，没料到又出了属狮、象、龟、凤的了。再说，什么时候有过生肖动物隐喻吉凶的说法呢？

说完江西派的形法，作者又说福建派的理法。理法是一个师傅一个传手，连阴阳师们自己也弄不清、玩不转的，所以基本上衰退了，只剩下一些符咒掐算之类，被形法派阴阳师拿来装神弄鬼。作者写道：“福建派注重的是卦与宅法的结合，用以推算主人凶吉，有较浓的巫术成分。”然后，作者列举了“八宅周书”“紫元飞白”“阳宅三要”与“阳宅六事”几种理法。前两种都是以主人的命相和宅的坐向、卦位来推定某宅于某人是凶是吉的。至于第三第四种，作者说，就是以房、门、灶为主要元素或者以门、灶、井、路、厕、碓、磨为主要元素进行住宅布置的，“颇似于今天的住宅平面布置”。然后，作者说，这“三要”和“六事”，“可追溯至古代原始崇拜中的五祀”。其实，列位看官在讲“五祀”的《礼记》和《白虎通》里，无论是原文还是郑玄注，都找不到类似于住宅平面布置或者可以教人联想到平面布置的话。

作者在这一段的最后着重地说：“总之，理法中杂有大量的玄虚荒诞的内容，但也不能将之全部归结为迷信。”为什么“不能”呢？有“哲学”吗？有“科学”吗？是生态学、气象学、环境学、天文学、地质学，还是宇宙气场、粒子流？作者竟“不着一字”，可惜并没有因此“尽得风流”。

所以，无论是从作者对形法还是对理法的介绍上，读者都根本不可能理解为什么作者在后面能得出风水“充当着中国哲学、科学与建筑的中介”的结论，而且凭什么质问“谁不会对风水发出由衷的感叹”？

或许这种评价是从这节风水的第二部分里引出来的，这部分里作者举出了两个风水术的“成功”例子。

第一个例子是明光宗的庆陵的选址。庆陵在营建过程中改变了布局，作者引用大学士刘一憬的话说：“新寝营建规制……形家以为至尊至贵之妙，不可剥削尺寸。”作者感叹道：“我们今天考察十三陵，其四周山岭环抱气势雄广，不得不佩服风水选址的成功，及建筑与环境艺术运用得无与伦比的高超。”但是，明光宗于1620年即位，当年就死掉了，庆陵是他的后任熹宗于天启年间完成的，二十来年之后，到崇祯皇帝就在煤山东麓的“歪脖子树”上吊死了。谁都知道，皇帝陵寝选址布局的“成功”与否，决定于它的风水是不是有利于“国祚绵长、世代罔替”，“至尊至贵”的子子孙孙们能不能一个个安坐在御座上“君临天下”。从这个“基本标准”考察，庆陵的风水是糟糕透顶，而这位作者所“不得不佩服”的“风水选址的成功”是“山岭环抱气势雄广”，竟完全文不对题，可以说和“万岁爷”们“不一条心”罢。

第二个例子也是文不对题。皖南黟县的宏村，原来村里没有河，明初永乐时候，风水师建议在村子中央挖了一个大大的水池叫月塘。认为这样就能“定主甲科，延绵万亿，子孙千家”。一百五六十年之后，到万历年间，月塘还不见灵验，风水师又说只有“内阳之水”还不足以保佑子孙逢凶化吉，于是在村子南侧再挖了一个南湖，作为“中阳之水以避邪”。事实很明白，挖月塘是为了子孙繁衍，而且多中科甲，开南湖是为了避邪。那么，风水术是否成功，就得看人口情况和科名情况了。但这位作者却写道：“月塘之水顺流而下，筑堤围成南湖，不但增加了贮备水量，也点缀了村景，成为村中最美的游息地。两塘之设，一举多得，十分成功。”又一次自说自话，文不对题。

此“成功”非彼“成功”，两个例子，都是作者把自己的成功强加到阴阳师的头上，如此写作，实在是太草率、太随意了。用这种“方法”，可以论证任何东西的“永恒的价值”。而且，作者眼中的“成功”，在两个例子里都主要是视觉效果，这是当今一般建筑师典型的价值观，既说不上“科学”，也说不上“哲学”。

这一节“风水”，第二部分的标题是“风水对明代建筑的影响”，只提明代，是因为这本书是一套五卷本皇皇大著的第四卷，写的是中国元明两代的建筑。这部分的第一条，叫“对选址的影响”。这个题目是“学院派风水大师”们无一例外地都最爱写写说说的，有些大师们甚至把选址当作风水术的全部，并且根据这一点来评价风水术的天文学、地理学、生态学、环境学、景观学、地质学、生理学、心理学和“宇宙气场”“粒子流”等等“科学”“哲学”和“美学”的“伟大成就”和“永恒价值”，而且当然不限于明代。

在这本书的这一节的这一部分的这一条里，作者写道：“相地选址一直是风水术的主题和首要使命……不仅村落受风水控制进行选址，城市选址大多也参考风水的原理。”

这种“选址观”是违反起码的常识的。古人，老祖宗，给村落选址是为了在这块土地上生存下去，选址的首要条件当然是看这块地方是不是有支持他们和子孙们生存发展的条件，而不是“四灵守中”“来龙翔舞”或者“建筑与山水间的和谐”，更不理会“现代格式塔心理学告诉我们”些什么。

农耕文明时代，农民最懂得他们需要什么样的生存环境，在村落选址上，他们远比阴阳师和“学院派风水大师”要聪明得多。

浙江省兰溪市永昌镇（从前是村）的《赵氏宗谱》在“序”里感谢老祖宗选址的眼光，说永昌镇“田连阡陌，坦坦平夷，泗泽交流，滔滔不绝”。这便是说耕地广阔，水源丰沛。有水有土，就活得下去。接着说，永昌“山可樵、水可流、岩可登、泉可汲、寺可游、亭可观、田可耕、市可易”。无论是生产还是生活，永昌的环境都是够优裕的了。这篇“序”写出了在广大农村里实际被普遍遵循的聚落选址的基本原则。这原则便是，一要生存，二要发展。

福建、广东一带的丘陵地区，水浇田比较珍贵，所以许多村落都挤在山脚台地上，让出一个个小盆地中央水源充足的好田供农业生产。反过来，村落里也可以少一点潮气，利于健康。例如福建省福安县的楼下村和广东省梅县的侨乡村（原寺前排、高田、塘肚三村）。

浙江省一些农村的选址，除了看水看地之外，还要测一测土壤的优劣。方法是在初步看中了一块有水有地的新址之后，春天再去种一点五谷，如果连续三年都生长茁壮，籽粒饱满，就是好地方。浙江省永嘉县的林坑村和理只村就是这样选定的。

相似的办法是，冬季大雪之后去观察，看哪一处雪融化得早，早的便是好地址。雪融得早，说明地温比别处高，日照充足，地表含水量低，在过于潮湿的南方，比较干燥的地方就少一点疫病。谢灵运的后人在永嘉县找到兰台山下建鹤垟村就是用的这个办法。

除农业以外的各种经济活动也会是聚落选址的决定因素。例如永嘉县楠溪江上游的上坳村，位于一条很陡的山岭的北麓，终年不见阳光。它面对黄山溪，建村基地很狭窄，耕地又零散在溪北的沟沟岔岔里，下田很不方便。黄山溪经常发山洪，一发起来，村里水深数尺，为害很大。这个小小的村子竟在如此恶劣的环境里坚持了几百年，理由是，黄山溪上游盛产毛竹，大量外运，外运最廉价有效的方法是编筏流放。黄山溪在上坳村以上水急滩险，不能放筏，村以下便能放筏，而且村边恰恰有一片宽阔平静的水面，上游的毛竹用人工扛来，到这里集中，编成筏子再流放。编筏、放筏需要一点经验，上坳人就靠这个行业过日子，宽裕略胜过一般山村。因此他们在这里定居而且坚守到如今。和上坳村相仿佛的还有江西省乐安县的流坑村，不过它经营的不是竹子而是木材。

还有一些地点是因为位于水路运输和旱路运输的交会点上，作为水旱转运码头而逐渐形成聚落的，如山西省临县的碛口镇，浙江省仙居县的皤滩镇，江西省婺源县的清华镇，等等。

几条旱路的交会点、渡口、岭根、旧驿站、古兵防驻地等等，都可能发展成为聚落。集后三个性质于一身的是浙江省江山县的廿八都。四川省合江县的尧坝镇，则是位于从泸州到赤水的川盐入黔大路的中点，距两头刚好各是一天的脚程。

一些特殊的自然资源也是形成聚落的重要原因。如瓷窑村、造纸村、某种矿产的坑口村等等。这类聚落的数量也不少。

所以，“村落受风水控制进行选址”的说法是站不住脚的。一般情况下，风水师至多在选址确定之后做一点“调整”，一点“禳解”，或者编造出一套“阴阳家言”来安抚人心，借以赚几个钱而已。控制选址的，主要只能是生活、生产的需要和安全的考虑。

浙江省宣平县（今属武义县）俞源村，传说老祖的灵柩在运送回原籍途中在这里过夜，第二天早晨竟被紫藤紧密裹住，抬不起来了，于是后人便在这里定居。福建省永安县垟头村，传说老祖“赶石佛”回乡，走到这里，佛像忽然如生根一般再也赶不动了，于是子孙在这里定居。

这两桩“风水”神话，是编造出来诱导村民在村子里“老老实实”地居住下去的。这是农耕文明时期宗族制度的利益所系。类似的“神话、鬼话”，几乎到处都有。四川省资中县的铁佛村，就是开基祖“赶铁佛”，走到这里铁佛不走了，于是在这里定居，可见这种故事是阴阳师的老套。

这位“风水”一节的作者写道：“风水术已总结出一套有关选择村基的理论，即所谓的：背山面水，山龙昂而秀，水龙围抱，作环状；明堂宽大；水口收藏，关熬（疑为煞）二方无障碍等等。在这种原则的影响下，诸多村落的外部空间呈现出同构的模式，也就是枕山、环水、面屏。”另一些“学院派风水大师”则把“四灵守中”作为中国乡村聚落的普遍模式，从而生发出许多对乡村聚落的景观环境的和谐、完整的赞叹。

风水术士倒确实是把这些模式作为理想的聚落环境之一的。但实际上，符合这些模式的聚落非常之少，因为符合这些模式的环境本来就不多，偶或有之也未必适合于生存发展的需要。各地宗谱里，如那位作者所说，都有些遵从这类模式的风水舆图，但那些图绝大多数是宗族的祖坟、阴宅，而并非村落、阳宅。表现村落的“族居图”很少，只能偶或一见。这一点作者本来是应该老实说明的。阴宅的选址比村落选址要容易得多，因为所需的条件少，而且，如果认真到现场核对，就能发现，那些舆图大多是极不准确的，颇有造假的嫌疑。阴阳师歪曲真实的地形地貌，去凑合“模式”，这样，合乎“模式”“同构”的坟地就大大地有了。事实上哪儿有那么多！至于村落选址，毕竟还是首先要考虑生产和生活的实际需要，要的是“可耕、可灌、可汲”，而不是当今建筑师最心仪的自然环境的均衡、完整、和谐。

村落选址中说得最普遍的是“喝形”。“喝形”也并不是简单的借“生肖动物”来比拟，判定“吉凶衰旺”。常见的“喝形”有卧牛形、牛饮形、游龙形、蟠龙形、双龙翔舞形、虎坐山形、跃虎形、奔马形、飞马形、马鞍形、钗股形、风帆形、张弓形、舞袖形、船头形、銮驾形、旗鼓形、覆磬形、琵琶形、玉匙形、金盘形、罗汉肚形、美女献花形，实在是有无穷无尽的“形”，阴阳先生可以随时编造，加上几句或宜或忌的“箝语”就行了。

“箝语”大多文理不通，颠三倒四，杜撰的暗话连篇，反正农村里也没有人懂，甚至没有人打算弄懂，一般的阴阳先生文化水平不高，就凭这种“本事”弄点儿糊口的钱粮而已。宗谱里也常常记下些在乡文人“精研堪舆之术，通晓阴阳易理”，他们大多是落第居家无事可干的闲人，自己连起码的功名都弄不到手，还给人看什么阴宅阳宅的地块朝向能出状元，岂不可笑。至于“哲学”“科学”或“美学”，更是风马牛不相及的了。

皖南、江西、福建、浙江、广东的乡下，每个村落都会有一则、两则甚至几则风水故事。冬日负曝，夏夜纳凉，坐在桥头或者路亭里，听故老们兴致勃勃地道来，倒很有趣味。这些故事一般都先说本村的风水原来多么多么好，应该出状元、阁老甚至皇帝。但说到兴高采烈处，长叹一声，说，某山上一块石头滚下来了，某条新开的路冲了某座山头了，某道河闹了一场蛟龙之后水量小了，以致本来大好的风水坏掉了，村人只好受穷，连个中学生都没有。说得最神的，是在北京坐龙廷的朱元璋（其实他没有到过北京）一天晚上看到南方有一股紫气冲天，大吃一惊，叫刘伯温（他也不在北京）掐指一算，算得浙江省有个地方要出皇帝。于是皇上立时三刻派了御林军一路寻龙脉而来，找到宣平县俞源村的锦屏山上，发现紫气就从祖坟上冒出。御林军赶紧挖开这座祖坟，发现尸体不腐，而且全身已经长满了龙鳞，只待龙睛一开，就要化生为真命天子了。于是御林军立即在坟边挖了一条沟，断了龙脉，第二天尸体就腐烂了。这个村子终于没有出天子。这个最终的结局不知道是不是也已经早由风水决定下了，这一点阴阳师是不肯说的，阴阳师总要留下一个谜团才好混。或许这就是所谓“天机不可泄露”罢。阴阳师们有一句行话，叫“风水看隔代”，就是说，风水的吉凶要到第三代才见效。

这样至少他自己就混过去了，三代以后的事，谁管得了？几十年里，能“改变”风水吉凶的意外事件随便就可以说出多少来，骗骗忠厚而愚昧的农民有什么难的！上当受骗的事多了，农民就不大在乎了，他们爱聊风水，但也是当个故事说说罢了，没有谁当真，倒是觉得我们这些爱问爱听的人有点儿滑稽。

不过，田夫野老们传说的风水故事，可以教我们知道，在漫长的宗法制农耕文明时代，农民们希望着什么，追求着什么。如果我们真正认真地调查过、分析过，就可以发现，祖坟或者村落的风水所反映出来的，农民们第一个愿望是子孙繁衍。所以，“老蚌含珠”“美女献花”“蜂腰”“男根女阴”这一类“喝形”的村落数量最多。其次，是希望子孙们“科甲连登”。科甲成就是贫困的农民攀升社会阶梯的唯一道路。取了功名，便可以当官，当了官，那说不尽的好处是大家都知道的，所以，“文笔蘸墨”“文房四宝”这一类“喝形”的村落也不少，如果风水在这方面有缺陷，还可以采用在村子的巽位造文峰塔或者文昌阁这类办法来补救。

许许多多现实的因素都是人们选择定居点的根本原因，形成聚落以后，在民智未开的农耕时代，还需要一种超自然的信仰或迷信来加强人们对所居住的地点的信心，这就是风水。阴阳家们编造出一些说法，使人们相信，山、水、地形等自然因素能够决定居住在某方土地上的人们的吉凶祸福，他们要说服人们，经他们选择或稍加改造过的环境是一方“吉壤”，只要老老实实在这里居住下去，就能子孙繁昌，从而培养居民对这块土地的依赖心理甚至眷恋。迷信命运，这是专制统治者希望于民众的；依恋土地，这是宗族的稳定和团结所需要的。因此，特别重视风水的，主要是南方各省以血缘村落为主的农村社会。在宗族共同体遭严重破坏的北方地区，风水就不很受重视了。

这篇杂记已经太过于冗长，本来早该收场，但写到这里，还有几件事要说一说。虽是零碎，因为“学院派风水大师”常常提起，不得不再噜苏一番。

第一件要从那个“四灵守中”说起。所谓“四灵守中”，就是风水著作《阳宅十书》在“宅外形第一”那节里说的：“凡宅左有流水谓之青龙，右有长道谓之白虎，前有汙池谓之朱雀，后有丘陵谓之玄武，为最贵地。”类似“四灵守中”的好“形局”是：村落背后有祖山、少祖山，前面有朝山、案山，左右有浅阜长冈，叫龙砂、虎砂。前面已经说过，这两种理想的环境其实很少，何况还要首先满足“学院派风水大师”从来不屑提起的“可耕”“可樵”“可灌”“可汲”这些生产与生活所必需的条件，因此符合“四灵守中”模式的村落就更如凤毛麟角了。《阳宅十书》说这种环境“为最贵地”，意思之一应该就是它稀少。但当代“学院派风水大师”编的一本《风水理论研究》里，一位先生紧接在这句“为最贵地”之后却说：“现实生活中有许多这方面的例子。”大概是他眼中这种村落太多了罢，他连一个例子都懒得举。既然“有许多”，那么，“四灵守中”之地还有什么可贵呢？岂不闻物以稀为贵乎？这位先生接着说：“对于农耕居民而言，养殖用的水池，丘陵上的竹木，洗涤用的流水，方便的交通都具有实际的生产生活价值。这种理想的住宅环境（即‘四灵守中’）不正是对生活需要的理论升华吗？”这位先生倒是极难得地提到了“生产生活”，但是，他大事赞赏风水为“天人合一”的“有机的自然观”，不知为什么却忘记了风水是极重视水池、丘陵、流水等等前后左右方位的，没有一定的方位就没有“四灵守中”，就排除了罗经在风水术中的作用，就没有风水术，这似乎是要说说风水术的人的起码常识。所以，这位先生的议论，也是“文不对题”。

几位“学院派风水大师”拿这个模式大做文章，说这种环境如何有安全感，有均衡感，有“天人合一”的和谐感，有“中庸之道”的传统文化精髓。又一次，他们只着眼于建筑师最习惯的视觉感受，而不去了解对象的实质，因此也犯了“文不对题”的毛病，就像那位中国建筑史第四编中“风水”一节的作者赞美永陵的“选址成功”一样。

这里就应该弄明白为什么把“四灵守中”作为“最贵地”的真实含义，也就是本质性的意义，它“贵”在何处？原来它是大权势的象征。《礼记·曲礼上第一》里有一段话：“行，前朱雀而后玄武，左青龙而右白虎，招摇在上，急缮其怒。进退有度，左右有局，各司其局。”说的是大权势者出行的时候，旌旗招展，神气飞扬，前后左右的队伍在旗上各绣四灵之一，作为部队的标志，指挥行止，队伍严整有序，职责分明。这个场面烘托出大权势者的威风，一个村子的环境如果能比附上这种形局，那就会出这等大人物，当然这风水就“贵”得不得了了。这模式追求的是当“人上人”，而不是“天人合一”和“中庸之道”。

第二件要说的是那个“反弓水”和“玉带水”，就是在河流的弯曲处，村落选址应在弧线内侧（汭位）而不可在外侧。所谓“水抱边，可寻地；水反边，不可下”。现代的“学院派风水大师”屡屡拿这一条作为风水术的科学性的证据，因为河湾的弧线外侧是冲蚀岸，容易坍塌，而弧线内侧为沉积岸，比较安全，可见古代阴阳师颇有地理、地质学的见识云云。

其实这也是“文不对题”。风水术，尤其是江西派的形法（形势宗），总要拿地理环境的“形”来立说。弯曲的河道从“水反边”看，像一张弓，所以叫“反弓水”，从“水抱边”看，像大官们蟒袍腰际的玉带，所以叫“玉带水”。在“水反边”造房子，就暴露在弓箭放射的方向上，会中箭而伤亡，不吉。相反，在“水抱边”造房子，河道像玉带缠腰，村子里必然要出高官，岂不是上上大吉。

这并非我的杜撰或臆测，有书为证。《阳宅十书》写道：“门前若有玉带水，高官必定容易起，出入代代读书声，荣显富贵耀门间。”《地理五诀》则说“玉带缠腰，贵如裴度”，此玉带与彼玉带合二为一了。

建村落于“汭位”，首先是喜爱“玉带”的象征意义，而不是它比较安全，这说法至少有两个证明。一个是，在江西和福建，在没有弯曲的河道的地方，也就是没有“玉带水”的地方，住宅院内的水一般都从大门台阶的右侧排出，以半环形绕过门前台阶，流向大门左侧再排走。就是说，利用地表水在宅前造成只有几米长的一段微型“玉带水”，那么“高官必定容易起”了。另一个是，村里的巷道，如果有弧形段落，位于外侧“弓背”的住宅绝不能直接向巷道开门，以避免弓上搭箭，射坏了一家子的命。而弧形巷道的外侧并不像弧形河道的反弓岸那样会有什么冲蚀的危险或其他的危险。这两个例子说明，“玉带水”的象征意义远超出冲蚀或沉积的实际意义。

第三个要说的问题是关于“水口”。当今的“学院派风水大师”和一些建筑研究者都发现，在南方一些村子里，水口建筑群是非常美的，不但有山、有水、有树，而且建筑也有楼有阁，有桥有庙，参参差差，玲玲珑珑，十分美观。而水口是风水因素，因此，风水术等于景观学、生态学、建筑学、规划学等等的说法就“油然”而生。

那本大著作的“风水”一节里，就有专门一段写“水口”，说它是“风水对环境处理的独特成就”。这其实又是一次“文不对题”，是把今日建筑师的观念强加给当年的风水师。

景观优美的水口大多在南方丘陵地区，在那里，有不少村落位于不大的盆地之中，“水口者，一方众水所总出处也”（缪希雍：《葬经翼》），也就是小盆地里流水的总出口。按风水术的说法，水是财的象征，财对村民当然有极大的意义，不可轻易流失，所以，水口要“关锁”，就是最好有狮山象山或龟山蛇山隔岸相对，把水流逼得打一个弯，这样，水就不是无情地“一泻无余”，而是显出“去水依依”的情态。但去水是不能真正堵塞的，所以，就要用庙宇、亭阁、桥梁、水碓、文笔和树木等等来共同掩蔽水口，象征性地加强关锁。传为朱熹所著的风水书《雪心赋》说，“去水最怕直流”，“水口之地贵于有关栏，不见去水为妙”，若“水口关栏不重叠，而易成易败”。何聪明注：“水口之地贵于有关栏，不见去水为妙。若关栏之沙（低山）有而不重叠紧闭，仍见去水，则主易成而也易败，发福不能常远也。”为什么要用庙宇、文阁之类去加强关锁水口，因为庙宇、文阁常有祭祀活动，“钟鼓相惊，恐居之不安”，为免法事、道场等等扰民，所以要把它们造在村外。既然水口需要关锁，当然，如《雪心赋》所说“坛庙必居水口”，一举而两得，为最佳选择。

江西《芳溪熊氏青云塔志》记载：“水口之间宜有高峰耸峙，所以贮财源而兴文运者也……自雍正乙卯岁依形家之理于洪源、长塍二水交汇之际特起文阁以镇之，又得万年桥笼其秀，万述桥砥其流，于是财源之茂，人文之举，连绵科甲。”青云塔就是文峰塔，文阁就是文昌阁，都主文运。芳溪四面皆山，水口既是小盆地众水的总出口，当然地势最低，风水术认为，在最低处造塔或阁提一提势，就能兴文运，大发科甲，所以文峰塔和文昌阁多造在水口。

这就是风水术数关于水口的说法。水口既然有水有山有几百年的老树，加以桥、亭、庙、塔这些建筑物等级比较高，体形变化大，形式又自由，当然水口建筑群就容易活泼、丰富、多变。加以水口又是一村的入口，一村的门面，村人不免要仔细经营，那些特别美的水口建筑群，都要归功于“劳动人民的创造”，而和风水术并没有直接的关系。事实上，不特别美的水口还占着多数。把一些优美的水口建筑群看作风水术在景观、生态、规划和设计上的成就，是毫无道理的。

第四个要说的问题是，既然“学院派风水大师”们要把风水术说成是“科学”“哲学”“巫术”的三结合，那么，起码风水大师们自己得注意在学术工作里讲点儿科学精神。立论的时候概念要明确，推理要合乎逻辑，论述要严谨。前面已经提到过，那套大部头著作第四卷的“风水”一节的作者，含含糊糊把宗谱里的祖坟阴宅图充作村落阳宅图来立论，这里不必再去说它，只再说两点补充。第一点，他说：“平原地区则属于‘洋法’，所谓洋法，是以水为龙，坐实向虚，得水为止，于是这类地区的村落外部空间模式为‘背水、面街、人家’。如江苏、浙江一带村镇均呈此种家家尽枕河的格局。”这一段话有意思不明确的地方，用“于是”连缀的推理句式也不能成立，都姑且置而不论。但必须指出，这段话里有一个“均”，一个“家家”，用了两层全称肯定判断，则离事实太远。江苏、浙江，只有一些位于河网地区的城市和比较大的镇，如苏州、绍兴、温州、周庄、乌镇、西塘等，才可以用诗人的语言夸张地说“家家尽枕河”。这样的城镇，在江浙两省也为数不多。而所谓“坐实向虚”，照作者的意思，就是“背水、面街”，那也完全错了，“坐实向虚”，指的应该是面对河流，而“枕河”“背水”，则河在后脑勺一边。在那些城镇里，事实上有许多“半边街”，街沿河岸走，“人家”既面街又面水，甚至有些人家是“面河、背巷”的，河就是街，河里小船来来往往，卖些针头线脑、油盐酱醋，也会回收些鸡毛蒜皮、破铜烂铁。至于丘陵地区的村落，也有引山水进村，形成街巷-沟渠网的。沟渠既供流水又排废水，住宅里用水、排水的环节主要在厨房，而厨房多在住宅后部，所以住宅多以后部临渠，便有了“背水枕流”的情况。但也不多是“家家”如此。历史著作，总以少用诗人语言为好。

因为饮食和日常用水，除了沟渠之外，还可以由井、塘、河等供应，而雨水的排除，则只能依靠沟渠网的自流。所以，沟渠网的主要用途是排除雨水，而街巷自然以沿沟渠网走为最好。如果在比较平坦的地方，一些村落会先做一个“竖向设计”，处理好排水问题。这并不难，农民们都会做水稻田自流排灌的“竖向设计”，有些有条件的村落在建屋之前先引水进村形成街巷-沟渠网，除了方便生活之外，更重要的倒是为了确定街巷-沟渠的坡度走向，解决雨水排出的问题。用水来“取平”是有关建筑的古籍里早就提到过的。所以东南沿海各省的古村，台风一来，暴雨倾盆而下，雨后村里并不积水。倒是现在，古村落里造起几幢白瓷砖新楼之后，破坏了几百年用之有效的排水系统和街巷坡度，雨后积水长期排不出去，成了墨绿色的臭塘，蛤蟆乱叫。因为水流对地势的高低变化十分敏感，所以为了排除雨水，在看起来似乎相当平坦的地方的古村落，街巷-沟渠网也大都是弯弯曲曲。只要给这些古村落做一个测量图，就能发现，村里的街巷-沟渠网是和水稻田里的田塍网一样的。水田要自流地灌水排水，受小地形影响，田塍哪有笔直的？街巷-沟渠网也一样。凡与生活和生产有直接关系的事和物，决定它们的都是实实在在的原因，风水和中庸之道的哲学根本起不了决定的作用，哪里能控制村子的选址、布局？

第二点，那一节书的作者写道："风水忌讳住宅背众，而要与其他房屋朝向保持一致。对于屋前空地不能两边低而自己独高，过低又不行，只能是人高而己略低。其实是'中庸'思想的体现，利用风水吉凶来有效地达到目的，从而调节了住宅组团之间的空间关系，使众多住宅自发地趋向秩序化的格局。"我不得不坦白交代，我实在看不懂这番话。不但搞不清"中庸"和"自发地"这些词的"哲学"内涵，而且搞不清它所叙述的情况究竟是什么样的。经过反复苦思，隐隐约约猜度，倒生出了或许可能存在的疑问：如果家家都采取"人高而己略低"的方针，我就会困惑地问，那么谁家在略高的地方造屋呀？最后岂不是只有一家住宅才造得成？而且，下雨天怎么排水呀？事实对这条中庸哲理是不大恭敬的：如果在山坡上，多数村落会先在低处但又不怕涨水的位置造房子，然后陆陆续续往高处造。

至于住宅忌讳背众，"要与其他房屋朝向保持一致"，这是一句笑话，街道两侧，东西、南北，住宅房屋的朝向怎么可能一致？

关于这最后一个问题我还要再说最后一个例子。在前面提到过的那本《风水理论研究》里的"代前言"有两句话，第一句是："风水形势说的理论，既具有严密精审的科学性，更具有表述精练、富于辩证的特质，并不稍逊于当代相关理论。"相隔不过八行，它又说："风水理论也同一切传统学术一样，没有也不可能摆脱迷信的桎梏和羁绊，没有也不可发展成为完全科学的理论体系。"这两段话能并存吗？"没有也不可能摆脱迷信的桎梏和羁绊"的风水能"具有严密精审的科学性"吗？这是开玩笑呢还是说正经话呢？

最后，奉告几位"学院派风水大师"，近年来各位兴致勃勃地谈论诸葛"八卦村"和俞源"二十八宿"村，那是上了大当。那两个蛊惑人心的“发现”，其实是1990年代后期才编造出来的谎话。什么人编的，什么情况下编的，为什么要编，编了之后得了点什么“好处”，我都一清二楚。哪位有兴趣，我可以详细奉告，毫无保留。

（原载《建筑师》，2005 年 4 月）

（八九）

春意正浓的时候，到粤南和澳门去了一趟。粤南主要是去深圳，那里有许多老同学，都是深圳的第一批开拓者和建设者，奇迹的创造者。二十几年了，我还没有去看望过他们。其次是惠州，有一位朋友热情地相邀，他知道我将近二十年来主要干的是乡土建筑研究和保护，要我去看几个村子。中间夹了去一趟澳门，因为有两位杂志编辑，要编一期澳门专刊，为它的古建筑申报世界文化遗产助一把力，拉上我当个帮手。

最高兴的是见到了老朋友，我是一直惦记着他们的；最意外的是知道了原来澳门曾经是那么一座可爱的滨海小城，典雅而亲切，过去却以为那不过是一座赌城，专门拉贪官污吏们下水的。惠州则让我看到一些特色老房子和相当完整的老村子，更佩服当地的负责人已经着手在保护它们。

到澳门去，主人是特区文化局，由它下属的文化财产厅负责接待，厅长陈先生和高级技术员黄先生陪了我们整整四天。四天里，白天加晚上，我们把澳门的几个重点地方看了看。过去之前，深圳的朋友们说：澳门嘛，半天就看够了。可是我们还远远没有看够。

澳门是西方人在中国的第一个落脚点，是西方文明传入中国的第一个门户。作为中西文化交流早期使者的传教士和商人都是由澳门入境的。从16世纪中叶开始的澳门的开辟是中国现代化的起点。朋友们告诉我，在葡萄牙和澳门，保存着多达几十万件的档案，完全可以拓建一门“澳门学”。

我不懂葡萄牙文，又已经是风烛残年，完全没有勇气去偷眼窥探一下“澳门学”的堂奥。不过，我们都知道一句老话：建筑是石头的史书，澳门四百多年的历史，都在它的各类建筑上一一留下了记录，我去看看它们，聊慰一下心头的怅惘。

葡萄牙人是认真的，他们一丝不苟地建设着澳门，并不因它远在多少万公里之外而马马虎虎。城市规划得有条有理，建筑的质量很好，类型很齐全。就风格而论，以古典主义的建筑为多，不过教堂则多为颇有节制的巴洛克式的。这两种风格的建筑，都是不能偷工减料的；财力一不够，功夫一不到家，立刻就会显出寒酸粗俗相来，如我们现在的“欧陆风”建筑。而澳门的大小建筑都没有这种寒酸和粗俗，中规中矩，很有品位；建筑物不大而优雅，广场不大而宁静，街道不宽而曲折有致。相比之下几个教堂的规模可不算小，也够精致。

这座海角小城，很像欧洲地中海沿岸的小城，和谐的生活气息浓郁，适宜于居住。更使我们感到兴趣的，是中西文化非常融洽地相处，甚至相渗透。著名的大三巴教堂边缘，一座小小的哪吒庙缭绕着香烟，清末民初写了著名的《盛世危言》的郑观应（1842—1922）的故宅里，优雅的鹅项轩坐落在有力的多立克式柱子上，竟会那么合拍。长长的过去的风流场所福隆街，中西建筑的手法、因素以及趣味相互融合，已经难分彼此。

澳门特区政府为保护这座美丽怡人的小城，决定把它申报为世界文化遗产。起初分别提了十二个项目，后来，接受了人家的建议，认识到只着眼于一个又一个建筑物和小广场，没有整体的、系统的眼光，澳门的保护是意义不大的。必须把澳门作为一个完整的系统来保护。认识一进步，眼光就敏锐了，原来认为“价值不大”的部分，如一些街道，一些小空间，几处公墓，几处绿地，当把它们和原先那十二个项目联系起来看之后，发现它们本来是城市整体不可缺少的部分，价值很高。因为它们把十二个项目连缀为整体了，把零散的字句和章节构成了一本史书。于是，澳门的文化局就决定把老市区的大部分，整体地保护下来。

用系统的整体观来看老城区、老聚落，而不是孤立地评价一幢幢的建筑物，这是老城区、老聚落保护必须具备的眼光。

在澳门这座西方风情的小城里，还夹杂着一些很地道的广东式老房子，如哪吒庙、妈阁庙、关帝和财帛星君庙（三街商会）以及小店铺和几座大宅。虽然这些庙宇都很小，质量不高，大宅又破坏得非常严重，文化财产厅下了决心都保护它们，因为正是它们几百年来和洋房和谐相处，才形成了澳门作为中西文化交汇场所的特色，没有这种特色，澳门的历史就不能确切地记录下来。

为了保护几座大宅，文化财产厅的先生们坚定不移地做了大量的工作，他们花了整整十年的时间把四千多平米的郑家大屋里面的一百八十多户五百多人安排到他们满意的新住宅里，又用繁华的市区的黄金地块向大宅所有者换下了产权。卢家大屋曾经住着二十多户，它的维修用了三年时间才完成。郑家大屋正在全面维修，维修严格地按国际惯例去做，什么“最低程度干预”“可识别性”“可读性”“可逆性”都一一遵守。卢家大屋的一个房间装成了卫生厕所，这厕所其实是套在老房间里的一个独立结构，四壁全是新砌的，可以拆除而丝毫不伤及老屋的一点点墙皮。郑家大屋的门窗槅扇，像东南沿海民居普遍的做法一样，原来用一种叫作日月蚝的平片状半透明的壳代替糊纸。福隆街香巢的大面积槅扇镶的也是这种日月蚝的壳。这种蚝过去从浙江到广东的海涂里都大量地有，现在却几乎找不到了。他们派人沿万里海疆一路找下去，最后在汕尾一小段滩涂上找到了，终于把大屋的槅扇按原样恢复。我向黄先生讨了两片，小心翼翼夹在笔记本里，或许它们不但会教人记得古建筑保护，也会记得自然环境的保护。可能要不了多少日子，我们就会既哀叹古建筑槅扇的无法照原样修复，也会吊唁海涂上一种可爱的生命的消失。

我有一位同学，一向对古建筑保护很冷淡，甚至不大以为然。前几年他到欧洲去游学，待了年把回来探亲，一见面就告诉我，原来欧洲人维修古建筑是那么投入，津津有味，乐在其中。他受到了感动，大大改变了对古建筑保护的态度，甚至表示愿意在那里好好学一学这方面的知识。我们澳门的朋友们在古建筑和古城区的保护中，也同样是兴致勃勃，一丝不苟的，很使我感动。

郑家大屋和卢家大屋都在市中心区。已经维修完毕的卢家大屋用作文化活动站，除了四时八节的民俗活动，从附近居民到国外艺人都常常来演出。我们只在澳门逗留了四天，没有赶上那种场面，但从墙上挂着的大幅照片上看到，小小的厅堂里、天井里和厢廊里挤满了人，演出者裹在人群中，只保留一小块施展才能的空隙，他们那眉眼，那身架，都洋溢出感情和生气，教人仿佛听见他们婉转的歌唱。这样的文化活动，温馨而亲切，喜兴得很。一座曾经破败得一塌糊涂的贫民窟，几乎教人失去修缮的信心和勇气，如今竟给人们带来这样美好的生活点缀，我们和澳门的文保工作者们同样感到无比的欣慰。我特意嘱咐同去的年轻编辑，一定要讨到修缮前的照片，好教一些借口“危旧”“破破烂烂”而打算拆毁古建筑的人们感到惭愧。氹仔的小巷、老妈井小隙地，那种安宁、亲切甚至甜蜜的生活气息，也绝不是车水马龙、高楼大厦的搅拌机式的城市景观所能比拟的。高度的文明，不仅仅是技术和物质，它需要更多的文化氤氲。只有那种恬静的和谐的精致的生活环境，才能培育出有教养、有理想、有爱心的人来。这本是我在欧洲的小城镇里感触到的，在澳门也同样感触到了。

澳门的生活也有另外一些方面，这些方面也作为社会历史的一部分凝固在它的老建筑中了，例如典当行、大烟馆、妓院、炮台，当然还有闻名世界的赌场。澳门的文保工作者没有去“净化”澳门的社会史，他们也小心翼翼地保存并且修缮了这些历史记录。那一条当年莺燕花柳之地的福隆街，几十家娼户整整齐齐地排列在街道两侧，底层一色排档门，二楼整面的花槅窗，这恐怕是天下独有的一条特色街了。现今大都是些零售店，多卖闽广特产的肉片、肉干和肉松，也有些小吃，主要是做旅游买卖的。

社会生活非常复杂多样，它们都会通过建筑留下历史信息。社会生活是一个完整的系统，古老建筑因此也会形成一个历史信息的系统。古建筑的价值有许多方面，作为历史信息的携带者是它们价值的最根本方面。只有古建筑群体成为系统化的全面的社会历史信息携带者的时候，它们每一个的价值才能最完美地实现。所以，保护古建筑要从一个适当的群体着眼，而不是东一个、西一个；要从社会历史信息的系统完整性着眼，不是只看哪个建筑漂亮、美观、雄伟、庄严，是“景观要素”，是“对景”等等，否则便认为“没有价值”。一个完整的社会是多方面的，有健康的，有不健康的，但历史信息没有健康不健康之分，只有真实不真实之分。文保工作者，必须从历史的高度去认识文物建筑和它们的保护工作，这样才能真正了解古建筑的价值和保护工作的意义。

澳门的文保工作者深刻地了解这些，作为行政主管的文化财产厅厅长，陈先生在香港大学建筑系担任着文物建筑保护的专业课程。他本来是一位信息工程学者，后来在工作中转变成了文物保护学者，成了行业的高级专家，我真希望，我们内地各省“分管”文物保护的厅长们，有朝一日也都有本事到大学建筑系开这么一门课。

澳门文化局的朋友们还“从娃娃抓起”，培养人们对文物建筑的认识、感情和责任心。他们在小学和中学开设课程或者讲座，发展“文物大使”，成立“文物大使协会”，吸引许多年轻人直接加入到文物建筑保护工作中来。节假日举办各式各样的活动，带领男女老少参观文物建筑，了解它们的意义和价值。我们见到了几幅这类活动的照片，热热闹闹的很红火。在好几幅照片里，主持人是文化财产厅的高级技术员黄先生。给我们做工作报告的也是他。他的报告，基本理念、价值观和方法论原则都讲得很好，而且报告的结构非常严谨，讲得又生动，精气神十足，我听得甚至激动起来。我想，我们大陆各地，其实有许许多多机会向年轻人和旅游者普及文物建筑保护的知识，只是很少有人动脑筋去做这件工作。比如，在报纸上和杂志上开辟一些专栏，发表些有趣的短篇文章。现在已经出版了许许多多旅游书，可以说“汗牛充栋”了，如果在一部分旅游书上附一页保护文物建筑的常识，也未必是办不到的事。

在小学、中学和大学里，利用多种机会向青少年们讲讲文物建筑的意义和价值，哪怕一次只有十个人来听，其中又有五个是淘气包，那也有五个人听见十句八句的了。

在参观的途中，我向澳门朋友提了我一直憋在肚子里的问题，一个是他们的工作经费有没有足够的保障，一个是工作中有没有从各方面来的干扰。他们回答得很轻松。第一，每年向财政局提出的预算都会被打个折扣，但仍旧足够，没有因为经费不够而耽误了工作的事。第二，从居民方面来的干扰，因为有充足的经费，都容易化解。我不得不提示，我最关心的是从“上面”来的干扰。他们对这个问题显然很感到意外，说，怎么会有这种干扰呢！政府的每个职能部门，都有极完备而详尽的工作条例章程，规定了责任和权力，只要按规章办事，没有人能来干扰。“上面”不会来多管闲事，因为他也要按他必须遵守的规章办事，不能越权。公务员一年一聘，工作做得好，本人又乐于继续干下去，就可以接着聘任，陈厅长是二十七岁开始干这一行的，今年不到四十岁，已经干了十几年了。他们好像并不在乎干几年就得“提一提”，敬业得很。

不懂事的“上面”，颐指气使地干扰职能部门的工作，而职能部门中的公务员，又必须俯首帖耳服从“上面”不论多么荒唐的指示，这是我们体制里的癌症。即使新规定说公务员可以不听“上面”的话，他们的去留、升迁、工资都捏在权力无限的“上面”的手里，怎么办呢？

不过心里有点遗憾。遗憾的事在澳门也有，那就是近年以来，大量资本涌进澳门，爆发式的房地产开发大大破坏了澳门小城的和谐以及它和自然环境之间的和谐。在典雅的、宁谧而舒适的小城上空，森林一般升起了十几层、二十几层的高楼大厦。填海工程大规模进行着，澳门人说，从早到晚，四面八方都在打桩，身子被震得一哆嗦又一哆嗦。不久之后，澳门最繁华的新市中心将是一条很长的赌场街，规模比原来的赌场大了不知多少倍，而它的业主是谁呢？不好说清楚。

不好说就不说罢，我们回到了深圳。

深圳很美，至少没有北京金融街那么丑的地方。深圳很新，看不到古老的房子。但是，规划局的老同学说，要带我去看一看老房子。在我刚到深圳那天，正巧市里的一个什么会议决定把今年2005年作为深圳的“文物保护年”，所以我就有了这么一个机会。

去看老房子之前，老同学先给我看了一本十来斤重的大书，是深圳老房子调查报告的初稿。随便翻翻这本书，手腕子也得有把子力气，但我兴致勃勃地来回翻了几遍。工作做得很深入很详尽，如果再加上一些必要的测绘图，这就是一本很好的《深圳文物志》了。说实话，那些老房子，哪一座都比不上北京城“弃之如敝屣”般野蛮拆掉的四合院。真是哪壶不开偏提哪壶，老同学就提了这么个问题：这些老房子的质量比北京的差远了，还有没有保存的价值。这是个常常遇到的问题，我听多了，于是挺老练地回答：没有哪个人会因为母亲长得不如电影明星漂亮就扔掉母亲的照片，母亲身上寄托着他最深沉的爱，寄托着他大半生的记忆。这个回答并不十分贴切，不过也不是不着边儿。老建筑携带着深圳的历史信息，任何其他地方的老建筑，不论多么辉煌，都没有这些信息，它不可替代，不可像外资那样“引进”。为了保存深圳的历史厚度，为了丰富深圳的文化内涵，为了维护深圳城市景观的多样性，为了记住开拓者的功绩，保存那几座侥幸遗留下来的老房子，都是只有好处，没有坏处的。已经是最后几座了，深圳不穷，不必盯着那可怜的几块不大的地皮眼红。

头一天看了几座三堂二横、九井十八厅的大屋，都远远在特区四乡。第二天很精彩，看了一座海防大鹏卫所和市中心的一处老民居群。我之所以这样不指名道姓地写“老民居群”，不是为了保护它的什么隐私，而是因为笔记本丢了，又不会使电脑，不能发电子信去询问。卫所残损得很厉害，几乎所有的公用建筑都已经毁掉了，不做一个深入的保护规划，零敲碎打地维修老宅子，不是好办法。好在“文物保护年”已经开始，如何把它保护好的问题必定会提出来的。

那一处老民居群在深圳开发之前本来是个小村子，现在位于市中心了，做个比方，位置就像北京的东安市场，寸土寸金。不过规划局里的老同学说，要保护它，也不会有经济利益的考虑。那就谢天谢地了。这小村子前部是一座宗祠，好像是张氏的，当初黄埔军校的学员东征陈炯明的时候，指挥部曾经在里面驻过。村子是行列式的，有几纵几横的巷子，房舍比肩排成长条，面积不大而紧凑，看看墙砖的质量和博风上的堆塑，当初还是颇有点儿身份的。现在满村住着些菜贩子，据说有黑社会势力。本来规划局老同学头天就要带我去看的，有点儿晚了，怕进村不安全，才改到第二天去。第二天也没有细看，没有进住宅，只在几条巷子里走走。这村子当前的问题是社会学的，不是文物保护的，得慢慢来，不能着急。

广东、福建、江西，都有一些行列式兵营般的村子，从村子和村舍的格局上看，很像上海的弄堂。上海弄堂房子是照搬英国工业革命后的工人住宅区的。不知这些村子是不是也模仿了那些工人住宅区。据吴仰贤《小匏庵诗话》记载，道光年间举人沈慕琴就曾在游历广州时候写了一首长诗叫《登西洋鬼子楼》。另一位道光年间诗人叶调元写了《汉口竹枝词》，其一是："华居陋室密如林，寸地相传值万金。堂屋高昂天井小，十家阳宅九家阴。"所写也很像工人住宅区。看来，三省的行列式农村，未必不可能沾了点"西洋鬼子"气。当然，这种悬测只不过是谈助而已，要当真还得找证据。值得一提的是当年在学校得了个外号叫苏格拉底的老同学，在规划局里管着点事儿，当晚答应把这个村子圈进"紫线"，列为保护对象了。

发展的初期轰轰烈烈地大拆旧城、旧村、旧屋，新城建设得有点儿模样了，脑子冷下来一想：留下点儿老东西不是也挺好嘛！可惜这时候老东西已经七零八落，尤其是精华部分已经片瓦不存了，于是只好叹气。这出悲剧从五十年前北京的"梁陈方案"被批判的时候起就注定了要在全国普遍演出。有人把古建筑和古代文化成就一概叫作负担，认为一张白纸，才好画最新最美的图画。一个祖祖辈辈创造了几千年文明史的地方，积累着多少无价之宝的文化遗存，要把这地方变成一张白纸，那是唉！

到惠州转了两天，那里的古老乡土建筑也大有可观。有一件事或许值得一提，河源县引进了壳牌公司的一座石油化工厂，占地二十七平方公里之多。当地正在给厂区建设做前期工程，好多推土机轰隆隆在平地。厂区里有一个只有几座房子的老村子，村外一百多米有一座孤零零的老屋，叫“万石楼”。县文化局很想把万石楼保住，但这壳牌公司的来头可大得很，怕保不下来。不料公司的人不远万里来到中国，一看这个小村和万石楼，就郑重叮咛要把它们留下不拆。于是我们就在老屋墙上看到“拆”“暂时不拆”“不拆”三处石灰大字。引进外资也引进了文明，这真是幸运。

（原载《建筑师》，2005 年 6 月）

（九〇）

不久之前，一所著名的大学决定要设立国学院了，引发了一场讨论。我因为眼睛有病，不得不远离电脑，因此不知道网上的讨论情况，想来一定比报纸上热闹得多。

我不懂国学，不知其中奥妙，据说所谓国学，有三种或者几种定义，有简有繁，有深有浅。这就是说，所谓国学的外延和内涵，至今并没有确切的公认的理解。那当然也无所谓，例如，文化这个如今几乎挂在每个人嘴边的词儿，其实它的含义也并没有弄清楚，而且好像还看不出弄清楚的希望。当初那场“文化大革命”很可能会是一笔永远的糊弄账，“走资派”和“地富反坏右”，怎么一下子都变成文化人了？

好在“无知者无畏”，我脑子里倒也有几件事，教我对“国学”有了点关心，斗胆说上几句。我想：对中国文字的运用和欣赏，大约算得上是国学；对中国历史文化的基本知识，大约也能算。还有呢？大约就是那个风水术了。这些当然是国学中的鸡毛蒜皮，但我既然只勉强知道些个鸡毛蒜皮，那就这么着罢！

对文字的运用和欣赏，近年来毛病和笑话实在太多，奇怪的是，毛病和笑话竟集中出现在以文字为业的报刊杂志上，还有些出版社的编辑部也紧紧跟上。我不妨举一两个例子说说。

我少年时代正逢日寇侵华，躲进山沟沟整整八年，中学学得不好，所以现在写点儿什么都只会用大白话，不会“跩”文。有一次，不知道为什么，破例写了“千创百孔”四个字，到发表出来，被编辑先生改成了“千疮百孔”。“创”“疮”之别，是六十多年前我的小学老师再三给我们讲过了的，我怕有负师恩，打电话去问编辑，回答说，这是一个什么权威机关统一的写法。以后我稍一留神，果然报纸杂志，处处是“千疮百孔”。我这个人邋邋遢遢，并没有洁癖，但是见到这四个字还是不免恶心。列位看官请想一想，那“创”，乃是刀枪所致，创口流出来的是殷红的鲜血，还冒着热气，而那“疮”，却是“创”感染了细菌，腐烂之后所致，排出来的是灰白色的脓，冒着一股呛鼻子的臭气。项羽在乌江渡口拒绝登舣船逃亡，持短兵杀汉兵数百人，身被十余“创”，自刎而死。读《史记》读到这里，我们眼前浮显的是全身被从“创口”流出来的热血染红了的盖世英雄。如果改“创”为“疮”，一来是新创还来不及溃烂，不合事理，二来是项羽一身臭脓，大大亵渎了英雄。一字之差，作为“千古绝唱”的《史记》便会丧尽美感。“千创百孔”大约不会用于英雄人物身上，但用之于杨白劳的破衣裳，改“创”为“疮”，也会出笑话，请问衣服怎么会长疮呢？

手头恰好有一本《现代汉语规范词典》，是前年误当《现代汉语词典》买来的，里面“创”“疮”两个字的解释倒还过得去，但查到“千”字，却出现了“千疮百孔”词组，不知这是不是“统一”的功劳，“规范”嘛，害死人了。

例子之二。一位电视节目主持人，谈到日本首相小泉先在一次亚太地区国际首脑会议上轻描淡写地为侵略罪行道了一句歉，回国之后马上就坚持要参拜靖国神社，于是，这位主持人说：“中日关系进入了柳暗花明。”我又赶紧查《现代汉语规范词典》，那里果然有一条“柳暗花明”。解释是：“宋·陆游《游山西村》：‘山重水复疑无路，柳暗花明又一村。’后用‘柳暗花明’比喻在困境中出现希望或转机。”这一次倒是和我在六十多年前小学时代老师教的相合了，不知道那位主持人在太平盛世上学，怎么会没有弄明白凡读书人都应该知道的陆游的那两句诗，这大概怨不得某“权威机关”了吧。

再举另一方面的一则例子。有一位颇有名气的小说家，在某电视台上讲《红楼梦》。他举贾母做寿时候，贾赦坐在她左边，而贾政坐在右边，两人的“位序颠倒”为例，说明在贾府里弟弟贾政地位高于哥哥贾赦。于是，洋洋洒洒发挥了一通他的“红学”新见。对新见我不敢说什么，我只是想说，贾赦和贾政，兄左弟右，位序并没有颠倒，凡南向正坐，必遵昭穆位置，左大右小，这是《礼记》上说的，后来成为传统惯例，祠堂里摆神主牌都是这样，土地庙里，土地婆也是坐在土地公的右边。①只有几个少数民族在正座上以右为大。朱熹或许曾主张在某种情况下正座上排神主以右为大，实行过一个时期，明代有大臣上奏皇帝，批评这个位序“不合古礼”，改过来了。那本《家礼》很可能是伪书。坐东面西的厢房里或者正房的东侧座，倒是以右为上，因为右近正位。近来宴席上，常常请主宾坐在“一把手”的右边，据说是西洋惯例，贾府里不会采用的。

这三个例子后面还有许许多多类似的事，都很琐碎，与办国学院这样的大事相比，不值一提。而且我一向觉得这主要是中学的语文课走了歪路，并没有往“国学”上想。大约是去年这个时候，有不少文化界人士讨论过中学的语文课，大多数反对把语文当作工具，而要把它改变成“人文的”“触及灵魂”的课程，陈义很高。我当时就想：老话说，“工

---

① 在夫妻并肩而坐的场合，也包括一些土地庙，倒是常见男右女左的。请教民间妆銮匠，说是夫妻同座，男的要保护女的，所以男坐右边便于动手。另一种说法，夫妻同坐，都在家里，根据“女主内”的习俗，女要上座。也或许，朱文正公立的规矩，并没有都改过来。

欲善其事，必先利其器”，没有掌握足够好的语文工具，哪里还谈得上什么“人文”和“触及灵魂”？那些文化界人士所要的，其实是在作为工具的语文课之外，应该另设一门“人文的”“触及灵魂”的文学课，而不应该否定语文作为工具的基本功能。现在，买回一瓶药来，把说明书反过来倒回去读多少遍，也不知道怎么吃法；买回一台什么器什么机来，那说明书更加是越看越糊涂，这可不是少见的事。

近来知道有人提倡“国学”了，我琢磨，起码，以后的各种说明书总可以看明白了吧。谁承想，这“提倡国学”就是一件看不明白的事。且说那座要设立国学院的著名大学的校长，回答一位报纸记者的访谈录，我就看不懂。这位校长把创立国学院的意义说得十分高远：近百年来，我国的文脉出现了断裂，好比一个人的脊椎断了，这个人就完了。这么一来，创立国学院，就事关民族的生死存亡了。但是，校长接着说，为什么要现在组建国学院呢？因为现在国家宏观环境比较好。看到这里，所有读者都会舒一口气，但是，也不免疑惑，断裂了脊椎的国家怎么宏观环境还会比较好呢？不明白，就暂且放下。那么，这个像干细胞一样能复活断裂了的脊椎的国学又指的是什么？校长说，主体是经史子集。但据我的粗浅知识，一百年来“打断了民族脊椎”的恰恰是一些十分精通经史子集的人。再重新培养一批精通经史子集的学者，就一定能保住或者发扬国学吗？

校长说，国学院不设学士学位，那是没有意义的，要直接设立硕士学位和博士学位。报纸记者接着问他，这些国学人才的就业前景怎么样。这个问题就不大有国学气，因为过去的国学家不是地主，便是官儿，从科举出身，从来不屑于讨论就业问题的。校长回答，就业不会是大问题，社会对这类人才的需求量很大，有些大企业的领导人甚至向校长提出，将来把国学院的毕业生全包了。这情况当然很使我吃惊，仔细看看是怎么回事，看看饱读经史子集的国学家们跟着老板能干些什么。校长说：“书函需要这种人才，企业战略的制定、高级文书的书写，都需要国学功底深厚的人才。政府部门也很需要，由于政府文书的严肃性和权威性，他们对标点和句读的要求都很高，很严谨，不然会出现笑话。”

校长对国学人才就业出路的乐观态度，倒使我大大感到悲观。原来有本事把中国断了一百年的脊椎重新接活的国学硕士和博士，期望他们担当的不过是老板们的文牍秘书的角色而已。然而，企业战略的制定，远远不是从经史子集的故纸堆中出来的人所能干得了的。国学讲的是不计其功、不谋其利，而企业战略却是以计功谋利为首要目标的，一介书生，恐怕根本插不上手。而写文书，点标点，要求得严谨一点，那也未必能办到，经史子集向来没有标点，行文也一向很不严谨。这些且不提，只说硕士、博士干文牍秘书，在我这种不通国学的人看来，那岂不是“高射炮打蚊子”？

不过，校长对国学鸡毛蒜皮式的理解很叫我高兴，因为，我一开始提出的三点关于鸡毛蒜皮式国学的肤浅看法：对文字的运用和欣赏，对历史文化的基本知识和风水术，其中头两条竟和校长的看法一致了。至于那个第三条，风水术，倒是校长没有提到的货真价实的国学，它上有“百经之祖”的《易经》作为理论靠山，有不折不扣的大国学家朱熹亲自助阵，而且在集部古籍里又占有一席之地，办国学院岂可把它遗漏，校长没有提及，真是太大的疏忽。

说来也巧，正在国学闹得红红火火的时候，传来了一则越洋消息，6月5日《新京报》上的大标题是“中国学者为威尼斯‘看风水’”。消息里写道：将于6月9日开放的威尼斯国际艺术双年展的中国馆里，“最让人惊讶的作品”可能将是某教授的作品《威尼斯双年展的风水》。某教授“以研究中国传统风水和地理环境著称，他这次转变身份为参展艺术家，5月已专程前往威尼斯对这个城市、威尼斯双年展国家馆园区和临时的中国馆所在场地的环境进行踏勘，运用风水学分析之后，制作出参展作品《威尼斯双年展的风水》。据他的研究，大运河穿过威尼斯城形成的图形恰似太极，而国家馆部分中，美国馆风水甚好，日本馆、巴西馆则颇有缺失，如此富有中国传统特色的分析相信会让很多人发生好奇”。

美国馆风水好，又待怎地？日本馆和巴西馆风水不好，又待怎地？这个消息没有报道。

报道又说，中国馆展出的内容之一是一位农民自行设计并手工制造的飞碟，飞碟直径6米，高3米，“可以从垂直、左右前后等各个角度飞行，这个说法被多位航空专家否定，但在威尼斯，他们将尝试让这个飞碟垂直离地3米到6米”。是“两位年轻艺术家”联合把这个“飞碟”作为他们的“作品”推出，“表明当前中国农民也有自己的浪漫理想，并主动去实现”。

中国农民向来不乏浪漫的理想，而且也不放弃实现理想的努力。有《易经》开山和朱熹撑腰大可列为“国学”的风水术，就是农民的浪漫理想。生下一个又一个的胖儿子，连中三元，黄金万两，又当官、又发财，这理想未尝不浪漫。为实现这个理想，又寻吉穴，又望宅向，甚至养几个阴阳先生满山跑，为实现理想所做的努力未尝不执着。

国学的鼓吹者们，一开口都感叹一百年来国学的衰落，甚至因此担心中国人将不成其为中国人，因为决定一个人属于哪国国籍的不是公民身份证，而是文化，而中国文化的命脉乃是国学，就是经史子集，云云。不过，我劝国学家们大可不必焦心，因为作为国学不容置疑的一部分的风水术，日前正蒸蒸日上。从前，阴阳先生的社会地位不过相当于卜卦相面，上不了台面的。打开地方志看看，历来很有些有识见的地方官蔑视、批评甚至压制堪舆之术。家谱里也有不少类似的内容。绍兴《吴氏族谱》载康熙年间的“家法续编”里说：“若使山川之灵可以力取，造物之秘可以术收，则古今富贵只在一家，黎庶之子不得为公卿矣！”又有《湘阴王氏族谱·家训》载一首王之铁写的诗：“风水先生惯说空，指南指北指西东，山中定有王侯地，何不搜寻葬乃翁。”可是如今堪舆之术已经是大学教授的学术财富，著书立说，漂洋过海去给外国人看地脉气路，甚至有人鼓吹申报“世界非物质遗产”了。再看江西省兴国县山寮村，那是唐代风水“国师”杨筠松大弟子曾文辿和再晚的廖瑀的后人的聚居地，一向被称为“风水祖地”，但是一千年了，并不见兴旺富裕。但近年来，这里的阴阳先生大走鸿运，不但在境内很发财，还到海外去开辟市场，以至山寮村已经成了聚宝盆，村民相约“谢绝参观”，以免气运外泄。由此可见，国学并非全面衰落，脊椎还没有全断。

可惜，不知为什么，这次威尼斯国际艺术双年展上，中国馆并不很成功。据《新京报》后续报道，那个“飞碟”只在地面上“一阵阵颤抖，却不见离开地面飞行，让很多人感到失望”。可见得对这种飞行器，浪漫毕竟不如科学，“两位年轻艺术家”的判断能力比起“多位航空专家”来还差着一点儿。

那报道没有提到“富有中国特色”的风水术是不是真的“让很多人发生好奇”；“好奇”，我以为是一定的，不但外国人会好奇，连我都觉得好奇，只是得弄弄清楚，为什么好奇，是像野蛮人看到文明世界那样好奇呢，还是像文明人看到史前世界那样好奇？

据报道，有些人本来是以为“中国馆获得最佳国家馆奖的可能性非常大”的，我们的风水大师也兴冲冲地赶了过去，不料却一无所获。中国艺术家们对自己的文化在当代、在世界上的地位实在太缺乏自知之明了。但外国也有星相命理之术，也有人迷信中国的风水之术，从山寮村人的走红发财来看，有朝一日，咱们的风水大师闹个什么奖、什么称号回来，也未必完全不可能。走着瞧罢！

近年来有一些无畏者否定五四运动，他们的无畏确是来自他们的无知。他们不知道五四前后的中国历史和文化，也不知道世界的历史和文化，抓住某人某文里几句不很缜密的话就大做文章，而说得最多的是五四运动打断了中国的“文脉”，也就是打断了中国的脊椎，这罪名可不小。那些批评者根本不懂得五四运动的伟大意义，不知道如果没有五四运动，中国会沦落到怎样不堪的地步。但当前一些人“回归传统”的努力倒证明了五四运动由于历史原因没有进行到彻底成功有多么大的遗憾。且看电视屏幕上连篇的清宫戏，拖着大辫子的官儿们口口声声“主子”“奴才”而观众木然无动其羞耻之心、激愤之情，真教人害怕，万一“真命天子”再登龙廷，很可能依旧一片万岁之声。这场面二十几年前还在中国认真地演出过。

去年，五四运动的八十五周年，无声无息地过去了，今天，农民自制的飞行器和教授的风水术出国露脸去了，我心里确实有大恐惧。

（原载《建筑师》，2005 年 8 月）

（九一）

在太湖边看了几个村子，一回到家，按习惯抄出多少天没有看的报纸，有选择地看看。看着看着，发现关于广东兴宁县煤矿大灾难事件，公众的愤怒已经转到了当初论证这个矿的安全性的七位专家身上。先是对专家的人格大有不满，批评的用词很尖锐激烈，后来对有关论证的制度提出指责。再后来，对目前地质科学本身所达到的水平有所怀疑，认为一些事故未必是专家们能够预测得出来的。这其实很不奇怪，今年夏天，北京市的天气预报屡屡失准，只不过没有因此死人，于是大家都只摇摇头就算了。引起我注意的是一位专家说的话，大意是，在召开论证会之前，政府其实已经决定要这座煤矿开工恢复生产了。这就是说，如果这位专家的话属实，那么专家们的论证会不过是地方政府应付上面官样文章的手续而已，专家们的作用，在于按主管部门的意思签个字。重新开工前要有专家论证会，这是“政策”，请一批专家来好吃好喝一番，大家签字，这是“对策”。上有政策，下有对策，早已经是老一套的把戏。

说到这里，自然而然会提出一个问题，如果这七位专家里真有一位或者几位明知这座煤矿可能有危险而在允许复工的论证书上签了字，那么，当然可以义愤填膺，拍桌子打板凳地指着鼻子骂：“你们的良心叫狗吃了吗？”那样的专家恐怕也无颜争辩，不过，这种道德的谴责会有什么用处吗？

如果这几位专家中果真有昧着良心的，那么，应该追问的是：为什么中国的专家学者们里会有这样的人？而且，几乎可以大胆地说，其实这样的人在别的场合里并不少，那么，这是为什么？我们的社会生态出了什么毛病？真正危及我们国家我们民族的命运的，是这个问题的答案，正视这个答案并且去对症施治，才是我们应该迫切地去做的。

中国的知识分子，虽然历来都免不了有败类，但那是见不了人的，会“留万代恶名”的，而作为知识分子普遍的道德标准代代相传的，是气节，是人格，是使命感，是“舍生取义”。林徽因先生，一位病弱的女子，抗日战争时期避居四川李庄，当日寇侵略者打到了贵州时，她回答少年的儿子说：万一敌人进了四川，“门前就是长江”，她将义无反顾地投入，“这是中国知识分子传统的道路，那时候顾不得你了”！差不多同时，流亡在贵州的浙江大学一位姓章的数学教授，当敌人飞机在头上投掷炸弹的时候，把学生带到树林里，坚持上课。学生问，黑板挂到哪里，他回答：挂到我胸脯上！这样的知识分子在当时绝不是少数。我的整个中学时代在日寇包围的山头上度过，经历过敌人的轰炸和细菌战，现在回忆起来，那些老师们个个都有高尚的责任心和使命感。不但教我们知识，还照顾我们生活，甚至保护我们的生命。在祠堂和庙宇里，缺吃少穿，连教科书都没有，老师们全靠记忆给了我们很好的课堂教育，这些老师，他们作为中国人，知道应该怎么做人，就自自然然地去做了。

后来，中国知识分子经历了改造。“一年三百六十日，风刀霜剑严相逼。”没完没了的“运动”，阴谋阳谋的“思想改造”，都强迫知识分子变成驯服的工具。知识分子里相当多的人丧失了独立的人格，失去了自尊、自爱、自信。几千年培养出来的知识分子的气节和道德自觉，一旦遭到破坏，那就不是十年八年里所能修复的了。于是，我们的国家受到了报应，如今，虽然大环境有点儿改变，但整个知识分子群体都还处在道德崩溃的危机状态，没有恢复，教育、文化、学术，凡是“知识分子成堆”的地方都是险象环生。近年来一个个揪出来的腐败分子，哪一个都有一大叠文凭。

缩回来说，假定兴宁县大兴煤矿的安全性论证会里没有昧良心的丑事，也可以说这种丑事在类似的场合里是很不稀罕的。我接到过几次评审研究生论文的邀请，邀请信刚刚收到，导师就来了电话，说的几乎是一样的几句话：这篇论文我们已经决定通过了，请您帮忙。这是既压制不了我也抬举不了我的朋友的嘱托。那么，有权有势有钱有手段的人召开的论证会，会打什么样的招呼或者有什么样心照不宣的“引力场”？

去年春天，一个县级市的某领导叫我去看看他们市里的几个古村，我转了一圈，临回来的前夕，这位领导给我摆了一个席面，为了气氛热闹一些，还请来了市建设局的两位工程师一起聊聊。入席不久，推门进来了市委书记，大权在握的第一把手，瞥了一眼，直瞪着那两位工程师，问道：这两个是谁？主人赶紧说明，书记一撇嘴，说：“什么狗屁工程师，为什么不请局长来？”冲着我扬了扬酒杯，转身往外走，到了门边，嘴里又咬出一句：“什么狗屁工程师。”我一向有自知之明，知道论解决实际问题的能力，我连一个初级技术员都不如，也就是“狗屁不如”，于是赶紧拉了两位“狗屁”，请他们到我的客房里坐坐聊天。一桌子好菜好酒，就此成了垃圾。

上个礼拜，我到一个有许多经济指标占全国第一、第二位的市里去参加一个全国性学术会议，会开得很好，最后那天下午，要通过一份重要的文件，当地主持人拿出来的稿子，塞进了一大段为当地党政领导评功摆好的话，连会议的名称都缩水成了地方性的了。这些内容和预期应该有普遍意义的文件体例不合，参加会议的人都表示应该删除。这位主持人竟然“大义凛然”般地说：这次会议的全部费用是本市市长埋单的，这段话当然不能删。好哇，不论这是一次什么会议，不论参加会议的是什么样的学者、专家，都得签名给出钱埋单的领导人吹喇叭、抬轿子。与会者和埋单者的代表在文件上的争论一直得不到结果，很可能，这次会议本该有的意义和影响就此拉倒了！

这两件事至少反映了当今一些知识分子所处的社会生态环境。这种环境仍然是前半个世纪的延续。

如果知识分子的自尊、自爱、自信不再恢复，那么，我们的民族就只能是一个赖赖巴巴的民族。如果希望知识分子恢复自尊、自爱、自信，恢复他们的独立人格，那么，就得从修复社会生态做起，而不是把指责的矛头直指知识分子，那样，只会使他们更加活得不知所措。知识分子的大多数还是属于“弱势”群体，已经习惯在长官轻蔑的“狗屁”声中面不改色，依然恭恭敬敬，在长官的埋单“义举”之下，心平气和地签字画押为他们贴金。

有将近三十年之久，知识分子天天听到的“最高”训斥是：你们要夹起尾巴来老老实实做人。既然要夹起尾巴来，那便不是做人而是做狗，一不小心便会变成从狗皮上脱落下来的狗毛，甚至成为“不齿于人类的狗屎堆”。总之，知识分子被“思想”者“狗化”了。

现在又有一种响亮的声音，批评一些知识分子热衷于当官，批评一些知识分子沉迷于发财。从表面浅层次来看，这些批评是义正辞严的，但是，为什么不问一问，造成这种现象的原因是什么？一个被修理得失去了自尊、自爱、自信的知识分子群体，在光芒万丈的官威和财气之前，还会有自觉的道德操守吗？当前，为了挽救、修补前一个时期的沦落和创伤，已经做了许多工作，但是，怎样才能重建“富贵不能淫、威武不能屈、贫贱不能移”的知识分子群体呢？

城市规划和建筑设计是“狗屁论”和“埋单论”的高发重灾区，我的老同学们，有的早已经名望很高，还是慨叹自己不是长官的绘图员就是老板的绘图员。记得那昏天黑地的十年刚刚过去，建筑界曾经热热闹闹倡议在建筑物建成之后，立石刊刻建筑师的名字。但不久便偃旗息鼓了，大约就是因为发现自己实在还不过是长官或者老板的绘图员。于是，我们在大大小小的城市里见到了多少蠢事，都是“低级”的、“小儿科”式的。谁对这些负责？一种社会机制，一种文化生态。多的不用说，只提一下目前正热闹得很的北京市的交通堵塞问题，又是专家会，又是市民会，一次又一次，好像办得很有气势。但是，稍稍有一点儿专业知识的人都知道，根本的问题出在城市规划模式上，出在城市功能布局上。早在上个世纪初，北京这种城市规划模式和功能布局的大弊病已经被专业人士认识到了，先吃过苦头的国家已经抛弃了它们，纷纷探索新的模式和布局。但是，我们的当权者还是坚定不移地、满怀信心地要走这条根本走不通的老路，这是以他们为城市中心的老路。现在，好像还不打算改弦更辙，从根本上另找方案，而指望用些小措施来解决问题。我根本不相信我们的规划工作者会这样糊涂，知其不可为而为之，他们有什么样的难言之隐呢?

当我把这些看法说给一位近年擢升很快的年轻人听的时候，他肃然敛容，说：这些问题都应该由政府决策，规划工作者的任务是贯彻、实施政府的决策，不要多管多想。看来，做“驯服工具”的教导还远远没有过时，也不知怎样才能促使它过时！快快地擢升，谁不乐意呀！

（原载《建筑师》，2005 年 10 月）

（九二）

桑拿天气很难熬。承朋友关切，到广东南岭深处的林区避暑。凉快了几天，有了点儿精神，便到附近的小山村去逛逛。村子的名字很怪，叫窝里，分上窝里和下窝里两部分，住户都姓许。紧紧和它挨在一起，有个谢家村，住户当然都姓谢。许、谢两姓总计不过三百来人。那里是石灰岩地区，存不住水，土层又薄，农业不行，村子很穷。住宅都是泥砖垒的，挤得很密，一时看不见有什么别的建筑。

我们近二十年的乡土建筑研究，选的都是历史文化内涵比较丰富的村落，而且为了怕招惹是非，只写到1949年为止。这窝里村和谢家村，绝大部分的房子都是1949年以后造的，又非常破败，我就随意溜达溜达，这家喝一口水，那家聊几句家常。

欧洲人说“建筑是石头的史书”，因为他们的大型建筑主要是石头造的，如果换一个地方，说建筑是木头的史书，或者砖头的史书，也不妨。建筑是史书，意思是说从建筑上可以看出一个地方的历史。我在小村里东张西望，终于发现它的建筑，虽然简陋狭窄，还说得上是“泥砖的史书”，它们携带着村子几十年来的历史信息。原来“建筑是史书”这句话，真有普遍性，不论古建筑还是近代的建筑，不论高档的建筑还是最不起眼的建筑。

窝里村，还有谢家村，大致有四种房子，分别造于1949年以前、1950年代初、1970年代和近年。1960年代是空白。由于村民绝大部分是1950年代初从粤南移民过来的，所以1949年以前的住宅很少，只有几幢。

1949年前造的是典型的小农经济时代的住宅，单栋独户的。由于穷，房子很狭窄，只有一间正房，架起小小低低的阁楼住人，厨房、猪栏之类是顺地形搭出去的披屋，也有一户的猪栏依地势掖在正房下面。厕所就在猪栏里，无非是两只粪桶而已。

上窝里和谢家村的住宅造在1950年代初，正逢农业合作化早期，明显具有初级集体化的特点。这些住宅组成宅院，每一座宅院包括两排平行的泥砖屋，长短有十六间至五六间不等。后面一排是人住的，一家一间，前半间是卧室兼起居室兼餐厅，有很小很矮的阁楼，用活动爬梯上上下下。后半间是厨房。对面一排是牛舍猪栏，兼放粪桶；也有阁楼，人口少的人家用来贮干草等饲料，人口多的也住人。每一户人家有面对面两间房，相距三米半。宅院是统建的，有了集体化色彩，但集体化还是初级的，每户还有自己完整的家庭经济。宅院和宅院之间是杂乱而曲折的夹缝，作为小巷，侧身可过。当初大约因为土地产权的关系，没有整体的规划。合作社的初级性还表现在许氏和谢氏都还保持着旧时代宗法制的遗迹，两姓各建宗祠，许姓的有两处宗祠，都在上窝里。谢氏有一处宗祠。宗祠占较大的宅院中的一间，偏对着院门。

1970年代，是公社化后期，那时候下窝里住宅房子体现出了“一大二公”的特色。和初级合作社时期不同，家庭经济被取消了，住宅没有了各家自己的牲畜栏舍，也不构成宅院，而是在一条三米半宽、百来米长的开放的“大道”两侧建造相同的联排住宅，仍旧是一户一间，内部和初级社时期的一样。公社化早期的公共食堂在那时候已经撤销了，各家自己举炊，所以后间还是厨房。大约是进入新时期又恢复了家庭经济之后罢，有些人家打开后门，在门外搭了一间牲畜棚，有大有小，面积不等，粪桶就放在那里。还值得一提的是，这个1970年代的新区虽然大于五六十年代村落面积的总和，却没有建宗祠，也没有扩大原有的宗祠，可能是因为住户还是许姓和谢姓，有1950年代初期的宗祠就够了，也可能是经过“文化大革命”，宗族观念已经淡薄了。

改革开放的新时期里，村子的住宅建设明里暗里有了多样的变化。农民大量出去打工，一部分人先富起来，谢家村中央出现了一幢白瓷砖贴面的新式楼房，下窝里村有了两幢，造在村边公路旁。和破败的初级社时期、公社化时期的泥砖房子相比，漂亮得耀眼。新房子不算多，原因大致有两个。一个是出去打工的人，不打算回到位于石灰岩地区的穷困落后的老家来了，等攒够了钱在外面买房子，老屋里住着留守的老人和小孩，连维修都马马虎虎，对付一下就行了。另一个是打工的人空下了房子，给兄弟、叔伯等家庭使用，村里留守人员居住面积有了少许松动，建新房的需求暂时并不迫切。不过，这些还在老村子里“安居乐业”的住户，可能是对当今村子面貌起决定作用的力量。目前情况是，政府为他们造了一批贮存雨水的混凝土大池，给村里接通了自来水，并且推广种植烟叶，保证收购，居民的经济状况稍稍好了一点。下一步呢，发展的前景怎么样？城市户口一开放，歧视进城农民的各种限制一取消，老村里还会剩下多少人？不知道。

初级社时期和公社时期的住宅虽然格局和小农经济时期的大不相同，但所用的材料和构造做法仍然是传统的。泥砖砌墙，墙脚垫几层石灰石条。有些讲究一点的，每两层泥砖之间夹一层平放着的木板，加强墙体的整体性。两坡屋顶是青瓦的，少许用红瓦，时间长了，红瓦覆满霉苔也呈青灰色。公社时期的住宅，为遮暴雨，出檐比较大，挑檐木伸出老远，托着前后的两条檩子，挑檐木的长短宽窄以及前端的卷杀和线脚，都有一定的法度，看上去轻快而空灵。窗子很小，靠近外墙的上端开个小小的屋面天窗，增加照明，也封上玻璃。因为炎夏季节，室外空气灼热，所以不求通风，只求保持室内的阴凉。为了隔热，室内都有天花板。天窗因此而形成的井口，都用相当精巧雅致的鹅项轩封边。

新时期建造的三幢白瓷砖楼房，则彻底抛弃了当地乡土建筑的传统，从内部空间、外观形式到建筑材料和构造做法都是新的，也就是从大城市传来的。谢家村的那一座，竟使用了通面宽的大玻璃窗。简单地说，造的是“洋房”。造洋房，这是受了几辈子穷的农民一旦有余钱造房子时候的愿望。他们羡慕城市，向往城市，做城里人是他们的追求。这样的洋房是不是适合于当地的气候和劳动生产方式等等具体条件，可能考虑得未必周到。但他们的心态仍然叫人感动，男子汉嘛，对家庭负有责任，打拼一生，给妻儿老小造起一座大城市里时兴式样的房子，这是他的“政绩”，值得骄傲。不过，现在出去打工，细活儿多，心灵手巧的妇女可能比男子汉挣得更多，这“政绩”就是两口子共同的光荣了。

即使境况十分艰难困苦，对美的追求，对体面的追求，在村民们心里其实并不曾泯灭。那公社时期住宅的挑檐和天窗井就是明证。更动人的，则是初级社时期的宗祠和宅院的大门。大门是一间门屋，进深和左右连排的畜栏一般，高度则略略超过，在一排金黄色封闭的泥砖墙中央大大敞开胸怀。墀头、门枕石、余塞板、门簪，一一不缺，而且都有适当的雕饰。连石板墙裙上都满布用錾子凿出来的精致的席纹，中央还有一方薄意的浮雕。上窝里村许氏宗祠前宅院的大门，左右前檐柱柱头上竟挑出一条木雕的鲤鱼，活泼地在浪花中跳跃。鲤鱼跳龙门，或许是他们心里的向往吧。

宗祠享堂也只有一间。除了精致的门簪和天窗井之外，那神橱说得上华丽。新修饰过，色彩鲜艳，布满了木雕和绘画。它们很稚拙，但没有人可以笑话它们粗劣，因为它们凝聚着村民们对美的追求，对宗族尊严的维护，那是非常动人的。谢氏宗祠的神橱两侧，还有一副对联，写的是“东山发秀，宝树家声”，人们还记得一千六百多年前祖先的辉煌。记得总比忘记好。上窝里的许氏宗祠，神橱的一幅彩色浮雕上写着一副对联：“人文蔚起，世代兴隆”，则是向前看的，对未来充满了期望。有期望总比麻木好。一座小小的山村，用它的建筑见证了半个世纪中国农村大张大阖的历史，也记下了村民们的追求和希望。

从南岭回来，掏出床底下的旧稿，截下一段来续在这里：

浙江省永嘉县林坑村，主要有三种住宅，一种是三合院，一种是长条形，一种是三四层的砖混结构的“小洋楼”。三合院是当地农业文明时代里二三百年传统住宅的基本形制。它们由祖孙三代或父子两代构成的家庭建造，自成一个独立完整的生活范围。正房加两厢一共有十个以上的开间，还带楼层。正房进深大，各间都隔成前后间。前堂屋里设太师壁，年时节下可供香火祭祖、祭神。后堂为餐厅，次间是厨房。长条形的住宅建于人民公社时期，由若干两代人的核心家庭集资并力建造，一列最多可达十三开间，大小统一，朝向一致，每户根据人口可以拥有一开间或两开间。每间又隔为前后间，后间用作厨房，有宽大的后檐给厨房门遮雨。没有可供祭祀的堂屋，只有一间公共中厅备各家暂用。“小洋楼”只有一幢，是改革开放时期一家到广东打工的人攒了些钱回乡造的，有现代的卫生设备、自来水、罐装燃气。平屋顶、大玻璃窗、大阳台。外墙贴白瓷砖，室内装修是瓷砖地面，塑料壁纸。内部空间布局基本打破了传统的格式，但还有一点旧痕迹，那便是左右完全对称，连厨房都有两套。原因是，房主人有两个儿子，虽然他们在外打工很赚钱，大概不会要他的房子，但房主人必须给他们准备好，这是千百年的传统加于他的对家庭的责任。这三种住宅形制，鲜明地反映了同一个村落在三个时代里的社会制度、经济水平、家庭组成和意识形态。“小洋房”对传统建筑形制的重大突破，还借助于新的建筑材料、设备和结构方式。

北京东郊，潮白河畔，一望无际的平畴农田。正在政府花大力气保护基本农田的时候，这里却一片又一片地造起了别墅区。我有幸去参观了一两处，都是新式四合院。因为是市里阔佬们的第二或第三住所，因此每所院子都有两间车库，一个露天车位。老北京四合院，只有一个内院，而这些新式四合院，在房子四周还围着一圈花园。据说，这里的建筑容积率还不到三。

接我去看看的朋友说，这些新四合院，每平方米的卖价是八千到一万二千元，市场前景很好，所以老板们还要大规模开发。

记得今年上半年，记不清是春天还是夏天，报纸上有个报道，说几个大城市评比高价别墅，北京和一个什么市，以各有一亿两千万一幢的别墅而得胜。有一天，我对一位老同学说起这件事来，他对我的寡闻很吃惊，告诉我说，有人正在设计预计可卖一亿六千万一幢的别墅。我很纳闷，就好像穷措大肚子饿得咕咕叫的时候，羡慕万岁爷坐在龙廷上能连吃三块蒸白薯一样，随口问：什么样的别墅，一切金属件全用纯金做吗？这土气又一次使他吃惊，给我解释，那可不是一般的别墅，是贵族庄园。我有点儿开窍，那么说，这可不只是房子的豪奢，而是整个生活方式都“另类”了。怪不得他吃惊于我的孤陋，原来是我确实太落伍了。不过，几年前听到一位设计院院长亲自告诉我，他的新别墅里所有的门把手、水龙头之类的金属制品都镀上了金。这样的奢华纪录现在不知道有没有新的突破，镶上了宝石了吗？

一亿六千万，估算一下，可以造一所中等大小的医院了。想起现在医院里那种好像足球赛散场时的拥挤场面，我对“另类”者享用那样的庄园别墅，隐隐产生了“仇富”心理。不过，我想，这些新四合院和高贵的庄园也有好处，它们可以和北京城里的大杂院“平均”一下，帮助北京列名在“宜居城市”的前头。它们也可以作为样板，帮助开发商说服市区的居民，乐于拆迁，好到远郊区去享受阳光和空气。

我的北窗外，马路对面有一排工棚，每年从端午到立秋，工人们就出来睡满了步行道，工棚里显然是热得受不了。我住在高高九层楼上，隔一个月，灯罩里就会存下一大把死虫子，不知道工人们身上是不是会有各色各样的疙瘩。看着他们太不雅观的睡姿，我耳边就响起一首曾经唱遍全中国的革命歌曲："替人造就美丽家，自己住在破墙下，人生道上多不平，一声一声往下打呀！……"往下打的是桩子，好教那些"美丽家"万年不倒。革命时代的歌已经过时，只剩下"到了最危险的关头"还在唱。

就像窝里村和林坑村一样，随便哪里的房屋建设都会写下一段社会史的，而归根到底，所有的历史都是人写的。那些别墅和庄园，跟"相映成趣"的贫民窟，会写下一段什么样的社会史呢？

（原载《建筑师》，2005 年 12 月）

（九三）

2005年11月底，到西部某省某市某县去看了一看那里的一座财主庄园。这庄园早就是国家级的文物保护单位，已经改成了博物馆。因为这个省立了个规矩，每年开一次全国性的促进旅游业的会，档次要高，规模要大，各地级市轮流主办，明年的庄家就轮到这个市，而这个县的这个庄园被指定为一个旅游点，所以要在半年内把它"打造"一番，县里的朋友们已经做了一个规划。他们也难免有"远来的和尚会念经"的心理，叫我去念道念道。我去了，看完之后，不免要坦白交代一下我的想法，朋友们认真，做了记录，我就把它整理成了这篇杂记。

在北京，这时候已经天色漆黑了。看看窗外，天还亮着呢，可见我这一趟跑得很远。在唐代、宋代，这里是谪臣逐客们待的边地，他们在这里写的诗文不免有点儿凄怨，不过我这次来得很高兴，因为看到你们把作为国保单位的庄园保护得很好，管理得也很好。在这个旅游开发规划里，你们也基本上坚持了原来的文物外围控制区，还把现在设在庄园门口的停车场搬迁到了公路边上，更远离庄园，这也很好。最近在西安开了一个关于文物建筑保护的国际会议，通过了一则《西安宣言》，重申了保护文物建筑周围原生态环境对保证文物建筑原真性的意义，强调保护它的重要性。你们的开发规划在这个宣言发表前就做了，说明你们对保护文物建筑是很认真的。有不少国家级的文保单位，不懂得保护文物建筑的环境，尤其喜欢把汽车一直开到大门口，甚至开进院子里，真正糟糕。1980年代中期，我陪一位国际影响最大的英国文物建筑保护专家到北京天坛去，汽车进了西门，还要往前开，他急了，直跺脚，我赶快请师傅停车，让他下车。他很不高兴地对我说："我干了一辈子文物建筑保护，今年七十多岁了，如果坐在汽车上进天坛，会把我的名声彻底毁掉。"我知道他事先看过天坛的地图，因为他正是为审查天坛申报世界遗产的事而来。我跟他走到祈年殿的高台下，那里停着一大堆旅游车和小轿车，这位老先生拉住我说："你们以为什么叫破坏文物建筑？是拆掉、是任它烂掉吗？不！"他伸手指一指那些汽车说，"看，这就是一种破坏，它们破坏了祈年殿的环境氛围。"

近年来许多地方着手开发古村旅游了，第一件要做的事就是把双向汽车道修进村，甚至拆空村中心一大片开辟停车场，我告诉主事的人："绕你们村子转几个圈，走的路也没有从故宫的午门走到太和殿远。你们把村子糟蹋得七零八落，人家谁还会来看呢？"你们的规划里要把停车场向外迁，这太好了，其实从这个新位置到庄园也不过两百米，自然风光这么美，走走多舒服。

不过我对庄园区的规划还有两条修改建议，第一，你们打算把现有的钢筋水泥牌楼门拆掉，向北移十几米新建一座，我看，不必如此破费了。重建这样一座三间五楼的牌楼，花钱少不了。现有的牌楼是仿清代官式的，再建一座，恐怕也还是清代官式的，那又何苦来。一位朋友告诉我，是因为现有的牌楼正面跟公路不平行，有个角度，看上去不顺眼。这不平行是因为引向庄园的路跟公路不是正交，而是斜交，那么，要教牌楼平行于公路，还得把引向庄园的路扭一个角度。我看规划图上就是扭了的。其实，不扭也行，只要在牌楼前面用树木山石之类做点儿小处理，把构图弄活泼一点就行了。如果你们把牌楼拆掉不再新建，那我倒同意，这种清代官式的牌楼跟地方建筑风格完全不协调，和庄园的身份也不搭配，完全是个外来的侵入者。至于某个大学建筑系给你们设计的又高又大又宏伟壮观的城门楼式入口，我更希望你们把它忘记，那个东西跟这座并不很大的庄园完全不对头。冤枉钱不要花，你们县并不富，富了也得精打细算过日子。

第二个建议，跟第一个相仿，我不赞成在庄园前方又高又陡的山坡上修建大广场和大台阶。你们说，这广场和这台阶壮观、神气。那倒是真的，但是，我不赞成，恰恰就是因为它们太壮观、太神气了。一座三进的财主庄园，要这么壮观干什么，要这么神气干什么？它们跟这座精致典雅的庄园根本不配套。你们看，前面这一山坡的梯田，绿油油的，还长着几棵老树，有多美！毁了它们，铺上毫无生气的石头，干巴巴。明年的大会开过之后，平时稀稀落落没有几个人来，它们神气给谁看！你们这里是有名的火炉，夏天毒太阳一晒，光秃秃的广场上没有五十多度高温才怪。而且，你们设计的这广场和大台阶在保护范围之内，文物法也不允许建造它们。刚才镇长对我说，他最犯难的事就是为这个广场和台阶征地，“难死人了！”我相信，这位镇长一定同意我的意见。不过，刚才听说“五一”和“十一”两个长假，这里的游客还是很多的，那么，我赞成规划里本来预备专门引向广场和大台阶的新路还是修筑起来，抵达庄园正门右侧，以便分流回旋，但是只修步行道就行，其实不过是加宽原来的田塍，征一点点田就够了，也不致违犯文物法。

规划图上还有景区管理站、商业服务业一条街、三星级宾馆和休闲别墅区。我很同意县长的意见，这些东西不要为明年开会而一次性建成，要分批来，稳妥一些。现在，对这些设施的必要性和规模，连起码的可行性研究都没有做，而且根本也没有条件做，大家都心中无底，那么，最好的办法就是“摸着石头过河”，走一步看一步，不要急于全部一下子建成。全国风景区里，一窝蜂地造起来随后又多少年抛荒没有用的这类建筑，多了去了。那么，我看你们还是稳着点好，造房子是要花钱的，白费了我们大家都该觉得心痛。

风景区里那条商业服务业设施街，一百多米长，在你们这个偏僻小县的小镇里，平日肯定没有用处，何况它又紧贴着镇上现有的商业街。我估计，不但景区里用不着它，将来镇上也用不着它。明年开大会的时候，就用管理站的这几座房子，操办一下商业和服务业也足够了。最好是把镇上现有的街面整理一下对付过去得了。如果还怕不够，造些简易的临时性房子也可以。我在路上看见一些竹子搭的房子，挺优美可爱，你们这里产竹子，又有这方面的传统手艺人，为什么不用临时性的竹房子来满足大会不过四五天的要求呢？外国人开奥运会还大量用临时性房子哪！他们很精明，不像我们为了“形象”“影响”，大把甩钱。有朋友说，怕工程量不够，省里领导人会因此批评我们不重视大会，没有尽力，因为这个大会是省里领导人的创意之作。这确实是难事，官场的事我不会应付，我只能说，如果我是省里领导人，我一定会大大表扬你们少花钱照样能办事的精神和做法。当然，我这样的人现在当不了省的领导，没有气派，没有魄力，不敢下定决心不怕牺牲去打硬仗。听在座一位朋友说，去年轮值主办这种旅游大会的某区，造了一批房子，现在丢下许多，空着没用。那也是个穷区，省长不心疼吗？

今天到现场仔细看了看，那地方太美了，小巧玲珑的丘陵，郁郁葱葱的竹呀，树呀，还有清澈的水塘。整个风景区，从南到北，不过四百米上下，范围不大，但景致变化很大。听说，这么美的地方，在你们这里也不多，老天爷的赏赐，我们要爱惜它，珍重它！千万要把这块宝地留给普通老百姓，从县城到这里，不过才二十几公里路，周末来散散心，多幸福。如果为了开一次四五天的旅游促进会，把它破坏掉，那真是罪过。

我一向主张，最好的自然风光要给公众，留给所有愿意去的人享受，不要让少数有权的贵人和有钱的富人以任何名义占据。所以，在这不大的风景区里造三星级宾馆和休闲别墅，我从根本原则上就不赞成。不过，有朋友告诉我，不造不行，“没有声势”，省里通不过。这种霸王行径现在太多了，我知道我未必反对得了。那么，我只好做些减轻这场人为灾害的建议。第一个建议，把三星级宾馆的汽车路从西南角上引进而不从大门引进，好处是：一来路程短而不像原规划从大门进去那样长并且穿过景区中央；二来是这条线标高变化不大，土方工程量少，不像原规划那样要劈山填沟，留下许多创疤，大大破坏自然风光；三来出入的汽车不致过于干扰陶醉在美景中的游人；四来可以保住四座农家老住房不必拆迁。规划中准备把三星级宾馆所在地的标高大大降低，挖掉半座小山包去填停车场，那里现状是个凹地。我的建议会使填停车场取土稍远一点，那毕竟不是很大的缺点，附近可以取土的地方太多了。

第二个建议是从三星级宾馆到别墅区不要造汽车路了，步行就可以，只有一百多米远，别墅区的私家车就停在宾馆那里好了。这个风景区很小，承受不起那么多汽车路的宰割，何况还要为修路而征用农田。休闲别墅，不过是阔佬的生活点缀，走不动一百多米路的老人和病人何必来住。如果实在挡不住阔佬们的压力，就修一条单行道，备电瓶车接送老人、病人、残疾人和有钱有势有身份的人。电瓶车比较环保，没有噪声也没有尾气，阔佬们应该满意。

位于别墅区和庄园之间有一块平坦地，那里的景色突然大变，从景区内的曲折幽深，小山小水小径，变为一望无际的峰峦的海洋。今天上午我去的时候雾气弥漫，向北一望，仍然能看到青山重叠，足可以数到七八层，直到天边。我在规划图上看出，作者显然敏感到了这里风景难得的壮美，特地在这里布置了一些高档商店和饮品店，这样的思路我很不赞成。这里应该让每一个爱来的人都来，一起享受大自然的瑰丽。画家们来挥洒，诗人们来吟唱，孩子们来翻筋斗。他们可以自己带几瓶矿泉水，几只干菜包子。我最讨厌富贵人霸占自然的和社会的资源了。到人人都富起来之后，人们的文化修养一定大大提高，他们也会反对在这块宝地上造高档商品和饮品的店铺。明年大会的四五天里以及会后的若干年里，我估计不会有几个人到那里去买名贵首饰和喝名牌洋酒。规划者考虑到了经济效益，我认为那几家店铺会赔本。我这几句话有点儿粗糙，刺耳，请各位原谅。我们要多为普通人着想，保护他们也是我们自己的利益。

接下去就要说到这小小风景区里几户农家的问题。镇长告诉我，要把他们都迁出去，已经给他们安排了新的房基地，但他们都不肯迁，因为看到了这里的商机。难办得很。依我看，根本不必逼他们迁走，如果我是这里的老住户，我也拒绝迁走。你们不是要招商来办精品商业和高档饮食服务业吗，不客气地说，那叫作“与民争利”。其实，简简单单，就委托这些老农户在家里开茶馆和小吃店，卖红油抄手和担担面就行了。门前有鱼塘，屋后有竹林，满山坡长着蕨草、蘑菇，游客弄几样山野菜和鲜鱼汤，喝一碗家酿米酒，不很过瘾吗？规划里的停车场边上正好有一幢很不错的老屋，就委托那家人办个司机休息站，只要有个老太太就办下来了，多现成，多好！何必拆迁，何必招商？老农户住的都是当地传统的民居，帮他们修一修，整一整，搭几间披屋敞廊，既跟自然和谐，又跟历史和谐，那风味岂是什么新房子比得了的。保住了这几家老民居，作为风景区核心的财主庄园就不孤单了，有了烘托也有了伴儿了嘛！没有普通农户，哪里会有财主庄园。我上午看的时候就注意到了这些农户，他们分散在风景区内各处，位置正合适。那几座老屋的院子里还有几个用整块石头凿出来的石缸，那么大，那么匀称，以后你们还做得出来吗？开发旅游，就当今来说，眼前短期利益就是拉动经济。帮农户在旅游开发中赚点儿钱，不是很好的经济效益吗？何况还维护了政府跟人民间的和谐。又拆迁又招商是自寻麻烦，白讨苦吃！

一位朋友说，省里要开的旅游开发会，主要口号就是“用大会促进旅游基础设施建设”，就是“十年的钱一年花，十年的工程一年做”，我们这里的工程量小了，上级通不过，会用“政治任务”的帽子来压，那怎么办？这样的口号我在五十年前听得多了，真可谓“如雷贯耳”，但是大干特干了两年，弄得饿殍遍野。惨痛的教训一直不让人谈论，也不去认真总结，以致下一代当官的会头脑一热再提差不多的口号。对这类糊涂事，我毫无办法，我只能嘴上说说，管用不管用，你们瞧着办罢。至于所谓“政治任务”嘛，总是权势者强力贯彻不得人心的主意时惯用的武器，我也知道它的厉害，我只说一句：什么叫政治，政治就是为人民服务，其他的都是扯淡！

时间不早，我再说一点点看法。这个风景区，自然的山、自然的水、自然的草、自然的树木和竹子，都是自然美的极品。尽可能不要去伤害它们。上午看现场，一位朋友在衷心赞赏自然之美的同时，用手一比划，说：把这些乱竹子和芦草统统去掉，种上草皮和绿篱，那就更美了。我当时心一急，顶了他一句，很不礼貌。我要说的是，乱花迷眼，野草没脚，再加上农户门前的萝卜白菜，豆棚瓜架，那有多美！到春暖，梯田里的油菜花把天地都能映黄，金光灿灿，那更好了！草皮、绿篱在这里可千万使不得，太煞风景。荒、野，而又蓬蓬勃勃，多么有生气，生气就是美。现在庄园大门前，剪得圆圆的、方方的黄杨树，还有从外地引进的长得跟蜡烛一样的柏树，多不自然，和当地风光格格不入。种几棵黄桷树和香樟树，还有楠木树，四季常青，又高又大，姿态又豪放，比圆圆的、方方的、像蜡烛似的树，好得太多了。千万不要以为贵重的树就是好的绿化树，不要以为外地引来的树比土生土长的树好。

这个省一年一度在地级市、区轮流举办的旅游开发大会，提出了许多口号，例如：“用大会促进旅游基础设施建设”，“十年的钱一年花，十年的工程一年做”，“一年吃苦，十年领先”，等等。去年轮到的某区提的口号有“苦干一年，把女人当男人使，把男人当牲口使”。明年轮到的某市的口号是：“旅游开发大会高于一切、大于一切、重于一切。”但几十个亿的预算到现在还没有着落，其中有在某镇建造一座五星级宾馆的好几个亿，工程匆匆开动了，钢筋混凝土基桩已经堆积如山。有关的人对我说：“明摆着是赔钱货。”我问，钱从哪里来，他答：“只好卖地皮，开发商又可以趁机会压价了。”市县级官员明里不敢不积极，暗里牢骚满腹而没处去说。

刚刚完成的一百来公里的“白色”公路（混凝土路面的），马上要挖掉了改成“黑色”公路（进口沥青路面的），说是坐在轿车里会更舒服一些。糟蹋了多少钱，我都没敢问。唉！

但是我禁不住腹诽：“苛政猛于虎！”有罪吗？

（原载《建筑师》，2006 年 2 月）

（九四）

老家有一句乡谚，说的是“三十年风水轮流转”，用文绉绉的话说，就是“天命无常”。可见，无论是种田的人还是读书的人，都觉得风水或者天命是个捉摸不定的东西，用它们来盘算不论什么，都是靠不住的。于是，真正通点儿翰墨的人，就把风水归入孔老先生不屑于提起的“怪力乱神”一类昏话里去，所以“儒者不言堪舆”。

但是，真正是“天命无常”，已经沉寂了许久的风水术数，忽然趁着一股“国学热”，竟由一些读书人大吹大捧起来，闹了一场“咸鱼翻身”。先是一家名牌大学要办能发资质证书的风水师培训班，闹得我一位老同学一时间接到许多电话，收到许多信，纷纷向他请教这个进修班的报名手续和交费数额的问题。这位老同学一向不信“怪力乱神”，可怜被弄得莫名其妙。他夫人问我，这是怎么回事，为什么找到他们家来了，从哪里传出老同学跟风水培训班有什么瓜葛的流言？我当然一无所知，不过听听笑话倒也蛮开心。

风水师培训班一亮相就这么神神怪怪，我不是诚笃的孔门弟子，但也不想理它，后来不知道它怎么样了，风闻是无疾而终。不过从媒体记者的兴奋活跃来看，咱们这社会里有人对“怪力乱神”确实还保持着很高的兴趣。

培训班悄没声儿了之后，不久，在广州又开了一个当代风水大师的“学术”会议。听知情人说，学术虽然没有，却很热烈，甚至说得上激愤。这当然在预料之中。接着他又将了我一军，说与会的人中建筑学专业的和大学教授占了很大一部分。其实这也在我预料之中，大约正因为如此，有一份以科技为名的报纸居然乱点鸳鸯谱拿我当搞风水的人批判。

2006年元月，中国科学院主管，中国科学院地理科学与资源研究所和中国地理学会主办的《中国国家地理》杂志（2006.1），出了一期总计一百几十页的“风水专辑”，倾向明确地鼓吹了一番风水堪舆之学。有几位对风水持怀疑或批判态度的人，在专辑里没有获得完整地发表自己观点的机会，编辑先生把他们的话切成几个小片，夹杂在众说纷纭的茶馆式栏目里，而支持或宣扬风水术的人则有长篇大论发表。果不其然，力挺风水的作者几乎全部是教授，外加一位也是教授的中国易学堪舆研究院院长，而且，作者中以建筑学或者和建筑学相邻的专业的教授为最多。更值得一提的是，五四运动中民主和科学启蒙的先锋，北京大学，在其中唱了重头戏，虽然还有一位北大教授对风水术持批评态度。

这个“风水专辑”以《关注风水》为开篇第一题。它的“引言”先列出了《辞海》《辞源》和《现代汉语词典》（修订本）对“风水”的定义。这三本辞书都称风水为迷信，后两种并注出宅地和坟地的地理形势能影响人事吉凶祸福的术数。然后，“关注风水”的引言作者说：“从以上工具书中对风水下的定义可以看出，风水在当代中国还是一个比较有争议的话题。”其实，这三本工具书对风水的解释是十分明确的，而且相互间并没有分歧，从它们所下的定义里，丝毫看不出风水还是一个有争议的话题。那篇“引言”的作者从这三本辞书里看出争议，指的其实是他本人心里对这三本书给风水所下的定义有争议，但他又要标榜客观，所以闹了个词不达意，文理不通。“引言”作者说：希望读者能在“我们所提供的文字和图片当中逐渐形成自己对风水的理解”。那就是明明白白地说，这本“专辑”所抛出的某些文字和图片是和前述三本辞书对风水的释义不一样的，而“引言”作者是站在“专辑”所载的某些文字一边的。

对任何一本工具书，有争议当然是可以的，而且应该说是好事，当然不必反对。指出这篇开首短文吞吞吐吐的意思之后，就不必再说争议不争议的事了，重要的是看看那些文字和图片究竟说明了些什么“观点”。

任何学术上的讨论，都应该是概念确定而明白的，逻辑严谨而规范的，并且要充分引用切实可靠能够验证的实践结果。就关于风水的“争议”来说，首先要弄清什么是风水术。中国的风水术有上千年的发展史，有两个主要的流派，各有代表人物和代表著作，还有无数的实践。要讨论风水术的是非，是不能离开这些方面的，否则便是文不对题。

近几年来，风水术的信奉者已经不像以前那样说它是科学，是地理学、地质学、气象学、天文学、景观学、生态学、生理学、环境学、城市规划学、建筑学、哲学、美学、伦理学、信息论、场论等等学科的“综合性和系统性很强的独特的科学”。他们如今“与时俱进”，改口曰风水术是“文化”，是“人文遗产”，能引导人类走向“天时、地利、人和诸吉咸备，达于天人合一的至善境界”。从科学转变为文化，不是因为教授们对风水术数的认识有了什么转变，而是在大环境中变换风水术数的保护色。当今“文化”是成堆儿卖的畅销货，浙江省就有一个旅游点给人参观“军统文化”，广东省则设立了“厕所文化”工作室，所以，风水术数混到文化里面便于营销。而且进文化这块场地儿并不要办身份证，自己报个家门就行。

科学也罢，文化也罢，不能光挂幌子，总得逻辑严谨地说明白风水的概念；什么是风水，它具体说些什么。弄明白风水这个概念的内涵和外延之后，再看看它的实践，风水师们干了些什么？怎么干的？结果如何？经得起实践的考验吗？

然而不，即使在大有“争议”的时候，风水术的辩护者们大多还是不谈这些问题，他们所指的风水术的内涵滑过来又滑过去。不断地偷换概念，是他们抵御一切批评的战术，他们布下了一个“无物之阵”，因此，近几年很少有人肯花力气去陪他们玩捉迷藏。

这次，《中国国家地理》杂志也布下了这样的“无物之阵”。它的编者在长长的“卷首语”里开头说：最好的风水就是最理想的居住模式。这模式就是“将家用山围合起来”。这个定义只擦到了风水术的一个边，但真正的风水并不关心“理想的居住模式”，而只关心住在某幢房子里的某家族几代人的“幸福”。紧接着，作者立刻就讲了香港中国银行大厦设计中的故事，就是它立面上的“X”形钢构件和刀刃一样的棱线所引起的争议。作者说：“这个故事听起来似乎充满了迷信和荒诞的色彩，但是这仅仅是站在科学的角度看，如果从文化和美学的角度看，就会发现风水术并不是荒诞不经的。”那么，第一，风水术就不是只讲“用山围合”的“居住模式”了，是什么呢？作者说：“风水是从文化的角度对科学的一种平衡和校正。”第二，因此风水跟文化、美学一起是科学的对立面了。再以下，这位作者发挥的就全是这个“对立”。他把科学定义为西方的逻辑和知识体系，甚至是“西方的有其自身民族性的文化”。一向把风水点染为“科学”的当代风水大师们又把风水变成了文化，而且和“科学”对立。因为“科学”是有西方民族性的“文化”。看到这里，有哪位读者能不迷糊呢？作者又说，中国则有自己“应对自然的知识和技术体系”，如《齐民要术》和《天工开物》，“风水也是这一体系的重要部分”。如此说来，风水又是一种应对自然的知识和技术体系了。不知这体系是文化呢还是科学？或者两者都不是。且看他怎么往下说：这个风水体系远比“西方的科学”高明，“如今西方的科学越来越显示出其局限性和危险性，如核弹、大规模杀伤性武器、资源耗尽、环境污染、生态危机、克隆人等问题的出现，都在警示人们，科学与技术的无限制发展是不可持续的，是对子孙后代不负责的”。于是，作者责问：“中国为什么要产生科学？”用来回答李约瑟的问题：“科学为什么没有在中国产生？”如此说来，作者认为，风水不但不是科学，它比科学还高明，而且中国，甚至世界，都并不需要科学这只会害人的玩意儿。从而“卷首语”在后面说出了更有趣的话：“当科学技术一步步地将自然的巫魅剥去，活的神秘的自然将变成死的机械的自然。还原论、机械论的科学将世界还原为一架机器，自然的神秘消失了。……其实神秘本身就是一种价值，神秘完全丧失，剩下的就是无聊和虚无。”再下去，到了末尾，“卷首语”说：“当前的问题是与人类生存息息相关的自然的巫魅荡然无存，给自然复魅，还自然之魅，往大里说是为了地球和生态，往小里说是为了让人生有意义。”于是，风水就又是“给自然复魅，还自然之魅”的反科学的巫魅了，身价从此可以大幅度攀升。“卷首语”不但拯救了风水术，而且要借助风水术来推翻科学以拯救人类和地球。历史就要“大翻个儿”了。全人类就都能生活得有意义了。这番难懂的话也有它的价值，因为，简单地说，它承认了风水是一种反科学的巫魅。

这篇“卷首语”的标题就是“风水：中国人内心深处的秘密”，很有点儿巫气，看来，这期《中国国家地理》是下定决心要当“复魅”的先锋了。

请大家注意，这杂志的主管单位是中国科学院。科学院要演出“壮士断臂”的惊人节目了。

这期杂志分为几大部分，它们是：“关注风水”，“风水城市”，“用风水为北京号脉”，“谁来保卫我们的家园”，“穿越生死的中轴线（明十三陵和紫禁城风水对照）”，“古村落（风水理念下的神奇大地）”，“苏州园林（风水佳穴的实践标本）”和“谁来保佑我们的家园”。从这些部分的选题和写法，就看出编者的用心了。

“关注风水”一栏里，刊登的大概都是讨论会上的发言或记者访问所得的片段，外加一些“背景知识”小块。这一栏的设计目标显然是要告诉读者风水究竟是什么，如何评价。但是，真教人失望，认真看了几遍，还是不明白所谓的风水是什么，甚至不明白风水术的肯定者、支持者究竟肯定什么，支持什么，而只有不知其来自的评价。并且，几位肯定风水术的教授学者们，所说的风水好像并非同一种东西，各说各的。

因此，虽然多数人肯定风水，但肯定的理由也不大一致。不知道是不是我偏心眼儿，我觉得，对风水持批评态度的几位先生们说的倒都在一个点子上。看来，并不像某些人指责的那样，凡批评风水术的人都根本不懂风水。而且，肯定者的话大多不免有点儿玄学色彩，批评的人的话却明明白白。这大概就是巫魅与科学的区别。

肯定风水的人们之间的分歧其实很大又很根本。例如，有几位坚决拒绝科学，要划清风水和科学的界限，认为风水作为文化远远高于科学，风水的是非和科学无关，不是科学所能解释。又有几位则用风水的科学性来为风水辩解，例如有人说："'气'是风水学的核心……有外国学者曾断言'认识气，便懂得风水的全部'……现代物理学的研究正在一步步接近'气'的本质，一种比较权威的观点认为，'气'的本质是超微粒子及其场。……'场'是现代物理学概念，场论认为……场与实体都是一种存在，是同一事物的两个方面，二者不可分割，在一定条件下可以相互转化。这种理论与中国古人所说的'聚则成形，散则化气'的见解颇为相似。"这一番议论有点儿眼熟，好像几年前一些人热衷于论证风水的科学性的时候说过，现在已经过时了。肯定风水术而否认风水与科学的瓜葛的人比较摩登，例如说：风水"是以《易经》中的哲学思想作为骨架的，在阴阳五行的理论基础上，风水说发展了天、地、生、人系统的有机循环观念，主张'天人合一''天人感应'。所以，古人在选择与布建生活环境时，总是要把城市、村落、住宅等与天象结合起来，'法天象'以求'天助'，使人和周围的自然地理环境、气候、天象等形成协和互助的关系，从而达到'天人合一'的境地"。

是科学也罢，是哲学也罢，请问，是哪一个风水流派的哪一部"著作"里如此或如彼地说过的呢？找出一部著作来做一番全面的认识，而不是零星宰割断章取义的歪曲，能得出与这些学者们相同的看法吗？又有哪一位风水大师在相宅或卜穴时候写的"箝语"有科学或哲学的内容呢？那里连最普通的常识，甚至"背风向阳"这样老鼠打洞时都知道的事都没有，或者退一步说，都难得找到。

编者提出了一个问题：对风水是否该抱有宽容的态度？他摘编了五个答案。第一个是："风水的存在本身就是人类的遗产，不管是否对当代有用。"这是一句大而无当的空话，文不对题。现在要讨论的，是风水术的本质以及它在当今的实际存在方式和作用，而不是玩概念。第二个答案是："风水理念蕴含着古代中国人内心对于世界的认识，它不应该被我们摒弃。"这是一句不合逻辑的话，其实，风水术该不该摒弃，不在于它是不是一种对世界的认识，而在于这个所谓的"认识"是不是正确。这个答案的作者说："我们也不能因为今天更加先进的科学成就就否定过去的文化。"这句话泄露了当代某些肯定风水术的人把它从科学调到文化里来的原因。他们以为，如果是科学，它就要被淘汰，如果是文化，它就可以不被否定。其实对文化也是可以而且应该做是非利钝的价值判断的，文化并非永恒不变，历史上被淘汰的文化多得很，比如那个拖着辫子跪在阶下以头抢地山呼万岁自称奴才的文化。我们理应"用今人的观念来解释或者批评古人"。第三个答案："风水是一把打开传统聚落和建筑之门的钥匙。"有些传统聚落和建筑的规划设计里是有一套风水术数讲究的，但这套讲究在规划设计里不过是很小的很不重要的部分，而且是"巫魅"的部分。聚落和建筑是人们生存和发展的环境，生存和发展要面对并解决许许多多实实在在的问题，而不是首先讲虚无缥缈、无从捉摸的什么风水。乡人们是讲实际的，他们对风水只抱着一种宁信其有毋信其无的心理，就和烧香拜佛一样。大风水和小风水最多只对聚落和建筑的选址、布局等等起些调整作用，不可能起决定作用。而且，风水师往往是在事后做些对既定事实的解释，以稳定人心，所以，常常会有一个风水师这么说、另一个那么说的情况。不论大风水还是小风水，风水师都会弄神作鬼"禳解不吉"，如立块"泰山石敢当"小碑或挂一面八卦镜，最大不过扭歪住宅大门的方向，或者在宗祠前面挖一口水塘。真山真水大环境的"不吉"可以"略施小技"用这种不关痛痒的措施加以禳解，这就明明白白暴露出风水术的欺骗性。至于这位教授说"没有它（风水），要解读中国传统聚落和建筑的结构及其规律几乎是不可能的”，这大概有两方面的问题：一方面是他知识不够，研究聚落和建筑的观念和方法不正确，另一方面是世界观不对，一时找不到答案就只好归之于冥冥之中的力量这正是世上一切迷信心理产生的原因。第四个答案是：“风水学说犹如一座矿山一样，等待着人们去开采、冶炼、制造和利用。”连风水术是什么东西都没有弄清楚，就召唤人们去开矿，不是太出格了吗？这位教授没有说这座矿山藏的是什么矿，储量有多大，地质条件如何。我奉劝各位，如果不专门治文化史，就省下这份力气罢。不过，如果着眼于发财，那倒不妨去干干，现如今风水师这行业机会挺不错，信口开河便能得钞票，但你先得昧掉一个知识分子的良知。第五个答案是一位考古学家提出来的，他说：“风水中科学的东西太少了，要想从中找到积极的东西几乎不可能。”这就是说，风水学说并不是一座值得开采的矿山。但是，这个答案被编者塞在最小的角落里，而且把标题拟得很模糊。他的另一段批评风水术的话也被塞在另一页的小角落里。

这第一部分里还有两段话不可不看。一段说：“风水是中国文化对不确定环境的适应方式，一种景观认识模式，包括对环境的解释系统和趋吉避凶的操作系统。其深层的环境吉凶感应源于人类漫长生物进化过程中的生存经验和中华民族文化发展过程中的生态经验。前者通过生物基因遗传下来，后者则通过文化的基因而积淀下来。这种生物与文化基因上的景观吉凶感应，构成了风水的深层结构；中国传统哲学、天文地理的观测与罗盘操作技术，以及中国的民间信仰这三者构成了风水的表层结构，它系统地曲解了风水意识。作为表层结构的风水解释系统并不能完全反映景观的现实功利意义，因而使风水带有很大的神秘性和虚幻性。”这段话的意思并不深奥复杂，但是说得云遮雾罩，非常深奥复杂而且教人摸不清头脑，为什么，因为它从头到尾都没有合乎逻辑的又合乎风水术实际的论证。有些概念和论断没有说明，例如什么是风水的深层结构和表层结构？它们怎样结构起来又怎样深浅相处？风水的解释系统为什么是表层结构？它为什么不能完全反映景观的现实功利意义？不完全反映景观的现实功利意义为什么会使风水带有神秘性和虚幻性？许多事物的现实功利意义我们都不能完全地认识，但它们并没有神秘性和虚幻性，为什么风水会有？这位北京大学某学院的院长如果不说明这些问题，这番话就等于白说，不过表演了一番无中生有地把本来十分浅显的事咬嚼得深奥复杂越说越糊涂的本领罢了。

这位院长还有一段话更加有趣，他说："许多人打着科学的旗帜，动辄给谈风水的人扣上反科学、伪科学的大帽，这使许多专家学者不敢去谈风水，生怕被人戴上帽子，毁了自己的学术名誉，这是'文化大革命'的遗毒。"不知道这位名牌大学的院长教授稍稍注意过二十年来，尤其是近十年来的中文书出版情况没有，有些书店，宣扬风水术数的书越来越多，已经能放满几个书架，全中国却还没有出版过一本批判风水术数的书。而且，"科学""综合科学"等等是大多数这类风水书的作者打出的旗号，有几本甚至把当代最新科学一股脑儿地排列在一起加在风水术头上，包括"粒子场"在内。批判这类书的文章只有寥寥几篇，加在一起还不如它们的目录厚。如果这些文章指出那些风水书是"伪科学""反科学"，至少也是可以允许的，哪里会弄得"许多专家学者"毁了学术名誉，以致"怕戴上帽子"而不敢谈风水。请问，现在还是给专家学者"戴帽子"的时候吗？如果堂堂正正地谈风水，为什么要怕戴帽子？谁能给谁戴帽子？为什么宣扬风水的专家学者的学术名誉这么脆弱？这位院长教授虽然没有给批评风水的人戴帽子，却向他们抡起了"文化大革命"的棍子，这岂不是有点儿"那个"吗？风水术是既可以宣传也允许批判的，但最好学会讲理：一不要又大又空故作高深卖弄话头而离题万里；二不要气急败坏随意打棍子；三呢，就是要好好了解一下当前关于风水术争论的真实情况，自己也多少看几本风水原典，调查一下风水术的实践效果，不要靠花里胡哨的话混场面。

《中国国家地理》这份杂志的后六部分中的五个，是介绍风水术的实例的。有城市、村落、园林、皇陵等等，另一部分是杂志编辑访问北京大学某研究院院长的记录。

介绍实例，本来倒是认清风水术本质及其实践的一个好方法。但是，很可惜，读者看到的是极皮毛的泛谈，而且是以风水术数最肤浅的几句流行话往这些各不相同的实例上套，什么朝向、水口、轴线之类，不知道这些作者有没有真正深入了解过风水的“经典”著作，有没有真正知道那些风水实例当初是怎样“批”的。有的人甚至连起码的风水常识都弄不清楚，闹出最低级的笑话，例如说案山就是水口山，把文峰塔造在案山上之类。至于那些实例的所谓风水之好，又有什么实际结果呢？除了风景“优美”之外说不出什么来，因为他们始终十分小心地避免说到“吉凶祸福”这个风水术真正追求的关键目标。没有了目标，所以只好把“风水”等同于“风景”了。但是，所有的风水术的“经典著作”都不谈风景，如果花功夫到各地搜集一些风水术士给城市乡村阴阳宅批的风水“箝语”来看，也不会有谈风景的。那么，风景美好之类的话，岂不是当今的风水术支持者们强加给风水术的？一位主笔引了《大明一统志》里的话，说天寿山的“形胜”“实国家亿万年永安之地”。这位作者一不小心说漏了嘴，忘记回避“吉凶祸福”，可巧那个大明皇朝并没有绵续“亿万年”，而且以末代皇帝上吊这样的惨剧结束。这位主笔还说那个皇帝的陵寝“气势完美，尊贵无比”，这是哪儿跟哪儿呀！

这位主笔又引了一段所谓“南宋著名理学大师朱熹”的话，说：“骥都正天地间好个大风水！山脉从云中发来，南面黄河环绕，泰山耸左为龙，华山耸右为虎。嵩山为前案，淮南诸山为第二重案，江南五岭诸山为第三重案。古今建都之地，皆莫过于骥都。”坊间风水书多有冒名朱熹著的，如“经典”之一的《雪心赋》。这一段话，可疑之处不少。第一，怎么可以断定“骥都”就是冀都？主笔用了“当然”“暗指”这样的措辞确认骥都便是北京，或许不错，但不能确证。第二，朱熹生活的时期，北京先是金国的中都，后来是元人的大都，金、元给南宋皇朝以极大的威胁，相争如水火，朱熹会这样称赞中都的风水吗？而且把江南五岭诸山，都当作金国中都的案山，可能吗？第三，南宋时候，中国根本没有略略可以说得上准确的地图，以泰山为北京之东便不大可行，而与西边的华山相对应更加勉强。这样的风水论述有什么意义？何况如果以堪舆术的经典公式来说，这两座山对应，便是“白虎压青龙”，风水差极了。

其实，所谓的朱熹这段话，是真也罢，是假也罢，都没有意义。只消问一个问题：骥都的“天地间好个大风水”对金国有什么好处？对元代有什么好处？不是两个短命皇朝吗？后来的北京为首都的明朝稍长一点，但它的末代皇帝是吊死在煤山东麓的歪脖子大槐树上的。从19世纪中叶到20世纪初，仍然以北京为首都的清朝国运一步步衰落，受尽欺凌。而在中华民国一度迁都南京之后，1949年人民共和国重新建都北京，却国家复兴，蒸蒸日上。有衰有盛，首都不都是那个北京吗？国运盛衰，和首都的“风水”有什么关系呢？如果还是照诸位教授学者的办法，把风水简化为风景，那泰山、华山、嵩山、淮南和江南诸山，和北京的风景有什么关系呢？

一位教授在推荐某个村子的好风水时说：不讲它的风水，就不能解释，为什么几千村落的风景都不如这个村子好？这个提问太滑稽了，因为风水术在中国流行得很普遍，年头又长，所以几乎村村都讲风水，那些风景不好的村子，也大多是有风水讲究的，所以，问题的提法应该反过来：几千个村子个个都讲风水，为什么风景并不如这个村子的好？

还有一位先生写的讲解深圳市风水的文章不可不看，这里只选一段以见一斑：“这是个实际发生的事，原市府大楼后有一泓水塘，门前又是一条大路直冲而来，形成了后无靠山，根基不稳，‘水射门庭’的局势。‘开荒牛’城市雕塑又困于大院之中，据说此前几任主要市领导的结局都不尽如人意与此有关。后来他们把水塘填了，改造成一座假山，把直冲大门的来路分为两岔，东进西出，把开荒牛移至院外，局面就顺畅多了。”21世纪在一份由中国科学院为主管单位的杂志上看到这样的文字，谁能不“浮想联翩”。

这一份《中国国家地理》杂志“风水专辑”里最重头的文章是一篇

访谈记录，题目叫“谁来保佑我们的家园”，副标题是“风水复活的背后”。访问者是杂志的编辑，被访者是北京大学的一位研究院院长。这是篇很有趣的文章，访问者的每一个提问都带着强烈的倾向性和诱导性，例如：“尽管科学发展了，但人类所面临的自然灾害反而更可怕、更危险了。那科学的力量何在？现代世界越来越证明科学技术不是万能的。有了科学技术，我们还缺什么？”“在印度洋海啸灾难中，一个文明时代的‘天堂’瞬间成了废墟，并夺走了近三十万人的生命。相比之下，偏远岛屿上孑遗的史前部落却能在大难中安然无恙。是因为他们对可能到来的灾难更加敏感？”“风水如果是一种前科学，它是如何保障古代人的安全和健康的？中国传统风水说的产生与灾害经验的积累有必然联系吗？”“其实要增强城市对自然灾害的抵御能力和免疫力，妙方不在于用现代高科技来武装自己，而在于充分发挥自然系统的生态服务功能，让自然做功，这是否也是人们重拾风水之道的原因？”如此等等，提问者的思路和这本专辑的“卷首语”是一样的，虽然还没有兴奋到提倡巫魅的地步。

更有趣的是院长教授的应对。他对风水术只提出了一个“左青龙、右白虎、前朱雀、后玄武”的城乡选址模式，但这个模式被经典性的风水著作称为“最贵地”，实际上是很不容易得到的，因此并不是千千万万城乡都普遍有如此的形局。但他连泰坦尼克号沉没、汽车拥堵、自行车安全都提到他对风水问题的讨论中去。在这篇冗长的访谈记录中，真能稍稍和风水扯上一点关系的话，大致是以下这段：“《易经》的六十四卦就有专门的卦和大量的爻辞来卜算和应对洪水、泥石流、地震等自然灾害，反映了华夏先民试图通过巫与神，来预知灾难的来临，获得人地关系的和谐。基于以无数生命为代价的灾难经验，对大地山川进行吉凶占断，进行趋吉避凶、逢凶化吉的操作，成为中国五千年来人地关系悲壮之歌的主旋律。”不管这个“五千年来的主旋律”是不是“悲壮”，当前的问题是这本“专辑”首先应该弄清楚：两千年来的风水术的吉凶判断是有利于人类发展的科学探索，还是阻碍人类发展的巫术迷信。《易经》的爻辞有没有“预知灾难的来临，获得人地关系的和谐”？当前社会上争论的不正是这个话题吗？这本“专辑”的第一部分其实也是围绕着这个问题的，不过，那里有两个人的意见很有意思，一个人说：“区分风水中科学、神秘与迷信的成分是没有意义的。”另一位说：“用当代科学去肯定或批判风水是荒唐的，因为那根本就是前科学时代的产物。”后一位就是这位某研究院的院长教授自己。几年前，学院派风水大师们给风水术戴上“科学”的桂冠，甚至把桂冠摞了好几层，直至把最新最尖的科学都给戴了上去，现在，院长先生却不敢和科学照面交手了。但是，这科学和迷信问题还是非弄清不可的，风水术毕竟不同于元宵闹龙灯、中秋吃月饼之类的民俗。

这位院长教授又说：“于是麦克哈格呼吁：‘人们要听景观规划师的建议，因为他告诉你在什么地方可以居住，在什么地方不宜居住。’这正是景观设计学和区域生态规划的真正含义，也是实现‘风水’之济世救民理想的现代途径。”“济世救民”，这是当代人献给风水巫魅最高贵的赞誉了，而院长主持的景观设计学和区域生态规划，正是要在现代继承和延续风水术的理想。

所以，那位访谈的编辑赞誉院长“不仅富有远见，而且统观全局”，在交谈中“得知济世救民是传统风水之所以出现的初衷。如今，这种美好愿望正被现代景观设计和生态规划所延续”。院长先生用什么方法论证了传统风水出现的初衷是“济世救民”了？能举出哪怕一个例子来吗？风水术数从来只讲一个家族的利害，有时为了自己的家族，而不惜“损害”别的家族。有些村子，为了争风水，竟发生了赓续几代的械斗，这是多少有点关于风水术数知识的人都知道的事。“济世救民”？吹什么牛！院长先生却接过访谈编辑的话茬说：“这也正是我们这一代人所肩负的重大使命。”风水是个什么东西还没有弄清楚，院长教授就匆匆忙忙要荐身于延续风水术来“济世救民”了！

正当《中国国家地理》“风水专辑”上市热销的日子，某电视台又趁热打铁，给风水术一个长长的时间，由一位北京大学教授和一位清华大学教授一唱一和合演了一幕大事鼓吹风水巫术的节目。这个节目很好，让电视观众及时见识了风水术和风水术士的真正面貌。

那位北大教授讲了两个风水术灵异的实例，一个例子是讲“北大”的风水，讲那条从北大西门起，过水渠，经老办公楼，直到东端的博雅塔和大烟囱的轴线。他说，这条轴线，在门口引进了玉泉山、军都山直到太行山的什么“气”，气脉旺，很好，所以北大出了人才。可惜东头的大烟囱不好，如果拆掉大烟囱，北大还会出更多的顶尖人才。可是，教授竟疏忽大意，忘记他所说的那个建筑群和那条轴线，原属燕京大学，北大是1952年大学院系调整之后才搬过来的，而燕京大学虽然办得很出色，但从1929年这个校园建成之后只有二十几年，便早早夭折了。这个建筑群和这条轴线尽管受到了“太行山的脉气”，并没有能保住燕京大学长期存在下去。而北大成为人才辈出的名校，基础是在沙滩红楼时期打下的。这位北大教授连这些起码的知识都没有，便“意气风发”地大谈起“北大”的风水来了。这是北大的荣乎？辱乎？

他讲的另一个实例是关于建筑物的小风水的。他应邀去给北京的一幢房子看风水，掏出鲁班尺量了量大门洞的宽度，尺上所标正好是“当官”“多病”和“大凶”的刻度。他一问主人，原来这正是林彪的府邸，神了，三个判语完全契合房主人的一生。他又给另一幢房子的门洞量了一量，鲁班尺上显出的什么什么，好像有一条是“逢凶化吉有后福”之类，一问，这房子的原住户是傅作义，他的一生又准确地被尺子量出来了。这位教授感叹了又感叹，对鲁班尺（小）风水的灵异敬佩不止。

北大教授讲完鲁班尺的神话之后，清华教授从口袋里掏出一只钢卷尺来，把手一扬，说，这就是鲁班尺，并且赞扬了一番它的灵异。可是他没有拉出尺条来。其实，如果拉出尺条来，很可能会非常狼狈，因为，鲁班尺虽然有好几种，却都不会在同一个刻度段上有三种命运判定。

绕了多少弯子，这位北京大学的教授终于在无意之中非常实在、非常生动、非常有说服力地向人们证明了所谓风水，就是以自然界中的山川或人为的建筑物的相互关系来悬测人的吉凶祸福的巫术，而和“济世救民”毫无关系，《辞海》《辞源》和《现代汉语词典》对“风水”的解释一点都没有错。风水术千年以来的原始典籍、流派、代表人物和几乎无所不在的实践都是这样的。这位北京大学教授虽然作为风水术的坚定信仰者和宣扬者的身份走上屏幕，却于无意中非常生动地拆穿了风水术的骗术真相。这之前，在中国科学院主管的《中国国家地理》的“风水专辑”上他也是个坚定的风水术信奉者。这位北京大学的教授还是个有点儿名气的风水术士，东奔西忙地给大佬们去看风水，包括外国人的什么公司。这是个大有益于腰包的“第二职业”，但看他年龄也不小了，够辛苦的。

许多年来关于风水术究竟是什么东西的争论，终于由它的信奉者、鼓吹者和实践者轻而易举地解决了。

最后还要再赘上几句话：因为祖坟的风水引起亲兄弟反目成仇，本该和睦相处的邻居因住宅朝向、高低、形状等互斗风水，因为争村子的风水导致两个村甚至几个村结成几百年的仇恨而至于械斗，这样的事太多了。风水有可能弄得人与人斗争得死去活来，要靠风水术来取得“天人合一”或者“天地-人-神”和谐的梦，别做了。

（原载《建筑师》，2006 年 4 月）

（九五）

建设这个词，含义很广泛，既可以说建设三峡大坝，也可以说建设新社会，还可以说建设精神文明。并不是只有造房子才叫建设。大概可以说，凡和破坏对立的创造性活动都是建设，所以有了“建设性态度”“建设性意见”等等的话语，这里当然也包含有利于进步的尖锐的批判。如此看来，造房子其实只占建设这个概念的很小一部分。那么，一提建设，便以为要大兴土木造房子，就是很片面的理解了。不过，说到政绩建设，造房子倒确实是一条最快速见效的捷径。

于是，我们的话题就可以转到“建设社会主义新农村”这件当今事关国家兴衰治乱的大事上来了。“建设社会主义新农村”，针对的是近几年来演变得很严重的“三农”问题，因此，这个“建设”，就要根据“三农”问题对症下药。“三农”问题里，据我所知，并没有房屋破旧，村容脏乱这一条。有一部分村落破旧脏乱，是事实，但从全面情况看，即使要提到急待解决的问题清单里来，也得往后面排排，这是对农村实际情况稍有一点了解的人都能明白的。

房屋破旧，村容脏乱，原因在于农村穷，农民苦，农业落后。只要克服了穷、苦和落后，破旧脏乱就容易治理。如果颠倒因果，错排程序，不治穷、苦和落后，而从造房子下手“建设”，那就会越干越穷、越干越苦，虽然长官的“政绩”倒或许很快就能上镜头。可能正是为了政绩早上镜头，去年年底以来，在“建设社会主义新农村”口号下，不少地方闻风而动，抽调人员上山下乡去做新村“规划”，做新农舍“设计”。随后，报刊和电视里，重复发表了华西村的大幅全景照片。有了“舆论导向”，于是，个别地区新村“建设”抢先动手，出了“样板”，并且放出话来，短期之内，这个地区将建成一千座新农村，大地面貌，将“焕然一新”。短短一个冬季，天寒地冻，无论南方还是北方，哪个村子都不可能忽然脱贫致富，即使玉皇大帝或者观音菩萨亲自下凡来管事，也不可能！那么，这些新村的出现和将要一窝蜂地出现，意味着什么，是福还是祸？

暂不回答是福还是祸，有一点不妨先提出，这种“新农村建设”，说浅一点，是对“建设”的最狭隘的理解：建设就是造房子，社会主义的建设就是大家一起造标准化的房子；说深一点，是一些人认识既狭隘，又急于升迁，便走捷径抢先出“政绩”。这般风，还是“大跃进”那一套。

如果对农村真正有点儿了解和责任心，那么，这个“建设社会主义新农村”首先就应该是发展生产，提高经济水平，包括输送一批青壮年进城打工，只有如此，才能使农村摆脱穷、苦和落后，并没有其他的办法。这似乎是人人都能理解的事情，这个逻辑太简单明白了。但是，为什么一些有责任在身的人会显得那么幼稚，不走正道，而去造房子呢？道理也简单，主要是因为发展生产、提高经济水平要下深入细致的功夫，下有创造力和想象力的功夫，包括提高这些负有责任的人自己的知识水平。而这些却是苦功夫，他们并不是都能做到。何况，光下功夫还不够，还有些体制性的问题又不是他们能够克服的。体制性问题中一个最简单的问题是，全面振兴一个地区的农村经济，没有十年八年是不行的，而负有责任的人中有很关键性的一批却眼巴巴地盼望着三年五年一次的升迁机会，他们等不得十年八年后的"政绩"。他们要在最短时间里制造出"政绩"来，最好的办法是造房子。不但快，而且简便，又不劳他们的神，他们只要跑跑房基地和贷款就行了。而这些，在新农村建设中都会有政策的倾斜。

其次是，在现行的体制下，有一些负有责任的人并没有改变五十年前他们前辈们的思维习惯和工作习惯，大呼隆，一窝蜂，令下如山倒，农民乐意不乐意都得这么办。什么产权，什么法治和农民的自由意志，都放到一边去。因为如今体制还和五十年前相差无几，既然五十年前的教训始终没有认真揭露和批判，不走老路倒也怪了。有些农民把华西村一类的新农村叫作"人民公社的养猪场"，从根子上说到了问题所在，并不仅仅是批评那新村简单化的格局。地方上的负责人，谈起这种"大跃进"式的新村建设来，"优越性"能列出一大堆，他们不怕日后算账，因为爱算账的人从来没有好下场。

要发展生产，提高经济水平，就得从发展和提高乡村的教育着手。虽然这又是一件叫某些人等不及的事业，却是绕不过去的。五十年前有一句话是"劳动者最聪明"，但现代的事实并不完全支持这句话。如今农村的经济发展，不能单指望种植业和养殖业，种植业和养殖业也不能只靠老祖宗的传统经验，新的科学知识和广阔的眼光对当今农村经济的发展是起着关键作用的。所以，提高农民的教育水平是振兴农村经济的前提。在陕西和甘肃的省界边上有一个小小的窑洞村落，前些年人们很穷困，但村里有五位高中毕业生不穷。当时县里号召大家种苹果，家家买种惯了的秦冠苹果树苗，那五位高中毕业生却宁愿多花几个钱买红富士树苗。问村民，为什么不也种红富士，他们憨憨一笑，摇摇头，回答，种那东西很难，俺们学不会。难什么？要看一本书嘞！那不是一本书，而是三四页种植说明，内容不过是什么时候施肥，什么时候剪枝，以及怎样施肥和剪枝罢了。写得简单而明白。几年过去，高中生的红富士卖出了价钱，而秦冠根本卖不动了。这个村的村民们把一角两角、一块两块的钞票一张又一张地塞进炕头墙洞里，准备造三间瓦房给儿子娶媳妇，因为乡里的新风习，大姑娘不嫁给住窑洞的小伙子。而那五位高中生却不忙造新房子，只花二百多块钱就请来地质队到责任地里打“支农”机井，把小麦的亩产量从靠天吃饭的几十斤提高到了旱涝保收的一百几十斤，甚至二百来斤。地里不浇水的日子，用大汽油桶装了水拉到村里卖，一桶可以卖到五块钱。结果是房子还没有造，大姑娘高高兴兴抬进了门，住进了窑洞。问村民，为什么不向人家高中生学习，他们又是憨憨一笑，回答：俺们学不会，没他们那么精，不会算计。这样简单的事情，要什么精明的算计？那五位高中生，成天忙忙碌碌，常常在村口公路边跟过往司机打听各种信息，盘算着买辆大三轮或者小货车跑运输，而那些惯于憨憨一笑的村民却一溜一溜地坐在南墙根晒太阳过冬。

河北省西部有个县，紧挨着北京，村民生活也很困难，但那里有煤，有大片撂荒地，是发展大棚种植的好地方。问那些墙根下晒着太阳取暖的村民，知不知道北京人吃的蔬菜要远远从山东运来？他们同样是憨憨一笑，说：俺们学不会。

不发展教育，村民们就连学点儿最简单的事情都没有积极性，连优惠的扶贫政策都不敢去利用。效益就在眼前，村民们却“不会算计”。

要发展农村经济，无论如何，总比搭大棚、打机井要“精”一点，多一点儿“算计”，不先发展教育怎么成。

发展了农村里的教育，还得建设医疗保健事业。这是起码的人道主义，也是为了保护劳动力。现在有不少的地方，农民们的健康保障很差。四川省是个移民地区，乡下多稀稀落落散布着的农舍，不形成村聚。到大山沟里看看，风光极美，但交通非常不便。问问乡民，生了病怎么办？回答是：水好、空气好，不常生病，生点儿小病抗抗就过去了。再问，万一得了大病怎么办？回答：格老子那就等着噻！每个中国人都懂得“等着”是什么意思。川黔边界上一个小村子里，一位壮年汉子眼窝子里总是嵌着一个清凉油小盒的盖子，问他为什么，回答是，有砂眼，得用小盖子撑住上眼皮，不眨眼，否则眼珠子会磨痛。再问为什么不到医院去治疗，汉子说：那要花钱呀！还得进城！到集贸市场上去看看，用竹筒拔火罐、用麻绳拔牙，这样的郎中生意仍旧很红火。现今是狗儿猫儿都被搂着抱着穿上花背心吃细食，人们随地吐痰要罚款，而狗儿猫儿却有特权可以到处拉屎撒尿并不受罚，对它们稍有得罪，报纸上就会义愤填膺地大肆批评，责人以“爱”。但我们的农村同胞们，有不少人得了病只能抗着、等着，人们忽然就似乎没有了“爱心”。这样的情况至少是不“和谐”的。

发展经济、发展教育、发展医疗保健，这三件大事，无论如何应该重于匆匆建设一排排别墅式小洋房。当然，办事情不能像五十年前那样，只提一句简单的口号：“先治坡，后治窝”，就不顾农村日常生活的改善。村里危旧房的维修，饮水、卫生、交通等等的整治，还是要积极抓紧去做的。但是，不论对“建设社会主义新农村”的愿望怎么理解，都不能以大造新房子为第一要务，大张旗鼓地又刮起风来。陕甘两省边界上那个小村里五位高中生可以给我们许多知识。

农民要不要造新房子，怎样造新房子，造什么样的新房子，要根据他们自己的心愿和现实的条件。不能像城市小区那样，搞标准化。现在同一个村里农户的分化很大，有的基本按传统方式种植大田粮食，有的经营大棚蔬菜，有的养鸡，有的养鱼，也有的青壮年进城打工，留下妇女和老弱在家缝制出口工艺产品，或者编织炕褥子。他们家庭的人员构成不同，经济水平不同，生产经营不同，因而他们对住宅的要求很不相同。像华西村那样用一两个标准设计让他们在统一的网格里造统一的住宅，很可能会给他们造成极大的不便和浪费。前几天，电视里有个节目赞赏某地的一处这种样子的“新村”，竟有一个镜头，是一位农妇在楼上的阳台喂猪。记者和编辑大概根本不知道养猪是怎么回事，这倒不怪，怪的是社会主义新村建设的主持者难道也不知道养猪是怎么回事，不知道农村生活是怎么回事？

最近几年，农村正发生着剧烈的变化，一部分进城打工的，随着城乡两元化壁垒的突破而离开农村。农村人口减少，农户人口减少，都会对农民的居住情况发生很大的影响。在这种历史时期不管农户数量的可能变化，不管农户规模的可能变化，匆匆忙忙建造统一的住宅和村落，不说盲目，也是轻率。要知道造一幢房子，不但要占房基地，而且烧砖头也会伤地。在造房子上的浪费，浪费掉的是宝贵的土地资源。

其实，上千年的传统风习，中国农民造房子的积极性向来很高，现在也并没有降低。只要温饱了、安定了，农民就要造房子。在上千年的宗法时代里，一个中国农民一生有三件大事：第一造房子，第二娶妻子，第三生儿子。造房子是娶妻子和养儿子的前提条件，是男子汉对家庭、对宗族的责任，是他们为人的“脸面”。正是这种上千年的宗法制度下小农的传统意识，缠绕住当今一些地方官们的头脑，致使他们还以造房子为最重要的政绩，和那些什么都“学不会”的农民一样。

近来短短几年，沿海各省农村发展很快，新楼房层层叠叠，村子连接上了村子，一二百里连绵不断。白昼看去很闹猛，晚上一看，一幢房子只有两个窗子亮着。一幢三四层楼的新房子里只住着三四口人，房子空着没有人气，不吉利，于是在每个空房间里放一把笤帚或一只簸箕或一根绳子，或其他什么人造又人用的东西，充一充人气。这几年，连远在四川的山乡里，不少地方的“街上”竟也是一色白瓷砖的三四层楼房，钢筋混凝土预制楼板，“城市化”了。新房子大都是打工仔回家造的，他们在外地谋生，房子空着没有用，于是，以五十块钱一个单元的低价出租，图的是有人给他们看管房子。已经有不少房主人连续几年没有回家了，房租抵不上路费，也不来收。有些房子主人留在城市，乡下老家新房子楼上几层没有装修，连门窗都没有装，已经废掉了。有机会碰上这些房子的主人，问他们为什么花钱造些没有用处的房子，而且造得这么大，回答是多种多样。有的说：钱存在银行里不过是一张纸嘛，造了房子总是件东西。这是因为银行利息低，农民自己又不会理财投资。有的说：有三个崽，给他们一人造一套，这是为爷的本分。后来崽们在外地打工，讨老婆，不回来了，房子就空了。还有一种情况比较特殊，一位村里的当权人，阖家四口，造了四幢三层楼的房子，村人说，他请风水先生来寻房基地，四幢房子占了福、禄、寿、禧四个穴眼，他们家世世代代会当权，有大出息。

在经济水平比较差的地方，农民自己造房子的时候，一般都会精打细算，造价降低不少。例如，备料也许要花好几年，攒了些钱，便到谁家山场去买几根木料，秋收之后在自家田里搭个小窑，挖泥压模，上山砍柴烧千把块砖，一年一年地增加。城市闹拆迁了，到现场去廉价买些柱子檩子或者还有旧砖头旧瓦片。材料差不多备齐了，便兴工起屋，亲戚朋友一齐上，弄点儿酒菜招待就行了。造起了房坯子，不急于当年落成，一家子住楼下，楼上撂几年，待儿子们娶亲了再补齐、抹灰、装门窗。一座挺齐整的房子，问主人花了多少钱，他常常会老实地回答：算不清楚。所以有时可以看到几家极贫困的农户，孩子读书没有钱，奶奶治病也没有钱，住房倒是新的。他们所缺的是现钱。

但统筹划一的标准化农家住宅建设，便没有自己造房子时候的灵活性，一次性投入，新砖新瓦新设备，要比自己造房子费得多，农民未必拿得出这笔钱来。于是有些地方负责人为了造新村、见政绩，便卖力气去跑贷款。但贷款是一笔笔分别落到农户肩膀上的，虽然改革开放以来许多经济学家劝咱们中国人学美国人的样，借钱过日子，但农民到目前为止年年收入不稳定，而且微薄，经不起风吹草动，到着急的时候又不能借李家的钱还张家的账，谁敢大大咧咧欠一辈子债慢慢还。被当政的人“统一”成欠债户之后，日子不好过，“美国生活方式”现在并不适应中国土壤，还是且慢引进为好。

近几年，不少农村经济确是小有好转，连一些很贫困的地方，由于劳务输出，新房子也一年比一年造得漂亮。有一些新农舍活像大城市郊区大阔佬们的别墅，甚至有流行的“欧陆风”房子在山沟沟里耸立起哥特式的尖顶。出去打工的，不少是当建筑工人，几年下来，成了能工巧匠，有少数回乡创业，在乡里当土建筑师和土工程师，不再出去。还有的开办了预制楼板和屋面板的工厂。他们连玻璃幕墙都会做。值得注意的是，山沟里也好，“街上”也好，没有完全相同的新房子，小洋房都挺讲究“个性”，花样百出，不俗气也不堆砌，很讨人欢喜。

所以，即使经济水平上去了，也不要处处都去搞标准化的统一的住宅，因为这时候农村的文化水平也要上去了，农民的个性也觉醒了。要的是趁早做好真正的村子规划，准备下房基地，搞好基础设施，尤其是供水和排污。而规划和房基地都应该有足够的灵活性，适应多种多样的要求。

咱们中国的农村，即使在宗法制度下的纯农业经济时代，有不少地区的住宅和村落也是很美观的，富有个性，也不乏整体的和谐与变化，舒适度并不低。只要稍加整理，增添设备，适当建新村以便迁出五十年来猛增的人口，慢慢改除不合理的习惯，它们便能够适应现代化生活的需要，没有理由统统拆掉它们。不过这种做法不大有“形象”效果，因而不大为追求“政绩”者看好。报纸上吹嘘的是打方格的机械平均主义的新村落，既不顾家庭的多样化，也不顾生产的多样化，鼓吹这种“新农村”的时候，列了许多好处，其中竟有一条“节约农用土地”，这显然是地方上负责人提供的说法，这说法恐怕和五十年前的“亩产十万斤稻子”可以遥相辉映比美！

附记

近日某大城市评选该城所属的十大最美村落，报上介绍了一些初步筛选出来的候选者，居于第一号的竟是“一个村落一张图”的某村，推荐的说明是：全村百十幢新房子一律按同一份设计图纸建造，全都一个样子，整整齐齐按两纵四横的街巷网布局，突出一个新字！

这样的村子，我在农村早已见到过，全部房子“统一”，种粮的、种菜的、种果子的一个样，养鱼的、养鸡的、养猪的一个样，一个崽的、三个崽的、父母双亡的、三代同堂的，也都一个样。上了点岁数的人吃过1958年的大锅饭，把这样的村子叫“人民公社养猪场”。

（原载《建筑师》，2006 年 6 月）

（九六）

年初的一份建筑杂志在“名家专栏”里发表了一篇作家的文章，题目叫作“今天的矛头对准建筑师”，有点儿戾气，我且引几句话给大家看看：

> 新建的城区千人一面，没有精神，粗浅平庸，都是城市间相互抄袭的结果。抄袭，无论对于开发商，还是建筑师，都是生财的捷径。我们的城市就是被那些平庸无能的建筑师、那些被开发商收买的建筑师、那些对没有文化责任感的官员趋时（按：应是“炎”）附势的建筑师变成现在这样的平庸和彼此雷同。

这些话不能说无中生有，人家还是看到了一些症候；这些话也不是搂在怀里打屁股，拍一下，揉一下，而是下手很重。作为建筑界中人，我看了有点儿挨打的痛，我不得不自己把痛处揉一揉。

第一嘛，我想，并不是所有的建筑师都这么不成器，两个来月前，我的一位学生给我来了电话，诉苦说她失业了。我大吃一惊，怕她没有地方吃饭，忙问为什么。她说，倒不是被开除，也不是被解雇，而是她自己辞职不干了。好端端在北京当建筑师，闹什么小孩子脾气，辞职！

调”也未尝不可。

第二，依我看，我们的建筑师现在的作品，如果按照“实用、经济、美观”的标准来衡量，设计水平并不亚于外国建筑师的一般作品，或者说，差不了多少。差距主要在设备，在一些构件如门窗之类的质量。例如，我家的卫生间下水道冒臭气，找了不少“有资质”的人士来想办法，都不行，至今很不“卫生”。那些推拉式门窗，过不了多久就动弹不得了，开开关关，倒是可以作为极有效的减肥运动，所以我至今体形保持得不错，肚子没有挺起来。至于一般大型公共建筑，经过改革开放以来近三十年的进步，克服了复古的“民族形式”，参考了世界各国的成就，当前的作品，只要不追求“传统风貌”，无论是空间和体形的功能组织还是外观，也都能四平八稳地解决问题。

不过，我绝不是对我们当前的建筑情况心安理得。我觉得，在世界上比较一下，我们的建筑，确实还有不小的差距。差在哪里，在于缺少创新和探索精神，缺少“标新立异”的追求和能力。城市面貌“和谐”固然好，但没有那种“和而不同”的杰作，没有“不平庸”的少数，却反映出一个大问题。几十年了，在我们的建筑设计基本方针里，有“实用、经济、美观”，并没有提“创新”这一条。“标一点儿新，立一点儿异”，曾经作为“资产阶级思想”来批判。我今儿个拾起这旧话头，并不是无的放矢、纠缠老账，而是因为又有了新情况。

我先把话头扯远一点点。

只消稍稍留神看一下，就能发现，缺少创新和探索精神，并不是建筑界独有的问题，而是我们这个老大民族“一以贯之”的传统特点，弥漫在整个文化领域。“文化大革命”那会儿，为了批倒“大儒”，闹了一场法家热，从牛棚放出来多少大学者，在几千年的遗籍里翻到几本书证明法家的“进步”，一本是《本草纲目》，一本是《天工开物》，最重要的是那本《梦溪笔谈》。不看还好，一看真教人脸红，哇噻，咱们中国人那么老土呀！

真是“三十年风水轮流转”，这两年又闹以儒家为主体的“国学

热”，沸沸扬扬，连从来没有读过古籍的小青年都跟着说中国人之所以落后，所以乱糟糟，是因为五四运动批判了“国学”的缘故。一位创办了国学系的大学的校长说，“国学”就是经、史、子、集。那不就是科举时代的全部学问吗？“高中了”的范进先生和被打断了脚的孔乙已先生不是把它们读得滚瓜烂熟了吗？怎样了呢？他们有过一点点认识客观世界的主动性吗？国学的大型丛书之一《古今图书集成》里收入了不少风水典籍，难怪国学热起来，马上就带动了一股风水热，连中国科学院主管的一本杂志都批判科学，吹捧巫魅，提倡起风水术来。参加这场风水大翻身的，竟大部分是名牌大学的教授，还有研究院的院长和学报主编。要“国学”，包括风水术在内，来“化民成俗”，来“复兴”中华，真教人心惊。过去曾经有相当长的一个时期，我们也天天听说要“解放思想”，但那是“阳谋”，导向性的明确和狭隘“史无前例”，后来人人都山呼万岁，被“解放”到“无限崇拜”的状态里去了。甚至到现在对那场丑剧还没有个明白的说法。要真正解放思想，药方要开得对症。如果以为回到传统文化里去就是方向或出路，那恐怕是文化传统的又一次发威，咱们还在那个传统的“鬼打墙”里打转转。

背负着这样的文化传统，生活在这样的文化氛围里，要我们的建筑师们都有创新的自觉、有探索的激情，那怎么可能？拿两三千年的中国建筑史跟欧洲建筑史对比一下，一边是“千年一律”的停滞，一边是接二连三的花样翻新，那就什么都明白了。“建筑是石头的史书”，而“历史是一面镜子”，这两句话都不假。建筑界的问题其实是整个民族共同的问题，各行各业、男女老少，包括作家在内，都一样。不从大处着眼，不从整体设法寻找出路，只指责现在的建筑师这也不行，那也不行，是很不公平的，也是没有用处的。

讨论这个既吓人又烦人的关于民族根本命运的大问题，绝不能“从我做起”，那是一个“大事化小，小事化了”的态度，也是我们民族可悲的包袱之一。但这个问题似乎又非讨论不可，因为有人已经在开传世古方，否定五四那个批判旧的国民性和重建新的国民性的运动。讨论这

个问题，当然不是我的能力所及，但我不能不有所怀疑，因为五四运动在没有取得真正的胜利之前就夭折了，以后的几十年里，思想的混乱，精神的堕落，并不是由五四运动所提倡的科学和民主引起的，而是五四运动没有来得及彻底战胜文化传统的结果。直到21世纪，一哄而上、没完没了的反民主的“主子奴才”戏和反科学的“剑仙侠客”戏，集中地反映了我们当代文化思想的堕落，而收视率却“居高不下”。这种情况真教人寒心。有人说，主子奴才戏和剑仙侠客戏不过是休闲玩意儿而已，累了一天，忙了一天，看看这些笑一笑，乐一乐没什么不好，提不到那么高的纲上。真的是这样吗？“润物细无声”的可能是甘露，也可能是毒汁。许许多多的知识者对摧残人格的主子奴才戏和亵渎理性的剑仙侠客戏随随便便不以为非，不以为耻，甚至还能笑一笑、乐一乐的态度，其实正是非常可怕的“国民性”。请不要忘记，那个“全民”高呼“万岁、万岁、万万岁”的年代只过去了一瞬间。就我的识见来说，话说到这里已经太多了，丢下这个话头吧。

还是转回话头来说咱们的建筑师们和他们的作品。

建筑师想什么，怎么想，离不开咱们的“国民性”。这国民性反映着咱们这个既没有科学精神也没有民主思想的“文化传统”“传统文化”。国民性里，还有一个症候是“麻木”，鲁迅先生曾经那么愤慨地“骂”过的。这麻木和没有探索精神、没有创新动力是一码事。

要一个精神状态有点儿麻木的建筑师有所创造是几乎办不到的事，我们因此也付出了不少代价。前几年，我和同事们给一个很有价值的古村落做了一份保护规划，为了疏散村里过多的人口，为了提高村民的生活水平，我们要求在古村附近另外开辟一个新区。我跟当地负责的“官员”踏勘了几处地方，最后选定了一个袋形盆地，它三面环山，一面临河，河边有汽车路，河对岸又是层层青山，盆地里还有一条曲折的溪流和一片水池，山形水势美丽如画。而且林木茂密，四季常青。村民们也都很喜欢这个新区的位置和环境。这当然是建筑师或规划师一展身手大大过瘾的好地方。于是，主管的“官员”就请了“有资质”的规划设计院来做规划和设计。两年之后我再去这个村子，见到新区里造起了几幢城市式的单元住宅，规划呢，竟是像在平川地上一样，打了稿纸式的格子。什么山形水势，什么树林草坡，一概视而不见，“完全、彻底、干净”地征服了自然。这位建筑师兼规划师连一点创作欲望都没有，他既不尊重自己的专业，更不尊重他自己本人。没有人“收买”他，也没有人值得他去“趋炎附势”，他追求的只是出图挣钱。

但特别机灵精明的建筑师也不是没有，建设部刚刚规定九十平方米以下一套的户型应该是城市住宅的主体之后，马上就有建筑师提出了两户合用一个厨房的方案，并且“论证”了它的“合理性”，说是能增加邻里交往，密切邻里关系，跟建设和谐社会挂上了钩。不需要特殊的聪明就能明白，他这不是在做一百八十平方米的户型吗？不知道开发商会怎样奖赏他。

越是只图挣钱，一些“开发商”和“官员”就越不拿建筑师的人格和专业当回事，而且开发商和长官求发财、求升官的心情比建筑师想挣钱更加急切难耐，两个礼拜定方案，三个月出完图，这就成了。于是，建筑师更不可能有所创造，有所探索。这样一圈又一圈来回地绕，中国的建筑业的现状就不可能很好。

要改，就得从咱们的文化传统中摆脱出来，不能到“国学”中去找药方，还是得走“改造国民性”的路。这当然也不是一年两年的事，但总得大家肚子里明白，一点一滴有目标、有追求地去改，既不要麻木，也不要太机灵。

（原载《建筑师》，2006 年 8 月）

（九七）

我们已经一次又一次，不知多少次地争论过，一座古建筑可不可以拆除，一座古城或者古村可不可以拆除。大家都说了许多许多道理，但是，有没有人想过，这些从古代遗留下来的历史文化遗产，它们属于谁？谁有权力决定把它们拆除？

当一个房地产开发商、一个政府官员、一个社会知名人士，指手画脚，振振有词地主张拆除这座那座古建筑或者古聚落的时候，他知不知道，其实他根本没有资格这么说，即使他们办通了全部法律手续、交足了土地费，即使他手握斗大的官印、掌握着舆论工具，即使他博古通今、拥有响当当的头衔，他都没有这种资格。

古建筑和古聚落，要拆除它们，都得有产权人的同意。它们的产权人是谁？不是拿到了合法证件的老板，也不是长官和社会知名学者贤达。古建筑和古聚落，都是历史文化遗产，历史文化遗产的真正产权人是道义上的、哲理上的。历史文化遗产上属于创造它们的祖祖辈辈，下属于将要继承它们的子子孙孙；小属于一个民族，大属于全人类。它们属于从前，属于未来，它们属于历史。它们的价值是终极性的。没有哪一代人，更没有哪一个人，有资格决定毁灭它们。每一代人、每一个人，他们的责任就在小心翼翼地保护好它们，把它们尽可能无损地传给下一代，一代又一代。这责任是道义的、哲理的。

当今有些人，包括一些房地产开发商、政府官员和专家学者，鼓吹说，历史文化遗产的存留要遵循市场导向，由市场决定，这就是有利则留，无利则去。他们听到这样的关于历史文化遗产真正产权人是谁的说法，一定会大斥它荒唐，愚不可及又迂不可及！但他们不知道，这个关于历史文化遗产的产权问题的富有哲理的说法，恰恰是在开拓了几百年市场经济的社会里产生出来的，早已成了那里人们的共同认识。它超越了当今眼前的财力和权力，面对着永恒的历史、历史的永恒。

一座城市，北京，六百年来作为一个大国的首都，经过精心的建设，集中了全民族在规划和建筑上的最高成就；反映出这个民族、这个国家两三千年的文化历史和多少代的典章制度；记录下上自帝王将相、下到市井百姓各个阶层的生活状态，以及他们的思想和感情。这个城市曾经是宁静的、舒适的、充满了人情味的。它本来有可能带着这一切作为民族历史信息传给子孙直到千百年的后人。但是，经过半个世纪的糟践之后，房地产开发商和官员们又默契合作，加上一些学者的鼓吹，以改善平民百姓的生活为名，在几年之内毁掉了这座城市。他们有权力这么做吗？这“权力”不是“合法”手续、官印和学问能给他们的，因为这城市并不属于这一代或几代人。历史不允许拆毁它，民族也不允许，世界更不会允许。

每一个人，每一类人，在历史面前都应该谦逊，因为他们的财富、权力和知识在历史面前都很渺小，微不足道。

那么，有人会质疑，这样说来，岂不是所有已存在的建筑都是文物了，都是要保护的了？

问得有理！为了回答这个问题，先要说明，西方有一些国家，例如意大利，至少三十年前已经着手准备把凡存在了五十年以上的建筑都当作文物来保护了，美国已经有了这样的立法。还有些国家则有意朝这个方向走。这就是说，多少年来的道义上、哲理上的责任，就要转变成法律上的责任了。像我们中国这样还在大规模地拆毁古建筑的国家在这个世界上大约没有第二个了。

不过在中国，真的当前就所有历史文化建筑都保存下去，确实有不能克服的困难。这就是我为什么迟迟没有把这种新趋势介绍进来的原因。“脱离实际的书呆子”，“这顶帽子捏在群众手里，随时可以给你戴上”。我记得类似的话。

但是，半个多世纪的经历证明，我们吃了大亏并不在于“理论脱离实际”，而在于“实践脱离理论”。多么重大的、翻天覆地的大变革，居然都没有理论的先导。有的只是伟大的口号，头脑一热就夸下海口大干，跌了跤还不知道是怎么跌的，一句“交学费”便代替了总结教训，因此简直是走一步交一次学费，终至于闹得跌倒了几乎爬不起来。“理论脱离实际”，只不过是打压某一些人的借口而已。

实践和理论永远不可能完全符合。即使在最先进的实验室里做理化实验，结果也会和理论推算有点儿误差，这并不是理论有错，而是有许多因素干扰了实验。至于社会性的实践，干扰的因素更多。但正确的理论能起导向作用，它阐明应该追求些什么，向哪个方向去努力。接近理想状态，走一步也好，这不是书呆子的糊涂。如果我们真正懂得理论的意义和作用，我们的发展就会快得多，不用交这么多的“学费”，一次又一次地交，没完没了，还学不会。

我们必须真正理解，在历史的长河中，没有任何一个人有正当的权力去毁灭任何一件历史文化遗产。在万不得已的情况下被迫放弃一些文化遗产的时候，有一种无能而有罪的自责，那么，至少就会在对待历史文化遗产的存留问题上谦虚得多、谨慎得多，就可以少发生专横地、轻率地、自以为得意地用“公共利益”或“人道主义”的名义破坏历史文化遗产的行为。那么，我们就可能把历史文化遗产的损失降到最小最小。我们做不到理论上要求的一百分，至少应该做到及格的六十分。

北京的城墙城门被“理直气壮”地拆除了，才过去了不到三十年，决策人并没有换，人们又后悔了，于是只好捡些断砖碎瓦重建，只重建了那么一点点，就成了宝贝。当年拼老命要保护城墙城门的，还是不是“脱离实际”的书呆子呢？历史文化遗产所具有的价值不可能已被完全认识，而且随着时日的流变，它又可能滋生出新的价值，所以谁都不能做“没有保存价值”这样的评价。

西方也有不少国家，虽然人们意识到了没有任何一代人、任何一个人有权拆毁一处历史文化遗产，但目前无力完全保护它们，在这种情况下，他们采取的态度是，虽不做永久保护的承诺，却也并不主动拆除，而尽可能地延长它们的存在，以待将来；不到最后关头不会放弃。

在欧洲并不少见的一种“以待将来”的情况是，某一座建筑物斜了歪了，摇摇欲坠了，但当时没有办法在保护它的历史原真性的前提下抢救维修它，那么，便在它身边搭起临时性的支撑架子，保护它不坍毁。把它留给后代，也“把问题和困难留给后代”，相信后代更聪明能干，会有办法维修妥帖。而当代人宁愿因此既不可能欣赏它，也不可能靠它卖门票赚钱，这不妨就叫作“为保护而保护”。

“为保护而保护”，这是我们国家里一些把文物当摇钱树的人批评认真的文物保护工作者的挖苦话，其实，文物保护工作需要的正是这种非功利的态度。只要我们真正提高了对文物价值的认识，那么，这句话便可以看作是文物保护工作的起始点。它其实就是为历史、为人类而保护文化遗产，不自私地溺于眼前的利益，这是世界上每一代人的责任。

我们也并不是完全没有做过这样的“傻事”，我们对历代帝王陵寝采取了保而不挖的方针，因为挖开之后，当前我们还没有足够的技术能力保护它们。这是对历史、对世界很负责任的决策，只是这样的认识远没有成为全社会包括不少文物工作者的共识，因此，我们还有许多工作要做，其中就有说些“脱离实际”的道理，好引导我们的努力有一个明确的共同方向，使实践向理论靠拢。

补记

就在这篇东西写作、打印期间，报纸上传来了江苏省常州市大拆文物街区的消息，这个街区里有跟苏东坡和另外几位大大的文化名人有关的遗迹。主管常州市文物工作的一位大亨拍着胸脯向反对拆除的人说：“常州市的文物归我管，我说哪座建筑是文物就不能拆，我说哪座不是文物就能拆。”这位大亨是从一个塑料制品厂的科长宝座上调来主管全市文物的。常州可是一座大有历史文化遗产蕴藏的城市，竟会委托给这样一位官员。

常州市的事还没有下文，又传来了南京市的消息。南京从公元222年吴王孙权正式建都以来，两千年间一直是中国最重要的城市之一。它的历史蕴藏远比北京丰富。不料2006年7月，它古老的秦淮和白下两个区也列入了“旧城改造”范围，面临彻底的拆除。我打开南京市地图一看，原来这两个区已经是南京旧城保存至今的最后一小块，面积只占旧城的百分之二三，其余的早已拆光。再细看一下，秦淮河在这里打了个弯儿，朱雀桥和乌衣巷赫然在这个弯两侧。朱雀桥和乌衣巷，这两个地名可是非同一般，读过点儿书的中国人，总能记得“朱雀桥边野草花，乌衣巷口夕阳斜”两句诗吧！抗日战争时期，国土沦丧，山河破碎，我在浙江南部的崇山峻岭间读中学，音乐课上，洪霞卿老师教我们唱了许多爱国歌曲，其中就有一首吟咏家国之思的“满江红”，套用岳武穆《满江红》的配曲。我至今还记得，词中有句“王谢堂前双燕子，乌衣巷口曾相识”，那年代，南京是国家首都，思念首都，就是祈愿祖国的复兴强盛。这些歌，我们流着泪一直唱了八年，八年啊！秦淮河两岸虽然以“不知亡国恨”的商女著名，但那两岸也是明末许多爱国文士汇集的地方。语文课的钱南扬老师，选了好多他们写作的诗和曲，还有柳麻子敬亭的“道情”，给我们当教材，鼓舞我们的爱国之忱。

“十里秦淮，六朝金粉”，说的正是白下区和秦淮区，现在已经是南京老城区最后的鳞爪，但区政府竟决意要在这里搞“旧城改造”，目标是建成每平方米万元上下的房地产项目。难道后人被南京的历史文化蕴藏感动，希望看到一点痕迹的时候，真个就只剩下“蒋山青、秦淮碧”了吗？唉！

再补记

这段“杂记”还没有寄出，8月份就加了一段“补记”。刚刚打算寄出，恰恰来了有关的新闻，不得不再补上一记。9月3日的《新京报》A11版，发表了记者写的篇幅不小的调查，标题叫“承德名胜区内建商品房”。我只消把原文引足就行了，也许引多了会成为剽窃，不过看记者的意思，他是不会把我告上法庭的。且看：

> “我们8月23号刚给‘兴盛丽水’下第三次停工通知单。”避暑山庄外八庙风景名胜区管理处一位工作人员说，“可是没办法，胳膊能拧过大腿吗？”
>
> 这位工作人员所指的“兴盛丽水”，是目前在承德市的大型房地产项目，其位置在避暑山庄外八庙风景名胜区，位于避暑山庄与普乐寺、安远庙、溥仁寺、磬锤峰之间。

8月28日记者来到此地，只见名胜区武烈河东岸临河吊塔林立，施工人员正在打地基。吊塔上打出“世袭湾畔生态富人区”的红色条幅。“兴盛丽水”售楼处小姐说：“本来这块地是不可能批下来的，我们2004年就开始运作，今年才拿下这块地，花了多少钱，费了多少力气……”

这样一个60万平方米，“尊贵与自然、气质与深度”的超大高档生态人居城，在房价多在1000多元每平方米的承德市，“兴盛丽水”打出了3500元的均价，其独栋别墅的价格整套算下来达至近400万元。

售楼小姐说：现在单体别墅、大户型等已经售出一半以上，其中不少购买者是北京过来的。

据周边居民反映，“兴盛丽水”动工伊始，一些群众对“这个项目意见非常大”，还有人派发传单，称此项目违规，更严重破坏名胜区景观，呼吁有关部门及时制止。

“这个项目我们已经下文了，不同意在此建立房地产开发项目。”风景区名胜管理处说。

1994年承德避暑山庄及周围寺庙群顺利地被联合国教科文组织列为世界文化遗产，在申遗过程中拆除了山庄内大部分现代建筑及东部宫墙外所有违章建筑，为申遗投入大量资金，换来了山庄周边自然古朴的园林风貌及寺庙周围环境。

风景名胜区管理处一位负责人称，根据2003年河北省政府批复的《避暑山庄及外八庙风景名胜规划》，“兴盛丽水”所在的武烈河两岸区域明确划定为二级保护区，按照规划：二级保护区为严格控制区，应努力恢复历史环境原有风貌，不得再修建新的建筑。

“现在从旅游桥走，能很清楚地看到外八庙之一的普乐寺。如果‘兴盛丽水’建起来，避暑山庄与外八庙的连续性就没有了，整个东路六和塔也见不着，全部被遮挡，空间视廊也没有了。”管理处有关专家对此颇感忧虑。

为此，在此前承德市规划局召开的专家论证会上，避暑山庄外八庙风景名胜区管理处有关专家明确反对“兴盛丽水”项目，管理处在前期河岸大坝修建时就责令停止施工。

“他们不当回事，说规划都批了！”风景处官员告诉记者，风景处三次下达停工通知单，开发商视而不见。

这篇调查的前面，大约是编辑给加上了两小段；是网上的“民意”，不妨也看一看：

“谁来拯救世界文化遗产？谁来拯救历史文化名城承德？”言辞激烈的帖子近来在网上广为传播，内容直指正在承德市外八庙风景名胜区内建的豪宅——兴盛丽水。一些人士心急如焚：该违规房产项目的实施，将切断避暑山庄与外八庙的整体联系，使承德外八庙风景文物园林价值大大贬值。这种破坏将严重影响名城的可持续发展。

有正经负责的风景名胜区管理处，有普通百姓，有专家，口口声声反对这些“建设”，但是都没有用。道理很简单，售楼处的小姐说明了透底的内幕：“今年才拿下这块地，花了多少金钱！”花的恐怕不只是买地的钱罢。不过，小姐的话还没有说全，施工塔吊上的红字条幅给她补充了下面一半：“世袭湾畔生态富人区”。“富人”嘛，“豪宅”嘛，“其中不少的购买者是北京过来的”。双桥区政府建设局副局长认为：“‘兴盛丽水’引资项目是件好事，景区周边环境破烂不堪的，改造好以后也给景区增光添彩。”赶走了原住的穷人，迎来各方的富人，便能给联合国教科文组织列为“世界文化遗产”的项目“增光添彩”了。当然，这个项目就谁也挡不住了，连管理处的三次停工通知都没有丝毫效力，“他们不当回事”。“他们”是谁？国家的政府负责主管单位、正式的有法律效力的

“规划”，外加联合国教科文组织，都“胳膊拧不过大腿”！哪儿伸进来的大腿？

（原载《建筑师》，2006 年 10 月）

（九八）

今年十月“黄金周”前夕，中央文明办和国家旅游局联合发布了两个文件，一个是“中国公民国内旅游文明行为公约”，另一个是“中国公民出境旅游文明行为指南”。看来咱中国人的不大文明，已经惹得中央着急了。我没有看这两份文件，但是从人家的文章里看到，国内旅游文明的第一条是劝公民不要随地吐痰、乱扔废弃物和在禁烟场所吸烟。这三件事儿，确实不大文明，把它们列为旅游者公约的第一条，虽然滑稽，倒也无可无不可。

不过，要谈到七年来火爆得不得了的国内旅游，最不文明的其实倒不是游客吐痰之类，而是旅游事业的官方开发者、组织者和管理者对旅游事业的认识。大约在九月底，一位分管副县长带着县里旅游局长来找我随便聊聊，三句话不离本行，聊到旅游工作方针，上面官定的，是侍候好游客的“吃、住、行、游、购、娱”。侍候好了，就能赚钱，旅游工作做得好不好，就看进账了多少钞票。这是他们二位刚刚从上级召开的某个会议上学到的。

我听了，心里一沉，好哇，旅游业最高部门总结的这一条行业宗旨，可太不文明了。

旅游嘛，旅就是跑出去，游就是玩，这不错。但跑出去玩，又是为什么？不记得是哪一位古之贤者说过“读万卷书，行万里路”，行路是和读书并列的，简单地说，它和读书一样是一种文化教育行为。“哎哟，这有多累呀，您就不兴叫我们休闲休闲呀！”是，叫你休闲，旅游的好处就是在休闲放松开心快活之中有所长进，吃了，喝了，玩了，乐了，还能增长知识，开阔眼界，涵养性情，强健体魄。这难道不好吗？问题在于，旅游业的开发者和主管者怎样认识旅游、组织旅游，如果眼珠子只盯着钞票，就是完全不考虑文化教育，也能把人搞得很累。把你从这家店拉到那家店，买了珠宝又买特产，你不累呀？回家一数钞票，花了不少，找人细看一下项链，那宝石是玻璃做的，你不更累？

古之贤者又说过，"寓教于乐"，游也是一乐，我们就不会寓教于游吗？旅游业的开发者和组织者为什么不能在这个大有意义的题目上玩一玩你们的智力呢？

有一年夏天，我从德累斯顿坐火车到维也纳，一节车厢里只有两个人：我和一位年轻德国妇女。一路上我们谈得很投缘，她不停地向我介绍车窗外掠过的山、河、森林。到了布拉格，她像一位专业导游，详详细细给我讲它的历史，它的现在。讲到它的建筑，简直活脱脱像一个建筑学家。快到维也纳了，我硬起头皮也许很不礼貌地问她，她是干什么的？她大概早就猜到我会提这个问题，轻婉地一笑，回答：是小儿科医生。这一来，我索性再提出一个问题：您怎么会有这么丰富的历史文化知识？她说：一次次地旅游呀！旅游就像上课堂。

我在罗马曾经跟三十几个来自欧洲各国的小青年一起过了七个多月，那些家伙，玩起来、闹起来，比咱中国人疯多了。可是跟他们坐下来聊天，天南海北，山上水底，几乎什么都知道。我也傻不叽叽地问过他们，他们这些知识是小学里学的呀，还是中学里学的。他们听了我的问题，瞪着我，好像在说，您怎么这么傻帽呀！不过，犯傻，这只是我的心虚，其实他们很友好，很诚恳，告诉我，学校里教不了那么多，都是在旅游中学来的。有一个英国小伙子，叫约翰，说他到莫斯科就去过七趟。

于是我就注意罗马城里的旅游者。最常见的是三种人，一种是小学生，从旅游车上下来，胸前摇晃着写上姓名、学校名和住址的硬纸片，由女老师挽着、挟着甚至抱着、背着，过马路，到古代元老院的废墟前，听她讲：你们记着，这里，这个台阶，就是共和派的布鲁特刺杀企图做皇帝的恺撒的地方。地上的血渍早就没有了，但孩子们会记住这段历史。另一种是小青年，四五个人一伙，一个走在前面，双肩挎的背包上摊开一本旅游书。另一个跟在他后面，边走边朗读那本书，那可不是充斥在我们书店里那种只写吃、喝、玩、乐的旅游书，那可是大有学问的世界名著。另外两三个走在旁边，边听边东张西望，也许在幻想这座古老府邸里演出过的哪一幕大悲剧。第三种旅游者是老头老太，满顶白发，脚步不大利索，相互搀扶着，在幽暗的教堂里，一块一块地读着铺在地上的墓碑，那些墓碑是大理石的，用拉丁文刻着埋葬在这里的古人的名字和生卒年月，还会有一些简单的行状。他们大概在寻找一页或者一章历史，为他们毕生研究的某个课题寻找一些补充材料。

年轻人喜好背起背包步行旅游，不怕风吹雨淋太阳晒，晚上睡在比雨伞大不了多少的帐篷里，也有住青年旅舍的。我翻看过青年旅舍的留言本，那是先来的留给后来的建议，大部分是关于在本地应该看些什么文物古迹，注意它们哪方面的特点和价值，以及不可遗漏的细节。看着这样的留言本，我不能不感动，这才是文明！

这就是我在欧洲看到的旅游者的活动，他们并不把旅游只当作吃、喝、玩、乐的低档休闲。这种以追求知识为重要内容的旅游，也并没有把这些幼小的学生和迟暮的老人累垮。

而且，请别忘记，当今世界上，包括中国在内，大概会有九成多时髦的玩乐方式倒是欧美人创造出来的，从足球到网吧。为什么我们中国人没有创造出风靡全球的玩乐方式来呢？很可能是我们缺乏创造性。为什么缺乏创造性呢？缺乏知识，缺乏对知识的追求热情和积累能力，总不能说不是原因之一罢。人家是抓紧机会求知识，我们是没有那种意识，关于旅游的那“六字真经”里居然连求知识这一条的边都没有擦到。

新世纪之初，一位英国的学术权威，八十多岁了，陪着他大约三四十岁的新婚续弦妻子到中国来旅游，我到旅馆里去看他，聊到我曾经教过的课程，不免就提到过去“学习苏联”时期，我教的这门课有很多学时，现在“仿美”了，这门课的学时砍掉一半还多。这位老先生好像对这个问题早早就想得很明白，立即说：从前苏联的学生不出国旅游，这门课当然要讲许多学时，美国的青年从中学时代就到处旅游，什么都见到过，这门课的有些教学环节因此可以压缩一些，学时就少了。随后，他说，你们中国青年现在还不能多多出国旅游，所以这门课程的学时不能跟着美国人学样，还是应该多讲。我知道，莫斯科建筑学院，一直到现在，这门课程还是从一年级讲到毕业，恐怕那位英国老师的话有相当道理。不过，这当然和我们对建筑学和建筑师的整体理解有关，也和对这门课程的理解有关，就不说了罢。

已经足够明白，中国的古人把旅游看作学习历史文化的好方式，外国的今人（也许还应该包括古人）也把旅游看作学习历史文化的好方式，而且都在这么实践着，怎么我们中国的现代人，主管旅游事业的，既忘记了自己的民族传统，也不放眼看看世界，就用那“吃、住、行、游、购、娱”六字真经总括了他们对旅游的全部理解了呢？看来，在旅游这件事上，最不文明的，并不是随地吐痰或者乱扔垃圾，而是这种对旅游的最庸俗不堪的理解，和因此设计出来的以赚钱、以多多赚钱为目标的工作方针。

如今世界上，某些外国地界或者边缘地界，有以赌博坑人的，有以红灯区坑人的，也有以买冒牌货和漏税货坑人的。到那些地方去吃喝玩乐，总不能不说也算得上旅游，但是我们的旅游部门总不至于把自己的工作定在这个档次上吧。

为什么我要狗逮耗子多管闲事，写了这么多旅游业的情况，这是因为，热门旅游点多一半是文物建筑和历史村镇，旅游怎么搞，大大有关于文物建筑和历史村镇的命运。有些人已经在说，当今的旅游业是文物建筑和历史村镇的第一杀手。

如果把旅游业首先当作一种文化教育事业，当作方便从小学生到暮年人等等学习历史知识、提高文化修养的事业，那么，理所当然，它首先要关心维护文物建筑和历史村镇的原真性。原真性是一切真正知识和一切有益修养的基本条件。失去了原真性就不成其为知识，也不成其为修养。文物建筑和历史村镇是教材，古今中外哪一门知识和修养的教材可以允许掺假？哪怕是比真实更有趣的、更美丽的、动人的假！相反，只有认真严肃地保护文物和历史村镇的原真性，我们一代又一代的人才能通过旅游，从它们身上获得丰富的知识和纯正的修养，从而提高整个民族的素质，使我们的民族更聪明，更有创造性。

如果继续把旅游业仅仅当作“拉动内需”的经济事业，唯利是图，“追求经济利益最大化”，毫无疑问，就会一心只念“六字真经”，“开发”文物建筑和历史村镇，“打造”和“包装”文物建筑和历史村镇，搞假古董。这些，即使包装得“更好”、打造得“更美”也不允许，那无异于欺骗子子孙孙，使子孙们越旅游越糊涂，素质更低。这是一条民族自残的道路。一位市委副书记在一次全省旅游经验交流会上说：搞旅游业要会“无中生有，虚中生实”。他的理论的实践就是瞎编出几个以“八卦”“太极”“星象”“北斗”为“卖点”的村子来，扎堆儿骗人！受骗上当的人可真不少，弄得一些当代风水大师很兴奋了一阵子。

西方比较先进、比较发达的国家，为了保护它们的文物建筑和历史村镇的原真性，都不惜花许多钱，下大功夫。他们并不傻，他们懂得，这是在保护他们民族的素质。但愿我们国家方方面面的人们都能认识到这一点。

谈到这里，不妨说一件老事。1985年，我到瑞士巴塞尔参加了一次文物保护界和旅游业界联合召开的国际会议。那是第一次这样的会议，那以后好像也没有再听说召开过这样的会议。会议之所以召开，是因为旅游活动绝大多数以文物建筑和历史城市为对象，而文物建筑和历史城市并不全都适宜于“开发”旅游，尤其是过度开发。这次会上，文物建筑保护工作者对旅游业猛轰了两天大炮，第三天最后一次会上，到会的世界六大旅游业托拉斯联合委派一位巨头，比利时的诗人于洛，回应文物界的批评。这位诗人一上台就说：请各位先生提出建议，旅游业者当场答复。于是，有的建议停止到西班牙某旧石器时代洞窟去看壁画；有的建议罗马圣彼得大教堂每天参观人数不能超过一万；旅游大巴不得驶进罗马城里，只许使用中巴和小巴进城；如此等等。每一个建议出来，于洛就回头望一望六个托拉斯代表，他们一点头，他就当场宣布：照办！痛痛快快，十几项建议，全部“照办”。最后，于洛代表六个托拉斯宣布，他们一定努力把旅游业从经济行为转变为文化行为。全场一片鼓掌声，延续了好长时间！看来，所谓文物建筑保护和旅游开发之间的矛盾，原因在于一个是文化行为，另一个是经济行为。欧美人解决这个矛盾的方法是变旅游为文化行为，或者说得和缓一点，是旅游业向文化行为靠拢。而我们现在，却是强势的旅游业逼迫文物保护服从单纯的经济利益，虽然近来在口头上他们也学会了先说“在保护文物的前提下”，但实际上却忠实地履行着欧美人似乎并不“无限崇拜”的亚当·斯密的最基本论断。

二十一年过去了，那个会上的承诺实现得怎么样，我不知道。不过，这期间我有三次乘旅游大巴的经历。一次在美国，沿东海岸走了五天，参观点和参观过程都很教人满意，所到的除了尼亚加拉大瀑布之外，都是历史文化名胜，没有一次拉到购物点去，除了吃午饭。第二次在苏州，我陪维也纳美术学院建筑学系的一些朋友参观，在车子上看到了罗汉院双塔的上半截矗立在街边商店背后，他们要求下去看看，导游不答应，司机一踩油门过去了。走不远到了一个杂七杂八的旅游商品店，车停下。朋友们在前一天有过经验，不肯下车，导游很横，宣布：车不走了！朋友们大叫，并且一齐跺脚。僵持了一会儿车才走。下午，忽然有人通知：导游和车都不来了。于是朋友们只好自己召出租车到罗汉院去。第三次，在桂林，旅游车开到了个什么“城”，是卖古玩、玉器、绣品之类的，我没有下车，好在另外一位老头儿也不下，我们聊了两个钟头天，才没有急死！这样的旅游接待，岂不是太不文明了，比吐浓痰更讨厌丢脸。这虽然是三四年前的事了，今年似乎一些报上发表了批评这种现象的短文章，连香港人都生了气。但是，如果旅游仍然以赚钱为唯一目的，而且只以赚钱多少定官儿们的成绩，则一切改革措施都会仍然转回到这条路线上去，只不过方式不同罢了，救不了旅游业的堕落。

那么，还能不能利用文物建筑和历史村镇赚钱呢？当然可以。巴塞尔那次会议之后，从来没有听说过欧美的旅游业都不赚钱了，相反，他们有些国家旅游业的收入已经超过或者接近了工业收入。不过，和所有的赚钱买卖一样，要“取之有道”，“取之有度”。

我们国家现行的旅游经济的体制性做法是每个文物建筑和村镇各自独立经营，这可能是不很合适的。第一，会有一些历史文化价值很高的文物单位因为各种原因，例如，严守“文物保护法”及其“实施准则”，不搞无原则的“包装”和无限度的吃喝玩乐，以致旅游效益不很好，连起码的保护经费都赚不足；第二，有些文物单位会恶性招徕游客，不但大搞吃喝玩乐，而且“打造”“包装”，弄虚作假，以致损伤文物的真正价值；第三，有些文物村镇，在经济利益驱动下，无限制地突破合理旅游容量，甚至动手拆除“瓶颈”，破坏了文物村镇的完整性和原真性，而且，村子不再是村民们安居乐业的家园，成了游客们的“占领区”；第四，由于村上没有“能人”，这就导致了目前泛滥成灾的为文物建筑和村镇招商引资，让投资公司买断几十年的经营权和管理权，而公司的本性是追求最大利润；第五，以乡土旅游来说，进村要买票，在当前村自为政的状态下是主要收入方式，但这措施是非法的，中国公民应该可以自由地进出中国的村镇，而无须买票，如此等等。看来，要在更大的范围上，更高的层次上，考虑旅游经济的统筹收入和分配才好，西方的标准资本主义国家就是这样做的。我们的村子目前大概以合作社的方式经营旅游业为好，统一管理“农家乐”，避免恶性招徕，弄得满村都是招牌幌子，甚至乱搞搭建，把不大的村子破坏掉。

赚钱可以，但总要时时记得，保护文物建筑和村镇，最基本的目的并不是为了赚钱，而是为了它们具有的不可替代的历史文化价值。所以经营要有度，严守“合理容量”这道卡。世界上最早的文物保护立法，是瑞典1630年建立皇家文物总监办公室，及1666年宣布保护所有历史文物的皇家公告。近四百年前，那时候会有什么旅游业？保护了那些东西，能赚到钱吗？想都不会去想！19世纪，欧洲更多国家兴起了文物保护热，那时候，也还是没有旅游业赚钱。我们中国的北京明清故宫，从1924年冯玉祥赶走了溥仪之后，也由北洋军阀时期的政府出钱妥善地保护了下来，那时候它是赔钱货。1947年我到北京读书，常常到父亲的一位同学家去，他住在景山东街三眼井，我们学校进城的校车停在北池子，从北池子走到三眼井，要经过故宫后门东侧，因此我好多次拐进宫里去看看。那里面冷冷清清，我简直不记得曾经遇见过另一位参观者。票价极便宜，否则我也不会进去好几次。当时国民党政府已经眼看要完蛋了，金圆券满地丢也没有人捡，那故宫当然毫无疑问是国民党政府的大负担，门票的收入未必抵得上扫院子人的工资。但它开放着。近年常常听到有点儿身份的人说：文物建筑的价值就在于开发，不能开发赚钱的就没有价值。我们到地方上看到了好村落，建议地方长官保护，第一个回应就是问：能不能拿它赚钱？能赚钱就保，赚不了钱就拉倒。一些学者教授说话稍有不同，说的是："保护为了什么，当然是为了开发！"

有一次，在江西省婺源县一个历史文化积累很厚的村子，村支部书记陪我参观，谈到大宗祠在"文化大革命"里被毁掉，他很觉得可惜，说"要是那个祠堂还在，搞旅游，坐在家里就能拿钱"，说着就弯下腰去，在路面上抓了一把土说："烧饼满地捡呀！"最教我吃惊的是，他接着说："地也不用种了，那多辛苦呀！"我这时候忽然觉得，大宗祠幸亏毁掉，否则，几位学者教授帮同旅游业借一座大宗祠造就了一批懒汉；布谷鸟一声声急急地催耕了，汉子们还叼着烟卷儿，整宿整宿地打麻将，等待着天亮到村口去敛钱。那些创业的老祖宗在天之灵知道了，会有多么难过！工农林牧渔，这些本来是所有人们的本分呀！

我敢斗胆说一句，现在有不少人，从县里的官长到村里的百姓，对祖祖辈辈留下来的家乡故里，所抱的"开发"旅游的期望，其实就是这么一种坐等天上掉下烧饼来的心态。所以，当我们满怀感情，向他们解释他们村子的历史文化价值的时候，他们心里盘算的却是祖先创造的村落在市场上能卖多少钱，能不能靠它换一个轻松的现成生活。

有些村子，几百年了，房子保存得整整齐齐的，一宣布它是哪一级的文物保护单位，忽然间就连修一下一座小三间老祖屋的漏雨、积水都要钱了。天天问政府要钱，十万八万地要，十年八年地等，虽然实际上只要两个年轻人干半天就可以了。然而老祖屋旁边却造起了三四层的楼房，一幢又一幢。一说起这些伤脑筋的事来，一些人就会说产权呀，体制呀什么的，但是打开宗谱看看，明代，清代，不论哪个王朝，村里的公房都是村人自己公修的，甚至是某个子孙独力捐修的，哪里有过政府出钱的事？难道现在的村民，比明代、清代那时候还贫穷吗？等到办旅游挣了几个钱，又大叫大嚷：分得少了呀，吃亏了呀。他们何曾为办正经旅游出过一点力？吃的哪门子亏！从思想认识上说，这些情况和“六字真经”其实属于同一个体系，只不过是在不同位置上的人的不同表现罢了！

我常常回忆，常常咀嚼1983年在欧洲经历的那一幕场景细节：一位老太太，提着古老的油灯，领我走进幽暗的房间，指着壁炉上不到一米长的、残存的、剥落得断断续续的彩绘花边，那么郑重，那么骄傲地说：“瞧，这是洛可可式的，18世纪！”油灯照在老太太脸上，闪烁着文明的光辉。那才是真正的文明，远比堂皇的博物馆更教我感动，教我永远地追慕！那段洛可可花边，能卖钱吗？我看了几分钟，要买票吗？没有买卖；但那一次，却是我万里游历中最不能忘怀的。

我还要再向文物保护工作者们、大学教授们和学生们说一个故事：那是1985年，我到当时南斯拉夫的斯考普里城参加一个文物保护学术会议。一位爱尔兰青年向大家报告他在西西里研究地震时文物建筑的应变情况。有一天，政府预报要发生强震了，组织居民疏散到安全地方去。他独自一个赶紧在一些房子上安装好仪器。真的震起来了，他来回猛跑着，去观察仪器，记下数据。房子在晃动，咯吱咯吱地响，他不顾一切，坚持了整个地震过程，获得了十分珍贵的完整的资料。会议主持人问他：怕不怕，万一房子倒塌，你可是逃不脱的。这位年轻人说：不怕，作为一个文物建筑保护工作者，我为此而死，是死得其所！全场为这个回答而轰动，所有的人起立鼓掌，一位满头白发的英国专家，因为对文物保护工作的重大贡献而获得了爵士称号的，上前紧紧拥抱了他。在以后的十几天会议里，参加会议服务工作的南斯拉夫女大学生们，不断地向他献花。我常常想，有哪一个人，敢毫无愧色地去问他：你那些数据资料卖了多少钱？我还在意大利那不勒斯附近的高山小村里，看到过那不勒斯大学文物建筑保护系的大学生们在高山上地震灾区的工作，挨冻忍饥，舍生忘死，而且没有报酬。他们何曾把那些村子只看作旅游业的摇钱树！如果那些村子可以"打造""包装"，甚至可以造假而不要它们的原真性，他们何必冒那么大的风险去保护那些眼看要砸到头上来的断垣残壁。让它们倒坍，再重建一下，岂不更加容易又更加安全！聪明人呀，但是文明属于那些死心塌地的"傻瓜"。

有好多人告诉我，商品经济时代了，不要再死脑筋去想那些天真的事了，要活得实惠些。但是，在实行了几百年商品经济的国度里，我却看到生活并不那么简单地市侩化，一样有崇高！

文明不文明跟吐痰不吐痰的关系其实不那么大，我不是超级男痰也不是超级女痰的粉丝，我只不过以为不要总拿些鸡毛蒜皮的事来寒碜百姓，显示文明，还是多想想怎么把自己工作的意义认识透，真正做到家为好。那样我们才会有真正的进步。

（原载《建筑师》，2006 年 12 月）

（九九）

1980年代，在瑞士巴塞尔的一次国际会议上，跟一位法国女士聊天，说到我们出国参加一次会议有多么不容易，她说：会议太多，也不值得都参加，关于文物建筑保护的，你只要注意，凡费尔顿参加的，你就去，没有他参加的，就不必去。

费尔顿就是这样一位标志性人物。

我和费尔顿早已认识。他本来是国际性的罗马文物建筑保护研究中心的主任，我去参加这个中心的时候，他刚刚退休卸任，但还经常在中心出入，而且喜欢跟我们大家一起活动，也讲过几次课。他当时是英国文物建筑保护协会的主席，但在罗马的时间显然比回伦敦的时间多。

那年参加罗马中心活动的人里，我的年龄最大，而且大了一大截，大概因为这一点，费尔顿喜欢跟我聊天，也喜欢邀我一起吃一顿饭。我那时候口袋瘪瘪的，他很了解，吃饭当然都是他付钱。“债多了不愁”，白吃了几次，索性不再客气，叫吃就吃吧。费尔顿也很坦诚地对我说，知道中国人没有闲钱，教我不必在意。好在每次吃得都很简单，无非是一块比萨饼，加一杯啤酒，相当国内的烧饼加馄饨。要紧的是谈谈天。

说到谈天，先得说说费尔顿的模样。这位先生身躯魁梧，膀粗腰圆，满脸红光，一头白发，很有派儿。不过，衣着挺窝囊，外套旧而且不干不净，领带上常常有汤汤水水的痕迹，甚至见到过那上面沾着点嫩煎鸡蛋的蛋黄。领带是手织的，很旧了。费尔顿比我年长十岁，又很有身份，但为人随和，亲切而幽默，大家都只叫他的私名伯纳特。有一次研究中心开联欢会，一个小青年拿他的领带开了一句玩笑，他挺认真地拉出来，说：这可是我老伴儿亲手织的。于是几个女孩子装腔作势颇为戏剧化地笑闹了一阵。小青年们开心，他也一起开心，没大没小。不过，他的表情挺奇特，对谈的时候，总是身躯半偏着往前倾，一只眼睛瞪得挺圆，有点儿木，因此整个脸盘也有点儿发木，跟他马马虎虎的一身打扮搭配，他戴的眼镜竟常常有一侧没有镜片，就是瞪得圆圆的那只眼睛前面的一片，另一只眼睛因此就不大惹人注意。

人老了嘛，总难免有点儿怪模样，我也没有多琢磨。因为他说话慢，一字一句都咬得清清楚楚，像英语教材，所以我也很乐意向他请教些不明白的事。熟悉得多了，以至于根本忘了他的表情有什么特别，只觉得那表情很真挚，一点儿做作都没有，叫你从心坎儿里信任他。

大约十年之后，我的右眼失明，写信告诉了他，他才向我说明白，原来他那只发木的眼球是假的。五十年以前，十八岁，打猎的时候，被枪子儿崩掉了眼珠子。他很有点自豪地写道：半个世纪以来，他开车从来没有出过什么事，还爱开快车。

那一年春末，有好几个礼拜，或许有一个月了罢，他没有在罗马的研究中心露面，再露面是在圣彼得大教堂前面的广场上。那天我们参加文物建筑保护研究中心工作的三十几个人准备进大教堂的地下墓室去参观，他也来了。见到我，他提前告诉我，参观完了到大教堂前面的一家餐厅请我吃饭，表情还是木木的。走到大教堂的大台阶上，费尔顿招呼大家停下来，回过头来看看罗马城。这罗马城确实漂亮，轮廓活泼多变，风格又很统一。他赞叹说，这么大的一个城市，能保护得这么完整，真正是难得。大家闹哄哄地赞赏了一阵，忽然一个奥地利人，维也纳国家博物馆的专家，挺不客气地问费尔顿：你这么个世界一号文物保护专家，联合国教科文组织唯一的文物保护方面的顾问，全世界的文物保护学界都学习你写的教科书，怎么挡不住你们英国人在圣保罗大教堂面前造了好几座那么不得体的钢铁玻璃的大楼？半年多了，跟这些欧美国家青年人整天价在一起，我倒也已经习惯了他们直截了当的性格，但还是觉得这问题对费尔顿不大礼貌。没想到，这个问题倒给他一个机会说了几句本来未必有机会说的话。他说："不管用了多少钢铁，不管花了多少钱，只要圣保罗大教堂还在，总有一天，那些讨厌的东西（nonsense）会统统拆掉。我有这个信心，如果没有这点儿信心，我早就不干文物建筑保护这一行了。"他拍拍那个奥地利小伙子的后背，说："你不要着急嘛！"这几句话对我很有震撼力，但丝毫没有宽松我的心，因为我们国家，不是在文物建筑前面造高楼大厦，而是拆了文物建筑造高楼大厦，将来后悔了，也没有挽回的可能。所以我还是很着急。

参观完了，跟着费尔顿进了圣彼得大教堂斜对面的一家餐厅，餐厅不大，但很有名气，以贵族气派闻名。一同去的，还有比利时鲁汶大学文物建筑保护学系的勒迈赫教授，是国际性文物建筑保护纲领《威尼斯宪章》的主要起草人。刚一坐下，我就迫不及待地把我的焦虑说了出来。勒迈赫插嘴说：你且莫说，先弄清楚费尔顿为什么要破费到这家餐厅请我们吃饭。费尔顿还是慢条斯理地说："刚才那位青年人先把我吹捧了一番，那些头衔都没有什么意思，我这次回伦敦，弄了个有意思的头衔来。"勒迈赫早就知道了是怎么回事，看着我笑笑。费尔顿接着说："我回去接受了女王授勋，我现在的爵位是骑士。"他做了一个骑马驰骋的姿势，说，"在中世纪的话，我就要去打仗了，现在我打的是文化仗。"勒迈赫对我说："女王就是为他在保护文物建筑方面的杰出贡献而封给他这个爵号的。"我知道，他是土木工程师出身，曾经把一座教堂六十多米高的钟楼修好了。那钟楼的基础出了毛病，底层裂开，裂口可以让两个汉子并肩走过。费尔顿硬是不落架而在地基上做功夫，叫钟楼自己慢慢闭合了。这件大工程我是想听也听不懂，很对不起他。

稍稍坐稳定了一点，我又想起我的焦虑。费尔顿说，带着安慰而无奈的口气："我们也经过这样的阶段。二战刚刚结束，人人盼望过新日子，就都打算翻新老房子，尤其是翻新老城。那时候，市议会讨论文物街区保护，消息一传出去，有些人就连夜拆房子，有些人胸有成竹，跟我们打官司。一打官司，文物保护部门就输，因为所有法律之上有个宪法，一跟宪法抵触，什么法律都没有用了，而宪法里有一条是保护公民的私有财产权，财产权是完整的，就是说，自己的房子，怎么毁都可以，政府不能干涉。"说到这里，他习惯性地摇摇右手食指，叹口气，说："真难啊！"

我问，那么怎么办呢？他又把头歪向一边，身子向前探一探，说："后来，1975年，搞了一个欧洲文物保护年，连小学生都动员起来，大大宣传了些日子。更重要的是出版了一本书，写了许多文物建筑破坏的经过。那本书详细说明了我们毁了些什么样的文物建筑，它们的历史文化价值如何，为什么毁了，怎么毁的，详详细细，写了个透。这一下大家才觉醒起来，心痛得难受了，我们的工作才得到了公认和支持。"

我又问，现在的情况呢？这书出了还不到二十年呀！老先生慢吞吞地说：“现在是，可以说没有干扰了。谁也不会打算拆掉老房子，不论在城里还是农村。”我也舒了一口气，听他接着说：“人人都懂了道理，谁还敢拆老房子呀！拆老房子，人家会认为你太没有教养，在社会上没有了脸面，丢人！”

勒迈赫跟着说：这种事情，不能靠议会、靠法律，要靠全社会的文化教养水平。在意大利也一样，政府民主得很，文物管理专制得很，意大利人可以一年弄倒几个内阁，但是，谁家阳台栏杆坏了，就得向文物保护部门申请修理，自己不能动手。意大利人懒洋洋，政府部门拖拖拉拉，这栏杆也许要等几个月才有专门的技工来修理，房主人也都老老实实等着。

我心里想，世界上也许还有些国家的情况恰恰相反。

边吃边聊，我心情一直不轻松，只记得吃过一碟小小的海蛤蜊，只有南瓜子那么大，我小时候在浙江滨海城市里也吃过，叫海瓜子。费尔顿和勒迈赫居然有本领用刀刀叉叉吃，我用刀叉实在扒拉不开，费尔顿说，你用手就是了。说的时候伸出了手，那手真粗大，手指头一根一根肥嘟嘟的，我看凭那几根手指头未必吃得了小小的海瓜子。

喝咖啡了，费尔顿说：“你回去多多宣传宣传，我们都知道中国有很长久的历史，有很辉煌的文化，你们务必把遗产保护好。一定要教中国人明白，中国的文化遗产属于全人类，属于历代祖先和子子孙孙，当代人没有权力破坏它们，只有责任保护它们。你们要对世界和历史做出贡献。”我说，我只有教室里一张讲台是宣传场所，一年最多有几十个年轻人听，而且都是学建筑的。

勒迈赫第一次听说我是建筑系的教师，很郑重而又很直率地说：“那你可是责任重大，更加应该宣传了，要学生们知道，在欧洲，文物保护界公认，建筑师造成的文物建筑的破坏，比第二次世界大战都厉害。”我告诉他，我们中国没有文物建筑保护专业，建筑师好像都自认为是保护文物建筑当然的专家。他说：“那可不行，我们鲁汶大学欢迎你推荐学生来。”鲁汶大学的文物保护专业在世界上数一数二，留学的人多，设置了一个国际班。以后勒迈赫每年都给我寄一份招生资料来，直到1997年去世。但我一直没有能推荐学生过去。这不怪我们的年轻人不认这门专业，因为国家不认。

我心里明白，恰恰这两点：文物究竟属于谁和建筑师在文物保护工作中的作用，是我不能回来随便讲的，也许总有一天我会讲，但大概要到非讲不可的时候再讲。

那时候，研究中心的工作已经快要结束，我知道，以后再向这样两位权威学习些什么的机会不多了，所以抓紧时间又请教了他们几个问题，最后问勒迈赫的一个问题是为什么如此经典性的《威尼斯宪章》写得这么简略，如果写得具体些、更详细些岂不更好。他沉吟了一下，回答：“那文件里写的都是大原则，我们认为，只要合乎这些大原则就行了，至于具体的做法，我们尽可能给每一个从事文物保护工作的人留下更多的创造余地。只有能发挥创造性，才能激发工作者的积极性和责任心。”

确实，我在罗马七个半月，看到的文物建筑保护方法表现得五花八门，光是古建筑柱子残石的归位，就有好多种做法。真巧，费尔顿也想到了这儿，他拿过一张餐巾纸，写了一个拉丁文*Anastylosis*，说：“这个字是原材料归位的意思。这项工作，难免要补上一些新材料去，怎么补法，你在罗马看到过几种？”我笑了一笑，没有回答，把那张纸折叠了一下，揣到了口袋里。

那次聚会以后不久，我回了国，但一直跟费尔顿信件来往很密。有什么有关的国际会议了，他总给我寄一份邀请信来，但我哪里有能力常常出去参加，大多数只好辞谢了。

有一次，在斯考普里有一个学术讨论会，会期半个月，提供来回交通费用、住宿费用和每天的午餐。那时候，这几点都是我最在乎的条件，太难得，就去了。费尔顿当然也去了，天天在一起，交谈的机会就更多了。他正在修订为联合国教科文组织编写的文物建筑保护的教科书，里面要加一章关于地震的问题；唐山大地震是世界闻名，他就要我说一说。我没有去过震后的唐山，也没有研究过地震，不过，从报纸上，从同事们那里，我也知道些零七八碎的情况，凭记忆东拉西扯说说，他挺高兴。

会议在一个研究所里开，在食堂吃午饭，人人要拿一个盘子去领一份伙食。开会的人和研究所的人在一起，很多，排长长的队。有一次，费尔顿排在我身后，我当然得让他站到我前面去。但他再三推辞，挺认真，我说，按照我们中国人的传统，我这算太不礼貌，犯错误。他说："我们英国人的传统是讲民主，人人平等。"我领会，他只说到身份地位方面，略去了年龄大小的考虑。我这种没有在西方长期居住过的人，最吃不准的是人家的风俗习惯，所以就只好随他。

每次领到伙食之后，他总喜欢邀我坐在一起，边吃边聊。我最吃惊的是他餐餐都用面包把盘子擦得干干净净，再塞到嘴里吃掉，我也只好照样操作。有一次，全体与会的人到一个大湖边的村子里去参观，那湖大概记得叫奥赫里德湖罢，对岸便是阿尔巴尼亚。我们住在一个不大的也很简陋的旅店里，三个人合一间。组织者给费尔顿单独住一间，他不肯，但组织者说，这是个简单的除法问题，总得有一个人要单独住。他便站在楼梯中间，拦住我，说，你来，咱们俩住一间，看他的除法有没有错。我再三推辞，说，你最年长，让你睡舒服一点，这合乎道理。他不同意我的话，坚持要改变一下计算方法。巧得很，忽然窗外响起了一头公驴的叫声，呜啦，呜啦，嘎嘎嘎！他转过身去，嘟嘟囔囔地说，那我就住对着驴子的那一间罢，说着，找做除法的那个组织者去了。

在作为会场的研究所里，我住的是一间半地下室，费尔顿住的是专设的贵宾招待室。有一天吃过晚饭，没有什么事了，他到我的房间里来，一看房间简陋得连把椅子都没有，很不高兴，我怕他生气，就建议到山坡上走走。山坡上有一个度假村，参加会议的人里有一些不愿意住半地下室，就自己掏腰包住到度假村里去。费尔顿问我，何不也住到度假村去。我老老实实告诉他，我打算讨论会结束后到希腊和土耳其去看看，不敢在这里多花钱，他“唔，唔”了两声，说，那一趟确实是要多准备些钱的。第二天，他把也参加这个会议的一位希腊文化部的女工程师介绍给我，并且拜托她帮我到希腊领事馆去办一办手续。她带着我去了一趟，当场就签了证，看那些排着长队办手续的人，要三天之后才拿到签证，我心里着实感激了一番。

会议的最后一天，费尔顿又邀我晚餐，还把一位塞浦路斯的小青年带上，他在北京进修过什么，能说挺熟练的中国话，会议期间常常跟我在一起。晚餐在一家俯瞰斯考普里城的山上餐厅里，南斯拉夫人边吃边唱，边唱边舞，每舞完一曲，便摔一只瓷盘在地上，叭嚓一声，碎片乱溅，所有的人哇啦啦欢呼一阵，再等待下一轮的歌舞。到夜深，要散了，费尔顿从他那鼓鼓囊囊的上衣口袋里掏出一封信来，教我交给雅典卫城上的管理处，那里会给我方便的。然后，又翻遍身上大大小小的口袋，把所有的随身钱都给了我，说：“我的飞机票已经买来，这些钱用不着了。你到希腊、土耳其去，多带点儿钱好。钱富裕些，能多看些地方。去一趟也不容易。”我当时慌了手脚，真不知道该怎么办。考虑到他一贯待我的友谊，又看到他掏口袋的那一种亲切随意的动作，怕推辞了也许很不好，便都收下了。第二天，那位希腊工程师和我一起乘火车到希腊，她问，你怎么会跟费尔顿这么熟悉，他可是我们仰望的大人物呀！

到雅典的第三天，我上了卫城，把他的介绍信往管理处一送，立刻受到了优待。那时候，卫城上有几处正在维修，拉上了绳索拦住游客，其中包括伊瑞克仙庙，而我却被允许到任何一个角落去，还可以爬上脚手架。亲手抚摸一下伊瑞克仙庙柱廊里女郎的发辫，那真是一种幸福的享受。有些游客弄不明白，也想跟我一起自由自在地逛，被一一拦住了。我就这样像贵宾一样在卫城上待了整整四天。后来到德尔斐去，由卫城管理处给我开了一封介绍信，也是当了一番贵宾。我这才亲身体会到费尔顿的声望之隆。

其实，几年前，罗马的研究中心结束之后，我得以参观了意大利北部十来个城市，不但没有花一分钱，还看了一些本来不开放的地方，那也是仗着费尔顿委托研究中心的意共党员罗贝多，请意中友好协会接待的缘故。

再见到费尔顿，是1980年代中期，他作为联合国教科文组织的专家到中国来评审几个申报世界遗产的项目。

有一天，我陪他到天坛去。汽车一到天坛西门前，他就要下车，但司机没有听懂，照习惯往里开，他急得跺脚，司机赶紧停车。下了车，他气急地对我说："怎么可以坐汽车进天坛！我干了一辈子文物建筑保护，如果今天坐在汽车里进天坛，这一辈子的名声就倒了。"感受到这么严肃的职业使命意识，我不好说什么，搀着他往里走。走了一程，只见围着祈年殿停了多半圈的汽车，他又不高兴了，说："你知道什么叫文物建筑的破坏？不是倒了拆了才叫破坏，这么多汽车开到这儿，就是破坏！一来破坏了环境气质，也便是破坏了祈年殿的艺术整体，二来汽车尾气和车子的震动，都会损害这座建筑。也许那损害积累到一千年以后才能见出效果，但我们不允许放任一点点。"我随口对答，说：您真是细心。他立刻回应说："你认真了，你就会变得细心。"

后来又陪他到八达岭去，那时候，八达岭长城刚刚在"爱我中华"的口号下大事修缮了一番，半路上，他说："你们其实已经把长城修坏了，不应该这么修的。"我很不安，便试探地问："那么，您会不会同意把长城列为世界遗产呢？"他没有立即回答，接下去说："你到伊斯坦布尔去过，为什么回来不介绍那里城墙的保护方式呢？"我只好沉默，心里想，你要是见过北京城墙，知道它怎么拆个精光干净，你就会满意八达岭长城的维修了。车子过了居庸关，他才说："我们也懂得政治的，也考虑政治因素的，你们把长城都写到国歌里面去了，我们怎么能不批准它作为世界遗产呢？"

进故宫去，在太和殿门外，他又非常详细地询问了防火和救火的设施和方法。他几乎对每一个回答都不满意，不过不说出来，只是轻轻摇头。

在费尔顿离开北京前，我们通了个电话，他说："故宫属于世界最高级的文物，它的第一号危险是火灾，但是管理者好像并不把这个问题放在心上，连一些起码的问题都没有想过。比如，消防车从车库到太和殿前，要穿过一道什么门，而那道门，前前后后都有好几级台阶，难道你们的消防车能跳跃不成？"殿前大院子里有消防栓，但是只有一个，显然不够。它有多大压力，多远射程，多少水量，费尔顿都问过，管理者回答不出一句话。我当时就看到费尔顿很不高兴，在电话里他又不客气地批评了一番。

电话里还说到一件"有趣"的事。他到故宫神武门外的管理办公室那里，抬头看见故宫北墙上长着一棵树，有胳膊粗细，把城砖都撑得鼓了出来，还裂了好几块。他问工作人员，这树长了几年了。几位工作人员很热心，七嘴八舌地回忆了起来，有的说五年了，有的说十年，各有各的根据。费尔顿说，你们看到它一年一年长大了吗？大家都兴致勃勃地说看到了。费尔顿问：那么，为什么你们不在它只有小指头那么粗的时候就把它除掉，那样，墙砖不是就不会裂了吗？费尔顿说："我很抱歉，那些小姑娘本来嘻嘻哈哈很快活地回答我的问题，突然都冻结了。"

接着说到了敦煌的一些笑话，例如，把湿度计挂在墙面中央，而不是潮气最容易侵犯的墙角墙脚。他对当时打算扩大月牙泉、种树绿化也有疑虑，担心会提高莫高窟的湿度。"这些壁画能保存到现在，全仗着这里干燥呀。"他说。石窟新建的楼梯和平台用了钢筋混凝土，它们跟岩壁之间的连接都是刚性的，费尔顿也很不放心，因为敦煌在地震区里，万一发生地震，这些沉重的楼梯和平台会把岩壁拉裂，毁了石窟。

那次以后，费尔顿好多年没有再来中国，只继续跟我保持着书信来往，每年年底，另寄一份"年终总结"来，里面写着他一年的工作、旅行、会议、讲学、打猎的情况和家庭里的趣事、琐事，包括为什么要买新房子搬家，情绪很快活。大约是1990年代之末吧，突然寄了一份"讣告"来，他的夫人去世了。我想起了他的领带，估计这件丧事对他的打击可不小，也很觉得感伤。又过了些日子，记不得有多久了，他告诉我跟女秘书结婚了，我祝贺他。

可能是刚进21世纪，他陪着新夫人到北京来旅游，事先告诉了我他们的旅程和到北京的住处。到了日子，通了电话，我到四环路上的大学生公寓去看他，他的新夫人随旅游团出去了，他独自在大堂里等着我。我一进门，他就叫了一声，原来他怕我们几年不见，彼此眼生，就搬了一把椅子正对大门坐着。我赶紧上前，他挣扎了几下却站不起来。他本来身材就高大，这时已经很肥胖，塞在椅子里，鼓出一个大肚子，腿脚使不上劲。虽然满面红光，说话却有点结巴了，不，是断断续续的了。

我带了一本我们乡土建筑研究的新书给他，他很高兴。书很重，又看到他的身体状态，我问，是当时交给他带回去，还是给他寄去。他说，他要自己带着，“你们的书，我每收到一本，都找伦敦大学亚非学院的朋友给我讲一遍，太好了，可惜他们说翻译不出来，因为引用了很多的地方文献和地方语言”。

这样一位长者，二十五年的友谊，除了文物保护工作之外，还始终关怀着我们的乡土建筑研究工作，尽他的力量支持和鼓励我们，不但几次介绍了基金会，还自己先后寄了几百英镑来。但他竟然为“帮助不够”而一次又一次地道歉。我常常想起他，充满了激动的感谢。

除了年年那份“年终总结”之外，一向坚持亲笔给我写信的费尔顿，今年的信却都是打字的了。这或许是他请夫人蒂娜帮忙的罢。

他给我的最后一封亲笔信是去年年底写的，最后一段说他已经没有力量再支持我们的乡土建筑研究工作了，最后一句话是：你也老了哇！

又是圣诞节了，以往这时候他的“年终总结”早早到了，今年还没有！不知他现在怎么样了，可好吗？

补记

2006年12月31日下午5时，最后一个邮班，终于送来了费尔顿的信。信居然是手写的，但字迹破碎，很难辨认。一共三句话。第一句是祝愿我们在2007年能有好的研究课题。第二句是索要一幅中国地图，标上我们工作过的地点。第三句说，那只健康的眼睛也出了毛病，已经动了三次手术，但愿能够治好。

再补记

2008年1月5日，收到了费尔顿的新年贺卡，有一个签名。还有一句话："我天天坐在轮椅里了。"是打字的，显然是夫人代劳的。

（原载《建筑师》，2007 年 2 月）

（一〇〇）

"赶快科学地抢救保护晋城市的乡土建筑！"看了《走近太行古村落》这本摄影册之后，心情激动，所以提起笔来，先写出这句话，才能冷静地坐下来再写点别的。

不知为什么，我，大概也包括我常常接触到的朋友们，过去很长的时间里，对晋东南的乡土建筑知道得很少。我们大多知道山西省的应县木塔、云冈石窟、大同和五台山的庙宇群。它们是无价之宝，但它们主要是宗教力量的表征，是山西省能工巧匠的丰碑，并不能告诉我们山西省的社会史、经济史和全面的文化史。

也不知为什么，我，大概也包括我常常接触到的朋友们，印象中仿佛山西省是个封闭保守，甚至有点儿落后的地方。因为我们大多不了解山西省的社会史、经济史和全面的文化史。近年来，晋商的贡献渐渐被大家知道了一些，主要的还是晋中商人在内蒙古河套地区和向西方开拓的活动，而他们在文化史上的地位仍然不大被人知晓。

我是在1997年才初次到太行山南端，以晋城市为中心的晋东南去的，有朋友托我去了解一下阳城县的砥洎城。那时候，北京人还不大知道到阳城县怎么去，我根据地图先乘火车到了河南省的新乡市，下了车，在车站打听到晋城去的车，问讯窗口的人居然懒于回答，惹得我火起，跟她吵了一架。过了一夜，第二天才搭火车到晋城，再换乘汽车到了阳城。阳城博物馆的人们十分热情，安排我住了一晚上。到了砥洎城，已经是第三天了。看完砥洎城，我心有不甘，问问还有什么村子可看，于是推荐我们又去看了郭峪村和黄城村，当天晚上回阳城。又过了一晚上，天亮到晋城赶火车，却不料被郭峪村的书记赶来截住，又回了他们村。一来二去，就答应他到郭峪做些工作。

做研究工作已经是第二年的事了，一面做，一面到附近走走，看了山后面的上、中、下三庄，也看了上、下两个郭壁，周村和窦庄。稍远一点，就到了南安阳、泽州县的冶底村和高平县的侯庄赵家老南院。不久之后，又应邀到沁水县的西文兴村做工作，围着它也看了几处村子。

再后来，我们到晋中介休县张壁村和晋西临县碛口镇做了些工作，同样也是边做边看。那两处的乡土建筑，又和晋东南的有很明显的不同。

看了几年，山西省乡土建筑的丰富和精致着实使我们吃惊，尤其是这些村落保存的完整，更使我们兴奋，这在我国的东半部已经很少了！看来，山西省可不是个封闭保守而有点儿落后的地方。这些乡土建筑突破了庙宇、石窟之类狭窄的框框，以它们品类之繁、形制和风格变化之多，与生活之贴近，对自然环境适应之灵敏，给我们讲山西省的社会史、经济史、文化史这几门课了。

别处暂且搁下不说，且说晋城市，也就是古泽州。渐渐，我零星地知道，原来泽州早在旧石器时代已经有了下川文化。后来又有“舜耕历山，渔于濩泽”的传说。商汤伐桀，夏桀带着妹喜出逃，就藏身在泽州的山洞里。这里有仰韶文化的遗址。晋城地区竟是华夏文明的发祥地之一。这里小小的一座寻常村子，就可能有一座尧庙、舜庙或者汤帝庙。

太早的也暂且搁下不说，且说明代以后的事。手头有一本书，里面有两则资料：一则是明人沈思孝说，山西“平阳（今临汾）、泽（今晋城）、潞（今长治）豪商大贾甲天下，非数十万不称富”（《晋录》）；另一则是清代惠亲王绵瑜说，“伏思天下之广，不乏富庶之人，而富庶之省，莫过广东、山西为最”（《军机处录副·太平天国》卷号四七七）。即使把这些话打几个折扣，山西之富也算得上在全国领先。而且，至少在明代，山西之富首先在晋东南，并不在晋中。

晋城的富，第一依仗煤和铁。雍正《泽州府志·物产》载：“其输市中州者，唯铁与煤，且不绝于途。”中州便指河南省。据同治《阳城县志·物产》说：“近县二十里，山皆出（铁）矿，设炉熔造，冶人甚伙，又有铸为器者，外贩不绝。”这一段记载教我想起了第一次到晋城去的情况。那天晚上从郭峪回阳城县城，天已经漆黑，料不到，车一拐弯，窗外展开了一幅惊心动魄的场景，无数熊熊燃烧的火焰密密麻麻布满了天地间，火光照见蓝色的烟雾浓浓地滚过来又滚过去。问问博物馆的朋友，才知道那是漫山遍野的小高炉和炼焦炉。后来到郭峪村工作，附近上庄、中庄、下庄三个村子坐落的山沟就叫“火龙沟”，想必当年也是高炉连绵，火光烛天。那座于明末崇祯年间扩建的很有特色的小寨堡砥洎城，七百多米长的城墙的内层竟完全是用炼铁的废坩埚砌成的。在阳城各地，用坩埚建造的宅墙和院墙几乎处处都有，排成的图案很有装饰性。高平县、泽州县，也同样以产铁和煤著名。而且晋城各县的无烟煤质量很高，以致室内采暖和举炊虽燃煤而不需要安装烟囱。民间传说，英国王宫里的壁炉都用这里的无烟煤。

铁的生产也带动了不少手工业，如犁铧和锅曾是晋城地区的名产，远销华北各地。铸铁也广泛用于日常用品，甚至用于工艺品。锅盖、笼屉、油盐罐、烛台，别处用木料或者陶瓷做的，这里都用生铁铸造。我称过一只笼屉，竟将近四斤重。还有专用来烙一种很好吃的煎饼的铁锅，简直是个大铁疙瘩。最教我喜欢的是压婴儿被角用的铁娃娃，浑厚简朴而又生动，可爱极了。同治《阳城县志·物产》里还记述：“每当上元，山头置巨炉，熔铁汁，遍洒原野，名曰打铁花。”这打铁花我没有见到，但在贴近山西省的河北省蔚县，见到过一些堡子在上元节用铁勺向堡门墙上泼铁汁，金星一阵阵像火山爆发一样，场面壮观无比。冶铁竟转化出了文化习俗，年年演出一回，堡门墙上铁汁结成了厚厚的痂。

详细介绍泽州（晋城）的各种物产不是我这篇小文的任务，我不过是回忆起几次晋城之行，兴致上来，写了一段冶铁的事，以反证我过去对这里长期富裕的无知，也给这里乡土建筑之所以繁荣衬垫一下经济背景。不过另有两件当地的生产不得不提一下，第一件是进一步证明我曾经的无知，原来，除了又黑又硬又粗粝的煤和铁，晋东南在明代居然还是那又白、又柔、又细滑的蚕丝的重要产地。过去我一直以为养蚕、缫丝、织绸是杏花春雨中江南姑娘的专长，错了，连蚕丝业的创始人、黄帝的夫人嫘祖都是晋东南的人呐！第二件是，这里又盛产琉璃制品，艺术水平很高，多用在庙宇建筑上，如鸱吻、正脊、宝瓶、“三山聚顶”等等。由于近几十年的败坏，许多琉璃制品落了难，以致在用残件随意装饰过的牲口棚、碾房之类的屋顶上，都可以见到极精美的琉璃制品。我在这里随手插一句话：如果把它们收拾起来，办一个陈列馆，那艺术水平绝对是第一流的。

手工业的发展和商贸的发展总是互相促进的。晋城一带有这么发达的手工业，自然就会发展出自己的商业来。前面引用过的两则史料，说的也是泽州和阳城的铁“输市中州”和“外贩”。清代郭青螺《圣门人物志序》里说：泽州、蒲州“民去本就末”，“本”是农业，“末”是商业。“去本就末”便是弃农从商。

晋中商帮，主要的活动是向北、向西开拓，远的可以达到俄罗斯甚至法国，他们靠的大多是河套地区主要由山西移民开发的农业和畜牧业产品，并贩运南方的茶叶之类，而晋东南的泽潞商帮，则主要向南、向东南开拓，包括河南、陕西、安徽、江苏、浙江、山东、福建、湖广等地。明代万历《泽州府志·卷七》写道：泽州“货有布、缣、绫、帕、苔、丝、蜡、石炭、文石、铁，尤潞绸、泽帕名闻天下”，主要的商品是煤、铁和丝织品。和泽州相邻的潞安府，“货之属有绸、绫、绢、帕、布、丝、铁、蜜、麻、靛、矾”（万历《潞安府志·卷九》）。两州的商品有不少重合。

晋东南商人中出了许多长袖善舞的“豪商巨贾”。高平县侯庄的赵家，从明代起便从事商业，主要经营铁、酒、醋、日用杂货等，生意一直做到浙江的温州（瓯）；村里人传说，沿途州县相距一天的路程处便有赵家的店铺一座，赵家的人从高平老家到温州去，一路上都只住宿在自家店铺里。后来又胜过同样贸通天下的徽商，几乎垄断了淮北的盐业。阳城县南安阳村的潘氏，清代初年开始经商，贩运阳城的铁器、土布、陶瓷器和外地产的盐、绸、百货等，店号遍布中州，远达江苏和浙江。潘氏在河南朱仙镇有很大的买卖，村民传说，每月都从朱仙镇运来数十驮的银洋。

以矿冶起家，以经商致富，晋城人便像旧时全中国的男子汉一样，把建设家乡当作头等大事来做。这其中当然以起造住宅为首，还有许多其他的公用建筑和公共工程，都由富商主动承担。

我斗胆说一句，泽潞商帮，与南方的徽商和江右商不同，甚至与晋中的商帮不同，并没有因为忙于发财而荒弃了读书，他们在科名仕禄方面仍然保持了很好的成绩，“文风丕振”。阳城县火龙沟里的上庄，小小的，只有几百人口，从明代中叶到清代初年，出过五位进士，六位举人。其中两位进士，竟同出清初顺治三年一榜。嘉靖进士王国光，曾任过户部尚书、吏部尚书、太子太保、光禄大夫，辅助张居正推行了重要的制度改革。郭峪和黄城在明清两代一共出了九位进士，其中陈廷敬曾任文渊阁大学士兼吏部尚书，是继张廷玉之后《康熙字典》的总裁官。更小的砥洎城，曾有三位进士，其中乾隆四十四年进士张敦仁，是一位难得的数学家，出版过几部学术著作。

因此，晋城的乡村，不论大小，在我初识它们的时候，很为它们的文化气息吃惊。许多村子都有文庙、文昌阁、奎星楼、焚帛炉、仕进牌坊和世科牌坊，还有乡贤祠。我第一次见到曲阜孔府准许外地村子建造文庙的批文是在郭峪村，那以前我还不知道外地村子造文庙要向曲阜孔府申请批准。也是在郭峪村，我第一次见到用世科牌坊当作宅子的门脸。在我到过的村子里，以沁水县西文兴村的书卷气为最浓。它很小，但各种文教类建筑应有俱有，而且连成一片，占了村子很大的一部分。尤其教我吃惊的是石碑很多，竟有些是书法和绘画，例如托名吴道子的神像和朱熹的诗，虽然都不免是赝品，但也有模有样，传达出村人的翰墨素养。

晋城的商家住宅，很不同于晋中的那些大宅，平面形制比较多样，宽敞开朗，高平县侯庄的赵家老南院、阳城县的南安阳村和洪上范家十三院，规模都很大，布局都很灵活而宽松。村子相去不远，主导的住宅形制就可能有明显的差异，比如沁水县西文兴村，那里的几座大宅就大大不同于相去不远的郭壁上下村的。从西文兴村分迁出去的铁炉村，相距不到十里，住宅的形制也跟西文兴的大不一样。人们似乎没有过于拘泥于一个模式的习惯。看来，这大概和泽潞商帮多到南方去有关系。又一个和商人有关的建筑特点是，虽不如晋中的豪华，却仍很重装饰。万历《潞安府志·卷九》说："长治附郭，习见王公宫室车马之盛而生艳心，易流于奢"，"商贾之家亦雕龙绣拱，玉勒金羁，埒王公矣"。商人凭财富突破了原来的社会等级关系，取代贵族而引领风尚，但他们仍会效仿贵胄们的豪奢习惯。这是商业资本发展之初的普遍现象。

最引我发生兴趣的，是这地方建筑流行的一种做法：宅子的两厢，或者加上倒座，或者再加上正房，楼上分别设通面阔木质外挑敞廊，有木楼梯从院里上去，非常轻巧华美。有些人家，甚至四面敞廊连通，形成跑马廊。我之所以对这种做法有兴趣，是因为我悬揣，这种做法或许是泽潞商人从南方学过来的，可能是南北方建筑文化交流的绝好例子。

晋东南的历史上有过一件大事，那便是明代末年，陕西的农民军曾经渡过黄河来大肆烧杀劫掠。于是，有些村子的商人们毁家纾难，捐出巨资来为村子建城筑堡。砥洎城、郭峪、侍郎寨、黄城、湘峪、周村等著名的堡寨，都是那个时候建造的；郭峪和黄城，村中央还各有一座三十几米高的碉楼。它们是那一段历史最有力的见证。

我并没有全面地调研过晋城的历史和它的乡土建筑，只凭几年来去过几趟的零星印象，粗糙地勾勒一下那里的乡土建筑和当地经济史、社会史、文化史的关系。这个关系，正是乡土建筑遗产最基本的价值所在。建筑遗产，是历史信息最生动、最直观也最易于理解的载体。我没有经过全面的调研而违规胡乱动笔，这是因为受到《走近太行古村落》的推动而不能自已。2006年10月，我正在高平市良户村访问，有幸遇到程画梅女士和阎法宝先生也在那里，承他们夫妇当场送了我这一本书。

他们二位都是晋城人，长期在市里担任过领导工作，退休之后，怀着对本乡本土的热爱，走遍晋城的乡村聚落，一方面拍摄照片，一方面调查访问，历经两年，终于完成了这本图文并茂的书。在高平那几天，我白天在外面跑，晚上冻得早早钻了被窝，没有细看这本书。回来之后，刚打开看了看，就被一位英国朋友拿走了，这本书大大点燃了他对中国乡土建筑的兴趣和热情。阎先生知道之后，立刻又给我寄了一本来，我这才得以细细咀嚼了一遍。

近年来，类似的书出了一些，但是，中国多么大呀，几千个县市，几万座村落，我们还需要多少本这样的书，而且这样好的书，认真的而不是急就的，深入的而不是浮躁的，精致的而不是粗糙的，总之，是出于爱和责任而不是为了别的什么。中国的历史不只是帝王将相和士大夫的历史，它是由五十六个兄弟民族的广大民众共同创造出来的历史。中国有过漫长的农业文明的历史，村落是农业文明的博物馆，它们几乎储存着我国农业文明时代广大民众的社会史、经济史和文化史的全部信息。可是，这几万座历史博物馆正在以极快的速度毁坏着，我们必须抢救它们，紧急地抢救它们。一方面是希望有更多的人来写书，一方面是花力气认真地保护一批历史信息丰富、重要而独特的古村落。

我从事乡土建筑研究和保护已经二十多年，每时每刻都因它们的消失而苦恼万分。但二十年的经验也使我认识到，真实地、完整地保护一批有价值的古村落在实际操作上和财力上是完全可能的，困难在于怎样使各级当权的长官科学地理解这件事的意义。目前妨碍他们中一部分人的理解的，一是他们对古村落的价值观，二是他们对自己的政绩观，这两方面相互关联。如果长官的政绩观是唯经济指标的，那么，他便会在文物建筑保护上或者不作为，或者瞎作为。不作为，是因为他们见到在他们短短几年任期里保护古村落不可能给他们的政绩增添什么，倒可能花掉不少钱而得不到回报；瞎作为，是因为他们见到保护古村落有利可图，于是完全不顾它们的长远生命，在一些规划和建筑设计人员支持下，或者大抓商机把古村落“开发”成热热闹闹的市场，失去了它们的历史品格，不再是村民们自己安居乐业的家园；或者予以“包装”，造些亭、台、楼、塔、阁、牌楼、城门和城墙之类，甚至不惜拆除一些老房子，给这种格格不入的东西腾场地。更加恶劣的，是几乎把整个古村落弄成个假古董。文物建筑，古村落，当然是可以用来赚钱的，但要“取之有道，取之有度”。有道就是把旅游当作一件文化教育事业来办，年轻人旅游，首先为了长知识。而知识当然必须真实，也就是要求文物村落必须真实。有度，就是要把文物村落的保护放在第一位，在这个前提下开发它的多方面的价值。总之，文物建筑，古村落，它们的根本价值系于它们的原真性，包括完整性，一旦文物建筑，古村落，失去了原真性，它就失去了作为历史文化信息携带者和传递者的价值，不再能成为文物。不论把文物村落弄成假古董在眼前有多么大的经济效益，这种做法都是对民族、对世界、对未来、对历史的犯罪。这不是什么长官可以用不负责任的话混过去的事。因为，文物建筑，古村落，不属于一个国家，一个时代，它们属于人类，属于永恒。

我相信晋城市的各位领导人能够科学地对待太行山的这份珍贵的遗产。既然有了写书的人，一定会有懂书的人，我满心欢喜。

（原载《建筑师》，2007 年 4 月）

（一〇一）

某年某月某日，一位电视台的先生，弄不清叫记者还是叫主持人，跟我闲聊一处江南村落，那里山山水水好、人好、房子好，文化的积贮也丰厚多彩，我自然流露出了挺喜欢的情绪。据说这些电视台的访谈者的本领在于能在关节上提出很尖锐的甚至很刁钻的挑战性的问题，这位先生也不例外，笑眯眯地问：有那么好的村子，你为什么不住下来，还要回北京呢？

这个挑战，不免太幼稚，他对人们的生活懂得实在太少、太肤浅。一个人选择什么地方住下，需要考虑的问题多得很，非常复杂，而且随着年龄、职业、收入、健康等等许多情况的变化而会有所变化，绝不是有几个"喜欢"就能定下来的。这"喜欢"还会因为一些很特殊的情况而变化。例如，在那个昏天黑地的十年里，最教我喜欢的居住地是鄱阳湖边的劳改农场，因为，在那里干农活，虽然劳累，但"早请示""晚汇报""天天读"、跳"忠字舞"，这些摧残人的尊严和良知的仪式却比较马虎，而且开批斗会的频率也低得多。现在呢，天下太平，影响择地而居的条件似乎更多了。比方说吧，有学龄儿童的人家，认为最好的住址是附近有好小学、好中学。听说北京市有一条什么胡同，那里有一所教学质量很高的小学，考初中的录取率年年领先，于是就有不少人家往这条胡同里挤，连四合院的门道都隔上板子成了住家，租金还挺高。他们并不认为多几平米室内空间和抽水马桶有什么重要，停车位当然就更不在话下了。大学生们呢？考虑就业的时候，便盘算哪个城市机会多而且合乎心意了。希望在文艺界里做出点成绩来的人，宁肯到北京来当"北漂"的已经成了一"族"，虽然生活条件远远比老家艰苦，连温饱都不是个个都能有保证。到大城市来住简陋的工棚，冬冷夏热，吃苦受罪，工资说不定还会被拖欠的农民工，他们中不少人的老家是山清水秀、人情淳厚的。

再回头说到我自己，像我这样的老头儿，现在选择居住地点，第一个条件是附近要有一所好医院，急救车能随叫随到。至于什么风景呀，高档餐厅呀，超市呀什么的，都已经不在我考虑的范围里了。那位电视台的先生，年纪很轻，大概根本想不到这些。

于是，我便想起近几年来常常见报的所谓宜居城市排行榜。不但有世界性的评比，也还有咱们中国自己搞的，大概算是跟国际接轨了吧。不知为什么，我居然也收到过几次调查表，都是些长长的单子，项目多得很，看着就眼晕。不过，稍稍定一定神，看几项，就能明白，那单子的最初蓝本必定是美国人或美式博士拟出来的，因为每个项目都叫人打分，这调查是要“精确”定量的。美国是个富国，富人多，钱多，因此会计师就多。会计师的特长是玩数字游戏，玩惯了，一来二去，社会上的事就渐渐都量化了。写博士论文，也不论什么课题，都要先设计出一个定量评估的方案来，有些也许有用，有些不过是花拳绣腿。我写下这两个“有些”，倒是露出了我的愚昧落后，没有给它们精确定量。不过我并不害臊，因为我什么学位都没有。

不过，我还是稍稍看了看几份宜居度调查表，看了，便不免发生了一些疑问。

首先，城市的宜居，是对哪一部分居民来说的呢？是开宝马奔驰的，还是挤公交的，还是骑自行车的？是银行经理，还是美容店老板，还是摆路边摊的？他们对城市的评价会有一致的取向吗？世界上所有的大城市，在它的发展过程中，都有一个很长时期，一部分是阔人住的富贵区，一部分是穷人住的贫民窟。我们现在，城市里依旧有这样两种人，不过，名称不同了，分别叫作“强势群体”和“弱势群体”。阔人住的小区都有极雅致或者极炫耀的名称，包括和国际接轨的“香榭丽舍”，也有“华都雅苑”这样炫富和弄文两头沾的。穷人住的，媒体上小心回避了“贫民窟”这样直白的老实名称，而叫它们为“城中村”“城乡结合部”，比较功利的叫法是“危改区”。这两大类居民，阔人和穷人，对城市的建设和发展都有自己的贡献，但是也各有自己的期望，并不一致，有些方面甚至针锋相对。那么，他们有共同的“宜居”标准吗？没有，不可能有！对城市的建设和发展会有共同的愿望吗？没有，不可能有！阔人里的阔人，开发商，要把穷人赶出城市，尤其赶出城市中心区和发展区，穷人则希望留在城里，哪怕遭受种种屈辱，为自己，为子孙，留一点希望。至少，要有可能摆脱社会现实给他们布下的穷者世世代代都穷下去的命运。

那么，事实大概是，美国博士们玩的那种由大规模机器生产带来的形式主义的“量化思维”，不论统计的范围有多大，数据有成千上万，都不可能正确反映当今“双城记”的现实。“宜居”是历史性的，也是社会性的。

我看到过一份什么宜居城市评比的调查表，表上竟列着一些例如“街道”“广场雕塑”“灯光艺术”“标志性建筑”之类的项目。对这些项目，建筑师会有很大的兴趣，但对“弱势群体”来说，根本毫无意义，他们既对这些玩意儿不会有一丁点儿兴趣，更不可能打出什么分数。而这种项目的设立，倒会刺激一些地方官儿大把大把糟蹋平民百姓的血汗钱去搞些奢华浪费的“面子工程”。显然，这个“宜居性”的评比是排除了“弱势群体”的，他们根本没有机会去表达对这个城市“宜居性”的评价。相反，在“宜居”的标准里，倒常常有“市容”这么一条。我知道，一些城市的官儿们，为了政绩，十分在乎“城市形象”，常常就要整顿市容。而整顿市容，最重要的：一是“动迁”贫民窟，转手把让出来的地皮卖给开发商造高楼大厦；一是取缔摊贩，叫他们无立足之地。这两条措施，都是冲着弱势群体开刀的。

城市“硬件”的建设者和城市日常生活的维持者，大多住在贫民窟里，而与贫民窟里居住者的日常生活最密切相关的就是路边摊。摆路边摊的人，和到路边摊买些零碎的人，有不少是贫民窟里的住户。他们的福利，是住在豪宅或别墅里开着私车到超市、到外国连锁店甚至更高档的外国专卖店去买日用品的人不必也不知道要考虑的，那些人更关心的倒是宠物的衣食住行。

从我住的小区的南门到我工作的学校的北门之间，大约有不到一百米的冷僻路。这段路上，春夏秋冬四季每天都有三四个小摊贩或者比摊贩更辛苦的妇女老汉在卖些零碎东西。有一位半老太太，常常蹲在路牙子上，前面放只脸盆，盆里有几条寸把长的很不体面的小金鱼，看见小学生们放学回来了，便怯生生地低声说一句：“买几条吗？挺好养活的！”前年秋天，她提着三五个拳头般大的竹笼子，里面欢叫着蝈蝈，向过路人兜卖。我看着难过，陆陆续续买了好几个，挂在阳台上，一直叫到天气很凉了。还有一位大约六十多岁的老汉，用灰不溜秋的一方白布，铺在墙根下，上面放着两只倭瓜、几棵大葱，还会有三只柿子、五根山药什么的，这老汉豪爽，大嗓门，蹲在一边叫卖。我不骑车更不坐车，中午都会在他的摊位前走过，问候过几次之后，便跟他相熟了，知道他的这些蔬果都是自家小院子里长的。“没有农药。”他说。有一天我刚刚走出学校北门，他老远冲着我就嚷：“老哥，给你带来了一把香椿。”我忙问多少钱，他急了，说，“这是今年第一茬新芽，给你尝鲜，我也不知道值几个钱，你问什么！”

又有一位中年汉子，每年从秋末到来年春天，天天会用自行车推好多大蒜来，都已经编成了辫子，三块钱一串。有一天傍晚，天快暗了，还剩下两三串，他问我：“一块钱一串，你包了罢。”一串有多长呢？提起一头，高高举起，那一头还拖在地面上。一块钱，不说种植，只说那辫子，他要编多少时间啊！他活得就这么不值钱？读书人说“寸金难买寸光阴”，他呢？我自从瞎了右眼就不吃生蒜，我老伴是南方人，也不吃。但我家阳台上这么着一到冬天就晃晃悠悠挂了好几串大蒜，到来年春末，老伴捏一捏蒜辫，说，“都干了”，就空出几颗挂蒜辫的钉子来，等待夏末再挂蝈蝈笼。但卖蝈蝈的老太太已经有两年没有露面了，不知道出了什么情况。

曾经有一段时间，这小小的一角“市场”也遭到了查禁，老朋友们都不能来了，冷冷清清，一百来米的路显得漫长起来，不久，被五颜六色浑身闪出高贵亮光的小汽车占据了两侧。一个中午，我在汽车的夹缝中走过，忽然从车后闪出一位妇女，提着用手帕包着的三五个鸡蛋，求我买下，只说了三个字：“柴鸡蛋。”她又怯又慌，连价钱都忘了说。我稍稍犹豫了一下，她就赶紧又退缩到汽车后面去了。也许她还要再等待半个钟头才敢出来，我心里很难过，不知道她有没有把儿子的学费攒够。

今年冬季，最冷的一天，西北风呼呼地刮着，我从小区大门出来，拐一个小弯，看见人行道上顺着一条长凳，一头镶着半块断了的砂轮，旁边站着一个人，一身黑棉袄，笼着双手，缩着脖子，背对着大门。我走近一看，原来是磨剪子戗菜刀的。我以前见过他几次，是武强县人，独自流落在北京靠这一把最起码的手艺赚个半饱。我跟他搭讪："磨一把剪子多少钱？""三元！""要多长时间？""不到十分钟吧。"这天的大风刮得邪性，我问他"今天磨了几把了？""一个都没有。""这么冷，冻在这儿，太辛苦！""没有办法，要吃饭！""为什么不躲到小区门口那个墙角后面去？挡点儿风。""那里人家看不到我，招不到活儿。"他怎么不知道，这么冷的大风天，人家也不会拿出刀剪走百十来米找他修修磨磨的。那天，正是腊月三十，武强县至少有一家人过不团圆年了。

这些人靠自己一点点能力求生存，他们给北京的"宜居性"能打多少分？恐怕不低！毕竟他们是因为这里比在老家还能多挣几个钱才来的。但北京却下决心要赶走他们，为了"开发者"的利益，为了"城市形象"，为了一个什么"国际盛会"。

其实，巴黎、罗马、莫斯科、圣彼得堡、香港、首尔、维也纳，这些"宜居"指数很高的城市，都有摊贩，路边摊，这不但有利于一些弱势者挣一口饭吃，其实对大量平常居民也是大有方便之处的，也就是让平民感到更加"宜居"。在那些城市所得的"宜居"分数里，恐怕有这个因素在吧。不过，不知道那里的调查表格是怎么样的。

我在意大利和前南斯拉夫，曾经好几次承当地朋友指点，看到政府的高级官员和议员们，坐在路边摊上喝啤酒、咬三明治，还跟市民们打打招呼，闲聊几句。我猜想，他们至少会因此关心这些路边摊的卫生情况，跟老百姓"心往一处想"了。

其次，去年有一天，在一所高等学校，一个辉煌的会议厅里，我听到一家社会科学研究单位的一位社会学家的发言，他慷慨激昂、声色俱厉，甚至连连拍击桌子，斥责主张保护历史文化名城的人，说："你们不顾老百姓的死活！那些明代、清代的老房子，都是危房，住得又挤，不拆迁，老百姓的生活怎么改善！”

我很钦佩他的善心，但是，我很奇怪，这位当上了研究所所长的社会学家，怎么忘记了，还是从来没有学到，社会学的命根子是社会调查？他可曾知道，所谓的危旧房拆迁，几乎没有一城一地，出发点是为了改善居民的生活。拆迁，几乎都是由于政府要在买卖城市地皮上赚钱，赚大笔的钱！最大的赢家则是房地产开发商。危旧房里的原居民，普遍强烈地抵制过拆迁，不是因为他们笨得不知道好歹，而是因为清清楚楚懂得他们从拆迁的所得会抵不上所失。他们穷困，但他们绝不愚昧！他们过去曾经为了一点点凡政府都应该办的小事而敲锣打鼓感谢说不完的恩情，他们现在也绝没有变成“刁民”。是别人忘了他们，负了他们，给他们亏吃，他们才不得不抵制拆迁。

2007年5月11日《新京报》A19版报道了北京市朝阳区太阳宫有三十二间平房，在5月8日和9日，凌晨两度遭恶汉带着铲车袭击，全部被拆毁，“房内家用电器和贵重物品都没来得及拿，被埋在砖堆里”。老百姓“不得不席地露天而眠”。社会学家应该明白，凡是“危改”拆迁，那些“拆迁户”的绝大多数都要迁到郊区去，甚至要迁到远郊区去。阔人和富人，在郊区山清水秀的地方置一套高档别墅，自己开着宝马奔驰来来去去，那个郊区就是“宜居”的。但是，穷人们迁到郊区，成了“乡下人”，他们原来的就业机会失去了，或者为了进城继续原来的营生，就要付出很重的代价，光是公共汽车费就会要每月上百元。他们也丢失了原来和亲人们或者老朋友们常来常往的互助，偶然回去访问一趟，慰藉一下心灵的渴望，又要付出几十元交通费。住在城里，男人们下了班，可能给人理发、擦皮鞋、拉煤饼，手巧一点的，周末给人拆洗油烟机、热水器，修理洗衣机、微波炉，每月就能额外挣百儿八十元。胆子大的，可以去擦楼房的玻璃窗，那收入就更多一些。妇女可能帮人家做做小时工，看管孩子，照顾产妇、病人。搬到郊区，这笔收入就没有了。更加教拆迁户闹心的，是他们的子女得不到原来在市区里可能得到的优质教育，从而在升学、就业等方面失去了竞争力，大大吃亏，以致造成这些拆迁户一代又一代地“穷者恒穷”。我所住的小区的近旁有一个小小的村子，正处在两所著名中学之间，村里的孩子大多在这两所中学就读，升学率很高。几年前，这个村子被拆迁了，虽然这里已经是五环路绿地的边缘，地旷屋稀，并没有非拆掉这个村子不可的理由。一年之后，“理由”终于“露出水面”了，新建的连体别墅区卖到了天价，遮天蔽日的一块卖房大广告牌上写的是“名校区内”。可怜那些被“改善”了居住条件的村民，他们的子女在哪里上学了呢？十几年前，我们在北京外城椿树一带做过调查，有些人家宁愿几口人挤在一间小小“抗震棚”里住着，并不希望搬到别处去改善居住条件，因为在这里凑付几年，他们的子女有机会凭借住家的区位优势进入师大附中读书。那以后考入大学就十拿九稳了。在当今的中国，弱势群体要想翻身，子女上大学几乎是唯一的途径，跟一百多年前的科举时代一样。除了那位可敬的社会学家，这个算盘谁不会打呢！那么，那个破破烂烂、拥挤得几乎失去了为人的乐趣的抗震棚，在一个时期里，就是那些家庭最“宜居”的住宅了。灯光艺术，街头雕塑，于我何有哉！或许那些宜居评比表格反映的是超乎时代之上、穷富之外的“永恒”标准。那就请收起来，到快要“永恒”的时候再拿出来也不迟。（这篇稿子写成后塞在抽屉里几乎忘记了，今天见到报纸上一则消息，说美国有十几二十家大学联合发表声明，拒绝“大学排行表”。城市远比大学复杂得多，为什么我们还迷醉它们的“宜居排行表”呢？项目的设置，打分的多少，说起来恐怕都有点儿滑稽。）当然，“宜居”总还是要追求的，不过大概要想得复杂些，方法要实在些。

虽然城市贫民窟里的居民大多是城市“硬件”的建设者，是维持城市生活顺畅运转的重要力量，但是，他们被排挤出市中心，不得不到郊区栖身，而把市中心让给富人，这也是全世界城市发展的共同历史现象。这种现象，六十年前我的老师在课堂上讲给我们听过，叫作“市中心的贵族化”，是资本主义世界的学者们痛心疾首地谴责着的。撇开古罗马皇帝尼禄纵火焚烧罗马城的恶事不说，1666年，毁灭伦敦城一多半的那场大火，就有人认为是国王、贵族和崭新房地产开发商们勾结起来故意点燃的。大火之后，重建规划的思路是，一方面有利于资本主义经济的运作，一方面有利于房地产的高档开发，把贫民们彻底排挤出市中心。19世纪下半叶之初，巴黎市长奥斯曼推动的巴黎城大改造，也是按宫廷和房地产主的利益干的，拆除了大量劳动者居住的街区，把他们赶出城去，使他们的生存状况更加恶化。不过，由于城市的生存和发展有它们自己的规律，所以这两次改造都并没有完全成功地实现宫廷和开发商的构想，贫民窟还存在了好长的时期。

从那位社会学研究所所长的“盛怒”来看，他们所里大概没有人研究“城市社会学”，至少是研究得不很热闹，不很有成绩，否则这位所长不会那么义愤填膺地斥责那些反对粗暴拆迁的人们，反而把养肥了开发商的拆迁看成善举仁政。

城市社会学是一门十分重要的学术，它是城市规划、建设和管理的基础。没有这个基础学术，城市规划、建设和管理恐怕是搞不好的。几天前，建设部发了个关于城市规划的文件，里面很着重的一条，便是此后不允许换一个地方官儿就重做一次规划，由此可见一向来县市的党政首长对城市规划的生死有多么大的决定权。这种现象的存在，一来是因为当今体制本来就建立在县市党政首长都全知全能这个假定之上，他们的权力忒大；二来是，大约说吧，有些城市的规划主管部门大概也没有本领向县市首长论证规划的合理性和客观性，没有能把他们唬住。

（原载《建筑师》，2007 年 6 月）

（一〇二）

有一天打开电视，半截里看到一场风水师们和反对风水术数的人们的辩论。场面上，风水师们气势很盛，有一位身穿黑衣的，抢上几步，右手食指点到一位反对者的鼻子尖前大约五厘米的地方，接连大声呵斥了三遍："你看过风水书没有？"

这情景很吓人，看来风水师们个个看过许许多多的书，一肚子都是大学问。

这大概是真的，今天下午有点儿懒，打开一本刚刚出版的写江西省鄱阳县某宅的十六开的书，其中有一节专写这宅子的风水，第三行写的是：风水术"是集天文学、地理学、环境学、建筑学、规划学、园林学、伦理学、预测学、人体学、美学于一体的综合性的一门高深学问"。过去我也见到过类似的文字，但这位先生似乎又增加了预测学和人体学两门学问，删去了几项如气象学、场论、粒子流等等学问。这一串学问，当然足够把反对风水术数的人吓倒，即便是博导或者院士，恐怕都未必看得懂综合了这么多门大学问的书，想来他们只好"噤若寒蝉"，躲进图书馆里去埋头苦读了。

不过，就像连一本书都没有读过的小孩子也能看出那位炫耀天下第一新衣的国王原来光着屁股，要指出风水师们的屁股原来是赤裸裸地光着的，并不需要去埋头读那些书。

就在那本介绍鄱阳县某宅的书里，在列出一大堆吓人的学问之后，相隔仅仅只有四行，这位作者就不小心地说："古代由于科学不发达……随着阴阳五行学说的兴起，逐渐发展成为一门讲究阴阳风水的堪舆学。"原来，风水堪舆是由于"科学不发达"而兴起的，那么，它又怎么能是"集"那许多科学"于一体的综合性的一门高深学问"呢？这事情太奥妙了，未必是我这号没有读过几本风水书的人能弄得清的，不知道那天在电视台和风水师面对面辩论的人有没有偷眼看一看风水师们的屁股。

我倒还有一份童心再往下看看那本书，书里有一幅这座宅子的平面图。这宅子，东西墙完全平行，南北墙也平行，但都是斜的，于是，这平面呈平行四边形，东北角和西南角粗看好像都向外尖出一块。这位风水师说："由于东北角凸出五十厘米，所以东边长，长边是青龙，西边是白虎，青龙比白虎长，男丁旺，人长寿，官运亨通。"他居然忘记了，平行四边形两对边的长度是相等的。“白虎”这一边还向西南方向斜出一块哪！我查了查这位风水师开列的那一串大学问的名称，倒是确实没有“初级平面几何”这一项。初级平面几何是初中生学的，这位先生大约早就从初中毕业，把它忘记干净了。

接下来，作者引了堪舆术数书籍《诸术》里的一句话说“商家门不宜南向”。由于平面是个平行四边形而不是矩形，这座大宅的前院墙略向东偏，因而作者推断宅主人是一位商人。这个笑话倒不止这一位风水师在卖弄。前些日子我看到一本杂志上有一位“博士生导师”写的某四川杨姓富商老宅的风水剖析，这座老宅的大门朝北，他也引了这一句“商家门不宜南向”。滑稽的是，这两位风水师怎么会忘记看一看中国东南西北各地城镇里东西走向的街道，街北是不是一律没有店铺？好像不是！为什么不是？无所不在的风水堪舆之术怎么不起作用了呢？

原来读通了那么多学科的风水师和风水博导，竟不知道这“商家”是什么意思！我读书不多，不过倒碰巧看到过几本书上说：按音韵之学来分，中国人的姓氏有五类，分别属“宫、商、角、徵、羽”五音，各有宜忌，“商家门不宜南向”，说的是凡姓氏属于“商”音的，便不宜向南开宅门。那位四川商人姓杨，杨姓属商音，所以他家大门“不宜南向”，并非因为他做生意。走遍全中国，看来商人的家门大概也还是朝南的为多，店铺门朝南的也不少。至于鄱阳县那座大宅的主人是不是商人，更不能由门向来逆推了。据我所知，姓氏分五音和“商家门不宜南向”，在风水堪舆术数里虽出自理气宗的“五音姓利说”，形势宗也是接纳了的，是风水术数起码的入门知识。不知为什么写过不少风水术数“论文”的博士生导师居然不知道，为什么那位读通了那么多大学问的风水师也不知道。回想起电视上那一位风水师气势汹汹地逼问反对风水术数的人“你看过风水书吗”那一幕，我不禁返老还童，要大喊一声：“他没有穿裤子呀！”

2007年5月14日《新京报》有一篇报道不可不看，它赤裸裸地揭露了当今的风水师是干什么的，是怎么干的。删节太多了便不够精彩，所以我把它的主要部分一字不落地抄在下面：

> 近日，深圳中院（按：指中级人民法院）审判楼主楼东门西门变脸。据知情人士介绍，这次变脸专门从香港请来风水大师，一切改建均在该大师的指导下进行，主要是改变去年法院总是出事的背运。

什么背运呢？原来是“今年3月，深圳中院涉嫌受贿的三名法官张庭华、廖昭辉和蔡晓玲分别获刑”。一下子出了三个贪官，法院领导居然不去弄明白自己的工作有没有什么毛病，而是请香港风水师来看法院的风水。这位“大师把法院看了个遍，将法院领导办公室重新布局”之后，对领导说，“去年法院总出事，就是因为风水不好，有三害影响流年。一是，审判主楼东面正对某工厂几十米高的大烟筒，烟筒像个灵牌，不吉，要画符驱邪。二是，法院背后（即西面）阴气太重，威风不振，暗箭难防”，要立一对石狮子镇院避祸。三是，“法院东门（即大门）广场的第一段台阶为十一级，犯大忌，按命学讲，九是大数，十是极数，十一则走向反面，会祸及主人。要改为九级台阶，暗合九五之尊的吉祥寓意，才能长长久久”。

这一番胡扯，比起当年寻龙先生的表演来，道行显然肤浅得多了。这胡扯的欺骗性也“降低了力度”，应该立时就打发他过罗湖回香港去。我从小就在话本里读到，法官总是明察秋毫、是非立辨的，他们的杰出代表是包拯，神话式的人物，管得了阴阳两界，什么也不怕。但是，如今真是怪事不怪，或者说一着更比一着怪，法官也怕起巫术来了。这篇报道接下去说：“风水大师点化后，该法院全部落实。在台阶改建工程竣工验收时，发现有二十几块新换的台阶石板表面有大块黑色杂质，风水大师说有黑斑不吉利，于是工程队连夜返工，将这些石板全部敲掉更新。”

乖乖，倒还真有点儿包龙图雷厉风行的做派。要说呢，法官肩负着维护社会秩序和正义的责任，这种做派倒是老百姓盼望着的。但是，我一琢磨，又犯了点儿糊涂：所说的“去年法院总出事”，指的是三个法官犯了法呢，还是犯了法而被查了出来呢？如果那三个法官出了事，据风水大师说，是台阶、烟囱和阴气的作用，没有防住“暗箭”，那么，他们三个人还有没有罪呢？既然法院把大师的话“全部落实”，是不是要请那三个人重新官复原职呢？

深圳是中国最新的城市，我有一些老同学有幸成为它的开拓者，或者创办了大学，或者做了第一个规划、设计了第一批房屋。但是，不知道为什么，创造了那么多奇迹般成绩的深圳市，却教我觉得缺乏创造者应该有的自信。几年前，听从风水大师的话，把那座大有勇气、大有力量，又能玩命拼搏的“开荒牛”铜像搬出了市府大院，听说原因是前几任领导人都在宦途上有点儿坎坷，而把“开荒牛”赶出大院之后，领导人便一帆风顺了。如今又轮到中等法院上场变把戏了。

包拯不怕阴气和暗箭，也绝不会在衙门背后再立一对狮子，而且他经常出门异地办案，大概也不会细数各地衙门的台阶数。但深圳中院的法官们竟信风水！这真有点儿奇怪。

风水这玩意儿，在南方、北方的农村里也早已经是桥头纳凉时候的闲话，老头儿说说，小伙子笑笑，和神怪故事一样。当今普遍是阳宅不看风水，阴宅花一二十块钱找个人看看朝向就完了，算是一种礼节，和点烛上香一样，不过表一番心意，谁也不当正事去办。

但是，奇怪的是：在最发达的城市里，改革开放以来第一个“复辟”的“四旧”，竟是风水之术；在最高的学府里，几个大教授们，博导们，居然成了风水先生的铁杆“粉丝”。我捉摸着，这大概和我们社会里普遍崇洋媚外的风气有点儿关系，而并非完全出于对“国学”的信仰。一是外国人居然也有些喜欢谈谈风水。外国人所知道的风水，当然都是从中国传过去的。打倒“四人帮”之后，最早把风水热回馈国内的是几位旅居国外的中国建筑师，我曾经奉命接待过他们，他们最津津乐道的便是外国人如何钦佩中国的风水术，又如何把风水术“科学化”。

那当然是有道理的了。君不见如今电视里和报纸上凡美女俊男出场给人欣赏，必报从外国传来的“星座命理”乎？二是在一部分大陆人眼里，港台的阔同胞算得上半个洋人，而他们当中确实是有不少迷信风水的。闽粤一带，从古以“好巫”闻名，港台同胞大多是闽粤人的后裔，相隔又只有一衣带水，当然不能数典忘祖。我每到港台，必逛书店，每个书店，风水书的架子总要占到整整一面墙，书的数量大约和文艺类相近，不数第一也数第二。可能是因为城市、街道和高楼大厦为风水而调整的可能性已经很少，几近于零，所以当今的风水书大多把学问都转向室内，说的是床呀，桌呀，沙发呀，多少数量，放在什么位置，朝向哪边，用何种颜色，等等。比起朝山、祖山，龙砂、虎砂那种“指点江山”的传统风水“经典”来，真是黄鼠狼下耗子，一代不如一代了。不过风水师“与时俱进”地变了招，新派的那些书就大谈起地磁场、粒子流等等“外国人擅长”的“高科技”新学问来了。风水大师进门，看看四周的环境，就可以一把一把地抓住无所不在的场和流。风水术老祖本来是看阴宅的，叫寻龙先生，后来把业务拓展到阳宅，就叫阴阳先生了。现在功夫又拓展到了室内布局，在港台就文质彬彬地叫他们为“易学家”。有了易学家这个名号，当教授、博导总没有问题了吧。

从前风水先生给财主看阴阳宅，往往在主家一住几年。钱财烧包的人家，还可能同时养着几位风水先生，他们也会在意见不一致的时候搞“民主协商”，最后由一位资深仙师一拍板就“民主集中”了。现在呢，快餐时代，科学手段多种多样，所以，风水先生的法眼也就灵得多了，往往像啃汉堡包一样，三下五除二，一手交案结，一手接钞票。我在台湾有幸跟一位这样的易学会主席去给阳明山上一幢小洋楼看风水，半天时间就回台北城里吃什么斋的包子了。既然港台富人那么相信风水，港台风水师又那么“先进”，当然，作为“海归”的风水“科学”就不可不信了。而关于港台的信息，城里人，尤其是深圳那种地方，当然比乡里人知道得多得多了，这可能就是为什么现在风水术在乡下早已只当作谈资或者一种例行仪式，反而在信息化了的大城市里，尤其是有

“好巫”传统的闽粤地方，热闹了起来。

当然，说句实在话，乡里人诚朴本分，白天不做亏心事，半夜不怕鬼叫门，城市里则会有些类似深圳三位法官那样的人，数量不会太少。所以恐怕也是如今风水术只在城市里流行的原因。

这篇杂记刚写完一个礼拜，我家所订的报纸上就先后有了两则关于风水迷信的报道。一则是5月20日的《北京晚报》在8版上发的，标题是“南京楼盘争请大师看风水”，说的是中国国学院院长、南京大学教授石某人，在“易学与和谐”会上透露，“南京每年都有近一百个楼盘在选址、小区规划等方面聘请风水大师看风水”。这其实根本不能算什么新闻，几乎所有大城市里都有。引起我兴趣的，是大师的收入，“看一个楼盘的风水就要收数千甚至几万块钱”。为什么我对这一点有兴趣，不怕丢脸，实在是因为我太穷。我不明白，这种事其实我也会干，怎么就没有人来找我，我家存着的罗盘还没有用过一次哪！唉，其实这句话也不该说，太寒碜，就说另一篇报道罢。另一篇是《南方周末》5月17日的报道，叫“这些官员迷风水，不信马列信鬼神”。这标题有点儿呆气，官员们信什么、不信什么，早就不在话下了，何用再提。倒是副标题有意思，它写的是“部分商人借机构筑‘官-商-大师’三角关系网，新型腐败由此滋生”。原来官儿们为信风水，就难免会腐败，而且是“新型腐败”，腐败也“与时俱进”了。工作还没有创新，腐败倒抢先上了一步台阶。这篇文章写的其实不完全是风水，还包括命理、相面、求签、解梦，更有趣的是还有和麦当劳、肯德基相似的西式“星座预测”。不过，咱们现在还是说说和建筑界有点儿关系的风水。

先引一段文章：“正当地方换届如火如荼地展开时，‘风水’这个古老行业，从中发现了全新机会。”这位作者不知道，这机会早就不新了。不过他提供了一些具体情况，很值得看看。“为保官、升官，部分官员将注意力集中到自己的生辰八字上。他们或者‘走出去’，给祖坟迁一个‘宝地’，更多人则把‘大师’请进来，在办公桌脚底贴上一道

‘符’，挡一挡来自竞争对手的煞气。据知情者透露，浙江的一名副厅级干部，将祖坟迁到了新疆天山脚下。”看来，这位作者还不清楚算生辰八字和看风水不是一码事。不过，这篇文章倒是写出了“求官”者的心理，把什么手段都用来谋保官和升官。从迁祖坟到在办公桌脚底皮上贴符咒，把我在前面假设过的风水术从“寻龙”到“易学”发展三部曲的头尾都办了。

把祖坟从浙江迁到新疆，那位副厅级干部还有可能用的是自己多年省吃俭用攒下来的积蓄，但另一位“原山东泰安市委书记胡建学，因为某大师说他‘有副总理的命，只缺一座桥’，不惜将建设中的国道改线横穿水库，修上一座桥”。看来这位胡书记已经出了事，否则，记者不会用这样的笔调写他，推测起来，那一座桥绝不可能是他用自己的薪津积蓄造的。如果有这么一笔积蓄，恐怕他不造桥也经不起“双规”。这样，文章所写的事情就和文章的副标题挂上了钩，不是金钩银钩钢筋钩，而是“腐败”钩。

如果只有他老胡出了事，倒也罢了，文章又说：“县处级以上干部中，相当一部分有风水方面的顾问，有不少人还聘请专职的风水师为他规划。”一位杭州的风水师今年年初才几个月就已经接了三十多单活儿。记者调查，风水师的收入太教人流哈喇子了：当顾问，每一单活儿的“市场价为每年十万至二十万元不等，有些人的身价甚至超过一百万，而每一次看风水以及算命的价钱，在几千元至几万元不等”。

官儿们哪里来的这许多钱？文章里告诉说，这笔费用“经常是商人们支付的”。那便是官话里的“贿赂”，口头话叫“官商勾结”。一位风水师的随侍弟子说：“大家都需要这样一个交流的平台，人际关系的网络。”这话说得明白，而且很时髦，没有丝毫风水的巫术气和陈腐气。我的话又得回转到那篇文章的开头：官儿们的这股风水热，高潮在地方官换届的时候，心照不宣，我们还能盼望这类地方官上任之后会把建设和谐社会放在心上吗？

这篇文章的作者没有忘记回答这个问题，他写下了一则案例：“在澳门大师专程为沈阳市中院看了风水两年后，原院长贾永祥被中纪委专案组‘双规’，最后因为贪腐而被判处无期徒刑。”说来也巧，我这篇杂记在开头写的是深圳法院看风水，最后以沈阳法院看风水结束。从深圳到沈阳可不近哟，有六七千里罢，但故事怎么如此切近，都发生在法院里呢？是“非典”还是“禽流感”？

一位南京的某国学院院长不屑地批评这些“易学家”道：“很多江湖骗子根本就没有认真研究过《易经》。”那么，认真研究过《易经》又待怎地？这就教我想起某日电视屏幕上那位风水师气势汹汹地呵斥反对风水迷信的人的场景来了：“你看过风水书没有？”一来一回，都不过如此。

记得去年或者前年一位北京某大学的校长就他们学校设立国学院的事回答记者的话。大体是，记者问：国学者所指为何？校长答：指的是“经史子集”。我当然没有读过几本经史子集，但我猜测，理应纳入经史子集范围内的，很多都收在《古今图书集成》里了罢。那里面，可有几十部风水专著哪！那么，是不是读了那些书，再加上《易经》，风水术数就是正宗的“国学”了？

（原载《建筑师》，2007 年 8 月）

（一〇三）

关于建设部《历史文化名城、名镇、名村保护条例（草案）》（2007年7月26日征求意见稿）的意见

1. 应该为历史名城与名镇、名村分别拟制保护条例。城市与村镇的差别太大，无论从规模、内容、作用和人们的生存状态看，都难以把它们纳入同一个条例中处理，勉强纳入，必将导致错乱。例如，历史名镇、名村的保护，最有关于成败的是必须尽早另辟新区，以容纳几十年

来翻了三番的人口和满足人民大幅度提高生活水平的需要（这一个最关键的措施在《草案》里竟只字未提）。城市虽然也有同样的问题，但还有更加复杂得多的问题要解决，需要从更大处着眼才行。

城市的规模大，有些问题恐怕未必能一下子全面解决，所以，《草案》第二十六、二十七、二十八和二十九条，由于它们前面各条内容展开后，“名城”的概念已经不适用，遂不得不突然改“历史文化名城……”为“历史文化街区……”；但用这种草率的处理方法是很不严肃的。

2.《条例》应该和国际公认的历史名城、名镇、名村的保护原则相衔接。这些原则是世界各国文物建筑保护界长期共同探讨的成果。我们中国对它也有贡献，它们不是某个国家或地区的，它们是有普遍意义的人类文明财富，我们应该充分利用。当今，文物建筑保护已经是国际性的事业，联合国教科文组织在这个领域的各项事业中非常活跃，成效卓著。但在这份《草案》里，看不到按照国际文献惯例界定历史文化名城、名镇、名村的核心价值，再由这个基本点引发出保护它们的方法论原则，形成完整的体系。仿佛《草案》的起草人根本不知道国际上对历史文化名城、名镇、名村的保护的共同认识，这是不很慎重的。

3. 这个《条例》是行政性法规，用字用词和论述要十分严格，以免发生混乱。而目前的《草案》在最关键的地方却用了含义模糊、无法界定的词语，例如：《草案》中多次反复使用的“传统格局”“历史风貌”“传统街道肌理和空间尺度”等等，并不予以严谨的界定。而且，又把这些说不清、道不明的话和正确的“坚持整体保护的原则”（第二十三条）、“维护历史文化遗产的真实性和完整性”（第四条）混在一起，甚至更突出那几个模糊观念，反倒把两个明明白白的原则弱化了。

《草案》里最关键的第十条，是给“名城、名镇、名村”定性的条件，一共四项，竟没有一句话说到它们的“真实性和完整性”及“整体保护”。却说到“历史风貌”“传统格局”这些模模糊糊无从明确论证的概念，还加上了个同样说不清楚的“历史建筑”。这样的词组在国际通行的文献里是没有的，就因为它们太不确定，不能用在正规的规章条例里。

4. 作为《条例》，当然应该字斟句酌、精心推敲。而这个征求意见的“草案”，文字很粗糙，整个篇章的组织很乱。例如，第二十七条，是很重要的一条，它说：“历史文化街区（！）、名镇、名村核心保护范围内，应当保持原有建筑物、构筑物的高度、体量、外观形象及色彩等，保持传统的街道肌理和空间尺度。”“街区”和“街道肌理”的模糊就不再去说它了，只说，保护范围内，原有的建筑物和构筑物只要保护它们的“高度、体量、外观形象及色彩”就行了吗？它们的建筑材料和结构方式可以改变吗？把一堵砖墙改成混凝土墙，外表贴上一层面砖或者甚至只刷上一层青灰，行不行呢？木构架改成钢架呢？原有建筑物的内部空间可以随意改动吗？而且，“构筑物”的定义是什么呢？“原有的”又是什么意思？城市里申报为名城之前一二十年造的过街桥，算不算原有的“构筑物”？如果它的功能发生了变化，能不能拆，能不能改呢？村镇边缘（也完全可能包含在核心保护区内）原来有一座电讯塔呢？也不许改变它的高度、形象和色彩吗？

第二十七条的下半段：“对历史文化街区，名镇、名村核心保护范围内的建筑物、构筑物，应当区分不同情况，采取保护、保留、整治、更新等措施，实行分类保护。”那么，“更新”也是保护的一“类”了？如果更新也是保护，那么，“维护历史文化遗产的真实性和完整性”就完全失去意义了。

以上所举的仅仅是第二十七这一条，同样的混乱不止这一条里有。

5.《条例》第六条说“国务院建设主管部门会同国务院文物主管部门负责全国历史文化名城、名镇、名村的保护和监督管理工作”。这是现行的体制，但是，几年的实践证明，这个体制是不很成功的。这个体制的前提设定是：名城、名镇、名村不是文物，它们不可能像文物那样严格地予以保护；“发展”是必要的，所以要由建设主管部门牵头。

但是，多少年下来，名镇、名村的名分倒是给了不少，而“保护”基本没有到位，因此乱象丛生。“名”的帽子一戴，好端端的村镇立刻就被“开发”“经营”“打造”闹得一塌糊涂。旅游业大肆入侵，“企业”也像本《草案》第五条所说的那样，被“鼓励”来“参与保护”，而作为主要主管部门的建设部门，无论在业务上还是在观念上都没有科学的“保护”因子，态度十分随意，这就造成了这些年来名城、名镇、名村保护工作的实际缺位，导致了保护事业的大溃败。

历史的教训很惨痛，这方面的损失，将会随着时光的流变越来越沉重！历史的教训必须汲取，不能再重蹈覆辙。

这样的损失，这样的教训，在国际上也曾经发生过。所以，先进的国家里，文物建筑，包括聚落，都只由专门的部门文物保护主管部门来负责保护，建设部门和一般建筑师退出了这个领域。“政出多门”，从来就不是好状态。

问题在于建设部对“历史文化名城、名镇、名村”的定位：它们不是文物。这个定位就很奇特，就是“政出多门”的结果。不是文物，又要保护，那就是“半心半意”的保护，于是就出了许多奇事，实际上就是随地方的意，“国务院主管部门”撒手不管。而地方上很偏爱这个不是文物的“名”号，因为历史文化之“名”远比“文物”二字容易懂，容易被大众接受，也就是容易“开发”，就是利于开发财源。

如果看一看这个《草案》，“名城”难言，名镇、名村则是完全可以纳入文物之列的，至多不过是给文物分开级别，如现有的国家级、省级、县市级之类，给予不同的要求，就完全可以应付了。近年几批国家级文物保护单位里，有了几十个村、镇，到目前，其中大部分保护得还可以，有少量甚至可以说状态很成功，像历史文化名城那样完全失败的恐怕还没有。少数出了问题的几处，倒不是村、镇作为文物的保护有什么本质性的困难，是由于地方和企业太过于热衷“开发”“利用”的缘故。这种情况之所以发生而未能有效制止，恰恰是文物保护主管部门在文物管理上竟处于弱势这个怪现状上。

我们的文物主管部门的弱势，是前些年留下的体制性问题。这些年世界上文物建筑保护之风愈刮愈烈，已经是人类文化事业中很强劲的大风，我们是不是应该赶紧调整一下我们国家的管理体制了呢？晚一天就会有一天的损失，得快点儿办了。这也是和国际衔接的一件要紧的事。

（原载《建筑师》，2007 年 10 月）

（一〇四）

2007年9月23日，收到了恰恰一个月前8月23日的《北京晨报》的第8版，是一份复印件，这是一个关于“北京古都风貌保护”的专版。一位专家把它寄来，却没有附一纸便条，不过，显然是为了教我学习学习，这份情意我很感谢，当天下午就细细把报纸琢磨了一遍。

北京老城的情况我很不了解，这几年只顾上山下乡，关心不了这个古都，只偶然就两三件具体事情写过几句简简单单的话。记得好像篇幅都很短，例如关于孟端胡同一座非常精美而又大有特点的“豪宅”的拆迁问题，眼见那野蛮劲头实在太气人，显然“拆迁”只不过是个应付舆论的幌子，那种破坏性的拆毁，梁断瓦碎，还怎么可能把古建筑易地再复建起来呢？

好了，那些糗事且不去管它！只说当前这个专版的事罢。虽是专版，却没有实实在在的内容，说的大都是“态度”，又是虚指，并不落实，所以看起来很郁闷。例如，“反对‘两个凡是’，评估历史遗产”，“学界专家分派无益文保事业”，“专家观点也需达成共识”，“以人为本宜居第一”，“多些建议多做实事”。还有四篇，一篇是知识性的，叫“古都风貌的十类载体”，一篇是新闻性的，叫“北京启动旧城风貌整治工程”。另两篇题目很有意思，分别是“保护举措没有可借鉴模式，投入力度领军中国文博界”和“城市发展规律，以新代旧保留人文印记”，显然是为了应付各界对野蛮破坏古都的批评的。这些文章都很短，每篇大约只各有三四百字。看一遍，就推测这一版基本是那位老专家唱的独门戏。

不回应这一版文章，那太不礼貌，回应罢，又不宜多说，说多了也不礼貌。想过来又想过去，索性就每个题目也写些三四百字的段子好了。

一、“保护举措没有可借鉴模式”，这话不对。借鉴当然不是照抄，可以照抄的范本是没有的，而借鉴，则世界上古城保护成功或局部成功的实例已经不少。我的理解：借鉴，是深入了解世界各国成功的基本理念、原则、思路、工作的方式方法和管理制度等等。具体怎么做，则理所当然要我们自己去摸索、创造，岂有现成答案可以搬用，这本来是常识。北京负责做规划的人们周游世界的机会很多，这位老专家也常常出去看看，而且国际上的各类相关文件很不少，相信这位专家早已看够，不知为什么找不到“可借鉴的模式”。这大概是个态度和理解力的问题。

二、这一篇里又说，“北京市主管部门对于城市的发展和保护问题始终抱以‘谨慎从之’的态度”。对北京城的发展和保护确实应该抱以谨慎的态度，但是，文中所说“始终”如此，就不知“始”从何时算起，“终”又打算何时停止？且随意就我所知的事情问两句：“文革”前和“文革”期间，拆光城墙城门是“谨慎”的吗？“文革”之后，十几年前，刚刚提出二环路以内的限高规定，还是国务院批准了的，当时就没有执行，随即高楼林立，这是“谨慎”的吗？不久之前，保护区南池子改造了一大片，北京市主管人在现场高调地说，这是古城保护的新思路，“时代智慧”，应该普遍推广，后来却一声不响地不了了之，这是“谨慎”的吗？如此这般，例子还多，不必再说了。

《学界专家分派无益文保事业》这一则短文里说：“今天不应该去翻历史旧账，算个没完。”然而这同一篇短文又说：“历史上确实有好多东西消失了，大家都为此感到痛心疾首，但这是历史原因形成的。”反对算历史账的这位专家，自己却“痛心疾首”地评论起历史旧账来了。而上一节提到的那篇短文，也是从“北京市主管部门对于城市的发展和保护问题始终抱以‘谨慎从之’的态度”这个历史判断开始的。虽然两篇短文同出一位专家，对同一段历史的判断恰恰相反，不免失之粗疏，但却可以证明，离开了历史旧账，人们是不可能思考任何一个严肃的问题的。“历史教人聪明”，“没有历史，就没有智慧”，这是今人说的；“前事不忘，后事之师”，“以史为鉴”，这是古人说的。当前正在吹捧孔子，孔子修编《春秋》，导致“乱臣贼子惧”。《春秋》正是一部历史书，这就是说，除了智慧，历史还给人们以是非善恶的判断，所以不正经的人会怕它。

北京的保护与破坏的争论，只不过半个世纪，至今并没有结束，有不少经历了全过程的人侥幸还在，为什么就不能说几句历史了呢？无论中外，许多事情的是非善恶，是要经过上百年甚至几个世纪的争辩才能弄明白的。譬如孔夫子，那已经是二十几个世纪以前的人了，他的评价到如今弄明白了吗？不是“一个高潮接一个高潮”地反复着吗？

老实说，北京古城的近乎毁灭，恰恰就是由于半个世纪以前的一个没有历史眼光的、缺乏世界性知识的、偏狭而自大的决策造成的。这个历史性的错误，如果现在立即纠正，或许还可以挽回一些残局，如果坚持不改，就只好拉倒了！现在堵人的嘴，不让回顾历史教训，不就是下决心坚持不改吗？毁了古都北京，历史总会记下一笔是非的，谁也逃不脱，想教人忘记历史账，那可做不到。

三、一位历史人物说，即使纪律最严的团体，内部也会分派别，没有派别，倒是“千奇百怪”了。关于北京古都的保与毁的问题，争论很多，参与的人难免各有主导的倾向性，这就会渐渐形成“拆派”和“保派”，并不奇怪。拆派不会主张拆得精光，片瓦不留，保派也不会主张见什么留什么。这很正常。争论过程，各尽所见，管它哪个派不派呢，这又不是搞“文化大革命”，被归入什么派就成了敌我矛盾问题，打死了也是活该！现在，为了北京古城的存废，被人称为保派或者拆派，只要不谋私利，都不过是学术问题，怕什么！至于专家学者，“个人之间”，会不会因此“产生矛盾”，那就看各人的修养了。消消气，“君子坦荡荡”，该争论的还是争论，自己觉得有理，坚持就是了。学术之争，当个少数派甚至独派，有时还蛮潇洒。不过，北京古城的拆和保，有关一个个历史文化街区的存亡，那就得丢开一切个人的利害，慎重地对历史负责就是了。

关于北京古城存毁的保派和拆派，由来已久，以后还会长期延续下去，不过，看看越来越变为“弹丸之地”的整个世界，想想越来越变为烂柯山上一盘棋的人类文明史，大概保派会越来越有力。怕的是保派还没有强大到足可把残损的北京古城保下来，北京古城就完蛋了，现在不是已经所剩无几了吗？何况侥幸剩下至今的以后也未必就能保得住。

四、欧洲的国家，从文艺复兴时代起就开始零星摸索文物建筑保护的道路了，经过几百年的努力，终于在20世纪中叶，以1964年ICOMOS的《威尼斯宪章》为标志，文物建筑保护的科学诞生了。但是，这时候，文物建筑保护大体上说还是专家们关心的事，影响不大，普通人，包括一些当政者和学者，还并没有重视。于是，在联合国教科文组织支持之下，欧洲议会在1975年搞了一个“文物建筑保护年”，大张旗鼓，动用了各种宣传手段，把这项新兴的科学意识普及到全社会去。那时候，出版了一本书，专写欧洲文物建筑毁灭的历史。这本书一出，轰动一时，人们才警觉，原来曾经有这么多的有意义的建筑，人类文明史的实物见证，创造力和审美情操的见证，对理想生活执着追求的见证，忠诚于高尚精神的见证，竟在人们还不警觉的情况下由于无知、疏忽、野蛮和贪婪而失去了，永远地失去了。于是，几乎是全社会都感到了痛心，文物建筑保护从此深入人心，不爱惜文物建筑的人被认为是没有文化教养的人，从此，文物建筑保护成了全社会的道德水平标志之一，很快便传遍了大多数文明国家。

不过，有一些国家在这个世界性大浪潮中还逡巡徘徊，犹豫不前，强调出许多未必不能克服的困难来；虽然在国际上已经很孤立，遭到轻蔑和讥笑，却依然顽固地自以为是。

这就是历史，就是应该让人人都知道的文物建筑保护史。

历史还是要时时提起的，不要怕它！

五、咱们中国也有人在前几年写了一本书，记录了北京古都被破坏的历史，资料十分丰富翔实。虽然还不得不“因为众所周知的原因”，回避了一些重要的事实，它还是触目惊心，引起了一些人对北京古都命运的关切，从而对保护北京古都起了推动作用。这是一本应该受到赞赏的、受到欢迎的好书，很有价值。但是，《北京晨报》这一期的这一专版的一篇“采访手记”里说：“一些所谓的资深人士，天天拽着历史旧账，又是出书，又是呼吁，摆出一副自己才是专家的样子，但实际上除了书成为畅销书外，再不见任何举动，也不见其提出什么合理化建议来。”这样的话实在太出格了，即使是铁杆“拆派”，也不该这样说话。

首先，写书，而且成了受到广泛重视的畅销书，这就是一件很有意义的“举动”。要认真保护古都北京，除了依靠一批富有热情的、有识见的专家之外，也要依靠广大的群众。我相信，“拆派”的专家之所以成为“拆派”，并不是因为他们毫不理解保护古都北京的意义，他们是见到了保护工作真实存在的巨大困难。如果有更多的人理解保护古都北京的意义，进而采用各种方法多多少少支持这项工作，那么，困难就会减轻，因此，“拆派”的专家也应该欢迎这本书的写作、出版并且成为畅销书。如果这本书能提出一些“合理化建议来”固然很好，没有提出来也还是好书，否则不会畅销。

据我所知，欧洲的那本写文物建筑破坏历史的书，也没有对某个城市、某座建筑的保护提出什么合理化建议，但这本书的写作和出版成了欧洲保护专家们至今十分感念的历史性事件。还有，那份成了当今文物建筑保护基本纲领的《威尼斯宪章》，它的第一作者也不是做实际保护工作的专家，他以他的见解主持过一些文物建筑的保护工程，他贡献的是他的理论思考。他的祖国比利时，以他的理论贡献为荣，在他辞世之后，用他的名字命名了他任教过的鲁汶大学的文物保护专业。要知道，在许多事情上，一些貌似“脱离实际”的理论思考，远比一堆“合理化建议”更重要，越是重大的问题，越是如此。猛将易得，战略家难求，就是这个意思。在一个很长的时期内，我们国家只允许有一个“战略家”，其余的一切理论思考都被残酷地镇压了，人人都只能提“合理化建议”，于是人们的战略性思考的能力萎缩下去了，甚至放弃了对它的自觉追求。这是多么危险的景况！我们的“拆派”专家，在听到不顺耳的意见的时候，最好把心态调整得平稳一些，向着积极的方面。不要端着专家架子，用难听的话顶人的嘴。

这位专家接下来讲的话更加出格。他说：“还有一些人，高举着‘保护北京古都风貌’的旗帜，但实际上却没有一处是他们保护下来的，更没见他们向政府提供过任何保护方案。”

城市规划、建筑设计，岂是随便哪个人都可以插手做的，没有什么身份，什么地位，到哪里去干这些事？但是，正如同一篇“采访手记”里一位某大学教授所说：“北京乃至全国的旧城发展问题需要集纳全民智慧。”“全民智慧”总不可能指十三亿人每人至少保护一座文物建筑、出一个保护方案罢，不出方案的人总也可以用别的方法贡献他的智慧的罢，例如写书，例如举旗呐喊！那位看来是提供过不少保护方案也保护过若干古建筑的专家，不知为什么说出这样不靠谱的话来。总不至于为保护古都举旗呐喊也要先以文物建筑保护的方案或实际业绩来考取某种“资质”的罢！年纪不轻了，专家还是冷静地说理为好。

六、我既没有为北京古城的保护提过“合理化建议”，也没有在北京保护过一处什么东西，属于《北京晨报》这一版所指的没有资格对北京古城的存废说话的一类人，不过，我对《北京晨报》所说北京古城的命运有一个想不明白的问题，希望弄一弄清楚。

《北京晨报》介绍了这位专家说的关于北京古城街区的话：“‘历史文化街区’是北京市人大通过颁布的《北京历史文化名城保护条例》中正式的名称，而不是社会上流行的‘文保区’‘历史保护区’等名称。重要的区别是，《条例》指的是某些街区具有历史文化的特征，加了‘保护’，就容易和文物单位及国家规定的其他‘保护’禁区混淆。历史文化街区和文物保护单位有本质的不同，前者是不断发展的生活区，后者是凝固不变的纪念物；前者要以人为本，宜居第一，后者要以物为本，保存原状。”

这一段话弄得我一脑袋糊涂，莫名其妙。

如果《北京历史文化名城保护条例》里说的“历史文化街区”指的是“某些街区具有历史文化特征”，并不能把它们和“保护”发生关系，我请问：全世界，全中国，有哪一处城市街区没有历史文化特征呢？事实上是处处都有，只不过强弱不同罢了。那么，这一项“历史文化街区”的帽子还有什么意义呢？为了要保护吗？不！这位专家说：不可以把历史文化街区和保护单位混淆，二者“有本质的不同”。不同在哪里呢？历史文化街区“是不断发展的生活区”，保护单位是“凝固不变的纪念物”。这就是说，“历史文化街区”这个名称毫无实际意义，可以“不断发展”，据这位专家说，城市或街区，“以新代旧，不断更新，同时保留下人文印记，这就是规律”。这“人文印记”，包括老地名。也就是说，“历史文化街区”并不需要保护，随它根据“规律”去发展，直到只剩下几条胡同的名字留作“人文印记”也可以。

关于历史文化名城（名镇、名村）或历史文化街区的命运，因为最高主管单位虽然慷慨地在各处分发称号，却始终没有拿出个全国通用的管理条例或者规范来，所以争议一直不断，但像这位专家这样的说法我还是第一次见到，不免觉得奇怪。于是，我就踏着这位专家足迹前进，去查一查《北京历史文化名城保护条例》，这一查，吃了一惊，原来2005年5月1日起施行的这个《条例》的第十条，写的赫然是“北京历史文化名城的保护内容包括：旧城的整体保护、历史文化街区的保护、文物保护单位的保护、具有保护价值的建筑的保护”。我擦了擦眼睛再看，还是这样，那么，那位专家说的《北京历史文化名城保护条例》里并不把历史文化街区作为保护对象的话，竟完全是他杜撰出来的。

一个专家，一个学者，在一些问题讨论中说了错话，出了馊主意，是难免的，可以允许，却不可以为了什么目的而故意说假话。请原谅我直话直说：这可不是一个学术问题。

七、查一查《北京历史文化名城保护条例》，那真是有意思，它对历史文化街区的保护并没有提出什么具体要求，只是一律推到“保护规划”上去，如《条例》第二十条。而“保护规划”要遵守什么样的客观原则呢？《条例》上什么也没有说。只在第十六条里写道：保护规划要“根据北京历史文化名城保护工作的要求”，第二十六条则说：“历史文化街区内建筑的具体分类标准、保护和整治的具体要求由市人民政府制定并公布。”那么，人民政府制定这“要求”的客观根据又是什么呢？也没有说。转了一个圈子，所谓“保护”，不过是市人民政府的一种“工作要求”，并没有客观的原则、限定和标准。

这个《条例》，洋洋洒洒六章四十一条，竟没有一次提到历史文化街区或其中的建筑物的“历史真实性”和“完整性”，而这两点，正是国际上公认的历史文化遗产保护的最基本的原则，有严格的客观性，而为国际上各种文献所反复引用。

为什么《条例》不针对保护对象写任何一条有客观意义的保护原则呢？我以“小人之腹”来猜度，正是为了给“保护”以主观随意性的解释开方便之门，也就是给长官和开发商开方便之门。至于“保护规划”嘛，请听：“规划规划，全是空话，纸上画画，墙上挂挂，顶不住领导一个电话。”这已经是多年以来“众所周知”的真实情况。所以，所谓的“保护规划”，便也是随时可以由长官意志来取舍和改变的文件，那么，“历史文化街区”的保护岂不是一种大有“可塑性”的时髦废话！拆是保，改是保，“夺回”也是保，怎么说怎么有理，何况还有一个“关怀百姓生活”的全能型杀手锏。佩服，佩服！

我们不少人常常讥笑欧洲人“呆板”“死脑筋”，夸耀咱中国人的“圆通”“灵活性”。但我们再一次回过头来看看历史，看看世界，恐怕我们在一些方面已经落到了某种不大好意思的状态，原因之一就是缺了一点“死脑筋”而有了太多的“灵活性”，当权人一旦有了太多的“灵活性”，就等于可以“为所欲为”。

不过，我的这个发现大大煞了我继续讨论关于北京古城保护问题的兴趣，就此打住罢，要去看“嫦娥奔月”了！

（原载《建筑师》，2007 年 12 月）

（一〇五）

记得一些日子之前写过几句关于宜居城市的不咸不淡的外行话，今天忽然“灵魂深处一闪念”，冒出了一个新词，叫“宜死城市”。不过，要说宜死，其实说的当然只能是从病到死的这一个必经阶段，也便是从病到死的过渡阶段。

生老病死是人生之最苦，曾经吓得净饭王太子躲到菩提树下冥思苦想，终于悟出来了个佛教，阿弥陀佛，善哉！善哉！

为什么创造了“宜死城市”这样一个新词呢？因为住了一阵子医院，亲眼目睹了生老病死各种各样的众生相。苦呀，生者、老者、病者！死者倒是解脱了，难怪宗教家设计的极乐世界总是在死后到达。

看了些日子，终于悟得了一个结论：像我这样的人，走到了人生的尽头，追求的已经不是“健康快乐”，而是简简单单的“安乐死”，但愿能把痛苦降到最低地死去。所以我以为医生的神圣职责，不但是救死扶伤，而且要帮已经不可能幸福地活下去的人安详地体面地死去。在目前，这还是医生们不能做的事，法律不许！听说世上有些国家已经有几个城市立法允许实施安乐死。因此我要创议，评定一个城市是否宜居，必要的条件之一是这个城市立法允许安乐死，凡不允许的，绝不能评为“宜居城市”。当然，这要求城市有立法权。

我既不懂立法也不懂医道，说的这几句话像煞是气话，但我这一点儿悟性确实不打一处来。我像释迦牟尼一样看到了生活的苦难。

我住的地方，东边十几里路有个医院，西边十几里路也有个医院，两个医院相距大约二十几里路左右。这两座医院都是“文化大革命”前造的，那时候，在它们之间是农田，老玉米能长一人多高，一望无际。现在呢？城市大发展，它们之间已经挤满了高楼大厦，密密麻麻、层层叠叠，但是，在这个大范围里，仍旧只有这两座医院，只不过各自新建了一座大楼而已。只要这个大范围里住的还是大活人，那么，这两座医院里是个什么样的场景，不想便可以知其大概：从春到冬，从早到晚，都挤得水泄难通。内科、外科、五官科，是个科都一样。

看病总得先挂号，但这号岂是病人挂得了的！天不亮就得去排队，大厅里挤成疙瘩，不知道哪里是头是尾，于是，号贩子反而成了救苦救难的菩萨。有点儿经验的人，一进医院大门就找号贩子，虽然钞票上吃点亏，要五十块钱一个号，挂“专家号”还得多多花钱，但毕竟能解决问题。于是我就琢磨，号贩子算什么人，好人还是坏人？好像还是好人，因为不是他们制造了混乱，而是混乱给了他们以机会，病人需要他们，他们并不强迫谁，他们只靠辛苦挣口饭吃，不抢不骗，应该归入服务行业。号贩子屡禁不绝，自有它的道理。（据说某权威医院附近竟有了个“挂号公司”，最高级医生的号，公司索价达三千元之巨。）听说也有些号贩子是和挂号台暗中勾结好了的，那当然就有点儿什么性质的问题了，不过，如果我们有足够的医疗机构为普通而平常的小小老百姓服务，而且服务态度好，对病人照顾周到，那么，还会有号贩子之类的吗？

挂上了号，或者从号贩子手里买到了号，就去诊室门口候着。诊室门口的人，有几个坐在长条板凳上，更多的是站着，人人都十分紧张地盯着诊室的门，目不转睛。隔一段叫人心焦的时间，诊室门开一条缝，挤出一个脑袋来，叫一声什么人的名字。叫罢，不管候诊的病人听清楚了没有，门缝就快快地闭上了。于是引发了一阵骚动，人们向诊室门口涌上，争到了前面的，就扒门缝问个明白。趁乱劲，钻进去了一个人，也不知他是先来的还是后到的，是不是刚才叫到了名字的人。恰恰这时候，有一个手术床或者轮椅撞开人群推了过来，左边一个人举着输液瓶，右边一个人举着氧气袋，还有几个家属跟着，一手扶着床或轮椅，一手挥着手帕给病人扇风，过道里又发生了一场大乱，有的人运用《天龙八部》里的轻功，像壁虎一样往墙上一贴，有的人跳上长凳，用一条腿支着，这姿势大概叫“金鸡独立”，不知是哪个门派的功夫。有的人心眼儿灵，利用混乱，一伸腿抢占了原先别人坐着的座位，这叫作利益的再分配。这些人往往身强力壮，是轻病号或者并未生病只是陪伴病人的哥儿们。在生存竞争中失败了的必是一些年老体弱的真正病人，他们失去了好不容易才挨上的座位，只得站着，心中无底，自己也不知道能不能支持到走进诊室。

终于被叫进了诊室。如今的医生，听病人说了个大概便开下一大摞单子，验血、透视、CT、B超。病人要完成好多的检查才能再回来请医生诊断、开药。我在一个诊室里拿到一张验血的单子，小心翼翼地请问医生本科室验血的地点，医生一翘下巴，大约是朝东，我出了诊室就向东走去，没有看见化验室之类的房间，再回去问，医生多出了半句话，说：走廊那头。我再次失败之后，不敢回去问，就问一位清洁工，她说，就是那间房。手指所指，那边只有一个门，我就过去了，推开门，果然不错。不过，那门上挂的牌子叫“处置室”。我很少进医院，不知道验血的房间叫这个陌生的不知其高深的名字，只好怨自己没有知识。但是，“处置室”牌子下面的“患者注意”上，又分明说“本室”是“资料室”。来回走了三趟，不是白白又给医院的拥挤混乱添了几分么？

这样的糊涂人可不止我一个。听人说，有些病人辛辛苦苦闹腾一整天只能完成一项检查，而手里的检查单可比我的多好几倍。因此，医院附近有些人家就出租床位给来看病的人，一个床位每晚一百六十元，一个房间四张床。不供冷热水，洗脸也得买瓶装水。

折腾几回，终于拿到了药方，于是又得办一系列麻烦事。说它麻烦，是因为中药有中药的划价、交费、取药三个窗口，西药又有西药的三个窗口。中药的窗口在二楼，西药的在底层。现今的医生学贯中西，开药常常是既有中药，又有西药，于是，病人就得楼上楼下排六次队才拿得齐各种药。

从挂号、门诊、检查、取药到住院，每个步骤都是一场优胜劣汰的生存斗争。一个病号，本来就是弱者，自己真是玩不转，所以几乎个个病号都有人陪着来，有的还不止有一个人陪。医院本来就拥挤不堪，这一来就更加挤不动了。

我那天没有取药，医生叫我当天就住院。算我运气好，因为刚刚“送走”了一位由他担任“责任医师”的病人，空出了一张床。我到住院处去办手续，窗口上挂着手续说明，说实在的，那种说明是：明白的人不看也明白，不明白的人看了还是不明白。我属于愚钝的，只好敲玻璃窗叫人。敲了好几下，过来了一位女士，第一句话是抢白我：“闹什么乱！”大约她本以为病床早就没有，所以去找人闲聊了，想不到我竟会捡到一个空子，有伤她的尊严，所以不大开心。

进了病房，总得给老伴打个电话，一来告诉她不要等我回家吃饭了，二来要洗漱用具和一本闲书。我老糊涂了，学不会打手机，所以只好找公用电话。楼下门厅里有一排五个电话，一一拨来，只有半个能用。什么叫半个？大约是它某个部位接触不良，要反复拨五六次才会接通。

一间病房四张床，竟是男女混住。好在空调还不错，室温合适，大家穿得很合乎礼仪。不过，其实男女病人混住根本不成问题，因为病友的陪住家属和“护工”，男的女的都有，晚上就地铺一张席子垫上褥子便睡。

日子住长了，就能跟责任医师搭一两句话，我问：这么个大城市，人口猛长，有没有听说要增建几所新医院？他摇摇头说，没有。几年前还有一位人物曾经说过，这个大城市的医疗设施已经足够，连医生都可以不必增加了。当然，那位人物身边是有足够的专任医生的！“饱汉不知饿汉饥”，无论多么先进的社会里，这都是真理，颠扑不破。所以，“平均主义”总是饿汉的理想，而饱汉总要批判它的“狭隘性”，甚至于“破坏性”。先饱起来的一部分人变成了“强势群体”，于是社会永远也平均不了。唉，只要“平均”不了，就实在很难或者根本不可能“心往一处想”，“劲往一处使”。

去年以来，报纸上对医疗费用问题闹得挺凶，药贵，医生开大药方、索红包。为了对付歪风，好像也陆陆续续有点什么限制、规定、办法之类在各地出台，这当然也可以做，但真正的关键的问题，恐怕还在医疗设施太少，分布太不均衡，水平差距太大。只要医疗单位少，医生忙不过来，那么，大药方和红包总是少不了的，别的什么“措施”都没有用！

我的一位老师，今年八十七岁，家跟我住同一个小区。他腿脚已经不大利索，有点儿头疼脑热，到校医院去，一步一步地挪，差不多要走一个钟头才能到。医生一开药，“输液”，这半个月他就得去十四趟医院，一天来回一共要走两个钟头左右。为什么不“打的”？这问题就有点儿“何不食肉糜”的味道了，何况，从我们这个小区走到有“的哥”驰骋的大道边，这位老师也得走二十分钟左右！

接下去再多说几句关于这位八十七岁老师的话：在我出院之前，他也“进去了”。那天，急救车把他送到医院，他在急诊室前的走廊里躺了足足六个钟头！最后是他家属万不得已施了个什么“计”，才弄到一个床位住下。这可是在大学施教一生（减“文化大革命”十年）桃李满天下的老教授呀！我所在的这个学校，曾经有一句很响亮的口号，叫“健康地为祖国工作五十年”，但五十年后失去了健康便怎么样呢？连点儿临终关怀都没有哇！

我常常有机会上山下乡各处跑，不大的一个县城，包括有些叫“国家级贫困县”的县城，都可能是高楼林立，厅堂馆所一个比一个漂亮，但是我们这些行内人，多少有点儿内行眼光，一看就知道这些漂亮物事儿至少有一半是多余的，只要剩一半便足够用了！前天的报纸上有一条新闻，说屯溪某个乡镇政府满打满算只有八个工作人员，却造了一座四千五百平方米的办公楼。我估一下，那楼里可以有一个篮球场和一个游泳池了。这种情况很普遍，我早已见怪不怪，只怪有舆论之责的报纸为什么现在才看到。

如果用造这些多余的厅堂馆所的财力物力，不说每个，说大多数县城，都可以造好几个规模不小的医院了。我所在的这个大城市，这些年来造的厅堂馆所可真不少，一个比一个值钱，在“宜居城市”评比表上大概能占很重分量，但是，它们对哪些人有好处？为了谁的宜居？何况，它绝不可能是一个“宜死”的城市。话说到底，“宜居”的各个项目并非人人必需，而“宜死”却是人人都非关心不可的，所以，每个人的“宜死”过程，包括保健、治疗、送终，应该是“宜居”的决定性指标，是“一票否决”的项目，不论占多少百分数。

如果我们一定要讨论城市的宜居问题，那就请从“宜死”着手罢，不要再在花拳绣腿上说个不休了。如果有一个城市能为“宜死”立法，那我一定马上办户口到那里定居。

附记

请看《文摘报》2007年9月23日的一则“说法”小文，题目叫“香港缘何无‘医闹’”。

> 在所有的公营机构和政府部门当中，香港市民对香港的医疗制度最有信心，信心指数高达72%。
>
> 政府的大量投入，是让患者享受质优、价廉的医疗服务的前提。在公立医院里，不分年龄、贫富，所有患者都能得到廉价而优质的服务。最低生活保障领取者免交所有费用；经济确实有困难者，费用一般也可以免除。(这种地方，“医闹”是无从发生了。他的“宜死”便是“宜居”。“‘一国两制’，但愿在这个问题上能发展成为‘一国同制’。”)

（原载《建筑师》，2008 年 2 月）

（一〇六）

2008年初，跟一位朋友聊了半天，她做了笔记，我再修订了一遍，便作为“杂记”的一则。

问：请您就您曾教授过的建筑历史课程谈一下您个人对建筑教育的看法可以吗？

答：建筑学院的教学我十几年不接触了，不好说了。大致说来，我是觉得建筑历史课学时少。上世纪90年代末我到莫斯科去了一趟，莫斯科建筑学院的建筑史课是年年都有，一直学到毕业。国内现在到底多少，我也搞不清，我们学校好像都把历史课拆成好几门了，拆散了。就是不同的人讲不同的段落，而且各取各的课程名字，建筑理论史什么的等等。把它拆散了，好处就是好几个教师讲，学生可以通过不同的教师、不同的方式去学习，不至于很狭隘地去听一个老师讲。不过缺点是整体性打散，没有一个完整的总体的历史观一以贯之，或许会使一些学生不能领会一门学术的逻辑结构，也有遗憾。

问：那以您的教学经验和现在所了解的情况，您认为现在我们国内建筑教育有哪些缺失，还需要在哪些方面继续努力呢？

答：我连本校的建筑教学现状都不清楚，怎么能谈“国内”？偶然从几个本校毕业班学生处了解些情况，也许可以硬起头皮说：人文关怀太少。建筑师究竟应该首先关怀什么，如何去关怀，对生活的了解到了什么深度？你比如说我是极少出国的，偶尔出那么两次，我都对欧美年轻人的人文修养很佩服，觉得很有感触。可我们一些无数次、长时间出国的人，回来后在这方面好像并没有多少感受。个人的着眼点不一样，着眼点怎么样，能汲取什么，能感受什么，就跟你本人的人文修养有关。

我说这个是教育整个的问题，不是一门课程的问题。我就觉得现在的建筑教育跟梁先生（梁思成）、林先生（林徽因）提倡的不一样。

上世纪50年代初，梁先生曾经多次建议建筑行业和大学的建筑系应该由文化部领导。这就是说，主管建筑的部门领导人和建筑师应该有深厚的人文修养。这个建议太脱离我国的国情，当然行不通，恐怕还曾经给他带来过某种危险。

依我的理解，梁先生和林先生都主张建筑师应该深刻地了解人和人的社会，从人的生理需要到人的精神文化需要，从人的个体到社会的整体。而且建筑的主管部门也要有这样的领导人，他的眼光也应该首先看到人和人的社会的健康而丰富的生活。

所以，大学的建筑教育，不仅仅是专业技术或者“空间感”“韵律感”之类的教学，应该很鲜明地提出建筑师的人格教育。是不是？

有一个学生，是从我们这个乡土组毕业的，前年给我来了个电话，说：“陈老师，我失业了。”我觉得很奇怪，问：“建筑师现在还失业？”她说：“我良心受不了，辞职不干了。开发商弄到一块宝地，把老百姓的房子老四合院拆了，要重新建造一批新式四合院，高档的，卖给香港的大老板之流去住，领导叫我去干这个工程，这种事情我不愿意做，我辞职了。”我听了很高兴，我们要的是这样的学生，对不对？后来我写了一篇小杂文，把这件事写上了。另一位学生，已经当上了个头头，见到之后马上来了个电话，说，这位同学无论什么时候到我这里来，我立即就留下。建筑师要有这种人品。只有一两个人这样，那就只好“失业”，如果有比较多的人都这样的话，这类事情就好办了。今天的报上我剪下了一段，“一个村政府，8个工作人员，造了4500平米的办公楼”。干什么啊？这建筑师怎么就会给他做设计，不造个反啊？驯服工具，太驯服了。教训了几十年要知识分子甘当驯服工具，我们这个民族会遭报应的呀！

问：您怎么能要求学生们都这样？这不可能。恐怕也不合适。

答：是的，是的，我说跑题了，很抱歉。不过，我还要再说几句。在老早的过去年代里，建筑师是“自由职业者”，他对于干什么不干什么多少有一些选择的自主权，可以在某种程度上保持前辈学者陈寅恪说的那种“独立之精神，自由之思想”。但是，历史是很无情的，您把知识分子良好的职业环境和健康的人格破坏的时候是一锤子砸烂，再建却只能一件一件地来，但是，修补第二件的时候，那刚刚修补过的第一件就又烂了，它孤零零地抵挡不了那一大摊还没有来得及修补的烂东西。环境条件和人格尊严破坏了，要想再建可就不是那么容易的事了。

问：您太理想主义了吧。

答：是的。不过干什么都得有个理想，搞教育尤其如此。现在不是大捧特捧孔夫子吗？孔夫子的教育工作就充满了理想主义色彩，迂得很。教育是全社会的事，不仅仅是学校的责任，在许多情况下，学校教育在某些方面是无能为力的。

问：那您认为这种人文气息是教育出来的，还是需要有一定的客观环境来培养？

答：都要，双方的。学校其实也不过是环境之一，是社会环境里头一个因素而已。它很重要，但并不是说学校教育里人文气息怎么样，马上就会出来一个很有创造性的建筑师，这样立竿见影的就不是人文了，人文的特点是“润物细无声”，就是潜移默化，它不那么功利。人文的东西不是首先表现在建筑设计上，首先是表现在为人上。

近来正在纪念抗日期间西南联大的贡献，你看西南联大在那种困难甚至艰险的情况下，竟能办得那么有声有色。你想想看，北京、天津沦陷了，三个学校当年就跑到长沙办学，那个时候，武汉会战还没打呢。在那么困难的时候，学校教育都没有停过，就是路上跑腿的时候停了，一到个地方就上课了。“弦歌不辍”嘛！那些教授们你能不尊敬吗？

一提西南联大成功的原因，几乎每篇纪念文章都把“教授治校”放在第一条。但是你想一想，假如那些教授都是或者有些是追名逐利的人、不学却有术的人，那么，“教授治校”会闹出什么结局来？所以，首先是教授有品德，“教授治校”才会有成绩。现在有些财迷教授连自制都不行了，还能治校？我刚进大学的时候，头两年，除了二年级的英语之外，所有的课程都是从西南联大回来的老师讲的。有一天，我和几位同学一起到一位老师家里拜访，他指着和我们差不多大小的女儿说："我虽然只有这么一个宝贝女儿，她找个什么样的女婿，我不闻不问，那是她的事。但是，我招一个研究生，费尽心机，精挑细选，因为他要继承我一辈子全部的心血。"再说一件事：五十几年前刚刚当上中国科学院院长的郭沫若邀请曾经在西南联大当过教授的陈寅恪到科学院主持中国古代史研究所工作，陈先生提出了北上的四个条件，其中一个是派给他的研究生要有"独立之精神，自由之思想"。现在，还有几个这样"过了气"的"傻帽"研究生导师呢？在有些导师看来，这不就是招几个打工仔吗？

西南联大只存在了八年，这么短的时期里它根本不可能形成什么自己的教育传统。它的"传统"，就是北大、清华和南开三座大学的传统，其实是从国外引进的现代大学的传统，这传统在中国的"携带者"就是这三座大学的老师们。但这些老师为什么后来没有能够在各自的学校里把那现代大学的传统保持下来呢？为什么，老天爷知道。

在欧洲，从古希腊以来，知识分子只为科学、为他所追求的真理献身，连亚历山大皇帝都不能把身影投到正在晒太阳的哲学家身上。在中国几千年的历史里，知识分子只为皇帝效忠，有上吊的，有跳海的，但没有一个为论证是地球绕太阳转、不是太阳绕地球转这类真理而坦然走上火刑柱或绞刑架。

正好，前天我们纪念了去年去世的周维权老师，大家共同提到的他可贵的品质大概有三条，一是认真负责地教学，二是锲而不舍地研究学问，三是淡泊名利。参加纪念会的人都八十岁上下了，不参与教学了，谈的这些，应该听听的是中年和青年的教师们，是他们该把周老师的品德传承下去，成为教育资源，再建现代教学传统。可惜除了学院的几个领导人，没有中青年教师参加那个会。

一个学校，一个院系，一门功课，都要建立新的学术传统。创新，也是要有那么一个锐意创新的传统。

问：依您看，建筑学教学的基本问题是什么呢？

答：我过去只讲一门大课，退休又很久了，实在没有把握议论这个问题。我只能从杂志、学报上所得的印象漫无针对性地空说说。建筑学的核心，依我看，主要是人本主义、宽泛的人本主义。建筑学和建筑教育，都要更人性化。我说的是社会的人性、文化的人性、群体的人性。

我们这个专业的教学要叫学生得到一个观念，就是建筑设计是直接为了人的生活服务的，为他的日常生活服务、为他的工作服务、为他的文化需要服务、为他的精神世界服务等等。不是建筑师自己玩杂耍。所以要养成一个习惯，一做建筑设计，马上就想到人，人的物质的和精神的需要和人的活动方式。搞建筑的人应该懂得这些东西，能够这样去思考问题。不知为什么，现在的建筑师好像都"大牌化"了，不屑于为一些"细琐"的事烦心。我们经常遇到，在富丽堂皇的（有创意的？）宾馆大厅里会莫名其妙地有一步、两步看不清的台阶，连自助餐厅里都会有，常常教人中了埋伏。还有那教人腿肚子转筋的精光溜滑的地面。这样"低级"的错误，我是一年级的时候听梁思成先生亲自在课堂里讲的呀！挺认真地讲的呀！现在的老师们已经不屑于讲这些了吗？

不要叫学生误以为建筑的创新就只是搞出些奇形怪状的东西来。现在的工程技术，加上咱中国人的"烧包"心态，那是几乎无论什么样的建筑都造得起来的。北京不是有了一座外形为福禄寿三星的宾馆了吗？有四十二米高呐！但重要的是首先要在提高绝大多数人的生活质量上创新。

我到瑞士苏黎世大学新校舍参观时候就发现：学校建筑的设计非常注重学生同老师的沟通活动。一座新建的三层教学楼，每一层楼梯间都形成一个很敞亮很舒服的开放空间，并且布置得很温馨。这样一块儿地方是做什么的？是专门给学生们接触退休教授提供的。退休教授排上值班日子，轮流到这儿坐着。他在这儿一坐，学生就会带着各样的问题抢着来跟他聊，这个地方就变成了最活跃、最热闹的地方，冒思想火花的地方。这是极好的学术传承方式。这座教学楼门厅高高低低有好几个全开敞的水平层，学生可以去发表演说，去演剧，也可以去提倡议。有一些学生自以为有歌唱天赋，在那儿贴个布告："今天下午五点钟我开个人演唱会。"也有布告："我们要在这儿开一个辩论会，辩论什么问题。"另外有人说："我们俩要订婚了，就在这里，欢迎光临。"总而言之，这里非常有趣，是个极其有生命力的课余活动场地。建筑师应该去琢磨和了解这类生活内容，从生活中获得创新的灵感，而不只是设计中考虑这么歪一点、斜一点，那么弄几道弧线，玩个奇形怪状，把艺术理解为纯粹技术性的东西，形式性的东西，技术的形式化。苏黎世大学新校舍就是一座有文化、有生活内容的新东西。

还有哪一个国外的大学，名字我忘了，建筑学院一进门就是一个大厅，是用来评图的。设计人有一个观念，觉得建筑教学中最生动的一幕就是评图，所以他把大厅设计成评图厅。各个年级都在那儿评图，一个年级评图，其他年级的人也都可以去参与，周围有看台，学生不坐着，可以趴在栏杆上指手画脚。

我们不是老说"住四合院的时候大家互相认识，搬进楼房以后到死都不认识邻居"吗？其实国外也有类似的情况，所以设计师正在琢磨怎么解决这个问题。瑞士有一些塔式公寓，最底层不住人，而是设一个俱乐部加图书室，还有些健身器械，大家都可以去做各种各样的活动。隔些日子还请基督教传教士来讲讲，也挺有趣。住户之间因此就有了交往。这当然要有开明一点儿的开发商。我揣测，也许是政府在建筑规范里写了些什么。在意大利，有些养老院跟托儿所办在一块儿，就在住宅小区的一角，我看是挺有趣的。我们现在一些城市也建设了一些养老院，都在郊区，说是空气好、风景好，但远离了家庭亲人，老人进去了，就没有了儿女。托儿所也都集中，办得挺大，爹妈早送晚接，一次都不能耽误，紧张得很。把养老院和幼儿园一起造在住宅小区里，你看休息的时候，老头老太坐在椅子上，小孩儿满身爬，揪老头胡子，老头挺开心，小孩儿也开心，多有人情味。实际上这就是一个老少游乐园。

于是老头的智慧不知不觉就渗透到小孩心里了。家里人下了班回来，也可以来团聚一会儿。我在巴黎，还见到过一座街头公共厕所，离罗丹博物馆不远，那里可以接受如厕的人托儿，有一个很像样的小房间，一位老妇人待着。这一个小房间，我相信会使不少人感到温暖。什么都“自动化”“无人化”，并不一定是进步，倒可能是冷漠。这种事情其实都是建筑师应该考虑的，爱人，关怀人，这是城市规划和建筑设计的出发点，是不是？

你做设计要想到人，真正的想到人，要做到这一点，可动的脑筋多着呢。像我刚才举的几个例子不就都是这样？搞建筑设计你不考虑人，光考虑空间变化、体形新奇、材料对比、光影如何如何，那怎么行？建筑主要是解决人们生活的问题、满足社会化的人性和人性化的社会的要求。就是这样！把对人的关怀，真正细致地而不是粗枝大叶地推及到城市规划和城市设计中去，更广阔、更复合、更社会化、更人文化、更整体化也更有机化，那有多少工作可以做呀，都会是“创新”。我们现在的不少城市都已经成了搅拌机了，没有人性。

跟你们多聊几句。我草草翻过五本关于贝聿铭的传记，三本是中国人写的，其中两本是大陆的，一本是台湾的。这三本一上来就都只讲贝聿铭设计的项目，哪年设计过什么，平面、立面、剖面，再加上细部。两本是美国人写的，里面并没有具体介绍贝聿铭设计的什么建筑，就是介绍了他这个人。我们多么急功近利啊，想看一本书马上就学会几栋房子的设计，人家的书是给你潜移默化，怎么做人，怎么做一个杰出的建筑师，要多宽的知识领域，怎么思考问题，在生活中追求什么……是不是？为什么咱中国人的眼光就那么实用主义，那么功利化？有一位搞出版工作的朋友说，他们就是要那种只讲平、立、剖面的书，因为他的那个出版社的方向是出建筑专业书。大学里目前正在重新探讨过去几十年里被丢弃了的通识教育，有些人不迎头赶上，还对“新”的趋势毫无兴趣，可见狭隘的、技术化的专业教育，已经多么“深入人心”呀！“专业”，唉！

问：我看到网上您有这样一个观点，并不认为乡土建筑研究或者建筑史研究是直接为现代建筑设计服务的，讲的是建筑设计的源头或者基础。我不知道这个是不是比较符合您的思想，或者是有所偏差。

答：我听到过这样的“批判”，在“文化大革命”时期。

我们研究建筑历史，不是“立竿见影”地为设计服务，否则只要去调查，有几种建筑形制和立面构图，有几种装饰，有几种窗花，用不着研究，去照相就行，编图集就行。这样的话，就把建筑师看得很低，看扁了，纯粹就是一个匠人。我们要的建筑师是个高层次的人，是有思想、有追求、有创造力的人，也就是说要有很深的人文修养，能深刻地理解历史和社会。建筑史这门课是为培养这样的人服务的。这意思我在一开始就说过了。刚才又说了一遍，说到了几本写贝聿铭的书。

研究乡土建筑也是这样，目的之一是为培养全面发展的建筑师服务。建筑业是一门人文性很强的行业，我向年轻的同学们建议，除了建筑史这门课，还应该再多看些“没有用处”的“闲书”。在学校期间，最好由老师给他们开一个“推荐书”目录。毕业以后希望他们一辈子都能保持这样的兴趣和活力。你们看一看历史上大有贡献的建筑师的传记，他们哪一个是知识和兴趣都很狭窄的？

问：我们当时学建筑史的时候，都是用您编写的那一本《外国古代建筑史》教材，现在已经是第三版修订了，可能会有人认为教材已经陈旧了，需要改革了，对此您有什么看法呢？

答：那本书像一切这类的书一样，有缺点，有不足，但我觉得并没有根本性的失误“需要改革”。当然，选不选它当大学教材，这不是我的事，我管不了。

我听到过的批评，主要指向两个方面。一个是希望建筑史要更直接地为建筑设计服务，这一点我刚才已经回应了。另一个是这本书里还对历史保留了一些“阶级分析”，太过时了。

这个问题也需要回应一下。

第一，任何一种学术，都需要“百花齐放、百家争鸣”才能发展，以某个人的“思想”来统驭一切，祸害无穷，我们已经吃过这种苦头了。一部建筑史，可能有好多种写法，反映好多种史观。采用“阶级分析”，也是写法之一，史观之一，应该允许它存在。不要一棍子向“右”打，打烂了一切，行不通了，又一棍子向“左”打，再打烂一切，那还会是祸害。

学术争鸣，不是政治斗争。“干净、彻底消灭之”，这是政治上对敌斗争的口号，不能用于学术讨论。现在有人一看见“阶级分析”就想把它消灭掉，其实，不知不觉，还是运用了政治斗争的方法。我要特别强调“不知不觉”这四个字，因为这些朋友都是温文尔雅、知书达理的，不过被上个世纪下半叶的中国历史玩弄得太过于伤心或者惊心了，祈望着“送恶鬼出门”而已。

现在，出版物上凡谈论当前的事，已经再也看不到“阶级分析”了，躲避不开的时候，就用“强势群体”和“弱势群体”来搪塞。其实，大家都心知肚明，这两个概念在某些“语境”里很符合“阶级”这个词的经典定义。这就是说，尽管改换了名号，那“事儿”还是存在的。我们只要睁眼看一看当今的社会现实，不是满眼都是那种现象吗?老板们惊人的财富是哪里来的?总不是老天爷看准了他们的口袋，一把塞进去的罢！山西省的有些煤窑、砖窑不是血淋淋的吗?几年前我路过富得流油的一座小五金工业城市，在它的城边上看到几乎一家挨着一家的“诊所”，大字广告上写着“断指再植”，“断肢”又如何如何。我看得泪眼模糊！

那么，讲19世纪末叶之前的事，为了准确地达意，恰当使用“阶级分析”的方法，是必要的，至少也应该是可以的吧。

第二，其实，“阶级分析”方法在欧洲学术界很早就有人使用了，并不是马克思发明的，更不是咱们的发明，不过是用来乱打棍子而已。马克思是个杰出的学者，思想非常深刻，我们没有理由因为上过冒牌人的当便回头排斥他的所有学术遗产。现在大走鸿运的孔夫子，历史上不是也被昏君、贪官和军阀再三冒用过的吗？我在研究西方建筑史的时候，绝大部分参考书都是西方国家的，前苏联的书只有一套，中文的一本也没有。在西方的书里，“阶级分析”并不少见，例如，论定洛可可艺术为贵族夫人的沙龙艺术。只要到巴黎的几幢洛可可府邸去看一看厅堂和卧室里的色彩、装饰图案和陈设，一眼就能领会，那矫揉的风格只能是那种卖弄风情的夫人们的趣味。而那些夫人，不是确定地属于某个阶级的吗？这个阶级在那个时代的社会生活里不是正处于某种地位、演出某种历史角色吗？孤立地拿出壁画里的一片树叶来，我们确实看不出它属于哪个阶级的趣味，但是，如果把它放回到整幅壁画里去，又把壁画放到时代的政治、社会、文化、生活等背景上来看，这片叶子反映着的阶级审美属性就可以辨明了。我们研究建筑史，不正是要用这种方法来认识和理解建筑文化现象吗？当今还看不出来它“过时”，需要抛弃。但不要滥用。我现在常常反思我自己有没有滥用过，发现了就改。

为了走完那一段根本躲不开也跳不过的历史，我们对当前的一些社会现象避免用某种方法和眼光去看、去说，这是可以理解的。但是，对外国古代历史中的一些现象，我们就未必需要回避什么了。

西方的书，学术著作，包括建筑史、艺术史在内，有两大类。一类是几十年或许上百年的，老面孔，虽然会有个什么“学术委员会”常常加以修订，却总是老腔老调，基本不改。另一类是红红火火上场，高举什么派、什么主义的大旗，“哲理”得很，似乎这门学术史从此要大翻个儿了，但是过不了多久，它就无声无息了。只要看看最近三十年的情况就大体可以明白，已经有不少角色上台热闹过了，也消逝过了。这两类著作各有各的好处，各有各的作用。当教科书的，我觉得还是稳定一点儿的为好。教科书怎么能三五年就换一本呢？

我从来不认为我写的那本《外国古代建筑史》没有缺点，无须修改，事实上它已经改版过三次了，只要我还有一口气，就还会修改下去。世界太大，世界历史太长，世界文化太丰富，任何一部书，都只能给读者一个小小的、小小的引子。好在世界上各种各样的建筑史的书多得很，请读者们抽空多看看。“开卷有益”嘛！

附言

上一篇《北窗杂记》讲的是“看病之难和贵”，那一期《建筑师》还没有来得及出版，《新京报》2008年3月某日发表了一篇惊人的报道，广州市卫生局副局长曾先生说，“我走遍全世界，看病最不难是中国，看病最不贵是中国”，而且批评中国人的“价值观”不对，才会觉得看病又难又贵。

第二天，电视上有个消息，说是网上有多少多少人对这番话发表了看法，好在其中有97%以上反对他，那么，我就不必再啰唆了。不过我要指出：第一，认为看病既不难又不贵的是什么样的人？这个人，他一是卫生局副局长，二是有条件“走遍全世界”。总之是一位不可能知道“饿汉饥”的“饱汉”。

我要趁机会奉告朋友们，探讨社会问题的时候，要慎用平均数，把杨白劳和黄世仁的家境平均一下，他们至少是两个上中农，两家的生活都不错，喜儿隔三差五可以吃饺子。还要慎用百分数，黄世仁和杨白劳都花了50%的财产治病，一个仍然是富户，一个马上就得跟喜儿一起饿死！

那位曾先生还说：“修一个人一百多（块）觉得贵，修一个机器，换一个汽车零部件要几千块都没人觉得贵，这是价值观不对。”真是糊涂一锅粥，忘记了“修”一个人嫌贵的是杨白劳，换汽车零部件不嫌贵的是谁呢？反正不是老杨，喜儿她爸！

我们现在看到的社会研究文章，跟这位副局长先生这样的，好像也还有，甚至不很少。他们就喜欢用平均数和百分数来思考社会问题。

这可是副局长呀，大城市广州的！原来秀才遇到官，也是会有理说不清的！

（原载《建筑师》，2008 年 4 月）

（一〇七）

一座城市，不论多么繁华壮丽，在一个很长很长的历史时期里，必然需要有贫民窟，它也必然会有贫民窟。

一座城市，不论多么繁华壮丽，都是由各地聚拢过来的贫民们一砖一瓦地建造起来的。上世纪20年代，有一首流行很广的左派歌曲，其中有一句是“替人造成美丽家，自己住在破墙下”，这破墙下的居住区，就是贫民窟。城市一旦诞生，就需要各种各样的小商业和小服务业，于是又有许多人从四面八方聚拢过来，他们大多也都不可避免地要在贫民窟里落脚。

我们现在的城市，也不是由机关干部、教师、开发商等等这些居住者动手造的，它们的建造者，仍然主要来自农村，仍然在一个长时期里还是贫民。贫民窟又破烂又肮脏，又多犯罪记录，而且还是各种造反者的窝点，它们被称为“城市的癌”，这是我六十年前进建筑系读书的时候就听说了的。世界上许许多多城市都曾经对这些癌块动过手术，但是，真正像癌块一样，这里割掉一个就会在那里再长出一个来。恶毒一点的统治者，会放火烧掉它们，如公元64年的罗马和公元1666年的伦敦两场毁灭性的大火，就有人传说是当权者出主意放火烧贫民窟的。但是大火之后，贫民窟仍旧很快又生成了。“野火烧不尽，春风吹又生”，贫民窟的难以消灭，是因为城市长期内必定需要廉价劳动力，而廉价劳动力的居住地必定是贫民窟。

19世纪，欧洲的一些人道主义作家曾经在小说里揭露过大城市贫民窟的恐怖，恩格斯也专门为它们写过一本书，就叫作《英国工人阶级状况》。但揭露和批判并没有消灭它们，进入20世纪，有一些城市由于经济水平大幅度提高，它们的贫民窟的情况才有点儿缓解。

我们这个国家，从20世纪末开始的城市大发展，吸引了大量的劳动力来到城市，而劳动力的主体来自农村，就叫作“农民工”。他们在城市里本来没有住所，于是便只好“私搭乱建”。农民工的住处，自然不好意思叫“贫民窟”，就根据它们的地段位置叫作“城中村”或者“城乡结合部”，都戴上“违章建筑”的帽子。

我现在的住家本来也在城乡结合部，是城市一条环路的绿化带的内侧。这里当初是一个小村子，居民都务农，城市发展起来，一部分老居民便进城谋生，而有一些原来住在城区和离旧城比较近的村落的居民在老宅被迫拆除之后来到这里租农舍住下，渐渐又有一些外地农民向大城市谋生，也来到了这个村里住下。他们或者在城里打工，或者租原村民的土地种菜到城里摆路边摊卖。这些新来的居民有不少还是拖家带口的。

城市还在凶猛地扩建着，到我住的这个小区动工的时候，原来的那座虽然很小却有点历史身份的村子便被拆迁了。居民，老的和新的，四散而去。我住进这个小区时，从北窗遥望环路，中间横着规划中的绿化隔离带。但是，第二年，绿化带里还没种上一棵树，便动工建造了一大片连体别墅和一幢八层高楼。别墅和高楼之间搭了好多排工棚。工棚简陋，间隔又小，一到夏天，工人们便纷纷睡到了我楼下的行人道上，显然工棚里暑热难熬。我休息的时候常常出去找工人们聊天，他们告诉我，“城中村”和“城乡结合部”都被整顿掉了，除了工棚，他们已经没有地方住了，而且给他们又添了些生硬的限制，所以从外地来打工，都不能带老婆孩子，光棍只身，住进工棚，过的是“集体生活”。这一片又一片的工棚区，实际上就是当代我们的“集体的贫民窟”，这是我一个人给它们杜撰的名称。工棚里不能住家属，所以，我找他们聊天的时候，有些汉子们便毫不掩饰地大喊大叫发泄对家庭生活的渴望，很粗野，但很有生气。为了散步，我有好多次溜达到环路边，见到那里零零散散有一些简单的旧房子，里面活动着一些年轻妇女，大概怕我是换了便衣来侦查的警察罢，她们躲躲闪闪。三年之后，别墅完工，工棚拆掉了，那些房子也随着不见了。

近二十年来，我经常上山下乡，见到过不少村落，居住着的大多是老人和带着孩子的中青年妇女，很少有完整的家庭，男人们大多进城打工去了嘛！妇女们种田很吃力，仗着丈夫们邮回来的几个钱，便把农田荒掉了，有些很好的农田都长着齐腰的野草。更没有余力养猪养羊了，猪圈和羊栏便空着。

今年春天，电视里有个节目，就是讨论家庭长期分居情况下妇女们的性饥渴。讲的那位年轻妇女，脸相被处理得模模糊糊，认不清，说话藏头缩尾，听不清，但主持人不断地一惊一乍，做出从来没有听说过的样子。其实，我们上山下乡，好多村子都有几个进城农民工留守妻子的风流故事，干的，说的，倒都随意得很，并不十分遮掩。我在我家楼下跟行人道上睡着的农民工们聊天，聊到他们在家乡留守的妻子，他们会大声叫嚷："留什么，那是留给别人的！"嘻嘻哈哈，满不在乎，大概是为了掩饰工棚生活的苦恼罢！报纸上隔三岔五倒会看到农民工在"城乡结合部"闹出性犯罪的新闻，但是，怎么减少甚至消除这些不幸的罪过呢？"严厉打击"行吗？总还应该有更积极的防范之道罢。

六十年前，记不清是听课还是看书，也不记得是讲实况还是讲理想，那些资本主义国家，在城市建设中的产业布局，总要把以男工为主的行业和以女工为主的行业大体平衡地搭配在相邻的位置上，以方便婚姻和家庭生活。那倒是挺"人性化"的。不知道我们现在的城市建设中有没有这样的设想，大约没有罢，否则也不会把贫民窟（城中村、城乡结合部）都"整顿"掉了。那儿本来是农民工们夫妻一起进城打工的安家之地。好久以前，我在鞍山工作过一个冬天，那时候那儿可是个典型的男性城市，街角的墙壁上，厕所便池边，甚至公共汽车里，到处都有标志性的文学作品和美术作品，发泄得痛快淋漓。现在那儿不知道怎么样了。

我在四川合江县一个农村工作的时候，村里有大量劳动力进城打工，女的大多到东莞一带，男的大多到重庆一带，两地相去何止千里！看来我们的负有责任的人，从来没有考虑过农民工们的家庭生活，或许，这也是"消灭"贫民窟的办法之一罢。兵营式的工棚，毕竟容易管理，而且面子上也比贫民窟好看，我们的不少负有责任的人，是把城市面子的好看与否放在农民工的福利之上的。为了“市容”好看，为了便于管理，一条又一条的规定、制度，都是强迫农民工过单身生活的，强迫他们的妻子在乡下“留守”的。他们的苦恼，大约只有很少人去理解和同情过。

于是，年年一到“黄金周”，尤其是春节，就有几亿人在中华大地上流动。这是地球上“史无前例”的人口大流动！谁去想过这些大流动意味着什么？幸福？快活？还是无奈？可怜，甚至可恶？

终于，2008年的春节，老天爷教我们看到了惊心动魄的一幕场景：几十万年轻力壮的男女工人挤在广州火车站高喊：“我们要回家！”他们的家在农村，他们要回农村和妻子或者丈夫团聚。他们必须尽快回到家里，这是老天爷塑造他们的时候已经设计好了的。任何一种“权力”，都不能不倾全力去满足他们。于是，大家又听到了一个声音：“我们一定保证送你们回家过年！”这或许是一个难以履行的有点儿冲动的承诺，但这是一个人性的承诺。一个有责任心的人，在那种情况下恐怕不大可能冷静地去盘算这个承诺是否能够做到。他只能去拼！于是，一场场，一幕幕，洋溢着英雄主义的战斗一个接一个地演出了，它们教人激动，教人感谢！终于，那个人性的承诺竟然实现了，又是一个奇迹创造出来了。但是，代价是很大很大的。事后，我们看到了气象部门、铁路部门、电力部门等等相继总结了经验教训。这当然很好，但是，可惜，我们没有见到关于城乡关系方面的教训总结。如果我们在产业布局时考虑到某个范围里男工和女工的数量大体平衡；考虑到保留给农民工家庭居住的贫民窟，而不是“整顿”得男女农民工都只能单身住在兵营式的工棚里；考虑到作为公民，农民工应该享有受宪法保护的居住的自由，那么，广州火车站的那一幕就不会那么惊心动魄。而且城市里和乡村里也可以大大减少性犯罪的案子，整个社会便能更人性化，更和谐。究竟是应该把城市的“观瞻面子”和“卖地得利”放在第一位而牺牲农民工的利益呢，还是尽可能保护农民工的利益而保留一部分城市里的贫民窟并且逐步改善它们呢？

贫民窟是必须位于城市内部的，如果把它们搬到城市外围和郊区去，那么，农民工们要花多少交通费，要减少多少可能赚到的“外快”，如修鞋、补轮胎、理发和各种生活服务，等等。迁出去，只会迫使贫者愈贫。把贫民窟留在城里，所需要的，一是政府克己，不要把卖地皮挣钱放在第一本账里，二是把市容的无贫民窟化剔出长官们谋求升迁的账本。同时，贫民窟里的一切，包括卫生、安全、孩子的求学等等宜居度方面的情况也是应该逐渐改善的。

当然，总有一天，贫民窟能够真正地而不是掩耳盗铃式地摘去贫困、肮脏、犯罪等等的帽子。不过，在那一天来到之前，不应该强行“消灭”它们。贫民窟的存在是城市在一定历史条件下正常的生态，正常生态可不能轻易用“改天换地”式的领导意志来强行变化，那种壮志豪举，只能会造成灾难，这种苦头我们吃得已经不少了呀！

最终消灭贫民窟的办法是消灭贫民。消灭贫民的唯一可行的办法是发展经济。在贫民完全消灭之前，强行消灭贫民窟，那可不是一个负责任的政权应该做的事情，就像不能因为牙痛了就马上拔掉。我有四十年的牙痛经验，我太知道牙科医生对待病牙的态度了，多么慎重，多么细致，多么体恤病人。一座城市的建设，一举一动，可都不是表演长官们“魄力”或者“精明”的机会，要的是实事求是。看看世界各国的城市，有几处贫民窟并不很丢脸，虽然贫民窟也会有不同的“水平”。办事情总得想得透彻一点，尤其要多想想“弱势群体”的难处。他们可没有钱去郊区买别墅，开宝马奔驰上下班，然而城市却一天都不能没有他们。

写完这一篇稿子，就先后到湘西和浙中农村去了一趟，看了几个极美的小村子，而且有幸在浙江“重走六十五年前求学路”：左手边是高高的悬岩削壁，冲下几道瀑布，右手是陡峭的山坡，长满了竹林。一道曲曲折折的溪水贴削壁根哗啦啦激腾而下，舞弄着洁白的飞沫。山坡上也教人惊心动魄，大片的竹子全都折断了腰，梢子拖在地面上，这是春节前那一场雪灾的遗迹。4月初了，连一棵新笋都没有见着。倒是映山红和紫藤依旧盛开，一片片橙红和粉紫的色彩，在阳光下闪烁，给山谷添了青春的妩媚。这山路我太熟悉了，当年背着包袱到学校去，就这样穿山过溪，虽然不是同一条路，却似乎连一块小卵石都是我触摸过的；连山村里八十七岁的老太太，仿佛就是当年曾经用春节备下的麻糍给我充过饥的那一位。

回到北京，家里，打开存了十几天的《新京报》，居然有一则新闻，说的是4月13日，清华大学教授秦晖在深圳发表了一个演讲，题目叫“城市化与贫民权利”，这里面，他建议深圳带头“兴建贫民区”。他批评道：“中国很多城市的管理者和市民，一边是希望尽可能地享受农民工带来的服务，一边却想尽办法将农民工等贫民驱赶出城市。”又有一位姜锵先生接着呼应秦晖，写道：“国家的住房建设资金都拨给单位，最穷的农民和无单位者不仅完全没有分房资格，自己盖个贫民窟也被指为私搭乱建，还要被惩处。”（《南方都市报》4月14日）他们二位说出了城市对农民的冷酷。另一位舒圣祥先生则写道：“没有贫民窟被舆论正面宣传为我国城市建设和管理的优越性。但我们又无法否认城市中的确存在着数量庞大的‘贫民’群体，外来农民工正是其中的典型代表。……他们大多在城市里过着集体生活，居住在工棚里。代价是1.4亿进城农民工与1.8亿农村留守人口常年失去了基本的家庭生活：年轻夫妻不得不长期分居，农村留守儿童缺少家庭温暖，农村空巢老人在孤独中度过晚年。”（《中国经济时报》4月15日）这一位更写出了农民工家人生活的失常。于是，两天前那个美丽山沟里的小村又浮现在我眼前，那位八十七岁的老太太，雪白的头发，坐在全用卵石砌筑的老房子的门槛上，身边偎依着一个五六岁的孩子。我一走上高高的台阶，老太太漾出慈祥的笑容，把我引进屋里，端出一盘玻璃纸包着的水果糖，显然是外出打工的儿女春节带回来的。那孩子缠在她腿边，斜着眼珠望我，木木的，一声不响，很胆怯，没有跟客人打招呼的胆量。我在空落落的院子里转了一圈，往黑咕隆咚的空房间里看了一遍，几乎一无所有，又几乎都堆满了东西：三条腿的凳子，断了梁的水桶，散了架的箩筐。村支书轻轻地说：青壮年都进城打工了，全村没有剩下几个劳力。我跟老太太聊着天，又过来一位老太太，八十一岁，只身一人，但精神还不错。村支书说：我们这里水土好，老人家身体都很强健，八十多岁的人还能自己挑水。我没有敢问，万一挑不动了怎么办呢？

六十五年前，我一次又一次经过这样的村子，那些老人家曾经亲切地招呼过我。有一次，竟是除夕之夜，来到一家农户求宿，老太太给我吃了油炸豆腐，晚上就睡在灶火边的细柴垛上，暖暖的。如今我也已经白发苍苍，但看着年龄和我相仿的老人家还像自己的祖母。她们对我的呵护没有变，但她们生活的艰难好像也没有足够大的变化。

出了村，一个多小时之后，我又来到了灯火辉煌的城市，进了酒楼，坐在丰盛的餐桌前了。我活得值吗？活得该吗？

附记

我写的一百多篇“杂记”，大概说的都是些鸡毛蒜皮的事，从来是应者寥寥。不料这一篇说说“贫民窟”的短篇，稿子还没有寄出，报纸上就先有秦晖先生建议深圳建贫民窟的消息，不几天，4月26日《新京报》A03版上又有一篇“留守西门庆如何纵情乡里？”的短文，作者熊培云，说的是“近10年来，43岁的云南农民杜凤华对身边10余名外出打工人员的妻子为所欲为……中国城乡二元分治的体制性缺陷有目共睹。正是这种二元分治导致的两地分居，将原本恩爱的乡村夫妇变相拆解为‘体制性寡妇’或者‘体制性光棍’”。于是流氓杜凤华就得以乘虚而入。后来，几位“体制性光棍”终于把这个坏蛋“乱棒打死”。这几位“杀人犯”很可能就在不久前背着小包裹在火车站大嚷过“我们要回家”。我想起大暑天睡在我家楼下行人道上乘凉过夜的农民工，说到“留守妻子”是给人家留下的，还带着嬉笑。路灯晦暗，我见不到他们的容颜，全中国，有哪一位表演艺术家，能有本领揣摩那时候他们的笑声和表情呢？

我们要和谐，这很好！但是，我们首先要的是人的和谐还是城市景观的和谐？乱棒打死杜风华的农民工，进城讨生活，三百六十天，风霜雨雪，也可能夏天曾经在行人道上过夜，他什么都忍了，不就是为了家庭、一家子老老少少的和谐吗？但是，为城市“整顿市容”所迫，他只能只身在城市里闯荡，他的“体制性寡妇”遭了流氓的欺侮，他终于打死了人，“不和谐”了！宋江杀惜，成了英雄，那他怎么说呢？

城市市容的和谐，大概也是“宜居城市”的一个指标罢！“建筑是石头的史书”，城市面貌反映着社会面貌，当社会还存在巨大落差的时候，勉强去追求城市面貌的和谐，那就只能更进一步迫使弱势群体付出代价。把城市贫民挤到远郊区去，让进城农民工住在兵营式的工棚里当“体制性光棍”，这都在争当“宜居城市”的措施之内。早在19世纪，欧洲城市迅猛发展的时候，一些人道主义者和共产主义者就已经揭露和批判过类似的历史现象了呀！

那篇“留守西门庆如何纵情乡里？”里还写道，农村正“日渐凋敝，正在被世界也被自己遗忘。几年前，当我再一次回到乡村，曾经十分惊讶于乡下怎会有那么多的土地被抛荒，即使是上好的旱地与水田，也是杂草丛生”。这也是我二十年来亲眼看到的情况。有些地方农村显得非常富裕，一个比一个漂亮的新楼挨肩擦膀，但那全都依仗城市的发展，也就是工商业的发展，它们是农民工背井离乡，进城打拼的成果。而他们家乡的农业却是在萎缩。在曾经农业十分发达、被称为国家“粮仓”的地区，我问过一些农民，为什么不种地了，野草长得比肩膀高？他们回答：“工厂里打工，一天的工资就能买一担米，我种粮食干什么？再说，家里也没有人了呀，老的老，小的小！”

前面我写到过的浙江省中部那个风景奇丽的田沟里，出产一种质量很好的水蜜桃。我这次去看，粗壮的大果树都种在一层层的梯田里，那是多年前开垦的。还有大片大片的坡地，杂草未生，土色新鲜，长着矮小的桃树，这是近年新垦的，有些还就是这个春节返乡度假的农民工抽空开出来的，望过去，桃树苗还若有若无，不让人看清。坡地很陡，村人们说，采桃的时候甚至要在腰上拴一根绳子，挂在几棵老杂树上。我说，这样的陡坡，水土流失很厉害，山坡会毁了的呀！老太太们坐在门槛上，慢悠悠地回答：孙子的爹妈打工去了，没有劳力修梯田呀，顾不得了！

我曾在四川见到过大片大片已经“死了”的山坡，全都裸露着黝黑的基岩，没有一把土。那就是四十年前全国疯狂地“学先进”开荒的报应。

“前人种树，后人乘凉”，前人造孽，后人又将如何？

（原载《建筑师》，2008 年 6 月）

（一〇八）

六月下旬到浙江去参加了一个学术会。我一向不习惯于开会，难得去了一趟，倒挺有收获，这就是承蒙同济大学的张松老师送了我两本书，一本叫《乡土建筑遗产的研究与保护》，陆元鼎和杨新平主编，一本是《关于城市遗产保护的探索与思考》，由张松和王骏主编。张松老师可害苦了我，那天长途旅行，本来很疲劳，一拿到书，我就放不下，累极了才昏昏睡倒，连鞋子都没有脱——太不好意思了！

张、王两位老师编的那本书，是张老师主讲的“城市历史与文化保护”课程的学生作业。张老师自己在书前写道：这门课“主要包括中外城市遗产保护的发展历程，欧美多国城市文化遗产保护的法规制度建设，保护规划设计的理论与方法，历史街区调查研究与整治技术，文化景观保护与旅游观光开发，世界遗产保护理念和发展趋势，中国历史文化名城保护的历史演进，保护规划的编制，遗产管理与开发利用等内容”。这是一门专业基础课，这本书的篇章都是从学生“较为优秀、较为独特”的课程论文中选出来的。从论文中看，张老师这门课程讲得很鲜明、很系统，因而也很成功。我脱离教学工作已经很久，不知道还有没有别的学校的建筑和城市规划专业有这一门课。我希望有，大家都有。张老师讲的内容，都是当代最新进、最重要的知识，是基础理论，是当代建筑师和规划师非掌握不可的思想和知识。这门课张老师已经讲了七年了，更叫我钦佩的是，张老师已经在这个课程上组成了教学团队，他不是单枪匹马在唱独角戏。这说明，同济大学建筑设计和城市规划的学科建设是很先进的，眼光是很宽阔的，他们不把自己的工作束缚在一个思想，一个方向、一个中心上。这是教育、学术工作者应该有的眼光和气度。教育和学术要进步，就得搞“百花齐放”而不是搞“众星捧月”，这样才能保持对学科发展的敏感性，保持工作的先进性，至少是不至于落后。

*

如果情况允许，我会再一次细读这两本书，而且写些读书笔记。当然，一定要准时睡觉，而且脱掉鞋子。

今天先写一段笔记，就从读陆、杨二位老师主编的那本书说起。在那本书的第12页有两小节很有趣，前面一小节说的是：“2004年，建设部‘某领导人’在所作《历史文化名城的发展和保护》的报告中曾指出，‘保护与发展的关系，保护不是目的，发展才是目的，当地老百姓适应时代的良好人居环境永远是目的’。”这句话之所以有趣，是它连弯儿都不绕，直愣愣地回归到五十年前批判梁思成先生时的那些高论去了。保护“不是目的”，那当然就不必干，甚至不该干了，因为怎么能花人力物力去干“不是目的”的工作呢？人之所以为人，就是他有意识，干什么都有目的。不是目的，那就是毫无意义，干那种事，就是劳民伤财。不是吗？不过，既然不必甚至不该保护，那么，建设部弄些“历史文化名城”出来又是为什么呢？那不纯粹是没有目的的废话吗？我这才明白，为什么在当年的建设部主管之下的“历史文化名城”，差不多没有一个是“保护”得成功的了。

那么，“适应时代的良好人居环境”又是一个什么样的环境呢？去掉了“不是目的”的古建筑保护，至少是没有历史文化遗迹的环境吧！真干脆！这就是所谓“一张白纸，可以画最新最美的图画”吧。原来经历了几千年文明时代的当今生活竟是那么简单。但那“图画”，画什么题材才是“有用”的呢？而且是“适应时代”的？

紧接在这节“某领导人”的话后面，是陆元鼎老师的一小节话，那里说：“建筑历史遗产即历史文化古迹保护的目的，是要为今天所用。它作为历史、文化资料，供人民参观以获得知识，增加爱国主义思想和凝聚力，是保护的目的。”

这段话很容易懂，因为它没有概念和逻辑的混乱。这段话清清楚楚，明明白白，又很委婉地说明，“保护”历史文化古迹是有“目的”的，是“良好的人居环境”所必需的。

据我所知，历史的事实是，世界上好像所有的古代人民，都曾经用极坚硬的石料建造过一些纪念性建筑，毫无疑问，他们是希望这些石头建筑能带着当年的信息传至永久的。它们有什么“用”呢？这“用”，就是陆老师说的那种文化追求，那是人类自古以来就有的愿望。在张老师主编的那本书的第130页，有城市规划专业学生马玉荃的作业，那里引用了文化部孙家正部长的一段话，说的是：“构建和谐社会，经济是基础，民主政治是保障，文化是灵魂。”文化是灵魂，有灵魂才有生命，这是文明人类的普遍的、共同的认识，而文化是从来不排斥历史文物的，文物是文化的一种载体，它的“用处”不大吗？

张松老师在书的前言《写在前面》里记录了一则很有意义的事情：

2007年5月14日，同济大学百年校庆前夕，温家宝总理在建筑与城市规划学院钟庭的讲话中，两次提到欧洲最古老的意大利博洛尼亚大学，他指出：“有一千年历史的博洛尼亚大学，现在的墙壁四周还是断壁残垣，有的地方不得不用一根水泥柱顶起来，防止它倒掉。当然，它一方面保护了千年的古迹和文化，但我以为更重要的是保护了一种精神、一种美德。”

这段话说得太精彩了，不过，前面提到的那位建设部的“某领导人”，不知怎样评价这些残墙和这些水泥柱，“保护不是目的”呀！何况它们确实是不大“适应时代”的某些纯功能“需要”呀，哪里还谈得上什么精神，什么美德呢？但温总理接着说：

> 我们培养的人，应该是全面的、具有综合素质的人……学习理工科的，也要学习人文科学，学习文学和艺术。同样，学习人文科学和文学艺术的，也要学习自然科学。

这几句话，真正是切中时弊，搞建设工程的，不可以没有“人文科学和文学艺术”的修养，否则不免就会弄不明白文化遗产保护的意义，弄不明白什么样的环境才是“适应时代的良好人居环境”。所以这样的人就会觉得文物遗产的保护“没有目的”。但不管中国人怎么看，怎么想，文物遗产保护现在已经是在世界范围里汹涌的浪潮。这说明，人类的文明又进入了一个新时代；一个更加丰富、更加深刻的时代，而我们一个主管建设的长官居然对这个时代很不了解，真是遗憾。难怪我们的《历史文化名城、名镇、名村保护条例》就会那么叫人难以看懂。

一个多月前四川发生的那一场大灾难，刚刚从救死扶伤转向灾后重建，温家宝总理就在布置工作的时候郑重地提到了抢救文物。他到了北川，还说：“这座老县城可以作为地震遗址保留，变成地震博物馆。”于是，文物工作者和民间人士就以充沛的感情着手研究羌族文化遗产的保护，都江堰和二王庙的维修和再建也很快开动了。对历史遗产和文化生态空前未有的重视，都开启了我们国家文物保护工作的新局面。这些都关系到建设“适应时代的良好人居环境”，因为人居环境的好与不好是非常复杂的，“非为有大楼之谓也”。毫无疑问，居住环境的这个“好”，是包含着文化贮存的厚度在内的，正如孙家正部长所说，构建和谐社会，“文化是灵魂”。重建后的灾区也是不能没有灵魂的。

张松老师所编的书里，可以读到他的学生对不要灵魂的城市建设的很多批评。例如，城市规划专业的学生何为写道：“很多时候，我们在文化遗产与社会发展产生矛盾时，很自然就会以顾全大局为借口，舍弃宝贵的文化遗产。……我们国家的历史名城有几座是真正的历史名城？就是这些为求发展完全不顾遗产的行为导致我们一个泱泱大国现在的世界遗产（数量）甚至还不如意大利、西班牙这样国土面积勉强只抵我们一个省的国家。”

另一位规划专业的孙婷则写道：“盗墓者会因盗窃国家历史文物受到严惩，然而，当一整片历史街区被拆除、城市文化丧失之时却无人受到相应惩罚，于是历史街区保护规划也就失去了严肃性。因而划入强制性保护的历史建筑会被开发商任意拆除，理由很简单：‘这个历史保护的牌子不算。’开发商追求利益的最大化，银行可以获得利润，政府可看到相关指标的增长，在多方利益驱使下，历史保护规划轻若鸿毛，公平公正性荡然无存，利益被吞噬的只有生活在这个城市的市民。”

规划专业黄俊卿的作业论文的题目是《浅析中国名城保护中的若干问题》，他一开篇就写：“历史名城，是中华文明的集中体现，人类社会的历史见证，是人类社会区别于其他物种的重要物质因素。保护历史名城，能够传承、延续和发展历史文化，有着非常重要的意义。另一方面，这些历史城市是先人留下的宝贵遗产，保护好这些遗产，是我们的神圣职责。保护历史名城，是历史的潮流，也是社会发展、文明进步的需要。”这段话干净利落地说明保护历史遗产是有目的的，这目的是意义深远的，那是“社会发展和文明进步”的需要，也就是“适应时代的良好人居环境”的需要。

我在这里信手摘录的学生作业，写得多么好。他们中有好几位，不约而同地引用了梁启超前辈的名言：“不但要开民智，还要开官智”。对于我国历史文化遗产保护的现状来说，这个建议真正说到了关键点子上，看来一百年的风风雨雨，并没有改变我们国家骨子里的痼疾。更进一步，关烨同学写道：“其实城市历史文化与文化保护应该是全民运动。”

*

张松老师三十六个学时的课程，不算多，但张老师为它写出了中国第一本专业课程教材，于1999年正式出版，这可是一件不简单的学术工作。从他的学生的论文作业中，可以很清楚看出他的课程的出色，不但给了学生思想和知识，更重要的是培养了他们的使命感，而使命感是做好文物建筑和历史城市保护的最根本的保障。

张老师能够在教学工作中培养了学生们对保护文物建筑和历史城市的使命感，这是因为他自己对保护民族文化有强烈的使命感。在不到十年的时间里，他已经写作和编纂了好几本这方面的书，内容扎扎实实，绝不是趋名逐利的应时之作。我这个老教书匠，多少有点儿能力判断这几本书的写作和编纂要花多少时间，费多少脑筋。我也能大致估计出，如果他用这些时间和脑筋再加上学生的打工去逐利，他会发财到什么水平，这是当今大学里建筑专业的老师们多半走得很起劲的阳关大道。但是张老师却花功夫和精力去做了那么多对国家大有好处的学术工作。他“犯傻”，他“亏了”！

我们这个历史悠久、文化积淀丰富的国家这些年却成了毁灭历史文化的大屠场。“保护不是目的”，那就是说：不需要保护。在我们这个高度集权的国家，当权的人这么说了，还有那么一条螳臂挡得住大破坏的车流！这不是老牛拖着的吱吱呀呀的木轱辘破车，而是火力强大的坦克车。

为什么一向被认为文化保守的中国，竟会沦落到如此这般模样？这是，我觉得，几千年中国的落后，不是因为保守，而是因为迟钝，没有科学思维。关烨同学在论文里引用了《三联生活周刊》王朔访谈录里的一段：

前些日子有记者问法国总理社会党总书记“你觉得21世纪是中国人的世纪吗”他说“不”。“为什么？”“因为他们没有什么价值观念的输出。”

这是一个叫人吃惊的判断，虽然或许有些人听了会不高兴，甚至愤怒，但它有道理，我们再看何为同学在作业中写的一段话：

> 中国人是一个热衷于追逐时髦、喜新厌旧的民族。从古到今，多少事例证明了中国人这一特征。古有赵武灵王的胡服骑射，而汉灵帝时，就已经盛行胡饭胡床。中国人从那时开始就埋下了种子。佛教来了信佛教，基督教来了信基督教，连宗教也成了流行。

这几句话说得多么硬，多么重！（先允许我在这里插一句，佛教和基督教到了中国，都大大简化了，大大功利化了，甚至混进中国的泛神崇拜里去了。）如果有一位文化史专家来帮何为同学丰富并且完整这个判断，那将是一件很有价值的研究。我们上山下乡见到，连很穷僻的乡村里，小学生们都会叉开双指作“V”字状来表示对某项成功的庆祝。全中国，现在还有哪个人记得自己的生日应该叫“母难日”，一大早先给母亲叩头，全天要吃素，表示对母亲生育之恩的感谢，为她祈祷祝福。相反，是个人都会吹蜡烛，吃蛋糕，唱那句洋歌。还有什么“千纸鹤”“圣诞卡”之类的洋风洋俗。中国人“世界化”了。我绝不是一个狭隘的民粹主义者，但我对中国几千年文明在世界上竟没有一点竞争力，确实感到不可思议。我们见到过一些饱含着丰富而重要的历史信息、艺术水平很高、保存状况还不错的村子，彻底免费地给它们写了书、测了图，甚至做了保护规划，直到帮它们申请了国家级的文物保护单位，但村民和地方政府还是毫不怜惜地破坏了它们，并非有什么必需，并非为了发展，也并非遇到不可克服的困难，仅仅是因为漠不关心，懒于动一把手。如果有利可图，那就破坏得更干脆、更彻底、更振振有词了。村民们对先人的创业、开拓、发展、建设，竟连丝毫的感情都没有。至于长官们，那大多就更不用提了。我们为抢救一些宝贵的乡土建筑遗产，屡战屡败，已经习惯了，仅仅为了对文化事业的良知，才坚持到了如今，并且还准备继续干下去，直到只剩下“白茫茫一片真干净”。

规划专业的关烨同学在前引法国总理的话之后，接着写了一句：“金钱确实托不住一个民族的尊严。”一个不尊重自己历史的民族，到哪里去讨尊严！

*

不妨再看一段规划专业王朔同学的话：

> 教育可以振兴一个民族，但教育也能毒害几代人。长期以来，应试教育的弊端就在于受教育者对于知识的舍弃与保留带有很大的功利性。从现行的教育背景观察，高中时代理工科的同学占了近六七成，关于历史文化的课程急剧缩水。目前社会的中坚力量是受教育程度最高的一代，但相应的历史涵养并没有跟上，对于中华文化并没有多大的情谊。

看过王朔同学的这一段话，再请回味一下温家宝总理关于教育的那些话，我看，我们就可以理解我们教育工作的重要失误之一了。

1952年之前，北京大学也好，清华大学也好，都是综合性的，理、工、农、医、文、法各学院基本都有。理工专业的学生，都必须选修一两门文法学院的课。因为这些学院汇聚在一个大学里，课外的交流机会就很多。以我所在的清华大学来说，同方部、二教和灰楼，几乎每个礼拜天都有文法科大教授的学术讲座，记得有一次在同方部，朱自清、李广田和陈梦家三位老师一起讲新诗，各系的学生把个好大的教室都快挤炸了。在二教，我听过一位基督教传教士的布道，听的人也不少。灰楼的音乐室，常常有表演和讲课，谁都可以去听，1948年冬，我在那里听过马思聪的表演和讲解。一般情况下，总是理工科的学生听人文学科的报告多，所以，经常性的交叉感染使那时候理工科学生的脑袋并不干巴。

1952年，搞了一场全国性的“教改”，主要的内容是：学习苏联，大学专业化，工科大学、文科大学、农业大学、医学院等等，界限分明。理工科大学还要再进一步专业化，分成了地质学院、钢铁学院、机械学院、航空学院、船舶学院等等，各自完全独立，自建校园。原来的综合性大学被批判为美国式的教育体制，是资产阶级的，于是这教改便没有讨论的余地了。梁思成先生一向重视建筑学的人文意义，再三表达把建筑系划归文化部领导的愿望，当然成了批判对象，自讨没趣。这笔账被人们记住，在“文化大革命”的时候还曾经上了大字报。

于是，我们的理工科青年就被割断了和人文教育的联系。2004年，一位电子系的研究生和我坐一辆小轿车到航空航天大学去参加一个纪念“五四”的会，他一路上跟我抱怨，说清华大学一点人文气息都没有。这正是那次“学苏”教改的后果之一。我早就脱离了学校的活动，搭不上腔，但我很高兴：有这样的抱怨，就有希望。

在张松和王骏两位老师编的这本书上，传达了“文化是和谐社会的灵魂”的思想，书里的论文，基本上都围绕着这个论点，很有力量。我希望我有可能再细细读这本书，并且做好笔记，像个学生。

“理论只要掌握了青年，就掌握了未来！”同济大学张老师培养出来一批热心于文化保护的青年，功德无量。但是，恐怕只有同济大学一个或者三五个学校有这样的学术眼光和历史担当还远远不够，而且我担心，当这些青年有能力影响社会的时候，我们的建筑遗产已经没有几个了，或者已经变成钢筋混凝土的，并且全身挂上大红灯笼了，像当今那些“历史文化名城”那样。

附笔

写完了这篇杂论，刚刚是7月7日。恰好有一位北京大学法律系2004

年毕业生来访，我问他：知道7月7日是什么日子吗？他一脸惶惑，不知道。我再问，知道9月18日是什么日子吗，也不知道。我简直感到悲哀，看来保护卢沟桥和北大营绝不是没有用处的，虽然它们不是“适应时代的良好人居环境”。

（原载《建筑师》，2008 年 8 月）

（一〇九）

奥运会的热浪中，“更高、更快、更强”的节目间隙里，我拿起了一本不大、不厚、不重的书，翻了几页，便兴致勃勃地看下去。它是一位认真的热心人朴实地写写他三十年来保护古城古镇的片段经历。没有精雕细刻的描述，也没有高昂激奋的表白，正是它轻描淡写、出奇的简洁所散发出来的气息异常地亲切，把我的心捕捉住了，对不起了，“鸟巢”和“水立方”中的英雄们，我关上了电视。

书的作者是阮仪三老师，同济大学城市规划专业的教授，书的名称是《护城纪实》，由中国建筑工业出版社出版。怪我懒于读书，到它出版之后五年才看到，惭愧，惭愧。

我早就听说过阮仪三老师对我国历史文化名城（镇）保护的贡献和获得的成就，不过因为我在建筑文化遗产保护中走的是“上山下乡”以农村为对象的路，所以总是“南辕北辙”，跟他没有机会见面。这次拜读了他写的这本《护城纪实》，才知道我们遇到的困难和见到的世态竟是完全一样的，不过，在执着地克服困难上，我的干劲，也是能力，就比阮老师差远了。我到后来被迫不得已大致只能满足于写写村落的研究报告，偶然有机会才呼吁呼吁文物建筑保护而已。

阮老师早期的工作条件很差，生活很艰苦。他带领学生们到乌镇去，要在上海人民广场乘长途汽车到桐乡，再坐“二等车”（即坐在自行车后面的书包架上，行李只能抱在怀里）到乌镇。这种自行车是营业性的，坐在书包架上，随着车子的左拐右弯，人体前仰后合，车轮碾过一块石子，便会震得一跳，以致“后臀尖”会和铁架子硬碰硬地较量一下。十几分钟下来，壮汉也会弄得浑身酸痛，何况下乡长途。到了工作地点也还会有难处，例如山西平遥，“由于饮食很不卫生，我们所有的人都染上了菌痢，大家都带病坚持工作。工作很紧，要放大照片，街上找不到一家照相馆会做，我只得到太原买放大机和相纸、药水自己放。借不到任何车子，好多时间都花在走路上”。

虽然我们的工作成绩不如阮老师们，但是因为我们去的多是穷乡僻壤，所以在艰苦上也还敢说上两三句。1990年代初，下乡的交通还很原始，在浙江省建设厅工作的老同学劝我们不要到永嘉县去，因为从杭州到那里，路况很坏，每天平均有死人的车祸八起。但我们还是坚持不顾一切地去了。长途车竟和市内上下班时间的公共汽车差不多，要玩命往上挤，上去了还未必有座。第二次去，因为带了八个学生，为了安全，包了一辆“小面包”，清早五点从杭州开车，破车子一路修了又修，到永嘉已是第二天凌晨三点。洗把脸躺下，按预定计划七点钟开始工作，分秒不让，学生们好样儿的，个个精神抖擞。只有一位女学生不大高兴，因为带去的一把吉他丢在了车上。有一次，在安徽黟县关麓村，好不容易，从一位老先生手里借来一批纸质文件，高高兴兴进城去复印，居然全城没有一处可以复印的地方，不得不玩命地抄，直抄得手指捏不成拳头，只能抄些当时匆匆忙忙判断为有用的材料。第二年，觉得还有许多材料很有价值，再到村里去，那位老人家已经去世，没有人知道那些文件的下落了。我趁机推脱一下，我们写的研究报告常常深度不够，资料太少是个重要原因，请大家包涵吧。

生活和工作条件的困难还算不了什么，真正的难处在于可能会遭到地方政府领导人的阻挠。阮老师在这本《护城纪实》里写到了好几则经历，有几次遭到的阻挠十分富有故事性。这本书第一次印刷只有三千册，读者未必容易买到，我就多介绍一点吧，好在这几段“故事”非常精彩，阮老师和读者也大约不至于批评我抄文章骗稿费。

1984年，阮老师带着学生奔波两天，到了现在已经名声遍天下的周庄，找到镇政府，表示愿意免费给周庄做一个规划。镇长不含糊，说：“你们从上海老远跑来帮助我们，知道你们是好意，但是我们许多人认为不必要。你们同济大学自己搞研究搞教学，我们嫌烦，你们这次做好了就不要来了。”更叫人伤心的，是昆山县的县委书记对人说：“同济大学什么阮老师到周庄搞规划，要保护古镇，这是保护落后，不搞发展是错误的，你们不要支持他们。”保护文物建筑就是妨碍发展，就是坚持落后，这不但是1980年代常有的观念，就是到了现在，这种观念也没有改变，时时会从官员们甚至学术工作者嘴里说出来，我们也听得多了。

更有趣的是1985年春季阮老师到了江南水乡极漂亮的黎里古镇，找到镇上的领导干部，表示完全义务不收一分钱给古镇做个规划。不料，镇上的什么长官说：“我们怎样建设由镇上说了算，不用你们来过问，老街古宅没有必要保护，妨碍现代化的一律要拆除。你们这些知识分子脱离实际，到我们这里来搞什么教学，我们不欢迎。”阮老师还想说点儿道理，这位官员斩钉截铁地说：“我们很忙，你们不要来干扰我们的工作，我们不欢迎你们，请你们离开。”不容阮老师再开口，镇长先生竟用双手把他们推出了门。并且在院子里向办公人员喊道：“这几个上海来的老师，食堂里不要卖饭票给他们，不留饭。”那个时候街上还没有卖饭的，把老师和同学们气得掉眼泪。“后来再去其他两个镇，同样也大败而回。”这一段故事可以当电影脚本用。

“知识分子脱离实际”，这是20个世纪伟大者留下的“思想”之一，他早就说过，对这样的知识分子就是要“不给饭吃”。这位镇长先生不愧为“好学生”。

类似的遭遇我们也经历过，不妨再插进几句来说说。那是1991年，我们到浙江省的诸葛村工作，村民们待我们十分热情，但是，几天之后，市里接连来了几个干部，板起脸来审问我们，终于把我们赶出了三块钱一天的供销社小旅店，要我们住到一间八面透风、满地鸡屎的拖拉机房里去，那已经是11月底，寒风很硬了。幸亏一位村民见怜，叫我们到他家没有完工的新房壳子里去住了几天，我们才完成了调研工作。十年之后，当时的村支部副书记才告诉我们，把我们赶出小旅店的那天，市里来的那几个人是备着铐子的，因为不慎说了一句大话，被我用一句更大的大话唬住，才没有敢下手。这次遭遇足可以写一篇小说。

本来是要写阮老师的书，给我激动得竟掺了私货，跟着附带上了我们工作的一些情况，这倒不是为了沾光，而是为了说明，在我们这个三千年前出了一位“后无来者”的孔老先生的国度里，愚昧和骄横依然那么普遍而有力。

再往下写，我的私货就掺和不进来了，因为阮老师勇于也善于跟愚昧和骄横做斗争，而我们却绕开了。在这本小书里，他反复多次写到知识分子的“责任”，我很佩服，也很惭愧。

例如，“传来消息说”，乌镇要“开膛破肚”，在茅盾故居旁边开辟专给“首长和外宾”使用的停车场，“我知道后，很着急，第二天就赶到乌镇去，镇政府正开会研究如何开路（通向停车场）的事，我们冲到会场，陈述了利弊，这个会被我们搅散了”。但他还不放心，立即“专程上北京找到罗哲文、郑孝燮两位专家”。是“第二天”呀，是“立即”呀！是冲到会场呀！是赶几千里路到北京呀！为了抢救古镇，有几个人能这样行动？

大学教授，在当今中国社会里地位不高，影响不大。实际工作中，能起的作用远远比不上一个乡镇的什么书记。有几次，我在县里软声软气说了几句劝阻地方官破坏文物“打造”靠不住的摇钱树的话，立即遭到白眼，成了“什么狗屁”！可是，阮老师当真争取到了几位地方领导的支持。例如，1999年5月，湖州市政府聘阮老师为顾问，他就在受聘会上放炮，批评湖州市领导“把湖州这样一个具有丰富历史遗存的美丽水乡城市变成一个没有特色的平庸的城市。现在优美的古镇南浔，送上门来的世界遗产，还搭足了架子不理睬（他们不感兴趣，反应很冷淡），对保护历史文化，对合理建设城镇毫无认识”。他很干脆地说，聘他做顾问，他就要过问这件事。在场的市委书记坐不住了，当面把南浔镇长找来，这才达成了保护南浔古镇的一致意见。

阮老师很清醒地看到，乡镇文物建筑群整体的保护，困难主要来自两个方面，一个是干部的认识问题，“乡镇领导干部大多文化不高，……觉得没有必要做什么规划”，“有了钱就要反映社会主义新农村面貌，于是拆了老屋建新房，仿照城市中的样式开大马路、造大楼房”。因此对送上门来做规划而“不收一分钱”的同济大学师生们很不理解，“非常冷淡”。更糟糕的是地位更高，权力更大的干部，如市长，也有不理解文物保护意义的，例如1996年的遵义，做了个规划，要把遵义会议旧址周围的房屋全部拆光。评审的专家们“大惊失色”，要求整体保护那条老街，“但是当时的遵义市长不以为然，认为老街破旧，要旧貌换新颜，要尽快地显示政绩，很快就把老街拆光了”，改建了一批假古董。建设部和国家文物局专门发文件批评这次错误事件，但这位市长却立即“得到上级的赏识和提升”。这是一出荒诞剧。市长的上级，官阶可不低呀！他会有大量下级在地方掌权呀。

另一方面，就更加难办了，那就是地方干部们和他们的上级，早已经跟开发商达成了协议或默契，有了利害关系。最叫人伤心的就是福州“三坊七巷”的横遭破坏。三坊七巷在福州的市中心，街巷完整，不但有大量明、清两代的房屋，更重要的是有林则徐祠堂、陈宝琛和邓廷桢的故居等有重大纪念意义的建筑。阮老师们很早就给这块大有历史文化价值的宝地做了个保护规划，但是，福州市主管官员找港商进行城市开发，觉得名城保护会添许多麻烦，把阮老师们做的规划废掉了。“1993年，港商来福州大规模进行房地产开发，看中了三坊七巷这块宝地”，开发商当然会看中三坊七巷，因为它正在市中心最好的地段，是黄金宝地呀！他们也做了个“规划”，只把已经确定要保护的几幢明、清民居保存下来，而把周围其他的民居都拆掉。在这块地段“四周盖一圈38层的高层住宅，小区中央设计了一幢巨大的中央商场”，阮老师说：“这个方案只为了满足开发商出房率的要求”，而使保护区完全失去了意义。阮老师和一些专家一起，虽有媒体的支持，仍然“并未能阻止福州市对三坊七巷的破坏”，坊、巷拆掉了不少，幸而由于缺乏资金，周围一圈高层建筑只造了八层就撂下了。到了2000年，福州市又打算改造三坊七巷。港商认为赚不到多少钱，境内的房地产开发商经过精打细算，认为只有把三坊七巷全拆光都造成高层楼房，才可以投资。阮老师正巧在福州，听说这件事，赶紧找到主管的副市长，打算阻止这项缺德的开发。不料，副市长一开口就堵住他的嘴，说：“这件事你不用来管，上级领导部门已经定了，没法改变了。”于是，阮老师不得不到中央电视台去上“实话实说”节目。这事影响不小，一个月后建设部出头找了福州的官员们来商量，阮老师也参加了。福州市领导说：“改建是为了改善居民的生活，……这块地已与港商签订了协议，预付的款项已经支用，不开发房地产无法还债，所以势在必行。”这叫什么道理？做错了事不但不改，还要赖上更进一步的错误来“弥补”。港商卡住了福州市的喉咙了？不把老祖业赔尽就不行了？阮老师不让步，再次发言力争，最后建设部长拿出了国家的文物法、城市规划法和福州市总体规划来，指明福州市的做法是违法又违规的。这样，三坊七巷才侥幸暂时逃过了一劫，阮老师说：“后事如何还得拭目以待”。

这一件开发公案的幕后主角是“港商”。还有一些开发公案的主角则是“特种”关系户，例如昆明文明街的拆除。昆明是国家级历史文化名城，文明街是这个历史文化名城经过几年破坏之后侥幸遗留下来的唯一一条老街，是这个历史文化名城最后一点“历史文化”痕迹。但是，1998年，“这一地区已作为房地产的开发项目，老房子将全部拆除，已有房地产公司进行了实地勘察，制定了规划设计方案，拟定于当年年底开始实施”。这又是一件有法不依的公案，可又是碰巧了，阮老师正在昆明开全国历史文化名城会议，于是，他去找了昆明市的规划局长，这个局长又恰巧是阮老师的学生。他告诉老师，规划局也不同意，“但市里不让他们管，他们也无法管”，因为开发商是省里主要领导人的亲属，既然“开发商是通天的”，便并不需要规划局批发用地执照，所以“市里也无能为力”。

好一个阮仪三，他又跳出来干预这桩公案了。他当即写了一份呼吁书，在那个有云南省长、昆明市长、建设部长和国家文物局长出席的全国历史文化名城年会上宣读了。机缘巧合，这个呼吁书不能不起作用，于是，昆明的文明街总算保了下来。阮老师就这件成功事件写道：“历史文化遗产的保护是政府行为，是一种维护法律、维护国家和人民长远利益的公益性活动，而房地产的开发是商业行为，以获取利益为前提，要房地产开发商去保护历史遗产是不可能的，这是（他们的）本质所决定的，所以要政府的干预和管理。……福州三坊七巷和昆明文明街，政府在处理这些问题上都有许多内情，实际上是利益的取向和对文化的认识。”

福州的三坊七巷和昆明的文明街是很典型的例子，全国许许多多城市和乡镇的建筑文物惨遭破坏，“内情”大多和这两处相仿。在这种情况下，法定的“主管单位”不是无能为力，便是“身陷其境”，掺和了进去。怎么办呢？阮老师喊出了一句：“我们这些专家有责任来督促和提醒。”照道理说，任何一个中华人民共和国的公民都有督促和提醒之责，不过，专家们当然更应该有“责无旁贷”的自觉。“做了过河卒子，便当拼命向前”，岂能袖手旁观。可惜，在阮老师的记述里，我们多次看到，有些名声地位都高于阮老师的“专家”甚至身当其位的官员，却往往退缩一步，只是鼓动阮老师打前锋，自己扮演一个“跟进”的角色。这是国情，我们也无可奈何。但是，这“退一步则海阔天空”的人生哲学耽误了多少大事，当初“破四旧”的时候，怎么偏偏漏掉了这个误国误民的传统“人生智慧”，没有把它批倒批臭呢？这大概是因为另一个最高“思想”，便是人人应该当上级官员的“驯服工具”起了作用吧！

我没有见到过阮老师，不认识他，从这本《护城纪实》看来，他是一位有担当的人，有责任心的人，是一位拍案而起的“行动派”。书里写到的事情，都是他亲历的，而且是一旦知道了什么破坏历史文物的臭事，便挺身而出，立即投入“匹夫有责”的斗争中去，不会推推躲躲，拖拖拉拉。

阮老师的这本《护城纪实》，每篇写一件事，每件事都是他的行动，每个行动都透露出他的责任心和实干作风以及他的“斗争智慧”。其中，最有噱头的是写他为反对地方政府修建一条可能破坏周庄环境的公路的经过。不妨摘要写在这里，请大家看看。1998年年底，这条公路已经定位放了线，周庄镇长告诉了阮老师，他立即表示反对，“但苏州市没有理睬”，虽然他这时已经是苏州市的城市规划顾问。1999年9月，公路已经动工，他写了封信给苏州市长和主管城市建设的副市长，希望改变线路。传回的消息说：“照原方案施工。”2000年1月，公路开到了周庄镇边，垫好了路基，阮老师不得已给江苏省委书记和省长写了信，也抄送给了苏州市长。反应是：主管副市长下令交通局、规划局、环保局、旅游局和园林局的局长到周庄实地考察。他们回去写了一份报告给市长，说这段公路对周庄古镇没有影响。但他们同时给阮老师打电话说：“你不要见怪，我们是奉命行事。”市长接着又叫市人大常委和政协常委去考察，结论当然也是“奉命行事”式的。阮老师写道，下级为了保护自己的地位和利益，当然不会顶撞领导关照的事。于是他给江苏省领导接连写了三次信，可是都没有作用，连回话都没有。2000年3月，阮老师在全国历史文化名城保护专家委员会上说了这件事，并且把周庄镇长请到会上说明利弊。到会的专家一致反对这段公路的选线，要求建设部和国家文物局干预。建设部随即拟了一份文件下达江苏省建委。省建委派了一位副厅长到苏州调查，他提出一个折衷方案，主题是“路已经开了，只好让它通”，然后拟了一些靠不住的承诺。阮老师仍然坚持原意见不松口。2000年7月，苏州市召开苏州古城区规划评审会，阮老师又在会上提出了这件修路的事。与会的全国历史文化名城保护专家委员会主任周干峙院士和阮老师一起找到苏州副市长，他承诺“将此路暂停”。但是工程实际上一刻也没有停，2000年9月，浇上混凝土路面。次年开春，苏州市召开“三讲评审会”，市领导严厉批评周庄镇镇长不服从上级领导，要追查责任。镇长私下对阮老师说："我们决不能把古镇环境丢失在我们手中。"2000年11月，联合国教科文组织的专家们考察了周庄，对那段公路的建造"觉得惊讶，不可思议"。接着，上海和中央的各种媒体报道了这件修路的事。其实，早在同年3月，上海《城市导报》和《建筑时报》也曾经报道过周庄修公路的事，苏州市副市长在报纸上批了几个字，是"不吃这一套"，真有要当"烈士"的气概。阮老师说：这位副市长是要"表示其权威性和霸气"。对这次11月的舆论热潮，苏州市领导于12月底通过上海市宣传部门向新闻单位"打招呼"，要求停止有关报道，不准再做追踪。并且说："阮教授危言耸听，要出风头，在周庄开路问题上大做文章。"并且苏州准备要召开记者会澄清情况。看到这里，我心里厌烦透了，文物建筑保护的理论并不复杂，并不深奥，官儿们个个人精似的，会听不懂么？会想不透么？都不可能。而且我心里又很紧张，也很沉重，我深知官儿们在我们国家的权威，阮老师一介书生，能坚持下去么。但是天佑我材，他坚持了，他成功了。我们大家一起舒一口气吧！

我同时也敬佩同济大学建筑学院，20世纪八九十年代，阮老师满腔热情去抢救文化遗产的时候，常常要"只尽义务、分文不取"地给人家做规划，而全部费用都由同济大学建筑学院承担了。好大气。这就是学校主持人的眼光和胸襟。我羡慕企盼之至。

最后，我不能不坦白，读这本书之前，我对阮仪三老师有点儿误解。是什么呢？我到他工作过的村镇里去，常常能见到一些不地道的东西，拆掉了些什么，假造了些什么，乱建了些什么，不免心里不高兴。向当地的主管人问问，他们总是简单地回答："阮仪三做的规划。"看了这本书才知道，规划虽然是他和他的学生们做的，但那些败笔，那些违反文物建筑保护和文化城镇保护原则的烂污，却大多是在做规划前就有了的，或者是后来违反了规划而做的。他反对过，他防止过，都没有成功，责任不在阮老师，他反倒承担了"冤案"。我很惭愧我过去的粗疏。

附记

这篇杂记刚刚写成，2008年8月26日的《新京报》在“核心报道”版上就发表了一篇“北川重建畅想：三年产值翻三番”，“以大爱为重建主题，规划建设世界级的‘爱心园’和年产百亿的工业园”。这报道占好几栏，很大的篇幅。

报道的主角姓陈，他的头衔有：北京创意村营销策划公司董事长，中国策划科学研究院院长，联合国交流合作与协调委员会（CCC/VN）特聘策划专家。凭这些头衔，他在北川又弄到了“重建发展顾问”的头衔。

陈某人“以大爱为主题，对新北川县城进行总体品牌定位。他为北川设计出五张名片：‘大禹故里，大爱之城’，‘生态绿园’，‘未来硅谷’，‘中国首善’，‘世界爱都’”。他还说：“北川将成为一个世界性的旅游目的地。”

报纸发表了他的两个规划方案。第一个规划是建设“世界级的爱心园”；第二个规划是“爱心大道连接新旧城”。“爱心园”的规划是陈某人从北京、天津等地“召集”了七位“点子大王”组成的“灾后重建爱心创意专家团”策划的。

“爱心园”设在北川老城一侧，以玉皇山顶的圣坛为中心，“圣坛的建筑形式融合了羌族风格、汉式皇家祭坛形式、玛雅金字塔形式。塔高及台阶数应与地震死难人数有关”（注：我记得这数字大约是八万）。此外，还有一座高51.2米的“大爱碉楼”和一座12层高的“爱心圣塔”。51.2米是呼应地震发生的5月12日，12层高大约也是类似的凑合，或许那个塔是五边形的？陈某人“还想创作一尊女神像，高度不低于美国自由女神，取名为大爱女神”。“力争在2010年以前把北川建设成全世界著名的大爱文化传播圣地，羌族文化特色旅游目的地。”时间只有两年。

第二个规划我不再介绍了，差不多的“神”。

至于“点子大王”们的“产值翻三番”和“年产值百亿”的“创意”则没有具体刊出。其他的我也不介绍了。

《新京报》是很认真并且很兴奋地发表了这么一篇很长的报道的。

如此创意、点子和打造！这些董事长、研究院院长和策划专家，他们就是“中国式”市场经济必然的弄潮儿吗？八万人的生命，多少家庭的残破，就是他们抓住的“机遇”吗？不论历史多漫长，汶川的事故还是叫人悲伤！

（原载《建筑师》，2008年10月）

（一一〇）

近二十多年来，中国建筑界曾经一波又一波地闹腾过许多“理论”，我年老昏聩，记不全已经有过些什么了，只好举几个脑子里残存的写出来：有社会主义现实主义，有禅学、语言学、符号学、形象思维、性心理学、场论、高技派、后现代哲学、后后现代哲学、解构主义、解解构主义、诗学。最近似乎又陆续出了几个“主义”或者几个“学”，我记不起来了，因为我已经没有精力和能力去拜读了。勉强去读，也是像幼童时期读孔老圣人的语录那样，一只手指头按着一个又一个的字，嘴里喃喃地念，念完了，脑子里没有一句整话，只觉得头晕。例如最近趁国学之风冒出来的那个“道可道，非常道”的“道家”建筑理论：“推动一件事情的进步，并不见得一定要在它进步的方面上实施一个推力或者是拉力，而是可以在任何方向上产生一个力，然后让社会生命体产生它自己的内力、反应，并使它们朝着一个进步的方向走。”我不知道有几位年富力强的朋友能扛得住这样的折磨。

我学术底子薄，弄不清，这种现象究竟是建筑学扩大了理论天地，丰富而又深刻了呢，还是建筑学太贫乏，被各种“主义”乘虚而入，占领了本该属于它的理论天地。

玄奥的高水平论文，看不懂就看不懂吧，我退休都二十年了，不碍事。那就看些浅近的文章消遣。

昨天，2008年9月4日，晚来读《南方周末》的“民生”版，这一版的眉标是“在这里，读懂中国”，所以我爱读。这一份，在它的“名人谈民生”专栏里，发表了著名演员濮存昕口述的“豪华剧院为谁而建？豪华为本还是观众为本？”编辑先生在头前的提要里说，濮存昕批评“各大城市的剧院越建越豪华，其设计却常不为普通观众考虑，只在乎‘文化地标’的外形。他认为剧院应回归到它本身，最普通的民众，也应有权利到剧院去观赏艺术”。

这篇访谈录主角不是建筑业的人士，他不讲深奥的哲理，平平实实说来又渗透着哲理，这样的文章，当今建筑界的人多数是不屑一读的，但他打中了我的心，我倒觉得，我仿佛从《南方周末》找到了我久违了的专业园地，也找到了一位专业的同道。《南方周末》订阅的人并不很多，所以我把它的摘要抄在这里，给建筑界的朋友们看看，濮先生大概不致反对吧：

> 现在到新世纪，国家大剧院出来了，上海大剧院、杭州大剧院等等全国几十个新修的大剧院都出来了，按说我们是什么好剧院都有了，可是这些外观奇特、造型新颖的大剧院，这些城市文化地标，投资巨大，装修豪华，却不是演出的最佳场所。
>
> 就说说梅兰芳大戏院吧，它的剧场分为三层，第一层观众得仰着头看戏；第二层最合适观看，还设了5个包厢；第三层高空俯视看戏。但这个剧场的设计者还能够在两侧的墙体边设一些座位搞了个四层。我相信，剧场有一层足够了，我不相信二层是最佳看戏的位置。
>
> 再比如国家大剧院，那么豪华，外面停车场很大，中央大厅很大，供观众休息的地方太小了，早到的观众只能坐在台阶上。而且剧院里的空间那么大，卫生间却非常狭小。进剧场，舞台空

间非常大，台下的座位距离非常紧逼，很不舒服。

而且你相信吗？它的剧场VIP二层居然和舞台没有通道。我们演出结束后，首长接见我们演员，我们只好带着妆穿着戏服，逆着观众去见首长，太费劲了。

再比如音乐池，在演没有乐队的剧种的时候，比如话剧，前排的观众是看不着演员脚面的。戏曲表演的演出，特别重视手眼身法步，你正面看不到脚面，要侧过来才能看。如果这个舞台能够沉一点，让观众席有最佳的角度就好了。

国家大剧院一层看戏间距还算舒服，到三层就跟壁虎一样看戏了，看一场戏下来，累死了。

现在很多剧院的剧场演歌剧合适，演戏剧太大了，大了以后，一些静态、细致的东西不太容易传出去。真正演戏剧的剧场，我觉得观众应该在一千人以下。超过一千，我们就对不起坐得远的观众。

观众是戏剧的终极。只有观众最终的参与，和我们一起创造，戏剧才完成了。观众怎么看这台戏剧，观众坐在什么角度上看，怎么样能够看戏最舒服，这是很重要的。现在我们的设计是只为中间、正中的观众服务的，边上的观众就有损失，如果二层和一层间距高了，观众就只能俯看，感受就会损失很多。舞台离观众距离太远，就影响不了观众。……

“他们没有心思做重要的内部工作，把精力都花在剧院的外形上，把剧院当作是一个标志性建筑。”这句话显出濮存昕对建筑的“非专业性”来了。“标志性建筑”现在已经简化成了“地标”，据说这是网络改造语言的成果之一。至于“地标”这个词是不是够明确，够精确，那就不必细究了，迷离马虎，这才是“时代的语言”。咱们还是接着往下看：

我们建新的剧场或改建剧场的一个标准应该是什么？第一是专业性：一个剧场功能除了专业化、现代化，应该非常实用；第二应该从观众的角度去体会这个剧院，从专业人士的角度去体会剧院的后半部。这种体验，是建设者和设计者必须完成的。

但从许多现在建成的大剧院来看，显然业主和建设者、设计者都没有为观众和演员这样做。不管是我们的地方领导，还是负责的文化官员，他们没有心思做重要的内部工作，把精力都花在剧院的外形上，把剧院当作是一个标志性建筑，和那些商用的高楼大厦一样，就是个普通的城市地标。

（瞧瞧，“地标”来了，他不外行。）……

我很担心，这些豪华的剧院，它是为谁建的？它们能够有那么多的演出吗？显然不可能。谁是它的主人？我知道它们的命运大部分将是终日闭户。我期待着它们的管理方能够为观众着想，提供好的服务，让它真正打开大门，让每个普通老百姓走进去，丰富人们的精神生活。

濮存昕说的这些情况，本来是咱建筑界最应该非常敏感地抓住的话题，不知为什么，这类话，近年来似乎听不到也看不到了。或许是我看杂志太少，交往也太少的缘故吧，问问别的吃建筑饭的朋友，也都说很少见了。这就不免有点儿不正常。建筑界不说这类话题，不外乎两个原因：一个是大家早就全都明白，一贯认真对待，不必再多花时间和精神去啰唆；另一个是，如今大家对这些问题都已经完全失去了兴趣甚至感觉，陌生得很了。既然濮存昕指出了近日新建成的剧院，那些花了大钱建造的剧院，有这么多最起码的功能问题，可见这第一个原因不存在，那就只好据第二个假设推断：建筑界对建筑的功能性问题已经很没有感觉了。据“道家”的说法，“表皮建筑”或“表层建筑”，“在今天看来，是有着属于它的更深层的意义的。简单来说，现在许多建筑师的作品已经摆脱它的实际功能了”。“摆脱”，多么潇洒。

濮存昕，还有我，多么老土呀。还在说公元前1世纪书上的古老话。建筑师早已经超越尘缘，追求更深层的意义去了。这深层的意义又是什么呢？“道可道，非常道”，咱们别再说了，待一边去吧。什么“普通老百姓”的“精神生活”，笑掉大牙了！

不过，这位“道家”的话未免太不知道天高地厚，自以为是，其实“道家”在修炼到可以“辟谷”之前，还是要靠别人喂养着的。什么人养他们？就是那些追求造“城市文化地标”的人，那些当权派！他们是不必考虑“让所有的观众都能够欣赏到高质量的演出”的。

*

濮存昕上面讲的是建筑的功能质量问题。如果有几位建筑师或者建筑学学者还记得我们公家造房子的方针是“实用、经济、可能条件下注意美观”的话，恐怕我们是不能回避建筑的经济这一个大问题的。可惜，这些年似乎大家已经忘记了那个建筑方针，或许是我不大留意时事，这个方针是不是已经撤销了？

造房子不能不考虑经济力量的大小，考虑这经济力量属于谁和什么权力能掌管这些经济力量。这几乎是一个不言自明的道理，从乡下老农到皇帝老子都懂得。咱们“市场化”了之后，老百姓有钱的，就买别墅，买豪宅，买大户型；钱不够的，就买经适房。再缺钱，就到“城乡接合部”去租一间农家余屋。如果买了一套中等房子，接着就是搞装修，一个子儿一个子儿地计算着做。什么样的墙，什么样的地，都根据自己有多少钞票来定。没有哪个人傻帽儿得把几个月的饭钱用来买一套最牛的进口沙发。

但是，这个人人都明白的道理，一遇到“公家”出钱的事情就全不管用了。于是，凡共和国的公共工程，从来就讨论不清什么样的建筑合适。只要管事的人一表态：这钱出得起，于是建筑设计就失去了一条很重要的优劣标准：经济！一个贫困县，十来个工作人员的衙门，能造一幢十几层的办公楼。这样的新闻隔三岔五就能在报纸上见到，也不知是批评还是提倡、推广。何况工程一动，随时可以追加预算，没有人对这一点承担责任。“实用、经济、可能条件下注意美观”，这建筑方针的三条剩下了两条，就像挺稳的三脚架丢掉了一条腿，横竖都站不住，摇摇晃晃，就看有权的人怎么说了。其实，那个建筑“方针”，本来便是专为社会主义制度下公家出钱造房子而定下来的。如果私人或者专制政权花钱，那么，“方针”里便不必提“经济”而提“坚固”就够了，像古罗马的维特鲁威在公元前1世纪提出来的那样。方针的这一个变化，是20世纪50年代便说清楚了的。

濮存昕说：“从国家到各省市到地市，现在都在建设自己的大剧院，投入资金越来越大。北京国家大剧院的投资是26亿，重庆大剧院投资15亿，上海东方艺术中心投资11.4亿，广州歌剧院投资10亿，武汉琴台大剧院投资10亿，杭州大剧院投资9亿，河南艺术中心投资9亿，连地级市的宁波大剧院也投资6.19亿，广东东莞大剧院投资6亿。”这位出色的演员不会是傻瓜，但是他“想不通”。“想不通也得通”，这是三四十年前的老话，现在说，通不通由你，干不干由他，谁也管不着。那个上梁不正下梁歪的中央电视台大楼，有资料说糟蹋了一百多亿元人民币。这座多花钱少办事的大楼也许砸不死人，但它砸伤了多少人的心！也砸晕了多少人的脑袋瓜！是邪，非邪，谁来评说？

现在许多文章里爱引艾青的一句诗：“为什么我的眼里常含泪水，因为我把这土地爱得深沉。”爱土地为什么就会出泪水？因为爱土地就意味着爱农民。爱农民就会出泪水吗？艾青那时候会，现在也还会！为什么？因为农民过去苦，现在有很多还苦！

我带学生下乡进村做研究工作，一次住十几二十天，大部分情况下是在农家住、农家吃。有一次，在福建，一位同学生了点儿小病，我带他到村里唯一有几种药可买的小店里，店主拿出一些药来，我一看，有效期已经过了十年。十年呀！店主笑笑，说：“农村嘛，就是这样子！”

前些年，政府办好事，推行正规化的义务教育，想不到农村里有些孩子却因此辍学。为什么？因为一搞义务教育，就要提高教学水平，正规化，只得“撤点并校”。学校少了，有些山村的孩子要走一二十里路才能上学。小小孩子，怎么行，只好不上学。于是，政府再办好事，学校可以寄宿。但那些小孩子还是来不了。为什么？因为没有自己的铺盖，也交不起伙食费。我们跟家长聊天，他们说，一个小鬼，养在家里，不用花钱，不知不觉就长大了。如果吃饭睡觉要花现金钞票，那就拿不出来。我们熟悉这种情况，山村孩子，有许多就是在奶奶被窝里睡觉的，哪有自己的铺盖。没有铺盖，怎么住校，何况还要伙食费！

我们在陕北，喝过村民的黑豆汤，很稀，一大锅水里熬着一把砸开了花的黑豆。农闲时节，就只喝这汤过日子。在山西，煤矿区里，汽车路边就能看到多少矿工们的“巢居”和“穴居”，跟几千年前的大概不大会有多大差别，因为它们已经简陋到底了。

所以，当我看到我们的城市里一些用多少多少亿的钱造的“有重大意义”的什么建筑物的时候，我很不能理解！我不在乎它们的形式如何，设计人是哪个国家的，我也多少在建筑杂志里见到过当代世界上流行一种争奇斗怪的新潮，也就是“道家”的“表皮建筑”。以当今的结构技术，几乎什么样的建筑都能造得起来，但我毫无兴趣。

没有什么建筑理论或者社会思潮可以说服我接受那些用公家国库钞票堆砌起来的“创新”的建筑，造在当今我们的土地上。我为我们的土地流泪，因为它现在还承载着许多没有摆脱贫困的农民，我熟悉他们。他们也是国库的主人。我不怕我们的什么有重大意义的建筑物平常一点、朴实一点。当今有些比我们富得多的国家，在规划设计这类建筑物时候的第一条原则便是节约，甚至其中有一些或一部分是临时性的，时过境迁就可以拆掉。而我们的奥运会建筑连国际奥委会都觉得花钱太多了，曾经要求我们“瘦身”。

当一些建筑师们和作为某种“喉舌”的媒体眉飞色舞地陶醉于中国建筑终于融入了世界潮流，达到了世界水平的时候，他们可曾想到，外国的那些奢侈的“新潮”建筑是私营企业花钱造的，我们的这些“世界级”建筑却是用“国家”的钱造的，而我们国家的主人，一多半是农民。

我们为什么不看一看世界建筑界更普遍、更大量存在着的求真务实的一面而只看那些富得流油的国家，甚至用包括农民在内的国库主人的钱跟他们企业主的奢华浪费“别苗头”！即使在那些富国里，大把花钱的建筑也不是一哄而上、成群成堆的，而我们的平均国民收入只有世界平均数的1/26。抛开这个基本国情去谈什么建筑的这个那个的世界意义，真是怪事一桩。我们的农民的生死完全不在建筑师的价值观理论范围之内了？也不在拍板者的考虑之中了？

抄一首宋初诗人郑云叟的作品给大家欣赏：

美人梳洗时，满头间珠翠。
岂知两片云，戴却数乡税。

*

当今外国杂志上是在流行一种非理性的、纯以造型之奇特为主导的建筑设计，这牵涉到建筑的“美观（造型）”问题，是在经济发达到一定水平之后当然会出现的一种纨绔子弟的罪过。说它是罪过，因为他们浪费了应该由全人类享用的有限的不可再生的自然资源，这资源不仅是这一代人的，而且是子子孙孙的，现在由一些“先富起来”的人们在糟蹋，这种糟蹋便是对后代人的掠夺。我们远远没有“富起来”，但祖传的虚荣心催使我们失去了理性，也投入到了子孙的掠夺者的行列。

全世界，包括我们国家，都已经承诺，要节约有限的地球资源，要保护自然生态环境。但是，近几年，我们见到的，在建筑工程上的表现，却是在向反方面飞奔。连最起码的、前几年刚刚颁布的对玻璃幕墙面积的限制都没有做到。当今是玻璃幕墙越来越多，面积越来越大，冬冷夏热，要用多少能量来跟大自然较劲。钢铁呢？在设计中不是设法去节约它，而是拿它来大量挥霍，把几十层的大楼房悬挑出七十米，要费多少钢铁？但是“道家”却说它是“有功德的，对中国的进步是有里程碑意义的”。这走的是自杀性的路程，只有罪过，哪里有功德！鸟鹊搭窝，用的是断枝残叶，我们却用钢铁！钢铁的冶炼要大量用煤，而我们这片国土上，煤矿事故不断，以致冶炼钢铁投入的还有工人的生命和他们妻儿老小的泪水。

我不是一个犬儒主义者，说着说着就要走回原始社会去。但用消费促生产，用生产促发展，都应该有分寸、有长远的考虑和规划。

我一向主张建筑设计要创新。但创新不能走火入魔，不能抱着“只有想不到的，没有做不到的”那种狂妄的态度。要尊重人民，要尊重生活，要尊重未来。

在国际性的竞标中，某些中国人在文化上缺乏自信，业务上更跟不上世界潮流，成了老土，看到外国人搞的仿佛“前无古人”的设计，就失去了自我意识，草率“吹捧”，以表示自己对世界、对潮流的理解和包容，从而提高自己的“档次”。其实，当今的世界五花八门，试看目前正在威尼斯举行的国际建筑创意双年展，主题却是环保和节能，很有忧患意识，并不提倡一个赛过一个地花钱。

而且，那些当代烧钞票的洋玩意儿也并非有多少崭新的“创意”。早在俄国十月革命前后，整个欧洲的文化界都掀起了“左”倾的浪潮，反体制的未来派、立体派就抢占了造型艺术的舞台。在革命的激励之下，俄罗斯的一些左派建筑师怀着“把旧世界打它落花流水”的激情，抛弃了建筑创作的一切传统和惯例，掀起了象征主义和构成主义之类的狂热，伙同造型艺术一起，力图创造崭新的“无产阶级文化”，主张所有的建筑设计，都应该使用当时最新的材料和最高的技术，所得到的建筑形象都应该是“前所未见”的。甚至还在十月革命前的1909年，极左的未来主义者提倡“工人阶级的机械美学”，主张把机械的形象直接搬用到建筑上来。十月革命刚刚胜利，1919—1920年间，苏俄建筑师塔特林设计的第三国际办公大厦，塔身有三大块，悬挂在一副叫作“无产阶级的脊梁骨”的螺旋形钢结构上，每块都会旋转，分别是一年、一月和一天旋转一周，说是表现了最新的“四维空间”观念。1922年劳动宫设计竞赛，大部分的方案都有象征性，把建筑的整体或者局部做成无线电塔、起重机、齿轮等等样子。同年，举行了苏维埃宫的非公开设计竞赛，西方的“左派”建筑师柯布西耶和格罗皮乌斯都参加了。柯布西耶提交的方案是一座很夸张的钢结构，尽力表现工业的力量，也就是工人阶级的力量。一时间，形形色色的“主义”层出不穷，但是由于技术和经济的限制，都不可能实现，仅仅是画了些“畅想”的形象而已。于是后来，就把它们统统叫作“未来主义”。到了20世纪之末，西方的经济和技术有了很大的进步，有些人便重新“发现”了这些苏俄早期的建筑设计，给它们出版了精美的大开本书，剔去了它们火热的政治内容而汲取它们无拘无束的想象力。那是一份兴奋剂，在“高技派”的设计中发生了很强的影响。当然，这种合流终于只能是“精神上”的，建筑不论怎么狂放，也和雕刻、绘画差之甚远，不可能那样自由。所以，苏俄建筑的范例一度再归于冷落。然而随着近来欧美经济、技术更进一步发展，尤其是电脑似乎成了无所不能的设计工具之后，一些超级现代化的建筑设计中又重现了早年苏式兴奋剂的作用，不过洗刷掉了苏俄当年狂想建筑的“革命”主题而只剩下了高科技崇拜罢了。这样的“创意”已经快有一百年了，比起当今严肃的环保和节能来，老掉牙了，什么新鲜！

建筑的形式和风格嘛，总是要适应建筑物的各项功用、适应材料和结构的限定性、适应人们的审美习惯的，当然，更要遵从节约能源和保护生态环境这两个人类万万不可疏忽的原则。建筑应该充满人文精神，它关心人的健康生活，肯定人的美好情感，抚慰人的心灵，给人以审美的享受，并且悉心保障人的长远发展。建筑师要有历史的、社会的责任感。“对人的关怀”是建筑师职业最光辉的一面，这才是“哲理”。那座CCTV大楼，亮给人的只有炫耀、蛮横和唯我独尊，纵使你有生花妙笔、如簧巧舌，你也改不了千百万人已经给了它的“大裤衩”徽号。

这叫“口碑”！不过，这个徽号还没有反映它对一大块地段视觉环境的破坏。

流行风总是流而且行的，早晚会过去。待这阵风过去，那些作品就只好陪着北京边上那座“福禄寿”泥娃娃形的“天子饭店”一起见证愚昧和霸道了。建筑是社会的编年史，我们有些建筑正在书写当今社会的破碎和缺乏责任感。

附记

这篇杂记在抽屉里压了很久之后，正要寄出，10月29日的《北京晚报·世界新闻版》刊出了头条新闻，大标题叫“美媒评出世界最丑建筑”。这条新闻真够新的，是头天，即28日，美国有线电视新闻综合了多个地区的民意，刚刚评选出来的。新闻的副标题点出了当选“世界最丑”的基本根据是“耗资巨大、设计怪异”。晚报刊出了九座建筑的简介，不知道是不是全部，其中八座附出了照片，以示其丑，六座标出了造价，以示其贵。这些既贵又丑的建筑中，有一些曾经在落成之初受到过很高的揄扬，例如伦敦巴比肯艺术中心，1982年落成的时候被伊丽莎白女王赞誉为“现代世界的奇迹”，苏格兰国会大厦曾被誉为“民主政治高飞”的典型，一时的辉煌而今都成了笑话。当年的社会主义国家罗马尼亚，在布加勒斯特造的一幢国会大厦，招来的批评是“其壮丽的大理石与木头材质与大部分罗马尼亚人的贫困形成强烈对比”。而贝聿铭设计的克利夫兰摇滚名人堂，设计人自认为是“大胆的几何图案”，咱中国建筑师应该都知道，简单的几何形确实是贝聿铭的设计标志，但“人们并不欣赏，很多人认为该建筑并不实用，而且同8400万美元的造价毫不相称”。

《北京晚报》的新闻里说：“这次美国有线电视新闻选出的世界最丑的建筑物中有5个与2001年福布斯选出的世界最丑陋建筑不谋而合。这些建筑的共同点都是花费巨大、试图建立当代甚至未来风格，但却被当地居民、建筑师视为‘怪物’。”咱们一些理论家们是不是太偏爱花费巨大，并不实用的“未来风格”的怪物了呢？道理其实很简单，用不着把话说得那么神！

（原载《建筑师》，2008 年 12 月）

（一一一）

两个人，相差刚刚十岁年纪，在少年时代和青年时代，玩不到一起，进入中年，便渐渐有话可谈；待到了老年，十岁的差距便抹平了，老哥们儿，彼此牵肠挂肚，是寻常的事。

1982年，我到罗马参加国际文物建筑保护研究所的一个学习班工作，前任所长英国人费尔顿还常常在研究所出入，和我们一起活动，那时候他六十三岁，跟班上的小青年们不大能十分融洽，我五十三岁，便成了他的朋友，七八个月下来，相互觉得投契，以后三十几年，每年五六封信的往来，赠书论学，渐渐忘记了几万里路的海天阻隔。再加上他好多次给我争取了免费参加国际会议的机会，会前会后，还能促膝长谈。费尔顿是于20世纪中叶成熟的文物建筑保护理论的奠基人之一，联合国教科文组织推荐的唯一的文物建筑保护教材的作者。就是他，在教材里把以《威尼斯宪章》为代表所阐述的文物建筑保护的价值观和方法论定义为文物建筑保护的“道德守则”。我和他的交往，就像灯芯草掉进了油缸，只一个劲地吸呀吸，我始终把他当老师。

2005年，事情开始变化，他的来信少了，年底来了一封信，诉苦健康状况不行了，最后一句是“你也老了呀！”第二年，等呀，等呀，直到年底31日下午5点钟的最后一个邮班，收到了他的信，一共三句话：第一句是祝愿我们的乡土建筑研究在2007年能有好的课题；第二句是索要一幅中国地图，标上我们工作过的地方；第三句说，他那只本来健康的右眼也出了毛病，已经动过三次手术。又过了一年，2008年1月5日，收到了他的新年贺卡，只有一句话：“我坐进轮椅里了。”整整一个2008

年，我照常给他寄我们出版的书，也按时节问候，但始终没有回音。我不敢多想什么，只强迫自己把牵挂集中到他的右眼。

不料，2008年12月22日，收到费尔顿妻子蒂娜的信，告诉我，费尔顿先生已经在11月14日去世。我心里一直嘀咕着的其实就是这件事，而不是真的嘀咕他的眼睛，但这件事终于发生了。蒂娜写道："我和一家人都十分悲伤，但这却是他企盼着的，因为他去世前十分衰弱，并且已经八十九岁高龄。"我已经能够理解，高龄而病重，真的可能是生不如死，我泪眼模糊地接着看蒂娜写道："我很宽慰，有那么多的人，尤其是他从前的学生，从全世界各地写信过来吊唁。本地的报纸发表了一篇长长的讣告。……追悼会将于2009年2月7日星期六中午2时整在诺威齐主教堂举行，是否出席，请通知。"

我怎么可能去参加这个追悼会呢，虽然满心愿意。于是，立即请年轻朋友找出费尔顿前年寄来的照片，拿去放大，准备明年2月7日挂到工作室的墙上，再献上一束鲜花。

在这封报丧信里，还装了一页写于2008年1月11日而没有寄出的信，信是用费尔顿的口吻写的，但显然是蒂娜的代笔。里面有一句话说：4月份心脏出了毛病，以致坐进了轮椅，并且咳嗽厉害。这个"4月份"，应该是2007年。蒂娜说费尔顿在去世前非常衰弱，就是这样的情况了。

*

就在2008年1月的信里，费尔顿爵士说了两段话，一段是，从我们寄去的书里看来，"浙江省的村子最美了，我希望它们不致为污染所害。我读报获悉，中国有一些地方污染得很厉害"。另一段是，"1982年和1984年，我到中国调研了六处世界遗产，它们是长城、紫禁城、周口店、莫高窟、兵马俑和泰山。我最揪心的是紫禁城的防火措施不足。救火车要花不少时间才能到达火场。我曾建议就在紫禁城里设一个消防站，不知道现在设了没有？"

这是一位毕生从事文物建筑保护的英国老人，在万里之外，坐在轮椅里，捂着心口，强忍咳嗽，对一个中国人说的最后的话。这两句话，既没有表达他深刻的学理，也没有表达他精湛的技术，但表达了一位文物保护工作者博大无边的胸怀，“只要还有三寸气在”，他就关怀着人类文化遗产的保护，不分它们属于哪个国家。文化遗产保护，是全人类共同的事业，是对人类历史负责的事业。这个事业要求一切从事的人有献身的精神，不可以一心追名、一意逐利。短短两段话，塑造了费尔顿崇高的形象。二十几年来，他一直坚定地支持我们乡土建筑研究和保护的工作，我知道他不为别的，就是只为了保护历史文化遗产，尽管这些文物他这一生不可能见到了，哪怕瞄一眼都不可能。

他为什么在给我的信里只提中国村落的保护和紫禁城的防火？因为这两件事都和我有关。

先说紫禁城的防火。记不清是1982年还是1984年那次他来考察，正好我被派去陪他，帮忙做翻译。那时候，中国刚刚从“文化大革命”的大破坏中出来，百废待兴，各方面工作还远远没有恢复，有些设施还十分落后，有些工作秩序还没有建立，这惹他揪心。他进了太和殿上上下下看了一眼，问：太和殿若有火灾靠什么发现？答：靠管理员眼睛看见。问：有几位管理员？答：一位。问：管理员待在哪里？答：坐在门口。他看见门口只有一张书桌，朝东，便问：管理员几分钟回头一次去看西边有没有火警。大家哑口无言。一位故宫的“干部”说：大约十分钟一次吧。他问：万一西北角起火，十分钟能烧到什么程度？有人答：这倒不知道；还有人答：烟气也能闻到。他紧逼一句：我要知道，等看到火、闻到烟，要烧到什么程度？大家都哑了。他却笑了，说：看来你们要等太和殿烧成灰才能知道怎么回答我。走出太和殿，他回过头来又问：管理员上厕所在哪里？答：在院外胡同。问：来回多少时间？答：大概十分钟吧。问：管理员上厕所，有人来替他吗？答：没有！他很不高兴地自言自语：管理人去上厕所这里便没有人管了，一天几次，每次十分钟！下月台走到大院里，他问：这里有防火栓吗？一个小伙子很兴奋地回答，有，有，过去就把铸铁井盖打开，给他看。他站到井口，问：压力多大？水量多大？没有人回答。又问：从这里到屋脊有多少米？还是没有人回答。他再问：这个院子里有几个消火栓？回答倒有，但更惹他生气，原来回答说只有一个。他说：这个消火栓的水喷不到屋脊上，差得远。而且，只有一个，管什么用！他看了看周遭，问：有消防车吗？答：有。问：在哪里？答：在外面什么什么地方。我记不得了。费尔顿又觉得好笑，再问：管理员发现火情，怎么向消防主管报告，请求消防车？答：打电话，再赶快跑去。问：跑多远？答：十分钟左右。他很不高兴地对我说，有了火情，十分钟才能发现，十分钟才能报告到消防站，你们倒不着急。边说边走，来到太和门前，看看门里门外的高台阶，说：你们的救火车会跳高吗？原来，不会跳高的救火车还真的是根本进不了院门，即使有消防站，有救火车，也压根没有用处。离开太和殿，上了宫墙，走到故宫西北角，俯首一看，一个大院子里堆着大批木料，十几位木工正在干活，刨花和碎木片堆了一地，更糟的是还有一个三脚架吊着个瓦罐烧开水。费尔顿老先生简直生气了，跺着脚说：这怎么可以，这怎么可以。指着筒子河说：河这边根本不许有明火！

那时候，一方面是“文化大革命”之后的拨乱反正刚刚开始，许多工作还来不及做；一方面，大概难以推托，有些管理工作也确实不够认真。我没有跟费尔顿说“文化大革命”的事，说了他也不可能听懂，只好由他生气。这种乱糟糟的情况给他留下的印象太深了，以致到了生命的尽端，他还念念不忘消防站。相信这几年太和殿等地方的防火一定大有改观，但我已经不可能告诉他了。我尽我的记忆写下那天的场面，写得很琐碎，仅仅是为了把费尔顿认真细致的作风传达给大家，作为一种纪念，或许，也还可以帮助我们进一步提高工作水平。提高总是没有止境的。

*

费尔顿先生也以他的实干作风关怀着我们的乡土建筑研究。当他收到我们最初出版的两本研究成果之后，立即来信说了三件事：第一，他拿着我们的书到伦敦大学的亚非研究院去，请一位精通中文和中国文化的教授看，共同讨论。他们的结论是，我们做的是非常有价值的工作，除了对建筑学的贡献之外，更是建立历史档案、补足中国历史学的一个方面，给回答中国历史里的某些问题提出了一个重要的探索途径。他们鼓励我们务必坚持干下去。第二，费尔顿先生说，干这件工作是要花许多钱的，在欧美，都由基金会支持。他问我，是不是需要他介绍几个基金会。第三，他准备找人把我们的成果一一都译成英文出版。他的信给了我们很大的鼓舞，我们把乡土建筑研究一直坚持下来了，没有受到发财之风的多大干扰。尽管有几位教授说我们不是疯子就是傻子，或者是没有本领干实际工作的人；甚至批评我们每年带些学生上山下乡是误人子弟。

费尔顿先生给我们联系了好几个基金会，最大的是盖蒂基金会，但我们把一大摞正规的申请表寄过去，答复却是：本基金会只支持国家级的大项目，你们的工作团队太小，工作规模太小，总之，一切都太小，他们照顾不了，劝我们另外找钱。费尔顿也来了一封长信，说，他是盖蒂基金会的评审委员，讨论我们的申请的会上，他说服了好几个委员投了赞成票，但是还达不到规定的数量。他说，事先他根本没有想到我们的工作组竟会这么小，只有三个人，他以为我们至少会有一个相当大的研究所，几十个工作人员。他说，三个人做这么多的工作，简直难以想象。

这以后，他私人先后给我们寄来了三笔钱，同时，给我们找到一个小小的基金会，也连续资助了三年。这个基金会的章程是每个项目至多连续资助两次，仗着费尔顿先生再三说项，给了三次。有了这几笔钱，我们才能一年同时做两个课题，一个成果交给台湾的龙虎文化基金会，报偿它的预支稿费，另一个在大陆出版，我们要交一大笔出版费。工作十分紧张，干得非常辛苦，但毕竟大陆的朋友们也可以看到我们的一部分工作成果了。可惜因此赶得太急，工作做得不够细致深入，也只能这样了，要做得细致深入一些，就会没有饭吃。虽然外国朋友对我们工作的意义评价很高，但我们自己人却看不上眼，冷嘲热讽，甚至当众斥责。我们毫无办法。

大概是1996年年底吧，费尔顿来信报告喜讯，说他和国际最大、最重要的文物建筑保护机构的主持人已经商量好了，把乡土建筑保护作为世纪之末的例会的主题，在北京开，推动世界各国重视乡土建筑遗产的保护。他们要求我们承当这次例会的主角，准备一个主题发言和一个大型展览，并且先琢磨出一个《北京宣言》的草坯。他说，忽视乡土建筑遗产，是世界性的失误，他们希望借我们的工作来推动一下。他还代这个国际机构草拟了两份分别致中国有关机构的建议，把草稿寄了来，叫我提点儿意见。这本来是促进我国文物建筑保护事业的大大好事，可惜，我们等了两年，国内国际双方机构都没有丝毫音讯过来。后来，1999年，这第一个推动乡土建筑保护的国际会议在墨西哥开了，会议的决议文件就叫《墨西哥宣言》。如果费尔顿的那个建议按原先的设想实现了，那么，国际上至今唯一的有关乡土建筑遗产保护的文件就会以“北京宣言”为名。咱们中国是全世界乡土建筑遗产最丰富、最有特色的国家，不知有关的决策者遇到了什么困难。这件事之后，费尔顿陪着续弦夫人到北京来做私人旅游，我们见了面，他说：“很抱歉，我没有能帮中国一把。”我的双眼一下子就模糊了。

至于翻译我们出版的书，伦敦大学亚非学院的教授认为只有和我们合作才能翻译，因为书里有许多古文、楹联、匾额，有许多地方性建筑的术语和民俗活动的记述等等，但是那样的合作对我们这个只有三个人的工作组来说，是难以承担的。因此，翻译的事也只好作罢。

为了我们的工作，费尔顿爵士承受了太多的无奈。但他在生命的最后一段路程上，忍着疾病的煎熬，还记挂着大气的污染是不是会损害最美的浙江省乡土建筑，记挂着紫禁城的防火设施有没有完善。这真正是一个学者、一个无私的文物建筑保护者的胸怀。他索要一张标出我们工作过的地点的中国地图，我想，毫无疑问，正是因为他多么希望看到那张图上一大片又一大片地标出，我们在那里工作过了！

无私地爱着的人一定有痛苦，因为并非一切都完美。我也有痛苦，因为，正如费尔顿爵士说的：“你也老了呀！”我怕，我怕不久之后在另一个世界里见到费尔顿爵士，不得不老老实实地告诉他：您在我们书里见到过的那些美好的村落和建筑，有许多已经零落如泥了。或许，或许我们师生俩老哥儿俩，会相拥痛哭！

（原载《建筑师》，2009 年 2 月）

（一一二）

坤亨：

关于诸葛村的保护工作，我近三四年来没有提什么重要意见，因为保护规划的重新修订已经委托给浙江省的专家了，我不想干扰他们的工作，只偶然就眼前所见说些料想他们一定会同意的建议，比如拆除北漏塘东岸的钢筋混凝土的仿古商业街，四周山上及早种树，维修老房子的操作要细致之类，还支持你修复了水口的节孝牌坊和穿心亭。

上星期又到诸葛村去了一趟，见到新居住区已经有模有样，标准很高；高隆冈和马头颈一带形成旅游服务区也大有希望，很高兴。在高隆冈和马头颈建设新服务区，位置很合理。一来除了马头颈南端外，那里本来就是近年形成的商业区，有些老店铺建筑质量并不差，经营者是现成的，有少量房子需要改造一下，工程量不大。二来高隆冈和马头颈的位置很好，对游览古村的人很方便，对新区、老区的居民也很方便，以后又是村子的行政管理中心所在。三来，马头颈南端老房子不多，有几幢，质量不高，有点儿损失还能忍受。但是其中有些功能性房子，如茧站、糕饼作坊、糖坊、箍桶作坊、篾竹作坊、小五金作坊和铁匠铺等等，还望尽力保住，它们是旧诸葛村经济状态和手工艺的标志，有很高的历史价值。其中有一些的旧功能会失去，我希望把它们变成原功能的陈列表演场所，千万不要一扫而光。我相信，再过若干年，这些手工艺作坊会成为很可贵的文化遗产。像美国那样发达的国家，金矿村的保护区里还有打马蹄铁的作坊，有工匠在劳作，虽然是表演性的，也很有意义。我们这个民族总不会永远愚昧下去，有朝一日，旅游的人一定不会只关注“吃、住、行、游、购、娱”而要求长历史文化知识。四来，高隆冈和马头颈虽然和老村区的联系很近便，但二者很容易分割，所以它们的变化，对老村区影响不大，连看都看不到。如果由于旅游的进一步发展，高隆冈和马头颈作为服务区还不够用，那也很容易解决，从马头颈向公路边发展就是了，那里对旅游者也是很方便的。

待高隆冈和马头颈改造得差不多了，就尽快把北漏塘东岸的那条煞风景的新商业街拆掉。诸葛村现在对各地古村落的保护已经多少有了“样板”的作用，那条街不但破坏了诸葛村的入口，而且还可能被别的村子当作像乱搞“八卦”那样的“先进经验”来模仿，那就造孽了。

因为新的诸葛村保护规划不知哪年哪月能做成，所以我10月初多管闲事，写了个《建议》给你，那些工作你们抓紧去做，将来规划做成了，也不会是错误的。

诸葛村的保护已经大体完成了第一个阶段，第二个阶段要多做些细致工作了，例如：恢复绍贤先生家的粮仓；整治白酒坊的西口，尽可能恢复原状；重建大公堂的戏台；等等。这座戏台的藻井原是“百鸟朝凤”式的，请务必精心做好。一个古村落，遭到过破坏，大规模复建是不可以的。但诸葛村基本完整，有几处破坏，相对所占比例极小，那就不妨把其中某些特殊部分复建，当然是尽可能接近原物的复建，要多多细致地征求老人家们的意见。

我觉得，白酒坊东端口外小广场现在固然便于停汽车，但实在不成样子，最好尽可能恢复原状。记得是本来有一座小祠堂，有一堵照壁。那个“文化大革命”时造的大礼堂很煞风景，不但正面和全村的风格不协调，而且从北漏塘那边远望村子，本来建筑的天际轮廓非常活泼多变，被大礼堂插了一个长长长长的屋脊在中央，呆头呆脑，完全破坏了可爱的天际轮廓线，给村子的美打了个大折扣。所以，我建议，把旧市路的那所空下来的小学校舍改为大礼堂，或者，索性在新区里另造一幢大礼堂，而把这一座拆掉。古村落的保护以1949年为下限，是考虑到把它们当作传统的农耕文明时代建筑的标本。1949年以后新时代的标本另外选择，不要混杂。

其实我今天写这封信原本不想谈这些问题，不知为什么，拿起笔来就这么写下来了。我本来要写的是：诸葛村还要更目标明确地、系统化地挖掘它的历史文化内涵，整理好，把它们完整地呈现出来，帮助年轻人丰富知识，提高修养，使诸葛村成为一个生动的乡土性历史文化课堂，对中华民族的文化建设做出更大的贡献。诸葛村有很丰富的历史文化内涵，价值很高，它不应该仅仅作为一座景观美丽多变的村子供人欣赏，还应该，更应该，作为一座乡土文化博物馆和图书馆。年轻人来了，不仅是看新鲜，而且应该像进了一所学校，学到宝贵的知识。当然它应该是一所很活泼生动、很形象化的学校，很轻松有趣的学校。

本来，作为一座年轻人学习文化历史和知识的学校，是每一个作为文物保护单位的村子都应该做到的，这是它的义务，这是发挥它固有价值的最重要方面。这一点，是除了中国人以外所有当代文明国家的人都认识到了的，都努力去做的，只有我们中国人才把文化村落仅仅当作摇钱树，上上下下一提起来，就是“经济效益”，甚至为了无节制地赚钱，不惜作假，不惜瞎吹，恣意破坏文物村落的历史原真性。旅游部门开大会小会，办各种低俗的活动，假模假样地摆弄文保村落，例如满村高高挂起红灯笼，都挂出花头来了，而文物主管部门在这种大破坏的恶浪前反倒无声无息，听之任之。我并不反对诸葛村和任何一个村落通过发展旅游业以获得经济效益，但只顾经济收益是远远不够的，它应该做出更大、更高级的贡献，贡献出它的历史文化蕴含，有助于全民族素质的提高。

要把一个文保村子建设成一座历史文化博物馆，首要的当然是保持住村落的原真性，进一步还要下功夫把它各个方面的历史文化蕴含发掘出来，展示出来。一方面搜集实物，一方面做文字记录，整理成若干个完整的知识系统，给它们建立各种专题的展览馆，写成各种专题的书，拍成各种专题的碟片，如此等等，采取措施贡献给社会，不但给大众长知识，还可以支持专家学者的研究工作，这样，诸葛村的价值才算基本体现，诸葛村作为文物保护单位的责任才算完成，你们对国家甚至世界的贡献才算成功。而且只有这样做，才能长期维持甚至扩大旅游业，增加经济效益。

你们现在正在编写的《村志》是这项大工作的一个课题，此后你们还要编写村史，这两件事是基础工作，应该领先去做。接下来就要撰写各个方面、各种形式的专题并且同时筹备建立展览馆，现在已经有必要立即选择人员、组织班子了。他们一要着手收集生活、生产等各个方面的各种各样的实物；二要收集各种相关的专题知识。这是一件工作量很大的文化工程，是必须抓紧时间立刻动手去做的重要事业。道理很简单，这些文化工程所必须依靠的实物资料有很大的部分由于长期以来失去用途，不被重视，大多不是没有了，便是坏掉了。例如有关宗族和村子的行政管理、土地、房屋、经济、生活、人事等等各方面的契约、文书、信件、手札、账册、笔记等文字资料；灌溉用的龙骨水车，水牛拉的犁耙，打稻的谷桶，油榨，雨天人们穿的皮面钉鞋、蓑衣、斗笠，五花八门的油灯盏，暖炉、暖桶、“狗气煞”、鸡笼，煮茧缫丝的整套设备，纺车、织布机、绣花绷子等等。对你们诸葛村来说，特别重要的是经营中药业的书籍、文案、处方、契约、账册、信件、笔记，还应该有整套的、什么都不缺的制作中药的工具。至今和这些实物相关的知识和史料几乎全部都在几位老人家的肚子里，一旦哪一位老人家记不清楚了，诸葛村就失去了一份档案；失去了一份档案，诸葛村的文化史就失去了一章专题；失去了一批实物，诸葛村的文化史就失去了一间展览馆，而且永远无法弥补。你们诸葛村还禁得起多少损失？这是一件立即要抓紧做的工作，一天都不能迟缓，更不可以轻视，不放在心上。要立即把合适的人找出来，分课题组织起来。一天都不能耽误了！

收集到的东西，要分类、编目、登记。凡易损品，如纸质的文件和照片，在收集到的最短时间内便制作复制品，妥藏原件。

你们诸葛村村民的文化水平是比较高的，要做好这件工作，虽然不容易，但并非不可能。这次我看到的几章《村志》的初稿，写得大体可以，比先前那位大学教授写得好，待再经过五六位老人家补充修改，更详细深入一点，就能达到不错的水平。同时如果你把村里的活跃分子按题目组织起来，让他们理解收集各种实物工作的意义和他们的责任，调动起他们的积极性，努力去筹备几个展览馆，写几本相关的专著，从而大大提高诸葛村对国家社会的贡献，这可真是一件功德无量的事业。

依我粗浅的知识，我认为，诸葛村至少可以成立这样几个展览馆：村史展览馆、宗族制度展览馆、民俗展览馆、药业展览馆、农耕展览馆、手工业展览馆、诸葛亮生平事迹（包括历代有关他和他的事业的传记、著作和诗文）展览馆。其中有些展览馆，如民俗、农耕、宗族制度等应该扩大到收集浙江中部各地（乃至更大范围）的资料，因为并非每个村子都有可能保护它们、都有可能设立展览馆，而在许多方面，它们又可能有不少很有文化历史价值的东西，包括在诸葛村已经失传了的东西。这样做去，诸葛村就有可能成为浙江中部，乃至浙江全省的一个农耕文明时代文化的研究中心。我说“研究中心”，意思就是，它不仅向一般旅游者开放，更彻底地向全国的文化历史研究者开放，欢迎他们来，给他们准备好工作条件和生活条件，可以在诸葛村开全国性的小型学术会议，等等。那样，诸葛村对国家的贡献就大了，地位就高了，就不仅仅是一个简单的匆匆来去的旅游点了。

我更希望你们的工作在全国起带头作用，导致还有别的一些村子也动手来做这样的工作，那么，我们的文物村落保护工作就算功德圆满，真正提高了我们整个国家的文化水平。

如果我们的乡土村落保护工作仅仅停留在保护一座村落的建筑群体，而忽略了利用乡土文物来提高全民族的文化水平，并且由于一再迟误，错失了时机，待老人家都不在了，各种农耕文明时代的生活和生产的遗物也都没有了，那就会根本没有办法补救，那么，我们就犯了天大的错误。

这件工作，其实我早就对你提起过，而且一有机会就再说一次，但看来你并没有放在心上，我很焦急。现在已经到了事情成败的紧急关头，我再说一次，希望你有更高的抱负，永远不要满足于已有的成绩，要把手上工作的历史文化意义想得多一些，对自己的贡献要求得多一些，高一些。赶紧动手去做。再也拖延不得了！

这件意义重大的工作或许由市里牵头更合适，也需要市里出一笔不小的钱，但我不便于去说，你看情况办吧。我总会支持你们到底的。

问好！

又：

11月初，我和李老师一起去了一趟江西，先参观了南昌边上新建市的汪山土库。这座大宅占地有一百零八亩，是由九座三至七进合院式高级住宅并肩联排形成的，正面有三百多米长，修缮工作做了一半，很细致，很认真。可惜它西头还有一百来米长的一段破坏得太厉害了，只剩下些残基，修建不修建还在犹豫之中。这个话题先放下，以后再说。

现在要说的是福安的银光灿书记到南昌把我们接到了兴国县的三僚村（山寮才是原来的村名，近年为了“提高档次”才改为三僚村）去看了一天。这个村是中国形势宗风水的“首都”，曾文辿和廖瑀是这里的土著，据说杨筠松在这里住过几年，他是曾、廖二位的老师。直到现在，村里的壮年男子还有大半出去从事看风水的职业。所以，这里一向被认为是形势宗风水术的祖地。旅游部门给它起了名号叫“中国风水文化第一村”，在村门口立了好大一座石牌坊。

我一向认为风水术是欺人的迷信，看了三僚村之后更加坚信这一点。不过，有两件事我不得不告诉你。

第一件，头天晚上，我刚进宾馆休息，那些“权威”的风水师，闲聊中就向我揭发诸葛村的“八卦”是假的。他们到诸葛村去过，仔细

“研究”过，说，它的“形局”和八卦毫无关系，我绕着圈子问他们，是不是听到过什么议论？他们说没有，靠的是风水术的“真本事”。看来他们对那套迷信的“理论”还是很认真的。

瞎编了个“八卦村”这件事，起初的责任不在你们，但你们一直没有认真拆穿那个无聊的骗局，就不能完全摆脱责任了。现在再要公开向世人承认那是个骗局，你们大约会有一些新的难言的困难，那么，挖掉中塘里的太极阴阳鱼，就此不再去宣扬八卦，等待人们把它忘记，也算是一个改正的行动吧。我担心的是人们大概很难把“八卦村”忘记，因为连一些根本不“懂”风水术数的大学里教书的“风水大师”，也已经把你们这个“八卦村”认真当作他们胡吹风水术的“铁硬”的论据了。还有好几本厚厚的风水书里，有专门一节写诸葛村的“八卦”，甚至画出了一幅地图，把“太极”“八卦”画得像一只车轮，从中塘为太极，放射出八条笔直的巷子来，他们可能根本没有到诸葛村来过，滑稽而无聊。

面对着曾文辿的后代，我实在说不出什么合适的话来给诸葛村辩解。我只说了一句：诸葛亮虽然在“文化大革命”时候被封为法家，他其实是个大儒，而“儒者不言堪舆”是读书人的传统。就这样模模糊糊，混了过去，随他怎么理解吧。我看，那个给你们扣上“八卦村”帽子的“领导”，倒真正是个法家，机会主义者。

在中国文化史上，诸葛亮堂堂正正，名垂千古，你们不去弘扬，却从不入流的风水术里去认一个什么“八卦”来，真是莫名其妙，而这“八卦”又被那些祖传的风水“大师”论证出来是“假冒”的，劣而又劣，我不替你们心疼吗？心疼死了！这就叫一失足成千古恨！做什么事情都应该步步认真，不能苟且贪图一时之利，这是教训。

进了三僚村，又撞上了另一个尴尬问题。三僚村已经乱拆乱建弄得乱糟糟，老房子不多了，新房子又并不合乎村民们牵强地诌出来的各自的风水环境。他们征求我对这座村子的保护意见，我只好说老实话。想不到一位旅游局的人插嘴说：诸葛村那么多假造的“老房子”，不也搞得很红火吗，我们为什么不能搞？我吃了一惊，银光灿书记说了一句公道话：诸葛村没有假冒的老房子，都是真的。那位先生嘟嘟囔囔地说：那钢筋水泥的一条街，多长啊！我一听，心里咯噔一下，可真不是滋味！老话说：一颗老鼠屎能臭了一锅粥，这就叫报应！

我知道，造那三十九间钢筋水泥的商业街，也不是你们的错。那个乱做主张的人升官了，把个坏名声甩给了你们，而你们又一时拿不出五六百万元钱来把它彻底清除。这毕竟是一大笔钱，我不要求你们立即倾家荡产来拆掉这条烂污街，但我希望你们记住这个教训，而且尽力争取早一点儿还原这里的自然风光。请您记住：这里是村口，是诸葛村给人家第一个印象的地方，是你们的脸面。

诸葛村的工作是做得很好的，稳妥而有长远的目标。正是因为如此，诸葛村成了许多人参考的样板。三僚村的人根本不知道我熟悉诸葛村，对诸葛村有感情，不知道我对你们寄予了多么重的希望。但他们把诸葛村当作一个经营成功的实例来说说，认为凡诸葛村能做的，他们就可以仿着做。这种情况是你们的光荣，但是“标兵”不好当，你们因此背负了一种责任，一种历史的责任。你们要时时注意你们的工作可能会对全国的乡土文物保护有什么影响。

前些年有几个江南村镇曾经红极一时，但现在已经听不到夸赞它们的声音了，听到的只有批评甚至否定。虽然它们的旅游业现在还远远比诸葛村旺猛得多，但我相信，它们的历史文化价值已经不能和诸葛村相比了。总有一天，人们会明白，那些村镇只有一时的商业价值，而诸葛村有很完满的人文价值。这样的信心我是有的，否则，我已经老成这副样子了，为什么还要年年到你们村去几趟，为什么还要细细地看你们的《村志》稿？

你利用诸葛村有限的旅游收入，投资经营，另外开辟财路，并不追求村子本身旅游收益的最大化，这是你十分正确的思路。而有些村镇的经营性破坏，正是因为只把发财致富几乎百分之百地寄托在旅游收入的最大化上，以致把古老的村镇弄成了一个拥挤而喧闹的市场。更糟糕的是村镇建筑大都失去了原真性，要回头都已经不可能了。

你把旅游收入主要建立在集体的经营上，而不采取“全民动手”式的“群众运动”，人人争做“商战之雄”，因此保持了诸葛村质朴的乡村面貌，安详而平和，洋溢着家常生活的气息，没有处处飘扬起招牌、广告，却保证了村民适当的利益。这又是你的一条正确的思路。

我希望你继续坚持这两条思路。更重要的是把它们形成全村人们共同的思路，这样，诸葛村才会永久地成为我们国家宝贵的文化遗产，而不致被急功近利的压榨式发财举措毁掉。

诸葛亮是中华民族智慧的象征，也是识大体，顾大局，具有长远历史眼光的象征。我希望诸葛亮的后代能继承先祖的优秀品质，无愧于“诸葛大名垂千古”。

（原载《建筑师》，2009 年 4 月）

（一一三）

一位大智者说过，人类的社会史极其复杂丰富，因此，任何一个人都可能随手从历史中找出一串例子来证明他的一句蠢话是正确的。当然，我们也不要以为这位智者的话句句是真理，一句顶一万句，不过，我们可以从这句话得到一点启迪，就是如果引用历史前例来论证什么事情的是非，最好用历史学的方法多考虑些方方面面，以免说“蠢话”。

眼前的例子是，有人引用法国巴黎香榭丽舍大道改造的“成功”来论证我们当前旧城“改造”的某些做法是理所当然地正确的。拆掉平民的小屋，沿街起造四五层高的楼房，宽阔笔直的大马路多么有气派，“旧的不去新的不来”嘛！这样的论证是最简捷、最“有力”的。但是，它的问题就出在简捷上。世界很复杂，历史也很复杂啊！巴黎离我们很远，香榭丽舍大道的改造是19世纪中叶的事，离我们也很远，不论空间还是时间，都要求我们多想想那些事才能有点儿明白，不至于犯糊涂。“举手之劳”便拿起一百多年前几万里路以外的事例来论证我们当前的什么举措之合理，那是很有点儿危险的。20世纪下半叶，咱们有些学富五车的知识分子不断被骂，被贬为“最没有知识”的分子，或许也不无道理。

一百六十年前巴黎大刀阔斧地改造，是非成败之争，直到现在并没有完全停止。参与争论的，有马克思主义者，也有非马克思主义者。主持巴黎城市改造的奥斯曼并不否认，那次大改造的目的之一是为了夷平无产阶级起义时进行街垒战争的环境，因为曲折、狭窄而密如乱麻的小巷是起义者筑街垒的好地方，而镇压起义的政府军的马队和炮队却使不上劲。法兰西第二帝国皇帝拿破仑三世就遗憾地说：“炮弹不懂得拐弯。”那时劳动者起义是经常发生的，统治者便打算借改造之机，一来把城市贫民大批赶出巴黎城，使社会的“不稳定因素”难以集结；二来减少打巷战的条件。总之，那场改造不但是为了开发房地产的经济利益，也是为了镇压劳动者的政治斗争。所以，生活在当时的马克思和恩格斯分别在《法兰西内战》和《论住宅问题》两本书里一致谴责奥斯曼搞的巴黎城改造是“汪达尔人式”的，意思就是“野蛮”的。

或许是出于一种强烈的逆反心理吧，现今我们有些大学教授们和大学生们，一看到书里写着“阶级”，一听到有人说着“阶级矛盾”，甚至引用马克思和恩格斯的话，立刻就面现鄙夷之色，嗤之以鼻，用挖苦的腔调斥之为“红色的”，“过了时的”，“经过歪曲和污染的”。冒牌货泛滥而造成灾难之后，正牌货一定会受到些牵累，这是当然的道理，何况咱这个民族又有对需要多动脑筋的事以“不求甚解”为豁达潇洒的传统，从来不惯于做理论的思考，何况又赶上如今以钞票为唯一追逐目标的世态。

不妨再看一看别的同时代人对巴黎改造的评论。

1854年，巴黎改造正轰轰烈烈地进行的期间，著名的法国漫画家杜米埃发表了两幅作品，一幅画着脑袋大大的奥斯曼，右腋下夹着一个丁字镐，左手握一把灰铲，一副拆房子能手的样子。他嘴唇紧闭，嘴角下挂，双眼直瞪，神情十分刚愎。右手握着什么东西的钥匙，我看不懂，好像是个保险箱。说它是保险箱，我也有点儿根据，因为另一幅画画的是一个大腹便便的老绅士，从楼上窗子往外眺望，画下题的一行字是：“房产主：这么干太好了，你们再拆一幢房子，我就能把所有的房子都加两百法郎的租金。”这两幅漫画画出了巴黎大改造给房地产业主带来的巨大利益。

另有一幅作于1853年的佚名漫画，画的是一幢当时沿街五层新楼房的剖面，房子里有各种人的生活。底层住着的可能是房主人的家庭，分为两间，临街的房间里有一个人弹钢琴，另有男女两个人兴高采烈、前仰后合地手拉手放纵地跳舞，靠里边的一间是厨房，一个戴礼帽的人正端着大杯子失态地仰头狂饮，旁边站着厨娘。这底层住的是刚刚暴发的资产者，新科的阔佬，得意忘形，然而尽显粗俗本色。这前后两室之间夹着楼梯间，墙上写着“底层”两个字，三个绅士，一个贵妇和一个“少爷”，正互相招呼着登上楼梯，面对底层住户并不打招呼。第二层住着的是旧贵族家庭，房里装修豪华，满铺地毯，一对夫妻分坐在壁炉两侧，那位男子伸出臂膀打了个舒筋活血的大呵欠。这时期贵族已经趋于没落，其中一部分沉沦到了住进这种临街楼房里，但仍然无所事事，懒洋洋地混寄生的日子。顺楼梯往上走的只有一对夫妻。三楼住着一户中产之家，不失体面，但一间房里挤着大小六个人，虽然一家子亲情融融，但没铺地毯，稍稍有点儿寒碜。楼梯上有一个男子正往上走。四楼层高小了很多，隔成两间，分住着两家小市民，前面一家只有一间卧室，一对短装打扮的夫妻在逗狗；另一间空无所有，一个绅士模样的外来者向前伸手拿出一份字据，对面站着个小瘪三模样的人，一身短打，向前弯着腰，摊开双手做出无可奈何的样子，或许这是一幕讨债场景。楼梯上只有一条狗向上走。上面一层是阁楼，天花板只比脑袋瓜子高一点点，隔为三间，一间住着个画家，正打开一扇采光的天窗画模特，一间住着一对有四个小不点儿孩子的夫妇，另一间则是一个贫病交迫的老人半躺在地上窝囊着，头顶上支一把伞挡着雨漏。

这幅画画于《共产党宣言》发表五年之后，画家是不是受了马克思、恩格斯的“红色污染”呢？我不知道。但我相信，画家们大多是对社会现象很敏感的人，他们不可能不认识到社会的贫富分化，这种现象本来早在遥远的古代就已经被人认识到了，而且认识到了贫富分化在城市布局上的表现：城市里有穷人区和阔佬区①。那么，19世纪中叶，巴黎城改造之后，穷人们都住到沿街楼房的阁楼上去了吗？不，没有，大批的工人、手工业者、小商贩和小业主被这场改造赶出了城市，住到“花都”的外围地带去了，那种地方笼统都可以得一个名字，就叫“贫民窟”。因为穷，所以那儿是各种疾病的多发区，一闹起瘟疫来，穷人就是主要受害者。早在公元64年，古罗马城大火，1666年，伦敦大火，就有人认为是皇帝和国王怕瘟疫暴发而纵火把贫民窟烧了个干净。

奥斯曼的大拆大改并没有根本改善巴黎贫民的生活环境。甚至都没有改善还略胜于无产阶级贫民的中下层人民的生活环境，1983年，我初到巴黎，一位在那儿已经住了两年的朋友带我上了埃菲尔铁塔，他叫我注意看看被那些大马路切割成块的住宅区，每个住宅区贴在马路边上的房子都是整整齐齐的四层至六层的，檐口一个接一个，虽然单调得发呆，但至少还利索。可是，那些小区的内部，大多还是塞满了改造之前留下来的房子，拥挤并且杂乱，生活环境不但没有提高，甚至由于沿街房屋的遮挡而降低了。许多人就是凭它们判断奥斯曼并不真想改善一般市民的居住状况。不过，它们毕竟都是些砖瓦房，大概不至于形成像郊区那样的真正的贫民窟。

那么，居民是不是都满意市区里壮观的林荫道呢？并不，有许多居民抱怨他们对这些林荫道的陌生感，以及它们给居住区带来的陌生感。在奥斯曼的改造之前，窄小曲折的街巷和住宅是一体的，它们共同形成一个亲切的生活环境。街巷里就有从他们家里溢出来的日常生活，邻里关系很密切，有交往，有相互的帮助，充满了友谊和亲情。小店小

① 1859年英国作家狄更斯写成了著名小说《双城记》。小说内容写的是法国大革命，书中写出了劳动者可怕的生活环境。

铺的老板是为住户日常生活帮忙的朋友，住户可以放心地委托他们办一些琐碎的事情，如代买一些日用品之类。小铺也是邻里们会面的场所，他们中有不少家庭几代都是朋友。宽阔的大马路切割进活跃而安宁的居住区之后，高速驰骋着的是陌生的车辆，堂皇的商店里拥挤着的是陌生的男女，老板娘的脸也是陌生的，没有情绪回答顾客不论多么善意的问候。被切割成小块的旧街巷区里，人们的交谊范围小了，可以托死生的朋友也不容易有了，工作完了回家，就蜗牛般蜷缩在高楼阴影下的小房间里，生活的天地太局促了。德国的社会思想家本雅明虽然赞赏奥斯曼的工程，但不得不承认这工程“使巴黎人疏离了自己的城市，开始认识到大都市的非人性化”。他也承认，改造后的巴黎只是“拿破仑帝国主义的一个纪念碑”。还有很不少的法国历史学家则指责奥斯曼是“刽子手”，“粗暴地斩断了巴黎的历史”。

1983年秋天，我第一次到巴黎，承蒙华揽洪先生亲自驾车带我参观了巴黎和它的正在建设的几个卫星城，还参观了枫丹白露。但是，跑来跑去好几天，他一次都没有带我看看香榭丽舍大街，只是有几次穿过而已。在巴黎，他带我看的是玛海区、塞纳河南（左）岸、圣母院和两座小山等奥斯曼没有下过手的几个老去处。提到香榭丽舍，他很反感地说：那儿只有一个协和广场可以看看，汽车还乱得很，很难接近，你自己去吧，我不陪了。还记得华先生说过：“香榭丽舍不是巴黎人的，是外国人坐在菩提树下喝着咖啡互相傻看的地方，因为他们不知道巴黎什么地方可爱。巴黎人要过自己的日子。”

巴黎人对城市大刀阔斧的改造有这样的抱怨，当今北京和许多中国的城市里也有同样的抱怨。过去，上海的弄堂是居民们的交谊场，老头在那里下棋，孩子们在那里跳绳，妈妈们出去办事可以把孩子托在邻居家，主妇忙不过来的家庭，一天三餐连夜宵都可以在弄堂口的小饭店里包月，顿顿由小伙计送到家，月底结一次账。北京的胡同之所以被人怀念，也因为它是居民最亲切的交谊场所，从少年到白发翁妪，那里培养了一代又一代的“发小”，一辈子的哥们儿。现在，这样的生活都没有了。当然，这些变化绝不仅仅是由开辟大马路那一件事造成的，但大马路确实是促成这个变化的原因之一，也还是个重要的原因。六十年前我一进建筑系，现代城市的各种变化就在老师的讲课里提到了，世界各国也有一些解决的方案提出来。一种极端的是消解城市，如美国的凤凰城，但它不过是利用汽车本身来解决汽车给城市带来的拥堵，人们的疏离反而更强化了。而且这种办法也只有在美国这样地广人稀的国家里才行。一种是发展和完善居住小区，企图用它们来复兴过去城市里一个个小小生活范围里的生态，所以当时把小区叫作"邻里单位"，撩起对亲切的邻里生活的回忆。还有一种是建设卫星城，也就是把老城市的发展分散，用一群小城市来代替一个老城无限的扩大。再有就是在旧城外侧另建新区。即使建新区，也都在新区里规划人性化的生活环境。一种理念是，安全而便捷的、悠闲而有趣的、健康而文明的步行交通是人性化的宜居城市所必需的，并不是只要车如流水马如龙的交通线。"现代化"的本质应该是人性化。按上述各种新方法试验的城区，我在欧洲和美国都去参观过，就我有限的耳闻来说，像北京这样，以一个有无比历史价值的旧城为中心，一圈又一圈地向外"发福"过去，七圈八圈，都快接上天津了，倒确实还没听说有第二个国家这么干过。更加叫人觉得奇而且怪的，是在一环又一环地向外发展的同时，这个似乎十分尊贵的核心北京故城，却又被毫不留情地破坏了一片又一片，已经破坏得快无形无状了。这是不是也是"汪达尔人式"的做法呢？不过，我对当今城市发展和城市规划是一个彻头彻尾的门外汉，一窍不通，本来没有资格说三道四，赶快打住。已经说了些外行话，只好肃然敬请有识之士不吝指教。

且说，1948年冬天，解放军包围了北京城，这时候，我所在的学校已经大唱"明朗的天"了，我们几乎天天可以听到关于解放军准备攻打北京城的种种消息，最叫我们动心的是：人民子弟兵为了保护北京古城，不让它遭到严重的破坏，已经下定决心，攻城时候不使用重武器，不惜用血肉之躯去死打硬拼。我们所有的老师和同学，都万分感动，兵不血刃，解放军就赢得了人心。

但是，北京城和平解放不久，忽然间决策人脸色大变，北京市市长说北京老城是一个沉重的“包袱”，建设或者改造都要付出十分可观的代价。旧城成了包袱，还可以另辟新区呀，这本是一件困难不大的事，只要把老城撂在一边不就把包袱卸下了吗！梁思成、陈占祥两位老师（还应该提到华南圭先生）提出了把新的市中心建在西郊，那一片地方早已有了个名字就叫“新北京”。那样做，旧的保住了，新的也建设了，两全其美，这岂不很好。全世界，文明程度比较高的国家，对他们的古城巴黎、罗马、伦敦等等都是这样用另辟新区的办法保住了的呀！但是，难以理解的是，不知为什么，伟大者很不高兴地说：“有人要把我们赶出北京城呀！”于是，国家的政治经济核心就一定要放在早已料到承担不了它们的旧城里，终于导致把旧城大肆拆毁了。这真是一个叫人百思不解的谜，非理性的谜！说实在的，要保护住古老的北京城，虽然有难度，比19世纪中叶奥斯曼面对的困难却要轻松多了，因为老北京的街巷系统无论从布局上说还是从尺度上说，比巴黎的更容易整顿。如果把现在已经达到的北京市建成区面积和古老城墙以内的面积相比，它们相当于手掌和大拇指甲之比。为什么不把古城保下来？谁知道？或许是“金銮殿情结”起了决定作用吧！当然，保下来，也不能三十年不维修。适时整顿，小规模合理的改动，只要合乎古城保护原则精心做去，留下来的老北京城也完全可以是“宜居”的，更不用说那无比的历史文化价值了。

现在有人把古老北京城的毁灭来和巴黎的改造相提并论，说是“进步”，真是驴唇不对马嘴。巴黎城不过开辟了几条大马路，古城的大部分还是保留了的，而北京的大拆大改还在开发商“积极性”的推动下进行得“如火如荼”，七零八落的那些文保区，事实上也并没有什么保障，只要开发商看上了，来一场可以随意解释的“微循环发展”和“有机更新”，就什么都留不下了。

还应该再提醒一下用巴黎的改造为老北京的遭遇辩护的人，请他们注意：奥斯曼改造巴黎，是在19世纪中叶，那时候，不但专制政府用暴力镇压城市下层人民被认为是必要的，而且，在欧洲，乃至世界，文物建筑保护的思想还刚刚萌芽，远远没有形成系统的、科学的文物建筑（城市）保护理论。法国的第一部《文物建筑保护法》是1887年才制定的，那时候巴黎城的大拆大改已经结束。而且，关于文物建筑（城市）保护的科学是一百年后才真正趋向成熟的。国际性的组织和原则性的共识都形成于20世纪中叶，20世纪下半叶逐步完备，直到21世纪之初还在继续这个过程。这时候，早已建立了民主制度的法国人十分敏感地认识了这个重要的历史潮流，巴黎城在这时期之初便停止了它南部蒙巴纳斯的高楼群建设，市长先生为在蒙巴纳斯造了一幢高楼认错道歉，允诺以后再也不在老城区造高楼了，而且那已经造了的一座待到了使用期限便立即拆除。也正是在这个时期给巴黎规划了几个卫星城并且开辟了西郊德方斯新区，避开了老城，这些都是为了避免对老巴黎城动手动脚。香榭丽舍大街上，汽车都挤成团了，解决的办法是除了利用新区和卫星城分散城区功能外，就是开辟地下交通网，而不是开拓马路。在东欧、西欧，还有韩国，许多城市的航空站和地铁站联着，苏黎世的航空站就在地铁站上面，下了地铁，上一层滚梯就进了航空站。在那些城市，朋友们陪我参观游览的时候或开汽车或乘公交，送我上飞机就都乘地铁，因为它最准时可靠，而自驾汽车倒容易误事。

写到这里，快收尾了，箭在弦上，有两段话不得不补上。

第一，奥斯曼的巴黎改造，是线性的，着眼于开路。他在巴黎市内开辟出三百八十公里的道路网（其中有宽阔林荫道一百三十七公里）之后，改变了巴黎在中世纪形成的街道体系，代之以巴洛克式的街道体系。他又建了总长八百公里的供水管和五百公里的下水道。他沿新道路建设了许多高档的文化学术建筑和商业建筑，巴黎人口从此大幅增长，人均收入从两千五百法郎增加到五千法郎，整整翻了一番（这里当然有把穷人赶到城外去了的原因）。他还借道路拓宽的便利，开办了公交马车，拥有五百七十匹马。巴黎确实“现代化”了。而北京的破坏则是把城区土地卖给了开发商，成片成片大范围地彻底拆除，而穷人照样被迁出到外围郊区。这不是改造，是毁灭。是资本力量的无敌的胜利。

第二，奥斯曼的巴黎改造，是在整个世界对文物建筑保护还没有多少认识的时候，虽然有了法国人雨果和梅里美的呼吁，毕竟离文物建筑保护理论的建立还差得远。而北京城的大肆破坏，却是在国际上关于文物建筑和历史城市保护的理论和方法已经十分成熟，并且成了世界性的共识之后。这时候，中国早已加入了文物建筑和历史城市保护的国际组织。当今，各个国家的文化遗产已经成了人类共同的财富，而且我们已经有了担负保护之责的承诺。我们愧对世界。

我又犯了毛病，想起来，如果马克思和恩格斯回来，他们会不会把"汪达尔人式的"这个定语用电脑发过来，给我们的城市破坏决策者。

我们考虑问题，总不要忘记弄清楚这个问题产生时的历史条件，这是学术工作者起码应该有的常识。否则，还真有可能像伟大者说的那样：知识越多越糊涂。

城市史和建筑史，要讲的主要内容就是在城市和建筑的发展过程中各个阶段的基本的历史条件，为的是帮助人们认识当前城市和建筑所处的历史阶段，有助于认识它们发展的方向。城市史和建筑史不是专门讲艺术、形式和手法的，那是另外某些课程的任务。城市史和建筑史因此就要讲社会，讲政治，讲经济，讲文化，讲生活。要讲这些，就避不开阶级分化现象。罗马斗兽场，北京故宫，只讲它们的柱式和拱券或者斗栱和彩画，行吗？历史科学就是一种思维方法，城市史和建筑史这些科学的任务，就是帮人把这种方法的运用自觉起来。千万不要把年纪轻轻的学生引导得太功利、太狭隘、太麻木了，也不要太简单化、技术化和实用主义化了。

（原载《建筑师》，2009 年 6 月）

（一一四）

咱中国人对孩子一向很宽容，有一句俗话，叫“童言无忌”。我老了，很想给老人们也争一个可以随意谈话的待遇，叫“老话请便”。七老八十的人，见到了什么，有点儿意见，顺口说说，年轻人觉得有趣，就听听，觉得无味，就笑笑。觉得气不打一处来，那就宽宏大度，别跟老家伙较真。

写到这儿，年轻人就知道今儿个我要唠叨了。唠叨什么呢？就是关于咱中国建筑史的研究和写作的问题。我这辈子没有什么固定的专业，说话肤浅甚至发昏是常事，所以动笔之前先申请一个“请便”的待遇。

中国建筑史的研究这些年当然大有成绩，论文和套书着实出了不少。那么，我还有什么要说的呢？

我有个建议，肚子里憋了好多年了，没有敢出口，今天进了“八零后”觉得应该有免罪金牌了，就说了吧！

这建议乃是：中国建筑史的研究，当前还是应该回过头来，走梁思成先生的老路，再做几辈子田野调查工作。这是一条不应该忽略，不应该躲避，更不应该轻视的非走不可的老路。而且已经是急如星火，赶紧非走不可的老路，再不走，不要多久，觉得心眼儿干枯了，再去调查，不免会“临岐彷徨”，因为右边路上的历史建筑被拆光了，左边路上的历史建筑被“打造”了。

拆光和打造正在迅速蔓延，我不知道，再像近几年这样无情地扫荡下去，中国建筑史的研究者是不是很快就只有整天待在图书馆里把那些有限的老材料翻过来倒过去地“深入”下去了。没有史料，这史学怎么研究呢？是早已穷尽了一切了吗？是早已识尽了奥秘了吗？不大可能吧！

我们曾经有过将近二十年的时间把历史看成是“观念”“思想”“立场”的舞台。举着唯物主义旗号的人，在史学领域里大搞唯心主义，还要操作一场又一场的大批判。有几个干建筑史的人实在忍不住，私底下说了一句“我是史料学派”，就被狠斗了一阵子。

现在未必还有人再去重复那种“斗争”了，但是，轻视史料的观念的余毒似乎未必已经克服，否则，为什么我们只看到不多的人在做当年营造学社做过的“上山下乡”的调研工作。虽然还在做调研的人不是完全没有，已有的成果也确实叫人高兴，可惜是没有形成风气，没有形成局面，没有把实地调研当作建筑史学发展的命根子，至少是一个长时期里头等重要的工作。“写写调查报告”是一种酸溜溜的贬低别人工作成果的话，踏踏实实在做这种工作的人自己也往往如此“自谦”，为的是告诉人家自己其实也懂得更“高档”的学术工作。于是，“适可而止”，撂下实地调研工作就去干“高档”的研究去了。

这和出版工作有关系。出版工作片面叫唤要提高“学术”水平，不写高档文章而只有调查报告的科学成果就几乎不能出版。勉强出版了，又删去“不大美观”的“纯技术性的”测绘图和照片，只要“艺术性多”的。经过“压缩”，那不成套的图确实是“水平不高”的了。只见雕刻极精的牛腿而删掉牛腿所在位置和榫卯的图；只见纤美的门窗格子而删掉整块门板的图；美则美矣，精则精矣，但却是残废！出版社讲究市场，学术工作者只有那点儿工资，贴补不了出版费，谁来解决这个矛盾？“这真是个问题！”

有些人写论文学会了开几百本的参考书目，却不肯把“图集”之类列入，似乎那样会降低论文的“学术品位”。不开就不开吧，却又大大咧咧地盗用人家的工作成果，这当然会伤及另一些人的工作情绪。更糟糕的是工作单位评个人成绩，调查报告也要低几档，而七拼八凑，用千奇八怪的外国“理论”，写些根本没有亲眼见到过的建筑，甚至根本不必提建筑实例，只说些“哲理”就可以顺利过关。事涉升迁，有人就只得迎合了耶。

如此这般，实实在在的调查测绘工作就更没有多少人乐于去做了，谁不知道沙发比板凳舒服。倒是还有一个问题，便是实地调查对象的选择问题，这是一个很难下断语的问题。一座古建筑在没有把它纳入一篇论文的时候，还不能比较准确地了解它的价值。很可能，需要经过一个时期，才有另一些人的学术工作会发现这一座小庙、一间败屋的历史地位。那么，实地调研怎样选择目标也是个难题。因为如果把还没有充分认识其价值的东西都放到一边去，那很可能就错失了一份十分重要的关键资料。

这个问题很有点儿像怎样确认一座古建筑的历史文物价值。很可能，一座古建筑在不短的时间内根本引不起人们的注意，但经过一些人的研究，发现了这座古建筑的历史文物价值原来很高，如果当初把它拆掉了，破坏了，那真是太可惜了。应对这样的问题，欧洲的一些国家，文物建筑的界定，就立足于凡超过一定的年限，如三十年或五十年的建筑，一律都自动成为文物保护建筑。美国有些州的立法也这样。1983年，我在意大利就知道这个国家正在培训三千名给文物建筑立档的专门人员，以后还要陆续增加。去那个机构听他们介绍了情况，他们的任务就是给每一座建筑物，不论新旧，一律按一个很详尽的规则立档，予以保护。后来我又到过奥地利的维也纳，详细参观了它的古建筑档案馆。当时的主管人叫阿赫赖特纳，年龄不小了，那档案馆里就给维也纳的每一栋房子，不论新老，既包括一些大有年头的，也包括一些很摩登的，都建了档，很详细。

这种做法，就可能把建筑史研究资料和文物建筑保护的基础资料合而为一了，也就是，每一幢建筑都是文物，也都可能成为建筑史的材料。这当然是最理想的情况，但对我们国家来说，恐怕在很长的一段历史时期里是完全不可能那么办的。一个意大利，面积不过相当于我们一个稍稍大一点的省份，三十年前，就以三千人的规模，办班培养相关专业的人才了，而且还要办下去。落到我们国家，要有多少人才行？要真干起来，倒是提供了一个不小的就业机会。不过，这当然只能是个国家性的行为，咱搞建筑史的人自己做不到。

奥地利和意大利可以办到的事，咱们国家也不会办不到，要迟些年再办就是了。不过，这件事倒是提供了一个思路，就是建筑史学术工作者可以赶快组织起来，利用全国第三次文物建筑大普查的工作成果。我们建筑史工作者只要从普查成果中选择一小部分去深入研究就够了。这次文物普查，某一个特小的省就开了三万七千多座建筑和村落。

这倒叫我想起了当年汪坦先生组织的全国性近现代建筑大普查，还陆续出版了由各省负责撰写的一批书。可惜我没有参与汪先生主持的这项工作，也因为知道这项工作绝不是我能学得来的，所以并没有注意。但当年参与了那项大工程的人现在还有不少，如果有合适的人和组织把这项工作的方法移用到中国建筑史的长远研究工作中来，那么中国建筑史的研究就会有一个“大跃进”。我不知道建筑学会能不能来主持这项工作，像当年组织中国近现代建筑普查那样。否则我们大概只能眼睁睁看许多建筑史的基本史料毁灭了，个别人，谁都挽救不了它们。

中国建筑史的研究，虽然大家努力做了许多工作，成绩很大，但是，其实还有许多许多历代的古建筑没有被建筑史家见到。或许可以说，没有写到的多过于大家已经熟知了的。所以，我觉得，眼前当务之急，还是像当年梁思成先生那样，把主要精力和工作量放在田野调查工作上。而且不是慢吞吞地做，是要急如星火，因为古建筑，尤其是数量最多、类型最丰富、风格变化最大而又面对飞快拆毁的危险的乡土建筑。那个本应在中国建筑史著作中占很重要地位的乡土建筑，正面临着毁灭性的破坏。没有乡土建筑的建筑史是不完整的，西方国家近年来也已经觉悟到这一点了，“眼光向下”了。欧洲人正式研究建筑史是从文艺复兴时期开始的，他们的城市从19世纪中叶才开始受工业化冲击，而且冲击的力度远远不及咱们摧毁得那么彻底。这个历史情况使他们的工作比咱们轻松得多。

我新近到晋东南去了一趟，看到了不少很有价值的古建筑，从宋、元、明、清一直下来都有。那一座宋代的大殿，看了真是惊心动魄，可是，以前出的书里都没有提到过它们，而以后的建筑史著作，不提到它们恐怕就不合适了。这类实物，急待乐于做田野工作的学者老师们光顾。

任何一种史观，没有大量的史料，恐怕就难以确立。只写史观而不提供充足的史料，也是白费力气。论从史出，史从史料出，这才是真正唯物史观的方法论。想起当年“思想改造”大潮一个比一个汹涌，我所在的教研组里两位前辈老师，一遍一遍把那厚厚一本《反杜林论》都读熟了，煎熬了几年，一章一节的“新”教材都没有写出来，苦死了。如果那时候索性请他们去做田野工作，实地调查，恐怕成绩会很可观了。

想想当年营造学社的工作在梁思成、刘敦桢两位老师的主持下，短短几年就有了很好的成绩。独乐寺、佛光寺、应县木塔等等这些中国建筑史中的最基本的内容，都是骑着毛驴去找到的。1939年初冬，他们从北京流亡到昆明，住处还没有安顿好，就带着几位年轻人到四川做田野调查去了。一去几个月，结果是收获很丰富，有一些成果，是写中国建筑史根本绕不过去的，如那些汉代石阙。现在的工作条件比梁、刘二位老师工作的条件好到不知多少倍了，驴背精神还是要继续发扬的。文献工作当然也很重要，但它的急迫性远远不如田野工作，看书查档毕竟还可以有来日，而实物却天天都在失去，来日无多了。有些已经确定为文物保护单位的历史建筑，也已经失去了它们原来的环境，连一张合适的照片都难拍了。

而且我觉得，建筑史工作者，老师们和专家们，如果上山下乡去做一做田野工作，他们的学术水平必定会提高一步。有一些长久以来公认的看法，大概会被证明未必正确，有一些长久以来得不到结论的问题，大概也会合理地有根有据地解决。至少，思维会活跃一些，会开阔一些。身体也会好一些。

话说得不少了，还没有说到正题上，其实，真正要说的话是，咱们还需要“营造学社”，不是一个，而是几十个。现在，中国建筑史研究的“从业人员”几乎百分之百是教师，教师编制有限，他们又有教学工作量，有致富工作量，剩下来做学术工作的精力不多了。为了争学历、评职称，挤出点儿工夫做做课题，并没有毕生献身的可能；只身打拼，谈不上做系统性的田野调研。这学术工作也真是不大容易做到高处，难为他们了。专业研究机构嘛，一是规模小得可怜；二是致富工作量也不少；三是常常不得不承担“上面”交下来的大任务，很难再稳定地、有规划地做多少该做的研究工作了。

一个有几千年文明史的大国，对自己的建筑史没有专业的有组织的研究机构，眼看着历史遗存又山崩一般地失去，真是上愧对祖宗，下愧对子孙。“花开堪折直须折，莫待无花空折枝”，咱们建筑遗产的枝条上花儿已经零落得很了，但是，以此生相许的折花人儿呀，你们在哪里！这句诗有点儿风流余韵，写着玩儿吧。

“人之将亡，其言也善”，老头子说话只是“善”而已，并不自认为一定正确。絮叨絮叨，凑个热闹。

（原载《建筑师》，2009年8月）

（一一五）

1980年9月27日—10月10日，世界各国的旅游业同行在马尼拉开了个国际会议，通过了一个《马尼拉世界旅游宣言》，宣言里有一段是：

> 必须有控制地使用各国的旅游资源，否则它们将有遭受破坏甚至毁灭的危险。决不能为了满足旅游需求而损害旅游区人民的社会和经济利益、环境以及最重要的自然资源、最基本的旅游景观和历史、文化遗迹。所有旅游资源都是人类遗产的一部分，各国和整个国际社会必须采取必要的旅游资源保护措施。保护历史、文化和宗教胜迹，在任何时候都是各国的基本责任。

1982年8月21—27日，国际旅游世界会议又通过了《旅游权利法案和旅游业守则》，其中第5条是：

> 为了当前和后代的利益，应保护包括人文、自然、社会和文

化在内的旅游环境，因为它们是全人类的遗产。

1999年10月1日，在智利的首都圣地亚哥举行的世界旅游组织第十三届大会上通过的《旅游规范》第4条说：

> 旅游政策的制定与旅游活动的开展应当尊重艺术、考古和文化遗产，应对这些遗产加以保护，代代相传。应当特别精心地保护和维修博物馆以及考古与历史遗迹。……从文物所在地和文物本身的接待参观中所获得的收入至少有一部分应当用于维护、保存、整顿和修缮这一遗产。

这些文件都是国际性的，它们凝聚着世界各国旅游业者的良知、智慧和经验教训。它们思想的核心，就是把文物保护置于上位，而把旅游置于下位。

现在，旅游业已经成了世界第一产业，如果不再三强调在旅游业活动中必须首先保护好旅游对象，那么，旅游业很可能就毁了文物。正因为这是个现实的危险，国际旅游界才会一遍又一遍地呼吁旅游业界要保护文物，否则会自己毁了自己。“风物常宜放眼量”，国际上是很认真对待这个问题的。

而且，他们所说的保护文物，毫无疑问，是指按国际文物保护界公认的原则来保护。1994年，我在瑞士巴塞尔的世界文物保护工作者和旅游业经营者的第一次联席大会上，亲眼目睹七家国际旅游业巨头推出代表，庄重地向大会承诺，从这次会后，他们要尽力把旅游业转变为文化事业。其实，在这次大会之前，欧洲人对文化遗产的尊重和热爱，早已使我感动了。当你看到苏格兰首府爱丁堡那个斯考特常去喝啤酒的地下酒店和奥地利维也纳那个莫扎特常去喝啤酒的地下酒店，虽然十分简陋，却都成了文物保护单位，要去吃点什么，需提早两个礼拜预约才成，这种情况，不能使你感动万分吗？从小学生到青年男女到老人家，在文物前面和遗址地里，那种肃穆的和谨慎的态度，我永远也不会淡忘。

就是他们，一次再一次地发表了宣言、守则和规范。

那么，我们又怎么样呢？我所知道的，我们国家旅游业的口诀是办好游客的“吃、住、行、游、购、娱”这六件事就行了，目标只是挣大钱。至于文化、艺术、历史，在旅游业界大概是很少有人想一想的，偶然想到了，大概也不过是为多挣钱下的作料。

*

当今咱们的情况是：历史文化名城的主要破坏力量是房地产开发商；乡土文物建筑的主要破坏力量是旅游业。政府把破坏文化遗产的机会给了他们，他们搞破坏的动力是追求最大的经济利益，支持他们的是笼罩一切的事关官员升迁的GDP挂帅的大现实。文物建筑保护，不是直接大把挣钱的行业，就靠边站着去，起一点儿点缀太平盛世的作用。细细一想，有些事儿，是可以搁到以后缓缓再说的，例如造别墅、造摩天大楼、造什么形象工程之类。但是，至少，教育和文化事业是绝不可以让路的，事关人的质量，耽误不得。别的文化事业问题且搁下不提，只说文化遗产保护，就不能再迟缓了。道理很简单，就是真实的文化遗产是不可能再生的，一旦失去，就永远失去，谁也没有能耐把它们再挽救回来。

房地产开发商怎么地、怎么地破坏着我们的历史文化名城，我先不在这里说，因为他们的破坏是简单不过的拆除，一次性见效，而且干脆彻底。旅游业破坏乡土建筑文物，倒不是立即简单地拆光老房子，而是提出“开发”“打造”“提高”甚至“展现古村价值”等等冠冕堂皇的话，似乎比城里的开发商还更懂得些文物的价值。但是，其实，旅游业眼中的文物的价值，不过是现成的市场价值而已。文化？文化是什么东西？能管饭吃吗？我就曾在浙江省某县絮絮叨叨对县领导讲他们县里某村的文化历史价值，希望他多多关心，而被县委书记当面斥为“什么狗屁”，而且重复两次。我也曾在山西省某县对着掷骰子赌酒的县委书记的后脑勺讲他们县里某庄园的文化历史价值，讲了足足半个钟头，书记连头都没有回过一次，我至今不知他的嘴脸是什么模样。

文物，尤其是完整的文物聚落，是什么？它们是一个民族的历史的见证。所以，凡懂得点儿事理，有点儿自尊的民族，莫不宝爱自己的文物和文物聚落。相反，自古以来，凡侵略者，都知道在征服某个民族之后，首先重要的是毁灭他们的典籍和文物。只有最没有出息的民族，才会自毁文物，自毁历史的记忆。同样的原理，文物必须保持它们的真实性，绝不能被“打造”，绝不能被“提高”。只有真实，它们才能见证民族的历史和文化。

因此，当今世界上，文明一点儿的国家，也就是懂得点儿自尊的国家，都是把文物保护放在上位，而把旅游开发放在下位，尽管旅游业大把大把地搂钱，也一定要在文物保护原则允许的前提下去发挥它的能耐。这就是国际的旅游界为什么要那么郑重地、那么明确地给自己定下了规矩的基本道理，而且一次又一次地反复重提。咱们中国，又有什么理由可以置外于文明世界？

*

如果按照文物保护工作居上位、旅游业居下位这样的科学理性精神办事，那么，发展旅游和文物保护并没有多大的难以解决的矛盾。这只要到欧洲一些历史古老的国家去看看就明白了。那里的城乡，有许多还很完整地保存着中世纪的面貌，甚至点缀着古典时代的断壁残垣，一石一瓦，并没有“现代化”。其中有一些地方，经济转型了，人口增加了，古老的城乡难以适应新的需要了，他们解决这个问题的办法，大多是在老村旁边，适当的距离之外，再开辟一个新区就是了，并没有把那些在钟楼守护之下，开满了月季花、盖满了常春藤的古老村落拆掉。黄昏时刻，生产世界上最先进的汽车的工人下班回村，在用木头搭起来的小酒店里一坐，要吃什么，要喝什么，都有。住在新区高楼大厦里的劳动者，有一些也会驾着最新的私家车，到附近古色古香的小村里去，找老哥们儿享受一个温馨的夜晚。礼拜天，小村的居民们开车二三十分钟，来到公路边上一家超市，把一个礼拜需要的东西买回家去，这就齐了。这样的生活环境，在欧洲并不少见，难怪四五年前，在广东惠州，壳牌石油公司来到海边建炼油厂，地方上打算把地段上一座古老的石头村落拆个精光，让公司多得些空地皮，不料被厂方赶紧制止了。他们喜欢这座古色古香的小村落，留着，作为厂子的很有浪漫色彩的部分。

*

从惠州回来不久，大概过了两个冬夏吧，2008年深秋，贵州省一座非常完整、朴素又美丽的苗寨，像博物馆一样浸透了苗族文化的一切，却遭到了劫难。旅游公司把它看上了。看上了什么呢？不知道，很难理解，只见公司把村子前部改造成一条时髦的商业街，卖本地的和从外地贩来的手工艺品，村口对面造了一条半环形的长廊，几十个开间，钢筋水泥的，装遍了彩色的电灯。贵州山区地广人稀，只要把新街往左或者往右挪出一百来米就不碍古村多大的事了，为什么偏要塞到村子的眼眉前呢？何况还要拆掉一部分老房子！这件事是旅游局干的，怪了，他们叫旅游者跑这么老远去看什么呢？看时尚文明，县城里就很漂亮，何必到山村里去看呢？就是这家旅游公司，还在苗族村寨前造了三座侗族的鼓楼和风雨桥，这两种建筑，正是区别侗寨和苗寨的标志性建筑。旅游公司就不懂得要保护民族文化生态原状而不允许错乱吗？这次改造苗寨，动静很大，开了全国性的现场大会，旅游杂志给它出版了专号，一份有全国影响的报纸头版头条吹捧了这件“工程”，标题是“把时尚文化引进古村”，得意至极。再补述一句：那座苗寨，三年前刚刚上了申报“世界文化遗产”的预备名单。等不及了吗？谁允许旅游部门这么蛮干呢？无法无天！

这个苗族村子文化生态的破坏是有前例可追的，如云南的丽江，那条主街上几乎已经没有一家房子是原状的，全都改成了铺面，后墙拆掉，露出了天井里的树木花草。铺面上，有的拆来“千工床”的花板钉在檐下做装饰，有的锯来晒禾架的梁柱做栏杆。这种改造大概是小店主自己动手干的，手工粗糙，歪七扭八，且不说历史风貌已经破毁殆尽，那种马马虎虎临时凑付的“风味”，实在叫人难受，这还能合乎它早已戴在脑门上的“世界文化遗产”称号吗？

那个名气可能更大一点的湖南凤凰城，改造得真是“脱胎换骨”。江边上大造钢筋水泥的“吊脚楼”，奇形怪状。大桥上的三层楼酒家，把山区江边小城搞成了个灯红酒绿的花花世界。何况那成千上万只红灯笼，真“挂出水平来了”。沈从文笔下那么撩人心窝的小城，变成了一座以奢华代替了简朴、以矫揉造作代替了率性真情的怪物。就这么一个叫人难受的东西，居然还被保送进了“世界文化遗产”的预备名录。

知不知道“世界文化遗产名录”的最基本的要求是“更多、更好、更持续地保持其原貌”？

山西阳城县有一个“皇城村”，掌权人有点儿神通，他一意孤行，连村名、村史都是假的。村里的建筑、花园等等，也有一半上下是假的或者改造过的，起初申报国家级文物保护单位，没有通过，立马去申报“历史文化名村”，不知怎么一来，很快便通过了，不久又得了个“四星级旅游点”的称号，旅游业立即大大兴旺，收入超过了它的煤窑。那个大有非凡能耐的掌门人，被选拔为很体面的人物，戴上了好几种光荣称号。但是一座本来确实非常精致的有很高历史价值的古村寨却永远消失了。

这几个风头十足的“古”村“古”城，经过各式各样的宣传，旅游业固然热火朝天，但是，它们还有真正的本来具有的历史文化价值吗？它们目前的红火，恰恰是反面教材，成了败坏风气的典型。它们和紧追它们而致富的村落成了样板，“榜样的力量是无穷的”，以致给以后全国文物村落的保护造成了不小的困难。我们这个古老的民族，就这样愚昧无知吗？各界风气的败坏，是国家最大的危险，现在还看不出来吗？

我们绝不反对村民们发财致富，只要有机会，我们还会为帮助他们脱贫而做些力所能及的工作，但我们不能赞成走这些竭泽而渔甚至坑蒙拐骗的“脱贫致富”的路子。我们的民族还要延续，还要发展，还要在世界上活得正直体面。不是吗？这一切能简单地用一个短时期里的GDP成绩来衡量吗？

*

“君子爱财，取之有道。”旅游业取财之道就是保护好旅游对象，让它们真实地面对世界。游山护山，游水护水，游览到哪里，就爱惜到哪里，不可以诛求太狠，不顾山水和文化历史财富明儿个的死活。

对旅游对象的没有分寸的野蛮压榨，表现之一是对风景点和文物点的旅客人数没有限制，常常大大超过文物点的合理容量。自从咱们国家实行了长假制之后，旅游之风大盛，这是长智益神的好事情。为了宣扬这件事，几乎每年春秋两个长假之后，报纸上都会发表大大的一幅照片，居庸关长城上，红男绿女，前胸贴后背，挤成了大疙瘩，再挤成了堆，龇牙咧嘴，动弹不得，照片下还要加上一段热烈歌颂国泰民安的图说。有一年五月初，一位斯里兰卡的朋友来了个电话，毫不客气地抢白了我一顿。他说：“你们就这样虐待历史文化遗产呀？还是世界遗产呐。你又不是不懂，文物的原真性都毁了呀！对长城会有损害呀！为什么不抗议呀！”他不知道，长城上的这个“野蛮”的场面，在中国许多地方都可以大致相仿地见到。报纸是当好事儿登了照片炫耀一番的。各种媒体还宣传过好几回，长假期间，故宫也能一天卖出十三四万张门票，口气挺高兴。但这完全是超负荷运行，对文物单位不负责任。

西方的意大利，东方的日本，都拥有文化历史价值很高的文物建筑，每年从它们身上所得的旅游收入可不少。但是，意大利也好，日本也好，并不无限度地开放文物单位。例如，意大利的鲁迦和奥维埃多等地，每礼拜各自只有一次“市集”接受旅游公司的旅客。各个旅游公司，有一份经过旅游业界协商的配额，按照这个配额组织那一天的游客。平日里这些旅游热点都很安静，只有寥寥无几的一些零星散客，显得冷冷清清。当地住户，各干各的事。也有一些旅游点，天天开放，但各个旅游公司按日子有严格的游客限额。日本的一些神宫和御花园，每天的接待量都很少，保持着那些地方高雅的美。外国游客想去参观，如果没有提早许多日子的预约，是办不到的。有些参观点，预约已经到了几年之后，几乎近于开玩笑。这样严格的制度，没有什么人啰唆。当然会有许多人多么想看却看不到，也只好认命，反对不得。不少认真的文化旅游的爱好者，其实心里还是很钦佩这样的管理，反倒觉得放心。

20世纪80年代，一个经过很多年研究的结论出来了，这就是，罗马圣彼得大教堂的壁画和雕刻由于大量游客的呼吸和皮肤蒸发的影响，可能会受到酸性的伤害，于是，旅游业立刻接受建议，向保护专家们承诺，很快就去协调，减少每天的游客数量。我当场见到这一幕。

严格限制旅游容量，当然就会减少旅游收入，但这是保护文物的最基本措施之一，它保护了历史文物，也保护了民族的尊严，这是对人类的文化史负责，谁能反对？这样的严格保护之下，意大利的旅游收入也已经超过了工业产值，靠的是保护得好，管理得好，而且可参观的对象多，并不是像烂西红柿那样成堆贱卖。

十八年前，我在江西婺源做过两年乡土建筑调研工作，今年春天想去回访一趟，订了个十天的活动计划。哪里知道，旅游开发商无法无天，竟把国家公路都闸上了，买路钱是每人180元。到了我最心爱的李坑村，道路都限得死死的，一条故意做作的羊肠小道贴着宽不了多少的水沟走，水沟里挤满了船和筏子，但是很难想象它们怎么能动弹。小道的另一侧，挤满了摊贩，卖些景德镇的假古董。进了村，家家改装成铺面，也卖所谓旅游产品，一家挨一家，排得密密麻麻。过去这里本是一条十分安静的水街。街尽头，原来有一座书院，园林化的，有日池和月池，有藏书楼，有幽静的天井，遮天大树下一片绿色的空气。那是我以前在婺源最喜欢的一处建筑，现在竟没有了。我十分心疼，对同去的朋友说了一句话，批评这种野蛮“开发”，当即有一位又高又壮的村民放大了嗓门冲着我喊：“许你们发财，就不许我们发财吗？”这句话，我好几年前就在报纸上看到过了，被记者先生当作经典性的话语写下来封堵批评者的嘴。其实呢，村民们靠祖宗遗产挣几个钱，贴补日用，甚至办点儿村子里的公益，这当然很好，但如果依靠糟蹋祖产来支持全部生活所需，培养出好吃懒做的晃荡子弟，光着膀子闲逛，这就离败家不远了。当年我们在婺源工作的时候，父老们告诉我们徽商的没落，最主要的原因便是一代又一代吃祖产的生活把子弟养成了寄生虫，成天抽大烟。这次只待了两天，伤心，我们就放弃了预定的计划，回家了。

所以，理所当然，面对文化遗产，首要的事情是想方设法去保护它们，发挥它们的文化价值，而不是拿它们当作不要本钱的金银矿。保护好了，利用好了，当然可以赚钱，目前，有可能赚很多的钱。但是，不论能赚多少钱，它们的原始价值，便是作为历史的实物见证的教育功能，永远要放在第一位，所以绝不可以使它失去历史的真实性。旅游行业，本质上是文化事业，不是那个“六字方针”所能指引的。旅游必须提高档次，说的是文化的档次，不是吃喝玩乐的档次。

保护文物建筑或建筑群，是一门独立的科学，一门独立的事业。应该是“保护”来规范和促进“旅游”，而不是“旅游”来破坏“保护”，这是当今文明世界的共识，我们不可能推翻这个理性的结论。

*

最后，我再絮叨两件事：

第一件，今年之初，外省某地一位“文物贩子”，我的老朋友，给我打来了电话，告诉我亲眼目睹的乡土建筑珍品被拆卖的情况。某地一个县，贩子们抢在全国第三次文物普查开展之前，把那里最后一批遗留下来的建筑珍品扫了一遍，破坏惨重。说了一半，这位“文物贩子”竟然哭了，他说：“我贩了三十年的建筑木雕构件，从来都是旧城拆改时候收来的，我没有拆过房子。我喜欢它们，我心痛呀！”另一位朋友，曾经长期担任县里的博物馆长，早已经退休了，被请出来参与某省的第三次文物建筑普查，也给我来了电话，说，“惨不忍睹呀，没有什么像样的东西了”。他们那个省，最后登记了将近四万个新的文物保护单位，但是，竟没有一座还比较完整的古村落，没有一座呀！唉！

第二件，为什么会闹成这样？我赶一次时髦，到“国学”里去找一找病症所在。这倒并不难，原来眼前这种文化上的颓势的根子就在咱们几千年的文化里。不过，这种话说起来太远，便也太迂，简单地说说，请看“国学”最最经典之一的《孟子》。那里，一开篇，就是梁惠王急冲冲地问孟轲，您老人家远道而来，是不是“将有以利吾国”。孟子从王、大夫一直往下数到庶人，说：“上下交征利而国危矣。”“国”的事关系太大，咱弄不清，就只说说眼前的事儿，说一句“上下交征利”则文物建筑和历史文化名城就“危矣”了，这可是差不离的吧。

要完全不谈“利”，那不可能，等于把人都轰到生产队食堂去吃大锅饭，最后弄得大家没饭吃。但是如果一切都只向钱看，至少，教育和文化事业就会垮台，一些年轻人的毕生追求也会有不小偏差，危险已经露头了，这可使不得！

保护文物建筑和聚落，这是一种向前看的、长远的眼光，一种全面发展的眼光，一种历史的眼光。以“向前看”“长远发展”“一代超过一代”的“理”，主张一切都可以推倒重来的主张，才是短视的、浅薄的、看不见世界前进的愚昧。请记住，文物建筑保护这门科学，是20世纪六七十年代才成熟的，和人类登月同时。这时候，不是人类的发展停滞了，不是人类向后看了，而是越来越快地发展着，向前看得越来越远了。在发展迟缓的时代，世界上是没有保护文物建筑这一说的。正因为发展得快，人类才想到要保护文化遗产。所以，保护文物和发展经济是亲兄弟。

*

以上写的，都是作为文物单位的村落的保护和开发的关系问题。这类村子并不很多。现在，我们亲眼见到，确实还有一些普通的非文物村子，在城市经济大发展的浪潮中，青壮年进城打工去了，丢下妻儿老弱在村子里“留守”，因而一天天，田地荒芜了，房舍破败了。由于各种条件的不利，即使迫切想开展旅游也搞不起来。这本是世界各国在工业化早期发展过程中都曾经走过的一段历史。一方面城市繁荣了，一方面农村衰败了。

这是另一种问题，和文物建筑保护没有关系。但这种情况，我们见到了，也很挂心。不知道有没有人研究如何快一点度过这一个历史时期。

（原载《建筑师》，2009 年 10 月）

（一一六）

文物保护，是一件向前看的事业，是向前看的人的事业。

文物建筑，包括被定为文物的各种大小聚落，它们的第一个属性是文物，第二个属性才是建筑。文物建筑的基本价值是见证某地、某时、某些人们的生活状态，包括物质的和文化的，经济的和政治的，等等。文物建筑保护，首要的就是保护住文物建筑所携带的这些历史信息，力求真实、力求永久。

所以，从纯粹的理念来说，文物建筑，包括文物村落和城镇，就是某个时期的建筑、村落或城镇的标本，不能再发展。打个比方，文物建筑犹如博物馆里乾隆皇帝的龙袍，尽管姑娘们身上的时装年年变，而这件龙袍不能变，因为它是文物，它要见证一种历史，政治、经济和工艺的等等。当然，和乾隆皇帝生前的龙袍相比，博物馆里的已经丧失了许多历史的真实，它久已没有了乾隆皇帝的体臭，倒添了些杀虫剂和干燥剂的怪气味。但这是人类至今还不能克服的困难，并不是理论的片面或工作的失误，贤者是不责备这种无可奈何的状态的。当然，文物工作者还是要努力去发现和创造更好的防潮、防腐、防老化的方法，不断地进步。

文物建筑保护，包括各类大小聚落，就有更多的无可奈何，从最小的说起，例如，要装避雷针、装消防系统、装卫生间，甚至可能要装电梯，等等。但只要保持这些装置的可识别性和可逆性，也同样无可指责、无可反对。

但是，复杂得无法比拟的大小聚落，从村子到乡镇，怎么办？20世纪，在欧洲有过一场关于文物建筑保护方式的争论，有人提议“博物馆式的保护”，有人反对。后来，争论双方都偃旗息鼓，不再啰唆，因为，一句话，根据具体情况办事就是了。双方其实都坚持一个共同的原则，就是力求最大限度地保护文物建筑的历史原真性，而又都承认，文物建筑保护，比其他各种文物的保护有更大得多的困难，何况，国际上，文物建筑保护的对象正在很快地扩大、增容，从个体的“杰出”的建筑物扩大到了它们的环境，又扩大到了城市，扩大到了农村，扩大到了工业厂房和设施。差不多每十年一“扩大”。在这种情况下，单一的某种保护方法显然是远远不足的。

但是，有一点原则绝不动摇，这就是，尽管有千方百计，百计千方，保护文物建筑，最根本的是要保护它们作为历史真实见证的价值，要最大限度地追求它们所携带的历史信息的原真性和完整性，人类不要花了大量人力、物力来欺骗自己，欺骗子子孙孙。所以，万法不离其宗，还是那几句老话：文物建筑的第一个属性是文物，第二个属性才是建筑；文物建筑的基本价值是作为标本见证某地、某时、某些人们的物质生活状态和思想文化状态，不是仅仅因为它们“好看”。文物建筑保护，首要的原则是真实地、永久地保护它所携带的这些历史信息，文物建筑保护科学，就要围绕着这个基本目标发展。

道理并不复杂难懂，但实践起来确实困难多多，尤其是要保护那些有人们居住着的充满了活力的村落。在这样的课题上，也许人们永远不可能获得完全满意的结果，只能力求一点一点去接近它。目前，最有效的办法是在作为文物的乡村聚落附近开发一个新区，但有些村镇的老区可能因此而空心化了，不能认为完全合乎理想。例如，在美国，旧金山附近的一些往日的采金矿的人居住的村落，尽管还保存着住房、邮局、药店、铁匠铺等等，甚至配备了铁匠、邮递员、药店伙计等等，还有些穿着19世纪服装的姑娘们在路边坐着刺绣，毕竟是表演性的，都有上下班时间。美国阿利桑纳州则还保存着一些印第安人的旧村落，什么都齐全，甚至还有早期基督教传教士的教堂，早已不过是陈列和表演。意大利的奥维多和路迦这样的中世纪小城，也已经早就“空心化”了，只有冷冷清清几个旅客东张西望，但它们保护得规规矩矩。还能给人不少很逼真的历史文化知识，并非毫无意义。一些负责策划“救回”失去了活力的老区的外国专家，他们似乎并不着急，并不在乎哪一天工作能达到什么水平，但他们决不言放弃，决不“修正”，更不会“批判”理论目标，只是一点一滴地努力着，兴致盎然，有一丁点儿新的主意，就高兴得不得了，仿佛解开了一个什么“决定性”的扣子。看上去并没有功利心，只是对工作充满了兴趣，就像伽利略气咻咻地爬到比萨斜塔顶上，扔下一大一小两块石头一样。他们不大呼小叫地喊什么困难，总是微笑着讨论，充满信心，更没有一次听他们怀疑文物建筑保护的基本观念和理想，提出马虎、简便、大概齐、差不离就行之类的馊主意。也没有听说过哪个政府干得心焦，动摇了，决定放弃。早就听到过一种“说法”：中国人重功利，眼光近；西方人重理想，眼光远。大概至少在文物建筑保护上看来是这样。总之，文物保护是一项历史性事业，凡投身这事业的人，要从容一些，要看得长远一些，不惑于一时的成败得失，而相信历史，相信未来，相信文化事业的价值。这是一个千年万载的事业，不能提什么“三年一变样，五年变大样”之类的口号。

*

作为文保单位的乡土聚落的保护，目前在我国是困难重重。困难来自许多方面，其中最普遍、最有“理论性”的则来自相当多的建筑界和城乡规划界的人们。这些人们用最简单化的方式去理解“发展是硬道理”这样的箴言，因此总要求作为文保单位的聚落也“发展”一下，而他们的“发展”，无非就是出于经济的和功能的目的，更糟糕的是会迎合旅游业的口味造些无根无据的亭台楼阁之类的“景观建筑”，“打造”一下，或者造些宾馆餐厅之类的服务建筑，“激活经济”。连退一百来米或者隔一条小河沟把这些建筑放到新区去都不肯，似乎一点都没有历史的和文化的意识。连穷山僻壤之地的一些小小村落，都是在这种“发展观”的推动之下一天天、一步步丧失了它们无可比拟的历史文化价值。这些建筑师和城镇规划工作者破坏文物村镇和建筑的原因是他们不能理解一个极其简单的道理，就是那句老话：文物城镇和文物建筑的第一属性是文物，第二属性才是城镇和房屋。这是做好历史文化城镇和建筑保护的根本认识，关于保护的一切工作都从这一点出发，否则就一定会犯错误。可惜的是，这样的错误在咱们国家是太普遍了。

要某些城镇规划工作者或建筑师接受文物建筑保护的这个最基本的出发点实在太难、太难，所以，在一些文化档次比较高、文物保护工作做得比较好的国家，都有一种制度性的规定，就是，文物建筑保护工作是一门专业，这项工作必须要由经过专门培养的专业文物建筑保护师来做。没有经过专门培养的任何一位建筑师，不论多么杰出，甚至伟大，都没有资格做文物村镇和文物建筑的保护工作。这个规定实在非常重要。可惜，在咱们中国，至今还只有个别大学有这门专业，然而应该聘用这个专业的毕业生的单位还没有意识到他们的价值，普遍的认定是：凡建筑师就理所当然可以胜任文物建筑保护工作。其实，设计新建筑和保护古建筑是两门不同的学科，各有自己的基本观念和方法，虽然有密切的关系。

一位只受过村镇规划和建筑设计教育的专家，通常看重的是村镇和建筑的发展，是“开发”它们，“打造”它们，而一位文物保护专业的工作人员，他倾全力去做的却是留住村镇或建筑物的历史的原真性和可读性。这在具体工作中是相差很远的，价值观不同嘛。所以，一位专业的村镇规划人员认认真真，规规矩矩，花了很大力气做了一番工作，结果竟毁灭了一个文物村镇或者建筑的珍贵历史信息，这是常见的事。

“破破烂烂”和“落后”是他们蔑视历史村镇和建筑物的常用语，其实，经历了几百年甚至有了上千年沧桑的村镇或建筑物，它们的历史信息正有许多恰恰隐藏在它们的“破破烂烂”和“落后”之中，这些正是文物建筑和村镇的历史价值所在。

“发展是硬道理”，这是一个哲学命题，所谓“发展”，指的是不停顿的运动变化，包括老朽腐烂。历史村镇和文物建筑的保护科学和技术就不发展吗？就没有发展吗？当然不是。不过它所保护的和所发展的跟当前新建筑所追求的大不相同罢了。文物保护工作者追求的是文物建筑和村镇的历史原真性，而普通的建筑师和城镇规划工作者追求的是见新，甚至不惜为了见新而损伤文物建筑和村镇的历史原真性。就乡土建筑保护来说，村落街上一个铁匠铺，虽然矮小、破损、黑不溜秋，早已“没有了使用价值”，但它非常重要：当年的手工农业生产，怎么可以没有铁匠铺？所以，为了见证农业村落的历史，必须保护它，尽管它早已熄火。然而在当今的建筑师和规划师看来，这铁匠铺有伤观瞻，必欲除之而后快。江南小镇，保护工作者希望留住它们安宁、清雅、文化品位比较高的气质，而建筑师和规划师则总要借“发展”为名，大大“开发”它们的商业潜质，以致使它们几乎家家开店，户户摆摊，把一座出过多少文人学者的村落变成了一座酒肉小镇。甚至大肆建造假古董，以致把村落糟蹋成一处给人以虚假知识的场合，失去了原来拥有的真实的历史价值。“假作真时真亦假”，原来的古村成了伪知识的陷阱。

*

文物建筑保护工作者并不是顽固地不承认发展的历史意义，他们只是认为，不同性质的事物应该各有自己的发展方向和道路。

文物建筑保护这门专业正是人类文明最新发展的成果。古代是没有文物建筑保护这个观念的，更没有这项专业，有的大约不过是和兴造技术同时产生和同步发展的房屋修理工作。

关于文物建筑保护的比较早的史实是1517年拉斐尔被教皇利奥十世

任命为罗马文物古迹总监，他恪尽职守，以极大的热情从事文物建筑保护工作，审定了一项全面修复罗马古城的计划，主持测绘了还存在的古罗马建筑的平面图和剖面图。1519年，拉斐尔在致教皇利奥十世的一封信里写道："您首先要考虑的应该是如何保全已经不多了的古代建筑，它们是古代祖国和伟大的意大利的光荣……它们至今仍在唤醒灵魂对美德的追求。"那时候，作为文物的建筑还是那些纪念性的建筑，它们的主要价值是荣耀古人，是唤醒美德。这个关于文物建筑的价值观一直长存到20世纪中叶，在这几百年时间里，并没有重大的变化。到了20世纪后半叶，随着科学、技术、经济、文化的划时代发展，文物建筑保护也进入了一个非常活跃并且不断有重大进步的时期，观念不断创新。公认的若干观念是1964年联合国支持下在威尼斯成立的ICOMOS的第一个文件上确立的，那个文件确立了现在普遍公认的文物建筑保护原则，但是，那个《威尼斯宪章》还依旧是把有纪念性意义的大型古建筑叫作文物建筑。此后，国际上大致每十年有一个重要的文件产生。20世纪70年代把文物建筑保护从个别的大型古建筑扩大到它们的周围环境；80年代，进一步扩大到保护古老城市的整体；90年代，又进步到保护乡土建筑；到了21世纪初，文物建筑保护事业吸纳了工业建筑遗产，一步步扩大了文物建筑的范围，每一次新的扩展，就是对人类文明价值崭新的认识，就是文明观念的一次创新和发展以及文明领域的一次扩展。现在，这个过程还没有结束，依然生气勃勃地发展着。

所以，文物建筑保护意识本身就是人类文明最新的发展成果之一，并不是什么陈旧的保守思想在新时代的返潮，它带动了好多种科学技术的进步，丰富了人们的生活，充实了人们的知识。所以，从长远发展看来，作为文物保护着的村落是不会衰落的，只要保护工作做深入，随着人们文化程度的普遍提高和交通条件的逐步改善，文物村落一定会恢复生命力的。不过，那是另一种生命力。在我们国家，要提防的，倒是不要"热"过了头，过于动手动脚，破坏了它们本真的历史价值。这个弊病现在不但冒头，而且蔓延，甚至近于失控，在许多地方已经造成了很大的破坏，例如北京旧城。

完整的思想应该是：作为文物的古村落必须严格予以保护，尽可能维持动手保护时它们的历史原貌，不能在这个范围里再“发展”。政府支持保护范围里的原住户在附近另行建设新区，发展新的生活，包括在新区内经营保护区的旅游业带来的商业和服务业。

再多说一句题外的但却是有关的话：即便在新区里，旅游所带动的商业和服务业也最好是集体经营而不是个体经营，以免弄得到处是店招、广告、红灯笼之类，一个个无序竞争；并且还要维持旅游业和相应的商业、服务业的合理规模而不是追求短期内经济利益的最大化。要培育居民的历史文化意识和公益意识，培育他们的责任感。这些在西方资本主义国家都是早已做到了的。

我们中国人，面对这类问题，总是太过于重视“实际”，而不习惯做本质的、系统的理论思考。只狠批“理论脱离实际”，而从来没有批评过“实践脱离理论”。由于这种片面的思想教育，多少年来，我们这个民族被训练得太过于“现实化”了，缺乏理想，缺乏历史感，缺乏想象力。只会近视地“实事求是”，从而失去真正创造性的探索精神。甚至沦落到以为“发展”就是“发财”，“发财”就是“发展”，以为发财才是“硬道理”。目前，一个本来保存得很好的古县城的领导人提出了一个完全荒唐的口号，叫作“坚持保护开发并重”，这是一种标准的折衷主义口号，貌似“全面”“公允”，其实抹煞了主次轻重，其结果当然就是保护成了空话。他们几乎完全忘记了对一个民族有恒久价值的文化积累。

*

文物是什么？文物是历史的见证。历史的见证是不能假、不能错的。它既不能丑化，也不能美化，它是什么样就什么样，打造不得也开发不得。乾隆皇帝的龙袍不能发展得缝上不锈钢拉链，杨白劳的棉袄也不能发展得用锦缎做面料。这些就是文物学的命根子，很简单。但是，你可以用最现代、最先进的科学技术去保护它们，你去发展吧，只要有钱，尽你过瘾。

人们开始真正琢磨文物建筑保护的原理和原则是在19世纪中叶。那时候，正是工业革命闹得轰轰烈烈，城市建设大发展，在当时的历史条件下，就不可避免地带来对历史建筑的破坏，从而破坏了城市里历史信息的积累。最先认识到这个危机的既不是历史学家也不是建筑师，主要是更敏感的作家和画家。作家，例如西欧的雨果，东欧的果戈里，还有另外几位，差不多同时喊出："建筑是石头的史书"，呼唤文物建筑的保护。画家，尤其是那些浪漫主义画家，则哀伤地沉溺于画些古建筑的废墟，又美，又有凄凉的感伤之情。正是作家和浪漫主义画家所提出来的"建筑是石头的史书"，引导了文物建筑保护事业的开展。在咱们中国，这句话大概不必提"石头的"这三个字，不妨径直地说：建筑是历史的记录，建筑是历史信息的携带者。

中国是个历史信息很贫乏的国家。一位美国学者阿瑟·赖特（Arthur Wright）说："全世界没有任何一个别的民族像中华民族那样拥有那么多的历史记录。一千五百年的官家正史记载下来的事件的数量是算不清楚的。"但是，咱们国家倒有两位大有学问的人并不这样评价我们的史书，一位是宋代的王安石，他说，中国的《春秋》无非是些"断烂朝报"而已（《宋史列传第八十六·王安石传》）；另一位是梁启超，他说，中国的正史是"专为帝王作家谱"（见《梁启超文集：中国之旧史》）。"从来作史者，皆为朝廷上之君若臣而作。"（同上）而咱们现代人要认识历史，当然不能只认识那些专给君臣们看的"帝王家谱"和"断烂朝报"。而那些我们想知道的老百姓的事情，只有他们造了反才能写进史书，那几页书里，就充斥了"贼"和"寇"这样的诅咒，甚至还有"生食幼儿"这样的记载。于是，那些记录了平民百姓生活和文化的古建筑，我们的"史书"，就成了我们重要的、宝贵的历史知识的来源。它们记载的历史信息，比那些"帝王家谱"和"断烂朝报"更加丰富、真实，也更加生动。

研究历史，固然并不能把那些“官史”书本子完全抛开，同样，也不能把那些被欧洲人称为“石头的史书”的古建筑抛开。

这就是文物建筑的主要价值，它们的价值远远不是建筑师们偶然也会欣赏的感性的美观。就因为建筑界中许多人一直对古建筑只是作为审美对象，他们并不懂得古建筑对历史、对文化、对人民的认识价值，所以他们总想“打造、开发、提高、改善、发展”古城、古镇、古村和古建筑个体，完全不能理解文物建筑保护人员为什么那么珍惜古建筑、古村、古镇、古城的真实性。他们也有“好心眼儿”，以为“开发”了，不论是旅游还是工商业，都对老百姓有利，有收入，生活改善了，多好！我们从来不反对利用古建筑挣钱改善生活，但我们有一道界限，就是不允许使作为文物的古城、古镇、古村、古建筑失去它们的历史原真性，这是一个原则，一条必须守住的底线。建筑师眼中的古城、古镇、古村、古建筑和文物保护者眼中的并不一样，这一点是本质性的，一定要弄明白。欧洲人在20世纪初就明白了这一点，那时候他们的经济水平还远远没有达到我们现在的高度。有不少他们已经保护了整整一个多世纪但至今还是冷冷清清、人烟稀落、不能赚钱倒不断赔钱的城市和乡村，现在仍然照原样保护着，赔多少钱也保护着，决不放弃。这是因为他们比咱们站得高、看得远。如果在我们这里，这些城市早就被发展掉了，开发掉了！如何对待有历史价值的城、镇和乡村，已经成了一个国家、一个民族文明程度的标尺。这些话会有人不爱听，但还是说了吧。

我们这个挨过了几千年的民族，为什么对自己的历史这么无情，对自己的文化这么无知，这么急功近利？日子还长着呐，不要只看眼前！

附记

文物建筑的保护，并没有多么深奥难懂的大道理，所难的，无非是“利益”，而利益，则大多和“开发”有关联。这几天，北京西河沿街的扩建引起了“拆派”和“保派”的又一番较量。11月14日的《新京报》发表了两派的主要论点。保派着眼于西河沿街的历史文化价值，而拆派的主要代表竟是宣武区文化委员会的副主任贾文静先生。贾主任的基本论点是什么呢？居然是那一句："一个老街区不能仅是保存，更需要发展。"就是我在这篇杂记里讨论过的那个"硬道理"。由此可见我讨论这类事儿不是无的放矢。贾主任说这样的话并不稀奇，他脑袋里大概还把城市里的历史文化遗产当成了"负担"，而不是能有助于社会健康发展的宝贝。文物建筑，作为"物"，可能是有碍于一条交通线的简单规划的，这位副主任看得见，能理解；而文物建筑作为"文"，是可以促进社会更健康地发展的，这位副主任就看不见了，不能理解，虽然以他的职务，他本来应该多想想文化的发展。现在，当个中等文化官员的人，当个能承担西河沿街规划师的人，大多出国留洋过不知多少次了，请问，如今世界上还有几个国家像咱北京这样大拆大卸的？你们看到过没有？出国干嘛去了？人家往往为了保护文物而限制私人汽车。我家窗外的大路，通往一个很有名气的高档地区，私家小车一串串从早到晚奔驰不停，难免时时有堵塞。但是有两路公共汽车，两节车厢的，从来都空空荡荡，简直是白白给大路添堵。这种现象，本来可以借助规划和管理来改善，但是，现在大概想都不能想，因为要借私家车市场来"拉动内需"，繁荣经济。但是，北京老市区的交通呢？还能等吗？早就应该从大规划下手，从管理下手，减少或者限制私家车的活动了。满城的文物建筑，为了给私家车让路，今天拆几幢，明天拆几幢，到大权统揽的决策人明白过来的那一天，文物建筑还能剩下几幢？它们可是民族历史文化信息的携带者呀！是不可能重建的呀！将来吃后悔药也救不了这个损失。世界上在这个问题上已经有了经验，有了教训，为什么咱们不认真吸取呢！"吃一堑，长一智"，这一堑并不需要人人都亲自去吃，就像耗子药不要人人都去尝一尝，才知道它能毒死人。人类的智慧已经可以互相传播了，为什么要大家都从原始人做起呢？何况，整个北京老城区仅占现在规划市区面积的5.76%，而且目前残存的已只有其中的1/4，即占规划面积的1.44%，它能妨碍北京市的"发展"吗？或者说，北京市的"发展"躲不开它吗？

（一一六）

一位将近九十岁的老人，终生从事文物保护工作，刚刚做完一次大手术不几天，在病房听到北京西河沿乱拆的事，拿起电话，找到区政府的有关负责人，说了几句话，气得大喊一声："你们要我死呀！"真个是"以身殉城"的悲剧场景！我当时想起了两句诗：

杜鹃夜半犹啼血，不信东风唤不回！

又附记

《新京报》11月15日A02版发表了学者周展的一篇短文，里面详细介绍了"北京城市总体规划（2004—2020年）"的调查、专题研究、修编、评价、论证、审批过程，审批之前，还公示一周，有2.6万名各界群众去看了公示，并且提出了意见。2004年11月10日，北京市十二届人大常委会十六次会议通过了这个"规划"。这个规划因此就有了"权威的法律地位"。什么叫"权威的法律地位"呢？依我的理解，就是要严格执行规划，否则便是"犯法"。可是，周展先生说：如此这般严肃谨慎地制定和审批通过的"法"，竟"没被严格执行"。为什么？"就因为缺少相应的监督与问责机制。"我合乎逻辑地说一句，人大常委会通过的"法"，没有相应严格的"临督与问责机制"，破了就破了，拉倒，这是不是过于儿戏？没有人负责，应该怎样处理，怎样向老百姓交代？自从这个规划通过到现在，违反它的事件已经不少了，今年7月份梁、林二位先生的故居被拆和目前的"西河沿事件"是新闻媒体公开后才引起广泛反对的。但是，舆论纷纷，却不见应该对那份规划的实施负责的人说过什么，干些什么，好像并没有这么个人或这么个机关单位，"自治"了。周展先生说："这一点，尤其需要引起北京市人大机构的注意。""注意"就够了吗？那个有"权威的法律地位"的《北京市总体规划》，是个什么玩意儿？

（原载《建筑师》，2009 年 12 月）

（一一七）

老朋友何晓道写完了一本书的初稿，这书的名字是《江南明清建筑木雕》。我住在他那个开满了桂花和芙蓉花的小院里，一边看稿子，一边擦我湿了的眼角。正如诗人艾青那一句诗说的：“为什么我的眼中常含泪水，因为我把这土地爱得深沉。”我生长在江南，我熟悉江南土地上的人和物，而这本书稿正是写江南风物人文的。

在我读小学四年级的时候，日本侵略军在上海登陆，我所在的小城就一次又一次遭到了飞机的狂轰滥炸，甚至还洒细菌。学校不得不搬迁到农村里躲避，这给了我机会去熟悉村子和农人，从此一辈子都把江南农村当作故乡。

晓道写的是木雕，木雕依附在家具上和房屋上。抗日战争那几年，我们住在山区小村的祠堂或者庙宇里，正是木雕最丰富的场所。我个子比较高，老师把我排在上铺，晚上钻被窝，衣服就搭在房梁上，盖住那些精美的雕刻，怕的是第二天早晨起床号响，一个鲤鱼打挺跳起来，磕破了头倒不在乎，万一伤了眼睛可不得了。日子长，总会知道一些雕刻里的故事，熟悉几个形象，“童子功”嘛，这些是到老也忘不了的。

寒假时间短，不回家，闲下来到村子里逛，有机会就卖乖，帮农家用模子压年糕，混几块糯米团吃，阿娘们和阿婶们会给我们几块夹了砂糖的。过了冬至，家家户户的阿娘、阿婶还有大一点的阿姐，就把橱柜搬到河埠头，泼上水用湿巾细细把它们擦净。这可是一件费心的工作，因为上面的雕刻非常精致，得有大耐性才能做好。我们学生仔帮不上忙，倒有了机会去欣赏家具上神气生动的浮雕。阿娘、阿婶虽然一个字都不认识，却会把雕饰的故事有声有色地给我们讲，这也是她们的暂息。都是些什么故事？是“木兰从军”“苏武牧羊”“岳母刺字”“薛仁贵征东”和“杨家将”之类。我现在信手写下了这几个题材，因为在当时，这些是我们最爱听又终生不忘的。当然，还会有“游园惊梦”“楼台会”和“拾玉镯”之类，但战火下的少年们不爱听那些，听过便也忘了，现在写上几句，是从晓道稿子上抄下来的，为了显得写文章认真。

擦洗家具，一定要在灶神菩萨上天去向玉皇大帝汇报之前完成，否则灶神菩萨不高兴，那背后的小报告就会揭发多于美言，家主难免至少一年不顺溜。灶神菩萨虽然跟百姓成天在一起，而且负责向天上的神灵打小报告，但是，不知为什么，他其实很落寞，连个木雕像都没有，至多是红纸上印一幅粗糙的版画像，贴在灶头烟囱根上的小龛里。座前有一只或许缺了口的小碗，装些稻米，初一、十五插上几炷香，插到米里。

我为什么要写这些，因为我要取得发言权。第一，我在江南出生、长大，我在那些木雕的老家里熟悉了它们；第二，长期生活在农村，能理解晓道，知道他为写这本书要付出多少心力和感情。我用这两点来弥补其实我是木雕艺术的外行。

晓道能写出这部书来，不是因为他上了美术学院，写过学位论文，或者得了名师的指点。不，没有。二十几年前，晓道刚刚从少年升班为青年，“拯救全世界劳动者”的历史使命已经只剩下笑柄，他得找饭吃。他瘦小力亏，生在农村，长在农村，没有正经读过几年书，日子怎么过？非常偶然地，听一个陌生人讲了贩卖建筑木雕的事，他试了试，还行，虽然市场很不景气，但能支持他勉强活下去。于是，他忍饥耐饿，独自个儿下乡串村去收购木雕，又独自个儿闯到上海城隍庙去摆地摊。收购、运输、摆摊，每个环节都有人来欺侮，除了忍气吞声、咬舌头尖子吃亏，他还能有什么办法。就这样，他尽心学习、钻研，终于精通了这行业，也大大提高了自己的文化修养。恰巧到了20世纪90年代末，雕饰精致的古老建筑构件和木器的身价大涨，他的存货给他赚了些钱，没有挥霍，没有张扬，他拿出藏品在宁海县城成立了一个“十里红妆博物馆”，向公众开放。“十里红妆”，就是富饶的江南地区出嫁女儿时候由嫁妆编队形成的长长的游行队伍。“十里红妆博物馆”就是嫁妆博物馆。这嫁妆品类之繁，制作之精，可真是夺人耳目。大致和博物馆成立同时，他写了一本叫《十里红妆》的书也正式出版了。再晚几年，他又出版了一本《门窗格子》，都经过名门出版社。

办博物馆和写书，认真的而不是“自费印制”的，要有不低的文化和学术水平。他，一个“文化大革命”期间的小学生，后来初中毕业，要怎么刻苦学习才能达到成功，那简直是个谜。他甚至学会了写散文、写诗，想象力丰富，文采斑斓，经常在报刊上发表。也写了房屋和家具雕刻装饰的学术论著，便是这本《江南明清建筑木雕》。就算有天分吧，那钻研的努力也是不待考查就能知道的。二十几天以前，我在他书房外阔大的檐廊下对他的写作说了短短的一句什么，他转身就进书房，抱出一大摞稿纸来，双手端着，从胯间一直顶到了下巴颏。这就是他写作这本书的过程中改了又改，改了又改，积存下来的稿子，废了，可是没有丢掉。老弟，我真感动，见到我的泪珠了吗？

他如今正忙碌着张罗建造一所，也许是两所，比现有的大好几倍的“十里红妆博物馆”，也可能是另外起个什么名字的博物馆。因为展览品将不限于嫁妆，会有很大一部分是建筑装饰雕刻，还有家具和用具，二十多年来他精心挑选、舍不得卖掉的精品。我去看了其中一所的地址和设计图，规模很大，在一座风景极好的山坡上。宁海人有福了，江南人有福了，也许，全中国的人都有福了！

我知道，一定有文物工作者或者爱好者会怀疑这样的博物馆的合理性，因为最理想的状态是让这些建筑雕饰留在原处、原建筑物上。

我一直有这样的主张，但是，我二十多年来的“上山下乡”，亲眼见到，它们中有许多精品早就无家可归、无枝可依了，它们寄身的旧居早已片瓦不存，否则，它们也不可能被晓道买来。晓道流着泪对我说：不坍不拆的房子上多么精美、多么便宜的雕刻他也不买，“我心痛呀！”买它们，是抢救它们。造公共博物馆，就是收容大批已经流浪着的木雕艺术品，免于散失或者被人深藏不露。难道还有更好的办法吗？它们的故里，已经“现代化”了呀。

二十年前，大约是1991年，我到台湾去探亲，有一天，几位台湾朋友非常热心地把我拉到近海的一片什么地方，那儿曾经有过一座纺织厂，不知道是关闭了还是迁走了，丢下几座很高大宽阔的厂房，它们已经转变成了仓库，还添了满膛的夹层。这些仓库干什么用了呢？存的全是重彩的或者本色的木器和木雕，从地面起重叠好几层，一直到屋架下弦。这些出色的艺术品全是从大陆买过去的。台湾朋友很气愤，要我表个态，痛斥一下“文物贩子”，他们准备立即响应，搞一个抵制从大陆拆买建筑木雕的运动。但是，我一声不吭。为什么？因为我觉得，那些木雕，在那几座高燥的仓库里是享福了，有人重视它们，精心修整，那有什么不好？

那时候，我已经开始上山下乡着手乡土建筑研究了，这工作是经常要跟木雕打交道的，但一件件的事着实叫我伤心。我曾经到浙江东阳一个以建筑木雕名世的村子去，那里有一座远近皆知的大宅，它精雕细刻的门窗、牛腿、梁架、藻井实在叫我吃惊，大开了眼界。但是，有一家却把雕花门窗都换成了新式的玻璃窗。我赶紧问一位在屋檐下烧菜的中年汉子，拆下来的老窗扇弄到哪里去了？他用趿拉着拖鞋的脚丫子踢一下廊前冒着火的红泥缸灶，说：“烧掉了，当柴！”接着又补了一句：“不好烧！”我问，还有剩下来的吗？他向着楼梯底下抬了抬脚，说：“你到那里去翻翻看！”我钻到楼梯底下，使劲翻了几遍废物和垃圾，一无所获。那位汉子冷冷地问了一句：“你找这些干什么，一钱不值的，点火也不旺？”撅了一下下巴颏，说：“村里多得很，你去问问看！”最后给我的是一声冷笑，大概笑城里人眼眶子浅、大惊小怪吧！

也就是差不多的年份，我到了浙江省兰溪市的诸葛村工作。有一次，溜达到了村西的旧木料市场看看，柱子、板片、梁枋和整段的楼梯，堆积如山，大多是建新安江水库的时候从将要没到水底的淳安县城乡拆来的。那时一场大雨刚刚过去了三两天，地上坑坑洼洼，布满了泥水坑，我小心翼翼，一蹦一跳地踩着水塘里的什么疙瘩下脚。蹦跳了几下，觉得疙瘩很硬而且不滑，弯下身子，用手指头抠抠，仔细看看，原来是精雕细刻的牛腿、驼峰、角背、瓜柱、雀替等等。也偶然再垫上一块门窗槅扇上的腰板、天头、踏板之类。我心跳得像开机关枪一样，问老板："怎么用这样的宝贝垫脚？"老板连眼皮都不眨，冷冷地说："这些东西没有用，卖不出去的，下雨天垫垫水坑倒蛮好，大小合适，又不滑！卖得好的是楼梯段子、柱子和楼板。"后来我到江西的婺源，也见到了同样的场面。

就在婺源和黟县，我们还见到，农民们就利用十分精致的格子窗充当农具架。下地回来，一进门，就把锄头、镰刀、斗笠、蓑衣等等挂到花心格子上。这倒确实很方便，不过，那些精致至极的格子就成了破烂。我劝老农爱惜它们，老农总是笑笑回答："这东西，没有用的。"

我看到这些情况，起先是怨农民们文化低，不懂艺术。但另一件事又给了我一场刺激。我们到黟县工作的时候，一天，在长途汽车站候车，跟一位在东北某美术学院工作的教授闲聊，他说，他刚刚从祁门回来，那里的建筑装饰木雕是徽派木雕中的最精品，他到祁门去，就是专门为了买木雕，而且已经干了多年了。我问他怎么买？他笑笑，回答："太方便了"，看上了，就把整栋房子买下，雇人把房子拆散，拣出木雕，装上箱子，托运到学校去，别的就不要了，随人捡走。他在祁门只管找对象，付钱，其余的事都有当地的老熟人替他去办。"很方便的"，他说。

如此这般，有只要结构大件的，也有只要雕刻饰品的，"人遗之，人得之"，乡土建筑还能存在几年？我当然很希望有人想个什么办法来管一管。于是，就给在文物机关干点儿事的朋友打了个电话，没有想到，他的回答竟是一声长叹。他说：民间建筑木雕、家具、日用品，根本就没有被专家们放在眼里、从中整理并提取一类文物出来，所以管不着。文物，也是只有乾隆六十一年以前的才禁止出口，以后的，还鼓励出口，好赚外汇。他并不是个闲事不管的人，我想让他多知道些情况，告诉他，到咱们中国来搜购这些不算文物的文化遗产精品的外国人，就都住在某市、某巷口上的某饭店里，那儿是个中心。台湾人嘛，那就是"多中心"了，福建省、浙江省沿海就有几处他们的桥头堡，台湾市场上不但有现货，还可以买期货，买主提出要求来，就有人到大陆来搜求，或者由代理商办理，保证按期交得上货。但他表示无法制止出口。外汇要紧，这是政策。

如此这般，有谁能责备何晓道？那时候他是个没有摆脱穷困的瘦弱青年，他要谋生，凡不犯法的事都可以做得。在做的过程中，他刻苦学习，提高了审美水平和历史文化修养，于是，他的追求又进了一步，他把经手的价值比较高的民间木雕艺术品一一留下，积存起来，没有散掉到市场上。近十几年来，民俗文化艺术品的价值终于在内地也被社会承认了，于是广阔的农村又被只图财利而并不真正爱护文化遗产的人来回搜刮。我又见到了另一种破坏，例如，为了收购木雕，把整个硬木橱柜拆碎。这时候，晓道却已经成了江南木雕艺术品重要的收藏家，而且是大家。他抓紧空隙时间从事木雕艺术品和家具的研究，达到了不错的水平，写了并且正式出版了的三本著作，读者反应都很好，早已销售一空，正待再版。近几年又沉下心来做更系统、更深入的研究，写了这本《江南明清建筑木雕》。他为地方办了公共木器、木雕艺术博物馆，目前还在扩大充实。我们国家没有世袭大贵族，近百余年来的著名艺术品收藏家，不是都走过相同的道路吗？购买、出让、再购买、再出让、又再购买，半辈子下来，文化艺术水平提高了，成了专家，对国家的艺术品收藏做出了大贡献，名列大师之林。晓道的收藏对象是民间艺术品和工艺品，扎扎实实补上了我们国家千百年来收藏和著述的一个不该有的大空白。只要哪位朋友读了他的著作，参观了他创办的博物馆，都会大开眼界，大有得益，都会赞赏他的贡献。

“人总是按照美的规律进行创造的”，民间艺术品，还有更加丰富得多的民间日用品和劳动生产工具，也都是很美很巧的。话说开去，即使那些并不以美观见长的工具、农具、车具、床具、餐具、儿童玩具、生活用具，一切人们创造的器具，都早就应该被系统化地收集、保护和研究了，早就应该有干这番大事业的大动作了。全国性的和地方性的文物主管部门的眼界不要再局限在千百年来“帝王式、贵族式、文士式”传统的那个极其狭窄的范围里了。我们曾经高唱过劳动人民的赞歌，但对他们的创造和生活毫不关心，没有兴趣和尊重的感情。“民俗博物馆”或者“乡土文化博物馆”的普遍建立和大规模发展早就应该是一个全国性的大事业，它们的内容应该覆盖文化史直至生活史的全部。这件事，迟一天就会有一天的损失，而且无法挽回，对不起祖宗也对不起子孙。其实，培养和发动一批“志愿者”去干，是可以大有成绩的，比衙门里吃官饷的好多了。当然，前提是要有几个认真负责的组织者。

我就告诉读者朋友们，何晓道已经应我的请求，着手搜集我梦寐以求的过去“贫下中农”（底层劳动者）生活和生产劳动的各种农具、工具和衣、食、住、行、养等等生活中的一切用具了。读者朋友们，你们知道扁担有多少种吗？知道有种扁担有多么精致美观吗？还有取暖器、便器、压被角的铁娃娃，等等，有千种万种啊！都有很美、很巧的。可不要让它们消失啊！你们也动手吧，赶快！

最后，我要向这本书的读者说一件不可不说的事。今年夏初，一个晚上，晓道来了电话，告诉我，哪个县、哪个村的几幢已经有了文物身份的大小宗祠被“收藏家们”拆得破败不堪了，快要倒坍了。说着说着他竟哭了起来。他断断续续地说：“我买卖建筑木雕，从来都只收购那些城乡大拆大改时候卸下来的部件，绝不去拆完好的房子。我爱它们呀！那些人硬是拆好房子呀！我心痛呀！”我无法安慰他，我的泪水也湿了话筒了。我建议他，把那些遭到厄运的房子都拍下照片来。他拍了，有上百张惨不忍睹的野蛮场景。但是，他还是没有写下最叫我难受的话。那些话，我也不便写！

（原载《建筑师》，2010年2月）

（一一八）

去年，2009年，整个下半年，每天早晨拿到报纸，第一件事就是看北京市北锣鼓巷的消息，那里有梁思成、林徽因两位老师故居的存留问题。虽然早在2005年年初，北京市的总体规划已经斩钉截铁般地规定：旧北京城里所剩不多的老建筑，都要“整体保护”。这就是说，北京旧城区，既不能“有机更新”，也不能“微循环改造”，因为“更新”和“改造”，不论有机无机，不论微循环大循环，都跟整体保护是背道而驰的。可惜，北京市这个手续办得有板有眼才通过、公布的规划，就跟许多类似的规划一样，不过是“纸上画画，墙上挂挂”的“鬼话”而已，并没有谁把它当真。开发商下手大拆大卸北锣鼓巷的问题被揭发出来的时候，梁、林二位老师故居的大部分已经成了一堆废墟，跟圆明园相差无几了。所不同的是，圆明园是外国侵略者一把火烧掉的，梁、林二位老师的故居是咱们自己人拆掉的，虽然整整六十年前，欢迎解放军进北京城的震天锣鼓声和鞭炮声，曾为一个保护古城的承诺而更加响亮。

一位深受敬重的文物保护界的前辈专家在病床上听说这件事，质问北京市有关的一位什么“长”，这位身负其责的“长”回答：“我不知道呀……大家都不知道。”随后又好像也知道一些情况似地说：“现在可能已经都拆了，您看怎么办？”专家说：“还没都拆，剩多少，就要留多少。梁思成、林徽因当初那么保护北京城，我们现在就应该好好保护他们的房子。”这位“长”又说道：还有人说，“梁思成没在这儿住过”。原来他并非真的不知道那房子被拆，而是要技巧搞“兼听则明”而已。不过搞得太拙劣，那位老专家生气了，斥责一声：“胡说！”并且指出，现在北京市的规划既然说老城区要整体保护，“你照规划办事不就行了吗？”

终于，撇开那个花了多少人力、财力制订却并没有人在意的《规划》，文物部门只好重新再宣布一下，梁先生和林先生的故居应该整体保护。可惜，这时候，它已经被拆得几乎没有什么可以保护的部分，更远远谈不上什么“整体”了。

这时候，我向有关部门提出一个建议，故居已经不能重建了，但也不可以彻底消灭，造一个玻璃罩子，把残剩的断烂遗存保护住就行了。

我没有提怎样写展品介绍，心里有个想法：可以用它来证明马克思说的“资本的冷酷无情”。

不久，2009年12月15日，《中华建筑报》第8版刊登了一则消息：“文保志愿者拟订梁林故居保护方案”。我看了这个标题，真可谓一则以喜，一则以忧。喜的是什么呢？喜的是我们文保志愿者已经有能力来做这么重要的、矛盾重重的收拾残局的方案了。当今世界上，文物建筑保护领域里，志愿者的队伍一天比一天壮大，十分活跃。志愿者有各种各样，年少的是调皮捣蛋的小学生，礼拜天由老师带领着去打扫文物建筑，尤其爱到郊区去打扫古村落或者修道院，主要的活儿是抡起笤帚来比试比试武功，打扫嘛，有那么几下子架势就凑付了。但一年去几次，一辈子都会记得要爱惜历史文物，愿意为保护它们出力。这是品德教养。老的就动脑筋帮正经的文物保护工作者做点儿工作，比如辨识古老的拉丁文、考证古籍的版本年代等等。正当年的，可以做的事情就多了，其中之一是在议会里审查本地的保护工作。

我祝愿我们文保志愿工作者的队伍一天比一天壮大，一天比一天有见识，也一天比一天更多受到支持和尊重。

我忧的是什么呢？是梁、林二位老师故居的保护方案本来应该交给有丰富经验的专业人员去做，制定这样一个遭过严重破坏的遗址的保护方案，毕竟需要并不简单的专业知识和更多的想象力。志愿者们一腔热情，辛辛苦苦到现场调查，写出一份《北总布胡同24号场地概念性设计探讨方案》来，受托方是认真的，但委托方是轻率的，他们是缺乏有关知识呢还是根本不打算认真做一份规划呢？他们当然应该知道，欧洲一些文物保护方面比较有成绩的国家，连正规建筑师都没有资格从事文物建筑保护工作，除非他们再经过百十来个学时的进修，考得文物建筑保护师的专业资质。我们国家没有这种关于文物建筑保护的专业资质制度，但把这么重要的任务交给志愿者去做，毕竟是太难为他们了。

文物建筑保护志愿者是应该受到欢迎的，许许多多国家都把组织这样一个队伍当作一件正经大事来做。我们在这方面很落后，理应花大力量来发展、培养这个群体，但是，目前在具体工作上，我们还是以中规中矩地办事为妥。我们应该认真一点，文物建筑保护毕竟是一项专业性很高的工作，需要经过全面的、专门训练的人来做。“战战兢兢，如履薄冰”，这才是修“破房子”文物应该有的态度，它们可不是普通的破房子。不过，我知道关键之一是咱们根本没有文物建筑保护这样一种国家承认的专业，那么，总应该有资深的设计规划工作者吧。再不行，咱们总还可以开个诸葛亮会，或者举办个全国设计竞赛。可是没有谁认真去对待过这件事，“多一事不如少一事”，城市建设中的文物保护已经几乎成了最讨厌的事。

这则消息里还说：“经多方呼吁，有关部门曾公开表示要对梁、林故居进行原址保护”，这句话就太怪，难道“故居”还能异地保护？异了地，一个房壳子，还是“故居”吗？故居是比任何一种古建筑都更不能离开故地的。就故居来说，“址”的真实比“屋”的真实更重要。

不过，当然，说到文物，故址上的屋也是改造不得的，更是拆不得的，没有屋，人在“故址”怎么住呀！活不下去的！

再往下看，《中华建筑报》的这个报道就更加把人“导”得糊涂了。它说，“有关部门”“公开表示”：“保护方案由该地块开发商拟订，经专家论证和公众讨论修改后，再由政府批准实施。”喔唷，文物保护方案“由该地块开发商拟订”，这是哪门子的规矩呀？这个“有关部门”是哪个部门？是开发商的秘书办公室吗？根据“有关部门”的这段话，是不是可以推断，这份由“文保志愿者拟订”的《梁林故居保护方案》就体现了“该地块”开发商的意志？至少从行文上判断，一点不错，它确实体现了开发商的意志。不信，便请看这段话之后，立马是下一个大段落的大字标题，写的是：“引入商业运营机制”，嘿，老板们反应之快，“立场”之稳，真是又机灵又“敬业”，叫人佩服。不知为什么，咱们政府机构，那么多的人员，那么高的大楼，却总是对一些紧迫的事件做不出那么快、那么干脆利落的反应。有些事件上甚至可以说“麻木”。不是吗？北总布胡同的梁、林故居，在“可能已经都拆了”

的时候，直接负有责任的官员还说，“我不知道呀”，进一步又说：“大家都不知道。”如果他们说的是真话，那可是太“那个”了！北京市的“有关部门”是在梁、林故居快要被拆光的时候才在舆论的推动下仿佛大梦初醒未醒做出犹犹豫豫是非不明的反应的。又在舆论紧逼之下，半年之后，才确定故居是国家级文物保护单位。据我所知，花了不少人力、物力和长长的时间，于2004年年末正式成文的《北京市总体规划》早已确定了要整体保护老城区里的老建筑，那么，落实那个“规划”该是谁的责任？为什么在大老板脚下都闭上嘴了？

吃了公家饭，总要给公家办事呀！保护梁、林故居，还那么“难于启齿”吗？学一学开发商吧，如何？

请看开发商多么地“雷厉风行”！他们是怎样在所谓梁、林故居“保护”方案中表演他们的机灵和快捷的。就在那个“引入商业运营机制”一节中，有那么一段话：“方案提出，不采取完全复原的方式，而是进行翻新设计，既节约成本，也容易被投资方接受。从功能上看，纪念馆分为休闲区、纪念区、商业区和学术区四个区域。商业区的运营可为纪念馆提供维护管理费用，同时带动该区域文化产业的发展。”看呐，看呐，这个所谓“保护”方案原来是要“进行翻新设计”，这绝对是世界首创的概念翻新。它的优点竟是“容易被投资方接受”，只有讨得了投资方的欢喜，管理费用和文化产业发展才能有保证，是这样吗？志愿者朋友们呀，你们是上当了呢，还是一时糊涂了呢？这不是上海“新天地”共产党一大旧址的布局吗？虽然档次和规模大大降低。

我不轻视财主，发财不容易，也要靠智慧和努力。但是，我认为在北总布胡同大动干戈的房地产商和日后的开发投资商，还没有成熟到懂得文化遗产保护的历史意义的程度，更没有懂得要尊敬梁先生和林先生对文化、教育的贡献。他们对北京老城、对学者故居的大拆大毁已经铁证如山地证明了我对他们的评价，我们为什么还要这些投资方接受和理解对梁、林故居的保护？为什么要讨得他们的欢喜和认可才能动手办点儿正经事？

我不是梁先生和林先生的好学生，受到他们的直接指教很少，但是我相信，二位老师在天之灵不会接受这个“保护”故居的方案，更不会同意方案制作者所说的：“这个方案强调了梁思成、林徽因在文物保护、建筑学等领域所取得的成就”，他们也一定不会同意这个方案已经“保留了故居的文化价值”。

当今这个时代，发财的路子很宽很多，但不论走哪条路，都请不要亵渎了我们自己民族的杰出人物。梁思成和林徽因两位老师曾经为保护和发展民族文化奋不顾身地工作和斗争。抗日战争时期，民族生死存亡时刻，他们在连吐血都没钱医治的情况下坚守岗位，抢救民族文化的遗产。他们甚至准备好了在敌骑铁蹄入侵的最后关头以身殉国。他们的历史地位，还需要哪一位开发商来鉴定吗？

文保志愿者朋友们，我尊重你们的志愿，我也支持你们的努力，我更希望你们把文保工作看成一种文化工作，一种精神性工作，你们工作的最终目标，是提升民族的质量！

（原载《建筑师》，2010 年 4 月）

（一一九）

天寒地冻的日子，我应朋友的邀请，跟各路专家一起，到河北省的一个古镇去了一趟，开个会。这个村子很大，曾经有过很光辉的历史，经济和文化都很发达。凡经济和文化发达的古老村子，十之八九，都会有漂亮的古建筑。这个村子就有过二十八座庙宇、高耸的文昌阁、宽阔的大戏台、五开间的宏伟牌楼，以及七十多座规模大、档次高的豪门大宅和大量高质量的四合院民居。可惜，近几十年来，先闹了一场彻底的“破四旧”，又闹了一场“文化大革命”，接着是伸胳膊踢腿只顾发财致富，再加上民间生活的粗俗化，所有那些精美的古迹差不多都拆光了或者“改造”了，只剩下两座大院比较完整。街上的店铺也都改变了面目，变相又变色，不再有一致的风格了。

历史文化遗产的惨遭摧残，是全国比较普遍的现象，现在要选出一座村落，原状还比较完整，作为一个地区、一个时代的历史标本，保护下来，已经非常困难了。河北省的这座村落，照它的原状看来，毫无疑问，本来大有资格当选为这种标本，可惜现在只能引起人们一声又一声的叹息了。

或许是“物极必反”吧，近一两年光景，有一些曾经把历史文化遗产当“遗毒”抛弃了几十年的古村，忽然摇身一变，热心起“保护”古建筑来了。广东、福建、浙江、山西、云南、贵州等地方，都有这样的古村“重建”风，这不，风又刮到河北省来了。这是不是像欧洲中世纪末演过的那场戏，马背上挥舞着砍刀的“蛮族”把古典时代辉煌的建筑破坏得七零八落之后，又要闹起“罗马风”或者“古典复兴”来了？但是，一看就知道，不是！欧洲的罗马风和古典复兴都是一个新的文明时代起始的标志，很有创造力，前程辉煌，直到开创了一个建筑发展的新的历史时期。而咱们现在一些地方的“收拾旧山河”，不过是一种刺激旅游业的发财策略而已，这也叫作“拓宽思路”。既然创新无能，就只好“调动一切可以调动的因素”，求助于可能胡编瞎诌的过去。但这些仿古建筑，徒然更鲜明地暴露出几十年里审美能力和生活趣味的低俗化，看了叫人心痛。更糟糕的是，黔驴技穷，竟求助于编造古村落的荒唐传奇来了，把风水术数的无稽之谈吹捧到了神奇的地位，骗得一些旅游者晕晕乎乎地上了大当，完全背离了旅游的有积极意义的基本宗旨：长知识。“行万里路，读万卷书”嘛！

我冬天去的河北省的这座村子，运气还好，现在领导人和负责复建和修缮工程的人都挺认真、挺实诚。仿古建筑做得很地道精致，但他们都一一实实在在地说明了新的“古建筑”的位置变了，有的甚至离原址达四百米上下。有的新“古建筑”因为当年破坏拆除的时候没有留下任何资料，所以“复建”就不得不照清代官式的做，样式和风格跟原来的地方建筑有不小的差异。有的还做了些改变，以适应当代的要求，例如，把新文昌阁弄成一个好大好大的建筑群，以适应当代旅游业的要求。所好的是，他们并没有拿复建品冒充真古董来欺人的意思。这种实实在在的作风很叫我高兴。

下午开座谈会，依年龄大小排发言次序，老汉我是第一名。我客客气气地夸奖了一番仿古建筑的认真精致，造得不错，不过，想拿它们争一个“文物”的身份，是不可能的了。当地的领导朋友自己早已有这种认识，所以也不用多说。于是我就无话可说了，完成了任务，便埋下头来，一心一意地剥瓜子吃，挺香的。

接着便是两位旅游界的头面人物先后发言，主要是一位资深教授，什么主任，他先高高兴兴告诉大家一个好消息，今年年初，旅游业已经被列为国家的“支柱产业”了，很得意的样子。旅游业赚得红火，这我知道，不过，它能不能算作一种“产业”，我不明白，因此仍然继续剥瓜子吃。

接着，这位旅游业界的资深人士说：“听了刚才那个教授说，这座镇子已经不能算文物了，我很高兴，咱们可以放开手脚干了。”以前我也见到过一些城镇村子，造几处仿古的建筑，就想申报为文物保护单位，他们最希望我们认同那些伪劣的“假古董”，这位教授老实坦率的“高兴”倒刺了我一下，一分心，掸了一颗瓜子落地，便不去捡，专心听他继续往下说。他说：“地方领导人要明白，‘支柱产业’跟文物是真是假没有关系，‘假古董’不能算文物也碍不着挣钱。旅游业工作做得好坏的标准就是挣钱的多少。游客带一口袋的钱来，叫他空着口袋回去，这样就算工作做到家了。”

开这个座谈会之前，吃午饭的时候，镇子的领导人曾经说过，当年乾隆皇帝下江南，路过了这个村子。这位旅游业的行家里手提出这件事当了活教材，他说：“你这样说话就没有意思了。你应该说，乾隆皇帝第一次下江南，路过这镇子，吃了你们有名的蟹肉馅饺子，美味叫他难忘，以后他几次下江南，就是为了弯到你们这镇子上来吃那种馅的饺子。这样说就对了，就是搞旅游业的人应该说的了。你们村子可以大搞饺子宴嘛！”

听到这位教授“传道解惑”的这一节课，我真的大吃一惊。虽然我早就对咱们国家的旅游业头头们把自己的工作归纳为“吃、住、行、游、购、娱”六字真言，很不赞同，斥之为歪曲旅游的真实意义，太低级，但还做梦也没有想到旅游业在被封为国家“支柱产业”之后，竟会有行业权威人士如此赤裸裸地提出了这么个“骗”字，这算得了“六字真言”之后的第七个字吗？

做人和做事的起码规矩是“诚信”，除了你死我活的战场上可以“兵不厌诈”之外，这诚信是不随职业或行业而有变化的道德底线。我在上小学之前，家住在一个中等城市里，叔叔们带我上街，都会指着各色店铺里柜台上都有的一块黑底金字的木匾，给我讲解“童叟无欺”四个字的意思。想不到，真正想不到，七十五年之后的今年年初，我竟亲耳听到一位高等旅游学校的领导人，会教一位镇上的干部要学会欺骗，把欺骗作为当前大红大紫的一种“产业”的经营诀窍。

我一向赞成当前国际旅游业界的基本共识，旅游本质上是一种文化活动，一种求知活动。因此，保护旅游对象的原真性是第一重要的，拿它们来赚钱是次要的。文化活动和求知活动是育人的，两千多年前的中国大历史学家司马迁就把“行万里路”和“读万卷书”相提并论，作为知识的源泉。我也曾经读过欧洲人的旅游手册之类的书，那里知识的丰富和深入使我吃惊，老实说，比历史书还解渴。我从德累斯顿到维也纳去，火车上同座的一位德国妇女不停地给我讲一路所见城市的历史和地理，我硬了一硬头皮，问她是干什么的，她说“内科大夫”。我吃惊之后又问她，为什么她的历史、地理知识这样丰富，她宽容地笑笑，回答：旅游呀！那次旅途的见闻，使我大开心窍，一有机会我就会向咱中国同胞说说。没想到，真正没想到，我们国家旅游业的头面人物竟会教唆准备开发旅游业的地方干部先学会骗人！人家的旅游业使人聪明，我们的旅游业会把人弄糊涂，看看一车又一车的年轻人高高兴兴出去旅游，您不提心吊胆吗？岂止是多花了冤枉钱而已！

在咱们这个“礼仪之邦”的某个省里，十几年前曾经有一位很“能干”的官员，以开发旅游业的“成绩”而出过大大的风头。他在一个很隆重的省级会议上发表了长长的讲话，在报纸上占了好大的一块版面，讲的是他“开发”旅游业的“思路”。他说，“旅游资源处处有，就看领导敢不敢下手”，“旅游业就是要无中生有，虚中生实”。不妨把这两句“经典”性的话简化一下，就是要能骗、能造、能吹！他的“思路”的“杰作”之一是给他属下的某村胡诌了一个“八卦阵”的风水形局，给这个村子改名为八卦村。说实在的，这位官员倒是抓住了当前文化水平之下的群众心理，这个八卦村的旅游业有点儿起色，于是，在它的影响范围之内，很快就出现了太极星象村、阴阳五行村和越王勾践屯兵窖等等“敢想敢说”的旅游点。

“诚信为立身之本”，“民无信不立”，独独旅游业可以立足于胡编乱造吗？

不久前，我收到一封好心人的信，信里说，某地许多人解释不清的某村“七星八斗”的布局，现在有了答案了，是某风水大师经过仔细踏勘后辨识出来的，如何如何之神。我祝贺这位风水大师又会挣到一笔可观的报酬。不过，我要告诉朋友们，这一定是假的。因为村子里有“七星八斗”的说法，其实是很普通常见的习俗，在很宽阔的地区里广泛流行，尤其是比较富裕的血缘村落。“七星八斗”这四个字里，“星”指的是长明灯，“斗”指的是水井，“七”和“八”是流行的口语说法，意思就是“好多”，就跟“乱七八糟”“七上八下”“歪七扭八”“七零八落”“七嘴八舌”“七老八小”“七子八婿”“七大姑八大姨”这些口头话一样。“七星八斗”，是用来赞扬一个管理得很好的村子的，说它有不少长明的路灯，就是“七星”，有足够的丰满的水井，就是“八斗”，七、八并不是确数，也就是说，这个村的公益事业做得好，祠堂里的管事人或者社首负责任。当然，有“七星八斗”的村子，其他的公益事业也会做得好，所以，这是村子的骄傲！有面子。

不要再给当代的风水师们当吹鼓手了。

可怜那个“八卦村”，终于觉悟到了，作为国家级文物保护单位，不该靠骗人赚钱，但是，现在要想摆脱那个曾经出过风头的“八卦”会牵扯很多，已经很难了，这大概也算得上是“开弓没有回头箭”了吧。不过，比起鼓吹瞎编乾隆皇帝吃蟹肉馅饺子的滥故事来，这个“八卦村”还是有点儿节制的，因为：第一，它的当家人没有打算把旅客的钱包吸干；第二，只看看八卦图，还不至于诱发胃肠炎。

感谢那位旅游业的专家，承他告诉我，旅游业的“六字真言”倒已经真的加了一个字，成“七字真言”了，这个得附骥尾的字不是“骗”而是“学”。但是，“学”什么呢？学筏工讲的黄色故事吗？学摊贩讲的如何鉴定假古董吗？总得先把旅游业的社会责任和文化意义弄清楚吧，何必惜墨如金！

最后，奉劝旅游爱好者两句：

第一，捂紧你们的耳朵：谨防进去得太多！

第二，捂紧你们的钱袋：谨防出来得太多！

这篇杂记的文稿写完，“第一读者”大为不满，说：论证咱们民族的先辈讲诚信，总得引用“圣人”孔夫子的话，他说过很多，何况如今咱们正花大钱把他的思想推向世界。文中引街边小店柜台头上靠柱子竖着的那块“童叟无欺”小牌子岂不是太寒碜。老汉我不禁拊掌大笑，答曰：如今杂货店的小老板比孔圣人可有面子多了，他们有钱呀！早在两千多年前，孔圣人就已经“如丧家之犬”了，如今还提得起来吗？

附记

2010年5月3日中午，凤凰电视台的一个节目里，作家王蒙先生介绍了一位地方长官对他说的话：当今的旅游“建设”是“先造谣，后造庙”。这句话一语中的，够准确，又精练。那么，咱们这个民族还能继续用这种方式去骗钱吗？这种“精明”的“创造性”，自己糟蹋自己，老师前辈骗学生，伯叔阿姨骗子弟，能把咱们这个民族糊弄到什么样的境地？这堕落，不仅是知识的，更重要的是道德的。这样的

“文化教养”，不是民族的自残吗？

*

《中国经济周刊》5月4日“新闻”说：为了“开发”旅游资源：山东省阳谷县、临清县和安徽黄山三地争夺西门庆故里。阳谷县将建设“水浒传·金瓶梅文化旅游区建设项目”，复原西门庆和潘金莲的幽会地点。临清县提出打造“西门庆旅游项目”，重修王婆茶馆、武大郎炊饼铺等。而黄山则声称将投资两千万元开发“西门庆故里”。

看来，即使随他们去闹，能耐也不过如此，武大郎水平而已！但西门大官人成了文化名人，那场面可是少儿不宜的！

人还是有点儿自尊心为好，“君子爱财，取之有道”，我们要的是无毒GDP，不是无耻GDP！

（原载《建筑师》，2010年6月）

（一二〇）

年过八十，终于老了，这才体验到什么叫记忆力衰退，原来它不是“渐行渐远”，而是跟拉电灯开关一样，叭嗒一声，一件事便再也想不起来了。不过，它也会有几次反复，说不定哪天就会有陈谷子、烂芝麻忽然闪进脑子，但是，那些似真似幻的故事要求证便难了。于是，有一些年富力强的朋友就逼迫我写几段回忆录，不写，便不给饭吃。不给饭吃，即使对我这样的老糊涂来说，也是怪可怕的惩罚，我便运气调息，想了一下。

我这一辈子，有三个时期倒是还有点儿事情可记。一是抗日战争时期；二是“文化大革命”时期；三是上山下乡搞乡土建筑研究时期。正好是少年时期、壮年时期和老年时期。前两个时期虽然也很有些重要的情节，不过那是全民族性的事件，我的经历跟许多朋友的一比，简直是小事一桩，不足挂齿，不妨先把它们撂下。第三个时期，倒是有点儿我个人的特色，虽然未必能吸引多少人的关心，但也会有人觉得有趣。

其实，这第三个时期和前两个时期是息息相关的。正是日寇侵略者在南京杀死了我的三爷爷和小姑姑，也把我从滨海一个中等县城赶到了农村。整整八年，随学校上山下乡，在祠堂里住宿，在庙宇里上课，在老乡家里洗衣服，煮白薯吃。那些淳厚的农妇，以仁慈的心对待我们这些连衣服都洗不干净的孩子。我们把从田里偷来的几块小小的白薯请她们煮，她们会端出一大盆煮白薯来，看着我们吃下肚去。我们发烫的脸都不好意思抬起来对她们说声谢谢。这岂是此生能忘记的。

第二个时期，在学校里遭到了“文化大革命”野蛮的冲击，见到了恶，也见到了善。好在闹了两年多，学校里就要“斗、批、改”了，把我们一批人弄到农场去“脱胎换骨”。农场可是美丽的，有无边的水稻和菜花，有高翔远飞的大雁和唱个不停的百灵鸟。我一下子就喜欢上了这个清爽的环境，心想下半辈子务农也不赖。看来我身上流动着的还是从庄稼地里走出来的父母的血。这一身血早晚要流回土地里去。

祖国苏醒过来不久，1980年代初，我就凭着被农场生活唤醒了的对乡土的爱，去找了我在社会学系读书时候的老师费孝通先生，询问他那里有没有机会让我去做乡土建筑研究。看来费先生还有很重的顾虑，没有回答我的问题，只叫我不妨去问问翁独健先生。我以前不认识翁先生，但还是骑着自行车进城到他家去了一趟。他正在藏书室里翻书，我说了来意，他没有停手便摇摇头，我只得辞了出来。这件事正好证明我的愚蠢，那正是“心有余悸”还担心“七八年来一次”的时候，闹什么新鲜事儿。

于是，老老实实回学校，仍然干我的外国建筑史和外国园林史的研究。“隔山打牛”，挺滑稽的，何况只能从老书本上识牛。

好在“上天不负有心人”，一晃几年过去，来了机会。1989年浙江省龙游市的政府领导人居然想到把本县村子里一些高档宗祠和“大院”拆迁到城边上的鸡鸣山风景区去，弄成一个“民居苑”。为了干好这件事，邀请我们建筑系派人去帮他们把那些要拆迁的房子测绘一下。系领导同意了。我从1950年代起便负责一门叫作“古建筑测绘”的实习课，当然在奉派之列，带着学生去了。那年代的学生学习努力，工作认真，很快便完成了任务，于是向我和另一位女老师李秋香提出要求，带他们到附近村子里再参观一些古老民居。这建议跟我的兴趣合拍，便答应了他们。

第一个想到的主意是到建德去。大约五六年前，在一次非常偶然的情况下，我认识了建德市的叶同宽老师。他天分高，可惜“成分”也“高”，上不了大学，便坚持自学，终于成才，那时在一个什么政府部门做建筑设计工作。龙游跟建德相近，可是，他在什么部门工作呢，一点也不知道。但我还是带着学生到了建德。从火车站进城，上个长坡，迎面就是园林局，我们敲门进去打听，真是老天有眼，正巧叶老师就在园林局的技术科里工作。

叶老师是一位心肠火热的人，我们把愿望一说，他立即答应接待，先安排好了住宿、伙食，又立马带我们游了一趟千岛湖和一趟富春江。也看了几个小村子。

随后，我们到了杭州，住在六和塔附近，因为我们在六和塔上还有点儿工作要做。

把该做的工作做完，一身轻松，就到浙江省建设厅，找到了当副厅长的一位老同学。谈了一会儿，他知道了我们对乡土建筑有兴趣，就说，他老家永嘉的楠溪江流域有一大批很美的农村建筑，正好，他过几天就要去出差，如果我们乐意去，他可以带上我们。我和李秋香立即决定，先把学生们带到东阳、义乌看看，送他们上了火车回学校，我们就跟这位老同学到楠溪江去。

送走了学生之后，还有三五天时间，我和李老师都不是喜爱城市繁华的人，杭州虽然风光旖旎，毕竟还是一身城市气，于是，立即决定回建德再住几天，看看那里还有什么好的老村子。这一回去，收获可大了，叶同宽老师把我们带到他老家新叶村，对我们此后二十多年的乡土建筑研究来说，这竟是一件“里程碑”式的大事。

我们当时见到的新叶村，简直是一个毫发无损的农耕时代村落的标本，非常纯正。当然，说的是建筑群和它的环境，不涉及政治和经济。它居然还完整无损地保存着一座文峰塔，据说，整个浙江省几百上千个村落就只剩下这么一座塔逃过了“文化大革命”的浩劫。过去倒曾经有过上百座。村子里其他各类建筑如住宅、宗祠、书院等等的质量都很高，保护得也很好。村子的布局，它和农田、河渠以及四周山峦的关系也很协调，简直是一类村子的典型。

我和李秋香都很兴奋，一面走走看看，一面就商量起怎么下手研究这个课题来。

待回到杭州，第二天清早搭上副厅长的车，一整天不曾太耽误，破路上磨磨蹭蹭，赶到永嘉已经天黑了，店铺都早已关上了门。小吃店也都打了烊，敲开一家，求老板给个方便，每个人吃了一碗面条，然后找了一家宿店睡觉。

第二天清早就下乡，楠溪江两岸的村落一下子就把我们抓住了。借一句古诗：“此曲只应天上有，人间那得几回闻”，这是我们以后二十多年来对楠溪江不变的赞誉。初看，那些房子虽然都很亲切，又很潇洒，但是，似乎又都很粗糙，原木蛮石的砌筑而已。但是，不知为什么我总忍不住要多看几眼。什么吸引了我？哎哟，原来那原木蛮石竟是那么精致、那么细巧、那么有智慧，它们都蒙在一层似乎漫不经心的粗野的外衣之下，于是就显得轻松、家常。看惯了奢华的院落式村舍，封闭而谨慎，再看这些楠溪江住宅，那种开放的自由随意的风格，把我们的心也带动得活泼有生气了，仿佛立即就能跟房主人交上好朋友。这真是一种高雅的享受。

我们是从温州乘船到上海再乘火车回北京的。路上，我们兴奋地把一个研究计划讨论定形，只待动手干了。但是，经费呢？怎么办？总得有几个车票钱吧。“一钱难死英雄汉”，这是武侠小说里的老话，连秦叔宝那样的好汉都被逼得上市去卖黄骠马，我们能卖什么呢？只有一辆破自行车！总不能带着学生一起行军吧，好几千里路呐！

几年前建议费孝通先生和翁独健先生领导起来去做的工作，难道还依旧是空想？放下不做，那可是太可惜了，农村里拆旧建新的风已经刮起来了，我们当然不反对造新房子，但总得留下几处这么美的老村子呀。

在走投无路的情况下，我忽然出了个奇招：先做新叶村，问问叶同宽老师有没有可能向建德的什么单位筹点儿路费。我们精打细算，把人力压缩到最低，第一次去四个人，要四个人的来回车票。

就这样病急乱投医，有点儿滑稽。不料宽厚的叶老师回了信：可以！很快就把钱寄过来了。那时候他是一位极其平常的普通技术人员，甚至还不是正式进了编制的人员。一直到现在，二十几年了，我们跟叶老师见了不知道有多少次面了，我从来不问他，这笔钱是他从哪里筹来的。我隐隐觉得，这钱是他私人的，因为他没有任何理由在公款里报销这笔路费。找人去“筹”？没有一丁点儿借口！是叶老师开动了我们二十多年的乡土建筑研究工作！我已经没有什么好办法去返还这笔费用。数一沓钞票递过去吗？那是亵渎，我宁愿一辈子背着这笔债，活着，就努力干！

我们的工作得到的第二笔经费，是系资料室管理员曹燕女士把卖废纸的钱给了我们，这钱本来是她们的“外快”福利！钱不多，但那是一份什么样的心意！我们买了胶卷、指南针、草图纸之类的文具。

第二年，1990年大约3月底，李秋香带学生动身去新叶村之前，我陪她到海淀街上去买一只摄影用的测光表。那时候我们都不会摄影，尤其估不准正确的曝光量。用的是1930年代中国营造学社的老相机，根本没有自动装置。一路上，我们细细地讨论了研究工作的方法和步骤，估计他们这第一次的主要任务便是测绘，正式的调查放在秋天动手，那时候我便没有课了，可以一起去。他们走了，我这个年长的老教师，心里嘀咕着：从杭州到建德去的公路还在修，要乘多少时间的公共汽车？不知道！村子里没有电话，我家里也没有电话，整整一个月，生死不知。

唯一可以给我一点宽慰的是毕竟有叶老师在那里，我们都信任他。

大约4月底，或5月初，忽然，一天，李秋香带着学生们回来了。在走廊里，她老远看见我就挥手，高声喊："完全可以成功！"赶紧让她们坐下，问："成功了哪些，测绘还是调查？"答："都做了。"问："可以写成文吗？"答："可以，暑假后完成！"

大约9月份吧！她交出了一整本稿子，五万多字。我连忙看，好家伙，居然只要把照片和测绘图配上差不多就可以成书了。当然，这种工作要做好，去一趟是不够的，有些情况还不够肯定，有些大范围的平面图还要补测。那么，问题又来了，眼看着可以有大成功的事，经费从哪里来？总不能再请叶老师想办法吧？

恰好，台湾允许大陆的人去探亲了。我想也许我可以到海峡对岸去弄点经费来。我去了，带去一本《外国造园艺术》的稿子，在台北的重庆南路找到一家出版商，山东人，卖给了他，拿到几百美元。

回来，我和李秋香带着另外一批学生到新叶村去了，把该补的工作都补上，对这本书的学术价值已经有了铁打般的信心。信心一上来，就坚定地确认，这个乡土建筑研究工作，是应该在全国规模化展开的。全国的展开，不过是我们的傻念叨，但我们自己一个课题一个课题地坚持做下去，还是有可能的。

新叶村的工作快结束的时候，村里的几位老朋友们陪我们造访了十几个村落，最后选定了二十几里外的诸葛村作为下一个课题。楠溪江嘛，只好再待一两年了。

这时候，楼庆西老师自告奋勇，加入到了我们这个小小的组合中来，我们形成了"三人帮"。

第二年春节前夕，我带着新叶村的书稿又到了台北，找到了一个建筑师的组织，跟他们约好，由他们出书，有多少收入都归他们，但先得给我些钱，我好着手往下做。这是高利贷。但我没有别的办法，我想，出了几本书之后，大陆的出版社也会答应做了吧。跟学院申请经费，那是不可能的，在一次学生设计作业评分会之后，有几位教授竟然大声评论我们的工作是“不务正业”“误人子弟”“吃饱了撑的”，我们只好听着，万一压不住火，抬起杠来，说不定会闹得连暑期实习的学生都不分配给我们，我们能找谁画测绘图呀！没有测绘图，书的价值可就差了一大截了。

这本书在台湾倒是出版得非常快，但是，想不到，书的作者署名竟是那家建筑师组织的头头了。从头到尾，书上没有我们的名字。为了几个钱的经费，我竟把书的著作权都卖了吗？但我怎么去争呢？隔三差五，警察局的小头目还要到我家找我“聊聊天”呐！我一百零五岁的老母，几十年不见，多少相思，但为了怕那个满脸堆笑的警官，竟舍得催我快回大陆。

正在为难的时候，台北一个大学的建筑系邀我去讲讲我们的乡土建筑研究。我去了，讲了。特别讲了讲我们在新叶村工作的时候，只有四五里路距离的另一个村子里有一组日本人也在做咱们乡土文化的调查研究。他们照相是黑白的、彩色的各两套，一套是照片，一套是录像，一共四套。而我们却只有一个营造学社留下的照相机，用的是黑白胶片。那些日本人，见到我们的寒碜相，笑眯眯地对我说：“你们不必拍照了，以后要什么照片，向我们要好了，我们可以给你们。以后中国乡土文化的研究中心肯定在我们日本。”讲到这里，听讲的学生们就有了点儿动静。我这个经历过整个抗日战争的人心里很难过，大声喊：“不可能！我们拼死拼活，也得把这个研究中心建在中国！”一下子，学生们站了起来，又鼓掌，又呼喊，非常激动，有几个男女青年，走上来围住我，说：“坚持下去呀”“我们支持你们！”“我们可以去参加工作吗？”我的眼泪哗哗地流，哪儿有什么两个中国呀，我们又能在文化工作上一齐打一次抗日战争了！

当天晚上就有一家出版社来了电话，约我第二天早晨在某个餐厅见面。我准时去了。出版社的老板很客气，也不乏热情，说了许多恭维话，目标就是，把我们每年的成果交给他们出版，他们可以预支稿费作为我们的工作经费。我提了一个每年需要大概多少钱的意见，他们同意了。我马上给楼庆西打了个长途电话，问问学校这件事可不可以做。第二天，来了答复，说是完全没有问题，连什么什么人的钱都能要。于是，这件事就定了，我写了个条子，签上我的名字。我要的每年的费用比我们在新叶村的花销高一些，因为考虑到还要把工作面扩大，应该到更远的地方去开辟。那样，不但交通费要高得多，而且不可能都像在新叶村那样，受到乡亲们的热情接待。人总是要吃饭的，还要睡觉，吃饭睡觉都要花钱，这是硬道理。甚至，我还想到，如果能一年完成两个或者两年完成三个课题，我们还可以有一份书稿自己另找出版社，在大陆试试如何！

有了点经费，多了一个人，我们就同时开展了两项工作：诸葛村和楠溪江中游村落的研究。

工作经费有了，就要动手干。不料，一年前把我们带到楠溪江去的当副厅长的老同学却忧心忡忡来劝阻我们了。他说，他是用小车把我们带去的，那很安全，而我们带着十几个学生乘长途汽车去，那可不行。因为，这条路线上，当时的记录是平均每天要发生死人的车祸八次，太危险了。不死，丢一条胳膊也够呛！

但是，楠溪江的村落太美了，人文气息太可爱了，不写它们，我们的工作会留下永远的遗憾。我们横下一条心，非去不可。不过，我们让了一步，包一辆中巴车去，毕竟有了出版社的预付款。那天很早钻进车厢，门一闭合，我们多少还有点玩命的感觉，“风萧萧兮易水寒”，生死由天。那车太不争气，大约是烂泥公路太颠簸了吧，一路抛锚，一路修理，晨前5点从杭州出发，后半夜两点钟才到永嘉。车子在瓯江边上修理的时候，我们见天上好大一个月亮，才知道那天是中秋节。

到了楠溪江中游一个预约好了的蘑菇罐头厂，吃了一点东西，倒头睡下。天一亮，就起来，按计划开始工作。男男女女的同学们，利利索索，神气活现，不喊累，不迷糊，我们看在眼里，喜欢在心里。

就这样干了两年，成果出来了，厚厚的一份楠溪江的稿子，交给了台湾那家预付了钱的出版社。诸葛村的嘛，还得再干一年才行。

不久，书倒是出版了，美编大过了一把瘾，把正正经经的学术著作的版面弄得花里胡哨，“桃红柳绿”，像儿童读物。原来，这家出版社就是以出儿童读物为主的。署名呢，封面勒口里面倒是有短短一排小于臭虫的字印着我们所在学校的名字。要找我们几个工作者的名字可难了，原来印在勒口的背面，也就是从来都空着的夹缝里，称呼是“主持人”，模模糊糊。字的大小嘛，大约和跳蚤相仿。倒是并不寂寞，因为有杂志社全体三十一位工作人员的名单陪着我们，包括资料、印务、业务、财务等。只是没有清洁工。

更叫我们心里难过的是这些书在大陆不发行，买不到，而我们本来是希望我们的工作能引起社会注意，推动研究抢救下一些村子。

我们看了这部书很吃惊，但是，我们毫无办法，我们还需要他们的预付稿费，否则，我们怎么工作呢？对于我们工作的价值，我们绝不动摇，但我们的困难和坚持，有谁知道，有谁理解，有谁能帮助呢？

于是我们只好豁出去了，不动声色，继续向这家出版社交稿子，一年一本，换取他们的出版和预支稿费，更要争取乡土建筑被人认识和重视。当时，我们的共同追求，就是只要这件乡土建筑的研究工作能够继续，能够逐步被理解，我们就心满意足了。我们毕竟是为了国家的文化积累和民族文化的提高而工作的，如果仅仅为了我们自己，我们早就另干别的了。

不过，事情很不顺利，出了四本书之后，继续把一本又一本的稿子陆续送去，而且是题材比较好，资料比较丰富的，却一本又一本地积压着，十几年过去积压了将近十本了，还没有出版的消息。一次又一次的追问，都只有模模糊糊的应付。我们并不图因这些书的出版一下子成了大名人，发了大财，但我们确实希望这些书能促使更多的人认识乡土建筑的价值，一起来动手研究，一起来动手维护。我们不是为了游山玩水颐养身体而上山下乡的，我们为交过去的稿子像石沉大海而焦急。

好在我们还留了个心眼儿，那家台湾出版社每年提供的费用做了一个课题后还能剩下一点，我们拿余钱再做一个课题，精打细算，吃苦耐劳，一年或者两年可以另外多写一本书，这成果就可以由我们自己处理了。英国有一家基金会给寄了三次钱来，在依规矩交了学校什么科室的“提成”之后，其余全部都用到了工作上，而且仍旧是精打细算几乎到了苛刻的程度。

参加了上山下乡做测绘的男女学生，吃苦耐劳，没有半句怨言。到福建去工作，一位学校足球队的队长，饭量大，每餐吃了一大碗干饭之后，就“暂息”了，等大家都吃够了，放下筷子，他再来把大碗小碗打扫干净。

又一次，在陕西，调查黄土窑洞，也有两位大小伙子没有吃饱。有一天，正好需要到县城里去找资料，就叫他们俩搭伴去，特别叮嘱他们：“工作细一点，不着急回来，午饭在城里吃，吃好一点，记得要发票，回来找李老师报销。”不料，午饭前他们就赶回来了，跑得气喘吁吁，汗流浃背。李老师一看见他们就把嘴唇咬得紧紧的了。

其实，同学们早就知道我们缺钱，总是帮我们节省。第一次到楠溪江工作时候，乡间只有机耕道，也没有公共交通车。哪天工作的地点远一点，就得早早起身去抢雇一辆三个轮子的“蹦蹦车”。比四个轮子的便宜了一半多。车小人多，大家就站着，车底盘又很单薄，所以这一辆车上重下轻。机耕道上老车辙一层叠一层，“蹦蹦车”几乎是跳着舞走，真是“蹦蹦”得厉害，有过好多次险情。有一天，在我们前面有一辆“蹦蹦车”，扬起漫天尘土。我请司机开慢一点，跟前面的车拉开点距离。不料，走着走着，忽然前面没有那尘土了。我们把车开上去，下车一看，那辆“蹦蹦车”掉进江里了。幸好天旱，江边露了土，没有发生大事。出了这样的险，同学们仍然十分镇静，没有过一句扫兴话。

诸葛村的工作做完了，我们就到江西省婺源县去了。楼庆西先从安徽过去，我和李秋香为了顺便看望叶同宽老师，便乘汽车从建德、开化过“十八跳”这条路。不料，到了衢州。再向前去就没有公交车了，因为这一路当时土匪猖獗，车辆已经停开了。小客店老板说，土匪怕官，所以都知道哪些牌号的车不能抢，这路上，一个礼拜总会有几辆不能抢的车来往，运气好了，可以搭上回头车。我们在路口等了三天，终于等到了一辆回头空走的公家车。坐上车，司机叫我们把照相机、钱包等等放在明处，万一土匪来抢，立刻奉上，就没事。那天在车号的保护下，平安到了婺源，住在清华镇。后来在那里住了十多天，公安分局的头头们叫我们雇用他们的囚车跑点，可以万无一失，一天二百五十元，否则难保安全。我们接受了这个建议，鬼哭神号般地跑村，但他们不给任何凭证。有这样几天的囚车经历，倒也是一辈子的有趣话题。

有学生们的努力，我们把出版社提供的费用精打细算，再加上中外朋友们的零星支援，终于陆陆续续又额外挤出了几本书稿来。这时候大陆的出版社有了点活气，三联书店、重庆出版社和河北出版社，陆陆续续把我们用余钱写的几本书拿去出版了。毕竟乡土建筑自有它很高的历史价值和艺术价值，这些书多少引起了一些大陆学者朋友们的留意，产生了一点点影响。渐渐地，以村落为单位的综合了地理、历史、文化的乡土建筑研究终于成了乡土建筑研究的正宗、主流，取代了单纯的艺术性或者技术性的以单个建筑为题的研究，于是，乡土建筑研究的价值、地位大大提高了。在我们的推动下，乡土文物建筑的保护，也以整个村子为单位了。住宅、寺庙以外的农业生产和农村生活所必需的建筑，受到了研究者和保护者的重视。在这种形势下，我们依靠二十多年的经验，提出了乡土建筑作为文物时的保护原则和方法，这原则和方法也已经被文物主管机关认可、接受，成为主流而普及了。

从浙江省新叶村开始的乡土建筑研究终于成了这个领域的开拓者，虽然我们最重要的代表作或者只在台湾印了几本，或者还把稿子压在台湾的出版社。

这时候，我们这个小组又添了一个罗德胤。

正在这口子上，发生了三件叫我们高兴的事。第一件，台湾那家出版社息业了，不得不把积压在他们那里的我们几本书的原稿送到大陆清华大学出版社来出版了，也因此不得不按照大陆的出版规矩表明我们三个人是这些书的作者了。一出版，就有两本书得了碰头彩，一等奖。可惜书的装帧设计还是那家台湾出版社做好了的，把书搞得很贵，又不成样子。第二件，清华大学出版社决定把二十年前我们在台湾出版过的四本书重新出版了，印制都比较精致大方，没有了儿童读物式的花哨，像正经的学术著作了。同时，也正式标出了它们的作者的名字。第三件，更加重要得多的，是我们得到了老同学主持的规划设计院的经济支援，谢退了台湾那家出版社的钱了，我们只要实实在在地工作，像一个真正的学术工作者那样实实在在地工作就行了。

但是，还是有新的问题冒了出来，咱们大陆的出版社忽然改制了，都要我们支付出版费才能出书，价码可不低，于是，我这个老头子就不得不再去募化。向人讨钱，毕竟不是愉快的事情，有时候难免斯文扫地。好在早些年已经把读书人的傲骨粉碎了，既然能在权力前为苟生折腰，当然更不妨为抢救文化遗产把腰对折，来个“百炼钢成绕指柔”。

乡土建筑研究是一个十分有价值的工作，我们的方法原则也大体在前二十年里成熟了。我们国家有几十万个村落，乡土建筑变化多端，到现在连它有多少个大系统都没有摸清。应该做的事太多了，而在当前的建设中，开发中，乡土建筑又遭到大规模的破坏，日夜去抢救还来不及，有一搭没一搭地在挣钱之余顺手做些工作是万万不行的。我们要的是工作成果，不是要出几个声名赫赫的“专家”“学者”，名留青史而又口袋饱满的。

真学者都是老实人，缺心眼儿的！

但是，家徒四壁，这最后一段黄泉路怎么走？唉！

（原载《建筑师》，2010 年 8 月）

（一二一）

二十多年了，一进春季，我就会一天翻几回月份牌，看阴历三月三到了没有。倒不是因为那天是玄天上帝万寿的日子，村子里迎神赛会，热闹得不得了，而是因为，季节到了，南方的田野里，油菜花会金光灿烂地闹到天边，中间闪烁着一片又一片的鲜绿，那是水稻秧苗田。那种生机勃勃的美，不是天生的，而是农民弟兄们辛苦培育出来的，格外地动人。

我年年下乡多少次，村子里的朋友们知道我的喜好，冬尽春初第一次邀我去，总是在三月三前后，我几乎是次次不漏。虽然不是年年去同一个村子，但去新叶村的次数确实是多一些。

我们二十多年的乡土建筑研究，是从新叶村开始的，理由之一就是它美，尤其是三月三前后。当初，我们连路费都掏不出来，在建德县旅游局设计室工作的同宽是新叶村人，我们在很早之前就相识，是他，给我们筹了四张来回火车票。到了村子里，吃、住在他兄弟同猛家。同猛是个从早干到晚的人，一天说不了一句整话，招呼我们的是同猛嫂子。为了让我们吃好，她常常连夜磨豆腐。山野菜抽了嫩芽，她便提着个竹篮子上山去采，女儿一放学就帮着择。男孩子像他爸爸，小学生，一天说的话不会比他爸爸多，但是奇怪，却能跟我们带去的大学生们玩在一处。我们的日子过得快活，工作干得很顺利。

同宽老师是个既热心又细心的人，虽然在城里工作，却时时关心着我们在村里的生活。有一次，我们多带了几个学生去，他就向城里的一个宾馆借到了好多张新床，弄了一辆大卡车运到新叶村，放在一座还没有完工的房壳子里，我们的学生就有了弹簧床睡觉。这些铁床很重，同宽老师一个人把它们扛上车，卸下车又背到那房壳子里，一张又一张。那天，是他因病住院治疗好久刚刚出院的第二天。

下雨了，同宽老师从城里骑车几十里赶回家，给我们的学生每人买来了一双拖鞋。看见我们蹲在路边吃豆腐丸子，转身就去买了一瓶卫生酒精和一盒消毒棉花。我们工作日子多了，又带我们到村边一个解放军兵营里去洗澡，学生们弄得比在学校里还干净些。

整个新叶村，所有的人，都支持我们的工作，有求必应，不求也主动帮助。早已退休了的老乡长、老会计，几乎天天从早到晚掺和在我们中间，伸胳膊抬腿，也回答我们提出的各种问题。他们自己答不利索的，就去找明白人打听。有一次，要测绘一座规模很大的宗祠，请他们帮忙借高一点的梯子。他们说先去各家找一找，不料，过不了多久，二位老人家竟扛着一把特别长的梯子跌跌撞撞地回来了。我们的学生一哄而上去替换他们，他们却又忙着把梯子竖了起来，架到了大梁上。

每天要做两板豆腐的昭荣先生，是同宽的小学同学，一到傍晚就来问一问，有什么事可以帮忙，我们请他帮忙搜寻各种纸质资料。他认真得很，山神庙的签、春节的门联、门神，不断地找来。更加意外的，是有一天汗流浃背地挑来了两箩筐的书，四十多册，一看，竟是全套的《玉华叶氏宗谱》，可把我们乐坏了。又有一天，我独自到他家去讨教村史里的问题，坐在里间。谈到天快黑了，他一遍又一遍地叫我吃了晚饭再走。我怕太麻烦他老妻，硬是站起来就走，他只好送我出来。想不到，堂屋里已经摆好了一桌饭菜，连黄酒都已经斟满了杯子。我一时不知道怎么办，稍稍一犹豫，还是装糊涂出来了。他们夫妻俩站在大门口，一脸的失望。从此我就觉得很对不起他们，心里装着沉重的感谢。

到第二年深秋，在新叶村的工作将近结束，我们又要再找第二个课题了。几位朋友一趟一趟地步行带着我们看尽了周边的村子，找不到合适的，他们比我们还着急。后来，终于选定了诸葛村，那是同宽读中学的地方，离新叶村不远。

到了诸葛村工作，我们还是忘不了新叶村。诸葛村商业发达，居民早就到全国各地甚至香港去开拓了药材市场，我们住在街上的合作社小旅店里，两块五一天，非常好。也交结了几位镇上的热心人，处处照顾我们，甚至为我们当了一次意外的"保卫"，使我们逃脱了一群手持棍棒的民兵的拦截和追捕。但是，镇上生活和村里生活气息不一样，我们还是会隔几天就抽空搭上蹦蹦车到新叶村去转转，去享受那种农村味的友谊。

有一次我独自个儿去了新叶村，进了同猛家，同猛夫妻俩下田去了，我四周一看，厨房的格子窗里，他们的孩子围金，正向外张望。那孩子一整天都不会说一句话，玩的时候，我们的同学几个人把他扔得高高的，他都不吭声。我从堂屋走到厨房去找他，他却一转身溜出了家门。我独自上了楼，从同猛床上拿了“竹夫人”，下楼，掏出照相机来拍了照。这是一位研究古代名物的朋友托我的。拍完，滚上床打了一阵瞌睡。快到该做晚饭的时候了，围金才悄悄回来，一看，手上提着一篮子栀子花，这种花挺香的，可以炒来吃。原来他一声不响上山给我摘野菜去了。

还有一次，也是我独自一个人从诸葛村过去的。那年大旱，草枯树凋，但老乡长一定要叫我带些橘子走。上了山坡，进了橘园，一看，赖赖巴巴，橘子不成样子。他爬上爬下，采不到几颗好果子，又急又恼，气头上用劲撅下了几把带叶的树枝，挂着几只病恹恹的橘子。歪打正着，这些枝条倒还挺有画意，我带回家插瓶子，可好看了。但是，不久，信息传来，老人家走了，跟着，老会计也走了，我心里那个痛呀！

就这样，二十年下来，或者专门去一趟，或者过路去一趟，总是断不了去看看新叶村的老少朋友们。哪个姑娘出嫁了，哪个小伙讨了老婆，都知道。同猛家的一子一女，一个当了拖拉机手，一个嫁到邻村，很难见到了。但只要一进村，老的、壮的，都认得。无论哪一家，进去，坐下，就能吃饱肚子，还有家酿的米酒喝。少的也知道我们是谁，拉上他们的小手，都不发怵，妈妈早就告诉过他们，跟上老爷爷，哪里都能去。

但是，我们每次去，都会沉重地感到遗憾，什么遗憾呢，就是可爱的新叶村不断地拆旧建新，一天又一天地淡去了它朴素天真的面目，淡去了它农耕文明的性格特征，淡去了它的亲切和宁静。我们并不要求每个村子都保存它们的旧貌，但我们希望保存很少几个有时代代表性的村落。新叶村本来是一个可以说完美的典型。

终于，前年好消息传来，建德市领导下决心要恢复新叶村的旧貌，他们都知道我们因此会很高兴，于是便来打了个招呼。这几年，“社会主义新农村建设”破坏了大量非常优美而且历史文化信息量极丰富的古村落，现在，有了这么个另辟蹊径的市领导班子，我们还能退后吗？于是高高兴兴地去了！

但是阔别了几年，这一回，我们是乘着市里高级轿车去的，是被西装革履的人们簇拥着去的，是在城里最高级的大宾馆睡足了才去的。

到新叶村口，在已经被改为村政府的大祠堂里息了一下，我们几个人就被市里领导和记者们簇拥着到了文昌阁前。那里已经聚集了一大堆人，都是我们多年的铁哥们儿，还有他们长大成人的儿女。一见到他们，我兴奋，他们也兴奋，大家都跑了几步，就拥到了一块儿。正在叽叽喳喳互相问候，忽然一个人举着个什么东西赶了上来，叫着喊着把朋友们轰开，生生弄出了一块空地。我一愣，就被这个人拉进了空地，眼前塞过来一只话筒。气还没有喘定，他就一本正经提了个什么样的高深的问题，我眼角一瞟，不远处还立着他的伴儿，扶着摄像机。我这个人，一向不算很暴躁，这时候却发了火。他推开的是什么人？是多少次招待我们住过吃过的人，是给我们扛过高大的梯子、搭过架子的人，是陪我们十里八里到四方去看过许多山村的人，是用扁担挑着两大箩筐家谱给我们送来的人，是我们不必打招呼就随时可以到他们家床上睡觉的人，是从柜子深处找出母亲的嫁妆让我们拍照的人。他们是二十几年来我们天天记挂着、感谢着的亲人！这样的亲人，怎么可以像赶鸭子一样把他们赶开。于是，我一言不发，扭头抛下记者先生就走了，走到我每次到新叶村来都邀我去吃饭的昭荣家。他在，他大儿子也在，我们快活得不得了。可惜，我是在一个小“队伍”里，不好意思脱离大伙儿，又一次推脱了老朋友家的午餐。因为我早告诉过他春天准来，他的妻子，一位很利索的老太太，显然已经为这顿午餐准备很久了，这时脸上又铺开了遗憾的笑容。那份遗憾，我从心里感受。但是我实在不能脱队坐下，于是，我和昭荣相约，明年准来吃饭。

今年年初，忽然收到了一份大红帖子，建德市政府邀我到新叶村过三月三，节后还有些人一起讨论一下新叶村的复原方案。过去嘛，叫我去一趟，打个电话就行了，今年这邀请函大大的，手指一弹嘣嘣响，我不自在起来，虽然很高兴去讨论这样一个课题。但是，心里已经没有了过去会朋友甚至回老家的那种又亲切、又兴奋的感觉。

准时到了建德市，被接进了不知几星级的大酒店，豪华得很，转悠半天也闹不清怎么才能到登记了的房间里去。好在有服务员赶过来引导，没有弄得迷失在蜘蛛网似的过道里。晚上想洗澡，进了卫生间，那么多圆的、方的、带把的、用按钮的大大小小疙瘩，一个个闪闪发光，我该动哪一个呀！于是便想起同猛家的热水壶和大木盆来，我这个没药可治的土包子呀！于是，我靠在窗前，眺望富春江迷人的山水夜色，村子在哪里？老朋友们知道我又来了吗？明天第一个挤上来搂抱我肩膀的会是谁？思念消减了一点我的陌生感。

第二天，正是三月三的大节日，乘宽阔安逸的商务车到了新叶村，文昌阁前的广场里居然没有一点点庙会的气息，“净过了场”，连一个摊贩都没有。广场空空的，一周圈拉上了绳子，还挂上了一片片的红绸带，地上满铺了一层浅蓝色的塑料毯子。面对着文昌帝君，搭了一个三层的台子。我一下车，就被牵着登上了台子的最高层。居中坐下，正好可以呆头呆脑地望文峰塔。广场里排着椅子，广场外缘站着几层来赶庙会而不知道眼前会闹什么把戏的乡人。接着，仪式开始，主持人介绍了坐在台子上二十来个人的身份，一个又一个，这个过程里，圈子边缘的人们发现这场仪式跟他们毫无关系，不演戏，也不耍猴，便一个又一个地走开去了。轮到了介绍我，我一时激动，用巴掌圈在嘴边，向乡人们喊了一句：“我相信你们会认识我！”我，我是什么人呢？是你们的铁哥们儿呀！你们不要丢下我啊！但人群里并没有老哥们儿回应，我泄了气，只好坐下。本来挤在广场边上赶庙会的乡亲们是来买一碗又香又嫩的豆花吃的，这是新叶村三月三有名的美食。今天，今天那豆花担子挑到哪里去了呢？天气还有点儿凉呀！

台上的贵宾介绍完了，广场边上的人也走散完了。于是乎，我一抬腿下了台子，一溜烟找老朋友去了。哥们儿没有一个来到小广场看我们在台上的呆相，我刚才也是心里难过，才空喊了几句。

不料，事情没那么简单，刚刚走出小广场，马上左右臂都被人抓住，一看，是穿着花衣服的礼仪小姐，过来要搀着我。虽然我眼力很不好，还是有独立行动能力的，但是一旦被扶持，我就难以摆脱了，只好低着头走，挺难过的。

先到了昭荣家，因为他家正在从文昌阁进村的路口。推门就见一桌丰盛的酒菜已经摆好。这可是我们有约在先的呀！我去年答应过他两口子今年三月三一定要喝一碗他家自酿的老酒。但是，前后左右跟着这么多人，这顿饭怎么吃呢？只好苦笑，湿着眼睑招呼了半句："秋天再来"，就转身出来了。这可是我第三次在他们家推辞了满桌的酒菜，而且还带着敷衍性的承诺，心里很难过。昭荣的两个儿子，都已经五十贴边，这天因为过节，也赶回家来等我。老二是位书法家，还写过一本分析书法艺术的书，正式出了版。这天他专门写了一副对联为我祝八十大寿，我一眼见到了，为了怕引起祝寿的话题，假装没有见到，可是心里那个激动呀他们把我记得那么清楚！出来走了不远，两位兄弟追上来了，村里的小街小巷很窄，他们悄悄地跟在后面。我发现了他们，立即把这对兄弟请到身边来，并且客客气气遣走了两位礼仪小姐。他们哥儿俩一上来就抓住了我的左右手，开口叫伯伯，我的心里终于涌上了软软的暖流。在小巷里三个人横着往前走，霸住了小巷，霸得开心，走了一家又一家，进去问好。忙着拍照的记者，多少知道些情况，笑着对我说："你享受着两代人的友谊呀！"话说到我心里去了，我也就没有躲开他，倒希望他多按按快门。

这天是节日，家家都几代人团团圆圆，一桌子摆着满满的吃食，其中有传统的三月三专用食品，一种大大的丸子，不知道怎么做的，我也不问，反正好吃就是了，进谁家门都抓起来吃一个。两条巷子走完，肚子就饱了。只遗憾从同猛家出来的时候，嫂子和他们当上了挖土机手的儿子还在厨房里忙着，准备留我吃饭，我却没有好好告别。但她竟有足够的敏捷把一大口袋节日吃食塞到我身后的同伴手里。

乡亲们呀！下次我一定悄悄地一个人来，住下，把心里相思的难过化掉了再回家。但是，老乡长当木匠的儿子老老实实地说："还能见几面呀！"倒是同宽老师心真宽，在人群里喊道："明年我钓一尾大鱼等你。"老天爷，你就成全了我们下一回吧！

（原载《建筑师》，2010 年 10 月）

（一二二）

梁思成老师的书斋里，南墙上挂着一副对联，不大又不长，刚刚好适合小小书斋的尺度。上联写的是"白鸥没浩荡，万里谁能驯"，下联是"清水出芙蓉，天然去雕饰"。梁先生说，上下联都是集句。我知识浅薄，到现在还没有找到它们的出处。正朝着这副对联，北墙上挂着一条不大的横幅，写的是"致远"两个字。

对联是太老师任公先生的亲笔，工整而清秀，没有题款。下联那个"去"字，很简单，但写得有点儿特别，底下那个三角形却写成了菱形，我是请教了梁先生才认定的。

我很少到梁先生书斋去，偶然去了，进门一出溜便坐到北墙根的一只条凳上，所以面对面把南墙上那副对联看得仔细。记得下联的空白处，任公先生见缝插针，散散乱乱添了几行小字，可惜我那时不懂事，没有用心把它们都记下来，现在只想得起个大概。这"大概"大概是：梁先生在美国学了艺术，而学艺术的人必须有白鸥和芙蓉花一般超脱的襟怀、高远的情操，否则就不能真言艺术，所以把这副本来挂在自己书斋里自勉的集句联给了梁先生，勉励梁先生加强修养。

那时候，建筑学在欧美是被列入艺术类的，对联上小字写的"艺术"，指的就是建筑学。任公先生用这副对联告诉梁先生，当个建筑师，不但要飞得高、望得远，还要"质本洁来还洁去"。否则，鼠目寸光，追名逐利，就专业工作来说，不过能当个匠人而已，就为人来说，便是不入流品的了。

那“致远”两个字的横幅，不是任公太老师写的，又刚好挂在我的头上，以致我不能一遍又一遍地欣赏，上面有没有太老师的夹批，我记不得了，恍恍惚惚好像有几个小字，说这幅字是“乡前辈”某人的手笔。但我这记忆可靠不住。“乡前辈”之说很可能是我问了梁先生是谁写的这两个字，梁先生才告诉我的，却被我忘记了。

那幅“致远”的含义和那副集句联的意思是完全契合的，可见任公太老师对它们十分重视：做人要超脱一些，眼光要开阔一些，万不可沉溺于追逐名利。

这就是梁思成先生年轻时期受到的一份“家教”，一位近代贤哲的家教。梁先生把这副对联和横幅分别挂在书桌左前方和右前方，是书斋里仅有的两件壁饰墨宝，抬头可见。显然，梁先生把它们当作终身的座右铭，努力去实践。

梁先生的学术工作几乎全都是在祖国最危急的时候进行的。他和林徽因老师一起，骑着毛驴，走进太行山，历千辛万苦，去寻觅可以作为民族历史和文明见证的古建筑，既为了担心日本侵略战争爆发后可能遭到的破坏，也为了打破日本学者对中国古建筑遗产研究的垄断地位。

抗日战争爆发后，在最危急、最艰苦的时期，梁先生和林先生双双蒙受着贫困和重病的煎熬。他们一家住在四川宜宾的一个叫月亮田的三家村里，好不容易从北京带出来的一点点细软已经卖光，看不起病，买不起药了。林先生患的是肺结核，长期高烧不退，还咳血，却没有最简单的治疗，只能躺在床上干熬。梁先生则穿着铁背心，用茶杯托住下巴颏，忍住腰部炎症剧烈的疼痛，坚持写作《中国建筑史》，还画插图。同时，用古老的石印方法，在荧光似的油灯下，一页又一页地亲自动手印刷《营造学社汇刊》。在抗日战争最艰苦的时期，在江边的小村里，二百本汇刊的出版，意味着什么呢？不只是意味着这个苦难的中华民族绝不会倒下去吗？

在这样贫病交加的生活中，更不幸的，是林先生唯一的亲弟弟，一位英勇的空军战士，在一次对抗日本侵略者的空战中壮烈牺牲了。林先生痛苦至极，过了好多年，才能强忍悲痛写了一首长诗纪念他。

这期间，一些美国朋友了解到梁、林二位老师的情况，诚心邀请他们过去，好好治病。但是，梁先生答复他们道："我的祖国正在灾难之中，我不能离开她，假如我难免死在刺刀和炸弹之下，我要死在祖国的大地上。"

病弱的林先生则回答幼小的从诫兄说，她和梁先生已经决定，万一日本侵略者打到了月亮田，他们将义无反顾地跳进长江。她告诉从诫兄说，这是有气节的中国知识分子在无力回天时候的老路，"到那时候，我们就顾不得你了"。

几年前我只身来到月亮田二位老师住过的老屋前，居然看到了远处扬子江闪着耀眼的金光。我真的羡慕江中的每一滴水，它们竟被选中拥抱我们民族最优秀、最爱国的英雄们！

八年的浴血抗战，国恨家仇，刻骨铭心，梁先生和林先生一一亲历。何况梁先生还因公务而常常要到重庆去，那里日本侵略者曾经炸死过我们多少万同胞。但是，在大战形势发生了有利于盟军的转折之后，梁先生受委托以一个建筑史专家的身份，提出了在反攻时保护日本的奈良和京都不受轰炸的建议。我能够理解梁先生当时的心情痛苦！因为我虽然比梁先生整整小了一辈，但我的亲人中有两位在南京遭到了日本侵略者野蛮的屠杀，我自己也有死里逃生的经历，包括最灭绝人性的细菌战。

梁先生出于良知，以全人类永恒利益的眼光和襟怀提出了他的建议，没有沉溺于仇恨。早在我从社会学系转学到建筑系的时候，潘光旦老师就给我讲过这件事，并且告诉我，这是国际上共认的"公约"。还说，第二次世界大战末期，盟军在意大利一登陆，墨索里尼很快就放弃抵抗，宣布投降了，并且身陷俘虏之列。理由之一，就是怕意大利遍地皆有的光辉的文化遗产遭到破坏。盟军接受了他的投降，也妥善地保护了那些可贵的文化遗产，虽然最后还是把他送上了绞刑架。希特勒没有投降，坚持顽抗到底，造成了西欧文物的大量破坏，罪上加罪。我理解了梁先生对敌人的宽容，也理解了梁先生对文化的热爱，但经历过整个抗日战争，目击过它的残酷，我没有梁先生那样宽阔的胸怀。当然，我也理解，冤有头，债有主，仇恨总不能没完没了。“大同世界”毕竟是人类永恒的追求。

但是，梁先生却没有保住他自己祖国的、也是全人类最辉煌的建筑文化遗产之一——北京城，也没有能使我们全民族都理解保护自己祖国的多姿多彩蕴有极高文化价值的历史遗产的意义。由于这种文化的无知，如今大拆大毁历史遗产的事正在全国蔓延，甚至愈演愈烈。无知转化为野蛮。

这是梁先生的悲哀，也是我们全民族的悲哀。全人类的悲哀！

*

要我们深入理解任公太老师的教诲，去理解“万里谁能驯”的白鸥和“天然去雕饰”的芙蓉，或许会有点儿隔膜。我们不妨从更容易理解的教导着手。1922年，太老师曾经在苏州给学生们做过一次公开演讲，把思想阐述得比较容易理解。在演讲的开端，太老师说：“问诸君为什么进学校……恐怕各人的答案就很不相同……我替你们总答一句吧：为的是学做人。”

任公太老师接着说：学做人，就得在“知、情、意”三方面下功夫。“知育要做到人不惑；情育要做到人不忧；意育要做到人不惧。”要不惑，就是“养成我们的判断力”；要不忧，就是“建立仁的人生观”；不忧得失要不惧，就得“心地光明”。在阐发“不惧”的时候，任公太老师反反复复地说：“一个人要保持勇气，须要从一切行为可以公开做起。这是第一着。”第二着，“要不为劣等欲望之牵制。一被物质上无聊的嗜欲东拉西扯，那么，百炼钢也会变为绕指柔了。一个人有了意志薄弱的毛病，这个人就完了”。“自己的意志做了自己情欲的奴隶，那么，真是万劫沉沦，永无恢复自由的余地。……绝不会成一个人。”这话就很重了。

任公太老师批评当时的学校教育只有“知育”，“就算知育吧，又只有所谓常识和学识，至于我所讲的靠来养成根本判断力的总体智慧，却是一点儿也没有。这种贩卖知识杂货店的教育，把它的前途想下去，真令人不寒而栗……诸君呀，你千万别要以为得了些断片的知识就算是有学问呀！……诸君啊，你要知道危险呀！……我盼望你们有痛切的自觉啊！”

任公太老师最后向年轻的学生们呼喊：“诸君呀，醒醒吧！养足你的根本智慧，体验出你的人格、人生观，保护好你的自由意志！”

把这些珍贵的教导浓缩一下，诗化一下，不就是“白鸥没浩荡，万里谁能驯；清水出芙蓉，天然去雕饰”吗？不就是“致远”吗？浩荡万里的白鸥，去尽雕饰的芙蓉，这是何等样的生命体！刻意追名逐利之徒能想象得出来吗？

（原载《建筑师》，2010 年 12 月）

（一二三）

上世纪50年代初，我在北京大学建筑工地又当技术员又当工会干部，日子不少。后来调回建筑系，给杨秋华师姐当助手，任务是翻译苏联专家阿谢甫可夫写的《苏维埃建筑史》。这本书不厚，在杨姐指导下，不久就译完了，于是，被调到胡允敬老师麾下，“用马克思主义”备课西方建筑史。那时候，教师少，有了任务就不免大家伙儿干。阿谢甫可夫建议学习莫斯科建筑学院，学生都要学中国古建筑测绘这么一门课，必修。当时，咱们的国策是“向苏联老大哥学习”，关于建筑学的指导思想是“社会主义内容，民族形式”，当然，我们系就得立即着手开设中国古建筑测绘实习。这个任务交给了黄报青、周维权和我。黄兄是系秘书，杂事很多，周兄的主要任务是教建筑设计，因此，我当然就得多为测绘课跑腿了。

准备开课的第一件事是要弄清楚它的目的、方法等等一系列的问题，就请阿谢甫可夫给我们讲了讲。我现在记得起来的有三点：

（一）培养严谨的工作作风，一丝不苟；

（二）培养对建筑的亲切感情，这是专业；

（三）培养对民族历史成就的自豪感，这是爱国主义的根。

所以，他再三强调，为了达到这样的目的，古建筑测绘，一定要用手拿着尺子一点一点地量，既不能马虎，也不能借助于“高科技”。

我们三个备课人和系领导人们，都很喜欢这些思想感情，立即照办。这个教学项目就一直做下来了，只在“文化大革命”期间停了几年。

“文化大革命”之前十几年和之后的两年，我们的测绘实习都在近旁的颐和园，那里能提供的教材太丰富又太精彩了。经过几班同学的努力，我们把颐和园里精美的建筑都测绘得差不多了，兴致一上来，连佛香阁和德和园大戏台都拿下来了。有一些“园中园”，我们是当作一个整体测绘的，漂亮得很。只剩下西北角后勤部分还差一点点了。

后来，教学的方针发生了变化，学生们的测绘实习分了组，纳入到一些教师们各自的科研项目或者承包项目里去了。我们的乡土建筑研究，每年多多少少也分到几个人。

年轻人生气勃勃，跟我们一起上山下乡，见到那么丰富多彩的地方乡土建筑，就觉得有兴趣，都欢喜得很，因此情绪兴奋。苦呀，累呀，当然不在话下，工作得还挺细致，真的是产生了对乡土建筑的感情。有多少次，我们见到负责测绘平面图和门窗细部的男女同学也爬上屋面去，坐在大脊上唱歌，我们要他们千万注意安全，不要太得意了，他们会扮各种鬼脸，出各种洋相来逗我们，表示他们很不在乎。

当然，干测绘，并不时时刻刻都那么快活，常常要在上百年没有人进去过的黑咕隆咚的角角落落里精确地量出各种建筑构件的位置和尺寸，快成精了的老鼠会循小青年们的裤腿往上爬。地上还积满了乱七八糟的东西，少不了一堆一堆的蝙蝠粪。不大大收拾一下，尺寸就量不准，收拾起来，那“百年陈酿”般的臭气不用说了，还不知会有什么样的埋伏。哎哟，说不定那断梁上还趴着一条蛇呐！晴天，太阳晒得人发晕。下雨天呢？在安徽歙县，有一个女同学想出了窍门，把打稻谷的大方桶侧着竖起来，蹲在里面画草图。那大方稻桶可不轻啊，不知道她是怎么弄的。有一回，在江西婺源，一个经常整天不说闲话的女同学，搭了梯子，要上去量大梁的尺寸，不料，地面太滑，梯子一出溜，倒了。吓得几个男同学赶紧冲上去把她扶起来，还好，没有受伤。她连休息都没有休息，叫同学帮她再搭上梯子，一转眼又上去了。在浙江楠溪江，只有踏着矴步才能过溪进谢灵运后人聚居的蓬溪村，我们的测绘都在多雨的夏天干，一次，雨后水涨，急流及腰，几个男同学互相挽紧胳膊，淌着水过去，老师见了，真的是吓出了一身大汗。至于为了要比较精确的尺寸，有些大小伙子三下两下就爬上了摇摇欲坠的牌坊、祠堂门等等，那是常事。教师们提心吊胆，为了同学们的安全，再三说，高处危险，有些尺寸放松一点，按结构推算个近似值就行了。但是同学们不甘心，教师们几乎没有拦住过一次。只有出檐深远的官式大屋顶不好办，我们没有钱搭架子，又绝对不许同学们冒险上去测构架，就只好推算了。这就是为什么我们的测绘图不注尺寸，只在下侧画个比例尺能看个大概就算了。由于室内的构架露明，而且匠作的规矩很细、很严格，所以推算的误差非常小，教学的效果完全可以达到。

1997年我们到莫斯科建筑学院去参观，一位教授给我们看课程表，他们那里依旧是从一年级一直到毕业班，由简到繁，由易到难，年年都有古建筑测绘实习课。而且只用手尺，不用仪器。我们请教了一下，他们还是强调，这主要是培养年轻人对先人创造的杰作有深入而细致的了解，有感情，从而养成对设计工作一丝不苟的作风和精深的审美能力。我很赞同这个意思。为了培养出高水平的建筑师，教学工作大概还是精致一点为好，不要心急。

我们几乎每年都有两三位同学，画测绘图上了瘾，完成了指定的任务之后，接着又跟老师要了新的题目，暑假不回家了。他们确实在这门课程中学到了不少有普遍意义的修养、知识，加深了对建筑艺术的感受力，倒并不是从此以后都成了复古主义者。

国际文物建筑保护的前辈领军人物，英国的费尔顿爵士，见到了我们一些测绘图的复制品，非常高兴。老人家来信说：我看不懂中文，但是我能了解你们工作的价值，你们的测绘图太好了。

上世纪90年代初，费尔顿爵士还在国际文物建筑保护机构里拿我们的成果为支柱，争取到了1999年在中国召开国际会议，以我们的经验为基础，讨论乡土建筑保护的问题。他写信来叫我们做好准备，还要布置一个七米长的测绘图的主展区。后来，不知为什么，他们没有得到咱中国方面的响应，这个大会就只好改在墨西哥开了。1999年那次大会的文件就叫《墨西哥宣言》，而不是费尔顿爵士原来计划的《北京宣言》。

费尔顿爵士又向一个英国的基金会帮我们申请一笔工作经费。这个基金会是不能连续两年及两年以上申请同一样工作经费的，但是在看到了我们的测绘图的复制品之后，答应了费尔顿爵士的劝说，破例一下子给了我们连续三年的经济支援。我们得以实现了除每年给台湾一家支持我们工作的某出版社一本书稿之外，同时还可以用余力在两年或三年内完成另一本书稿。这多出来的书稿，我们就可以在大陆出版而不受那家台湾出版社的限制了。能在大陆出版我们的乡土建筑研究著作，最重要的意义是帮助大陆同胞们认识乡土建筑的学术价值和历史价值，从而进一步呼吁保护它们。

在这种情况下，我们的工作虽然非常紧张，时间局促，还是不可能每一本书稿都做得很完美。何况，这些经费和台湾某出版社的预支稿费，加在一起也不过只能支援我们的“急就章”作业而已，要动动土挖挖坑，要跑几年图书馆，要观察春夏秋冬、四时八节，那是根本做不到的了。从我国无比丰富的乡土建筑的抢救来说，我们权衡一下，认为还是以“差不离”的学术水平做这些工作为最合适：全国有价值的村落有多少呀！它们被破坏的规模有多大啊！速度有多快啊！但做这项工作的人有几个呢！在某些地方，村子里的头面人物，还要向我们索要费用才给我们开祠堂门、才给我们看家谱呐！还有些村人，见我们拍摄照片、测绘房子也拉下脸来索要钞票。

有一个村子，甚至要我们向全村每家每户付些钱，这可不是小数啊！他们以为我们写了书就能发财，哪里知道我们学生中有几个大小伙子在村里还天天吃不饱呐！

我们“两个老汉一个姨”，从来不敢马马虎虎，粗心大意地工作，但我们也不敢为了追求学术成果的“完美”而在一个一个的村子里多花时间——如考古学家要求我们的那样，挖些探坑，确定年代；如社会学家要求我们那样，在村里住过春夏秋冬。极简单的一个理由，就是老村落正一个又一个地在遭受毁灭性的破坏，不是一个又一个，而是一批又一批地破坏、毁灭。我们宁愿放弃做一个也许能永垂不朽的十全十美的研究报告，而做几个可以说得过去，却难免不十分完美的研究报告。这是大势所迫呀！扪心自问，我们的做法符合当前“抢救第一”的形势。我们遗憾，但我们心安。

叫我们十分不安的事也是有的。一天，我在楼下小书店里见到了一本书，叫《山西民居》，封面上印的是山西省太原理工大学建筑系王、徐、韩三位教授合著的。我很高兴，买了下来，打算学习一番。不料，拿回工作室，粗粗一翻大大吃了一惊，原来这本书里面竟有大量的测绘图抄自我们先后写的几本关于山西乡土建筑的书，却没有一个字写明它们的出处。

我连忙请一位年轻朋友“研究”一下这些图。他仔细看了，写了一份材料，材料如下：原来《山西民居》书上抄袭我们的测绘图竟达到88幅之多（全书图的数量为260幅左右）。

《山西民居》作者主要通过以下方式篡改我们已经出版的古建筑测绘图：

1. 将我们的古建测绘图复印，用草图纸或硫酸纸重描，之后将图片缩小使用。

2. 图片主体处理完成后，统一将我们的测绘图中的字体、字号更改，将测绘图中的指北针、比例尺统一换掉。

3. 将我们的古建测绘图扫描入电脑，在电脑中删去众多细节，之后将图片缩小使用。

在处理过程中，对于不同的测绘图，会做不同类型的改动。

1. 总平面图中通常会为建筑和部分河流填色。

2. 平面图中通常会将铺地和一些配景树删去；也会将我们的一张测绘图，拆成几张小图使用。

3. 立面图中往往要略去部分砖纹、窗格栅和装饰纹样。

4. 轴测图照样重描一遍，改成手绘风格而不做任何变动。

由于《山西民居》作者没有对建筑进行过实地测绘，因此在盗用过程中也会发生一些抄袭中的错误。

1. 我们的古建测绘图中，对部分砖纹、铺地有示意性的表达，他们不加区分地照单全抄。

2. 我们的测绘图在出版过程中，有部分标示错误，《山西民居》作者也跟着“将错就错”。

3. 《山西民居》作者盗用我们的测绘图，比例尺常常标错。

这些可笑的措施，说明这三位大学教授并不是不知道窃取别人的工作成果是不合法也不道德的。他们以为玩一点这样幼稚的雕虫小技，就可以蒙混过关了，竟不知道，失足于学术剽窃，第一个骗不过去的就是他们自己。如果他们还有一点为人师表的良知，就该直面错误，决心改过。如果他们没有一点自责，那么，他们就是不值一提的人了，还怎么能当教师？教师是一个最需要道德自律的职业！但是，两个月来，劝他们认错，他们却还使用笔墨耍赖，自欺欺人。

我写这些话，心里很难受，流着眼泪！我爱辛辛苦苦到大学来读书的青年，我不得不为他们着想！

我在山西有不少好朋友，大多是从工作岗位上退了下来的。他们热爱故乡的文化、历史，以白发余年，从事研究和写作。有一对夫妻，长年上山下乡，常常在村里一住十天半月，已经出了几本厚厚的书，得到很好的评价，目前正在写作又一本大书。我以有这样的朋友为荣，向他们学习。为什么正当盛年，又以教学为职业的人，却不知自爱呢？我愿意送他们一句老话：知耻近乎勇。赖着、挡着，却是自轻自贱，何苦来！

每次打开我们的关于乡土建筑的书，我都觉得，我还对得起阿谢甫可夫教授和我们的同学们，因而鞭策自己把工作做得更好。但是，那三位教授，打开"他们的"书，他们会想些什么呢？

（原载《建筑师》，2011 年 2 月）

（一二四）

二十多年上山下乡的乡土建筑研究，得到村里、县里许多帮助，但也遇到过一些奇奇怪怪的事，最奇怪的大概要算在浙江省兰溪市诸葛村遇到的那一件了。那一件事没有学术价值，没有历史价值，也不很好玩儿，不过，既然奇怪，便也不妨写一写，给记忆添上点儿色彩。

1992年春季，楼庆西和一位研究生要到楠溪江去补充些照片，我和李秋香要到新叶村去把文稿结束，四个人乘火车到了杭州，一出站，楼庆西他们向东拐，来了一辆长途汽车，翻身进去，我们就看不到他们了。那边的公路还和两年前的差不多，每天都要夺几条命的。我忽然心里一紧，眼睛就湿了。

自知情绪不妙，赶忙转身和李秋香向西拐，出了广场，路边就停着到建德去的客车，上了车，乘客已经满座，很快就哆哆嗦嗦地启动了。那时候，公路刚刚开辟不久，半条路浮铺着碎石，半条路还在挖土，车子在举着小小的红色三角旗、吹着哨子的指挥员的调动下，一忽儿在泥土路基上颠簸，一忽儿在碎石路面上停下，等对面来的车过去。车上的人，包括司机和售票员，都不知道这车什么时候能到建德。着急也没有用，老资格的旅客，每逢停车，就跳下去抽一根烟，不急不躁。这样走走停停，很晚才到，在车站边一家小店住下。

第二天一大早，赶到新叶村，把行包在老朋友叶同猛家撂下，就按计划开工，进了山坳。不料一动手就出了丑，为了给一座小庙拍照，我向后退了几步，掉进了山溪。这溪沟既不宽也不深，完全可以不当回事儿，却吓坏了李秋香。她把我拉了出来，还不罢休，硬把我押解回了同猛家，说是我太累了，脚下没根才掉到溪里去的。看她那副着急相，我只好装老实，待她转身再上山去，我就偷偷出村，搭了长途客车，到二十几里外的诸葛村去了。

诸葛村是我们头年秋天才选定的第三个工作对象。那时新叶村的工作已经到了尾声，楠溪江中游的也差不离了，经过叶同宽老师的推举，我们去了一趟诸葛村，进村看了小小一角，就拍板定案。决定要做这个题目，不但因为它的“硬件”“软件”都很有特色和深度，而且凑巧见到了村里说话算数的几位老先生，他们都非常热情地欢迎我们去，这对我们的工作是十分重要的。我们当时就决定把它放在下半年的计划里。

这次我独自偷空一个人去，一方面选定了当年秋天将要带同学们去测绘的第一批对象；一方面也跟合作社小客店的主持人谈妥了教师和学生们的居住条件和价钱，一人一天一块五角钱。

到了秋天，我和李秋香先到楠溪江去补充一些调查，楼庆西带学生们到诸葛村动手测绘几幢建筑，主要是大公堂。大约干了一个多礼拜，我和李秋香返身赶到诸葛村，替下楼庆西回了学校，我们和学生们接着干。

想不到，万万想不到，现在清晰地、有滋有味地留在记忆中的，不是那一番辛苦的工作，而是一场十分奇特的滑稽戏。

和在别处一样，诸葛村的村民们都很喜欢我们，信任我们。待了几天，我们就被一家又一家的村民留下吃饭。不添菜，不加汤，接过一双筷子，坐下来就行。是哥们儿，不嫌什么。家酿老酒总是有的，喝不喝自便。我很喜欢这样东一家西一家地随便坐下就吃。虽然我们有一位女同学负责买菜，请了做饭的师傅在大公堂后院里开伙，伙食挺好，但是，哪有坐在老乡家吃喝那么有滋有味？吃了，就添了一位朋友！朋友不朋友，关键在于互相信任，互相照应，当然，前提是为人正派。

雍睦堂大台阶下面，有个木匠老头儿，成天价辛辛苦苦做各种家具，我走累了，就弯到他的小门外，拍一拍手掌，他立即会把门打开，我们便坐在几块磨得光亮亮的大石头上瞎聊，是村子里的事，他什么都知道。一位开照相馆的胖老头子，整天敞开大门，坐在蒙着黑布的相机前面，但从来没有见到他有顾客。大概太寂寞了，我一从门前走过，他就会把我叫进去，拉到后面天井边沿，上有桂花，下有菊花，往藤椅上一靠，伸手接过热茶，老哥儿俩就慢慢地聊天。他对诸葛村的情况熟而又熟，大概也是什么都知道。相交了才几天，他便把珍藏的地方志翻出来借给了我。又有一位退伍军人，爱喝酒，什么时候都满脸通红，再三向我保证，他所说的村史和现状是最可靠的了，用不着去找那么多人。不过他专事农业，不像别人那样有空闲，只领着我在村子里转过几圈，把角角落落的陈年故事讲给我听。可惜他无论什么时候，到什么地方，都带着小酒瓶，不时喝一口，我不大能确信他的话。

春天里热烈地表示欢迎我们到诸葛村来工作的几位耆老，依然那么热情，有几位简直像正式参加了我们的队伍，找资料、调查，除了做测绘图，什么都干。还抽空来看看我们的伙食。

我们在诸葛村的工作，开始得这么顺利，真愉快。这样的工作叫享受，正是这种享受，支持我们一穷二白地却快快活活地工作，虽然当时写出来的书稿在大陆上连个肯接受的出版社都没有，因为出版社怕赚不了钱，赔本的买卖只有傻瓜才会做，而他们并不傻。正是一些人对我们工作的不能理解，造成了我们工作真正的困难："这些人吃苦耐劳，为的是什么呢？总有个什么企图吧！"这也难怪他们，"人为财死，鸟为食亡"嘛，难道还有什么例外？有了"假清高的"样式，就必有什么什么"见不得人的"企图，这个判断不正是不久前的"文化大革命"中红卫兵们和工宣队员刚刚“揭发”出来的，我们这些知识分子的“本性”么？

于是，再过些日子，我们觉察，有些朋友见了我们仿佛有点儿为难。眼光依然那么热情，但是显出一丝局促。渐渐，他们很少主动地来关心我们、来参与我们的工作了。

我们慢慢回忆，早就有一种现象，不知为什么，市里的干部一个又一个地轮着来“看望”我们，问这问那，好像很有兴趣，但是眼珠子滴溜溜地转，对我们的解释明显地不感兴趣。我们在新叶村、在楠溪江，都没有过这样的遭遇。这里来找我们的总是市里那些局的副局长，盘问了一通之后，问我，为什么没有带一份公家介绍信来？我心里不高兴，直愣愣地问他，我们来跟村民交朋友，还要介绍信吗？

有一天，村支书邀我们第二天到他家吃午饭，谈谈。那天中午，我和李老师在小客店里洗干净了双手，挺礼貌地等着他依约来接我们。但是，等了又等，他没有来，午饭时间过了很久，我们已经不可能在街上买到什么吃的了，消费合作社的门市部只卖肥皂、袜子、灯油之类，只好熬到晚上才对付了肚子。

少吃一顿午饭，倒是符合近年反复见到推介的一种保健理论，说是隔些日子辟饭一两天乃是长寿的秘诀。但我们当时并不关心长寿，只很想知道村支书为什么没有能履行他的约定。

大约只过了五六天，小客店的主任通知我们，村子里要开干部会了，客房都得腾出来给开会的干部住。这个谎话当然编得太笨，小小一个村子，村干部开会哪里还要用公款住房子。但是，不管这个谎话多么笨，我们还是不敢跟小店老板闹翻。一来，他显然是奉命来驱赶我们，因为没有理，只好瞎编，因为不善于撒谎，这个理由编得很不高明；二来，我们不知道事件的底细，还是少惹是非为好，工作已经接近末尾，再坚持几天，凑合着把它干完，委曲点儿算了；三来，老板其实是位厚道人，我们如果吵吵闹闹，弄得他左右为难，谁来帮我们寻一个新的住处呢？所以我们同意搬出小店，但是请他帮忙给我们找个住处。

老板显然并不知道市里的长官们是要把我们赶走，所以真的动脑筋安排了新的住处。他挺不好意思地把我带到旅店东侧相邻的蚕茧收购站。秋末冬初，房子都闲着。他叫我去看，建议：男学生可以住在茧库里，地板上，四个人，正好挤得下；女学生和李老师一起可以睡到烤茧的大灶上，高高的，三个人正好绕大锅一周。那么，我呢？住哪里？他挠挠脑袋，想了一下，说，住到拖拉机库里吧，那里空着。带我到了机库门前，那两扇门东倒西歪，下沿离地面足足有三四十厘米高，根本什么也挡不住，万一起了风，能呼啦呼啦往里灌。我催他开门。他犹犹豫豫打开，呼啦啦从里面惊出一大群鸡公鸡婆来。一低头，只见地面上新的、老的鸡屎积了厚厚的一层。往上看，墙壁和屋顶都是用好多种材料的长长短短板块凑合起来的，零零碎碎，根本挡不了风。他无奈地看看我，问：能将就吗？刚说了，自己也觉得滑稽，只好摇头。

正在为难的时候，李秋香老师急匆匆过来，对我说："有地方住了。"扭头又对合作社老板说："你租给我们每人一套被褥！"老板本来就觉得自己理亏，一听说有了好得多的办法，立即点了头，就叫同学们跟他去把铺的、盖的抱过来。李老师带领大家转个弯到了不远的一幢半完工的新房壳子门前，说：我借下来了，收拾一下，凑合着住几天吧。我们进去，挑了三间背风房间，用稻草绳、水泥袋、碎木屑垫了几个铺位，唉！能躺下了，可是那大窗口怎么办呢？还没有装玻璃呐！李老师向合作社老板要来了一堆旧报纸，又熬了一小锅浆糊，乱七八糟蒙上了窗洞。南方初冬很少刮风，就这么着凑付了吧。

因为一天天工作挺累，小伙子、大姑娘倒是一躺下就能睡着。可是早晨的洗脸，十二月初，没有热水可不大好办。李老师又到近边人家去商量，有一家在外面做生意的，赚了些钱，刚刚买来一个电热水器。她赶忙帮老太太装上，老太太大大方方，答应我们早晨可以去洗脸。晚上躺下睡觉之前的各种零碎擦洗就拉倒了吧。那时候我们的男女学生都非常好，懂事，连个吭声的都没有。叫大家伤脑筋的是檐下墙头还没有抹灰堵眼，天已经冷了，招来许多麻雀落户，我们早晨醒来，看靠墙的铺位上落了一层鸟屎，有点儿恶心。同学们掸一掸，说几句玩笑话，也就拉倒了！

头年我们到诸葛村来选点的时候，正巧遇见村里、族里的几位耆老们聚在一家屋檐下讨论维修大公堂和丞相祠堂的问题，听我们述说了调查研究的打算，他们都很高兴，再三保证会尽力帮助我们。我们的人马开到了之后，头些日子，老人家们不但帮助我们的工作，还张罗我们的生活，给我们请了一位中年妇女在大公堂的厨房里做饭。有两位曾经长期在外地经营过药业的老人家和一位中学老师，说话好懂，一有空就来介绍村子的种种情况，还带我们到我们很难走到的角角落落里去调查、摄影。自从县里的干部来过几趟之后，尤其是把我们赶出合作社的客房之后，他们似乎也接到了某种“招呼”，躲开我们了。偶然在街巷里碰上，虽然还很关心我们，问我们的生活和工作，但显得心里很不安。我们推测他们有不得已的难处，就尽可能地不去麻烦他们。

凑凑合合搬出了合作社之后，虽然生活很困难，但我们却坚持工作，不走。这种情况大概让市领导们不能理解，吓了一跳。终于，他们不得不亲自来处理了。

过了几天，一大早，村支部书记就来通知，市里某大牌“首长”要来找我们谈谈。我们不好拒绝，就在那八面透风的房间里请他们坐在积了一层麻雀粪的木棂上。来人中的头号首长是副市长，跟着的有几个局长之流。他们都面无笑容，一个又一个地提问题：为什么来？想干什么？为什么要研究村落？为什么要拍照片？为什么还要测量房屋？为什么要调查村子的历史？这些个“为什么”，半个月来已经一次又一次地由几位干部轮流地问过了几遍，我们都十分耐心地一一回答过。但是，这一次来的人多，而且等级高，翻过来覆过去盘问得没完没了，我心里生气，说了一句：我们不但在诸葛村工作，明后天还要到附近的长乐村去干。一个局长之类的干部仿佛抓到了什么大题目，立即信口说了一句：“别人可以去，你不能去！”这句话可是有漏洞，我立即对李秋香老师说：“劳驾你记下来，我们回北京去找某人问一问，为什么别人可以去的地方我不能去。”我还故弄玄虚，念道了一位大人物的名字。这很叫他们几个人吃惊，摸不清底细，互相看了一眼，坐不住，站起来匆匆走了。

第二天一早，我和李老师就一齐到长乐村去了。刚刚上路不久，后面就追上来了诸葛村的几位老年朋友，很远就大声呼喊我们。我们站定，等了一会儿，他们显然听说了什么，气喘喘地劝我们不要去，会出事的。这时候我的犟劲上来了，一口咬定非去不可。看看劝阻不了我们，他们忽然也来了气，互相对了对眼光，说：“那么，我们陪你们去，带路，保护你们安全。”我们早就看出来了，这些日子，村干部和老朋友们回避我们，不是出于本心，而是受到了约制。他们对“上级”的那些做法也不满意，这时候来了气。于是，他们和我们高高兴兴地并肩上路了，有说有笑，把闷在肚子里好多天的哥们儿友谊都发放了出来。长乐村离诸葛村不远，老人家们熟门熟路，绕到村背后把我们带了进去，看了宗祠、有楼上厅的老宅和几处公共活动的场所。时间不短，竟没有碰到一个村人，这倒也有点儿不寻常。

诸葛亮的后人们聪明，他们早就料到还会有什么啰唆事，就打算趁早把我们带回诸葛村去，不再往村里走了。我估计出不了什么大事，了不起当几天俘虏，不至于“斩立决”，坚持要穿街到前村口去，看看大宗祠的正立面和进士牌坊。我们听说过这座牌坊，全部是石质的，而且特别高大。我们可不能只看半个村子，丢下它的精华。几位老人家商量了一下，跺了跺脚，说：我们陪你们去，不过，要小心一点儿，不要赌气犯傻。我们答应了。边走边看，边拍照片，真是大开眼界。待穿过进士牌坊，绕过影壁，出了村口，前面水塘岸边黑压压拥着一大帮男男女女，真好像要“保家卫国”的样子。一见到我们露头，立即举起棍棒笤帚，大声吼叫了起来，很有气势。从诸葛村陪我们来的几位老人家赶紧抢上几步，把我和李老师挡在身后，向长乐村的人们大声喊了几句，他们其实都是熟人。对方过来了几位干部模样的人，双方叽咕了一会儿，长乐村上来的人就退回人群去，领头大喊大叫，男男女女猛向我们挥起胳膊做赶猪的动作，却并不上来真动手。我们这一拨就匆匆溜出来了。

保护我们探了这场险的有诸葛绍贤、诸葛达、诸葛子明、诸葛楠、诸葛岳成和前任村长六位老人家，都年高望隆，去年就应承过要好好支持我们工作而这些日子却有点儿束手束脚的。经过这么一次冒险，他们和村里的人们都豁开了，不再有什么顾虑，恢复了原来的态度，又热情地帮助我们的工作了。我们之间本来并没有隔阂嘛！

不知道什么原因，过了几天，市长和局长们忽然改变了态度，不但不再干扰我们的工作了，甚至还送来了满满一担橘子，但是并没有让我们回到一直空着的小客店里去住，大概仍旧希望我们早点儿走。

这一段诸葛村的故事居然动静不小，大概是兰溪市的官方到我们工作过的新叶村去“外调”了吧，我们的情况竟至于传到了建德市旅游局叶同宽老师和乐祖康局长的耳朵里。叶老师是建德市新叶村人，他和乐局长都是我们乡土建筑研究的第一位支持者。他们听到了情况之后，立刻一起到诸葛村来看望了我们，还进城向兰溪市的朋友们说明了我们工作的内容和意义，这或许是兰溪市副市长终于给我们送来了橘子的原因。过了两天，我们的工作结束了，叶老师和乐局长开来了一辆旅游车，把我们师生全部拉到了建德市的著名风景点灵栖洞住了三天，一面休息，一面游览，一面追补营养。晚上还拉我们去参加舞会。我们老老少少都很快就恢复了健康、精神和心态。

回到学校之后不久，兰溪市那位动了不少脑筋对付我们的副市长到北京来开会，到学校里跟我们会了面，还送了我一双皮鞋。这位副市长其实是一位老好人，本来在诸葛中学教数学。他那样对待我们的起因和方法，都不可能是他自己的创造，数学老师不会有这种心眼儿。几年后，诸葛村的书记告诉我，那次副市长率领了一批人来赶我们，是带了几个装备着脚镣手铐的警员的，却没有下手，可见他也并不轻举妄动。只是十几年前的一些做法还没有完全忘记而已。

我还要记下这位副市长的不幸。那个事件之后不几年，他带了夫人到杭州开什么会，会毕回兰溪市去，半途上车子撞到了路边的大树，他和夫人都当场死亡了。我很为这样一位数学老师的不幸悲伤！

我们现在到什么村子去测绘，不会遇到手铐脚镣侍候了，但可能会向我们索要一大笔什么费，不好对付，对我们这个一穷二白的研究组来说，甚至更难对付！这也是新气象吧！

附

这篇杂记刚刚写完，还没有来得及伸伸腰，就接到了一个电话，原来是某省某市要建一座一百多米高的观音阁，世界第一，几天后将要举行开工典礼，邀我带些人一起去参加盛典。

这样的盛典嘛，有吃有玩，大约还会有一个我从来不收下的厚厚的红包。飞机来去，不累！近年来，类似的邀请渐渐多了，大有成风的势头。

我从小就听说，观音菩萨是仁厚的。尊号前加上大慈大悲的称呼，搜尽释、道、儒三家，只此一位！而且小说家之流，在请他（她）出来救苦救难的时候，常常让他（她）以普通的村姑模样现身。估计有一米六七高的身量足矣！那座一百多米的高阁里要供多高的他（她）呢？

今年夏、秋，我两度住进医院。从窗子往下望，可以见到大台阶下，天天都有几位残疾人趴在地上，前面放一只小簸箕，叩头，叫爷，求过路人给一点施舍。我问医院的人，你们怎么对待他们？医院人苦笑，说：没有办法！我能看出来他们眼角上闪着同情却无可奈何的光。

我相信用建造那一百多米高的观音阁的钱，足够建造一个收容所来养活并且治疗不少残疾人的了。不要忘记观音菩萨的尊号前面是有“大慈大悲”四个字的，可不要亵渎了这位菩萨呀！

再想想，是不是还可以找出些别的类似的路子来造福于苦难者呢？

我是不会去参加那种渎神的会的，当然，我是个小小的老头，从来不是什么“人物”，只能长叹而已！

有朋友笑话我说，我在闹单相思，自作多情，因为我所在的这个城市里有一位新兴的、挺大的房地产老板，和我同姓同名，那个要造观音阁的城市所要恭请的，一定是那位老板，市长秘书犯了糊涂，才找错了电话号码，“谁看得上你呀！”我唯唯，心里倒舒服了一点儿。

（原载《建筑师》，2011年4月）

（一二五）

以下是一封写给浙江省兰溪市诸葛村朋友的信：

坤亨：

那天从杭州机场到诸葛村这里来，汽车开了整整三个钟头，我一路上聚精会神，十分机警地东张西望，只见公路两边新房子一座挨一座，连成一片，分不开这村那村了。二三百里路，居然没有见到一幢拆剩下的江南传统的白墙青瓦马头墙农舍，新房子大多竟是欧洲19世纪的式样，其中不少还有一对很陡的尖顶，上面安着一个丁零当啷的圆球。真正“现代化”的西式村舍倒也一座都没有见到。

这是什么地方，英国还是法国？咱中国式老房子到哪里去了？拆光了！我不是一个抱残守缺的民粹主义者，但是，咱中国人住了几百上千年的房子和村落，总不能连个历史样品都没有留下就消失得一干二净。19世纪，欧洲有好多位作家学者说过，建筑是石头制造的史书，而历史是能教人聪明的。咱中国人丢光了自己的木头史书，倒给外国人续了史书。看来，中国人在文化建设方面还远远没有站稳，没有自觉。我希望大家想得起来，祖先们改朝换代的时候，新皇朝要做的第一件事便是把前代的图籍和宫室统统烧光。如今，咱们对眼前发生的事情怎么理解？我这个人并不喜欢稽古怀旧，但我也不喜欢崇洋。我们可以合理地采用没有地域和国家色彩的现代建筑式样，却不应该在几百里路边侧造了那么多有鲜明“国籍”和年代风味的小洋房。我们这个国家曾经遭受过许多侵略者带来的苦难，我们的文化至今并没有全面振兴，但我们还应该有尊严。20世纪50年代我们的新建筑风格复自己民族国家的古，已经被人以劳动人民的名义批判过了，那很有必要。不料，如今却是劳动人民花许多人力财力在自己的土地上去复西洋人的古了。

那么，咱们自己的文化古迹呢？能够叫现在的国人看了喜欢，并且激发起创造热情的建筑遗物还有吗？有的！有的！如果我们的汽车在公路上转过一个大大的弯子，绕过一座小小的山包，大家就会眼前一亮，看到一座近乎完整的古老村子，这就是你们诸葛村，属浙江省兰溪市。在一个很大的范围里，它几乎是硕果仅存呀！不过，这次我们乘的车没有走这条老路进村，我们径直来到了这个开业不久的卧龙山庄。没有进村也不要紧，我仍旧能跟各位一起议论这个村子，因为我来过三四十次了，第一次来已经是二十年前的事，算一算，我每年来一两次，有两次各住过二三十天，最近一次在去年秋天。如果我申请入籍诸葛村，村里的老朋友们会不给面子吗？

那么，我到诸葛村来干什么？倒并不是为了测绘几座老房子给造新房子当图样。

诸葛氏来到这个地方定居，是在14世纪中叶，到现在已经有八百年上下了。在这个八百年中，它从一个纯农耕经济文化的村落向早期市场经济文化的村落发展，它是这个世界性历史现象的非常典型的中国标本。它身上存在着纯农业时代文明和太平天国起义、军阀混战、市场经济渗入、日本强盗侵略等等近代历史直到社会主义革命的证迹。(那日本侵略者飞机投弹炸毁的宗祠原堂的残迹可千万要留着，要立一座碑记下那件事，赶快找人写碑文稿子，再拖几年就没有人知道了。)日本军队烧掉的三十几幢住宅的残迹呢？如果原址上已经造了新房子，那就设计一些标志挂上。

诸葛村的历史文化价值是非常大的，要细心保护，千万不要随它们受损。

我们保护诸葛村，首先就是为了保护它的这些历史证迹。当然，保护这些就必须保护它的一砖一木，保护它的整体布局结构，保护它的文化特征，保护它的一切历史陈迹和周边环境。这就是保护它们的历史真实性。诸葛村基本而主要的价值是它蕴含着丰富而真实的历史文化印迹，所以破坏它们的真实性是最愚蠢的。相反，把它们保护好，把它们展现给人们，去认识、去理解和提高他们的文化知识，去丰富他们的生活。当然也去享受美。那么，这个村子就是富有重要历史意义的无价之宝。

诸葛村人当然可以仰仗对它的保护工作获得应该的报酬。

所以，我建议，诸葛村要尽快彻底而干净地扫除一切和那个骗人的"八卦"有关的东西。例如，挖掉大公堂前钟池里的阴阳鱼，恢复钟池的原来水面；去掉颂赞"八卦"的题词以及商店招牌上的有关字眼儿。这是你们的社会历史责任，骗过人就得还账。旅游业是个影响后人品质的文化事业，绝不可以违背道德原则。以后，村里再也不能有虚假的东西，不能倚仗它们来骗人的荷包。（诸葛亮倒是"骗过"司马懿，那是生死相搏的场合。）

你已经下决心纠正这个错误，我很高兴。这本来也不是你犯的错误。你呐，要发掘诸葛村丰富而有历史文化价值的东西。这些东西在不断地被忘记，希望你们花大力气赶紧去抢救、保护。

你们诸葛村确实应该进一步向旅游者展示村子的文化蕴含了。光是带游客进来绕一圈，开开眼界，赞叹一番就走，那是不够的，至少是档次不够高。你千万不要忘记，你们的先祖孔明是立名在中国文化地位最高的人物之列的。我到现在还会背诵《出师表》。

怎样提高村子的文化价值？这就要开发蕴藏着的文化资源，使诸葛村有一定程度的博物馆化！把游览地博物馆化好不好？这个问题在欧洲有过长时期的热烈争论，有赞成的，有反对的。其实，依我看，提倡博物馆化的人也没有说要把文化遗产丰富的村落单纯地变成一座博物馆，反对的人也不是反对让游客系统而深入地增长历史文化知识。关键在于要对个案做深入的历史和环境的研究，等等。反转过来也一样，文物学家一走进古老的农耕村子，就乐于看到从小孩到老人的社会文化生活的形成并传承到当前的状态。这两派其实不过是说历史文化遗产有两大类，应该分类考虑它们的保护和利用而已。因此，后来这场争论也就停息了。并不需要把保护工作标准化，工作方式的多样性也不坏，要紧的是不要弄虚作假，要追求最大程度的真实。

诸葛村是农村八百年历史的载体，它是一个古老的农业村落向近现代市场经济一步一步转化的完整的标本，是中国近代政治、经济、社会许多重要历史事实的见证。它保存得很完整，只有很小一点破坏，非常难得，在全国都非常难得。这是它真正的历史文化价值。

*

要清醒地认清诸葛村真正的历史文化价值，十分珍重它们，小心翼翼地保护它们，既不能失去一点一滴，也不能混浊一点一滴。这是诸葛村的朋友们必须认识到的价值，也是诸葛镇一层又一层、一届又一届的党政负责人必须认识到的价值。否则，如果单纯以眼前经济效益为基本追求的目的，那就会给这个已经很难得了的历史见证造成损失，这损失是一旦发生便永远不能挽救回来的。

我们必须把诸葛村的历史文化价值小心翼翼地保护住。从这一点看来，我们关于文物建筑保护的认识是过于简单、不够细致全面的。甚至我们的学术界也还没有充分了解到这类文物的全面的价值。文物保护法和一切法律一样，它的完善是要在很长的时期内一次又一次地补充修改才能达到的。我们需要在保护古村镇的实际工作中一步又一步地有所改善，有所进步。切不可单纯以营利为目的，只重办旅游赚钱，而不惜造成文物及其环境的损坏，尤其不懂要保护文物的原真性。有些眼光浅近的人，只把诸葛村当作一个普通的可以赚些钱的旅游地，用“风水”术中的“八卦”之类的无稽之谈来歪曲甚至糟蹋它的历史文化价值，这简直是犯罪。

二十多年来，诸葛村的父老乡亲，在几位明智的领导人的主持下，对古老诸葛村的保护很重视，做出了贡献，否则村子早就破坏了。我们对父老乡亲们怀有感激之情，我们希望他们有足够的耐心和长远的眼光来为祖国的文化建设继续做出贡献。我们希望各级领导都和诸葛村的人们一样，放眼远望，以高标准来要求古老的诸葛村的保护，而不是着重于眼前短暂的利益。请乡亲们和县、乡的领导人从容一些，在保护中积累经验，千万莫要造成难以挽回的损失。

我们知道，严格地按科学的方法去保护诸葛村，近期（或许是不短的近期）的旅游收入会比单纯立足于经营开发的收入差一些。我们都知道这情况。但是，像一切经营开发一样，旅游的经营开发也应该有一个“度”，合理的度。不能有今天没有明天。更不能弄虚作假，骗旅游者的钱。

一方面，我们要争取进一步丰富旅游的内容；另一方面，只好祈望大家有高远的眼光了。我们应该为国家着想，为子孙后代着想，像诸葛村这样的超级国保单位，如果为了要增加眼前的收入而不惜损害它的历史文化价值，恐怕子孙们不会原谅我们！我们千万要懂得依靠祖先遗产挣的钱是保护、研究、阐释文化遗产的报酬，和直接为游客做各项服务工作的报酬，绝不要有一点可能损害文物的念头和行为。

当然，我们还希望政府相关的部门能十分及时又十分深入地了解当前保护整体村落的难处所在，设法克服这些困难。千万不要支持为了多挣钱而干些可能破坏文物和它四周原有环境的行为。破坏了便永远不能挽回的呀！

目前的情况之下，我只好请求上级机关里的领导们多多想想诸葛村的命运了。过多地改变它的环境，甚至伤了文物本身，毕竟不是应该做的事情。旅游业曾经给诸葛村赢来不少好处，现在大约是已经不能满足一些人新的更高要求了，但是，以我的观察，诸葛村目前达到的经济水平已经不低，希望大家不要“竭泽而渔”，不要“贪得无厌”，不要“卖祖坟”。干什么事都得有一个“度”。

简单化的“开发”，毕竟不是好办法。它会毁掉诸葛村独特的历史文化价值。我们保护一些重要的历史村落，主要目的不应是为了它好玩，以便“开发挣钱”，而是为了丰富一代又一代人的知识，提升他们的教养，当然，相应的，不少工作也能有一定的经济报酬。

*

为子孙后代着想，我们还是多想想文化教养吧！这是个很严肃的问题，它牵涉到年轻后人的质量，也便是未来民族的质量。

文物，是民族的历史、文化教材。我向你们建议过好多次了，应该成立几个研究所、博物馆。例如“中药研究所”，这是你们前辈的看家本领；例如“浙江省乡土文化研究所”，每年开一两次学术讨论会。在它们下面可以兴办好几个展览馆，有药业的、农业的、手工业的、日常生活的和文化史的，等等。我曾经向宁海的一位朋友提过类似这样的建议，他接受了，几年下来，他已经收集了许多民俗用品，其中有一百多种油灯，好多套“十里红妆”。这几年，他在市政府的合作、支持下，正在同时兴建三座“乡土文化博物馆”。下个月，记录他的部分藏品的一本书就要出版了。这不是他的第一本书，以前已经出过好几本了。不过，这本最丰富，最精彩。在山西，一位剪纸的老太太，得过几次全国性的奖状，县里就给她在村里立了个作品的展览馆。宁波市附近的慈城镇里也有些台湾朋友在策划建设几个博物馆。上海的朱家角镇，几年来有一位老板在筹备建设一个木匾的陈列馆，我看了一小部分的藏品，很有价值。不过我很不赞成他到处去收购木匾，把人家宗祠里的都收来了，这不好。如果文物店里的，倒是可以。当然，文物店里的商品是怎么来的，有关机关也得管管紧，如果乱来那就不可以。

目前，我们的旅游业和文物收藏业等等都是为了大大小小发个财，这或许是因为我们几千年来都穷透了，把骨头都穷没了。现在上上下下正对历史反弹。如果没有意外，再过几年几十年，我们这个民族真正脱了穷，或许便会回头，正正经经收拾收拾我们的历史文化。我活不到那个“文艺复兴”时代了，但我乐于竭力呼吁，给子孙们一份说得过去、不很丢脸的文化遗产。千万莫待到了那一天，我们给子孙留下的只有照猫画虎仿18世纪英国维多利亚式的农村住宅之类的东西了。

我多年来建议你们立意建立各种题材的文化遗产陈列馆，不只是给人看看，增卖多少张门票，而是要招人或供人来利用它们真正地研究农村历史，研究乡土文化。如果真的能在你们村里办成一个“浙江省乡土文化研究所”，并且出版学报，那么，开幕那天，我只要还有一口气，爬也要爬到你们诸葛村。莫忘记，你们那位杰出的祖先孔明有过一句话，说的是：“鞠躬尽瘁，死而后已。”我先沾一点儿光吧！

当然，目前你们的收入有限，办我说的这些事或许心有余而力不足，那就量力而行，先打点好一个全面的规划再说。然后一点一滴地干下去，只要真正保住老诸葛村和它的环境不受破坏，一切就都有希望。你们不是已经规划了几个陈列馆了吗？认真做下去就好。

三十多年前，我对世界第一号文物建筑保护权威英国的费尔顿爵士说：“你跑遍全世界搞文物建筑保护，但是，你们伦敦圣保罗主教堂前造了那么几栋不成体统的多层楼房，您怎么挡不住！”他微笑着说：“我很放心，只要圣保罗主教堂还在，那些劳什子高楼总有一天会被拆掉，我有这个信心。如果没有这样的信心，我早就不干文物建筑保护了。”我相信，你、我都有信心说几句类似的话，只要保住了古老的诸葛村，它四周新建的乱七八糟的房子，总有一天会被拆掉。在我们为保护古老的文物建筑奔忙的时候，我们是在为创造美好的未来而工作。

*

我在当今全世界最富的美国参观过一座西部两百多年前的金矿村，它完全保存着当年的样子。房屋不用说了，小街两侧全是简陋甚至破败的木板房子，各色小店都向外敞开门脸。酒店里还零星坐着几位顾客，是休息的；小街上慢吞吞走着马车，是送货的；房檐下坐着古式打扮的女孩子，是绣花的。因为当年采金的人里有许多中国劳工，所以我还见到一家中药店，立着抽屉成行成排的柜子。它隔壁竟是一座小小的关帝庙，老英雄还捋着长须。街对面有一个邮局和一家铁匠铺，两个小伙子一看到游客过来就抡起大锤打红铁，星花四溅。邮局柜台上放着个戥子，是矿工来给家里亲人寄金砂时候用的，门前停着一辆二百年前式样的马车，给如今的游客租用兜风。

这样的金矿村在它附近还不少，它们和罗马市中心两千年前宫殿的废墟一样，给每一个来看看的旅客很强的历史感。每个人看了都会有很久的记忆和很深的思考。这些记忆和思考对人类文化的丰富和进步都是重要的。我们的诸葛村为什么要把马头颈一带当年的手工业和小商业都“改造”掉了呢？那里有过铁匠炉、农具店、篾器铺、茧站、丝厂、染坊、圆木作坊，还有过许许多多当今已经再也看不到了的手艺。为什么要“消灭”它们？我们祖先，我们叔伯，我们兄弟，都是能工巧匠，这有什么见不得人的？哪怕工艺已经淘汰，作为一种表演，给旅游客人长点儿文明史的知识，也是十分有价值的，虽然他们口袋里装着最最新式的手机。（上塘西端义泰巷口上那家烧饼店多可爱！）

*

在你们那里开完会后，第二天我又去了一趟龙游的鸡鸣山，再看了一遍那些搬迁过来的古老建筑。老实说，国际上通行的规范是，凡成为了文物保护单位的建筑，一律不许拆迁搬家，除非遇上了不可抗拒的危难。我也赞成这个规定，但是，我知道，在中国，那样严格的管理在大多数地方是行不通的。我们不得不以十分无奈的心情接受拆迁这个不是办法的“办法”。这里有一个可以自慰的理由是，欧洲各国，原地保护的老房子占绝大多数，那么，搬走一幢，就会损伤一大片。在我们国家，情况恰恰相反，村子已经拆得所剩无几了，甚至拆光了，老基址上造满了新房子，那么，孤零零在原地保护一幢两幢老房子，已经毫无意义，它在原地还能守住什么历史信息？另寻安身之处，至少还能存下一座单幢老房子。这种万不得已的情况，一旦发生，再坚持原址保护就没有什么意思了，原来的环境已经没有了嘛。

当然，这种情况是逆来顺受，并不是要提倡它，只是无可奈何的权变而已。总比硬顶了几下子，结果还是全盘输光好。

就诸葛村来说，你们倒还没有这种万般无奈的情况，你们现在最要抓紧的，是全村的防火。要请消防队的人来看一看，确定应该装灭火器的部位，装上了，还得训练负责人，或者叫责任人。前几年，我在浙江义乌见到一座不久前刚刚烧掉了一大半的很高档的宗祠，满地是炭和灰，但是，躺倒了的焦墙炭柱上都还挂着灭火器，看上去在宗祠失火时候根本没有什么人曾经跑过去动一动它们，它们真是当了虚饰了。所以，装了灭火器，还要训练人，专责的。但你还得教会另外的一些人。你总不能叫消防员时时刻刻待在灭火器材旁边上班。你说你打算在今年内家家装上灭火设施，这件工作很好，是大功德，希望做得“内行”一些。

小心配备防灾设施和培训负责人，在你们村是有传统的，很早以前，军阀混战时期就有消防队，而且年年在北漏塘演习。希望你们把这件事恢复。当然，盼望一辈子，甚至几辈子直到永远，这些防灾的准备都“没有用”，白花了钱。不过，防灾总是认真了才好。

*

这次来诸葛村，见到新建的寺庙已经大致有了模样，觉得很好。诸葛这样的大村，没有庙，就太不真实。恢复被“文化大革命”毁掉了的老庙又不可能，旧址都已经被占用了。于是，建个新庙以满足附近村庄居民的精神需要，只要位置适当就没有什么原则性问题。人总是常常需要安慰的，庙是人们辛苦工作之余的一个安慰性设施，从古以来，造庙都属善行，就是这个道理。

你们的新庙造在诸葛村文物保护范围以外，从村里见不到庙，在庙里望不到村。既然它不妨碍村落的真面目，那就可以了。或许从更大的乡间范围来说，村落更真实了。

文昌阁已经显示了整体，造型很美，秀气得很。可惜，这座大大能吸引摄影家的建筑物墙外就种了不少柏树，这种树的好处是常绿，绿得浓重。但是，它们一棵棵长得都很标准化，一个模样，而且浓重过度，所以一来很呆板，二来很沉重，三来不透亮。它们又都种得很贴近文昌阁，挨在墙根前。我主张新建筑物旁边不要种这些形象呆板的柏树，它们耐得住修剪，所以通常是当绿篱的材料。不论什么树，都要种得离开建筑一点，总要让游客把庙宇看得清楚，而且还要多一点姿态才好。摄影家们对这种事情都很敏感，你们不妨请他们说说意见。我看，种几棵樟树便好。它们长得快，姿态大方，又通透，不会把阳光挡死。而且樟树也耐冬寒，不落叶。

大庙内部的前院，我觉得不必满地铺砖石，从浙江到山西到北京，我看到的庙宇，尤其是乡村庙宇，前院还是种树的为多。大多左右种两棵姿态活而有力的松树，显得庄重严肃一点。庙宇讲的是庄严，要有一点儿老相才有味道。当然，我是等不到看它们的铁杆虬枝了。（我窗外的“五环路”绿地，前年就种了几十棵好大的老松树，姿态很好，都活了。）种一对金桂、银桂，或者一对白玉兰、紫玉兰，也是常见而且十分合适的。

村子里的老宅怎么维修，房子已经坍掉了的老园子怎么处理，有点儿堵塞的池塘怎么清淤，也应该做几个样板出来了。要尽快把各种问题弄得心里有数。

*

乡土文化博物馆你们已经设计过几个，用旧祠庙做这种用途，很好。希望尽快有一个全村性的规划。更希望及早（已经晚了）有规模成系统地（已经难了）搜集展品，展品要全面地、“一丝不漏”地搜罗：从生活（男女老少的衣食住行所用）到生产（农业、药业、各种手工业所用）；从纸、布到木、石；从公事到私密。一件不漏才好，连鸦片烟具和各种赌具，都要。我知道，老太太搓麻绳，一套用具有五件，可爱之极，现在还收得齐吗？快下手呀！万一收不齐了，赶快请老人家指导着做些现仿的，陈列或收藏的时候注明是现仿就行了。我在你们村就见到过一双雨鞋，用袁大头银币那么大小的牛皮一块块拼成的，像一身长满鳞片的肥鱼。它不但给我们享受美，而且给我们享受生活的愉悦。

老村人口早晚会减少的，要利用日渐多起来的空房子办各种各样的陈列所。也可以辟几处工作室给文化工作者暂住和聚会。我很早以前就看上了竹花坞，建议赶早把那一块地方弄成个高水平的花园，为的就是希望在那里形成一个学术区。

坤亨呀，你也六十岁了哇！有些事情要抓紧做了。今年出一本《诸葛村志》，这是件重要的成绩。下一步，抓一抓建立“浙江省宗法时代农村研究中心”这么一件大事，如何？这当然和张壁村、流坑村一样，要有市里甚至省里支持才行。

这次到诸葛村，虽然住了几天，但除了一天的会，其他几天都往外村跑了，没有再看一看诸葛村，多少有点儿遗憾。不过，看了外村，越看得多，越敢说，这一带，已经没有一个既完整又原汁原味的村子了。诸葛村成了“唯一者”，你们可要坚守下去呀！一步也不能放松，当个“唯一者”，历史责任可是重哇。

*

还要说一点。这次看见公路西边，进村的路口上，正在造一些标志性小建筑，造一点也不妨，但千万不要多，不要大，更不要豪华，能够起向快速路上打个招呼的作用就够了。要记住刘备三次访问诸葛亮的时候，那村子的路口非常冷僻，非常朴素。诸葛村的开山祖先，把村址选在一道小山冈背后，而不亮出在山前大路边，是很有道理的。在公路边上，用树木来标示诸葛村的入口，我觉得是最佳的方案，而且也完全可以弄得很有艺术性。诸葛村要有自己的文化历史个性，千万不要混成一个普通的游览区，这要从村子入口就把握住特色。我们一起去看过的婺源的几个村子，那一塌糊涂相，毁了，上对不起祖宗，下对不起子孙！

我建议：岔路口种一片松竹林，前缘或卧或立两大块（或几块）自然野山石，请真正的书法家（不是官员）写几个字：把“鞠躬尽粹”“淡泊明志”刻上。这就好极了。松竹林后面再辟停车场。没有合适的野山石，用大石板也可以。这几件东西，很简单，但要很“文化”、很“艺术”，找几位靠得住的，讨论讨论！

（原载《建筑师》，2011年6月）

（一二六）

学术要繁荣发展，离不开交流，交流之道，不外乎三：一曰出版阅读；一曰谈论辨析；一曰师徒传承。南宋积弱偏安，而学术却很有亮色，据一些学者说，大概就在于这三方面的活跃。

就我个人这些年的经历来说，最感到贫乏的，是促膝抵足的辨析谈论。如今学术会议倒是不太少，冬去春来，各种邀请信便也如燕子回来般殷勤。参会的人数有七八十到百十来个，如果有几个外国人赏光，会议便号称“国际高端峰会”。这种会阵势确实很盛，规格确实很高，可惜的是，其中有不少会，两天会期，头天上午有各路领导和赞助者的讲话，拍照，拍全体照，拍官儿握手照，挤来挤去，半天就过去了。次日下午有游览参观，剩下两个半天的时间里，排满了一个个的报告，报告人每位多则分得十五分钟，少则只有十分钟，甚至还有只给五分钟的，给多长时间，决定于发言人的行政身份地位。小人物往往是准备得最认真的，但他们属于五分钟的一级，刚刚开讲不久，没说几句话，主持人就递去一张又一张条子，提醒时限将到，于是报告人三言并作两语，结结巴巴，匆匆收场。下面听讲的人来了兴致，想提个问题讨论几句，根本没有机会，台上台下都扫兴。会议地点又大多特地选在可游可观的地方，所以到了第二天，厅堂里就空余了不少座位，不少人出去赏景或者采购了。由于路途不近，费用不少，所以这样的会，真干实干的人往往不去，各方“条件”顺遂然而并不真干什么的倒成了“大多数”。我交往很少，收到的会议通知不多，但大都也只好谢绝，以为不如下乡跑跑或者枯坐小斋看几页书实惠。人以为我脾气怪僻，甚至以为我傲慢，其实不过是我自忖来日无多，不能不珍惜时间和精力罢了。而且好心的同事也会提醒我，咱也出不起那些盘缠和会议费，该把那么几个钱留给年轻人办点儿实事！

说实话，我倒是很希望一年能有几次学术性的聚会，讨论些问题，或者不预设什么问题，海阔天空地神聊。人数大约六七个，最多七八个，都是些爱想事儿的朋友。开会的地点呢？不进大城市，不住宾馆，寻个交通便利、山清水秀、人情厚道的村子，找一两所农家院住下，吃的是刚从地里掐来的瓜，窝里摸来的蛋，宰一只老母鸡炖一锅鲜汤。我老了，腰痛，希望椅子上有一块软垫子，这就够了。我毫不怀疑，这样三天下来，参加的人，只要真心诚意，脑袋瓜子一定会瓷实许多！

有这种条件的地方，其实很不少。南方不必说了，小康而风景佳丽的村子有的是，有些古村里甚至本来就有很精致的书屋、学堂和文馆可用。就是北方，比如山西、陕西、北京郊区，也都能找到合适的村舍。只要学术界有了这份想法，成了习惯、风气，农民们自己很容易就能打点出一批理想的场所来。开会的人所费不多，老乡们也可以挣几个钱。时至今日，交通和电信都毫无困难。

大约三四年前吧，我在山西省临县从碛口一直向北走到克虎寨。这段大约八十公里的路在晋陕大峡谷里，左手边是滔滔黄河，右手边山岭绵延，交替着一段段的悬崖峭壁，崖壁上奇石突兀，形状难以仿佛。河对岸可以望见景观相似的陕北高原。正逢金秋季节，黄河滩上大片大片的枣林里飘出甜甜的香味，看过去浓浓的朱红颗粒满枝又满地。有一条条浅浅的溪谷在悬崖脚下切出一道道仄仄的缺口，那里就会有一撮撮小小的村子。村子里参参差差，有几户人家，最多不过十来户，都是窑洞院。院里的枣树也挂满熟透了的果实，丝瓜秧缠上去，再给它们添上满树灿烂的黄花。树根下正盛开着银菊，一丛又一丛，挤得满满当当。村里的青壮年大多已经外出谋生，留守着的是些上了岁数的老人。院子门前，那碾子大约很久都没有转动了，碾盘上趴着肥猫，懒洋洋，大概是吃多了野鼠。村子有点儿荒凉，有点儿忧郁，但是亲切、恬静，氤氲着一层会沉思的气氛。难得几个宽一点的河谷口子上，窑洞稀稀落落一直爬到了崖壁绝顶，那又是一种有点儿说得上迷幻的景色，不过现在人口也已经不多了，空下许多院落。

沿黄河的公路近年已经铺上了硬路面，交通十分方便，南北两向到县城都不过几十公里，乘汽车大不了半个钟头，但公路上冷冷清清，一天也见不到有车子跑过，倒偶然能见到几只野山羊，溜溜达达，享受着清闲。河面上也会有几群白鹭盘旋，潇潇洒洒。

我当时就觉得，邀几个朋友，到那儿找个小小窑洞村住下，看书、写作、倾心而谈。争论起什么问题来，老的不怕“欺小”，小的不怕“抗老”，待到唾沫星子发烫了，到井里捞出一只镇着的西瓜来，脆而且甜，一切便恢复了哥们儿的常态。这种极好的学术交流方式，真正可以称为“神仙会”。

没有到过黄土高原的人，乍一听窑洞，以为在那里住下，岂不是又回到新石器时代去了。其实不然，只要稍稍加一点工，窑洞可以是既宽敞又明亮的，装上最新式的卫生设备也不费劲，老农们已经懂得从黄河引水了，公路上常常可以见到架着的橡皮管子横过。在克虎寨，几位小学老师家的窑洞早就实现了“现代化”，里面明亮又洁净，那风味真是太独特了，岂是别处可有！

排场豪华，人头拥挤却陌生依旧的学术会议，在西方也有，不少，但那儿最有意义的还是小型而深入交流的学术会议。我很少有机会出国，仅有的那么几次里，就有三四次是小小的讨论会，在南斯拉夫的修道院里，在古希腊剧场的废墟里，在斯里兰卡的城堡里，还有一次是在爱琴海上的游船里开的。参加的不过十几二十个人，“全会”上的“发言”只有三两个，主要的是几个人自由凑成一小撮，坐在咖啡桌边聊天，看似随意，但有来有往，讨论得很细致深入。可惜几次会议的议题都不是我的本行，在南斯拉夫那次会议的大主题是建筑物抗震，我一窍不通，蒙一头雾水，只好睁大眼睛看人家丰富机敏的表情排遣寂寞。那外国人的眉目可真是灵活。从人们的兴致勃勃看来，都很满意这样的讨论会，不像那种大型会，开了三天，到散会的时候互相间还不知道姓名国籍，连“再见”都说不出口。

我们现在似乎在走“全盘西化”的路子，不过，细看又并不。就学术会议来说，向西方学，学的多是“排场”，凡排场大的，都学来，凡实惠而不显摆排场的，都不学，嫌寒碜，好像大爷我口袋里的钱用不完的那种派头，这大概就是“中国特色”了。据一位管点儿事的朋友说，还真是有钱要急着花完。多半是预算里有一笔会议费，不用完显得学术工作抓得不积极，没有完成计划任务。所以到年底就非得把这笔钱花出去不可，于是会不妨开得很豪华，一次性完成全年计划。我不懂这些事，不知道是不是真的。学术工作做得怎么样，决定性指标是钱花得怎么样，当个笑话听听，也可以强身健体，且写下来吧。反正有一点是真的，那就是，要开个深入的高档学术会议，需要下真功夫准备，那可不大容易，至少比花钱难。

上个月在北京跟一些中年学者开了两天会，讨论的主题是“设计和伦理”，一共八个人，其中有两个是拉来的陪客，我就是陪客之一。到最后，非要我也凑上几句，我推托不了，就说，从上到下，从富到穷，咱中国人的民族性，就是“烧包”，典当了大褂充大爷。一种社会生态是：当烧包才有面子，不当烧包便丢面子。我说给朋友们听：我母亲一个大字不识，我小时候得麻疹，母亲坐在床头陪我，给我唱她那一肚子的农村歌谣。其中一则是：

傻小子，
上庙台，
摔了个跤，
拾了个钱。
——拾了钱干吗？

穿金，戴银，
买丫头，置大院！

这穷了几辈子的小子就没有想到省吃俭用过日子。

那几位真正对会议主题有过深入研究的朋友，给我这老头子捧场，竟说“烧包论”是这次会议的贡献之一。我颇有点儿得意之色。

我并不一概反对大型的学术会，大型学术会大概也可能有开得好的，可惜的是咱们的学术会，其中不少是烧包会，办得红红火火，没有正经的宗旨和内容。有人告诉我，那种会其实是给某些长官们攒“政绩”，既是“政绩”，就得有声有色，有了声色，便是“有气势，有影响”。我天生不是当官的料，搞不懂这所谓“影响”指的是什么！有人跟我开玩笑，捡了20世纪20年代西方建筑界的“功能主义”当外号扣到我头上，我想想，这倒很合适，就笑纳了，不过希望在前面加上“文化”两个字。功能主义的死对头是形式主义，这帽子，对那些为“政绩”而操办学术大会的人来说也挺合适，不知道他们有没有笑纳的雅量。其实他们不必推拒，前面我就交代过，烧包本来就是咱们这个古老民族的“民族性”。开那样的会，倒是弘扬了咱们的文化传统、传统文化！看看过往今来的各种场面，凡遇稍稍显一点儿面子的事就百倍夸张地大操大办，砸锅卖铁也在所不惜，岂不是一副地地道道的烧包相！

会议开得“烧包”，便引出了一种“会议经济”，当今在有些地方也成了“开发”项目。前面说过的那段晋陕大峡谷，当地的政府，为了摆脱穷困，也想搞点儿“会议业”，但想出来的办法，却是各种各样的“大手笔”。在县城里，造个豪华宾馆，星级的；在黄河边，占当地极难得的一片农田造簇新的别墅村，再添上高尔夫球场，给不来开会的高级“参加者”们公费度假；还打算占一个小山包顶上旧观音庙的残址，造个七十多米高的青铜观音菩萨像，装饰这个别墅村，打造“水平”，提高“档次”。但是空有一肚子宏才大略，却弄不到钱来实现，到处拉关系找人投资，求来几个台湾人、香港人、日本人，吃了几顿饹饹、碗饦儿，便没有下文了。这场开发“会议经济”的努力没有成功，其实倒是好事，给“烧包”们泼一瓢冷水，但愿他们扫了兴，只得去办些真正有益于国家发展的好事。

我盼望着我们的学术界，滋生出求真求实的风气，带动那些跟学术活动搭点儿边的行政官员，少开大型会，多开小型会，少在大城市开会，多到小场合开会。那么，学术会的费用能节约，学术界的发展能实在，还可能连带大好河山被更多的人认识，“农家乐”便会趁机火起来，给贫困的村人们一点进项。一举而四得，岂不美哉！

当然，我提倡下乡来开小型学术会议，是为了学术发展本身，原意并不是为了开发“农家乐”。不过，多少也会对促进农村发展有好处，这算是我的“会议观”的副产品，又是一种带着浓重“文化功能主义”色彩的副产品。我盼望我们的官儿们，烧包气派少一点，不去搞“规模大、档次高”的会议设施，而是只要花不多几个小钱，去搞“农家乐”式的会议设施。这当然也要会议的组织者抛开对花里胡哨的“国际水平”和“行政级别”的追求，真正做点儿既有利于学术又有利于老乡们的实事。

我的话题也不算扯得太远，在欧洲，利用中世纪庄园、古堡、修道院之类当作学术会议场所，倒是文物建筑保护工作中的常用办法。在意大利的曼德瓦，我还见到过一个用贵族府邸的马厩改造的会议厅，挺好的。

叫人难过的是：开效果好而且节约的学术会，在咱们这个有烧包传统的国家，因为没有“声势”，成不了辉煌的“政绩”，所以没有哪个当政的肯出钱来办，而如今真正埋头于学术的人又实在弄不到钱来办。唉！“文化功能主义”衍生出一脑袋“脱离实际的书生之见”，但这“实际”，就变不得吗？就不值得去改变它吗？

（原载《建筑师》，2011 年 8 月）

（一二七）

大概是今年5月份的下半截吧，报纸热了几天，因为故宫里的建福宫居然发生了盗窃案。这事件当然不大体面，更奇怪的是被偷走的乃是几件极摩登的进口女用首饰盒之类的东西，而与故宫其实本来毫不相干。

可是，不知怎么一来，这件倒霉事竟牵出了故宫里的一件怪事，原来“新建的”建福宫里居然开办了一个极高档的会所和餐厅。那些被偷的提包原是摆在那里供阔佬们吃饱喝足之后花大钱买下讨好太太小姐们的。

丑事一公开，就不免有了后续新闻，报纸上很快开列了北京和承德几处皇家宫廷和园囿里“公共餐厅”的名字。北京颐和园的听鹂馆乘机宣称他们那里的吃喝价格最公道，一桌美食只要五千块钱，很“大众”。我从小学四年级一直到如今的八十二岁出头，快要麻烦火神爷了，却只吃过学校的大食堂，现在一餐只要不到十块钱就能吃得肚子溜圆，不懂得几千块钱一桌、几百块钱一人的大餐都吃些什么。吃烙饼卷大葱吗？再抹上点儿酱，那倒是很好吃的呀！

好吃归好吃，但是，在作为最重要的历史文物的宫廷和皇家园囿里大吃大喝，却是咱们这个文明古国独有的盛事。我听到的外国消息都说，凡是文物保护单位，包括不小的周边范围里，一律都不准有明火，那是可能引起灾祸的。咱们中餐厨房的明火尤其危险，老资格的厨师傅，端着火冒三丈的油锅舞弄一番，竟是他的得意手艺，能上电视镜头。

我已经年迈，记忆力很差了，但是我还十分清晰地记得，二十来年前，故宫申报为世界文化遗产，主办的国际机构请了一位德高望重的大专家来审查，他叫费尔顿，是我在意大利学习时候的老师。我陪他登上紫禁城墙，他仔仔细细地观察审查，走到西北角，往下一看，内侧院落里有几位木匠师傅在工作，一大堆木屑刨花近旁，三脚架吊起一只水壶，正在用通红的明火烧开水。火焰十分活泼，东一蹦、西一跳，不时往上蹿蹿、往外扑扑。老人家大惊失色，连连说：这可不行，不但紫禁城里面不能有明火，筒子河这边就不该有了。明火最危险，何况你们的建筑都是木质的。本来，这以前，他曾经详详细细问过太和殿一带的消防设备和人力的情况，如有若无，吓得不轻。我把这两件事都向故宫的责任官员报告了，还描述了费尔顿先生又紧张又严肃的神色。

从那次以后，我就一直以为，故宫、颐和园、明陵、承德避暑山庄之类世界最高级文物的近边和内部，一定早就“严禁”明火了。负责保护它们的人，岂能对这么重要的事情都睁一只眼，闭一只眼，嘴里却喃喃念叨“中国特色”。前几年听说故宫里的游客休息处由什么人来开咖啡店引起了公众舆论的热烈议论。但人们的批评似乎止于店老板是中国人还是外国人，卖咖啡还是卖龙井或者别的名牌香茶，看来只是钱由谁来赚的问题，并没有牵涉到故宫那些纯木质的世界顶尖遗产的安危。

没想到，上个月，也就是我们的故宫如愿以偿成了世界遗产之后仅仅二十五年左右，便爆料出丑，原来它里面早已办起什么合资公司和专供大阔佬享受的“宫廷御厨”来了，那些山珍海味，想来总不会全是冷盘吧！当初，费尔顿先生替我们提心吊胆，吩咐筒子河以内不能见火，我们自己却满不在乎，杯盏流溢，煎、炸、烹、炒，各色俱全，好不潇洒。这也是大国风范，泰然处事吗？

那么，是不是西方人神经过敏，小题大做，而咱中国早就有人拍了胸脯，保证喝喝酒、品品山珍海味，对文物建筑一点也不会有什么危险，而且还经过权威专家的论证？

我并不以为在文物建筑里大吃海喝一定有多少实际危险，那危险倒是总有一天会被能干不过的人类预防住的，我更多的却是感受到、理解到，这首先是对世界顶尖的文化遗产的认识和态度问题，一个文化教养问题，也便是对人类几千年的创造史有没有敬意的问题。简单地比方一下，这就好像梅兰芳在台上唱戏，什么人都不该在台下嗑瓜子、聊天、打呼噜。

尊重前人的文化创造，怀有敬意和谢意，这是任何一代人都应该有的教养。

我在欧洲各地大大小小的文化遗址里徘徊，从来没有见到过那里有供正经餐饮的店铺。法国的凡尔赛，连宫殿带御花园，面积比咱们的故宫大，比颐和园也大，要好好参观一遍，就得去好多趟。但就我所知，花园里只有远远在中央运河岸边的一幢小房子里卖三明治和无酒精饮料，那儿是几百年前国王路易十四的船童的宿舍。意大利的奥斯提亚，一座早已荒废了的古城，面积在八十公顷以上，主街就有一千二百米长，有七座公共浴场，草草看一遍也得一整天，游客肚子当然会饿的，但是，只有一座剧场的废墟里有个小房间卖三明治和矿泉水。其他面积小一点的古文化遗址，更加没有什么地方可以大吃一顿了。当然，外国人也会肚子饿，游客想买点儿吃的，管理者就是两招，第一招是就得退出文物古迹的保护范围再说，第二招是只有冷饮冷食。例如看意大利的比萨斜塔，很大的保护范围里什么吃的喝的都不卖，只有在那宽阔的草地之外，隔一条马路，对面墙根前才有不少卖小吃的手推车，整整齐齐排着队，卖的也都是简单的冷食品，无非还是三明治和矿泉水之类。从比萨赶到卢迦，那里更绝了，不是定期的旅游日子，连片面包都买不到。

意大利人信奉的是天主教，满城到处都有大大小小的教堂，按照教义、教规，教堂在任何时候，包括半夜三更，都不能拒绝人们进去，而且不可以收费，不论是异教徒还是别的什么人。①所以，它们自然成了流浪汉极好的栖身之所。不知是不是有过什么样的规矩或者什么协议，倒是没有见到圣彼得主教堂之类的世界级圣殿里有流浪汉住着，但是背街陋巷里的小教堂，一到天晚，柱廊里就会躺下几个流浪汉。他们衣不蔽体，蓬头垢面，随地便溺。有朋友告诉我，这些人属于某个穷人教

① 进教堂不必买票，这是教规。要容留无家可归的人无偿地在教堂住宿，这也是教规。罗马城的游览点有很大一部分是教堂，只有乘梵蒂冈教廷的圣彼得主教堂穹顶夹层里的电梯要买票，这是因为游客要留票根作纪念品。不买也可以，自己走上去。

派，这样的生活是那种教派的修行方式，教堂绝不能驱赶他们，政府也不能强力收容他们，所以这些穷极了的流浪汉靠人家布施还过得去。有不少著名的巴洛克小教堂位置就在冷街背巷里，我常常去，所以能见到他们这些流浪汉。（我见到过那里有人吸毒，不知上帝怎么表态。）

应该受到庇护的首先是穷人和流浪汉，不要憎恶他们，而要帮助他们，这是天主教的重要教义之一。咱们虽然不信教，还是认真去理解那些为好。不要以为只有有钱阔佬才需要关怀，才值得关怀。我们未必要去给穷人们洗脚，但何苦一浪又一浪地驱赶他们出城市，连摆地摊都不行，甚至还因此闹出人命事故来。贫民窟是城市发展的一个历史阶段的必需场所，多么辉煌的城市也都曾有过它们。强拆贫民窟，驱赶贫民家属，逼迫他们家庭只能在春节团圆几天，还得花去一笔路费，一笔血汗钱！这太不人道。穷人也要过家庭生活，他们有这个权利，应该受到关怀。驱赶他们，于法何依，于情何忍！

如果利用故宫、长陵之类的古文物挣一些善钱，全部用到扶贫济困上，这倒不是坏主意！当然，必须是对文物和它的环境不能有丝毫的损害。

我曾经住在罗马城的西门外，每隔一两个礼拜，为了到大使馆去拿国内来的报纸，要斜穿过罗马城。半路上，有一座当年尤利亚家族的别墅，布局很奇特，建筑史上大有地位。那地方很偏僻，公车不到，没有什么人去参观。我先买门票进去了两三次，每次都是独一无二的参观者。那位管理员大概是寂寞难耐，后来就不要我买票，只希望我常去陪他聊天，聊得时间长一点儿才好。有这么个好机会，我就什么都问问他，长了不少知识。我首先问的就是，这个不小的博物馆几乎没有门票收入，是怎么维持下去的。承他告诉我，原来意大利的旅游收入已经快要超过工业产值而占据国家经济的第一位了。旅游业赚的大都是外国游客的钱。外国游客到意大利来，多半是来看意大利丰富而且价值极高的文物，他们一到意大利，吃、住、乘车、买东西、参加旅行社的行动，都要花钱，这些钱都落在旅游业、服务业和商业手里，很不少，国家再通过税收取得其中的一部分，用在文物保护上。教堂之类的文物还有一大笔信徒的捐献钱。这些钱怎么分配，完全看文物本身的实际情况，不管它自己卖出了多少门票。比如，那位老兄管理的尤利亚别墅所得的各项保护费用有多少，完全决定于别墅的价值、状态和保养需要，而和它自己卖出了多少门票没有关系。那些两千年前的古罗马石板大道和高架输水渠，您随意看！所以文物的直接管理者，就不必甚至不可以再挖空心思去挣钱了。

我当时听了只“喔”了一声而已，后来看到了咱们国家乡土建筑管理的乱象才明白意大利这项规定的重要价值。不过，事到如今，咱们并没有在文物保护制度上提高到意大利人的这一步，以致放任各处文保单位自己想办法弄钱。由于条件限制而弄不到钱的，眼看着那些乡土性的宝贵的文物快快地损失甚至“完蛋”。不顾一切的人，直奔钱财而去，动手动脚，“承包”“开发”，很快就毁掉了文物的真实性和完整性，也就是毁掉了它的基本价值，于是就更靠胡吹乱干挣钱。游客花了钱，却听了些也看了些弄虚作假的东西，文物变成了毒物。例如，有些乡土性的“旅游点”把古村的历史、地理、文化全都歪曲了，庸俗化了，反倒弄得很“兴旺”，而老实认真的却很冷清。谁对这种现象负责？我知道咱们有些地方长官很会用他们的聪明才智推动那些歪招。因为地方挣了钱，大有利于他们的“先富”和升迁。三年五载就换个地方，悠哉，游哉，文物于我何有哉！

我第一次到罗马城的时候，市中心的图拉真纪功柱已经被遮蔽了十几年了。负责人说，大概还得再遮蔽十几年，因为那三十几米高的纪功柱正在接受治疗，身上每一平方厘米的表面都要采样做理化检测。看来，资本主义国家，至少在文物建筑保护工作上，并不时时事事都唯利是图。他们对文化遗产的保护很负责任。咱们是不是也不妨借鉴一下他们的观念和工作呢？

这一点，还可以有一件事插进来说说。两年之后，我又去了一趟瑞士，参加一个国际旅游业巨头和文物保护专家的联合会。会上，文保专家对旅游业提了许多批评性意见，要求他们认真对待历史文物的保护问题。例如，要把每天参观罗马圣彼得大教堂的人数压低到一万人以下，因为教堂里那些壁画已经受到了空气中游客的呼吸和汗泌所带来的酸性物质的侵蚀。会议的最后半天，世界七大旅游托拉斯巨头全部到场，请一位著名的比利时诗人为代表当场答复文保专家的批评。一件又一件，答完了批评意见，竟是全部接受，保证会后就去商量怎么落实。更有意思的，是最后的那个节目：由他们旅游业者提出建议，要求关闭西班牙新石器时代的有壁画的石窟，停止向蜂拥而来的旅游者开放，因为那里的世界最早的壁画遭受人们呼出的酸性气体的破坏，比罗马圣彼得大教堂里的更严重。那些石窟正是旅游业铁打的摇钱树，所以代旅游业界说话的诗人话音刚落，在场的文保专家全体起立，又欢呼，又鼓掌，十分热烈。（咱们的太和殿里，空气的酸度、湿度是怎么测的？怎么控制的？）

看来，资本主义社会的老板们，也并不时时刻刻都唯利是图，或者说，他们图利的眼光并不短浅。资本家们的文化修养在不断地提高，已经不是19世纪“高老头”的那副模样。现在倒是该咱们实实在在提防见利忘义了。

我不知道，在北京的故宫、太庙、明陵、北海、天坛、颐和园和河北省承德的避暑山庄等绝世无双的皇家文物点上，大大咧咧地用明火炖、炒、蒸、炸制作绝世无双的美食来赚钱的文物建筑管理者、责任人，是不是会感到有点儿不好意思。

“君子爱财，取之有道”，咱们的文保单位的管理者是不是要认真地琢磨一下了呢？君子在“爱财”之上先要爱文化、爱教养，尤其要爱人，不但要“取之有道”，还得“用之有道”才好！

文物、文物，说的是文化的宝物，所以，文物保护工作，是要上对祖先负责、下对子孙负责的事，神经要绷得紧一点，“战战兢兢，如履薄冰”才是健康的、正常的状态。可不能为了多挣几个钱，就大大咧咧舍得把稀世宝物弄到危险既不少又不小的境况里去。

我游历过的欧洲胜地、名城很少，不知道是不是所有的地方凡公立的博物馆、美术馆、古迹胜地等每周都必有一天会免费开放，不过，也许是我的运气好，记得好像凡我到过的地方，倒是都有这样一天的。我的荷包又小又瘪，却不记得曾有哪一次在它们门前闹过一场“思想斗争”。去凡尔赛那一天，切切实实是选了个免票的日子。咱们人多，免费开放大有难度，但多动动这类脑筋，总比挖空心思跟大老板结伙、在宫殿御园之类的地方多多挣钱好。要记得，文保事业本质上乃是一种公益事业，一种文化事业！它和教育事业一样，不能直接靠它发财，哪位“教育工作者”成天琢磨着名利，就该请他改行。

文化遗产可不能只当摇钱树看待，咱们还是学习学习世界各地的经验，心甘情愿地多吃几次干面包片吧！有人嘲笑这种态度，瞧不起，挖苦说：有钱不挣，这是犯傻。我们只能回答说：全人类的历史，文明史，启迪我们懂得在祖先们千古不朽的文化遗产前毕恭毕敬、向它们的创造者致敬。同时，我们也勇于创造我们这个时代不朽的成就，留给后人。

（咱们炎黄子孙还有很拿手的一招：几十年前某市借口让汽车少打弯而拆掉的古建筑，几十年后为了给城区申请个什么体面的国际性身份又打算重新再造一个。这并没有什么难处。我猜想那些国际文保界人物也懂得讲面子，会一边嘟嘟囔囔，一边签上“同意”的字。若干年前，南方某受了伤害的名城申报世界遗产，咱们的专家学者就曾经对前来审定的外国专家学者们大大地“做工作”，请他们海涵，投一份赞成票，专家学者们就是嘟嘟囔囔地签了字的。）

*

以上关于保护故宫和其他一些皇家宫苑的杂记，写成之后，搁在桌子角落，终于不打算发表了。因为我想，故宫之类，不但咱们全国，甚至全世界都拿它当作宝贝，一时保护工作做得不得当，成了破坏工作，报纸上一批评，无言以对，还能不赶紧认真改过？“改了就好”嘛！稿子压久了，终于出溜到了可有可无的地步，那么，就不发表了吧！

不料，真是“有其一必有其二”，而且前后紧跟，7月11日，《北京晚报》又用整整一版的篇幅，报道了明长陵祾恩殿的一场野蛮历险。这场历险，晚于故宫的那一场“大批判”只有一个月多一点儿，事情之糙，竟又超过了故宫的那一场。报上通栏的大标题是“殿内戒备森严，殿外四处火患”，咱中国人这是怎么啦？盼钱都盼疯啦？真个是不惜前仆后继吗？看来，我这篇杂记还是发了好吧！

长陵祾恩殿建于1409年，纯金丝楠木的建筑，到现在已经有602岁，还保存得这么完美，天底下能有几座呀！我一直以为它必定受到最科学的、最严谨的保护。没想到，在明陵被国家旅游局正式宣布为国家5A级旅游景区的7月8日那天晚上，它将要被用作一场大型演出的地点。散发的宣传报道中有这么一句：“一场空前的晚会即将呈现，因为它的地点是此间明十三陵景区中的长陵大殿前。这个地方此前从未举办过任何演出。”演出中，祾恩殿不但将成为背景，而且要“带入部分剧情”。演出时间是8日晚上8点。记者有心，在7月5日和6日连续去了两天，看望这座有世界地位的文物，看到“这座金丝楠木大殿，被错综复杂的电线包围着，油漆、泡沫塑料甚至氧气焊接设备就堆放在祾恩殿前——祾恩殿正被火灾隐患所威胁”。

记者同志们还另写了一篇报道，题目就是“祾恩殿前四处是火患”，那里面把危机写得更详细具体，看了真叫人心惊肉跳。

这就是为庆祝明十三陵被列入国家5A级旅游景区可以冒的风险吗？文保呀，旅游呀！天哪！

欧洲人的古建筑遗产，都是石质的，偶然有极少一点儿砖头掺和，防火性能本来就很好，还那么战战兢兢地对待。咱们的建筑，大大小小都是以木材为主要材料，几乎全身上上下下都是木头，怎么还能这样瞎胡闹。小心一点好吗？

历史文物建筑保护下来，可以办旅游，也便是可以赚些钱来帮助保护。但是，保护历史文物建筑的根本目的不是为了赚钱，而是为了丰富人们的文化生活，增长知识，启发思想，从而推动社会的进步。这才是正常的对文物建筑的价值的正确认识。文物建筑赚点钱，目前，主要的就该是为了保护文物建筑，也就是有利于文明的促进和积累，绝不能把文物建筑推上危险的境地。

正因为如此，在意大利等文物建筑保护工作做得好的国家，文物建筑保护部门都是直接向议会负责，并不是对政府负责。所以，虽然那些国家政府倒阁重组是常事，但文物保护工作不受影响，还是十分稳定地进行着，一丝不苟。而旅游业干的只是商业服务业行为，只能老老实实遵守文物保护部门定下的规矩，哪里有什么旅游业者可以自作主张、对文物动手动脚的！这样的怪事，大概只有咱们这个国家才有。有些县、市、政府根本没有独立的主管文物保护的机构，也没有专责的人员，甚至就叫旅游局去管理文物单位，要狐狸养羊，真是颠三倒四！这个关系一天不理顺，文物就一天在危险之中。

唯利是图，不重文化，这可不行！

（原载《建筑师》，2011 年 10 月）

（一二八）

我少年时期到青年时期，正逢日本强盗大举入侵，整整八年，我都在浙江省南部度过。并不是平平安安地上学，而是不断地在崇山峻岭里“逃难”，由跟父母一样亲的老师们带着。日本强盗有一点动静，我们就得从这个山沟逃到那个山顶，从那个山顶逃到这个山沟。我初中是在景宁县城读的，校舍在城外，一座叫“敬山宫”的庙。我们有一位很受同学们爱戴的美术老师，在形势险恶的时候，美术课不上了，他的紧迫工作是到远远近近的深山老林去调查，弄清楚哪里有庙、有祠，能容下几个班的学生和老师们住宿、上课，以备日本强盗逼迫过来的时候学校可以“逃难”过去。这位老师是俞乃大先生，一位很有成就的木刻家，我们学生都叫他乃大先生。

前年，朋友告诉我，浙江省景宁县的大漈乡有几座庙宇、宗祠，值得给它们做点儿工作。一听说大漈，我心头一震，那不就是乃大先生当年给我们选中的后备校址吗？立即就下决心，去。先到了景宁县城，虽然在深山区，那县城却已经全部现代化了，二三十层的大楼有了好几幢，当年我们常常去顽皮的寺庙、佛塔、小溪、风雨桥，一点痕迹都没有了，那座敬山宫被锯木厂占领了几十年，已经片瓦不存。我扒拉了一阵子烂木板头和刨花、锯屑，只自以为找到了粪坑的残迹，因为那东西有点儿深度。

敬山宫本来是一座不小的庙，有三进，第一进是戏台，学校的图书馆就在戏台上。庙门大约因为什么风水的考虑，设在右厢，戏台左后侧就是我们的教室，我的座位正好紧挨着戏台，一伸腿就能踢到戏台底下去。一位同学在那儿养了一对野兔子，是我们到太阳底下荒坟堆里脱光了衣服掐虱子的时候抓来的。

要到大漈乡，不论春夏秋冬，汽车都得在上午十点以后才能出发，因为早半天群山密林都在浓雾笼罩之下，那盘肠公路断断走不得。待雾刚刚薄了一点，司机就吆喝出发上山。车道七扭八歪，我们几个人也跟着七扭八歪，但总是睁大了眼往外望，忽然在岔道口看见一个路标，是指向东坑村的。东坑我也住过，在高山顶上，晚饭后散散步说不定就踩到了泰顺县的地盘。

没有时间到东坑去了，车子一拐便奔向了大漈。我写下这个“奔”字，不大准确，准确地写，是吭哧吭哧地爬向了大漈。这样的深山老林里，沿路居然也有几座小小的村子，它们的那些建筑简直都说得上精致。我很觉得奇怪，问了一问才知道，这一带山村，太艰苦，因此几百年来，居民从少年时期就开始学木工，背起斧头和刨、锯，跟着父兄下山到各地去辛苦，挣点儿血汗钱。一代一代，大木技术精而又精，当然有本事在家乡造些漂亮的好房子了。木材嘛，满山都是。

到了大漈，晨雾快要散尽。跳下车，眼前就是一条十来米宽的清溪，低头一看，溪里挤挤擦擦游着成群的红鲤鱼，一条条总有两尺来长，锦鳞闪闪，不慌不忙。来接车的村支部书记说，村里有民约，不许捉这些鱼，所以它们不怕人，只把喜气从村头带到村尾，从村尾带到村头。我们的心一下子就软了。顺溪陪伴着红鲤鱼走了一段路，右手边的山上长满了松树、柏树，还有很粗很高的红豆杉。隔不远便插着一些阔叶树，树冠张开，遮一大片天光，那生命的强壮，真叫人振奋。

又走了一程，路边上有个挺精神的院子，门楣上漂亮的书法写着“梅园”两个字。骤一看，以为山上农民们也会附庸风雅，却听领路的村支部书记说，不，原来这是梅老先生的家。我们推门进院，梅老先生正好在园子里弄草伺花，老先生九十岁出头了，不但健康，而且体力很足，高高兴兴，轻轻松松，带着我们上楼。那楼梯又陡又窄，没有踢板，脚尖漏空，又不大结实，一步一晃，吱吱喳喳地叫唤。老人家真是了不起，轻轻松松就上去了，而且没有搭扶手。上楼一看，我们这几个来客傻了眼，板壁上挂着好多老先生亲笔的字画，还没有裱，都是应各地朋友要求的墨宝。木匠擅字画，这是老年间的传统嘛！

向老先生请教了一会儿，先生来了兴致，便又轻轻松松下了楼，陪我们去看看村子和村子外围的山峦和丛林。村子房屋松散，隙地很多，看来人口不旺盛，但是幽静、整洁，不妨说有一种文质彬彬的气息，非常“脱俗”。

沿溪又走了不远，就到了村尾，一抬头，见右手边陡峭的山坡上有两座不小的宗祠，刚刚修缮过，整整齐齐，叫我们精神一振。上了高高的两串台阶，进了宗祠，真个是生气蓬勃。梅老先生一手拉我过去，一手向上一指，我随着抬头张眼一看，大梁底下赫然写着一行墨字，原来这大堂正是当年俞乃大老师主持修缮的，作为我们后备的校舍。梅先生哈哈一笑，才告诉我他跟着俞老师修过这座宗祠。他说：“那时候我真希望你们来呀，但是又不希望是被日本鬼子赶来的。你们没有来，那也好，少一点儿损失。”我在抓着老先生臂膀的手上又加了一把劲，他转眼看了看我，我一下子把他抱住了。

在村长家吃过了午饭，我们接着散步、接着聊天，太阳落到山后去了，雾水上来，非走不可了，我再一次抱住了梅老先生。他问："还能再来吗？"我骗他，说："当然还来。"他知道我的心意，我们都为这句明明白白的骗话流泪了。

这是用真正的感情铸成的骗话！

回来之后，交换过两次贺年片，今年却没有他的信息。为了排遣想念的苦恼，我常常出个题目"研究"，例如，我该叫他梅老师呢还是叫老兄？

更大的研究题目应该是：村里的青壮年都出去打工了，村子的命运将会怎么样？照顾着孙子孙女的爷爷奶奶衰了，病了，老老少少的日子怎么过？我没有向梅老先生或者老梅提出过这些问题，我不忍，因而也不敢！

日子过得十分舒坦的人当然也不太少。离这个大漈村不很远，有一个县城，不大，向东望海，向南望山，山珍海味是家常便餐，一条省级公路通过，要想日子过得摩登一点儿，礼拜天乘公共汽车跑一趟县城就行了。

我第一次到这个县城去，接待我的是一位中年妇女，刚聊了几句，她就告诉我，她是幼儿园的阿姨，县里没有管文保的干部，为了招待我，才把她调了来，而且答应她以后不再当阿姨了，从此就转为文保干部，但是当时她还不知道什么叫文保。

第二天一早，我带着她到城里转了一圈，又看了几处很有特色的古建筑，那都是我的一位中学老同学推荐给我的，城小，很容易就找到了。半天下来，有点熟了，这位幼儿园阿姨就告诉我她被抽调来当了干部的原因，无非是有人打了招呼就是了。至于什么叫"文物"，还没有谁来得及告诉她，也不知道将有谁告诉她。

吃过午饭，她来了精神，告诉我城外的一处山脚下，小湖边，风景如何如何的好，好得不得了，应该去看看。既然我的重点调查对象是乡土建筑，总得也多了解些乡土的自然环境，就立即乐意去一趟。这一去，可真迷上了，不大不小的山，不大不小的林，不大不小的湖；该绿的绿，该红的红，该黄的黄。好哇！整个抗日战争时期，我都在山乡里度过，对山山水水有很浓的感情，也有一些品评山水风光的鉴赏力，这次都发挥出来了。我对那位县里第一任的文保干部大大夸奖了一番，谢谢她给了我这么一次难得的享受。

过了三四年，我又一次到海滨去，要经那个县城过，我当然立即就下决心在那里停一天，再去看看城外的那一处风景，我可忘不了它。

这次陪同我的是另一位年轻人，挺精神的，又聪明、又活泼，而且是个百事通。但是听我说要去看那一处风景区，却犯了难，再三说没什么好看的，交通又不便，等等等等。我觉得挺奇怪，这算什么道理！

第二天一早，趁那位殷勤的陪客还没有来，我就自己跑到那个风景区去了。这一去，什么都明白了，原来那山谷口子上设了岗，生人不能进去。要进去，就得在门卫那里往里打个电话，找熟人。我没有现成的熟人，跟门卫傻傻地软磨硬泡当然毫无用处，只得挺不好意思地回宾馆去会那位热情的年轻人。年轻人放下了心，撇撇嘴，说，那山谷里，公家造房子供给了某种私人，形成了“特区”，外面人不让进去。我表现得很有水平，只轻轻一笑，没有说什么。心里想，这种事情什么时候能不再有呢？

但这种事情没有结束，却普及了起来。我无车又无钱，再加上一大把年纪，虽然很喜欢大自然，却只能在电视机前面兴奋罢了。但是，就凭我这样的德性，却也在各种火猛得很的广告上知道，城市周边，甚至远远的周边，风景好、交通又便利的地方，很快就会变成一种特区：它们会被“开发”，会被“打造”，会被“享受”。我曾经见到过一个很有味道的卖郊区别墅的广告，配着几张亮丽至极的照片，写的是：“人生到此，夫复何求。”是呀，是呀，有了势，有了钱，住上了别墅，还要什么社会理想之类的傻念头呀！

我记起了乾隆皇帝的一句感慨，说的是：“天下名山僧占多”。不过我少年时候，为了躲避日本鬼子侵略军，常常要背起包裹“逃难”，老师会再三叮嘱我们，路上口渴了，不要喝溪沟里的生水，可以找庙里的和尚师父，总能得到一瓢茶水喝。他们讲究慈悲。但是现在的贵人们和富人们呢？唉，你能走进豪华的别墅区向他们讨杯水喝吗？整个风景区都已经站上了岗，“闲人莫入”了呀！

老天爷留下的旖旎风光，谁占着呢？

（原载《建筑师》，2011 年 12 月）

（一二九）

今天是2011年11月24日，北京《新京报》上有一满版卖别墅的广告，它的主标题是“不舍都市的山水梦境，仅为270位商界名流翻心预留”，文字很不通顺，甚至还有错别字和用字不当的毛病，但意思和“气度”还能猜明白，那就是：梦境般的绝佳山水间造了些别墅，毕恭毕敬地为一小撮大老板们留着。“非”大老板者，靠边待着去，俺不侍候。

广告分七段，每段都有两句半通不通却又肉麻、又傲气的标题，依次是：“隐逸CBD核心，阅赏盛世家园华章”，“只有四层，却是CBD的上层建筑”，“超越时光赏鉴，对语世界的建筑艺术品”，“师法欧洲，以磊落磐石见证时光赏鉴”，“礼序空间，巡礼全球居室的生活之道”，“萃取中西技法神韵，一墙之内洞若桃源”。最后一段的标题是神来之笔，写得极有分量：“私享内阁管事悉心驾护，仅为高阶名流服务”。

每节标题下面还有几百个小字解释，这最后一节的最后一段是：“以其无微不至的贴心服务系统，特色化的VIP建制服务系统及严谨的保安系统，共同构筑成为独特的全方位物业服务体系，更多私属化定制服务，这一切，只是专属您的阶层。”

请问，这二百七十位大佬专属什么“阶层”？是哪个国家的？

上面几段的标题引文已经昏得十分可观，但是，为了帮读者朋友们多增加些见识，我再引些它们解释中的几段出色句子，它们还是广告里比较能猜得懂的一些：

> 咫尺银泰中心，华贸中心等CBD商务地段，JW万豪、丽思卡尔顿等国际五星级酒店球伺周边……相系大国命脉地段，细味盛世风华。
>
> 以别墅标准营建城市花园私属宅邸……容积率仅为1.6。敬献国贸一座当代私园的时代巨制与用心，造就北京……绝无再有的超低密类别墅华邸。
>
> 呈现出一种平和、高贵的上层建筑气息。
>
> 甄造贵而优雅无比的卡拉麦里全天然花岗岩为立面用材，其温润如玉的纯洁质地，以堪比欧洲宫殿的华贵与血统，积淀岁月时光的贵鉴。
>
> 特聘海外豪宅设计大师，秉承以人为尺度的高贵比例，将源自法国Art Deco公寓经典套房户型、欧洲城堡豪宅装饰熔冶于东方的灵性之中。
>
> 将西方园林的规制仪式与东方园林的疏落有致相结合，以原生地貌方基础精心布建……栖息于此，全面体验CBD花园生活之高贵典雅与自然清新。

我这一辈子，除了下乡，算得上深居简出，所见所闻很少，请问：天上的虹霓有七色，地上变幻着的有多少颜色？眼晕呀！

颜色多变还不算什么稀奇，稀奇的是这些房屋的雅号太特别，不过也可以说不特别，稀松平常，因为在广告里已经招摇了很多日子了，我其实已经见怪不怪了。倒是法国式、英国式、比利时式、芬兰式、挪威式弄得我捉摸不过来。何况恐怕还有伽里古鲁式、滴里化拉式等等眼看着要出场了呐！至于什么“孔雀英国宫”“英国花园城”之类，就是“小菜一碟”了。说说谁不会扯淡！

这些嚼舌头扯淡的事且不去管它，最难得明白的是价钱的“峰值”，我们会弄得两眼犯晕。例如，12月16日和22日的《北京晚报》都有一页五彩斑斓的满版大广告，大字印的是：每平方米建筑“9980元起，引爆全北京”，很得意！您不要吃惊，它上面还印着一句话：“把房子还给真正有需求的人。”你我在这类豪宅的老板眼缝里都不是对豪宅“真正有需求的人”。几十年前我学过一点点经济学，懂得所谓“有需求的人”是有钱而可能买点儿什么的人。买不起的人，即使家里有十几口子风餐露宿，对这样的豪宅也是“没有需求”的。这则广告交代得很清楚，那豪宅是供给24小时都有“英式”管家贴身服务的阔佬买的，所以它才能被弄成“殿堂级配套繁华尽享”的“精品钜献”。我倒是有兴趣问一句：那英式管家是不是抗日战争前上海英租界里的“红头阿三”之流？

“眼睛一眨，老母鸡变鸭”，此之谓乎？

但一处殿堂式房子的老板在报纸广告里说，他的房子要“引爆全北京”，更加吓得我不轻。这可使不得，北京还有一条中轴线要申报世界文化遗产呐！幸亏年轻人掐着我的人中教导我，老板说的“爆”不过是他得意忘形时候的“修辞”，不是真的去玩炸药。但我想，阔老板说话，中气足，倒也未必是空头的得意忘形。“爆”或许不行，但“拆”却早已大显过神威，也是所向披靡，结果和“爆”并无不同。

“试看今日之域中，竟是谁家之天下！”据《深圳商报》调查，当今国内富裕人士平均拥有3.3套房产（一套多少平米？），而冻死路边的新闻，初冬便已经上过报了。

（原载《建筑师》，2012 年 2 月）

（一三〇）

梁思成先生和林徽因先生两位老师，是我国早期的建筑学专家和教育家，他们又是中国建筑史研究的开拓者，也是文物建筑保护工作最早的探索者。对这样有多方面重要贡献的前辈，我们当然应该抱着真挚的感情一代又一代地纪念着他们。纪念的方式很多，不论有多少，其中一定会包含着两件事：一件当然是学习和继承他们的学术成就；另一件便是保护好他们的工作地和故居。世界各国都有好好保护历史人物故居和工作地甚至保护他们常常去吃面包、喝咖啡的小店的习惯。

梁先生和林先生有不少故居，最重要的，应该算北京北总布胡同的一座四合院和四川省南溪县（今宜宾市）李庄月亮田小村的一座农舍了。前者是他们开拓了中国建筑史研究并大有成就时住了七年（从1931年到1937年）的带后罩房的四合院，后者则是他们在抗日战争时期撤离北京辗转流亡之后定居了四年（从1943年到1947年）的农舍。

在北京北总布胡同居住时期，二位老师完成了为中国建筑史研究开路奠基的大业。在李庄月亮田小村里，重病缠身、生活极其困难的情况下，二位老师不但在学术上继续开拓前进，还表现出知识分子在国难当头时候为祖国舍生忘死的精神。

抗日战争后期，美国驻中国大使馆的工作人员费正清先生到李庄去看望梁先生和林先生，见到二位老师处在极其困难的情况之下，又病又穷，无粮无药，却还在坚持工作。于是费正清怀着敬意，要安排二位老师到美国去治病，去休养。梁先生回答说："我的祖国正在灾难之中，我不能离开她，假如我难免死在刺刀和炸弹之下，我也要死在祖国的大地上。"他终于没有去。后来，他们的女儿问妈妈：日本强盗打到了贵州，逼近了四川，怎么办呐？林先生回答说："中国念书人总还有一条后路嘛。我们家门口不就是扬子江吗？……真要到了那一步，恐怕就顾不上你了。"什么叫"大义凛然"？这就是！这是我们民族几千年文明的最高道德。在生死关头，二位老师完成了他们的人格，完成得多么从容。

现在，应该为梁先生和林先生建立两座纪念馆，让以后，一代又一代的人，当然也有我们这些学生和学生的学生既能够学习梁先生和林先生的学术成就，更能够学习他们的品德。这两座纪念馆，一座在北京北总布胡同，一座在四川宜宾月亮田村。

几年前，我只身一人，到了月亮田，这村子小得出奇，不过几户农家而已。谢谢村人们，居然还把二位老师的居室和工作室腾出来作为陈列室，纪念他们。我特地站在大门前，向右远望，居然能见到扬子江。我轻轻背诵着林先生对女儿的那几句话，热泪流了满脸。

两位老师住在这月亮田的时候，正是我读中学时期，学校“逃难”到深山里，山脚下就会有日本强盗的军队经过。音乐老师一遍又一遍地教我们唱《苏武牧羊》，语文老师每个学期开学都一定再重复一遍陆游的《示儿》和岳飞的《满江红》。那些课我们都是流着泪上的。老师啊，老师！

梁、林二位老师在宜宾住的这一座老房子还在，保护得很好。从建筑角度看，“故居”和“纪念馆”合一，很得体。北京这一座，故居已经全毁，而造假是绝不可以的，怎么办，还得细细商议一下。

两年前，北京市北总布胡同里发现了梁先生和林先生八十年前的故居。很有些朋友高兴了一阵子。怎么保护它，怎么利用它，都有人议论。虽然主张有些不同，但都很认真，即使两个人辩论得面红耳赤，也心里痛快。有时候还故意把问题弄得复杂化，嚷几句过瘾。

没料到，真正料不到，今年年初，忽然传来消息，二位老师的北京故居被拆光了。连北京市文物局都不知道就被拆光了。谁决定拆的？原来是房地产开发商。开发商怎么有这么大胆？不知道？总是豪富与权力结盟，有恃无恐了吧。

于是大家就议论以后的事。有了大致两种主张：一种是把故居原址改成一方绿地，并且留下残存的废墟，供人凭吊。另一种是重建原状的房子，用作一个展览馆，馆里陈列有关梁先生和林先生的生平和学术成就的资料。虽然展览馆的建筑可以追仿原物，但绝不允许冒充原物，仅供思念而已。为了避免真伪混淆，便在大门边写上一墙壁说明辞。这两种设想都很认真，或许会引起一番斟酌，不过，无论如何，造假古董装身份的做法是大家都不会赞成的了。文物，一旦失去了就永远失去，这观念现在已经被大多数人赞同。造假，没有什么人肯干了，这是好事。

鉴定文物，提出的问题应该是“真不真”，不是像不像。“真”是文物的命根子，只认真，不认像，这是文物保护的基本原则。

所以，文物建筑如果毁掉了，当然是不可能再现的，它一旦失去，便永远失去，重建的仿“古”建筑，绝不能充文物，这也是文物建筑保护的不可动摇的基本原则。如果允许造个假的“古建筑”去替补，整个文保工作就会失去规范，连累得文物建筑也就没有多大价值了。

文物建筑的价值主要是见证历史，所以后人造不出来。人们对文物建筑的感情也是造不出来的，人们宁愿看到文物建筑遗址上的断墙残壁，却不愿意看到重建的假古董。前者有情，后者无义。从学术上看，假古董不但无益，反而有害，它们会扰乱对历史的认识。

所以，如果仿建北京被毁的梁思成、林徽因二位老师的故居，它只能被称为“展馆”，绝不能有文物的身份，绝不能期盼它有什么历史价值——只能拿它当作“反面教材”而已，这已经成了大家的共识。而用假“古董”来息事宁人，是行不通的。

（原载《建筑师》，2012 年 4 月）

（一三一）

2012年7月5日《文摘报》的第6版“学林漫步”栏介绍了6月28日《中国经济导报》上的一篇论文。“学林漫步”里的这篇文章的标题是“名城保护：靠政府投入也要吸引社会资本”，不知道它是《文摘报》这篇介绍文章的标题呢还是《中国经济导报》上原文的标题，很叫人迷糊。

那篇文章的标题倒并不糊里糊涂，它的宗旨是为社会资本开路，把它引进到“名城保护”的旗下来。它说：“历史文化名城拥有众多的文化遗产，这些历史文化遗产往往具有稀缺性、独特性和不可再生性……具有较高的投资价值。”明摆着，这位作者看到的是三性归一的“较高的投资价值”，而不是更高的文化保护价值。作者倒是用过一些功夫，知道法国、美国、英国等国家政府的税收政策激励社会资本进入历史文化名城保护。它们有个法规制度，“规定公司或个人向文化遗产保护慈善基金会捐赠可以获得税前扣除，企业投资历史文化遗产保护项目可以进行税收减免等”。

写到这里，那位作者是在介绍外国的一种对保护历史文化遗产者“税收减免”的办法，并不是纳税人参与遗产保护工作指手画脚的办法。但是，作者并没有忘记他牵挂的“较高的投资价值”，自己又向前走了一大步，大大的一步。这一步先说“我国也鼓励社会资本参与到历史文化遗产和历史文化名城的保护中来”。来了干什么呢？再说下去就叫人毛发悚然了。他说的是：“对于成片历史文化街区的保护性改造（！），应该积极吸引具有较强实力的开发企业进行整体开发（！），以保护历史文化街区整体文化风貌和实现街区整体统筹发展（？），比如，可以采取历史文化街区与其他区域‘捆绑式’开发模式（？），引导有实力的开发企业参与保护（？）。对于产权复杂的文化遗产保护利用，可以采取居民、政府和社会投资者产权合作开发（？）模式……”

短短的一段文字，充满了杀气！说的只有“改造”“开发”还是

“整体开发”“捆绑式开发”。要的是什么呢？是“成片历史文化街区的保护性改造”。是“改造”，是“成片历史文化街区”的“改造”，那么谁来“保护”呢？是“有实力的开发企业”。请问，什么叫历史文化建筑的“保护性改造”，什么叫“捆绑式开发”？既是“改造”，又怎么叫“保护”？满纸莫名其妙的胡说，连起码的文物建筑保护知识都没有，肚子里想的无非是“改造”和“开发”，这哪里是保护文物，只会是毁灭文物。无法挽救的毁灭呀！

那篇文章给了一个可怕的信号，这就是：老板们已经加紧加快地要发文物财了，发财的方法竟是毁灭文物。炎黄子孙们，咱们可要起来保护咱们的文物呀！

若干年前在咱们浙江省某地开过一个国际性的建筑文物保护会议。我请教一位参加了会议的朋友：情况如何？这位朋友十分简约地说：“外国人讲的是保护，中国人讲的是开发。”真是一语中的。

我们可要认认真真地想一想、学一学文物建筑的真保护！全民族几千年的文物积累，可不要在我们（或者再加上下一代人接班）的手里毁灭！那可是咱们民族的灾难，可耻的灾难。这可是得不到同情只得到卑视的千古遗耻的灾难呀！

这一场文化存亡的斗争，也要有献身精神！这场斗争和几十年前那场抗日战争是相似的，都关系到民族的生死存亡，没有自己的文化传承，哪里还有民族呀！老板们早已准备动手了，咱们还能逍逍遥遥地混着过日子吗？

（原载《建筑师》，2012 年 8 月）

编后记

2015年初夏的一个午后，清华大学荷清苑最靠北的11号楼、可以望见五环路绿化带的朝北的小客厅，听陈先生聊天，从新书，到学界的趣事，以及总会有的新闻万象。提及几年前去美国、我们都熟悉的一位朋友的名字，陈先生忽然问："她是谁？"……心下一惊。其后几次见面，不记得的名和事，渐次多起来，讲话过程也磕磕绊绊断断续续了。这令人难以接受。陈先生博闻强记，精思明辨，著译丰盛，上讲堂，下田野，身体一直没什么大毛病。

自上世纪末得识陈先生，在我的印象中，工作几乎是他的全部生活内容。第一次到校内西南小区他家拜访，一套小公寓，没有什么装修装饰，家具陈设极简单朴素。夫妇俩日常饮食也异常简单，常常是去学校食堂解决了事。也没有什么休闲和娱乐，陈先生指着朝北的斗室，"我回家待的地方。"这就是《北窗杂记》《北窗集》的"北窗"，窗前的桌椅书架，满是书和资料，就在这间书房，陈先生翻译《走向新建筑》《风格与时代》《保护文物建筑和历史地段的国际文献》，撰写《外国造园艺术》《意大利古建筑散记》《外国古建筑二十讲》《楠溪江中游乡土建筑》《楼下村》《楠溪江中游古村落》《诸葛村乡土建筑》《婺源乡土建筑》《张壁村》《福宝场》《楠溪江上游乡土建筑》，修订《外国建筑史》，主编《建筑史论文集》刊物，与汪坦先生合编《现代西方艺术美学文选》，还为各类学术和文化教育刊物撰写论文和评论文章。2003年搬家到荷清苑，书房仍朝北，仍是日复一日的读书和写作生活，不曾倦怠。

退休后，除了下乡出差，陈先生每天到建筑学院工作。住在校园北门外，离学院有一段距离，他步行往返，当作锻炼。有几次我陪先生从东门的建院穿过校园回家，陈先生边走边聊。他进入清华大学时十八岁，在校园里会看到李景汉潘光旦朱自清金岳霖雷海宗这些名教授，两年后转系前还拜见梁思成林徽因，亲沐教诲。他崇拜这些老师们的学问与人品，暗下决心，自己以后要做学术，也要成为这样的人。从此一心向学问学治学，教学研究著述，在清华一待就是七十多年。

因编"乡土中国"丛书，我多次陪同陈先生往浙江山西陕西等地考察。一次路经杭州，陈先生带我访他的母校——浙江省立杭州高级中学旧址，走在有六百年历史的贡院甬道，他讲起这所学校走出的大师，忆起亲炙受教的老师，画面清晰，历历在目。陈先生童幼即逢抗战，辗转于浙南山区，1947年考入清华大学社会学系，两年后转入建筑系，直至荣休。他亲历20世纪中叶之后的重大世变：抗日战争、解放战争、新中国成立，以及后来几乎所有的"运动"，和改革开放及其后的四十年。对于历史学出身的我来讲，陈先生不仅是一位禀赋高、学问好、文笔妙绝、亲切幽默的建筑学教授，他就如一座宝库，蕴藏着丰厚无尽的生命内容。曾同陈先生聊过撰写回忆录，然一开口亦觉应暂缓定约，陈先生工作日程如此饱和，乡土建筑的调研、写作计划络绎不间断，各方向他请教文物建筑保护工作，他亦从不推辞，哪里有时间。且在我看来，陈先生虽已过古稀、近耄耋之年，但他身体健朗，精力未衰，忆往之事可留待以后做，不必着急。未料竟成了一件憾事。

少小离家，陈先生经历风雨如晦的年代，对于世事沧桑、人情冷暖，当然有切身的体会，但他似乎并不喜欢发无谓的感怀，最多只是惋惜他们这一代人被耽误的一二十年的学术生命。同熟知先生的朋友聊起来，大家都同意他是一位最为纯粹的“读书人”，“聪明入时”的事做不来，只是秉着知识分子的书生本色，全部的心思都在学问上。从1955年第一本译作出版，一直到2013年停笔，除却1965—1978年的空白，陈先生出版发表的文字几至七百万言。

2017年初冬，从陈先生家出来，怅然若失，觉得应该做点什么。陈先生在外国建筑史、文物建筑保护和乡土建筑领域的学术贡献自有学界评价，他的建筑评论文章当年拥有大量的粉丝拥趸，今天看仍不失启发意义，更为重要的是，这些前后近五十年的文字，足以成为后人研究20世纪中、后期学术、社会、文化的资料。况且，将零散四处、未全面整理过的文字统一形式付梓，提供一个系统全面的本子，不仅惠及学林与读者，恐怕陈先生也会喜欢的吧。

文集的搜集整理编辑工作于2018年初启动。作为陈先生著作、文章曾经的编辑出版者，黄永松、王明贤、王瑞智、袁元诸位先生给予了大力支持，王贵祥教授为文集构建提出了宝贵的建议。赖德霖先生、舒楠女士、罗德胤先生作为陈先生的学生和昔日乡土建筑研究组成员，为文集的书目确定乃至细节勘正，助益良多。卷一《外国建筑史》收录赖德霖、李秋香、舒楠撰写的“陈志华小传”。卷十二《北窗杂记》收入赖德霖为方便读者检索、阅读、研究制作的“篇目分类导览”。李玉祥先生提供了一部分图片。

文集共十二种，收入了现在能找到的作者的所有著译文字，其中《外国建筑史》《外国古建筑二十讲》《外国造园艺术》《走向新建筑》《风格与时代》《意大利古建筑散记》依旧刊本为底本校核，并有增补；其余皆新辑成册，编校勘误。每卷卷首“出版说明”交代来由。我们还确定了文字的发表时间，尤其是散见的学术文章、评论和随笔，编年基本清晰。个别文章遍寻出处不得，只好付诸阙如。恳请广大读者批评指正。

行文至此，电脑里放着贝多芬《D大调第五钢琴三重奏》第二乐章，提琴与钢琴交互吟诵，宽广而深情。轻柔处是温和的言说，急切处是低沉的悲鸣，不由想起陈先生的子规泣血之叹，又想起陈寅恪先生的“最是文人不自由”句。个人在时代中自是无能为力，这一代学人历经坎坷，算不上顺畅，然“风物长宜放眼量”，陈先生倾一生之力，以续薪火，文字一旦镌刻，即是永恒。

是为记。

杜 非

辛丑小满日于时雨园

图书在版编目（CIP）数据

北窗杂记 / 陈志华著.—北京：商务印书馆，2021
（陈志华文集）
ISBN 978-7-100-19867-7

Ⅰ.①北… Ⅱ.①陈… Ⅲ.①建筑学—文集 Ⅳ.①TU-53

中国版本图书馆 CIP 数据核字（2021）第 074506 号

陈志华文集
北窗杂记
陈志华 著

商 务 印 书 馆 出 版
（北京王府井大街 36 号 邮政编码 100710）
商 务 印 书 馆 发 行
北京中科印刷有限公司印刷
ISBN 978-7-100-19867-7

2021 年 10 月第 1 版　　开本 720 × 1000 1/16
2021 年 10 月北京第 1 次印刷　　印张 50¼

定价：258.00 元

（一）

"建筑是石头的史书"，"建筑是艺术的最高峰"。十九世纪，这两句话在欧洲很流行，已经很难确凿地说是哪位聪明人先想出来的了。总之，十九世纪，欧洲人已经认识了建筑在人类文化中的地位了。

建筑在文化中的地位，决定于它的性质、作用和它达到的高度：技术的和艺术的高度。它不是"摆设"，它是Monument，这就是它的性质。

从黄土地上的窑洞，到小女孩温馨的闺房，到豪华的宫殿，金字塔、圣母教堂、万神庙、万里长城，建筑性质的多样和变化的跨度之大，包容了整个的人类文化。人类没有第二种作品，有建筑这样的气魄，丰富、豪华、精致，有性格、有感情。

建筑是人类历史的文化档案。它记录着人类为创造生活而付出的一切，真实、生动、准确地记录着人类文明的发展和成就

IRLANDE

St Patrice, a été esclave en Ire pendant six ans.
Il a fait ses études à Marmoutiers et à Lérins.
Accompagne St Germain d'Auxerre en Angleterre.
Pape St Célestin lui fait évêque d'Eire. 33 ans là

Ste Brigitte

St Colomban 543-615 Entre l'abbaye de Bangor.
Il se trouve à Annegray, Faucogney (Hte Saône)
Puis, il se fixe à Luxeuil, qui est aux confins de Bourg[illegible]
et de l'Austrasie.

Encore, il fonda Fontaines, et 210 autres.

Sa contemporaine, la reine Brunehaut fonda
St Martin d'Autun, qui fut rasée en 1750 par les moines eux[illegible]

Elle a expulsé St Colomban de Luxeuil après 20 ans.

Il a allé à Tours, Nantes, Soissons, ...
et commence sa vie de missionnaire. De Mainz, il suit
le Rhin, jusqu'à Zurich et se fixe à Bregentz, sur lac Con[illegible]

Son disciple est St Gall.

Brunehaut est maintenant la maîtresse de Constanz.
Le St passe en Lombardie. Il fonda Bobbio, entre Gênes et
Milan, où Annibal a eu une victoire.

Il meurt dans une chappelle solitaire de l'autre côté de la Trebb[illegible]

Pierre

LUXEUIL: 2e abbé St Eustaise. Il a toute coopération
du roi Clotaire, seul maître des 3 royaumes francs.

Il est aussi la plus illustre école de ce temps. Evêques et
Saints sont tous sortis de cela.

3e Abbé Walbert, ancien guérrier